高等代数

探究性课题精编

主　　编　邱　森　朱林生
编写人员　邱　森　朱林生　任　斌
　　　　　冯　进　姜　伟

U0435189

WUHAN UNIVERSITY PRESS
武汉大学出版社

图书在版编目(CIP)数据

高等代数探究性课题精编/邱森,朱林生主编.—武汉:武汉大学出版社,2012.1
ISBN 978-7-307-09354-6

Ⅰ.高… Ⅱ.①邱… ②朱… Ⅲ.高等代数—研究 Ⅳ.O15

中国版本图书馆 CIP 数据核字(2011)第 249086 号

责任编辑:顾素萍　　责任校对:黄添生　　版式设计:马　佳

出版发行:**武汉大学出版社**　(430072　武昌　珞珈山)
(电子邮件:cbs22@whu.edu.cn　网址:www.wdp.com.cn)
印刷:湖北恒泰印务有限公司
开本:787×1092　1/16　印张:26.5　字数:475 千字　插页:1
版次:2012 年 1 月第 1 版　2012 年 1 月第 1 次印刷
ISBN 978-7-307-09354-6/O·462　定价:38.00 元

前　言

数学在不断地发展与创新，学习数学的方式也要与时俱进，必须把现代的数学观反映到数学教学中来．现代数学的发展使人们认识到数学是一门研究模式的科学（其中所谓的“模式”有着极广泛的内涵，包括了数的模式，形的模式，运动与变化的模式……这些模式可以是现实的，也可以是想象的；可以是定量的，也可以是定性的），学习数学时，不仅需要学习各种数学知识，进行各种计算或演绎，还需要学习探究模式（它涉及模式的观察、猜测的检验以及结果的估计），也就是说，在数学知识发生、发展和应用的探究过程中，所获得的结果固然重要，探究过程本身也是很有价值的．在探究过程中，要勇于质疑，敢于提出想法，善于发现、提出、解决数学问题，这都有助于提高学生的数学思维层次，发展创新意识和实践能力．

在《高等代数探究性课题集》（见［21］）的基础上，我们进一步搜集和整理国内外有关资料，将原有的 23 个课题引申和拓广，并编写了新课题，现总共 43 个课题，供学生探究性学习或教师进行高等代数研究使用．这些课题背景丰富有趣，题材涉及行列式、线性方程组、矩阵、矩阵对角化、若尔当标准形、二次型、线性空间、线性变换、欧几里得空间、多项式等高等代数的方方面面，有些课题具有一定的综合性或应用性，有的课题还能产生意料不到的有趣的结果．对每个课题，我们一开始就阐明其背景、目的和意义，并提出本课题的**中心问题**，让学生围绕某个中心问题进行**课题探究**．书中采用问题链的形式，给读者以启发、引导，帮助读者明晰进一步探究的思路，从而使他们对数学研究工作是如何提出问题，如何思考问题，如何发展问题能有所感悟．每个课题都附有**问题解答**，但我们希望读者自己进行探索，甚至一接触该课题或者一看到“中心问题”，就独立思考，自主探究．在这次编写中，我们还在各课题中新增了**探究题**栏目，以丰富探究性的层次．

一切学习行为都是由动机引起的，本书为成功创造了机会．做了一些例子，形成了猜测，解决了问题，改进所用方法，引出新的方法、新的问题，将所用方法推广到新问题中……只要有提高，那就是成功．每次成功都会使人有更强的动机去学习更多的东西，去探究、去发现更多的东西，以至得到“超常”发挥.

富有创新能力的人的显著特点在于其发现问题的能力，而不仅仅是解决这些问题的能力. 求学问，需学问. 发现别人没讲透、没讲清楚，或者发现别人还没发现的问题都是值得研究的问题，都有可能搞出新东西. 具有创造性的人往往具有敏锐的感知能力，感觉到问题的存在，在将问题明确后，还具有把“复杂问题简单化”的本领，他们有很强的联想能力和解决问题的能力，经常会产生人们意料不到的想法，创见性地解决问题. 本书为创新能力的培养设置了情景，构建了平台，读者通过探究性学习，可以积累创造性思维的经验，培养初步的数学研究能力.

成功没有捷径，克服和超越的困难越大，过程中收获也越大. 经过时间的历练、岁月的积淀，只要过了那些坎，必定会见到另一片天地.

在本书编写的过程中，首都师范大学石生明教授提供了他在教学实践中多年积累的课题，我们深表谢意. 我们还得到了武汉大学出版社的协助，在此也深表谢意. 最后，本书只是为展开高等代数课题的探究性学习抛砖引玉，对书中的不妥之处我们还企盼同行、读者批评指正.

编　者

2011 年 11 月

目　　录

0. 绪　言

数学探究——尝试数学研究的过程

数学探究即数学探究性课题学习，通过课题的探究，可以尝试数学研究的过程，获得数学创造的体验. 课题的探究过程常常包括：观察分析数学事实，提出有意义的数学问题，特例探讨，联想类比，合情推理，猜想试探，失败更正，改进扩充等. 通过数学探究可以培养长期起作用的洞察力、理解力以及探索和发现的能力，以获得不断深造的能力和创造能力.

数学探究课题的选择是完成探究性课题学习的关键. 课题的选择可以从以下几方面考虑：

1）具有较强的探索性，有助于体验数学研究的过程，形成发现、探究问题的意识；

2）具有一定的启示意义，不过于追求技巧难度，有助于对数学本质的理解，掌握内在的数学思想和方法；

3）具有一定的实际背景，有较强的应用性，能体现数学的科学价值和应用价值，开阔视野；

4）具有一定的发展余地，由此可以引出新的方法、新的问题和进一步的思考，有助于发挥想象力和创造力.

课题的素材是多样化的，可以是某些数学结果的推广和深入，可以是不同数学知识的联系和类比，可以从不同的角度对某些数学方法和结果进行探讨，也可以是数学知识的应用.

高等代数有丰富的探究性课题素材和背景材料. 例如：可以将数为元素的行列式和矩阵的秩的一些性质推广到元素为子块的分块矩阵中去，可以研究一些特殊的矩阵(如帕斯卡矩阵、友矩阵、有向图的关联矩阵等)，得到一些特殊的性质，可以对一些特殊类型的矩阵(如 2 阶矩阵、幂等矩阵、幂么矩阵、幂零矩阵、无限可分矩阵等)进行深入的研究，也可以从向量空间的角度来求矩阵的特征值与特征向量或者若尔当标准形等，有时建立各数学概念和方法之间、数学与其他学科以及实践之间的相互联系，也会产生一些意想不到的新问题和新方法(如用轮换矩阵来解决多项式方程的求根问题，用数域扩张来解决尺规作图三大难题，用插值多项式或伯努利多项式来解决正整数幂的求和问题等)，以上这些题材的预备知识基本上都是所学的高等代数知识.

读者也可以从本书提供的课题和背景材料中发现和建立新的课题，甚至自己发现和提出问题并加以研究. 与数学研究工作一样，读者可以查阅相关的参考文献和资料，可以在计算机网络上查找和引证资料，也可以与他人交流合作，逐步培养良好的科学研究的习惯. 从长远的学习和高层次的思维来看，只有通过自己的思考，建立起自己的数学理解力，才能真正地学好数学；只有通过自己的探究工作，才能掌握独立探求新知识的方法，获得初步的科学研究能力. 有志于成才的读者们，如果你学有余力，不妨对高等代数探究性课题活动多付出一些努力，你会发现数学是饶有兴趣的，也是应用广泛的，你的研究能力会因此得到明显提高，同时你会发现学习其他课程的水平也在随之提高.

1. 斐波那契行列式序列

设数列$\{f_n\}$满足递推关系

$$f_n = f_{n-1} + f_{n-2}, \quad n = 2,3,\cdots \tag{1.1}$$

以及初始条件

$$f_0 = a, \quad f_1 = b, \tag{1.2}$$

则称它为**斐波那契数列**. 当(1.2)中取$a=0$, $b=1$时，由(1.1)得到的是标准斐波那契数列：0，1，1，2，3，5，8，13，21，34，….

由[12]的课题34中，我们利用离散线性动态系统来探求斐波那契数列及其有关数列的通项公式，并利用斐波那契数列来产生伪随机数. 本课题将探讨如何用三对角矩阵（或海森堡（Hessenberg）矩阵）的行列式来构造斐波那契数列.

中心问题　求海森堡矩阵的行列式的值.

准备知识　行列式

课题探究

除主对角线、下对角线和上对角线外，其余元素皆为零的n阶矩阵称为**三对角矩阵**. 更一般地，上对角线以上的元素皆为零的但不是下三角方阵的n阶矩阵$\boldsymbol{A}=(a_{ij})$（也就是说，当$j>i+1$时$a_{ij}=0$，但存在某个i使得$a_{i,i+1}\neq 0$）称为**海森堡矩阵**，三对角矩阵是海森堡矩阵的特例.

问题 1.1　设$\boldsymbol{F}_n$是主对角线元素皆为1，上、下对角线元素皆为i的n阶三对角矩阵，即

$$\boldsymbol{F}_n = \begin{pmatrix} 1 & i & 0 & \cdots & 0 \\ i & 1 & i & \ddots & \vdots \\ 0 & i & \ddots & \ddots & 0 \\ \vdots & \ddots & \ddots & 1 & i \\ 0 & \cdots & 0 & i & 1 \end{pmatrix}.$$

计算行列式$|\boldsymbol{F}_n|$，$n=1,2,3,4,5$，从中你发现什么规律？

问题 1.2 1) 设$n\geqslant 1$，$\boldsymbol{B}_n$是主对角线上除$b_{11}=1$，共余元素皆为2，上对角线元素皆为-1，在主对角线以下的元素皆为1的n阶海森堡矩阵，即

$$\boldsymbol{B}_n=\begin{pmatrix}1 & -1 & 0 & \cdots & 0\\ 1 & 2 & -1 & \ddots & \vdots\\ 1 & 1 & 2 & \ddots & 0\\ \vdots & \vdots & \ddots & \ddots & -1\\ 1 & 1 & \cdots & 1 & 2\end{pmatrix}.$$

设$\boldsymbol{C}_n$是主对角线元素皆为2，上对角线元素皆为-1，在主对角线以下的元素皆为1的n阶海森堡矩阵，即

$$\boldsymbol{C}_n=\begin{pmatrix}2 & -1 & 0 & \cdots & 0\\ 1 & 2 & -1 & \ddots & \vdots\\ 1 & 1 & \ddots & \ddots & 0\\ \vdots & \ddots & \ddots & 2 & -1\\ 1 & \cdots & 1 & 1 & 2\end{pmatrix}.$$

计算行列式$|\boldsymbol{B}_n|$，$|\boldsymbol{C}_n|$，$n=1,2,3,4$，从中你发现什么规律？

2) 如果将$\boldsymbol{C}_n$中的上对角线元素-1全改为1，则得到n阶海森堡矩阵

$$\boldsymbol{D}_n=\begin{pmatrix}2 & 1 & 0 & \cdots & 0\\ 1 & 2 & 1 & \ddots & \vdots\\ 1 & 1 & \ddots & \ddots & 0\\ \vdots & \ddots & \ddots & 2 & 1\\ 1 & \cdots & 1 & 1 & 2\end{pmatrix}.$$

计算行列式$|\boldsymbol{D}_n|$，$n=1,2,3,4$，从中你发现什么规律？

探究题 1.1 如果将问题1.1中三对角矩阵$\boldsymbol{F}_n$中(2,2)位置上的元素1改为2，则得到n阶三对角矩阵

$$\boldsymbol{L}_n=\begin{pmatrix}1 & i & 0 & \cdots & 0\\ i & 2 & i & \ddots & \vdots\\ 0 & i & 1 & \ddots & 0\\ \vdots & \ddots & \ddots & \ddots & i\\ 0 & \cdots & 0 & i & 1\end{pmatrix}.$$

试探求行列式序列$\{|\boldsymbol{L}_n|\}$与斐波那契数列的对应关系.

从以上的讨论中，我们已经得到了计算一些特殊的海森堡矩阵的行列式

的递推关系式，是否能把它们加以推广，从而求得一般的海森堡矩阵的行列式的递推公式呢？

探究题 1.2 设 M_n 是 n 阶海森堡矩阵，

$$M_n=\begin{pmatrix} m_{11} & m_{12} & 0 & \cdots & 0 \\ m_{21} & m_{22} & m_{23} & \ddots & \vdots \\ m_{31} & m_{32} & m_{33} & \ddots & 0 \\ \vdots & \ddots & \ddots & \ddots & m_{n-1,n} \\ m_{n1} & m_{n2} & \cdots & m_{n,n-1} & m_{nn} \end{pmatrix},$$

其中 $n\geqslant 1$. 定义 $|M_0|=1$，而 $|M_1|=m_{11}$，求行列式 $|M_n|$ $(n\geqslant 2)$ 的递推关系式.

问题解答

问题 1.1 $|F_1|=1$，$|F_2|=2$，$|F_3|=3$，将 $|F_4|$ 和 $|F_5|$ 分别按第 4 行和第 5 行展开，得

$$\begin{aligned} |F_4| &= |F_3|+(-1)i\cdot i\cdot|F_2|=|F_3|+|F_2| \\ &= 3+2=5, \\ |F_5| &= |F_4|+(-1)i\cdot i\cdot|F_3|=|F_4|+|F_3| \\ &= 5+3=8. \end{aligned}$$

可以发现，如果令 $|F_0|=1$，则行列式序列 $\{|F_n|\}$ 为 $\{1,1,2,3,5,8,\cdots\}$，是满足递推关系

$$|F_n|=|F_{n-1}|+|F_{n-2}|,\quad n=2,3,\cdots, \tag{1.3}$$

以及初始条件

$$|F_0|=1,\quad |F_1|=1$$

的斐波那契数列，其中只要将 n 阶行列式 $|F_n|$ 按第 n 行展开，就立即可证 (1.3) 成立.

问题 1.2 1) $|B_1|=1$，$|B_2|=3$，

$$\begin{aligned} |B_3| &= \begin{vmatrix} 1 & -1 & 0 \\ 1 & 2 & -1 \\ 1 & 1 & 2 \end{vmatrix} \\ &= \begin{vmatrix} 2 & -1 \\ 1 & 2 \end{vmatrix}+(-1)(-1)\begin{vmatrix} 1 & -1 \\ 1 & 2 \end{vmatrix} \quad \text{(按第 1 行展开)} \end{aligned}$$

$$=\begin{vmatrix}2&-1\\1&2\end{vmatrix}+\begin{vmatrix}1&-1\\1&2\end{vmatrix}=5+3=8,$$

$$|\boldsymbol{B}_4|=\begin{vmatrix}1&-1&0&0\\1&2&-1&0\\1&1&2&-1\\1&1&1&2\end{vmatrix}$$

$$=\begin{vmatrix}2&-1&0\\1&2&-1\\1&1&2\end{vmatrix}+\begin{vmatrix}1&-1&0\\1&2&-1\\1&1&2\end{vmatrix}\quad(\text{按第 1 行展开})$$

$$=13+8=21.$$

$|\boldsymbol{C}_1|=2$，$|\boldsymbol{C}_2|=5$，

$$|\boldsymbol{C}_3|=\begin{vmatrix}2&-1&0\\1&2&-1\\1&1&2\end{vmatrix}$$

$$=2\begin{vmatrix}2&-1\\1&2\end{vmatrix}+\begin{vmatrix}1&-1\\1&2\end{vmatrix}\quad(\text{按第 1 行展开})$$

$$=2\times5+3=13.$$

$$|\boldsymbol{C}_4|=\begin{vmatrix}2&-1&0&0\\1&2&-1&0\\1&1&2&-1\\1&1&1&2\end{vmatrix}$$

$$=2\begin{vmatrix}2&-1&0\\1&2&-1\\1&1&2\end{vmatrix}+\begin{vmatrix}1&-1&0\\1&2&-1\\1&1&2\end{vmatrix}\quad(\text{按第 1 行展开})$$

$$=2\times13+8=34.$$

可以发现，只要将 $|\boldsymbol{B}_n|$（或 $|\boldsymbol{C}_n|$）按第 1 行展开就可以得到

$$|\boldsymbol{B}_n|=|\boldsymbol{C}_{n-1}|+|\boldsymbol{B}_{n-1}|,$$

$$\begin{aligned}|\boldsymbol{C}_n|&=2|\boldsymbol{C}_{n-1}|+|\boldsymbol{B}_{n-1}|\\&=|\boldsymbol{C}_{n-1}|+(|\boldsymbol{C}_{n-1}|+|\boldsymbol{B}_{n-1}|)\\&=|\boldsymbol{C}_{n-1}|+|\boldsymbol{B}_n|.\end{aligned}$$

于是，行列式序列

$$|\boldsymbol{B}_1|,|\boldsymbol{C}_1|,|\boldsymbol{B}_2|,|\boldsymbol{C}_2|,|\boldsymbol{B}_3|,|\boldsymbol{C}_3|,|\boldsymbol{B}_4|,|\boldsymbol{C}_4|,\cdots$$

（即数列 1,2,3,5,8,13,21,34,⋯）构成斐波那契行列式序列.

2） $|\boldsymbol{D}_1|=2$，$|\boldsymbol{D}_2|=3$，

$$|\boldsymbol{D}_3|=\begin{vmatrix}2&1&0\\1&2&1\\1&1&2\end{vmatrix}=2\begin{vmatrix}2&1\\1&2\end{vmatrix}+(-1)\begin{vmatrix}2&1\\1&1\end{vmatrix}$$ （按第 3 列展开）

$$=\begin{vmatrix}2&1\\1&2\end{vmatrix}+\left(\begin{vmatrix}2&1\\1&2\end{vmatrix}-\begin{vmatrix}2&1\\1&1\end{vmatrix}\right)$$

$$=\begin{vmatrix}2&1\\1&2\end{vmatrix}+\begin{vmatrix}2&0\\1&1\end{vmatrix}$$ （利用行列式性质：如果行列式的一列元素是两组数的差，则这个行列式等于两个行列式之差）

$$=3+2=5,$$

$$|\boldsymbol{D}_4|=\begin{vmatrix}2&1&0&0\\1&2&1&0\\1&1&2&1\\1&1&1&2\end{vmatrix}$$

$$=2\begin{vmatrix}2&1&0\\1&2&1\\1&1&2\end{vmatrix}+(-1)\begin{vmatrix}2&1&0\\1&2&1\\1&1&1\end{vmatrix}$$ （按第 4 列展开）

$$=\begin{vmatrix}2&1&0\\1&2&1\\1&1&2\end{vmatrix}+\begin{vmatrix}2&1&0\\1&2&0\\1&1&1\end{vmatrix}=5+3=8.$$

可以发现，只要将 $|\boldsymbol{D}_n|$ 按第 n 列展开就可以得到

$$|\boldsymbol{D}_n|=|\boldsymbol{D}_{n-1}|+|\boldsymbol{D}_{n-2}|,\quad n\geqslant 3,$$

因而行列式序列 $\{|\boldsymbol{D}_n|\}$ 构成斐波那契行列式序列.

2. 分块矩阵的乘法

本课题将针对矩阵的行数和列数的一些特殊划分，讨论相应的特殊分块矩阵的乘法，并用分块矩阵的乘法证明矩阵乘法的结合律.

中心问题 给出各种特殊划分方式的分块矩阵乘法的公式.

准备知识 矩阵分块乘法

课题探究

设 $\boldsymbol{A}=(a_{ij})$ 为 $m\times n$ 矩阵，$\boldsymbol{B}=(b_{ij})$ 为 $q\times p$ 矩阵，则矩阵 $\boldsymbol{A},\boldsymbol{B}$ 可以定义乘法当且仅当 $n=q$. 因此矩阵 $\boldsymbol{A},\boldsymbol{B}$ 的乘积 $\boldsymbol{A}\cdot\boldsymbol{B}$ 定义为 $\boldsymbol{AB}=(c_{ij})$，是 $m\times p$ 矩阵，且

$$c_{ij}=\sum_{k=1}^{n}a_{ik}b_{kj}, \quad i=1,2,\cdots,m,\ j=1,2,\cdots,p.$$

对于行数与列数较高的矩阵 $\boldsymbol{A}$ 的运算，通常采用“分块法”，即用若干条纵线和横线把矩阵分成许多个小矩阵，每个小矩阵成为 $\boldsymbol{A}$ 的子块，以子块作为矩阵 $\boldsymbol{A}$ 的元素，称这个形式矩阵为**分块矩阵**. 把大矩阵的运算转化为其子块的运算，这体现了数学的化归思想，即把复杂的问题转化为容易的问题. 具体到矩阵的运算，为了简化运算，我们往往采取把高阶矩阵的运算转化为分块矩阵的运算.

考虑矩阵作为分块矩阵的乘法时，如何来表述矩阵的分块呢？下面采用对集合 $\{1,\cdots,m\}$，$\{1,\cdots,n\}$ 和 $\{1,\cdots,p\}$ 进行划分的方式来表述. 如果 $\boldsymbol{\alpha}=(\alpha_1,\alpha_2,\cdots,\alpha_r)$ 和 $\boldsymbol{\beta}=(\beta_1,\beta_2,\cdots,\beta_s)$ 分别组成 $\{1,\cdots,m\}$ 和 $\{1,\cdots,n\}$ 的一个划分，$\boldsymbol{\delta}=(\delta_1,\delta_2,\cdots,\delta_s)$ 和 $\boldsymbol{\gamma}=(\gamma_1,\gamma_2,\cdots,\gamma_t)$ 分别组成 $\{1,\cdots,n\}$ 和 $\{1,\cdots,p\}$ 的一个划分，那么就把矩阵 $\boldsymbol{A},\boldsymbol{B}$ 分别分块如下：

$$\boldsymbol{A}=\begin{pmatrix}\boldsymbol{A}_{11} & \cdots & \boldsymbol{A}_{1s}\\ \vdots & & \vdots\\ \boldsymbol{A}_{r1} & \cdots & \boldsymbol{A}_{rs}\end{pmatrix}, \quad \boldsymbol{B}=\begin{pmatrix}\boldsymbol{B}_{11} & \cdots & \boldsymbol{B}_{1t}\\ \vdots & & \vdots\\ \boldsymbol{B}_{s1} & \cdots & \boldsymbol{B}_{st}\end{pmatrix},$$

其中划分 $\boldsymbol{\beta}=\boldsymbol{\delta}$（$\{1,\cdots,n\}$ 的两个划分重合），即子块 $\boldsymbol{A}_{i1},\boldsymbol{A}_{i2},\cdots,\boldsymbol{A}_{is}$ 的列数分别等于子块 $\boldsymbol{B}_{1j},\boldsymbol{B}_{2j},\cdots,\boldsymbol{B}_{sj}$ 的行数($j=1,\cdots,t$, $i=1,\cdots,r$)，此时也称矩阵 $\boldsymbol{A}$ 和 $\boldsymbol{B}$ 是两个**共形的矩阵**. 于是乘积 $\boldsymbol{AB}=(\boldsymbol{C}_{ij})$，其中

$$\boldsymbol{C}_{ij}=\sum_{k=1}^{s}\boldsymbol{A}_{ik}\boldsymbol{B}_{kj},\quad i=1,\cdots,r,\ j=1,\cdots,t.$$

本课题将针对矩阵 $\boldsymbol{A},\boldsymbol{B}$ 的行数和列数的一些特殊划分，讨论相应的特殊分块矩阵的乘法，并用以证明分块矩阵乘法的结合律. 在后面的课题中，我们将看到，各种划分方式的分块矩阵乘法都有其应用.

问题 2.1 问对矩阵 $\boldsymbol{A},\boldsymbol{B}$ 的行数和列数，即对 $\{1,\cdots,m\}$，$\{1,\cdots,n\}$ 和 $\{1,\cdots,p\}$ 分别作最粗和最细的划分，一共有几种划分的方式？按每一种划分方式写出 $\boldsymbol{AB}$ 的乘法公式.

探究题 2.1 设 $\boldsymbol{A}$ 为 $m\times n$ 矩阵，$\boldsymbol{B}$ 为 $n\times p$ 矩阵，用分块矩阵的乘法证明：

1） $\boldsymbol{A}(\boldsymbol{B}\boldsymbol{c})=(\boldsymbol{AB})\boldsymbol{c}$，其中 $\boldsymbol{c}$ 是 $p\times 1$ 矩阵(即 p 维列向量)；

2） $\boldsymbol{A}(\boldsymbol{BC})=(\boldsymbol{AB})\boldsymbol{C}$，其中 $\boldsymbol{C}$ 是 $p\times q$ 矩阵.

问题解答

问题 2.1 如果我们对 $\{1,\cdots,m\}$，$\{1,\cdots,n\}$ 和 $\{1,\cdots,p\}$ 分别取最粗和最细的两种划分，那么就有如下 8 种组合方式：

① 取 $\{1,\cdots,m\}$，$\{1,\cdots,n\}$ 和 $\{1,\cdots,p\}$ 的最粗的划分，即 $\boldsymbol{\alpha}=(\alpha_1=(1,\cdots,m))$，$\boldsymbol{\beta}=\boldsymbol{\delta}=(\beta_1=(1,\cdots,n))$，$\boldsymbol{\gamma}=(\gamma_1=(1,\cdots,p))$，则

$$\boldsymbol{AB}=\boldsymbol{A}\cdot\boldsymbol{B}.$$

② 取 $\{1,\cdots,m\}$ 和 $\{1,\cdots,n\}$ 的最粗的划分，以及 $\{1,\cdots,p\}$ 的最细的划分，即 $\boldsymbol{\alpha}=(\alpha_1=(1,\cdots,m))$，$\boldsymbol{\beta}=\boldsymbol{\delta}=(\beta_1=(1,\cdots,n))$，$\boldsymbol{\gamma}=(\gamma_1=(1),\gamma_2=(2),\cdots,\gamma_p=(p))$，则矩阵

$$\begin{aligned}\boldsymbol{AB}&=\boldsymbol{A}\cdot(\mathrm{col}_1(\boldsymbol{B}),\cdots,\mathrm{col}_p(\boldsymbol{B}))\\&=(\boldsymbol{A}\cdot\mathrm{col}_1(\boldsymbol{B}),\cdots,\boldsymbol{A}\cdot\mathrm{col}_p(\boldsymbol{B})),\end{aligned}$$

其中 $\mathrm{col}_i(\boldsymbol{B})$ 表示矩阵 $\boldsymbol{B}$ 的一个子块：矩阵 $\boldsymbol{B}$ 的第 i 列 $(b_{1i},b_{2i},\cdots,b_{ni})^{\mathrm{T}}$.

③ 取 $\{1,\cdots,m\}$ 的最粗的划分，$\{1,\cdots,n\}$ 的最细的划分，以及 $\{1,\cdots,p\}$ 的最粗的划分，则矩阵

$$\boldsymbol{AB}=(\mathrm{col}_1(\boldsymbol{A}),\cdots,\mathrm{col}_n(\boldsymbol{A}))\begin{pmatrix}\mathrm{row}_1(\boldsymbol{B})\\\vdots\\\mathrm{row}_n(\boldsymbol{B})\end{pmatrix}$$

$$= \sum_{k=1}^{n} \mathrm{col}_k(\boldsymbol{A}) \cdot \mathrm{row}_k(\boldsymbol{B}),$$

其中 $\mathrm{row}_i(\boldsymbol{B})$ 表示矩阵 $\boldsymbol{B}$ 的一个子块：矩阵 $\boldsymbol{B}$ 的第 i 行 $(b_{i1}, b_{i2}, \cdots, b_{ip})$.

④ 取 $\{1,\cdots,m\}$ 的最细的划分，$\{1,\cdots,n\}$ 的最粗的划分，以及 $\{1,\cdots,p\}$ 的最粗的划分，则矩阵

$$\boldsymbol{AB} = \begin{pmatrix} \mathrm{row}_1(\boldsymbol{A}) \\ \vdots \\ \mathrm{row}_n(\boldsymbol{A}) \end{pmatrix} \cdot \boldsymbol{B} = \begin{pmatrix} \mathrm{row}_1(\boldsymbol{A}) \cdot \boldsymbol{B} \\ \vdots \\ \mathrm{row}_n(\boldsymbol{A}) \cdot \boldsymbol{B} \end{pmatrix}.$$

⑤ 取 $\{1,\cdots,m\}$ 的最粗的划分，$\{1,\cdots,n\}$ 的最细的划分，以及 $\{1,\cdots,p\}$ 的最细的划分，则矩阵

$$\boldsymbol{AB} = (\mathrm{col}_1(\boldsymbol{A}), \cdots, \mathrm{col}_n(\boldsymbol{A})) \cdot \begin{pmatrix} b_{11} & \cdots & b_{1p} \\ \vdots & & \vdots \\ b_{n1} & \cdots & b_{np} \end{pmatrix}$$

$$= \left(\cdots, \sum_{k=1}^{n} b_{kj} \mathrm{col}_k(\boldsymbol{A}), \cdots\right).$$

⑥ 取 $\{1,\cdots,m\}$ 的最细的划分，$\{1,\cdots,n\}$ 的最粗的划分，以及 $\{1,\cdots,p\}$ 的最细的划分，则矩阵

$$\boldsymbol{AB} = (\mathrm{row}_1(\boldsymbol{A}), \cdots, \mathrm{row}_n(\boldsymbol{A}))^{\mathrm{T}} \cdot (\mathrm{col}_1(\boldsymbol{B}), \cdots, \mathrm{col}_p(\boldsymbol{B}))$$

$$= \begin{pmatrix} \mathrm{row}_1(\boldsymbol{A}) \cdot \mathrm{col}_1(\boldsymbol{B}) & \cdots & \mathrm{row}_1(\boldsymbol{A}) \cdot \mathrm{col}_p(\boldsymbol{B}) \\ \vdots & & \vdots \\ \mathrm{row}_m(\boldsymbol{A}) \cdot \mathrm{col}_1(\boldsymbol{B}) & \cdots & \mathrm{row}_m(\boldsymbol{A}) \cdot \mathrm{col}_p(\boldsymbol{B}) \end{pmatrix}.$$

⑦ 取 $\{1,\cdots,m\}$ 的最细的划分，$\{1,\cdots,n\}$ 的最细的划分，以及 $\{1,\cdots,p\}$ 的最粗的划分，则矩阵

$$\boldsymbol{AB} = \begin{pmatrix} a_{11} & \cdots & a_{1n} \\ \vdots & & \vdots \\ a_{m1} & \cdots & a_{mn} \end{pmatrix} \cdot \begin{pmatrix} \mathrm{row}_1(\boldsymbol{B}) \\ \vdots \\ \mathrm{row}_n(\boldsymbol{B}) \end{pmatrix} = \begin{pmatrix} \sum_{k=1}^{n} a_{1k} \cdot \mathrm{row}_k(\boldsymbol{B}) \\ \vdots \\ \sum_{k=1}^{n} a_{mk} \cdot \mathrm{row}_k(\boldsymbol{B}) \end{pmatrix}.$$

⑧ 取 $\{1,\cdots,m\}$，$\{1,\cdots,n\}$，以及 $\{1,\cdots,p\}$ 的最细的划分，就回到了我们刚开始给出的矩阵乘法的一般定义，即矩阵 $\boldsymbol{A}, \boldsymbol{B}$ 的乘积 $\boldsymbol{AB} = (c_{ij})$，其中

$$c_{ij} = \sum_{k=1}^{n} a_{ik} b_{kj}, \quad i = 1,2,\cdots,m,\ j = 1,2,\cdots,n.$$

3. 行列式与体积

本课题将引入面积函数和体积函数的概念，由此给予 2 阶行列式和 3 阶行列式的几何意义，并将体积函数的概念推广到 n 维的情况，给予 n 阶行列式的几何意义. 在课题 4 中还将给予克拉默法则的一个几何解释.

中心问题 探讨行列式的哪些性质可以推广到面积函数和体积函数中来.

准备知识 行列式，矩阵

课题探究

设 $\boldsymbol{A}=(\boldsymbol{a}_1,\boldsymbol{a}_2)\in\mathbf{R}^{2\times2}$，$S(\boldsymbol{A})$ 表示以 $\boldsymbol{A}$ 的列向量 $\boldsymbol{a}_1$ 和 $\boldsymbol{a}_2$ 为边的平行四边形的面积(如果 $\boldsymbol{a}_1,\boldsymbol{a}_2$ 线性相关，则定义 $S(\boldsymbol{A})=0$). 例如：设

$$\boldsymbol{A}=\begin{pmatrix}2&1\\0&2\end{pmatrix},$$

则 $S(\boldsymbol{A})$ 表示图 3-1 所示的平行四边形的面积，由于平行四边形的面积为底乘以高，故

$$S(\boldsymbol{A})=2\times2=4,$$

我们发现，这个面积恰好等于行列式 $|\boldsymbol{A}|=\begin{vmatrix}2&1\\0&2\end{vmatrix}$. 由于行列式的值可正可负，为了表示行列式

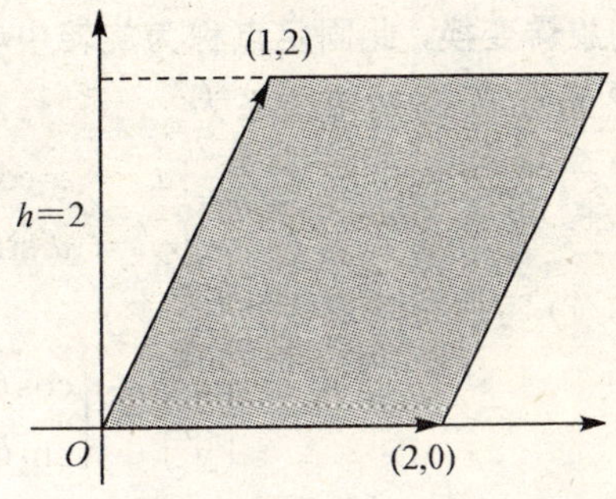

图 3-1

的绝对值，在本课题中我们将 $\boldsymbol{A}$ 的行列式记为 $\det\boldsymbol{A}$，这样，它的绝对值就可记为 $|\det\boldsymbol{A}|$. 现在的问题是，在一般情况下，对任一 $\boldsymbol{A}\in\mathbf{R}^{2\times2}$，是否都有 $S(\boldsymbol{A})=|\det\boldsymbol{A}|$？为此，我们先要探讨面积函数 $S(\boldsymbol{A})$ 的性质.

问题 3.1 问：行列式的列的性质中哪些性质可以推广到面积函数中来？

问题 3.2 设 $\boldsymbol{A}\in\mathbf{R}^{2\times2}$，问：为什么 $S(\boldsymbol{A})$ 等于 $|\det\boldsymbol{A}|$？

下面讨论 3 维的情况. 设 $\boldsymbol{A}=(\boldsymbol{a}_1,\boldsymbol{a}_2,\boldsymbol{a}_3)\in\mathbf{R}^{3\times3}$, $V(\boldsymbol{A})$ 表示以 $\boldsymbol{A}$ 的列向量 $\boldsymbol{a}_1,\boldsymbol{a}_2$ 和 $\boldsymbol{a}_3$ 为边的平行六面体的体积(如果 $\boldsymbol{a}_1,\boldsymbol{a}_2,\boldsymbol{a}_3$ 线性相关, 则定义 $V(\boldsymbol{A})=0$)(见图 3-2).

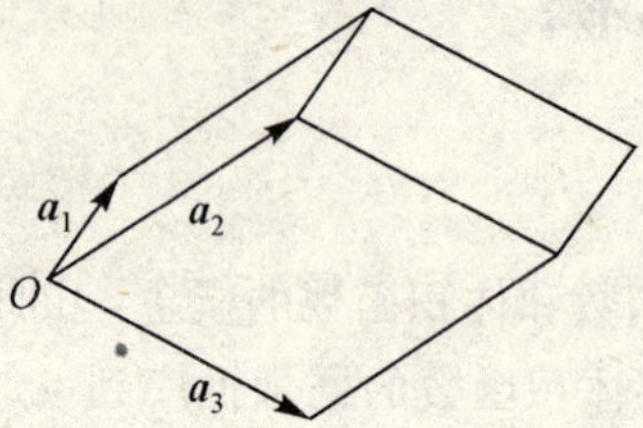

图 3-2

问题 3.3 将问题 3.1 和问题 3.2 从 2 维的面积函数推广到 3 维的体积函数 $V(\boldsymbol{A})$. 是否还能推广到更高维的"体积"函数呢?

我们知道, 一般地, 一个几何变换可以改变一个(平面的或空间的)几何图形的形状和大小. 由于平移不改变几何图形的形状和大小, 我们仅研究 $\mathbf{R}^2$ 或 $\mathbf{R}^3$ 上的线性变换所带来的几何图形的面积或体积的变化.

我们知道, 在直角坐标平面 xOy 上, 让每一点 $P(x,y)$ 绕一固定点(设为原点 O) 旋转一个定角 θ, 变成另一点 $P'(x',y')$, 如此产生的变换称为平面上的**旋转变换**, 此固定点称为**旋转中心**, 该定角称为**旋转角**. 由解析几何知, 点 P 和点 P' 的对应关系为

$$\begin{cases}x'=x\cos\theta-y\sin\theta,\\ y'=x\sin\theta+y\cos\theta.\end{cases}\tag{3.1}$$

将(3.1) 写成矩阵形式, 有

$$\begin{pmatrix}x'\\ y'\end{pmatrix}=\begin{pmatrix}\cos\theta & -\sin\theta\\ \sin\theta & \cos\theta\end{pmatrix}\begin{pmatrix}x\\ y\end{pmatrix}.\tag{3.2}$$

矩阵

$$\boldsymbol{B}=\begin{pmatrix}\cos\theta & -\sin\theta\\ \sin\theta & \cos\theta\end{pmatrix}$$

是逆时针方向旋转 θ 角的旋转变换的矩阵, 称为**旋转变换矩阵**. 由于向量 $(x,y)^{\mathrm{T}}$ 和 $(x',y')^{\mathrm{T}}$ 可以分别看做点 $P(x,y)$ 和 $P'(x',y')$ 的位置向量(即起点 O 和终点 P 或 P' 的向量), 故旋转变换((3.2) 式) 可看做 $\mathbf{R}^2$ 上的线性变换(设为 $\mathscr{A}$), 它在基 $\boldsymbol{i}=(1,0)^{\mathrm{T}}$, $\boldsymbol{j}=(0,1)^{\mathrm{T}}$ 下的矩阵就是 $\boldsymbol{B}$. 由图 3-3 可见, 绕原点 O 旋转 30°, 旋转前后一个单位正方形的位置发生变化, 以向量 $\boldsymbol{i},\boldsymbol{j}$ 为

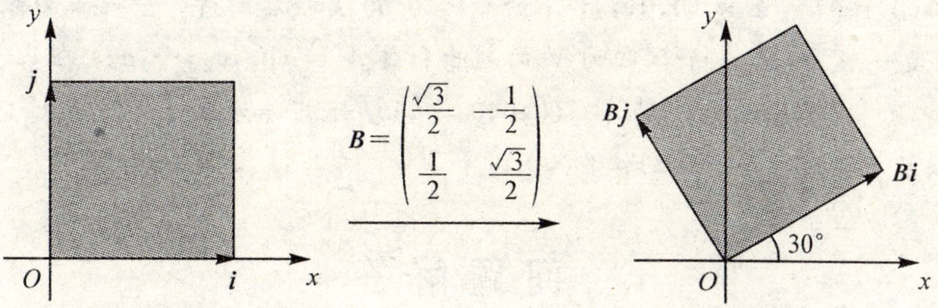

图 3-3

边的正方形变换为以向量

$$B\begin{pmatrix}1\\0\end{pmatrix}=\begin{pmatrix}\frac{\sqrt{3}}{2} & -\frac{1}{2}\\ \frac{1}{2} & \frac{\sqrt{3}}{2}\end{pmatrix}\begin{pmatrix}1\\0\end{pmatrix}=\begin{pmatrix}\frac{\sqrt{3}}{2}\\ \frac{1}{2}\end{pmatrix},\quad B\begin{pmatrix}0\\1\end{pmatrix}=\begin{pmatrix}-\frac{1}{2}\\ \frac{\sqrt{3}}{2}\end{pmatrix} \tag{3.3}$$

为边的正方形. 将(3.3)中的列向量$\begin{pmatrix}1\\0\end{pmatrix}$，$\begin{pmatrix}0\\1\end{pmatrix}$合在一起，得到矩阵 $A=\begin{pmatrix}1 & 0\\0 & 1\end{pmatrix}\in \mathbf{R}^{2\times2}$(它表示以列向量$\begin{pmatrix}1\\0\end{pmatrix}$，$\begin{pmatrix}0\\1\end{pmatrix}$为边的平行四边形(这里是正方形))，(3.3)也可以改写成

$$B\begin{pmatrix}1 & 0\\0 & 1\end{pmatrix}=\begin{pmatrix}\frac{\sqrt{3}}{2} & -\frac{1}{2}\\ \frac{1}{2} & \frac{\sqrt{3}}{2}\end{pmatrix},$$

因而将平行四边形 $A=(a_1,a_2)$ 旋转 θ 角所得到的平行四边形就是以用该旋转变换的矩阵 B 分别乘列向量 a_1,a_2 所得的列向量 Ba_1,Ba_2 为边的平行四边形，用矩阵表示它就是 BA.

一般地，设 $A=(a_1,a_2)$ 表示以列向量 a_1,a_2 为边的平行四边形，$B\in \mathbf{R}^{2\times2}$ 为 $\mathbf{R}^2$ 上线性变换 $\mathscr{B}$ 的矩阵，则对平行四边形 $A=(a_1,a_2)$ 实施线性变换 $\mathscr{B}$ 所得到的平行四边形就是以用 B 乘 a_1,a_2 所得的向量 Ba_1,Ba_2 为边的平行四边形.

探究题 3.1 设 $B\in \mathbf{R}^{2\times2}$ 为 $\mathbf{R}^2$ 上线性变换 $\mathscr{B}$ 的矩阵，求对平行四边形 $A=(a_1,a_2)$（面积为 $S(A)$）实施线性变换 $\mathscr{B}$ 所得到的平行四边形的面积. 类似地，求一个体积为 V 的平行六面体通过 $\mathbf{R}^3$ 上线性变换 $\mathscr{B}$（它在基 $i=(1,0,0)^{\mathrm{T}}$,

$\boldsymbol{j}=(0,1,0)^{\mathrm{T}}$，$\boldsymbol{k}=(0,0,1)^{\mathrm{T}}$ 下的矩阵为 $\boldsymbol{B}$）变换后所得的平行六面体的体积. 更一般地，求一个体积为 V 的超平行体 $\boldsymbol{A}=(\boldsymbol{a}_1,\boldsymbol{a}_2,\cdots,\boldsymbol{a}_n)$ 在基 $(1,0,0,\cdots,0)^{\mathrm{T}},(0,1,0,\cdots,0)^{\mathrm{T}},\cdots,(0,0,0,\cdots,1)^{\mathrm{T}}$ 下矩阵为 $\boldsymbol{B}$ 的 $\mathbf{R}^n$ 上线性变换 $\mathscr{B}$ 变换后所得的超平行体的体积.

问题解答

问题 3.1 下面行列式的列的性质可以推广到面积函数中来：

1） 交换行列式两列，行列式改变符号；

2） 把行列式某一列的倍数加到另一列，行列式的值不变；

3） 用一个数乘行列式某一列的所有元素就等于用这个数乘此行列式.

设 $\boldsymbol{A}=(\boldsymbol{a}_1,\boldsymbol{a}_2)\in\mathbf{R}^{2\times2}$，则相应的面积函数的性质如下：

1） $S(\boldsymbol{a}_1,\boldsymbol{a}_2)=S(\boldsymbol{a}_2,\boldsymbol{a}_1)$ （列交换性）；

2） $S(\boldsymbol{a}_1,\boldsymbol{a}_2)=S(\boldsymbol{a}_1+c\boldsymbol{a}_2,\boldsymbol{a}_2)$ （列可加性）；

3） $S(c\boldsymbol{a}_1,\boldsymbol{a}_2)=|c|S(\boldsymbol{a}_1,\boldsymbol{a}_2)$ （列数乘性）.

事实上，由面积函数的定义，列交换性显然成立.

如图 3-4 所示，平行四边形 $(\boldsymbol{a}_1,\boldsymbol{a}_2)$ 和平行四边形 $(\boldsymbol{a}_1+c\boldsymbol{a}_2,\boldsymbol{a}_2)$ 的底边都是 $\boldsymbol{a}_2$，而高分别是 $\boldsymbol{a}_1$ 在垂直于 $\boldsymbol{a}_2$ 的单位向量 $\boldsymbol{b}$ 上的投影 $\boldsymbol{a}_1\cdot\boldsymbol{b}$ 和 $\boldsymbol{a}_1+c\boldsymbol{a}_2$ 在 $\boldsymbol{b}$ 上的投影 $(\boldsymbol{a}_1+c\boldsymbol{a}_2)\cdot\boldsymbol{b}$，由于

$$(\boldsymbol{a}_1+c\boldsymbol{a}_2)\cdot\boldsymbol{b}=\boldsymbol{a}_1\cdot\boldsymbol{b}+c\boldsymbol{a}_2\cdot\boldsymbol{b}=\boldsymbol{a}_1\cdot\boldsymbol{b}=h,$$

故它们的高也相等，因此面积相等，即列可加性成立.

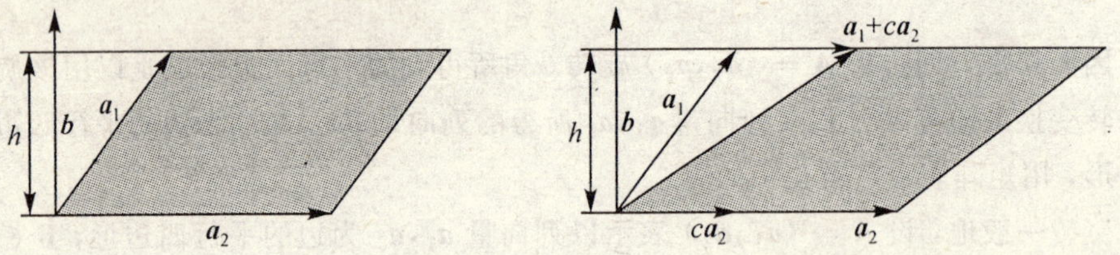

图 3-4

如图 3-5 所示，列数乘性显然成立.

注意，虽然面积函数的性质2）和3）只是对于第1列来讲的，但由性质1，它们对于第 2 列也是成立的.

问题 3.2 利用问题 3.1 的解答中面积函数的 3 个性质，我们可以与行列式一样用列消元法计算 $S(\boldsymbol{A})$. 例如：

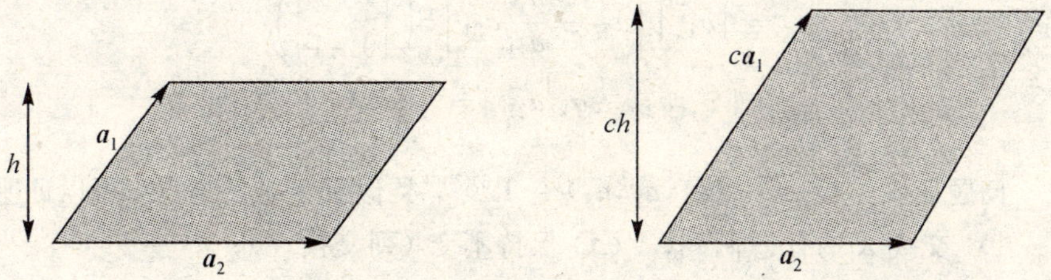

图 3-5

$$\begin{aligned}
S\left(\begin{pmatrix}1 & 2\\ 3 & -1\end{pmatrix}\right) &= S\left(\begin{pmatrix}1 & 0\\ 3 & -7\end{pmatrix}\right) \quad \text{（第 2 列加第 1 列的 }-2\text{ 倍）}\\
&= |-7|S\left(\begin{pmatrix}1 & 0\\ 3 & 1\end{pmatrix}\right) \quad \text{（从第 2 列提取因子 }-7\text{）}\\
&= 7S\left(\begin{pmatrix}1 & 0\\ 0 & 1\end{pmatrix}\right) \quad \text{（第 1 列加第 2 列的 }-3\text{ 倍）}\\
&= 7.
\end{aligned}$$

用同样的列变换计算 $\det\begin{pmatrix}1 & 2\\ 3 & -1\end{pmatrix}$，可得

$$\det\begin{pmatrix}1 & 2\\ 3 & -1\end{pmatrix} = \det\begin{pmatrix}1 & 0\\ 3 & -7\end{pmatrix} = -7\det\begin{pmatrix}1 & 0\\ 3 & 1\end{pmatrix} = -7\det\begin{pmatrix}1 & 0\\ 0 & 1\end{pmatrix} = -7,$$

因此，

$$S\left(\begin{pmatrix}1 & 2\\ 3 & -1\end{pmatrix}\right) = \left|\det\begin{pmatrix}1 & 2\\ 3 & -1\end{pmatrix}\right| = 7.$$

在一般情况下，设

$$\boldsymbol{A} = (\boldsymbol{a}_1, \boldsymbol{a}_2) = \begin{pmatrix}a_{11} & a_{12}\\ a_{21} & a_{22}\end{pmatrix}.$$

如果 $\det\boldsymbol{A} = 0$，则 $\boldsymbol{a}_1, \boldsymbol{a}_2$ 线性相关，故 $S(\boldsymbol{A}) = 0 = |\det\boldsymbol{A}|$.

如果 $\det\boldsymbol{A} \neq 0$，则 a_{11} 和 a_{12} 不全为零，不妨设 $a_{11} \neq 0$（否则交换 $\boldsymbol{a}_1$ 与 $\boldsymbol{a}_2$），则有 $a_{22} - \dfrac{a_{12}}{a_{11}}a_{21} \neq 0$，以及

$$\begin{aligned}
S(\boldsymbol{A}) = S\left(\begin{pmatrix}a_{11} & a_{12}\\ a_{21} & a_{22}\end{pmatrix}\right) &= S\left(\begin{pmatrix}a_{11} & 0\\ a_{21} & a_{22} - \dfrac{a_{12}}{a_{11}}a_{21}\end{pmatrix}\right)\\
&= S\left(\begin{pmatrix}a_{11} & 0\\ 0 & a_{22} - \dfrac{a_{12}}{a_{11}}a_{21}\end{pmatrix}\right)
\end{aligned}$$

$$
= |a_{11}| \left| a_{22} - \frac{a_{12}}{a_{11}} a_{21} \right| S\left(\begin{pmatrix} 1 & 0 \\ 0 & 1 \end{pmatrix} \right)
$$

$$
= | a_{11}a_{22} - a_{12}a_{21} | = |\det \boldsymbol{A}|.
$$

问题 3.3 设 $\boldsymbol{A} = (\boldsymbol{a}_1, \boldsymbol{a}_2, \boldsymbol{a}_3) \in \mathbf{R}^{3\times 3}$，类似于 2 维的情况，可以证明：

1) 交换 $\boldsymbol{A}$ 的任意两列，$V(\boldsymbol{A})$ 保持不变（列交换性）；

2) $V(\boldsymbol{a}_1, \boldsymbol{a}_2, \boldsymbol{a}_3) = V(\boldsymbol{a}_1 + c\boldsymbol{a}_2, \boldsymbol{a}_2, \boldsymbol{a}_3)$（列可加性）；

3) $V(c\boldsymbol{a}_1, \boldsymbol{a}_2, \boldsymbol{a}_3) = |c| V(\boldsymbol{a}_1, \boldsymbol{a}_2, \boldsymbol{a}_3)$（列数乘性）.

利用体积函数的这三个性质，同样可以证明：

$$
S(\boldsymbol{A}) = |\det \boldsymbol{A}|.
$$

在 3 维情况下的以上性质同样也可以推广到 n 维的情况，只是在证明 $S(\boldsymbol{A}) = |\det \boldsymbol{A}|$ 时，如同 $S\left(\begin{pmatrix} 1 & 0 \\ 0 & 1 \end{pmatrix} \right) = 1$ 和 $S\left(\begin{pmatrix} 1 & 0 & 0 \\ 0 & 1 & 0 \\ 0 & 0 & 1 \end{pmatrix} \right) = 1$，需要定义单位超立方体的体积为

$$
S(\boldsymbol{E}) = S\left(\begin{pmatrix} 1 & & & \\ & 1 & & \\ & & \ddots & \\ & & & 1 \end{pmatrix} \right) = 1.
$$

4. 克拉默法则的几何解释

本课题将从分块矩阵乘法和向量代数两个不同的角度，直接导出克拉默法则，并给予克拉默法则一个几何解释.

中心问题 给出克拉默法则的几何解释.

准备知识 行列式，分块矩阵乘法，向量代数，课题3：行列式与体积

课题探究

设 $\boldsymbol{A}$ 是 n 阶矩阵，$\boldsymbol{b}$ 是 n 维列向量，我们用记号 $\boldsymbol{A}\overset{i}{\leftarrow}\boldsymbol{b}$ 表示用 $\boldsymbol{b}$ 代替矩阵 $\boldsymbol{A}$ 中的第 i 列所得到的矩阵，下面将利用它来直接导出解线性方程组

$$\boldsymbol{A}\boldsymbol{x}=\boldsymbol{b} \tag{4.1}$$

的克拉默法则.

问题 4.1 将矩阵 $\boldsymbol{E}\leftarrow\boldsymbol{x}$（其中 $\boldsymbol{E}$ 是 n 阶单位矩阵），按 n 个列分成 n 个块，据分块矩阵的乘法，可以把方程组(4.1)写成

$$\boldsymbol{A}[\boldsymbol{E}\overset{i}{\leftarrow}\boldsymbol{x}]=\boldsymbol{A}\overset{i}{\leftarrow}\boldsymbol{b}. \tag{4.2}$$

试利用(4.2)直接导出克拉默法则.

下面将在 n 维实向量空间 $\mathbf{R}^n$ 中讨论方程组(4.1)的解，我们先讨论二元线性方程组.

设有二元线性方程组

$$\begin{cases}a_{11}x_1+a_{12}x_2=b_1,\\ a_{21}x_1+a_{22}x_2=b_2,\end{cases} \tag{4.3}$$

其中 $a_{11}a_{22}-a_{12}a_{21}\neq 0$，将它写成向量的形式：

$$x_1\boldsymbol{a}_1+x_2\boldsymbol{a}_2=\boldsymbol{b}, \tag{4.4}$$

其中 $\boldsymbol{a}_1=\begin{pmatrix}a_{11}\\ a_{21}\end{pmatrix}$，$\boldsymbol{a}_2=\begin{pmatrix}a_{12}\\ a_{22}\end{pmatrix}$，$\boldsymbol{b}=\begin{pmatrix}b_1\\ b_2\end{pmatrix}$.

设 $v=\begin{pmatrix} a_{22} \\ -a_{12} \end{pmatrix}$，则 $a_2\cdot v=0$（即 $a_2\perp v$），故在(4.4)的两边同时取与向量 v 的数量积，可得

$$x_1 a_1\cdot v=b\cdot v,$$

即

$$x_1=\frac{b\cdot v}{a_1\cdot v}=\frac{b_1a_{22}-b_2a_{12}}{a_{11}a_{22}-a_{21}a_{12}}=\frac{\begin{vmatrix} b_1 & a_{12} \\ b_2 & a_{22} \end{vmatrix}}{\begin{vmatrix} a_{11} & a_{12} \\ a_{21} & a_{22} \end{vmatrix}}.$$

上面我们通过消去向量方程(4.4)中含 x_2 的项解得 x_1. 同样，我们也可以从向量方程(4.4)中消去含 x_1 的项解得 x_2. 由此导出了二元线性方程组的克拉默法则. 本课题的中心问题就是把这种方法加以推广，并给予几何解释.

问题 4.2 将上述直接推导克拉默法则的方法推广到3元线性方程组以及 n 元线性方程组.

问题 4.3 试利用课题3“行列式与体积”，给出二元线性方程组的克拉默法则的几何解释.

探究题 4.1 试给出三元线性方程组和 n 元线性方程组的克拉默法则的几何解释.

问题解答

问题 4.1 在(4.2)两边同时取行列式，得

$$|A|\,|E\overset{i}{\leftarrow}x|=|A\overset{i}{\leftarrow}b|. \tag{4.5}$$

将行列式 $|E\overset{i}{\leftarrow}x|$ 按第 i 列展开得

$$|E\overset{i}{\leftarrow}x|=x_i. \tag{4.6}$$

将(4.6)代入(4.5)得

$$|A|x_i=|A\overset{i}{\leftarrow}b|.$$

若 $|A|\neq 0$，则有

$$x_i = \frac{|\mathbf{A} \overset{i}{\leftarrow} \boldsymbol{b}|}{|\mathbf{A}|}, \quad i = 1,2,\cdots,n.$$

问题 4.2 考查向量方程

$$x_1 \boldsymbol{a}_1 + x_2 \boldsymbol{a}_2 + x_3 \boldsymbol{a}_3 = \boldsymbol{b}, \tag{4.7}$$

其中，$\boldsymbol{a}_i = (a_{1i}, a_{2i}, a_{3i})^{\mathrm{T}}$，$i = 1,2,3$；$|\mathbf{A}| = |(\boldsymbol{a}_1, \boldsymbol{a}_2, \boldsymbol{a}_3)| \neq 0$，即向量 $\boldsymbol{a}_1$，$\boldsymbol{a}_2, \boldsymbol{a}_3$ 不共面. 只要能通过作数量积使 $\boldsymbol{a}_2$ 和 $\boldsymbol{a}_3$ 的项同时为零，就可求得 x_1. 由于 $\boldsymbol{a}_2$ 和 $\boldsymbol{a}_3$ 的向量积分别与 $\boldsymbol{a}_2, \boldsymbol{a}_3$ 垂直，故在(4.7)两边同时取与 $\boldsymbol{a}_2 \times \boldsymbol{a}_3$ 的数量积，可得

$$x_1 \boldsymbol{a}_1 \cdot (\boldsymbol{a}_2 \times \boldsymbol{a}_3) = \boldsymbol{b} \cdot (\boldsymbol{a}_2 \times \boldsymbol{a}_3),$$

所以

$$x_1 = \frac{\boldsymbol{b} \cdot (\boldsymbol{a}_2 \times \boldsymbol{a}_3)}{\boldsymbol{a}_1 \cdot (\boldsymbol{a}_2 \times \boldsymbol{a}_3)}. \tag{4.8}$$

由向量的混合积的性质知，

$$\boldsymbol{b} \cdot (\boldsymbol{a}_2 \times \boldsymbol{a}_3) = \begin{vmatrix} b_1 & a_{12} & a_{13} \\ b_2 & a_{22} & a_{23} \\ b_3 & a_{32} & a_{33} \end{vmatrix},$$

$$\boldsymbol{a}_1 \cdot (\boldsymbol{a}_2 \times \boldsymbol{a}_3) = \begin{vmatrix} a_{11} & a_{12} & a_{13} \\ a_{21} & a_{22} & a_{23} \\ a_{31} & a_{32} & a_{33} \end{vmatrix} = \mathbf{A},$$

故(4.8)即

$$x_1 = \frac{|\mathbf{A} \overset{1}{\leftarrow} \boldsymbol{b}|}{|\mathbf{A}|}.$$

同样可以求出 x_2, x_3，即得 3 元线性方程组的克拉默法则.

下面再讨论 n 元线性方程组，考虑向量方程

$$x_1 \boldsymbol{a}_1 + x_2 \boldsymbol{a}_2 + \cdots + x_n \boldsymbol{a}_n = \boldsymbol{b}, \tag{4.9}$$

其中 $\boldsymbol{a}_i = (a_{i1}, a_{i2}, \cdots, a_{in})^{\mathrm{T}} \in \mathbf{R}^n$. 为了构造一个正交于 $\boldsymbol{a}_2, \cdots, \boldsymbol{a}_n$ 的向量 $\boldsymbol{v}$，我们借用行列式的记号，定义

$$\boldsymbol{v} = \begin{vmatrix} \boldsymbol{e}_1 & \boldsymbol{e}_2 & \cdots & \boldsymbol{e}_n \\ a_{21} & a_{22} & \cdots & a_{2n} \\ \vdots & \vdots & & \vdots \\ a_{n1} & a_{n2} & \cdots & a_{nn} \end{vmatrix},$$

其中 $\boldsymbol{e}_1 = (1,0,\cdots,0)^{\mathrm{T}}$，$\boldsymbol{e}_2 = (0,1,\cdots,0)^{\mathrm{T}}$，$\cdots$，$\boldsymbol{e}_n = (0,0,\cdots,1)^{\mathrm{T}}$. 实际

上，向量 $\boldsymbol{v}$ 就是展开行列式的第 1 行所得的 $\boldsymbol{e}_1,\boldsymbol{e}_2,\cdots,\boldsymbol{e}_n$ 的线性组合. 容易验证，对任一向量 $\boldsymbol{c}=(c_1,c_2,\cdots,c_n)^{\mathrm{T}}$，都有

$$(\boldsymbol{v},\boldsymbol{c})=\boldsymbol{v}\cdot\boldsymbol{c}=\begin{vmatrix} c_1 & c_2 & \cdots & c_n \\ a_{21} & a_{22} & \cdots & a_{2n} \\ \vdots & \vdots & & \vdots \\ a_{n1} & a_{n2} & \cdots & a_{nn} \end{vmatrix},$$

故有

$$\boldsymbol{v}\cdot\boldsymbol{a}_i=(\boldsymbol{v},\boldsymbol{a}_i)=0,\quad i=2,3,\cdots,n.$$

由此在(4.9) 两边同时取与 $\boldsymbol{v}$ 的内积，可得

$$x_1\boldsymbol{a}_1\cdot\boldsymbol{v}=\boldsymbol{b}\cdot\boldsymbol{v},$$

即

$$x_1=\frac{\boldsymbol{b}\cdot\boldsymbol{v}}{\boldsymbol{a}_1\cdot\boldsymbol{v}}=\frac{|\boldsymbol{A}\overset{1}{\leftarrow}\boldsymbol{b}|}{|\boldsymbol{A}|}.$$

由此即得 n 元线性方程组的克拉默法则.

问题 4.3 为了几何解释的方便起见，设 $x_1,x_2>0$. 考虑分别由(4.4)中向量 $x_1\boldsymbol{a}_1,x_2\boldsymbol{a}_2$ 和向量 $\boldsymbol{b},x_2\boldsymbol{a}_2$ 生成的两个平行四边形(见图 4-1).

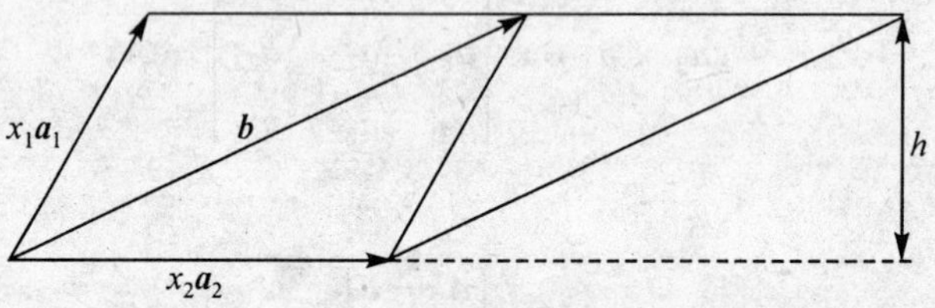

图 4-1

这两个平行四边形有相同的向量 $x_2\boldsymbol{a}_2$ 为底边，也有相同的高 h（这是因为由(4.4)可知，它们的顶点位于同一条直线 $x_1\boldsymbol{a}_1+L(\boldsymbol{a}_2)$ 上，其中 $L(\boldsymbol{a}_2)$ 为由 $\boldsymbol{a}_2$ 张成的 $\mathbf{R}^2$ 的子空间)，所以它们有相同的面积，即

$$S(x_1\boldsymbol{a}_1,x_2\boldsymbol{a}_2)=S(\boldsymbol{b},x_2\boldsymbol{a}_2).$$

由问题 3.2，知

$$S(x_1\boldsymbol{a}_1,x_2\boldsymbol{a}_2)=|\det(x_1\boldsymbol{a}_1,x_2\boldsymbol{a}_2)|,\tag{4.10}$$

$$S(\boldsymbol{b},x_2\boldsymbol{a}_2)=|\det(\boldsymbol{b},x_2\boldsymbol{a}_2)|.\tag{4.11}$$

由(4.10) 和(4.11)，得

$$|\det(x_1\boldsymbol{a}_1,x_2\boldsymbol{a}_2)|=|\det(\boldsymbol{b},x_2\boldsymbol{a}_2)|.\tag{4.12}$$

实际上，由(4.4)可知

$$\det(\boldsymbol{b},x_2\boldsymbol{a}_2)=\det(x_1\boldsymbol{a}_1+x_2\boldsymbol{a}_2,x_2\boldsymbol{a}_2)=\det(x_1\boldsymbol{a}_1,x_2\boldsymbol{a}_2),$$

故不妨设 $\det(x_1\boldsymbol{a}_1,x_2\boldsymbol{a}_2),\det(\boldsymbol{b},x_2\boldsymbol{a}_2)>0$，由(4.12)，得

$$|(x_1\boldsymbol{a}_1,x_2\boldsymbol{a}_2)|=|(\boldsymbol{b},x_2\boldsymbol{a}_2)|.$$

故有

$$x_1x_2|(\boldsymbol{a}_1,\boldsymbol{a}_2)|=x_2|(\boldsymbol{b},\boldsymbol{a}_2)|.$$

因此，有

$$x_1|(\boldsymbol{a}_1,\boldsymbol{a}_2)|=|(\boldsymbol{b},\boldsymbol{a}_2)|,$$

即

$$x_1=\frac{|(\boldsymbol{b},\boldsymbol{a}_2)|}{|(\boldsymbol{a}_1,\boldsymbol{a}_2)|}=\frac{|\boldsymbol{A}\overset{1}{\leftarrow}\boldsymbol{b}|}{|\boldsymbol{A}|}.$$

同样，可以求出 x_2. 于是，我们利用面积函数解释了二元线性方程组的克拉默法则.

5. 分块矩阵的行列式

分块矩阵的运算为矩阵的运算和理论推导都带来了方便. 本课题将研讨分块矩阵的行列式的性质及其应用.

设 $\boldsymbol{A}$ 和 $\boldsymbol{D}$ 是方阵，则由拉普拉斯定理可得

$$\begin{vmatrix} \boldsymbol{A} & \boldsymbol{O} \\ \boldsymbol{O} & \boldsymbol{D} \end{vmatrix} = |\boldsymbol{A}|\,|\boldsymbol{D}|.$$

这表明分块对角矩阵有类似于对角矩阵的行列式性质.

中心问题 行列式究竟有哪些性质可以推广到分块矩阵中去?

准备知识 行列式，分块矩阵的运算

课题探究

我们先探讨分块矩阵中有子块为零矩阵的情况.

问题 5.1 1) 设 $\boldsymbol{B}$ 和 $\boldsymbol{C}$ 分别是 m 阶矩阵和 n 阶矩阵，求 $\begin{vmatrix} \boldsymbol{O} & \boldsymbol{B} \\ \boldsymbol{C} & \boldsymbol{O} \end{vmatrix}$;

2) 若 1) 中 $m = n$，则结果如何?

3) 若 1) 中 $\boldsymbol{B}$ 和 $\boldsymbol{C}$ 不是方阵，则结果如何?

4) 求 $\begin{vmatrix} \boldsymbol{O} & \boldsymbol{B} \\ \boldsymbol{B}^{\mathrm{T}} & \boldsymbol{O} \end{vmatrix}$, $\begin{vmatrix} \boldsymbol{O} & \boldsymbol{B} \\ \boldsymbol{B}^{-1} & \boldsymbol{O} \end{vmatrix}$;

5) 求 $\begin{vmatrix} \boldsymbol{A} & \boldsymbol{B} \\ \boldsymbol{O} & \boldsymbol{D} \end{vmatrix}$, $\begin{vmatrix} \boldsymbol{A} & \boldsymbol{O} \\ \boldsymbol{C} & \boldsymbol{D} \end{vmatrix}$.

探究题 5.1 1) 设 $\boldsymbol{A}$ 是 m 阶非奇异矩阵，$\boldsymbol{b}$ 和 $\boldsymbol{c}$ 是 m 维列向量，求 $\begin{vmatrix} \boldsymbol{A} & \boldsymbol{b} \\ \boldsymbol{c}^{\mathrm{T}} & 0 \end{vmatrix}$.

2) 将 1) 加以推广，求 $\begin{vmatrix} \boldsymbol{A} & \boldsymbol{B} \\ \boldsymbol{C} & \boldsymbol{O} \end{vmatrix}$，其中 $\boldsymbol{A}$ 是 m 阶非奇异矩阵，$\boldsymbol{O}$ 是 n 阶矩阵.

3) 求 $\begin{vmatrix} \boldsymbol{O} & \boldsymbol{B} \\ \boldsymbol{C} & \boldsymbol{D} \end{vmatrix}$，其中 $\boldsymbol{D}$ 是 n 阶非奇异矩阵，$\boldsymbol{O}$ 是 m 阶矩阵.

下面我们探讨有哪些行列式的性质可以推广到分块矩阵中来.

问题 5.2 由行列式的性质知，

$$\begin{vmatrix} qa & qb \\ c & d \end{vmatrix} = q\begin{vmatrix} a & b \\ c & d \end{vmatrix}, \quad \begin{vmatrix} a & b \\ c+qa & d+qb \end{vmatrix} = \begin{vmatrix} a & b \\ c & d \end{vmatrix}.$$

你能把上述两式推广到分块矩阵

$$\boldsymbol{Z} = \begin{pmatrix} \boldsymbol{A} & \boldsymbol{B} \\ \boldsymbol{C} & \boldsymbol{D} \end{pmatrix}$$

(其中 $\boldsymbol{A}$ 是 m 阶矩阵，$\boldsymbol{D}$ 是 n 阶矩阵) 中吗?

问题 5.3 由行列式的性质知，若 $a \neq 0$，则

$$\begin{vmatrix} a & b \\ c & d \end{vmatrix} = \begin{vmatrix} a & b \\ 0 & -ca^{-1}b+d \end{vmatrix} = a(-ca^{-1}b+d).$$

1) 你能否把上式推广到分块矩阵 $\boldsymbol{Z} = \begin{pmatrix} \boldsymbol{A} & \boldsymbol{B} \\ \boldsymbol{C} & \boldsymbol{D} \end{pmatrix}$?

2) 若 $\boldsymbol{A}$ 和 $\boldsymbol{C}$ 可交换(即 $\boldsymbol{AC} = \boldsymbol{CA}$)，结论又如何?

3) 若 $\boldsymbol{A}$ 和 $\boldsymbol{D}$ 是非满秩的，则 1) 中的 $\boldsymbol{Z}$ 是否可能是满秩的?

由问题 5.2 和问题 5.3 可见，计算分块矩阵的行列式的方法实质上就是将计算行列式时所用的行初等变换推广到分块矩阵中来，而且对分块矩阵作这样的“行初等变换”，只要相应地左乘分块的“初等矩阵”.

下面利用以上讨论所得的分块矩阵的行列式的性质，再进一步讨论一些特殊的分块矩阵的性质.

问题 5.4 1) 计算 $\begin{vmatrix} \boldsymbol{E}_m & \boldsymbol{B} \\ \boldsymbol{C} & \boldsymbol{E}_n \end{vmatrix}$，$\begin{vmatrix} \boldsymbol{E}_n & \boldsymbol{C} \\ \boldsymbol{B} & \boldsymbol{E}_m \end{vmatrix}$，你有什么发现?

2) 设 $\boldsymbol{A}$ 和 $\boldsymbol{D}$ 分别是 m 阶和 n 阶可逆矩阵，$\boldsymbol{B}$ 和 $\boldsymbol{C}$ 分别是 $m \times n$ 矩阵和 $n \times m$ 矩阵，证明：

$$|\boldsymbol{A}+\boldsymbol{BDC}| = |\boldsymbol{A}|\,|\boldsymbol{D}|\,|\boldsymbol{D}^{-1}+\boldsymbol{CA}^{-1}\boldsymbol{B}|;$$

3) 证明：$\begin{vmatrix} \boldsymbol{E}_m & \boldsymbol{B} \\ \boldsymbol{C} & \boldsymbol{D} \end{vmatrix} = |\boldsymbol{D}-\boldsymbol{CB}|$.

问题 5.5 设可逆矩阵 $Z=\begin{pmatrix}a & b\\ c & d\end{pmatrix}$ 的逆矩阵为 $Z^{-1}=\begin{pmatrix}p & q\\ r & s\end{pmatrix}$，则

$$s=\frac{a}{|Z|},\quad p=\frac{d}{|Z|}.$$

试将上述结论推广到分块矩阵 $\boldsymbol{Z}=\begin{pmatrix}\boldsymbol{A} & \boldsymbol{B}\\ \boldsymbol{C} & \boldsymbol{D}\end{pmatrix}$ 和 $\boldsymbol{Z}^{-1}=\begin{pmatrix}\boldsymbol{P} & \boldsymbol{Q}\\ \boldsymbol{R} & \boldsymbol{S}\end{pmatrix}$.

问题 5.6 设 $\boldsymbol{A}$ 和 $\boldsymbol{B}$ 是 m 阶矩阵，试将乘法公式 $a^2-b^2=(a+b)(a-b)$ 推广到分块矩阵 $\begin{pmatrix}\boldsymbol{A} & \boldsymbol{B}\\ \boldsymbol{B} & \boldsymbol{A}\end{pmatrix}$.

问题 5.7 设 $\boldsymbol{D}$ 和 $\boldsymbol{F}$ 是可逆矩阵，

$$\boldsymbol{Z}=\begin{pmatrix}\boldsymbol{A} & \boldsymbol{B} & \boldsymbol{C}\\ \boldsymbol{B}^{\mathrm{T}} & \boldsymbol{D} & \boldsymbol{O}\\ \boldsymbol{C}^{\mathrm{T}} & \boldsymbol{O} & \boldsymbol{F}\end{pmatrix}.$$

1) 求 $|\boldsymbol{Z}|$.

2) 在什么条件下，$\boldsymbol{Z}$ 可逆？若 $\boldsymbol{Z}$ 可逆，求其逆矩阵.

最后，我们用分块矩阵的行列式来探讨一些有趣的结果.

探究题 5.2 证明：设 $\boldsymbol{M}$ 是一个可逆矩阵，

$$\boldsymbol{M}=\begin{pmatrix}\boldsymbol{A} & \boldsymbol{B}\\ \boldsymbol{C} & \boldsymbol{D}\end{pmatrix},$$

它的逆矩阵是

$$\boldsymbol{M}^{-1}=\begin{pmatrix}\boldsymbol{A}' & \boldsymbol{B}'\\ \boldsymbol{C}' & \boldsymbol{D}'\end{pmatrix},$$

其中子块 $\boldsymbol{A}'$ 和 $\boldsymbol{D}'$ 分别是与 $\boldsymbol{A}$ 和 $\boldsymbol{D}$ 同阶的方阵，则

$$|\boldsymbol{A}|=|\boldsymbol{D}'|\,|\boldsymbol{M}|. \tag{5.1}$$

注意，如果探究题 5.2 中的 $\boldsymbol{M}$ 是正交矩阵，则 $\boldsymbol{M}^{-1}=\boldsymbol{M}^{\mathrm{T}}$ 且 $|\boldsymbol{M}|=\pm 1$，那么 $|\boldsymbol{A}|=|\boldsymbol{D}^{\mathrm{T}}|\,|\boldsymbol{M}|$，故有

$$|\boldsymbol{A}|=\begin{cases}|\boldsymbol{D}|, & \text{若 } |\boldsymbol{M}|=1,\\ -|\boldsymbol{D}|, & \text{若 } |\boldsymbol{M}|=-1.\end{cases}$$

在探究题 5.2 中的 $\boldsymbol{A}$ 是 $\boldsymbol{M}$ 的左上角子方阵，由此所得的结果是否还能推广呢？

探究题 5.3 设 $\boldsymbol{M}$ 是一个可逆矩阵，$\boldsymbol{A}$ 是由 $\boldsymbol{M}$ 划去除了第 $p,q,\cdots,r$ 行以外的行与划去除了第 $s,t,\cdots,v$ 列以外的列而得到的子方阵，其中 $p<q<\cdots<r$，$s<t<\cdots<v$，以及 $\boldsymbol{D}'$ 是由 $\boldsymbol{M}^{-1}$ 划去第 $s,t,\cdots,v$ 行与划去第 $p,q,\cdots,r$ 列而得到的子方阵．试将(5.1)加以推广．

在探究题 5.3 中所得的利用 $|\boldsymbol{M}|$ 和 $|\boldsymbol{D}'|$ 来计算 $|\boldsymbol{A}|$ 的公式是在 1834 年由德国数学家雅可比(C. G. J. Jacobi，1804—1851)首先证明的．由该公式我们可以得到一个有趣的推论：

设 n 阶矩阵 $\boldsymbol{M}$ 是一个幺模矩阵(即它的所有子式都等于0,1或-1)，且是可逆的，则 $\boldsymbol{M}^{-1}$ 也是幺模矩阵．

问题解答

问题 5.1 1) 由于

$$\begin{pmatrix}\boldsymbol{O} & \boldsymbol{B}\\ \boldsymbol{C} & \boldsymbol{O}\end{pmatrix}=\begin{pmatrix}\boldsymbol{B} & \boldsymbol{O}\\ \boldsymbol{O} & \boldsymbol{C}\end{pmatrix}\begin{pmatrix}\boldsymbol{O} & \boldsymbol{E}_m\\ \boldsymbol{E}_n & \boldsymbol{O}\end{pmatrix},$$

故

$$\begin{vmatrix}\boldsymbol{O} & \boldsymbol{B}\\ \boldsymbol{C} & \boldsymbol{O}\end{vmatrix}=\begin{vmatrix}\boldsymbol{B} & \boldsymbol{O}\\ \boldsymbol{O} & \boldsymbol{C}\end{vmatrix}\begin{vmatrix}\boldsymbol{O} & \boldsymbol{E}_m\\ \boldsymbol{E}_n & \boldsymbol{O}\end{vmatrix}=\begin{vmatrix}\boldsymbol{O} & \boldsymbol{E}_m\\ \boldsymbol{E}_n & \boldsymbol{O}\end{vmatrix}|\boldsymbol{B}||\boldsymbol{C}|.$$

下面计算 $\begin{vmatrix}\boldsymbol{O} & \boldsymbol{E}_m\\ \boldsymbol{E}_n & \boldsymbol{O}\end{vmatrix}$．将它的第 $n+1$ 列通过与它的前 1 列交换位置(重复 n 次)，变成第 1 列，同样将第 $n+2$ 列通过与它的前 1 列重复交换位置 n 次，变成第 2 列，继续下去，直到第 $n+m$ 列变成第 n 列，共需交换列的位置 mn 次，可将行列式 $\begin{vmatrix}\boldsymbol{O} & \boldsymbol{E}_m\\ \boldsymbol{E}_n & \boldsymbol{O}\end{vmatrix}$ 变成 $\begin{vmatrix}\boldsymbol{E}_m & \boldsymbol{O}\\ \boldsymbol{O} & \boldsymbol{E}_n\end{vmatrix}=|\boldsymbol{E}_{m+n}|$，故

$$\begin{vmatrix}\boldsymbol{O} & \boldsymbol{E}_m\\ \boldsymbol{E}_n & \boldsymbol{O}\end{vmatrix}=(-1)^{mn}|\boldsymbol{E}_{m+n}|=(-1)^{mn},$$

因此，

$$\begin{vmatrix}\boldsymbol{O} & \boldsymbol{B}\\ \boldsymbol{C} & \boldsymbol{O}\end{vmatrix}=(-1)^{mn}|\boldsymbol{B}||\boldsymbol{C}|. \tag{5.2}$$

2) 当(5.2)中 $m=n$ 时，由于 m^2 是偶数当且仅当 m 是偶数，故

$$\begin{vmatrix}\boldsymbol{O} & \boldsymbol{B}\\ \boldsymbol{C} & \boldsymbol{O}\end{vmatrix}=(-1)^{m}|\boldsymbol{B}||\boldsymbol{C}|. \tag{5.3}$$

3) 设 $Z=\begin{pmatrix}O & B\\ C & O\end{pmatrix}$，其中 B 是 $m_1\times n_2$ 矩阵，C 是 $m_2\times n_1$ 矩阵，

$$m_1+m_2=n_1+n_2.$$

我们将证明，当 B 和 C 都不是方阵时，$|Z|=0$，即 Z 是非满秩矩阵. 由于

$$Z^{\mathrm{T}}Z=\begin{pmatrix}O & B\\ C & O\end{pmatrix}^{\mathrm{T}}\begin{pmatrix}O & B\\ C & O\end{pmatrix}=\begin{pmatrix}C^{\mathrm{T}}C & O\\ O & B^{\mathrm{T}}B\end{pmatrix},$$

故 $|Z|^2=|Z^{\mathrm{T}}Z|=|B^{\mathrm{T}}B|\,|C^{\mathrm{T}}C|$. 若 $|Z|\neq 0$，则 $|B^{\mathrm{T}}B|\neq 0$ 和 $|C^{\mathrm{T}}C|\neq 0$，故矩阵 $B^{\mathrm{T}}B$ 的秩数

$$\mathrm{r}(B^{\mathrm{T}}B)=n_2.$$

又因 $\mathrm{r}(B^{\mathrm{T}}B)\leqslant \mathrm{r}(B)$，所以 $n_2\leqslant m_1$. 同理可证，$n_1\leqslant \mathrm{r}(C)$，故有 $n_1\leqslant m_2$. 于是，由 $n_1+n_2=m_1+m_2$ 可得

$$m_1=n_2,\quad m_2=n_1,$$

即 B 和 C 都是方阵，这与假设矛盾. 因此，当 B 和 C 不是方阵时，$|Z|=0$.

4) 由 2) 和 3) 得

$$\begin{vmatrix}O & B\\ B^{\mathrm{T}} & O\end{vmatrix}=\begin{cases}(-1)^m|B|^2, & \text{若 } B \text{ 是 } m \text{ 阶矩阵},\\ 0, & \text{若 } B \text{ 不是方阵};\end{cases}$$

$$\begin{vmatrix}O & B\\ B^{-1} & O\end{vmatrix}=(-1)^m|B|\,|B^{-1}|=(-1)^m\quad(B \text{ 是 } m \text{ 阶矩阵}).$$

5) 由拉普拉斯定理得

$$\begin{vmatrix}A & B\\ O & D\end{vmatrix}=\begin{vmatrix}A & O\\ C & D\end{vmatrix}=|A|\,|D|.$$

问题 5.2 对分块矩阵 $Z=\begin{pmatrix}A & B\\ C & D\end{pmatrix}$ 作分块矩阵的“行初等变换”中的倍法变换或消法变换，得 $\begin{pmatrix}QA & QB\\ C & D\end{pmatrix}$ 或 $\begin{pmatrix}A & B\\ C+QA & D+QB\end{pmatrix}$，其中 Q 是 m 阶矩阵或 $n\times m$ 矩阵. 可以证明：

$$\begin{vmatrix}QA & QB\\ C & D\end{vmatrix}=|Q|\begin{vmatrix}A & B\\ C & D\end{vmatrix},\quad \begin{vmatrix}A & B\\ C+QA & D+QB\end{vmatrix}=\begin{vmatrix}A & B\\ C & D\end{vmatrix}.$$

这是因为

$$\begin{pmatrix}Q & O\\ O & E_n\end{pmatrix}\begin{pmatrix}A & B\\ C & D\end{pmatrix}=\begin{pmatrix}QA & QB\\ C & D\end{pmatrix},$$

$$\begin{pmatrix}E_m & O\\ Q & E_n\end{pmatrix}\begin{pmatrix}A & B\\ C & D\end{pmatrix}=\begin{pmatrix}A & B\\ C+QA & D+QB\end{pmatrix}.$$

问题 5.3 1) 可以证明：

如果 A 是可逆的，那么

$$|Z| = |A|\,|D - CA^{-1}B|; \tag{5.4}$$

如果 D 是可逆的，那么

$$|Z| = |D|\,|A - BD^{-1}C|. \tag{5.5}$$

这是因为

$$\begin{pmatrix} E_m & O \\ R & E_n \end{pmatrix}\begin{pmatrix} A & B \\ C & D \end{pmatrix} = \begin{pmatrix} A & B \\ RA + C & RB + D \end{pmatrix}. \tag{5.6}$$

$$\begin{pmatrix} E_m & Q \\ O & E_n \end{pmatrix}\begin{pmatrix} A & B \\ C & D \end{pmatrix} = \begin{pmatrix} A + QC & B + QD \\ C & D \end{pmatrix}, \tag{5.7}$$

如果 $|A| \neq 0$，则在(5.6) 中令 $R = -CA^{-1}$，即得(5.4). 如果 $|D| \neq 0$，在(5.7) 中令 $Q = -BD^{-1}$，即得(5.5).

2) 如果 $|A| \neq 0$，则由(5.4) 可得

$$\begin{vmatrix} A & B \\ C & D \end{vmatrix} = |A|\,|D - CA^{-1}B| = |AD - ACA^{-1}B|$$
$$= |AD - CAA^{-1}B| = |AD - CB|.$$

在实矩阵的情况下，如果 $|A| = 0$，仍有

$$\begin{vmatrix} A & B \\ C & D \end{vmatrix} = |AD - CB| \tag{5.8}$$

成立. 这是因为此时存在一个实数 $\delta > 0$，使得对所有满足 $0 < \varepsilon < \delta$ 的 ε 都有 $|A + \varepsilon E_m| \neq 0$，因而

$$\begin{vmatrix} A + \varepsilon E_m & B \\ C & D \end{vmatrix} = |(A + \varepsilon E_m)D - CB|$$
$$= |AD - CB + \varepsilon D| \quad (0 < \varepsilon < \delta). \tag{5.9}$$

由于(5.9) 两边关于变量 ε 都连续，故令 $\varepsilon \to 0$，即得(5.8).

3) 例如：$Z = \begin{pmatrix} O & E_m \\ E_n & O \end{pmatrix}$ 是满秩的.

问题 5.4 1) 由(5.4)，(5.5) 可得

$$\begin{vmatrix} E_m & B \\ C & E_n \end{vmatrix} = |E_m|\,|E_n - CE_m^{-1}B| = |E_n - CB|$$
$$= |E_m|\,|E_m - BE_n^{-1}C|$$
$$= |E_m - BC|,$$

$$\begin{vmatrix} E_n & C \\ B & E_m \end{vmatrix} = |E_n|\,|E_m - BE_n^{-1}C| = |E_m - BC|$$
$$= |E_m|\,|E_n - CE_m^{-1}B|$$
$$= |E_n - CB|.$$

由此可得

$$\begin{vmatrix} E_m & B \\ C & E_n \end{vmatrix} = \begin{vmatrix} E_n & C \\ B & E_m \end{vmatrix},$$
$$|E_m - BC| = |E_n - CB|. \tag{5.10}$$

2) 由(5.10)得

$$|E_m + (A^{-1}B)(DC)| = |E_n + (DC)(A^{-1}B)|.$$

上式两边同时乘以$|A|$，得

$$|A(E_m + A^{-1}BDC)| = |A|\,|E_n + DCA^{-1}B|.$$

因此，

$$|A + BDC| = |A|\,|D|\,|D^{-1}(E_n + DCA^{-1}B)|$$
$$= |A|\,|D|\,|D^{-1} + CA^{-1}B|.$$

3) 由(5.4)得

$$\begin{vmatrix} E_m & B \\ C & D \end{vmatrix} = |E_m|\,|D - CB| = |D - CB|.$$

问题 5.5 由

$$ZZ^{-1} = \begin{pmatrix} A & B \\ C & D \end{pmatrix}\begin{pmatrix} P & Q \\ R & S \end{pmatrix} = \begin{pmatrix} E_m & O \\ O & E_n \end{pmatrix},$$

得

$$AP + BR = E_m,\quad AQ + BS = O,$$
$$CP + DR = O,\quad CQ + DS = E_n.$$

因而

$$\begin{pmatrix} A & B \\ C & D \end{pmatrix}\begin{pmatrix} E_m & Q \\ O & S \end{pmatrix} = \begin{pmatrix} A & O \\ C & E_n \end{pmatrix},$$
$$\begin{pmatrix} A & B \\ C & D \end{pmatrix}\begin{pmatrix} P & O \\ R & E_n \end{pmatrix} = \begin{pmatrix} E_m & B \\ O & D \end{pmatrix},$$

因此，$|S| = \dfrac{|A|}{|Z|}$，$|P| = \dfrac{|D|}{|Z|}$.

问题 5.6 可以证明

$$\begin{vmatrix} A & B \\ B & A \end{vmatrix} = |A+B|\,|A-B|. \tag{5.11}$$

这是因为

$$\begin{aligned}\begin{pmatrix} E_m & E_m \\ O & E_m \end{pmatrix}\begin{pmatrix} A & B \\ B & A \end{pmatrix} &= \begin{pmatrix} A+B & B+A \\ B & A \end{pmatrix} \\ &= \begin{pmatrix} A+B & O \\ O & E_m \end{pmatrix}\begin{pmatrix} E_m & E_m \\ B & A \end{pmatrix} \\ &= \begin{pmatrix} A+B & O \\ O & E_m \end{pmatrix}\begin{pmatrix} E_m & O \\ B & E_m \end{pmatrix}\begin{pmatrix} E_m & E_m \\ O & A-B \end{pmatrix},\end{aligned}$$

在上式两边取行列式，即得(5.11).

问题 5.7 1) 设 $\widetilde{A}=A$, $\widetilde{B}=(B,C)$, $\widetilde{C}=(B,C)^{\mathrm{T}}$, $\widetilde{D}=\begin{pmatrix} D & O \\ O & F \end{pmatrix}$. 由(5.5)知，

$$\begin{aligned}|Z| = \begin{vmatrix} \widetilde{A} & \widetilde{B} \\ \widetilde{C} & \widetilde{D} \end{vmatrix} &= |\widetilde{D}|\,|\widetilde{A}-\widetilde{B}\widetilde{D}^{-1}\widetilde{C}| \\ &= |D|\,|F|\,|A-BD^{-1}B^{\mathrm{T}}-CF^{-1}C^{\mathrm{T}}|.\end{aligned}$$

2) Z 是可逆矩阵当且仅当 $|A-BD^{-1}B^{\mathrm{T}}-CF^{-1}C^{\mathrm{T}}|\neq 0$.

设 $Q=A-BD^{-1}B^{\mathrm{T}}-CF^{-1}C^{\mathrm{T}}$，如果 $|Q|\neq 0$，即 Q 可逆，则容易求出

$$Z^{-1}=\begin{pmatrix} Q^{-1} & -Q^{-1}BD^{-1} & -Q^{-1}CF^{-1} \\ -D^{-1}B^{\mathrm{T}}Q^{-1} & D^{-1}+D^{-1}B^{\mathrm{T}}Q^{-1}BD^{-1} & D^{-1}B^{\mathrm{T}}Q^{-1}CF^{-1} \\ -F^{-1}C^{\mathrm{T}}Q^{-1} & F^{-1}C^{\mathrm{T}}Q^{-1}BD^{-1} & F^{-1}+F^{-1}C^{\mathrm{T}}Q^{-1}CF^{-1} \end{pmatrix}.$$

事实上，只要解含有 5 个未知矩阵的由 $ZZ^{-1}=E$ 得到的 9 个矩阵方程，即刻可得上式.

6. 降阶计算行列式的奇奥(Chiò) 方法

把计算 n 阶行列式的问题归结为计算较低阶行列式的降阶方法很多. 传统的方法有利用行列式按行(列) 展开定理或拉普拉斯定理展开行列式，或者用行(列) 初等变换化简行列式，使行列式中出现大量的零元素，从而实现降阶. 在课题 5 中，我们利用分块矩阵得到了行列式的降阶公式:

设分块矩阵 $\boldsymbol{Z}=\begin{pmatrix}\boldsymbol{A} & \boldsymbol{B}\\ \boldsymbol{C} & \boldsymbol{D}\end{pmatrix}$ (其中 $\boldsymbol{A}$ 是 m 阶矩阵，$\boldsymbol{D}$ 是 n 阶矩阵)，则如果 $\boldsymbol{A}$ 是可逆的，那么

$$|\boldsymbol{Z}|=|\boldsymbol{A}|\,|\boldsymbol{D}-\boldsymbol{C}\boldsymbol{A}^{-1}\boldsymbol{B}|; \tag{6.1}$$

如果 $\boldsymbol{D}$ 是可逆的，那么

$$|\boldsymbol{Z}|=|\boldsymbol{D}|\,|\boldsymbol{A}-\boldsymbol{B}\boldsymbol{D}^{-1}\boldsymbol{C}|. \tag{6.2}$$

本课题将探求用 2 阶子式降阶计算行列式的方法(该方法最早是由 F. Chiò 于 1853 年提出的，故称为**奇奥方法**)，并将这方法再加以推广.

中心问题 用 2 阶子式来降阶计算行列式.

准备知识 行列式，分块矩阵

课题探究

问题 6.1 1) 设 3 阶矩阵 $\boldsymbol{A}=(a_{ij})$，其中 $a_{33}\neq 0$，用 a_{33} 乘 $\boldsymbol{A}$ 的第 1,2 行，得矩阵

$$\boldsymbol{B}=\begin{pmatrix}a_{11}a_{33} & a_{12}a_{33} & a_{13}a_{33}\\ a_{21}a_{33} & a_{22}a_{33} & a_{23}a_{33}\\ a_{31} & a_{32} & a_{33}\end{pmatrix},$$

然后用 a_{33} 作为主元素施行行消法变换将第 1 行的(1,3) 位置元素与第 2 行的(2,3) 位置元素化为零，考查所得的结果，是否能得到一个用 $\boldsymbol{A}$ 的 2 阶子式来降阶计算行列式 $|\boldsymbol{A}|$ 的方法.

2) 设 n 阶矩阵 $\boldsymbol{A}=(a_{ij})$，其中 $a_{nn}\neq 0$，是否能将 1) 中所得的方法推

广，得到一个用 n 阶矩阵 $\boldsymbol{A}$ 的 2 阶子式来降阶计算行列式 $|\boldsymbol{A}|$ 的方法.

注意，如果 n 阶矩阵 $\boldsymbol{A}=(a_{ij})$ 中 $a_{nn}=0$，而 $a_{rs}\neq 0$，我们可交换第 r 行和第 n 行，同时再交换第 s 列和第 n 列，将元素 a_{rs} 将至 (n,n) 位置上（这样做，不改变行列式 $|\boldsymbol{A}|$ 的值），然后再用问题 6.1 的 2) 中所得的方法对 $|\boldsymbol{A}|$ 进行降阶计算.

问题 6.2 计算 4 阶行列式

$$|\boldsymbol{A}|=\begin{vmatrix}1 & -2 & 3 & 1\\ 4 & 2 & -1 & 0\\ 0 & 2 & 1 & 5\\ -3 & 3 & 1 & 2\end{vmatrix}.$$

设 n 阶矩阵 $\boldsymbol{A}=(a_{ij})$ 中 $a_{11}\neq 0$，我们同样可以用 a_{11} 作为主元素对第 1 列的元素进行消元，得到降阶公式

$$|\boldsymbol{A}|=\frac{1}{a_{11}^{n-2}}|\boldsymbol{D}|, \tag{6.3}$$

其中 $n-1$ 阶矩阵 $\boldsymbol{D}$ 的元素为

$$d_{ij}=\begin{vmatrix}a_{11} & a_{1j}\\ a_{i1} & a_{ij}\end{vmatrix},\quad i,j=2,3,\cdots,n.$$

设 $\boldsymbol{A}\begin{pmatrix}i_1 & i_2 & \cdots & i_k\\ j_1 & j_2 & \cdots & j_k\end{pmatrix}$ 表示 $\boldsymbol{A}=(a_{ij})_{n\times n}$ 中取第 $i_1,i_2,\cdots,i_k$ 行和第 $j_1,j_2,\cdots,j_k$ 列构成的 k 阶子矩阵，则

$$\Delta_k=\left|\boldsymbol{A}\begin{pmatrix}1 & 2 & \cdots & k\\ 1 & 2 & \cdots & k\end{pmatrix}\right|$$

就是 $\boldsymbol{A}$ 的 k 阶顺序主子式，$k=1,2,\cdots,n$. 如果把 $\boldsymbol{A}=(a_{ij})_{n\times n}$ 写成分块矩阵：

$$\boldsymbol{A}=\begin{bmatrix}a_{11} & \boldsymbol{B}\\ \boldsymbol{C} & \boldsymbol{A}\begin{pmatrix}2 & 3 & \cdots & n\\ 2 & 3 & \cdots & n\end{pmatrix}\end{bmatrix}=\begin{bmatrix}\boldsymbol{A}\begin{pmatrix}1\\1\end{pmatrix} & \boldsymbol{B}\\ \boldsymbol{C} & \boldsymbol{A}\begin{pmatrix}2 & 3 & \cdots & n\\ 2 & 3 & \cdots & n\end{pmatrix}\end{bmatrix}, \tag{6.4}$$

其中 $\boldsymbol{B}=(a_{12},a_{13},\cdots,a_{1n})$，$\boldsymbol{C}=(a_{21},a_{31},\cdots,a_{n1})^{\mathrm{T}}$，那么我们也可以利用分块矩阵的降阶公式来证明(6.3). 这是因为由(6.1)可得

$$|\boldsymbol{A}|=\left|\boldsymbol{A}\begin{pmatrix}1\\1\end{pmatrix}\right|\left|\boldsymbol{A}\begin{pmatrix}2 & 3 & \cdots & n\\ 2 & 3 & \cdots & n\end{pmatrix}-\boldsymbol{C}\left[\boldsymbol{A}\begin{pmatrix}1\\1\end{pmatrix}\right]^{-1}\boldsymbol{B}\right|. \tag{6.5}$$

令

$$\boldsymbol{A}\begin{pmatrix}2 & 3 & \cdots & n\\ 2 & 3 & \cdots & n\end{pmatrix}-\boldsymbol{C}\left[\boldsymbol{A}\begin{pmatrix}1\\1\end{pmatrix}\right]^{-1}\boldsymbol{B}$$

$$=\boldsymbol{A}\begin{pmatrix}2 & 3 & \cdots & n\\ 2 & 3 & \cdots & n\end{pmatrix}-(a_{21},a_{31},\cdots,a_{n1})^{\mathrm{T}}a_{11}^{-1}(a_{12},a_{13},\cdots,a_{1n})$$

$$=\begin{pmatrix}h_{22} & h_{23} & \cdots & h_{2n}\\ h_{32} & h_{33} & \cdots & h_{3n}\\ \vdots & \vdots & \ddots & \vdots\\ h_{n2} & h_{n3} & \cdots & h_{nn}\end{pmatrix}, \tag{6.6}$$

则

$$h_{ij}=a_{ij}-a_{i1}a_{11}^{-1}a_{1j}=\frac{1}{a_{11}}\begin{vmatrix}a_{11} & a_{1j}\\ a_{i1} & a_{ij}\end{vmatrix},\quad i,j=2,3,\cdots,n. \tag{6.7}$$

将(6.6)和(6.7)代入(6.5)，即得(6.3).

(6.3)也可写成

$$|\boldsymbol{A}|=\frac{1}{\Delta_1^{n-2}}\begin{vmatrix}d_{22} & d_{23} & \cdots & d_{2n}\\ d_{32} & d_{33} & \cdots & d_{3n}\\ \vdots & \vdots & \ddots & \vdots\\ d_{n2} & d_{n3} & \cdots & d_{nn}\end{vmatrix}, \tag{6.8}$$

其中 $d_{ij}=\left|\boldsymbol{A}\begin{pmatrix}1 & i\\ 1 & j\end{pmatrix}\right|$, $i,j=2,3,\cdots,n$. 以上证明了它可以由 $\boldsymbol{A}$ 的分块矩阵(6.4)推出，那么，这个结果是否再能推广呢？

探究题 6.1 1) 设 n 阶矩阵 $\boldsymbol{A}=(a_{ij})$ 的 2 阶顺序主子式 $\Delta_2=\left|\boldsymbol{A}\begin{pmatrix}1 & 2\\ 1 & 2\end{pmatrix}\right|\neq 0$，那么，我们是否可以用分块矩阵

$$\boldsymbol{A}=\begin{pmatrix}\boldsymbol{A}\begin{pmatrix}1 & 2\\ 1 & 2\end{pmatrix} & \boldsymbol{B}\\ \boldsymbol{C} & \boldsymbol{A}\begin{pmatrix}3 & 4 & \cdots & n\\ 3 & 4 & \cdots & n\end{pmatrix}\end{pmatrix}$$

(其中 $\boldsymbol{B}=\begin{pmatrix}a_{13} & a_{14} & \cdots & a_{1n}\\ a_{23} & a_{24} & \cdots & a_{2n}\end{pmatrix}$ 和 $\boldsymbol{C}=\begin{pmatrix}a_{31} & a_{41} & \cdots & a_{n1}\\ a_{32} & a_{42} & \cdots & a_{n2}\end{pmatrix}^{\mathrm{T}}$)的降阶公式来推出与(6.8)相应的降阶公式呢？

2) 设 n 阶矩阵 $\boldsymbol{A}=(a_{ij})$ 的 k 阶顺序主子式 $\Delta_k=\left|\boldsymbol{A}\begin{pmatrix}1 & 2 & \cdots & k\\ 1 & 2 & \cdots & k\end{pmatrix}\right|\neq 0$,

那么，我们是否可以将1)的结果再推广到用$A\begin{pmatrix}1 & 2 & \cdots & k\\ 1 & 2 & \cdots & k\end{pmatrix}$来对$A$进行分块的情况呢？

我们看到，如果n阶矩阵$A=(a_{ij})$中$a_{11}\neq 0$，那么可以用a_{11}作为主元素对第1列的元素进行消元，得到降阶公式$|A|=\frac{1}{a_{11}^{n-2}}|D|$，其中$n-1$阶矩阵$D$的元素为

$$d_{ij}=\begin{vmatrix}a_{11} & a_{1j}\\ a_{i1} & a_{ij}\end{vmatrix},\quad i,j=2,3,\cdots,n.$$

我们知道，矩阵的行消法变换不改变它的行列式的值，同时也不改变它的秩. 那么是否可以将奇奥方法推广，用来计算矩阵的秩呢？

探究题 6.2 设$m\times n$矩阵$A=(a_{ij})$中元素$a_{11}\neq 0$，试给出一个用2阶子式降阶计算A的秩的公式，并用该方法求下列矩阵的秩：

1) $\begin{pmatrix}3 & -8 & 7 & -5\\ 5 & -4 & 9 & 1\\ 2 & 3 & 6 & 5\end{pmatrix}$；　　2) $\begin{pmatrix}4 & 3 & -5 & 6\\ 6 & 2 & 0 & 2\\ 3 & 5 & -12 & 5\\ 2 & 2 & -4 & 2\end{pmatrix}$.

问题解答

问题 6.1 1) 对B的第1行和第2行施行行消法变换，得

$$C=\begin{pmatrix}a_{11}a_{33}-a_{13}a_{31} & a_{12}a_{33}-a_{13}a_{32} & 0\\ a_{21}a_{33}-a_{23}a_{31} & a_{22}a_{33}-a_{23}a_{32} & 0\\ a_{31} & a_{32} & a_{33}\end{pmatrix}=\left(\begin{array}{cc:c}\multicolumn{2}{c:}{\multirow{2}{*}{D}} & 0\\ & & 0\\ \hdashline a_{31} & a_{32} & a_{33}\end{array}\right),$$

其中D的元素为

$$d_{ij}=\begin{vmatrix}a_{ij} & a_{i3}\\ a_{3j} & a_{33}\end{vmatrix},\quad i,j=1,2. \tag{6.9}$$

我们看到，2阶矩阵D的每个元素d_{ij}都等于由A的元素a_{ij}加上一行一列变成的A的2阶子式. 由于

$$|B|=|C|=a_{33}|D|, \tag{6.10}$$

又因$|B|=a_{33}^2|A|$，故由(6.10)，得

$$|\boldsymbol{A}|=\frac{1}{a_{33}}|\boldsymbol{D}|,$$

这样，将3阶行列式$|\boldsymbol{A}|$的计算归结为计算2阶行列式$|\boldsymbol{D}|$，其中$\boldsymbol{D}$的元素d_{ij}为$\boldsymbol{A}$的2阶子式$\begin{vmatrix} a_{ij} & a_{i3} \\ a_{3j} & a_{33} \end{vmatrix}$，$i,j=1,2$.

2) 对于n阶矩阵$\boldsymbol{A}=(a_{ij})$，当$a_{nn}\neq 0$时，用与1)相同的方法可以证明

$$|\boldsymbol{A}|=\frac{1}{a_{nn}^{n-2}}|\boldsymbol{D}|, \tag{6.11}$$

其中$n-1$阶矩阵$\boldsymbol{D}=(d_{ij})$的元素为

$$d_{ij}=a_{ij}a_{nn}-a_{in}a_{nj}=\begin{vmatrix} a_{ij} & a_{in} \\ a_{nj} & a_{nn} \end{vmatrix},$$

是$\boldsymbol{A}$的2阶子式，$i,j=1,2,\cdots,n-1$.

问题 6.2 由(6.11)，得

$$|\boldsymbol{A}|=\frac{1}{2^{4-2}}\begin{vmatrix} \begin{vmatrix} 1 & 1 \\ -3 & 2 \end{vmatrix} & \begin{vmatrix} -2 & 1 \\ 3 & 2 \end{vmatrix} & \begin{vmatrix} 3 & 1 \\ 1 & 2 \end{vmatrix} \\ \begin{vmatrix} 4 & 0 \\ -3 & 2 \end{vmatrix} & \begin{vmatrix} 2 & 0 \\ 3 & 2 \end{vmatrix} & \begin{vmatrix} -1 & 0 \\ 1 & 2 \end{vmatrix} \\ \begin{vmatrix} 0 & 5 \\ -3 & 2 \end{vmatrix} & \begin{vmatrix} 2 & 5 \\ 3 & 2 \end{vmatrix} & \begin{vmatrix} 1 & 5 \\ 1 & 2 \end{vmatrix} \end{vmatrix}=\frac{1}{4}\begin{vmatrix} 5 & -7 & 5 \\ 8 & 4 & -2 \\ 15 & -11 & -3 \end{vmatrix}. \tag{6.12}$$

对上式中3阶行列式再用(6.11)降阶，得

$$|\boldsymbol{A}|=\frac{1}{4}\,\frac{1}{(-3)^{3-2}}\begin{vmatrix} \begin{vmatrix} 5 & 5 \\ 15 & -3 \end{vmatrix} & \begin{vmatrix} -7 & 5 \\ -11 & -3 \end{vmatrix} \\ \begin{vmatrix} 8 & -2 \\ 15 & -3 \end{vmatrix} & \begin{vmatrix} 4 & -2 \\ -11 & -3 \end{vmatrix} \end{vmatrix}=-\frac{1}{12}\begin{vmatrix} -90 & 76 \\ 6 & -34 \end{vmatrix}$$

$$=-217.$$

注意，如果对(6.12)右边的3阶行列式，选用(3,2)位置上的-11作为主元素也可进行降阶，得

$$|\boldsymbol{A}|=\frac{1}{4}\,\frac{1}{(-11)^{3-2}}\begin{vmatrix} \begin{vmatrix} 5 & -7 \\ 15 & -11 \end{vmatrix} & \begin{vmatrix} -7 & 5 \\ -11 & -3 \end{vmatrix} \\ \begin{vmatrix} 8 & 4 \\ 15 & -11 \end{vmatrix} & \begin{vmatrix} 4 & -2 \\ -11 & -3 \end{vmatrix} \end{vmatrix}$$

$$=-\frac{1}{44}\begin{vmatrix} 50 & 76 \\ -148 & -34 \end{vmatrix}=-217.$$

7. 分块矩阵的秩

利用分块矩阵的加法和乘法，可以分别给出矩阵和与矩阵乘积的秩的公式：

设 $\boldsymbol{A}$ 和 $\boldsymbol{B}$ 是 $m\times n$ 矩阵，则

$$\mathrm{r}(\boldsymbol{A}+\boldsymbol{B})\leqslant \mathrm{r}(\boldsymbol{A})+\mathrm{r}(\boldsymbol{B});$$

设 $\boldsymbol{A}$ 和 $\boldsymbol{B}$ 分别是 $m\times n$ 矩阵和 $n\times p$ 矩阵，则

$$\mathrm{r}(\boldsymbol{AB})\leqslant \min\{\mathrm{r}(\boldsymbol{A}),\mathrm{r}(\boldsymbol{B})\}.$$

本课题将研讨分块矩阵 $\boldsymbol{Z}=\begin{pmatrix}\boldsymbol{A} & \boldsymbol{B}\\ \boldsymbol{C} & \boldsymbol{D}\end{pmatrix}$ 的秩的降阶公式，从而得到矩阵乘积的秩的上、下界估计式（西尔维斯特(Sylvester) 不等式），并给出西尔维斯特公式的一些应用.

中心问题　研讨分块矩阵 $\boldsymbol{Z}=\begin{pmatrix}\boldsymbol{A} & \boldsymbol{B}\\ \boldsymbol{C} & \boldsymbol{D}\end{pmatrix}$ 的秩的降阶公式，并给出其应用.

准备知识　矩阵的秩，分块矩阵的运算，向量的线性相关性

课题探究

我们先讨论分块矩阵 $\boldsymbol{Z}$ 中有子块是零矩阵时的秩的性质，然后再讨论更一般的情形.

设分块矩阵 $\boldsymbol{Z}=\begin{pmatrix}\boldsymbol{A} & \boldsymbol{B}\\ \boldsymbol{C} & \boldsymbol{D}\end{pmatrix}$ 中有两个子块是零矩阵（其中 $\boldsymbol{A}$ 和 $\boldsymbol{D}$ 不一定是方阵），例如：令

$$\boldsymbol{Z}_1=\begin{pmatrix}\boldsymbol{A} & \boldsymbol{O}\\ \boldsymbol{O} & \boldsymbol{D}\end{pmatrix},\quad \boldsymbol{Z}_2=\begin{pmatrix}\boldsymbol{O} & \boldsymbol{B}\\ \boldsymbol{C} & \boldsymbol{O}\end{pmatrix},$$

则 $\boldsymbol{Z}_1$ 和 $\boldsymbol{Z}_2$ 中都有两个子块是零矩阵，此时我们容易证明：

$$\mathrm{r}(\boldsymbol{Z}_1)=\mathrm{r}(\boldsymbol{A})+\mathrm{r}(\boldsymbol{D}),\quad \mathrm{r}(\boldsymbol{Z}_2)=\mathrm{r}(\boldsymbol{B})+\mathrm{r}(\boldsymbol{C}).$$

当分块矩阵 $\boldsymbol{Z}=\begin{pmatrix}\boldsymbol{A} & \boldsymbol{B}\\ \boldsymbol{C} & \boldsymbol{D}\end{pmatrix}$ 中有一个子块是零矩阵（例如：$\boldsymbol{C}$（或 $\boldsymbol{B}$）$=\boldsymbol{O}$，

或者 $\boldsymbol{D}$（或 $\boldsymbol{A}$）$=\boldsymbol{O}$）时，$\boldsymbol{Z}$ 的秩又有什么性质呢？

问题 7.1 设 $\boldsymbol{Z}_1=\begin{pmatrix}\boldsymbol{A} & \boldsymbol{B}\\ \boldsymbol{O} & \boldsymbol{D}\end{pmatrix}$，$\boldsymbol{Z}_2=\begin{pmatrix}\boldsymbol{A} & \boldsymbol{O}\\ \boldsymbol{C} & \boldsymbol{D}\end{pmatrix}$.

1） 等式

$$\mathrm{r}(\boldsymbol{Z}_1)=\mathrm{r}(\boldsymbol{A})+\mathrm{r}(\boldsymbol{D}),\quad \mathrm{r}(\boldsymbol{Z}_2)=\mathrm{r}(\boldsymbol{A})+\mathrm{r}(\boldsymbol{D}) \tag{7.1}$$

是否成立？

2） $\boldsymbol{A}$ 或 $\boldsymbol{D}$ 满足什么条件时可使(7.1)成立？

3） 设 $\boldsymbol{B}$ 是可逆矩阵，证明：

$$\mathrm{r}(\boldsymbol{Z}_1)=\mathrm{r}(\boldsymbol{B})+\mathrm{r}(\boldsymbol{D}\boldsymbol{B}^{-1}\boldsymbol{A});$$

设 $\boldsymbol{C}$ 是可逆矩阵，证明：

$$\mathrm{r}(\boldsymbol{Z}_2)=\mathrm{r}(\boldsymbol{C})+\mathrm{r}(\boldsymbol{A}\boldsymbol{C}^{-1}\boldsymbol{D}).$$

问题 7.2 1） 证明：

$$\mathrm{r}\begin{pmatrix}\boldsymbol{A} & \boldsymbol{B}\\ \boldsymbol{O} & \boldsymbol{D}\end{pmatrix}\geqslant \mathrm{r}(\boldsymbol{A})+\mathrm{r}(\boldsymbol{D}),\quad \mathrm{r}\begin{pmatrix}\boldsymbol{A} & \boldsymbol{O}\\ \boldsymbol{C} & \boldsymbol{D}\end{pmatrix}\geqslant \mathrm{r}(\boldsymbol{A})+\mathrm{r}(\boldsymbol{D}).$$

2） 在一般情形下，不等式

$$\mathrm{r}\begin{pmatrix}\boldsymbol{A} & \boldsymbol{B}\\ \boldsymbol{C} & \boldsymbol{D}\end{pmatrix}\geqslant \mathrm{r}(\boldsymbol{A})+\mathrm{r}(\boldsymbol{D})$$

是否成立？

问题 7.3 设 $\boldsymbol{Z}_1=\begin{pmatrix}\boldsymbol{A} & \boldsymbol{B}\\ \boldsymbol{C} & \boldsymbol{O}\end{pmatrix}$，$\boldsymbol{Z}_2=\begin{pmatrix}\boldsymbol{O} & \boldsymbol{B}\\ \boldsymbol{C} & \boldsymbol{D}\end{pmatrix}$，关于 $\mathrm{r}(\boldsymbol{Z}_1)$ 和 $\mathrm{r}(\boldsymbol{Z}_2)$，你能得到什么结论？

通过问题7.1和问题7.3的讨论，我们得到了当分块矩阵 $\boldsymbol{Z}=\begin{pmatrix}\boldsymbol{A} & \boldsymbol{B}\\ \boldsymbol{C} & \boldsymbol{D}\end{pmatrix}$ 中有一个子块是零矩阵时秩的降阶公式，即可以通过计算低阶矩阵的秩来得到 $\boldsymbol{Z}$ 的秩. 下面讨论在更一般的情形下，$\boldsymbol{Z}$ 的秩的降阶公式.

问题 7.4 对矩阵 $\begin{pmatrix}a & b\\ c & d\end{pmatrix}$，可以通过左乘和右乘初等矩阵(即通过行和列初等变换)，化成等价的对角矩阵(例如：当 $a\neq 0$ 时，有

$$\begin{pmatrix}1 & 0\\ -ca^{-1} & 1\end{pmatrix}\begin{pmatrix}a & b\\ c & d\end{pmatrix}\begin{pmatrix}1 & -a^{-1}b\\ 0 & 1\end{pmatrix}=\begin{pmatrix}a & 0\\ 0 & d-ca^{-1}b\end{pmatrix}),$$

从而计算它的秩. 你能否将这个结果推广到分块矩阵 $\boldsymbol{Z}=\begin{bmatrix}\boldsymbol{A} & \boldsymbol{B}\\ \boldsymbol{C} & \boldsymbol{D}\end{bmatrix}$，从而得到分块矩阵 $\boldsymbol{Z}$ 的秩的降阶公式？

探究题 7.1 对给定的 $m_1\times n_1$ 矩阵 $\boldsymbol{A}$，$m_1\times n_2$ 矩阵 $\boldsymbol{B}$ 和 $m_2\times n_1$ 矩阵 $\boldsymbol{C}$，求当 $m_2\times n_2$ 矩阵 $\boldsymbol{X}$ 取遍 $\mathbf{R}^{m_2\times n_2}$ 时，矩阵 $\begin{bmatrix}\boldsymbol{A} & \boldsymbol{B}\\ \boldsymbol{C} & \boldsymbol{X}\end{bmatrix}$ 的最小秩

$$\min\left\{\mathrm{r}\begin{bmatrix}\boldsymbol{A} & \boldsymbol{B}\\ \boldsymbol{C} & \boldsymbol{X}\end{bmatrix}\middle|\boldsymbol{X}\in\mathbf{R}^{m_2\times n_2}\right\}$$

的计算公式.

在问题 7.4 中，我们可得到分块矩阵的秩的降阶公式：

$$\mathrm{r}(\boldsymbol{Z})=\mathrm{r}(\boldsymbol{A})+\mathrm{r}(\boldsymbol{D}-\boldsymbol{C}\boldsymbol{A}^{-1}\boldsymbol{B}),\quad 若|\boldsymbol{A}|\neq 0. \tag{7.2}$$

由降阶公式(7.2)，将得到矩阵乘积的秩的下界估计式：把(7.2)改写成

$$\mathrm{r}(\boldsymbol{D}-\boldsymbol{C}\boldsymbol{A}^{-1}\boldsymbol{B})=\mathrm{r}\begin{bmatrix}\boldsymbol{A} & \boldsymbol{B}\\ \boldsymbol{C} & \boldsymbol{D}\end{bmatrix}-\mathrm{r}(\boldsymbol{A}). \tag{7.3}$$

在(7.3)中，令 $\boldsymbol{A}=\boldsymbol{E}_n$，$\boldsymbol{C}=-\boldsymbol{A}$，$\boldsymbol{D}=\boldsymbol{O}$，得

$$\begin{aligned}\mathrm{r}(\boldsymbol{AB})&=\mathrm{r}(\boldsymbol{O}+\boldsymbol{A}\boldsymbol{E}_n^{-1}\boldsymbol{B})=\mathrm{r}\begin{bmatrix}\boldsymbol{E}_n & \boldsymbol{B}\\ -\boldsymbol{A} & \boldsymbol{O}\end{bmatrix}-\mathrm{r}(\boldsymbol{E}_n)\\ &=\mathrm{r}\begin{bmatrix}\boldsymbol{B} & -\boldsymbol{E}_n\\ \boldsymbol{O} & \boldsymbol{A}\end{bmatrix}-\mathrm{r}(\boldsymbol{E}_n)\\ &\geqslant\mathrm{r}(\boldsymbol{A})+\mathrm{r}(\boldsymbol{B})-\mathrm{r}(\boldsymbol{E}_n)\quad(由问题 7.2 的 1))\\ &=\mathrm{r}(\boldsymbol{A})+\mathrm{r}(\boldsymbol{B})-\boldsymbol{A}\ 的列数.\end{aligned}$$

由此可得，矩阵乘积的秩的上、下界估计式

$$\min\{\mathrm{r}(\boldsymbol{A}),\mathrm{r}(\boldsymbol{B})\}\geqslant\mathrm{r}(\boldsymbol{AB})\geqslant\mathrm{r}(\boldsymbol{A})+\mathrm{r}(\boldsymbol{B})-\boldsymbol{A}\ 的列数. \tag{7.4}$$

(7.4) 称为**西尔维斯特不等式**，它在矩阵的秩的理论中很有用.

问题 7.5 1) 设 $\boldsymbol{A}$ 是 $m\times n$ 矩阵，$\boldsymbol{P}$ 是 $l\times m$ 列满秩矩阵，$\boldsymbol{Q}$ 是 $n\times s$ 行满秩矩阵(如果矩阵的秩等于它的列数(或行数)，则称此矩阵为列(或行)满秩矩阵). 证明：$\mathrm{r}(\boldsymbol{PA})=\mathrm{r}(\boldsymbol{AQ})=\mathrm{r}(\boldsymbol{PAQ})=\mathrm{r}(\boldsymbol{A})$.

2) 设 $\boldsymbol{A}$ 和 $\boldsymbol{B}$ 分别是 $m\times n$ 和 $n\times l$ 矩阵，且 $\boldsymbol{AB}=\boldsymbol{O}$，证明：

$$\mathrm{r}(\boldsymbol{A})\leqslant n-\mathrm{r}(\boldsymbol{B}).$$

问题 7.6 在问题 5.4 的 1) 中，我们证明了 $\boldsymbol{E}_m-\boldsymbol{BC}$ 和 $\boldsymbol{E}_n-\boldsymbol{CB}$ 的行列式相等. 那么，在下列条件下，$\boldsymbol{E}_m-\boldsymbol{BC}$ 与 $\boldsymbol{E}_n-\boldsymbol{CB}$ 的秩之间有什么关系？

1） 设 $\boldsymbol{B}$ 和 $\boldsymbol{C}$ 都是 n 阶矩阵；

2） 设 $\boldsymbol{B}$ 是 $m\times n$ 矩阵，$\boldsymbol{C}$ 是 $n\times m$ 矩阵.

问题解答

问题 7.1 1） 等式(7.1)不成立. 例如：令 $\boldsymbol{A}=\boldsymbol{O}$, $\boldsymbol{D}=\boldsymbol{O}$, 则 $\mathrm{r}(\boldsymbol{A})=\mathrm{r}(\boldsymbol{D})=0$，而 $\mathrm{r}(\boldsymbol{Z}_1)=\mathrm{r}(\boldsymbol{B})$ 和 $\mathrm{r}(\boldsymbol{Z}_2)=\mathrm{r}(\boldsymbol{C})$ 在一般情形下都不等于零，除非 $\boldsymbol{B}=\boldsymbol{O}$ 和 $\boldsymbol{C}=\boldsymbol{O}$.

2） 可以证明，若 $\boldsymbol{A}$ 可逆或 $\boldsymbol{D}$ 可逆（或者 $\boldsymbol{A}$ 与 $\boldsymbol{D}$ 同时可逆），则(7.1)成立.

事实上，若 m 阶矩阵 $\boldsymbol{A}$ 可逆，设 $\boldsymbol{D}$ 为 $n\times p$ 矩阵，则有

$$\begin{pmatrix}\boldsymbol{A}&\boldsymbol{B}\\\boldsymbol{O}&\boldsymbol{D}\end{pmatrix}\begin{pmatrix}\boldsymbol{E}_m&-\boldsymbol{A}^{-1}\boldsymbol{B}\\\boldsymbol{O}&\boldsymbol{E}_p\end{pmatrix}=\begin{pmatrix}\boldsymbol{A}&\boldsymbol{O}\\\boldsymbol{O}&\boldsymbol{D}\end{pmatrix}=\begin{pmatrix}\boldsymbol{E}_m&\boldsymbol{O}\\-\boldsymbol{C}\boldsymbol{A}^{-1}&\boldsymbol{E}_n\end{pmatrix}\begin{pmatrix}\boldsymbol{A}&\boldsymbol{O}\\\boldsymbol{C}&\boldsymbol{D}\end{pmatrix}.$$

由于 $\begin{pmatrix}\boldsymbol{E}_m&-\boldsymbol{A}^{-1}\boldsymbol{B}\\\boldsymbol{O}&\boldsymbol{E}_p\end{pmatrix}$ 和 $\begin{pmatrix}\boldsymbol{E}_m&\boldsymbol{O}\\-\boldsymbol{C}\boldsymbol{A}^{-1}&\boldsymbol{E}_n\end{pmatrix}$ 都是可逆矩阵，利用矩阵乘积的秩的定理，由上式容易推出

$$\mathrm{r}\begin{pmatrix}\boldsymbol{A}&\boldsymbol{B}\\\boldsymbol{O}&\boldsymbol{D}\end{pmatrix}=\mathrm{r}\begin{pmatrix}\boldsymbol{A}&\boldsymbol{O}\\\boldsymbol{O}&\boldsymbol{D}\end{pmatrix}=\mathrm{r}\begin{pmatrix}\boldsymbol{A}&\boldsymbol{O}\\\boldsymbol{C}&\boldsymbol{D}\end{pmatrix},$$

即 $\mathrm{r}(\boldsymbol{Z}_1)=\mathrm{r}(\boldsymbol{Z}_2)=\mathrm{r}(\boldsymbol{A})+\mathrm{r}(\boldsymbol{D})$.

类似地，若 n 阶矩阵 $\boldsymbol{D}$ 可逆，设 $\boldsymbol{A}$ 为 $m\times q$ 矩阵，则有

$$\begin{pmatrix}\boldsymbol{E}_m&-\boldsymbol{B}\boldsymbol{D}^{-1}\\\boldsymbol{O}&\boldsymbol{E}_n\end{pmatrix}\begin{pmatrix}\boldsymbol{A}&\boldsymbol{B}\\\boldsymbol{O}&\boldsymbol{D}\end{pmatrix}=\begin{pmatrix}\boldsymbol{A}&\boldsymbol{O}\\\boldsymbol{O}&\boldsymbol{D}\end{pmatrix}=\begin{pmatrix}\boldsymbol{A}&\boldsymbol{O}\\\boldsymbol{C}&\boldsymbol{D}\end{pmatrix}\begin{pmatrix}\boldsymbol{E}_q&\boldsymbol{O}\\-\boldsymbol{D}^{-1}\boldsymbol{C}&\boldsymbol{E}_n\end{pmatrix},$$

因而(7.1)同样成立.

注意，上述条件不是(7.1)成立的必要条件. 例如：当 $\boldsymbol{B}=\boldsymbol{O}$ 和 $\boldsymbol{C}=\boldsymbol{O}$ 时，无论 $\boldsymbol{A}$ 和 $\boldsymbol{D}$ 是否满秩，都有(7.1)成立.

3）由等式

$$\begin{pmatrix}\boldsymbol{E}_m&\boldsymbol{O}\\-\boldsymbol{D}\boldsymbol{B}^{-1}&\boldsymbol{E}_n\end{pmatrix}\begin{pmatrix}\boldsymbol{A}&\boldsymbol{B}\\\boldsymbol{O}&\boldsymbol{D}\end{pmatrix}\begin{pmatrix}\boldsymbol{O}&\boldsymbol{E}_p\\\boldsymbol{E}_m&-\boldsymbol{B}^{-1}\boldsymbol{A}\end{pmatrix}=\begin{pmatrix}\boldsymbol{B}&\boldsymbol{O}\\\boldsymbol{O}&-\boldsymbol{D}\boldsymbol{B}^{-1}\boldsymbol{A}\end{pmatrix}$$

和

$$\begin{pmatrix}\boldsymbol{O}&\boldsymbol{E}_n\\\boldsymbol{E}_m&-\boldsymbol{A}\boldsymbol{C}^{-1}\end{pmatrix}\begin{pmatrix}\boldsymbol{A}&\boldsymbol{O}\\\boldsymbol{C}&\boldsymbol{D}\end{pmatrix}\begin{pmatrix}\boldsymbol{E}_n&-\boldsymbol{C}^{-1}\boldsymbol{D}\\\boldsymbol{O}&\boldsymbol{E}_q\end{pmatrix}=\begin{pmatrix}\boldsymbol{C}&\boldsymbol{O}\\\boldsymbol{O}&-\boldsymbol{A}\boldsymbol{C}^{-1}\boldsymbol{D}\end{pmatrix},$$

即刻可得.

问题 7.2 1) 设 $Z=\begin{pmatrix}A & B\\ O & D\end{pmatrix}$，其中 A 是 $m\times p$ 矩阵，B 是 $m\times q$ 矩阵，D 是 $n\times q$ 矩阵. 令 $\mathrm{r}(A)=r$，$\mathrm{r}(D)=s$，则

$$r\leqslant p,\quad s\leqslant q,$$

且 A 有 r 个线性无关的列向量，设为 $a_1,a_2,\cdots,a_r$，D 有 s 个线性无关的列向量，设为 $d_1,d_2,\cdots,d_s$. 设 b_j 是矩阵 Z 中恰好在 d_j 上方的 B 的列，我们将证明 Z 中的 $r+s$ 个列向量

$$\begin{pmatrix}a_1\\ 0\end{pmatrix},\begin{pmatrix}a_2\\ 0\end{pmatrix},\cdots,\begin{pmatrix}a_r\\ 0\end{pmatrix},\begin{pmatrix}b_1\\ d_1\end{pmatrix},\begin{pmatrix}b_2\\ d_2\end{pmatrix},\cdots,\begin{pmatrix}b_s\\ d_s\end{pmatrix}\qquad(\text{Ⅰ})$$

是线性无关的. 事实上，若存在不全为零的数 $\alpha_1,\alpha_2,\cdots,\alpha_r,\beta_1,\beta_2,\cdots,\beta_s$ 使得

$$\sum_{i=1}^{r}\alpha_i\begin{pmatrix}a_i\\ 0\end{pmatrix}+\sum_{j=1}^{s}\beta_j\begin{pmatrix}b_j\\ d_j\end{pmatrix}=0,$$

则有

$$\sum_{i=1}^{r}\alpha_i a_i+\sum_{j=1}^{s}\beta_j b_j=0,\quad \sum_{j=1}^{s}\beta_j d_j=0.$$

因为 $d_1,d_2,\cdots,d_s$ 线性无关，所以由第 2 个等式得 $\beta_1=\beta_2=\cdots=\beta_s=0$，又因 $a_1,a_2,\cdots,a_r$ 线性无关，再由第 1 个等式得 $\alpha_1=\alpha_2=\cdots=\alpha_r=0$，故向量组(Ⅰ)线性无关，因而 Z 中存在(至少) $r+s$ 个线性无关的列向量，即

$$\mathrm{r}(Z)\geqslant r+s=\mathrm{r}(A)+\mathrm{r}(D).$$

将矩阵 $\begin{pmatrix}A & O\\ C & D\end{pmatrix}$ 转置，立即可得第 2 个不等式：

$$\mathrm{r}\begin{pmatrix}A & O\\ C & D\end{pmatrix}=\mathrm{r}\begin{pmatrix}A & O\\ C & D\end{pmatrix}^{\mathrm{T}}=\mathrm{r}\begin{pmatrix}A^{\mathrm{T}} & C^{\mathrm{T}}\\ O & D^{\mathrm{T}}\end{pmatrix}\geqslant \mathrm{r}(A^{\mathrm{T}})+\mathrm{r}(D^{\mathrm{T}})$$
$$=\mathrm{r}(A)+\mathrm{r}(D).$$

2) 例如：令 $Z=\begin{pmatrix}A & B\\ C & D\end{pmatrix}=\begin{pmatrix}E_m & E_m\\ E_m & E_m\end{pmatrix}$，则 $\mathrm{r}(A)=\mathrm{r}(D)=\mathrm{r}(Z)$，故在一般情形下，不等式不成立.

问题 7.3 由于交换矩阵的列不改变其秩，故有

$$\mathrm{r}(Z_1)=\mathrm{r}\begin{pmatrix}B & A\\ O & C\end{pmatrix},\quad \mathrm{r}(Z_2)=\mathrm{r}\begin{pmatrix}B & O\\ D & C\end{pmatrix}.$$

于是，由问题 7.1 和问题 7.2 的结论可得：

1) 若 B 可逆或 C 可逆(或者 B 与 C 同时可逆)，则

$$\mathrm{r}(Z_1)=\mathrm{r}(Z_2)=\mathrm{r}(B)+\mathrm{r}(C).$$

2) 若 $\boldsymbol{A}$ 可逆，则

$$\mathrm{r}(\boldsymbol{Z}_1)=\mathrm{r}(\boldsymbol{A})+\mathrm{r}(\boldsymbol{C}\boldsymbol{A}^{-1}\boldsymbol{B}).$$

若 $\boldsymbol{D}$ 可逆，则 $\mathrm{r}(\boldsymbol{Z}_2)=\mathrm{r}(\boldsymbol{D})+\mathrm{r}(\boldsymbol{B}\boldsymbol{D}^{-1}\boldsymbol{C})$.

3) $\mathrm{r}(\boldsymbol{Z}_1)\geqslant \mathrm{r}(\boldsymbol{B})+\mathrm{r}(\boldsymbol{C})$，$\mathrm{r}(\boldsymbol{Z}_2)\geqslant \mathrm{r}(\boldsymbol{B})+\mathrm{r}(\boldsymbol{C})$.

问题 7.4 设 $\boldsymbol{Z}=\begin{pmatrix}\boldsymbol{A} & \boldsymbol{B}\\ \boldsymbol{C} & \boldsymbol{D}\end{pmatrix}$，若 $\boldsymbol{A}$ 可逆(即 $|\boldsymbol{A}|\neq 0$)，则有

$$\begin{pmatrix}\boldsymbol{E}_m & \boldsymbol{O}\\ -\boldsymbol{C}\boldsymbol{A}^{-1} & \boldsymbol{E}_n\end{pmatrix}\begin{pmatrix}\boldsymbol{A} & \boldsymbol{B}\\ \boldsymbol{C} & \boldsymbol{D}\end{pmatrix}\begin{pmatrix}\boldsymbol{E}_m & -\boldsymbol{A}^{-1}\boldsymbol{B}\\ \boldsymbol{O} & \boldsymbol{E}_q\end{pmatrix}=\begin{pmatrix}\boldsymbol{A} & \boldsymbol{O}\\ \boldsymbol{O} & \boldsymbol{D}-\boldsymbol{C}\boldsymbol{A}^{-1}\boldsymbol{B}\end{pmatrix},$$

所以 $\mathrm{r}(\boldsymbol{Z})=\mathrm{r}(\boldsymbol{A})+\mathrm{r}(\boldsymbol{D}-\boldsymbol{C}\boldsymbol{A}^{-1}\boldsymbol{B})$ （若 $|\boldsymbol{A}|\neq 0$).

同样，若 $\boldsymbol{D}$ 可逆(即 $|\boldsymbol{D}|\neq 0$)，则有

$$\begin{pmatrix}\boldsymbol{E}_m & -\boldsymbol{B}\boldsymbol{D}^{-1}\\ \boldsymbol{O} & \boldsymbol{E}_n\end{pmatrix}\begin{pmatrix}\boldsymbol{A} & \boldsymbol{B}\\ \boldsymbol{C} & \boldsymbol{D}\end{pmatrix}\begin{pmatrix}\boldsymbol{E}_p & \boldsymbol{O}\\ -\boldsymbol{D}^{-1}\boldsymbol{C} & \boldsymbol{E}_n\end{pmatrix}=\begin{pmatrix}\boldsymbol{A}-\boldsymbol{B}\boldsymbol{D}^{-1}C & \boldsymbol{O}\\ \boldsymbol{O} & \boldsymbol{D}\end{pmatrix},$$

所以 $\mathrm{r}(\boldsymbol{Z})=\mathrm{r}(\boldsymbol{D})+\mathrm{r}(\boldsymbol{A}-\boldsymbol{B}\boldsymbol{D}^{-1}\boldsymbol{C})$ （若 $|\boldsymbol{D}|\neq 0$).

问题 7.5 1) 由西尔维斯特不等式，得

$$\mathrm{r}(\boldsymbol{A})\geqslant \mathrm{r}(\boldsymbol{P}\boldsymbol{A})\geqslant \mathrm{r}(\boldsymbol{P})+\mathrm{r}(\boldsymbol{A})-m=\mathrm{r}(\boldsymbol{A}),$$

故 $\mathrm{r}(\boldsymbol{P}\boldsymbol{A})=\mathrm{r}(\boldsymbol{A})$. 同理可证：$\mathrm{r}(\boldsymbol{A}\boldsymbol{Q})=\mathrm{r}(\boldsymbol{A})$. 于是，

$$\mathrm{r}(\boldsymbol{P}\boldsymbol{A}\boldsymbol{Q})=\mathrm{r}(\boldsymbol{A}\boldsymbol{Q})=\mathrm{r}(\boldsymbol{A}).$$

2) 因为 $\boldsymbol{A}\boldsymbol{B}=\boldsymbol{O}$，由西尔维斯特不等式得

$$0=\mathrm{r}(\boldsymbol{A}\boldsymbol{B})\geqslant \mathrm{r}(\boldsymbol{A})+\mathrm{r}(\boldsymbol{B})-n,$$

故 $\mathrm{r}(\boldsymbol{A})\leqslant n-\mathrm{r}(\boldsymbol{B})$.

问题 7.6 1) 由

$$\begin{pmatrix}\boldsymbol{E}_n & -\boldsymbol{B}\\ \boldsymbol{O} & \boldsymbol{E}_n\end{pmatrix}\begin{pmatrix}\boldsymbol{E}_n & \boldsymbol{B}\\ \boldsymbol{C} & \boldsymbol{E}_n\end{pmatrix}\begin{pmatrix}\boldsymbol{E}_n & \boldsymbol{O}\\ -\boldsymbol{C} & \boldsymbol{E}_n\end{pmatrix}=\begin{pmatrix}\boldsymbol{E}_n-\boldsymbol{B}\boldsymbol{C} & \boldsymbol{O}\\ \boldsymbol{O} & \boldsymbol{E}_n\end{pmatrix},$$

$$\begin{pmatrix}\boldsymbol{E}_n & \boldsymbol{O}\\ -\boldsymbol{C} & \boldsymbol{E}_n\end{pmatrix}\begin{pmatrix}\boldsymbol{E}_n & \boldsymbol{B}\\ \boldsymbol{C} & \boldsymbol{E}_n\end{pmatrix}\begin{pmatrix}\boldsymbol{E}_n & -\boldsymbol{B}\\ \boldsymbol{O} & \boldsymbol{E}_n\end{pmatrix}=\begin{pmatrix}\boldsymbol{E}_n & \boldsymbol{O}\\ \boldsymbol{O} & \boldsymbol{E}_n-\boldsymbol{C}\boldsymbol{B}\end{pmatrix},$$

得 $\mathrm{r}(\boldsymbol{E}_n-\boldsymbol{B}\boldsymbol{C})=\mathrm{r}(\boldsymbol{E}_n-\boldsymbol{C}\boldsymbol{B})=\mathrm{r}\begin{pmatrix}\boldsymbol{E}_n & \boldsymbol{B}\\ \boldsymbol{C} & \boldsymbol{E}_n\end{pmatrix}$.

2) 类似于 1) 可得

$$\mathrm{r}\begin{pmatrix}\boldsymbol{E}_m-\boldsymbol{B}\boldsymbol{C} & \boldsymbol{O}\\ \boldsymbol{O} & \boldsymbol{E}_n\end{pmatrix}=\mathrm{r}\begin{pmatrix}\boldsymbol{E}_m & \boldsymbol{O}\\ \boldsymbol{O} & \boldsymbol{E}_n-\boldsymbol{C}\boldsymbol{B}\end{pmatrix}.$$

因而 $\mathrm{r}(\boldsymbol{E}_m-\boldsymbol{B}\boldsymbol{C})=\mathrm{r}(\boldsymbol{E}_n-\boldsymbol{C}\boldsymbol{B})+m-n$.

8. 矩阵乘积的秩

由问题 7.5 知，设 $\boldsymbol{A}$ 是 $m\times n$ 矩阵，$\boldsymbol{P}$ 是 $l\times m$ 列满秩矩阵(或 m 阶满秩矩阵)，$\boldsymbol{Q}$ 是 $n\times s$ 行满秩矩阵(或 n 阶满秩矩阵)，则

$$\mathrm{r}(\boldsymbol{PA})=\mathrm{r}(\boldsymbol{AQ})=\mathrm{r}(\boldsymbol{PAQ})=\mathrm{r}(\boldsymbol{A}),$$

也就是说，矩阵的秩在列满秩矩阵左乘，行满秩矩阵右乘，或者满秩矩阵相乘下保持不变，但是，用一个长方形矩阵或奇异矩阵相乘，乘积的秩就不一定不变了. 在课题 7 中，我们得到了矩阵乘积的秩的上、下界估计式(西尔维斯特不等式)：

$$\min\{\mathrm{r}(\boldsymbol{A}),\mathrm{r}(\boldsymbol{B})\}\geqslant\mathrm{r}(\boldsymbol{AB})\geqslant\mathrm{r}(\boldsymbol{A})+\mathrm{r}(\boldsymbol{B})-\boldsymbol{A}\text{ 的列数}.$$

本课题将进一步探求矩阵乘积的秩的计算公式，以及乘积 $\boldsymbol{A}^{\mathrm{T}}\boldsymbol{A}$ 和 $\boldsymbol{AA}^{\mathrm{T}}$ 的秩(其中 $\boldsymbol{A}\in\mathbf{R}^{m\times n}$)或者乘积 $\boldsymbol{A}^*\boldsymbol{A}$ 和 $\boldsymbol{AA}^*$(其中 $\boldsymbol{A}\in\mathbf{C}^{m\times n}$, $\boldsymbol{A}^*=\overline{\boldsymbol{A}}^{\mathrm{T}}$)的特性.

中心问题 设 $\boldsymbol{A}$ 是 $m\times n$ 矩阵，$\boldsymbol{B}$ 是 $n\times p$ 矩阵，求计算乘积 $\boldsymbol{AB}$ 的秩的公式.

准备知识 矩阵，向量空间

课题探究

问题 8.1 设 $\boldsymbol{A}$ 是 $m\times n$ 矩阵，$\boldsymbol{B}$ 是 $n\times p$ 矩阵，求计算 $\mathrm{r}(\boldsymbol{AB})$ 的公式(提示：设 $\mathcal{N}(\boldsymbol{A})$ 是 $\boldsymbol{A}$ 的零空间，$\mathcal{R}(\boldsymbol{B})$ 是 $\boldsymbol{B}$ 的值域，$\mathcal{R}(\boldsymbol{AB})$ 是 $\boldsymbol{AB}$ 的值域，证明：

$$\dim\mathcal{R}(\boldsymbol{AB})=\dim\mathcal{R}(\boldsymbol{B})-\dim\mathcal{N}(\boldsymbol{A})\cap\mathcal{R}(\boldsymbol{B})).$$

由问题 8.1 的解答知，

$$\mathrm{r}(\boldsymbol{AB})=\mathrm{r}(\boldsymbol{B})-\dim\mathcal{N}(\boldsymbol{A})\cap\mathcal{R}(\boldsymbol{B}).$$

有时我们不仅需要求出 $\mathcal{N}(\boldsymbol{A})\cap\mathcal{R}(\boldsymbol{B})$ 的维数，还需求出它的一个基(例如：设 n 阶矩阵 $\boldsymbol{L}$ 是 k 次幂零矩阵(即 $\boldsymbol{L}^k=\boldsymbol{O}$, $\boldsymbol{L}^{k-1}\neq\boldsymbol{O}$)，则我们可以通过

$$\mathcal{R}(\boldsymbol{L}^i)\cap\mathcal{N}(\boldsymbol{L})\quad(i=k-1,k-2,\cdots,0)$$

来构造 $\boldsymbol{L}$ 的若尔当基，从而按课题 25 的方法，求得 $\boldsymbol{L}$ 的若尔当标准形及变换

矩阵. 比如：设 $w_1, w_2, \cdots, w_t$ 是 $\mathscr{R}(\boldsymbol{L}^{k-1}) \cap \mathscr{N}(\boldsymbol{L})$ 的一个基，则我们可以得到 t 个线性无关的 $\boldsymbol{L}$ 的属于特征值零的长度为 k 的若尔当链

$$\{\boldsymbol{L}^{k-1}w_i, \boldsymbol{L}^{k-2}w_i, \cdots, \boldsymbol{L}w_i, w_i\}, \quad i = 1, 2, \cdots, t.$$

类似地，可以通过 $\mathscr{R}(\boldsymbol{L}^i) \cap \mathscr{N}(\boldsymbol{L})$，$i = k-2, k-3, \cdots, 0$，得到其他长度的若尔当链，从而构成一个若尔当基).

问题 8.2 设 $\boldsymbol{A}$ 是 $m \times n$ 矩阵，$\boldsymbol{B}$ 是 $n \times p$ 矩阵，$\{\boldsymbol{x}_1, \boldsymbol{x}_2, \cdots, \boldsymbol{x}_r\}$ 是 $\mathscr{R}(\boldsymbol{B})$ 的一个基，令 $n \times r$ 矩阵

$$\boldsymbol{X} = (\boldsymbol{x}_1, \boldsymbol{x}_2, \cdots, \boldsymbol{x}_r) \quad (\text{其中 } \boldsymbol{x}_i \text{ 是列向量}),$$

再设 $\{\boldsymbol{v}_1, \boldsymbol{v}_2, \cdots, \boldsymbol{v}_s\}$ 是 $\mathscr{N}(\boldsymbol{AX})$ 的一个基. 证明：$\{\boldsymbol{Xv}_1, \boldsymbol{Xv}_2, \cdots, \boldsymbol{Xv}_s\}$ 是 $\mathscr{N}(\boldsymbol{A}) \cap \mathscr{R}(\boldsymbol{B})$ 的一个基.

由问题 8.2 可见，只要求出 $\mathscr{R}(\boldsymbol{B})$ 的一个基 $\{\boldsymbol{x}_1, \boldsymbol{x}_2, \cdots, \boldsymbol{x}_r\}$ 和 $\mathscr{N}(\boldsymbol{AX})$ 的一个基 $\{\boldsymbol{v}_1, \boldsymbol{v}_2, \cdots, \boldsymbol{v}_s\}$，就能立即得到 $\mathscr{N}(\boldsymbol{A}) \cap \mathscr{R}(\boldsymbol{B})$ 的一个基 $\{\boldsymbol{Xv}_1, \boldsymbol{Xv}_2, \cdots, \boldsymbol{Xv}_s\}$.

矩阵乘积 $\boldsymbol{A}^{\mathrm{T}}\boldsymbol{A}$ 和 $\boldsymbol{AA}^{\mathrm{T}}$ 有着广泛的应用. 在课题 38 中，我们将利用 $\boldsymbol{A}^{\mathrm{T}}\boldsymbol{A}$ 或 $\boldsymbol{AA}^{\mathrm{T}}$ 引出矩阵 $\boldsymbol{A}$ 的奇异值的概念. 在最小二乘问题中，线性方程组 $\boldsymbol{Ax} = \boldsymbol{b}$ 的最小二乘解就是线性方程组 $\boldsymbol{A}^{\mathrm{T}}\boldsymbol{Ax} = \boldsymbol{A}^{\mathrm{T}}\boldsymbol{b}$ 的解，后者的系数矩阵就是 $\boldsymbol{A}^{\mathrm{T}}\boldsymbol{A}$. 此外，在电网络平衡方程组（见[12]中课题 20）和框架结构的平衡方程组（见[12]中课题 21）中都会遇到形如 $\boldsymbol{A}^{\mathrm{T}}\boldsymbol{A}$ 的矩阵. 下面探讨这类矩阵乘积的特性.

探究题 8.1 设 $\boldsymbol{A} \in \mathbf{R}^{m \times n}$.

1） 问：$\boldsymbol{A}^{\mathrm{T}}\boldsymbol{A}$ 和 $\boldsymbol{AA}^{\mathrm{T}}$ 的秩之间有何关系？

2） 证明：$\mathscr{R}(\boldsymbol{A}^{\mathrm{T}}\boldsymbol{A}) = \mathscr{R}(\boldsymbol{A}^{\mathrm{T}})$，$\mathscr{R}(\boldsymbol{AA}^{\mathrm{T}}) = \mathscr{R}(\boldsymbol{A})$.

3） 证明：$\mathscr{N}(\boldsymbol{A}^{\mathrm{T}}\boldsymbol{A}) = \mathscr{N}(\boldsymbol{A})$，$\mathscr{N}(\boldsymbol{AA}^{\mathrm{T}}) = \mathscr{N}(\boldsymbol{A}^{\mathrm{T}})$.

注意，对于 $\boldsymbol{A} \in \mathbf{C}^{m \times n}$，在探究题 8.1 中，只要用共轭转置 $\boldsymbol{X}^*$ 代替转置 $\boldsymbol{X}^{\mathrm{T}}$，结论同样成立.

问题解答

问题 8.1 设 $S = \{\boldsymbol{x}_1, \boldsymbol{x}_2, \cdots, \boldsymbol{x}_s\}$ 是 $\mathscr{N}(\boldsymbol{A}) \cap \mathscr{R}(\boldsymbol{B})$ 的一个基，由于 $\mathscr{N}(\boldsymbol{A}) \cap \mathscr{R}(\boldsymbol{B}) \subseteq \mathscr{R}(\boldsymbol{B})$，可设 $\dim \mathscr{R}(\boldsymbol{B}) = s + t$，于是，存在向量 $\boldsymbol{z}_1, \boldsymbol{z}_2, \cdots, \boldsymbol{z}_t$ 可将 S 扩充为 $\mathscr{R}(\boldsymbol{B})$ 的一个基 $B = \{\boldsymbol{x}_1, \boldsymbol{x}_2, \cdots, \boldsymbol{x}_s, \boldsymbol{z}_1, \boldsymbol{z}_2, \cdots, \boldsymbol{z}_t\}$. 如果能证明

$T=\{\boldsymbol{Az}_1,\boldsymbol{Az}_2,\cdots,\boldsymbol{Az}_t\}$ 是 $\mathscr{R}(\boldsymbol{AB})$ 的一个基，那么

$$\mathrm{r}(\boldsymbol{AB})=\dim\mathscr{R}(\boldsymbol{AB})=t,$$

因而

$$\mathrm{r}(\boldsymbol{B})=\dim\mathscr{R}(\boldsymbol{B})=s+t=\dim\mathscr{N}(\boldsymbol{A})\cap\mathscr{R}(\boldsymbol{B})+\mathrm{r}(\boldsymbol{AB}),$$

故有

$$\mathrm{r}(\boldsymbol{AB})=\mathrm{r}(\boldsymbol{B})-\dim\mathscr{N}(\boldsymbol{A})\cap\mathscr{R}(\boldsymbol{B}),\tag{8.1}$$

这就是 $\mathrm{r}(\boldsymbol{AB})$ 的计算公式.

下面证明 T 是 $\mathscr{R}(\boldsymbol{AB})$ 的一个基. 只需证明 T 张成 $\mathscr{R}(\boldsymbol{AB})$，且是线性无关的.

若 $\boldsymbol{b}\in\mathscr{R}(\boldsymbol{AB})$，则

$$\boldsymbol{b}=\boldsymbol{ABy},\quad \text{对某个 } \boldsymbol{y},\tag{8.2}$$

而由 $\boldsymbol{By}\in\mathscr{R}(\boldsymbol{B})$，得

$$\boldsymbol{By}=\sum_{i=1}^{s}a_i\boldsymbol{x}_i+\sum_{j=1}^{t}b_j\boldsymbol{z}_j,\tag{8.3}$$

故由(8.2) 和(8.3)，得

$$\boldsymbol{b}=\boldsymbol{A}\Big(\sum_{i=1}^{s}a_i\boldsymbol{x}_i+\sum_{j=1}^{t}b_j\boldsymbol{z}_j\Big)=\sum_{i=1}^{s}a_i\boldsymbol{Ax}_i+\sum_{j=1}^{t}b_j\boldsymbol{Az}_j=\sum_{j=1}^{t}b_j\boldsymbol{Az}_j,$$

因此，T 张成子空间 $\mathscr{R}(\boldsymbol{AB})$.

若 $\boldsymbol{0}=\sum_{i=1}^{t}a_i\boldsymbol{Az}_i=\boldsymbol{A}\sum_{i=1}^{t}a_i\boldsymbol{z}_i$，则

$$\sum_{i=1}^{t}a_i\boldsymbol{z}_i\in\mathscr{N}(\boldsymbol{A})\cap\mathscr{R}(\boldsymbol{B}),$$

故存在数 $b_1,b_2,\cdots,b_s$，使得 $\sum_{i=1}^{t}a_i\boldsymbol{z}_i=\sum_{j=1}^{s}b_j\boldsymbol{x}_j$，即

$$\sum_{i=1}^{t}a_i\boldsymbol{z}_i-\sum_{j=1}^{s}b_j\boldsymbol{x}_j=\boldsymbol{0}.$$

因向量组 B 是线性无关的，故 a_j 和 b_j 皆为零，所以 T 是线性无关的，因此，它是 $\mathscr{R}(\boldsymbol{AB})$ 的一个基.

问题 8.2 因为 $\boldsymbol{Xv}_i\in\mathscr{R}(\boldsymbol{X})=\mathscr{R}(\boldsymbol{B})$ 和 $\boldsymbol{AXv}_i=\boldsymbol{0}$，所以

$$\boldsymbol{Xv}_i\in\mathscr{N}(\boldsymbol{A})\cap\mathscr{R}(\boldsymbol{B}),\quad i=1,2,\cdots,s.$$

令 $r\times s$ 矩阵 $\boldsymbol{V}=(\boldsymbol{v}_1,\boldsymbol{v}_2,\cdots,\boldsymbol{v}_s)$，则 $\mathrm{r}(\boldsymbol{V})=s$. 因为 $\mathrm{r}(\boldsymbol{X})=r$，所以

$$\dim\mathscr{N}(\boldsymbol{X})=r-\mathrm{r}(\boldsymbol{X})=r-r=0,$$

因而 $\mathscr{N}(\boldsymbol{X})=\{\boldsymbol{0}\}$. 于是，由(8.1)，得

$$\mathrm{r}(\boldsymbol{XV})_{n\times s}=\mathrm{r}(\boldsymbol{V})-\dim\mathscr{N}(\boldsymbol{X})\cap\mathscr{R}(\boldsymbol{V})=\mathrm{r}(\boldsymbol{V})=s,$$

因此，向量组 $Xv_1, Xv_2, \cdots, Xv_s$ 是 $\mathcal{N}(A) \cap \mathcal{R}(B)$ 中一个线性无关的向量组. 只要再证明 $\dim \mathcal{N}(A) \cap \mathcal{R}(B) = s$，那么它就是 $\mathcal{N}(A) \cap \mathcal{R}(B)$ 的一个基.

由(8.1)，得

$$\begin{aligned}\dim \mathcal{N}(A) \cap \mathcal{R}(B) &= \dim \mathcal{N}(A) \cap \mathcal{R}(X) = \mathrm{r}(X) - \mathrm{r}(AX) \\ &= r - [r - \mathcal{N}(AX)] = \mathcal{N}(AX) \\ &= s.\end{aligned}$$

因此，$\{Xv_1, Xv_2, \cdots, Xv_s\}$ 是 $\mathcal{N}(A) \cap \mathcal{R}(B)$ 的一个基.

9. 矩阵的三角分解(*LU* 分解)

类似于一个自然数可以分解为若干个因数的乘积(例如：$48 = 2 \times 3 \times 8$)，一个矩阵也能分解成若干个矩阵的乘积. 例如：对任一 n 阶矩阵 $\boldsymbol{A}$ 都可经过行初等变换化为阶梯形矩阵 $\boldsymbol{B}$，即存在初等矩阵 $\boldsymbol{P}_1, \boldsymbol{P}_2, \cdots, \boldsymbol{P}_s$ 使得 $\boldsymbol{P}_s\boldsymbol{P}_{s-1}\cdots\boldsymbol{P}_1\boldsymbol{A} = \boldsymbol{B}$，即

$$\boldsymbol{A} = \boldsymbol{P}_1^{-1}\boldsymbol{P}_2^{-1}\cdots\boldsymbol{P}_s^{-1}\boldsymbol{B},$$

这就是一个矩阵的分解.

本课题将研讨如何将一个 n 阶矩阵分解成下三角方阵与上三角方阵(有时还需要置换矩阵)的乘积(即矩阵的三角分解)的问题.

我们把主对角线上的元素(简称**主对角元**)都是1的下三角方阵称为**单位下三角方阵**，把从单位矩阵按某个顺序进行若干次行位置变换得到的矩阵称为**置换矩阵**. 如果把交换单位矩阵的第 i 行和第 j 行得到的初等矩阵记为 $\boldsymbol{P}(i,j)$，则一个置换矩阵可以写成若干个 $\boldsymbol{P}(i,j)$ 类型的初等矩阵的乘积.

中心问题 给定一个 n 阶矩阵 $\boldsymbol{A}$，求它的三角分解，也就是求 $\boldsymbol{A} = \boldsymbol{LU}$ (或 $\boldsymbol{P}^{\mathrm{T}}\boldsymbol{LU}$) 的分解，其中 $\boldsymbol{L}$ 是单位下三角方阵，$\boldsymbol{U}$ 是上三角方阵，$\boldsymbol{P}$ 是置换矩阵.

准备知识 矩阵的初等变换，矩阵的运算

课题探究

LU 分解是1948年由英国数学家图灵(A. Turing，1912—1954)在论文《在矩阵方法中的舍入误差》中提出的. 他在数理逻辑方面的工作为数字计算机和现代人工智能领域的发展打下了理论基础.

我们先通过实例来寻找对矩阵实施三角分解的方法.

问题 9.1 1) 设

$$\boldsymbol{A} = \begin{pmatrix} 1 & 1 & 3 \\ 2 & -1 & 3 \\ -1 & 5 & 5 \end{pmatrix},$$

施行行初等变换(即左乘初等矩阵)将 $\boldsymbol{A}$ 化为阶梯形矩阵,进而求 $\boldsymbol{A}$ 的三角分解.

2) 从 1) 的计算过程中你能发现什么规律?

3) 设 $\boldsymbol{A}$ 是 n 阶可逆矩阵,证明:若 $\boldsymbol{A}=\boldsymbol{L}_1\boldsymbol{U}_1=\boldsymbol{L}_2\boldsymbol{U}_2$ 都是 $\boldsymbol{A}$ 的三角分解,则 $\boldsymbol{L}_1=\boldsymbol{L}_2$,$\boldsymbol{U}_1=\boldsymbol{U}_2$(即 $\boldsymbol{A}$ 的三角分解是唯一的).

在问题 9.1,2) 的解答中,我们注意到,可以从将 $\boldsymbol{A}$ 化为上三角方阵 $\boldsymbol{U}$ 所施行的行消法变换,直接写出单位下三角方阵 $\boldsymbol{L}$. 对该方法下面用初等矩阵来加以验证.

探究题 9.1 1) 在下面各小题中,证明所列矩阵之间是可交换的(找一种你认为的最简单的证明方法),并求它们的积:

① $\boldsymbol{P}(2,1(b_{21}))=\begin{pmatrix}1&&\\b_{21}&1&\\&&1\end{pmatrix}$, $\boldsymbol{P}(3,1(b_{31}))=\begin{pmatrix}1&&\\&1&\\b_{31}&&1\end{pmatrix}$;

② $\begin{pmatrix}1&&&\\b_{21}&1&&\\&&1&\\&&&1\end{pmatrix}$, $\begin{pmatrix}1&&&\\&1&&\\b_{31}&&1&\\&&&1\end{pmatrix}$, $\begin{pmatrix}1&&&\\&1&&\\&&1&\\b_{41}&&&1\end{pmatrix}$;

③ $\begin{pmatrix}1&&&\\&1&&\\&b_{32}&1&\\&&&1\end{pmatrix}$, $\begin{pmatrix}1&&&\\&1&&\\&&1&\\&b_{42}&&1\end{pmatrix}$.

2) 将 1) 中的结果推广到 n 阶矩阵($n>2$).

3) 设

$$\boldsymbol{P}_1=\begin{pmatrix}1&0&0\\b_{21}&1&0\\b_{31}&0&1\end{pmatrix},\quad \boldsymbol{P}_2=\begin{pmatrix}1&0&0\\0&1&0\\0&b_{32}&1\end{pmatrix},$$

计算 $\boldsymbol{P}_1\boldsymbol{P}_2$,$(\boldsymbol{P}_1\boldsymbol{P}_2)^{-1}$,$\boldsymbol{P}_2\boldsymbol{P}_1$,$(\boldsymbol{P}_2\boldsymbol{P}_1)^{-1}$.

4) 设

$$\boldsymbol{P}_1=\begin{pmatrix}1&0&0&0\\b_{21}&1&0&0\\b_{31}&0&1&0\\b_{41}&0&0&1\end{pmatrix},\ \boldsymbol{P}_2=\begin{pmatrix}1&0&0&0\\0&1&0&0\\0&b_{32}&1&0\\0&b_{42}&0&1\end{pmatrix},\ \boldsymbol{P}_3=\begin{pmatrix}1&0&0&0\\0&1&0&0\\0&0&1&0\\0&0&b_{43}&1\end{pmatrix},$$

计算 $P_1P_2P_3$，$(P_1P_2P_3)^{-1}$，$P_3P_2P_1$ 和 $(P_3P_2P_1)^{-1}$.

5) 在 3) 中计算 P_1P_2 与 $(P_2P_1)^{-1}$，以及在 4) 中计算 $P_1P_2P_3$ 与 $(P_3P_2P_1)^{-1}$ 时，你发现什么规律？能否把该规律推广到 n 阶矩阵($n>2$)，并用以验证上述的直接写出单位下三角方阵 L 的方法.

矩阵的三角分解可以用来解线性方程组. 设线性方程组

$$Ax = b \tag{9.1}$$

的系数矩阵 A 有三角分解 $A = LU$. 由于 $Ax = L(Ux)$，令 $y = Ux$，则解方程组(9.1)就等价于解方程组

$$\begin{cases} Ly = b, \\ Ux = y. \end{cases}$$

在线性方程组 $Ly = b$ 中，其第 1 个方程只含 y_1，第 2 个方程只含 y_1 和 y_2…… 因而可以用"向前消去法"一个个地依次求出 $y_1, y_2, \cdots, y_n$，从而得到 y. 然后，再解方程组 $Ux = y$，其第 n 个方程只含 x_n，第 $n-1$ 个方程只含 x_n 和 x_{n-1}…… 因而可以用"向后回代法"一个个地逐次求出 $x_n, x_{n-1}, \cdots, x_1$，从而解出方程组(9.1).

容易看到，如果线性方程组(9.1)中的常数列 b 变化，而系数矩阵 A 保持不变，则因 A 的三角分解也不变，用矩阵三角分解法来解此类方程组就会带来更多的方便.

下面我们讨论在一个 n 阶矩阵 A 用行消法变换化为上三角方阵 U 的过程中出现某个主对角元为零的情况，这时，必须用行位置变换(即交换矩阵的两行)，才能继续进行消元. 在这种情况下，如何将矩阵 A 加以分解呢？同样，可以先讨论一个具体的例子.

问题 9.2 设

$$A = \begin{pmatrix} 1 & 1 & 3 \\ 2 & 2 & 3 \\ -1 & 5 & 5 \end{pmatrix},$$

施行行初等变换将 A 化为阶梯形矩阵，进而求 A 的三角分解($P^{\mathrm{T}}LU$ 分解).

为了对更一般的矩阵进行 $P^{\mathrm{T}}LU$ 分解，我们必须对置换矩阵的性质加以研究.

问题 9.3 1) 证明：恰好有 $n!$ 个 n 阶置换矩阵.

2) 将下列置换矩阵 P 写成类型 $P(i,j)$ 的初等矩阵之积：

① $\begin{pmatrix} 0 & 0 & 1 \\ 1 & 0 & 0 \\ 0 & 1 & 0 \end{pmatrix}$； ② $\begin{pmatrix} 0 & 0 & 0 & 1 \\ 0 & 0 & 1 & 0 \\ 0 & 1 & 0 & 0 \\ 1 & 0 & 0 & 0 \end{pmatrix}$； ③ $\begin{pmatrix} 0 & 1 & 0 & 0 \\ 0 & 0 & 0 & 1 \\ 1 & 0 & 0 & 0 \\ 0 & 0 & 1 & 0 \end{pmatrix}$.

3) 设 $\boldsymbol{P}$ 是一个置换矩阵，证明：$\boldsymbol{P}^{-1} = \boldsymbol{P}^{\mathrm{T}}$.

问题 9.4 1) 试求下列矩阵的 $\boldsymbol{LU}$ 分解：

① $\begin{pmatrix} 2 & 1 & 3 \\ 4 & -1 & 3 \\ -2 & 5 & 5 \end{pmatrix}$； ② $\begin{pmatrix} 2 & -4 & 0 \\ 3 & -1 & 4 \\ -1 & 2 & 2 \end{pmatrix}$.

2) 试求下列矩阵的 $\boldsymbol{P}^{\mathrm{T}}\boldsymbol{LU}$ 分解：

① $\begin{pmatrix} 0 & 1 & 4 \\ -1 & 2 & 1 \\ 1 & 3 & 3 \end{pmatrix}$； ② $\begin{pmatrix} 1 & 2 & -1 \\ 3 & 6 & 2 \\ -1 & 1 & 4 \end{pmatrix}$.

一般地，将一个 n 阶矩阵 $\boldsymbol{A}$ 通过行初等变换化为上三角方阵，可能要施行若干次行位置变换，即左乘若干个类型 $\boldsymbol{P}(i,j)$ 的初等矩阵 $\boldsymbol{P}_1, \boldsymbol{P}_2, \cdots, \boldsymbol{P}_k$(其中先左乘 $\boldsymbol{P}_1$，再左乘 $\boldsymbol{P}_2\cdots\cdots$). 设 $\boldsymbol{P} = \boldsymbol{P}_k\boldsymbol{P}_{k-1}\cdots\boldsymbol{P}_1$，$\boldsymbol{PA} = \boldsymbol{LU}$，其中 $\boldsymbol{L}$ 是单位下三角方阵，$\boldsymbol{U}$ 是上三角方阵，则 $\boldsymbol{A} = \boldsymbol{P}^{-1}\boldsymbol{LU} = \boldsymbol{P}^{\mathrm{T}}\boldsymbol{LU}$ 就是 $\boldsymbol{A}$ 的 $\boldsymbol{P}^{\mathrm{T}}\boldsymbol{LU}$ 分解.

可以证明：一个 n 阶可逆矩阵 $\boldsymbol{A}$ 总有一个 $\boldsymbol{P}^{\mathrm{T}}\boldsymbol{LU}$ 分解，其中 $\boldsymbol{P}$ 是置换矩阵，$\boldsymbol{L}$ 是单位下三角方阵，$\boldsymbol{U}$ 是上三角方阵，而且当 $\boldsymbol{P}$ 确定后，$\boldsymbol{L}$ 和 $\boldsymbol{U}$ 都是唯一的(见[12] 中课题 4).

关于 n 阶矩阵的三角分解的方法，是否再能加以推广呢？

探究题 9.2 将 n 阶矩阵的 $\boldsymbol{LU}$ 分解和 $\boldsymbol{P}^{\mathrm{T}}\boldsymbol{LU}$ 分解推广到 $m \times n$ 矩阵中.

问题解答

问题 9.1 1) 施行行初等变换将 $\boldsymbol{A}$ 化为阶梯形矩阵：

$$\boldsymbol{A} = \begin{pmatrix} 1 & 1 & 3 \\ 2 & -1 & 3 \\ -1 & 5 & 5 \end{pmatrix} \xrightarrow[\text{第 3 行加第 1 行}]{\text{第 2 行减第 1 行的 2 倍，}} \begin{pmatrix} 1 & 1 & 3 \\ 0 & -3 & -3 \\ 0 & 6 & 8 \end{pmatrix}$$

$$\xrightarrow{\text{第 3 行加第 2 行的 2 倍}}\begin{pmatrix}1 & 1 & 3\\0 & -3 & -3\\0 & 0 & 2\end{pmatrix}=\boldsymbol{U},$$

上述行初等变换也可以通过左乘初等矩阵 $\boldsymbol{P}(2,1(-2)),\boldsymbol{P}(3,1(1)),\boldsymbol{P}(3,2(2))$ 来实现①, 即

$$\boldsymbol{P}(3,2(2))\boldsymbol{P}(3,1(1))\boldsymbol{P}(2,1(-2))\boldsymbol{A}=\boldsymbol{U},$$

于是,

$$\begin{aligned}\boldsymbol{A}&=\boldsymbol{P}(2,1(-2))^{-1}\boldsymbol{P}(3,1(1))^{-1}\boldsymbol{P}(3,2(2))^{-1}\boldsymbol{U}\\&=\boldsymbol{P}(2,1(2))\boldsymbol{P}(3,1(-1))\boldsymbol{P}(3,2(-2))\boldsymbol{U}.\end{aligned}$$

设 $\boldsymbol{L}=\boldsymbol{P}(2,1(2))\boldsymbol{P}(3,1(-1))\boldsymbol{P}(3,2(-2))$, 则 $\boldsymbol{L}$ 也可通过对单位矩阵 $\boldsymbol{E}$ 施行相应的行初等变换求得:

$$\boldsymbol{E}=\begin{pmatrix}1 & 0 & 0\\0 & 1 & 0\\0 & 0 & 1\end{pmatrix}\xrightarrow{\text{第 3 行减第 2 行的 2 倍}}\begin{pmatrix}1 & 0 & 0\\0 & 1 & 0\\0 & -2 & 1\end{pmatrix}$$

$$\xrightarrow{\text{第 3 行减第 1 行}}\begin{pmatrix}1 & 0 & 0\\0 & 1 & 0\\-1 & -2 & 1\end{pmatrix}$$

$$\xrightarrow{\text{第 2 行加第 1 行的 2 倍}}\begin{pmatrix}1 & 0 & 0\\2 & 1 & 0\\-1 & -2 & 1\end{pmatrix}=\boldsymbol{L}.$$

于是, $\boldsymbol{A}=\boldsymbol{LU}$ 将 $\boldsymbol{A}$ 分解成一个单位下三角方阵 $\boldsymbol{L}$ 与一个上三角方阵 $\boldsymbol{U}$ 的乘积, 即它是矩阵 $\boldsymbol{A}$ 的三角分解(即 $\boldsymbol{LU}$ 分解).

2) 在 1) 中, 仅用行消法变换就能把矩阵 $\boldsymbol{A}$ 化为上三角方阵 $\boldsymbol{U}$. 一般地, 当一个 n 阶矩阵 $\boldsymbol{A}$ 仅用行消法变换就能化为上三角方阵 $\boldsymbol{U}$ 时, 如同 1), 存在若干个对应于行消法变换的初等矩阵 $\boldsymbol{P}_1,\boldsymbol{P}_2,\cdots,\boldsymbol{P}_s$ 使得

$$\boldsymbol{A}=\boldsymbol{P}_1^{-1}\boldsymbol{P}_2^{-1}\cdots\boldsymbol{P}_s^{-1}\boldsymbol{U}. \tag{9.2}$$

---

① $\boldsymbol{P}(i,j(k))$ 表示经消法变换, 把 $\boldsymbol{E}$ 的第 j 行的 k 倍加到第 i 行, 得到的矩阵

$$\boldsymbol{P}(i,j(k))=\begin{pmatrix}1 & & & & & \\ & \ddots & & & & \\ & & 1 & \cdots & k & \\ & & & \ddots & \vdots & \\ & & & & 1 & \\ & & & & & \ddots & \\ & & & & & & 1\end{pmatrix}\begin{matrix}\\ \\ (\text{第 } i \text{ 行})\\ \\ (\text{第 } j \text{ 行})\\ \\ \\ \end{matrix}.$$

我们可以证明，每一个单位下三角方阵的逆矩阵仍是单位下三角方阵；两个单位下三角方阵的乘积仍是单位下三角方阵.

事实上，设下三角方阵

$$\boldsymbol{A}=\begin{pmatrix}a_{11}&0&\cdots&0\\a_{21}&a_{22}&\cdots&0\\\vdots&\vdots&&\vdots\\a_{n1}&a_{n2}&\cdots&a_{nn}\end{pmatrix},\quad \boldsymbol{B}=\begin{pmatrix}b_{11}&0&\cdots&0\\b_{21}&b_{22}&\cdots&0\\\vdots&\vdots&&\vdots\\b_{n1}&b_{n2}&\cdots&b_{nn}\end{pmatrix},$$

则对 $i<j$，因 $a_{ik}=0\ (k=i+1,i+2,\cdots,n)$，$b_{kj}=0\ (k=1,2,\cdots,i)$，且 $i\leqslant j-1$，故对 $k=1,2,\cdots,n$，或 $a_{ik}=0$ 或 $b_{kj}=0$，即 $a_{ik}b_{kj}=0$，所以

$$\sum_{k=1}^{n}a_{ik}b_{kj}=0.$$

因此，$\boldsymbol{AB}$ 是下三角方阵. 特别地，当 $\boldsymbol{A}$ 和 $\boldsymbol{B}$ 是单位下三角方阵时，

$$\sum_{k=1}^{n}a_{ik}b_{ki}=1,\quad i=1,2,\cdots,n,$$

故 $\boldsymbol{AB}$ 是单位下三角方阵.

如果 $\boldsymbol{A}$ 是可逆矩阵，则 $|\boldsymbol{A}|=a_{11}a_{22}\cdots a_{nn}\neq 0$，故 $a_{ii}\neq 0\ (i=1,2,\cdots,n)$. 令 $\boldsymbol{A}^{-1}=(x_{ij})_{n\times n}$. 由 $\boldsymbol{AA}^{-1}=\boldsymbol{E}$，可得

$$a_{11}x_{11}=1,\ a_{11}x_{1j}=0\ (j=2,3,\cdots,n),$$

故 $x_{11}=\dfrac{1}{a_{11}}$，$x_{1j}=0\ (j=2,3,\cdots,n)$. 同理可证，

$$x_{ii}=\frac{1}{a_{ii}},\quad x_{ij}=0\ (i<j).$$

因此，$\boldsymbol{A}^{-1}$ 是下三角方阵. 特别地，当 $\boldsymbol{A}$ 是单位下三角方阵时，$\boldsymbol{A}^{-1}$ 也是单位下三角方阵.

由于(9.2) 中的初等矩阵 $\boldsymbol{P}(i,j(k))$ 都是单位下三角方阵，设

$$\boldsymbol{L}=\boldsymbol{P}_1^{-1}\boldsymbol{P}_2^{-1}\cdots\boldsymbol{P}_s^{-1},$$

则 $\boldsymbol{L}$ 也是单位下三角方阵，因此，$\boldsymbol{A}=\boldsymbol{LU}$ 是 $\boldsymbol{A}$ 的三角分解.

注意，在计算 $\boldsymbol{L}$ 的过程中，我们还能从将 $\boldsymbol{A}$ 化为上三角方阵 $\boldsymbol{U}$ 所施行的行消法变换，直接写出单位下三角方阵. 例如：对 $\boldsymbol{A}$ 施行第 i 行加第 j 行的 k 倍的行消法变换，则 $\boldsymbol{L}$ 的第 i 行第 j 列的元素就是 $-k$. 若需要施行若干个行消法变换，则在 $\boldsymbol{L}$ 的主对角线下方的相应位置上得到若干个非零元素，其他位置上的元素仍为零，由此得到单位下三角方阵 $\boldsymbol{L}$.

3） 当 $\boldsymbol{A}$ 可逆时，若

$$\boldsymbol{A}=\boldsymbol{L}_1\boldsymbol{U}_1=\boldsymbol{L}_2\boldsymbol{U}_2,\tag{9.3}$$

则因 $\boldsymbol{L}_1,\boldsymbol{L}_2$ 都可逆，故 $\boldsymbol{U}_1=\boldsymbol{L}_1^{-1}\boldsymbol{A}$, $\boldsymbol{U}_2=\boldsymbol{L}_2^{-1}\boldsymbol{A}$ 也可逆. 由(9.3) 可得

$$\boldsymbol{L}_2^{-1}\boldsymbol{L}_1=\boldsymbol{U}_2\boldsymbol{U}_1^{-1}.$$

由于 $\boldsymbol{L}_2^{-1}\boldsymbol{L}_1$ 仍是单位下三角方阵，$\boldsymbol{U}_2\boldsymbol{U}_1^{-1}$ 仍是上三角方阵[类似于 2) 的证明，可以证明两个上三角方阵的乘积仍是上三角方阵]，故必须

$$\boldsymbol{L}_2^{-1}\boldsymbol{L}_1=\boldsymbol{U}_2\boldsymbol{U}_1^{-1}=\boldsymbol{E},$$

即 $\boldsymbol{L}_1=\boldsymbol{L}_2$, $\boldsymbol{U}_1=\boldsymbol{U}_2$.

问题 9.2 对 $\boldsymbol{A}$ 施行行消法变换进行消元：

$$\boldsymbol{A}=\begin{pmatrix}1&1&3\\2&2&3\\-1&5&5\end{pmatrix}\to\boldsymbol{B}=\begin{pmatrix}1&1&3\\0&0&-3\\0&6&8\end{pmatrix},$$

其中 $\boldsymbol{B}$ 不是上三角方阵，且它的第 2 行第 2 列的主对角元为零，无法继续消元. 这时我们可以交换 $\boldsymbol{B}$ 的第 2 行和第 3 行，将 $\boldsymbol{B}$ 化为

$$\boldsymbol{U}=\begin{pmatrix}1&1&3\\0&6&8\\0&0&-3\end{pmatrix}.$$

我们也可以先交换 $\boldsymbol{A}$ 的第 2 行和第 3 行，即用置换矩阵

$$\boldsymbol{P}(2,3)=\begin{pmatrix}1&0&0\\0&0&1\\0&1&0\end{pmatrix}$$

左乘 $\boldsymbol{A}$，得到 $\boldsymbol{P}(2,3)\boldsymbol{A}$，再对 $\boldsymbol{P}(2,3)\boldsymbol{A}$ 施行行消法变换，将它化为 $\boldsymbol{U}$，设所得的三角分解为

$$\boldsymbol{P}(2,3)\boldsymbol{A}=\boldsymbol{L}\boldsymbol{U}.$$

由于 $\boldsymbol{P}(2,3)$ 的逆矩阵仍是 $\boldsymbol{P}(2,3)$，故

$$\boldsymbol{A}=(\boldsymbol{P}(2,3))^{-1}\boldsymbol{L}\boldsymbol{U}=\boldsymbol{P}(2,3)\boldsymbol{L}\boldsymbol{U},$$

其中 $\boldsymbol{P}(2,3)=(\boldsymbol{P}(2,3))^{\mathrm{T}}$ 是置换矩阵.

问题 9.3 1) 由于 n 阶置换矩阵是由单位矩阵进行若干次位置变换得到的，故一个 n 阶置换矩阵的元素中共有 n 个 1，其余为 0，且因它可逆，故这 n 个元素 1 必须位于不同行不同列. 反之，若一个 n 阶矩阵含有 n 个位于不同行不同列的元素 1，且其余元素为 0，则它必是置换矩阵. 若将置换矩阵中 n 个元素 1 的行标按自然顺序排列，则列标的不同排列共有 $n!$ 个，因而 n 阶置换矩阵恰好有 $n!$ 个.

2) ① $\boldsymbol{P}=\boldsymbol{P}(2,3)\boldsymbol{P}(1,2)$; ② $\boldsymbol{P}=\boldsymbol{P}(2,3)\boldsymbol{P}(1,4)$; ③ $\boldsymbol{P}=$

$\boldsymbol{P}(3,4)\boldsymbol{P}(2,3)\boldsymbol{P}(1,3)$.

3) 设 $\boldsymbol{P}=\boldsymbol{P}_k\boldsymbol{P}_{k-1}\cdots\boldsymbol{P}_1$，其中 $\boldsymbol{P}_t$ 是类型 $\boldsymbol{P}(i,j)$ 的初等矩阵($t=1,2,\cdots,k$)，则

$$\begin{aligned}\boldsymbol{P}^{-1}&=\boldsymbol{P}_1^{-1}\boldsymbol{P}_2^{-1}\cdots\boldsymbol{P}_k^{-1}=\boldsymbol{P}_1\boldsymbol{P}_2\cdots\boldsymbol{P}_k=\boldsymbol{P}_1^{\mathrm{T}}\boldsymbol{P}_2^{\mathrm{T}}\cdots\boldsymbol{P}_k^{\mathrm{T}}\\&=(\boldsymbol{P}_k\boldsymbol{P}_{k-1}\cdots\boldsymbol{P}_1)^{\mathrm{T}}=\boldsymbol{P}^{\mathrm{T}}.\end{aligned}$$

问题 9.4 1) ① 由于

$$\boldsymbol{A}=\begin{pmatrix}2&1&3\\4&-1&3\\-2&5&5\end{pmatrix}\xrightarrow[\boldsymbol{P}(3,1(1))]{\boldsymbol{P}(2,1(-2))}\begin{pmatrix}2&1&3\\0&-3&-3\\0&6&8\end{pmatrix}$$

$$\xrightarrow{\boldsymbol{P}(3,2(2))}\begin{pmatrix}2&1&3\\0&-3&-3\\0&0&2\end{pmatrix}=\boldsymbol{U},$$

$$\begin{aligned}\boldsymbol{L}&=(\boldsymbol{P}(3,2(2))\boldsymbol{P}(3,1(1))\boldsymbol{P}(2,1(-2)))^{-1}\\&=\boldsymbol{P}(2,1(2))\boldsymbol{P}(3,1(-1))\boldsymbol{P}(3,2(-2))\\&=\begin{pmatrix}1&0&0\\2&1&0\\-1&-2&1\end{pmatrix},\end{aligned}$$

因此，

$$\boldsymbol{A}=\begin{pmatrix}1&0&0\\2&1&0\\-1&-2&1\end{pmatrix}\begin{pmatrix}2&1&3\\0&-3&-3\\0&0&2\end{pmatrix}=\boldsymbol{LU}.$$

注意，从所施行的行消法变换(即从 $\boldsymbol{P}(2,1(-2)),\boldsymbol{P}(3,1(1)),\boldsymbol{P}(3,2(2))$)直接可得，$\boldsymbol{L}$ 的(2,1)，(3,1)和(3,2)位置上的元素分别为 $2,-1$ 和 -2，从而得到单位下三角方阵 $\boldsymbol{L}$.

② $$\boldsymbol{A}=\begin{pmatrix}2&-4&0\\3&-1&4\\-1&2&2\end{pmatrix}\xrightarrow[\boldsymbol{P}\left(3,1\left(\frac{1}{2}\right)\right)]{\boldsymbol{P}\left(2,1\left(-\frac{3}{2}\right)\right)}\begin{pmatrix}2&-4&0\\0&5&4\\0&0&2\end{pmatrix}=\boldsymbol{U},$$

$$\boldsymbol{L}=\begin{pmatrix}1&0&0\\\frac{3}{2}&1&0\\-\frac{1}{2}&0&1\end{pmatrix},$$

因此，

$$A=\begin{pmatrix}1&0&0\\ \frac{3}{2}&1&0\\ -\frac{1}{2}&0&1\end{pmatrix}\begin{pmatrix}2&-4&0\\0&5&4\\0&0&2\end{pmatrix}=LU.$$

2) ① 由于

$$A=\begin{pmatrix}0&1&4\\-1&2&1\\1&3&3\end{pmatrix}\xrightarrow{P(1,2)}\begin{pmatrix}-1&2&1\\0&1&4\\1&3&3\end{pmatrix}\xrightarrow{P(3,1(1))}\begin{pmatrix}-1&2&1\\0&1&4\\0&5&4\end{pmatrix}$$

$$\xrightarrow{P(3,2(-5))}\begin{pmatrix}-1&2&1\\0&1&4\\0&0&-16\end{pmatrix}=U,$$

$$L=\begin{pmatrix}1&0&0\\0&1&0\\-1&5&1\end{pmatrix},$$

故 $P(1,2)A=LU$，因此，

$$A=P(1,2)LU=\begin{pmatrix}0&1&0\\1&0&0\\0&0&1\end{pmatrix}\begin{pmatrix}1&0&0\\0&1&0\\-1&5&1\end{pmatrix}\begin{pmatrix}-1&2&1\\0&1&4\\0&0&-16\end{pmatrix}.$$

② 由于

$$A=\begin{pmatrix}1&2&-1\\3&6&2\\-1&1&4\end{pmatrix}\xrightarrow[P(3,1(1))]{P(2,1(-3))}\begin{pmatrix}1&2&-1\\0&0&5\\0&3&3\end{pmatrix},$$

故先变换 A 的第 2 行与第 3 行，得 $P(2,3)A$，

$$P(2,3)A=\begin{pmatrix}1&2&-1\\-1&1&4\\3&6&2\end{pmatrix}\xrightarrow[P(3,1(-3))]{P(2,1(1))}\begin{pmatrix}1&2&-1\\0&3&3\\0&0&5\end{pmatrix}=U,$$

$$L=\begin{pmatrix}1&0&0\\-1&1&0\\3&0&1\end{pmatrix},$$

因此，

$$A=P(2,3)LU=\begin{pmatrix}1&0&0\\0&0&1\\0&1&0\end{pmatrix}\begin{pmatrix}1&0&0\\-1&1&0\\3&0&1\end{pmatrix}\begin{pmatrix}1&2&-1\\0&3&3\\0&0&5\end{pmatrix}.$$

10. 帕斯卡(Pascal) 矩阵

从杨辉三角形

$$
\begin{array}{ccccccccccc}
 & & & & & 1 & & & & & \\
 & & & & 1 & & 1 & & & & \\
 & & & 1 & & 2 & & 1 & & & \\
 & & 1 & & 3 & & 3 & & 1 & & \\
 & 1 & & 4 & & 6 & & 4 & & 1 & \\
1 & & 5 & & 10 & & 10 & & 5 & & 1 \\
 & & & & & \cdots\cdots & & & & &
\end{array}
$$

即

$$
\begin{array}{ccccccc}
 & & & C_0^0 & & & \\
 & & C_1^0 & & C_1^1 & & \\
 & C_2^0 & & C_2^1 & & C_2^2 & \\
 & & & \cdots\cdots & & & \\
C_n^0 & & C_n^1 & \cdots & C_n^{n-1} & & C_n^n \\
 & & & \cdots\cdots & & &
\end{array}
$$

中取一部分，可以构成3种类型的矩阵：对称矩阵 $\boldsymbol{S}_n$、下三角方阵 $\boldsymbol{L}_n$ 和上三角方阵 $\boldsymbol{U}_n$. 这些矩阵统称为**帕斯卡矩阵**. 本课题将研讨帕斯卡矩阵 $\boldsymbol{S}_n$ 的性质(包括三角分解、逆矩阵、特征值和正定性等) 以及 $\boldsymbol{L}_n$ 的性质(包括逆矩阵和幂等). 帕斯卡矩阵不仅其代数性质引人关注，它在概率论中也有应用(参阅[6]).

中心问题 求帕斯卡矩阵 $\boldsymbol{S}_n$ 的三角分解(***LU*** 分解) 及其逆矩阵.

准备知识 矩阵的运算，矩阵的相似、合同，矩阵的特征值，正定矩阵，课题9：矩阵的三角分解

课题探究

当 $n=4$ 时，我们从杨辉三角形中取一部分，可以得到对称矩阵

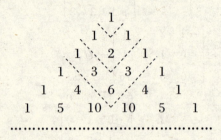

$$S_4 = \begin{pmatrix} 1 & 1 & 1 & 1 \\ 1 & 2 & 3 & 4 \\ 1 & 3 & 6 & 10 \\ 1 & 4 & 10 & 20 \end{pmatrix},$$

下三角方阵 $L_4 = \begin{pmatrix} 1 & & & \\ 1 & 1 & & \\ 1 & 2 & 1 & \\ 1 & 3 & 3 & 1 \end{pmatrix}$ 和上三角方阵 $U_4 = \begin{pmatrix} 1 & 1 & 1 & 1 \\ & 1 & 2 & 3 \\ & & 1 & 3 \\ & & & 1 \end{pmatrix}$，我们先分别探讨 S_4, L_4, U_4 的性质，然后再推广到 n 阶的情况，即探讨对称矩阵 S_n，下三角方阵 L_n 和上三角方阵 U_n 的性质.

问题 10.1 求矩阵 S_4 的 LU 分解，从中你有什么发现？

由问题 10.1，我们发现

$$S_4 = L_4 U_4, \quad |S_4| = 1.$$

这一结果对任一正整数 n 是否都成立呢？

问题 10.2 求矩阵 S_n 的 LU 分解.

由问题 10.2 可得

$$S_n = L_n U_n,$$

故 $|S_n| = |L_n||U_n| = 1$，所以 S_n 是可逆的. 于是，我们可以求它的逆矩阵. 为此，我们先求 L_n 的逆矩阵(其方法还可推广到计算 L_n^m(m 为任一整数，当 $m < 0$ 时，$L_n^m = (L_n^{-1})^{|m|}$)).

问题 10.3 通过求 $L_n = (L_{ij})_{n\times n}$ $(n = 2,3,4)$ 的逆矩阵，你有什么发现？

下面的问题是验证问题 10.3 的解中所发现的结果.

问题 10.4 设 L_n 的逆矩阵 $L_n^{-1} = Q = (q_{ij})_{n\times n}$.

1) 证明：$q_{ij} = \begin{cases} (-1)^{i-j} C_{i-1}^{j-1}, & 若\ i \geqslant j, \\ 0, & 若\ i < j. \end{cases}$

2) 设

$$D_n = \begin{pmatrix} d_{11} & & & \\ & d_{22} & & \\ & & \ddots & \\ & & & d_{nn} \end{pmatrix},$$

其中 $d_{ii}=(-1)^{i-1}$，$i=1,2,\cdots,n$，证明：$\boldsymbol{L}_n^{-1}=\boldsymbol{D}_n^{-1}\boldsymbol{L}_n\boldsymbol{D}_n$.

问题 10.5 1) 通过计算 $\boldsymbol{L}_4^m(m=2,3,4)$，你有什么发现？

2) 求 $\boldsymbol{L}_n^m$（m 为任一整数）.

下面利用问题 10.2 和问题 10.4 的结论，来求帕斯卡矩阵 $\boldsymbol{S}_n$ 的逆矩阵，以及探讨 $\boldsymbol{S}_n$ 的特征值的性质和正定性.

问题 10.6 1) 求计算 $\boldsymbol{S}_n^{-1}$ 的公式.

2) $\boldsymbol{S}_n$ 的特征值有什么特性？

3) $\boldsymbol{S}_n$ 是否正定？

利用帕斯卡矩阵的性质，可以推出一些组合公式.

由问题 10.2 的解答中(10.11)，知

$$C_{i+j}^i=\sum_{k=0}^{n-1}C_i^kC_j^k,\quad i,j=0,1,\cdots,n-1,$$

由此可得组合公式：

$$C_{i+k}^k=\sum_{m=0}^{n}C_i^mC_k^m,\quad i,k=0,1,\cdots,n. \tag{10.1}$$

由问题 10.6 的解答中(10.19)，得

$$\boldsymbol{S}_n\boldsymbol{S}_n^{-1}=\boldsymbol{S}_n\boldsymbol{D}_n\boldsymbol{U}_n\boldsymbol{L}_n\boldsymbol{D}_n=\boldsymbol{E}=(\delta_{ij})_{n\times n},$$

由此可得组合公式：

$$\sum_{k=0}^{n}\sum_{l=0}^{n}(-1)^{k+j}C_{i+k}^kC_l^kC_l^j=\delta_{ij},\quad i,j=0,1,\cdots,n. \tag{10.2}$$

由(10.1) 和(10.2) 可得组合公式：

$$\sum_{k=0}^{n}\sum_{l=0}^{n}\sum_{m=0}^{n}(-1)^{k+j}C_i^mC_k^mC_l^kC_l^j=\delta_{ij},\quad i,j=0,1,\cdots,n. \tag{10.3}$$

在问题 10.5 的解答中，对任一整数 m，引入了记号 $\boldsymbol{L}[m]$，其中

$$\{\boldsymbol{L}[m]\}_{ij}=\begin{cases}m^{i-j}C_{i-1}^{j-1}, & 若\ i\geqslant j,\\ 0, & 若\ i<j,\end{cases}\quad i,j=1,2,\cdots,n, \tag{10.4}$$

并证明了对任意两个整数 s,t，都有

$$\boldsymbol{L}[s]\boldsymbol{L}[t]=\boldsymbol{L}[s+t]. \tag{10.5}$$

下面我们将(10.4) 中 m 的范围扩大到实数，对任一实数 x，定义 $\boldsymbol{L}[x]$，其中

$$\{\boldsymbol{L}[x]\}_{ij}=\begin{cases}x^{i-j}C_{i-1}^{j-1}, & 若\ i\geqslant j,\\ 0, & 若\ i<j.\end{cases} \tag{10.6}$$

例如：对 $n=4$，有

$$L\left[\frac{1}{2}\right]=\begin{pmatrix}1&0&0&0\\ \frac{1}{2}&1&0&0\\ \frac{1}{4}&1&1&0\\ \frac{1}{8}&\frac{3}{4}&\frac{3}{2}&1\end{pmatrix},\quad L\left[\frac{1}{3}\right]=\begin{pmatrix}1&0&0&0\\ \frac{1}{3}&1&0&0\\ \frac{1}{9}&\frac{2}{3}&1&0\\ \frac{1}{27}&\frac{1}{3}&1&1\end{pmatrix},$$

$$L[x]=\begin{pmatrix}1&0&0&0\\ x&1&0&0\\ x^2&2x&1&0\\ x^3&3x^2&3x&1\end{pmatrix}.$$

探究题 10.1 对任意实数 x 和 y，$\boldsymbol{L}[x]\boldsymbol{L}[y]=\boldsymbol{L}[x+y]$ 是否成立？

回答是肯定的，(10.5) 可以推广到实数范围. 特别地，对任意正整数 j 和 k，有

$$\left(\boldsymbol{L}\left[\frac{j}{k}\right]\right)^k=\underbrace{\boldsymbol{L}\left[\frac{j}{k}\right]\boldsymbol{L}\left[\frac{j}{k}\right]\cdots\boldsymbol{L}\left[\frac{j}{k}\right]}_{k\text{个}}=\boldsymbol{L}[j],$$

故有

$$\left(\boldsymbol{L}\left[\frac{1}{2}\right]\right)^2=\boldsymbol{L}[1]=\boldsymbol{L},\quad \left(\boldsymbol{L}\left[\frac{1}{3}\right]\right)^3=\boldsymbol{L}[1]=\boldsymbol{L},$$

因此，$\boldsymbol{L}\left[\frac{1}{2}\right]$可看做 $\boldsymbol{L}$ 的“平方根”，$\boldsymbol{L}\left[\frac{1}{3}\right]$可看做 $\boldsymbol{L}$ 的立方根. 一般地，$\boldsymbol{L}[x]$ 可看做 $\boldsymbol{L}$ 的幂“$\boldsymbol{L}^x$”.

我们知道，对实数 $a>0$，有 $a^x=\mathrm{e}^{xt}$，其中 $t=\ln a$. 那么，是否存在某个矩阵 $\boldsymbol{T}$，使得 $\boldsymbol{L}[x]=\boldsymbol{L}^x=\mathrm{e}^{x\boldsymbol{T}}$ 呢？

为求出 $\boldsymbol{T}$，我们先引入矩阵指数函数 $\mathrm{e}^{\boldsymbol{A}}$ 的概念. 类似于指数函数 e^x 的马克劳林级数展开，对任意矩阵 $\boldsymbol{A}\in\mathbf{R}^{n\times n}$，定义矩阵指数函数为

$$\mathrm{e}^{\boldsymbol{A}}=\boldsymbol{E}+\boldsymbol{A}+\frac{\boldsymbol{A}^2}{2!}+\frac{\boldsymbol{A}^3}{3!}+\cdots+\frac{\boldsymbol{A}^k}{k!}+\cdots. \tag{10.7}$$

可以证明，$\boldsymbol{A}$ 的幂级数 $\sum\limits_{k=0}^{\infty}\frac{\boldsymbol{A}^k}{k!}$ 是收敛的，也就是说，在这个矩阵幂级数中每个元素都是收敛的(见[13]中 §15.2).

类似于指数函数，矩阵指数函数也有同样的性质：

设 $\boldsymbol{A}$ 是任一 n 阶实矩阵，则

1） 对任意实数 s 和 t，有 $\mathrm{e}^{(s+t)\boldsymbol{A}}=\mathrm{e}^{s\boldsymbol{A}}\mathrm{e}^{t\boldsymbol{A}}$.

（这是因为

$$\begin{aligned}\mathrm{e}^{s\boldsymbol{A}}\mathrm{e}^{t\boldsymbol{A}}&=\left[\boldsymbol{E}+s\boldsymbol{A}+\frac{(s\boldsymbol{A})^2}{2!}+\cdots\right]\left[\boldsymbol{E}+t\boldsymbol{A}+\frac{(t\boldsymbol{A})^2}{2!}+\cdots\right]\\&=\boldsymbol{E}+(s+t)\boldsymbol{A}+\frac{1}{2!}[(s\boldsymbol{A})^2+2st\boldsymbol{A}^2+(t\boldsymbol{A})^2]\\&\quad+\frac{1}{3!}[(s\boldsymbol{A})^3+3s^2t\boldsymbol{A}^3+3st^2\boldsymbol{A}^3+(t\boldsymbol{A})^3]+\cdots\\&=\mathrm{e}^{(s+t)\boldsymbol{A}}.）\end{aligned}$$

2） $\mathrm{e}^{\boldsymbol{A}}$ 是可逆的，且 $(\mathrm{e}^{\boldsymbol{A}})^{-1}=\mathrm{e}^{-\boldsymbol{A}}$.

（这是因为 $\mathrm{e}^{\boldsymbol{A}}\cdot\mathrm{e}^{-\boldsymbol{A}}=\mathrm{e}^{(1-1)\boldsymbol{A}}=\mathrm{e}^{\boldsymbol{O}}=\boldsymbol{E}$.）

3） $\dfrac{\mathrm{d}}{\mathrm{d}t}\mathrm{e}^{t\boldsymbol{A}}=\boldsymbol{A}\mathrm{e}^{t\boldsymbol{A}}=\mathrm{e}^{t\boldsymbol{A}}\boldsymbol{A}$，其中 $\dfrac{\mathrm{d}}{\mathrm{d}t}\mathrm{e}^{t\boldsymbol{A}}$ 是对矩阵 $\mathrm{e}^{t\boldsymbol{A}}$ 的每个元素 $\{\mathrm{e}^{t\boldsymbol{A}}\}_{ij}$ 分别对变量 t 求导而得到的矩阵，即由

$$\left\{\frac{\mathrm{d}}{\mathrm{d}t}\mathrm{e}^{t\boldsymbol{A}}\right\}_{ij}=\frac{\mathrm{d}}{\mathrm{d}t}\{\mathrm{e}^{t\boldsymbol{A}}\}_{ij}\quad(i,j=1,2,\cdots,n)$$

构成的矩阵.

（证明见[13]中 §15.3.）

现在假设存在一个矩阵 $\boldsymbol{T}$ 使得 $\boldsymbol{L}[x]=\mathrm{e}^{x\boldsymbol{T}}$，则

$$\frac{\mathrm{d}}{\mathrm{d}x}\boldsymbol{L}[x]=\boldsymbol{T}\mathrm{e}^{x\boldsymbol{T}}=\boldsymbol{T}\boldsymbol{L}[x],$$

故

$$\left.\frac{\mathrm{d}}{\mathrm{d}x}\boldsymbol{L}[x]\right|_{x=0}=\boldsymbol{T}\boldsymbol{L}[0]=\boldsymbol{T}\boldsymbol{E}=\boldsymbol{T}.\tag{10.8}$$

因此，至多存在一个矩阵 $\boldsymbol{T}$ 能使 $\boldsymbol{L}[x]=\mathrm{e}^{x\boldsymbol{T}}$. 例如：当 $n=4$ 时，因为

$$\frac{\mathrm{d}}{\mathrm{d}x}\boldsymbol{L}[x]=\begin{pmatrix}0&0&0&0\\1&0&0&0\\2x&2&0&0\\3x^2&6x&3&0\end{pmatrix},$$

故 $\boldsymbol{T}$ 唯一可能的值是

$$\boldsymbol{T}=\left.\frac{\mathrm{d}}{\mathrm{d}x}\boldsymbol{L}[x]\right|_{x=0}=\begin{pmatrix}0&0&0&0\\1&0&0&0\\0&2&0&0\\0&0&3&0\end{pmatrix}.$$

探究题 10.2 根据(10.8)，猜测使得 $\boldsymbol{L}[x]=\mathrm{e}^{x\boldsymbol{T}}$ 的 n 阶矩阵 $\boldsymbol{T}$ 是什么. 对你的猜测加以验证.

由于 $\boldsymbol{L}[x]$ 可以写成 $\mathrm{e}^{x\boldsymbol{T}}$ 的形式，利用矩阵指数函数的性质，直接可得

$$\boldsymbol{L}[x]\boldsymbol{L}[y]=\mathrm{e}^{x\boldsymbol{T}}\mathrm{e}^{y\boldsymbol{T}}=\mathrm{e}^{(x+y)\boldsymbol{T}}=\boldsymbol{L}[x+y].$$

问题解答

问题 10.1 按问题 9.1 中的方法，施行行初等变换将 $\boldsymbol{S}_4$ 化为阶梯形矩阵：

$$\boldsymbol{S}_4=\begin{pmatrix}1&1&1&1\\1&2&3&4\\1&3&6&10\\1&4&10&20\end{pmatrix}\rightarrow\begin{pmatrix}1&1&1&1\\0&1&2&3\\0&2&5&9\\0&3&9&19\end{pmatrix}\rightarrow\begin{pmatrix}1&1&1&1\\0&1&2&3\\0&0&1&3\\0&0&3&10\end{pmatrix}$$

$$\rightarrow\begin{pmatrix}1&1&1&1\\0&1&2&3\\0&0&1&3\\0&0&0&1\end{pmatrix}=\boldsymbol{U},$$

从中可得

$$\boldsymbol{L}=\begin{pmatrix}1&&&\\1&1&&\\1&2&1&\\1&3&3&1\end{pmatrix}.$$

我们发现，$\boldsymbol{L}=\boldsymbol{L}_4$，$\boldsymbol{U}=\boldsymbol{U}_4$，故

$$\boldsymbol{S}_4=\boldsymbol{L}\boldsymbol{U}=\boldsymbol{L}_4\boldsymbol{U}_4. \tag{10.9}$$

由于 $|\boldsymbol{L}_4|=|\boldsymbol{U}_4|=1$，故 $|\boldsymbol{S}_4|=|\boldsymbol{L}_4||\boldsymbol{U}_4|=1$.

问题 10.2 由问题 10.1，我们猜测(10.9)对任一正整数 n 成立，故需验证

$$\boldsymbol{S}_n=\boldsymbol{L}_n\boldsymbol{U}_n,\quad n=1,2,\cdots. \tag{10.10}$$

我们直接验证矩阵 $\boldsymbol{L}_n$ 和 $\boldsymbol{U}_n$ 的乘积为 $\boldsymbol{S}_n$.

设矩阵 $\boldsymbol{L}_n$, $\boldsymbol{U}_n$ 和 $\boldsymbol{S}_n$ 的行标为 $i=0,1,2,\cdots,n-1$，列标为 $j=0,1,2,\cdots,n-1$，则 $\boldsymbol{L}_n$ 的 (i,j) 位置上的元素为 C_i^j（记为 L_{ij}），$\boldsymbol{U}_n(=\boldsymbol{L}_n^{\mathrm{T}})$ 的 (i,j) 位置上的元素为 C_j^i（记为 U_{ij}），$\boldsymbol{S}_n$ 的 (i,j) 位置上的元素为 C_{i+j}^i（记为 S_{ij}），故只

须验证，

$$\sum_{k=0}^{n-1} L_{ik}U_{kj} = \sum_{k=0}^{n-1} C_i^k C_j^k = \sum_{k=0}^{n-1} C_i^{i-k} C_j^k = C_{i+j}^i, \quad i,j=0,1,\cdots,n-1 \tag{10.11}$$

(注意，在上式中，当 $k>i$ 时 $L_{ik}=0$，此时 $C_i^k=0$；当 $k>j$ 时 $U_{kj}=0$，此时 $C_j^k=0$).

根据组合的定义，C_{i+j}^i 就是从 $i+j$ 个不同元素中取出 i 个元素的所有组合的个数. 我们可以把这 $i+j$ 个元素分成两组，其中第1组有 i 个元素，第2组有其余的 j 个元素. 于是，从 $i+j$ 个不同元素中取出 i 个元素的组合，可以看成从第1组中取 $i-k$ 个元素，再从第2组中取 k 个元素而得出，故

$$C_{i+j}^i = \sum_{k=0}^{\min\{i,j\}} C_i^{i-k} C_j^k = \sum_{k=0}^{\min\{i,j\}} C_i^k C_j^k = \sum_{k=0}^{n-1} C_i^k C_j^k$$

(因为当 $k>i$ 或 $k>j$ 时 $C_i^k C_j^k=0$)，因而(10.11)成立.

注意，在[11]中，提供了(10.10)的4种证明方法，有兴趣的读者可以查阅.

问题 10.3 由

$$\boldsymbol{L}_2^{-1} = \begin{pmatrix} 1 & 0 \\ 1 & 1 \end{pmatrix}^{-1} = \begin{pmatrix} 1 & 0 \\ -1 & 1 \end{pmatrix},$$

$$\boldsymbol{L}_3^{-1} = \begin{pmatrix} 1 & 0 & 0 \\ 1 & 1 & 0 \\ 1 & 2 & 1 \end{pmatrix}^{-1} = \begin{pmatrix} 1 & 0 & 0 \\ -1 & 1 & 0 \\ 1 & -2 & 1 \end{pmatrix},$$

$$\boldsymbol{L}_4^{-1} = \begin{pmatrix} 1 & 0 & 0 & 0 \\ 1 & 1 & 0 & 0 \\ 1 & 2 & 1 & 0 \\ 1 & 3 & 3 & 1 \end{pmatrix}^{-1} = \begin{pmatrix} 1 & 0 & 0 & 0 \\ -1 & 1 & 0 & 0 \\ 1 & -2 & 1 & 0 \\ -1 & 3 & -3 & 1 \end{pmatrix}, \tag{10.12}$$

我们可以猜测

$$\boldsymbol{L}_5^{-1} = \begin{pmatrix} 1 & 0 & 0 & 0 & 0 \\ 1 & 1 & 0 & 0 & 0 \\ 1 & 2 & 1 & 0 & 0 \\ 1 & 3 & 3 & 1 & 0 \\ 1 & 4 & 6 & 4 & 1 \end{pmatrix}^{-1} = \begin{pmatrix} 1 & 0 & 0 & 0 \\ -1 & 1 & 0 & 0 \\ 1 & -2 & 1 & 0 \\ -1 & 3 & -3 & 1 \\ 1 & -4 & 6 & -4 \end{pmatrix}.$$

一般地，设 n 阶帕斯卡矩阵 $\boldsymbol{L}_n=(p_{ij})_{n\times n}$（为计算方便起见，仍设 $i,j=1,2,\cdots,n$)，则

$$p_{ij}=\begin{cases}C_{i-1}^{j-1}, & 若\ i\geqslant j,\\ 0, & 若\ i<j.\end{cases}$$

设 $\boldsymbol{L}_n$ 的逆矩阵 $\boldsymbol{L}_n^{-1}=\boldsymbol{Q}=(q_{ij})_{n\times n}$，则可以猜测

$$q_{ij}=\begin{cases}(-1)^{i-j}C_{i-1}^{j-1}, & 若\ i\geqslant j,\\ 0, & 若\ i<j.\end{cases}$$

由(10.12)，我们还发现，$\boldsymbol{L}_4$ 与 $\boldsymbol{L}_4^{-1}$ 各元素的绝对值相同，至多相差一个符号. 那么，$\boldsymbol{L}_4$ 与 $\boldsymbol{L}_4^{-1}$ 之间是否还有更直接的联系，是否能经过若干个乘 -1 的倍法变换直接把 $\boldsymbol{L}_4$ 化成 $\boldsymbol{L}_4^{-1}$ 呢？

我们先用 $\boldsymbol{P}(2(-1))$①,$\boldsymbol{P}(4(-1))$ 左乘 $\boldsymbol{L}_4$，把 $\boldsymbol{L}_4$ 的第 1 列的第 2 行与第 4 行上的元素 -1 变成 1，使得与 $\boldsymbol{L}_4^{-1}$ 的第 1 列一致，

$$\boldsymbol{P}(4(-1))\boldsymbol{P}(2(-1))\boldsymbol{L}_4=\begin{pmatrix}1&0&0&0\\-1&-1&0&0\\1&2&1&0\\-1&-3&-3&-1\end{pmatrix},$$

所得矩阵与 $\boldsymbol{L}_4^{-1}$ 仅第 2 列和第 4 列相差一个符号，于是，再右乘 $\boldsymbol{P}(2(-1))$，$\boldsymbol{P}(4(-1))$，可得

$$\boldsymbol{P}(4(-1))\boldsymbol{P}(2(-1))\boldsymbol{L}_4\boldsymbol{P}(2(-1))\boldsymbol{P}(4(-1))=\begin{pmatrix}1&0&0&0\\-1&1&0&0\\1&-2&1&0\\-1&3&-3&1\end{pmatrix}=\boldsymbol{L}_4^{-1}. \tag{10.13}$$

设矩阵

$$\boldsymbol{D}_4=\boldsymbol{P}(2(-1))\boldsymbol{P}(4(-1))=\begin{pmatrix}1&&&\\&-1&&\\&&1&\\&&&-1\end{pmatrix},$$

---

① $\boldsymbol{P}(i(k))$ 表示经倍法变换，用非零的数 k 乘 $\boldsymbol{E}$ 的第 i 行，得到的矩阵

$$\boldsymbol{P}(i(k))=\begin{pmatrix}1&&&&&\\&\ddots&&&&\\&&1&&&\\&&&k&&\\&&&&1&&\\&&&&&\ddots&\\&&&&&&1\end{pmatrix}(第\ i\ 行).$$

则由于

$$D_4^{-1}=P(2(-1))P(4(-1))^{-1}=P(4(-1))P(2(-1)),$$

由(10.13)得

$$L_4^{-1}=D_4^{-1}L_4D_4,$$

这表明，L_4^{-1} 与 L_4 是相似的，且变换矩阵为 D_4. 一般地，设

$$D_n=\begin{pmatrix} d_{11} & & & \\ & d_{22} & & \\ & & \ddots & \\ & & & d_{nn} \end{pmatrix},$$

其中 $d_{ii}=(-1)^{i-1}$，$i=1,2,\cdots,n$，则可以猜测，L_n^{-1} 与 L_n 是相似的，且有

$$L_n^{-1}=D_n^{-1}L_nD_n.$$

注意，$D_n^{-1}=D_n=D_n^{\mathrm{T}}$.

问题 10.4 1) 由于 $L_n=(p_{ij})_{n\times n}$ 是单位下三角方阵，其中

$$p_{ij}=\begin{cases} C_{i-1}^{j-1}, & 若\ i\geqslant j, \\ 0, & 若\ i<j, \end{cases}$$

以及 Q 也是单位下三角方阵，由问题 9.1 的 2) 的解答可知，两个单位下三角方阵的乘积也是单位下三角方阵，故要证 $L_n^{-1}=Q$，即证 $L_nQ=E$，只须证明：当 $i>j$ 时，L_nQ 的第 i 行第 j 列位置上的元素 $\{L_nQ\}_{ij}=0$. 设 $i=j+l$，其中 $l>0$，则

$$\begin{aligned}\{L_nQ\}_{ij}&=\sum_{k=0}^{l}p_{j+l,j+k}q_{j+k,j}=\sum_{k=0}^{l}C_{j+l-1}^{j+k-1}C_{j+k-1}^{j-1}(-1)^k\\&=\sum_{k=0}^{l}\frac{(j+l-1)!}{(l-k)!(j-1)!k!}(-1)^k\\&=\frac{(j+l-1)!}{(j-1)!l!}\sum_{k=0}^{l}\frac{l!}{(l-k)!k!}(-1)^k\\&=C_{j+l-1}^{j-1}\sum_{k=0}^{l}C_l^k(-1)^k=C_{i-1}^{j-1}(1-1)^l=0.\end{aligned}$$

因此，$L_n^{-1}=Q$.

2) 若 $i<j$，则 $d_{ii}^{-1}p_{ij}d_{jj}=0=q_{ij}$；若 $i=j$，则 $d_{ii}^{-1}p_{ij}d_{jj}=p_{ii}=1=q_{ii}$；若 $i>j$，则

$$\begin{aligned}d_{ii}^{-1}p_{ij}d_{jj}&=(-1)^{i-1}C_{i-1}^{j-1}(-1)^{j-1}=(-1)^{i-j+2(j-1)}C_{i-1}^{j-1}\\&=(-1)^{i-j}C_{i-1}^{j-1}=q_{ij}.\end{aligned}$$

故

$$\boldsymbol{L}_n^{-1} = \boldsymbol{D}_n^{-1}\boldsymbol{L}_n\boldsymbol{D}_n. \tag{10.14}$$

问题 10.5 1)

$$\boldsymbol{L}_4^2 = \begin{pmatrix}1&0&0&0\\1&1&0&0\\1&2&1&0\\1&3&3&1\end{pmatrix}\begin{pmatrix}1&0&0&0\\1&1&0&0\\1&2&1&0\\1&3&3&1\end{pmatrix} = \begin{pmatrix}1&0&0&0\\2&1&0&0\\4&4&1&0\\8&12&6&1\end{pmatrix}$$

$$= \begin{pmatrix}1&0&0&0\\2&1&0&0\\2^2&2\times 2&1&0\\2^3&3\times 2^2&3\times 2&1\end{pmatrix},$$

$$\boldsymbol{L}_4^3 = \begin{pmatrix}1&0&0&0\\1&1&0&0\\1&2&1&0\\1&3&3&1\end{pmatrix}\begin{pmatrix}1&0&0&0\\2&1&0&0\\4&4&1&0\\8&12&6&1\end{pmatrix} = \begin{pmatrix}1&0&0&0\\3&1&0&0\\9&6&1&0\\27&27&9&1\end{pmatrix}$$

$$= \begin{pmatrix}1&0&0&0\\3&1&0&0\\3^2&2\times 3&1&0\\3^3&3\times 3^2&3\times 3&1\end{pmatrix},$$

$$\boldsymbol{L}_4^4 = \begin{pmatrix}1&0&0&0\\1&1&0&0\\1&2&1&0\\1&3&3&1\end{pmatrix}\begin{pmatrix}1&0&0&0\\3&1&0&0\\9&6&1&0\\27&27&9&1\end{pmatrix} = \begin{pmatrix}1&0&0&0\\4&1&0&0\\16&8&1&0\\64&48&12&1\end{pmatrix}$$

$$= \begin{pmatrix}1&0&0&0\\4&1&0&0\\4^2&2\times 4&1&0\\4^3&3\times 4^2&3\times 4&1\end{pmatrix}.$$

由此我们猜测：当 $n = 4$ 时，有

$$\boldsymbol{L}_4^m = \begin{pmatrix}1&0&0&0\\m&1&0&0\\m^2&2m&1&0\\m^3&3m^2&3m&1\end{pmatrix},$$

且对于 n 阶帕斯卡矩阵 $\boldsymbol{L}_n$，有

$$\{\boldsymbol{L}_n^m\}_{ij}=\begin{cases}m^{i-j}C_{i-1}^{j-1}, & 若\ i\geqslant j,\\ 0, & 若\ i<j,\end{cases}\tag{10.15}$$

其中 m 为任一整数，$\{\boldsymbol{L}_n^m\}_{ij}$ 表示 $\boldsymbol{L}_n^m$ 的 (i,j) 位置上的元素.

事实上，当 $i\geqslant j$ 时，$\boldsymbol{L}_n^{-1}$，$\boldsymbol{L}_n^0=\boldsymbol{E}$，$\boldsymbol{L}_n$ 的第 i 行第 j 列位置上的元素也分别可以写成 $(-1)^{i-j}C_{i-1}^{j-1}$，$0^{i-j}C_{i-1}^{j-1}$，$1^{i-j}C_{i-1}^{j-1}$，与(10.15)吻合.

2) 对任一整数 m，令矩阵 $\boldsymbol{L}[m]$ 的 (i,j) 位置上的元素为

$$\{\boldsymbol{L}[m]\}_{ij}=\begin{cases}m^{i-j}C_{i-1}^{j-1}, & 若\ i\geqslant j,\\ 0, & 若\ i<j,\end{cases}\tag{10.16}$$

其中 $i,j=1,2,\cdots,n$. 只要证明，对任意的两个整数 s,t，都有

$$\boldsymbol{L}[s]\boldsymbol{L}[t]=\boldsymbol{L}[s+t],\tag{10.17}$$

那么，取 $s=1$（或 -1），对 t 用数学归纳法，利用(10.17)，容易证明，

$$\boldsymbol{L}[t]=\boldsymbol{L}_n^{\mathrm{T}}\quad(\boldsymbol{L}[-t]=(\boldsymbol{L}_n^{-1})^{\mathrm{T}}),$$

即

$$\boldsymbol{L}_n^m=\boldsymbol{L}[m],\tag{10.18}$$

其中 $\boldsymbol{L}[m]$ 由(10.16)给出，(10.18)即为所求.

在(10.17)中，若 $s=0$ 或 $t=0$，等式显然成立. 若 $s\neq 0$，$t\neq 0$，则

$$\{\boldsymbol{L}[s]\boldsymbol{L}[t]\}_{ij}=\begin{cases}0, & 若\ i<j,\\ 1, & 若\ i=j.\end{cases}$$

若 $i>j$，设 $i=j+l$，其中 $l>0$，则

$$\begin{aligned}\{\boldsymbol{L}[s]\boldsymbol{L}[t]\}_{ij}&=\sum_{k=0}^{l}\{\boldsymbol{L}[s]\}_{j+l,j+k}\{\boldsymbol{L}[t]\}_{j+k,j}\\&=\sum_{k=0}^{l}s^{l-k}C_{j+l-1}^{j+k-1}t^kC_{j+k-1}^{j-1}\\&=\sum_{k=0}^{l}\frac{(j+l-1)!}{(l-k)!(j-1)!k!}s^{l-k}t^k\\&=\frac{(j+l-1)!}{(j-1)!l!}\sum_{k=0}^{l}\frac{l!}{(l-k)!k!}s^{l-k}t^k\\&=C_{i-1}^{j-1}\sum_{k=0}^{l}C_l^ks^{l-k}t^k=C_{i-1}^{j-1}(s+t)^l\\&=(s+t)^{i-j}C_{i-1}^{j-1}=\{\boldsymbol{L}[s+t]\}_{ij},\end{aligned}$$

因此，$\boldsymbol{L}[s]\boldsymbol{L}[t]=\boldsymbol{L}[s+t]$，(10.17)成立.

问题 10.6 1) 由于 $\boldsymbol{U}_n=\boldsymbol{L}_n^{\mathrm{T}}$，$\boldsymbol{D}_n^{-1}=\boldsymbol{D}_n^{\mathrm{T}}=\boldsymbol{D}_n$，由(10.14)得，$\boldsymbol{U}_n^{-1}=$

$\boldsymbol{D}_n^{-1}\boldsymbol{U}_n\boldsymbol{D}_n$，故

$$\boldsymbol{S}_n^{-1}=\boldsymbol{U}_n^{-1}\boldsymbol{L}_n^{-1}=\boldsymbol{D}_n^{-1}\boldsymbol{U}_n\boldsymbol{D}_n\boldsymbol{D}_n^{-1}\boldsymbol{L}_n\boldsymbol{D}_n=\boldsymbol{D}_n\boldsymbol{U}_n\boldsymbol{L}_n\boldsymbol{D}_n. \tag{10.19}$$

2) 由(10.19)得

$$\boldsymbol{S}_n^{-1}=\boldsymbol{D}_n\boldsymbol{U}_n\boldsymbol{L}_n\boldsymbol{U}_n\boldsymbol{U}_n^{-1}\boldsymbol{D}_n^{-1}=(\boldsymbol{D}_n\boldsymbol{U}_n)\boldsymbol{S}_n(\boldsymbol{D}_n\boldsymbol{U}_n)^{-1},$$

故 $\boldsymbol{S}_n$ 与 $\boldsymbol{S}_n^{-1}$ 相似，所以 $\boldsymbol{S}_n$ 与 $\boldsymbol{S}_n^{-1}$ 有相同的特征值. 另一方面，设 $\boldsymbol{S}_n$ 的特征值为 $\lambda_1,\lambda_2,\cdots,\lambda_n$，则 $\boldsymbol{S}_n^{-1}$ 的特征值为 $\frac{1}{\lambda_1},\frac{1}{\lambda_2},\cdots,\frac{1}{\lambda_n}$. 因此，$\boldsymbol{S}_n$ 的特征值中互为倒数的两个数 λ_i 与 $\frac{1}{\lambda_i}$ 必须同时出现(即存在某个 j，使得 $\lambda_j=\frac{1}{\lambda_i}$)，又因 $|\boldsymbol{S}_n|=1$，故 $\boldsymbol{S}_n$ 的所有特征值之积

$$\lambda_1\lambda_2\cdots\lambda_n=1.$$

例如：$\boldsymbol{S}_3$ 的特征值为 $\lambda_1=4+\sqrt{15}$，$\lambda_2=4-\sqrt{15}$，$\lambda_3=1$，其中 $\lambda_1\lambda_2=1$ (即 $\lambda_2=\frac{1}{\lambda_1}$)，且 $\lambda_1\lambda_2\lambda_3=1$.

3) 由于

$$\boldsymbol{S}_n=\boldsymbol{L}_n\boldsymbol{U}_n=\boldsymbol{U}_n^{\mathrm{T}}\boldsymbol{U}_n=\boldsymbol{U}_n^{\mathrm{T}}\boldsymbol{E}\boldsymbol{U}_n,$$

且 $\boldsymbol{U}_n$ 可逆，故 $\boldsymbol{E}$ 与 $\boldsymbol{S}_n$ 合同，即 $\boldsymbol{S}_n$ 与 $\boldsymbol{E}$ 合同，故 $\boldsymbol{S}_n$ 是正定矩阵.

11. 特征值与特征向量的直接求法

对于一个 n 阶矩阵 $\boldsymbol{A}$，我们可以通过求解特征方程 $|\lambda\boldsymbol{E}-\boldsymbol{A}|=0$ 与齐次线性方程组 $(\lambda_i\boldsymbol{E}-\boldsymbol{A})\boldsymbol{x}=\boldsymbol{0}$ 来求它的特征值与特征向量. 本课题将探讨不用求解特征方程与有关的齐次线性方程组，直接利用矩阵 $\boldsymbol{A}$ 的多项式来求特征值和特征向量的新方法.

中心问题 设 $\boldsymbol{A}$ 是一个 n 阶矩阵，$\boldsymbol{u}$ 是 n 维向量空间 $\mathbf{R}^n$ 中任一非零向量，则如何通过向量序列 $\{\boldsymbol{u},\boldsymbol{A}\boldsymbol{u},\boldsymbol{A}^2\boldsymbol{u},\cdots\}$ 中向量的线性关系来寻找 $\boldsymbol{A}$ 的特征值与特征向量.

准备知识 矩阵的运算，向量的线性相关性，矩阵的特征值与特征向量

课题探究

首先对给定的一个 n 阶矩阵 $\boldsymbol{A}$ 和一个 n 维向量 $\boldsymbol{u}$，探讨如何利用向量序列 $\{\boldsymbol{u},\boldsymbol{A}\boldsymbol{u},\boldsymbol{A}^2\boldsymbol{u},\cdots\}$，直接找出 $\boldsymbol{A}$ 的一个特征值 λ_0 以及属于 λ_0 的一个特征向量(可以取一个实际例子试一试).

问题 11.1 设 $\boldsymbol{A}$ 是一个 n 阶矩阵，$\boldsymbol{u}\in\mathbf{R}^n$ 且 $\boldsymbol{u}\neq\boldsymbol{0}$，观察向量序列 $\{\boldsymbol{u},\boldsymbol{A}\boldsymbol{u},\boldsymbol{A}^2\boldsymbol{u},\cdots\}$，你有什么发现？取

$$\boldsymbol{A}=\begin{pmatrix}3&-1&-6&1\\-1&3&4&-1\\1&-1&-2&1\\-1&1&4&1\end{pmatrix},\quad \boldsymbol{u}=\begin{pmatrix}1\\0\\0\\0\end{pmatrix},$$

试一试.

由问题 11.1 的讨论可知，设 k 是使 $\boldsymbol{u},\boldsymbol{A}\boldsymbol{u},\cdots,\boldsymbol{A}^k\boldsymbol{u}$ 线性相关的最小正整数，则存在 $a_0,a_1,\cdots,a_k\in\mathbf{R}$ 使

$$a_0\boldsymbol{u}+a_1\boldsymbol{A}\boldsymbol{u}+\cdots+a_k\boldsymbol{A}^k\boldsymbol{u}=\boldsymbol{0}.$$

若 λ_0 是 $f(\lambda)=a_0+a_1\lambda+\cdots+a_k\lambda^k$ 的一个根，设 $f(\lambda)=(\lambda-\lambda_0)q(\lambda)$，则

$q(\boldsymbol{A})\boldsymbol{u}$ 是 $\boldsymbol{A}$ 的属于特征值 λ_0 的一个特征向量. 我们把向量 $\boldsymbol{u}$ 称为**种子向量**，$\boldsymbol{A}\boldsymbol{u},\boldsymbol{A}^2\boldsymbol{u},\cdots$ 称为**由 $\boldsymbol{u}$ 生成的向量**. 由问题 11.1 的实例可知，由种子向量

$$\boldsymbol{u}=\begin{pmatrix}1\\0\\0\\0\end{pmatrix}$$

出发可以找出 $\boldsymbol{A}$ 的分别属于特征值 0 和 1 的两个线性无关的特征向量. 我们自然要问，矩阵 $\boldsymbol{A}$ 是 4 阶的，它是否还有其他的特征值和其他的线性无关的特征向量呢？若有，如何去求？

问题 11.2 取不同的种子向量可能得到矩阵 $\boldsymbol{A}$ 的不同的特征值和线性无关的特征向量，那么取定第 1 个种子向量后，如何取第 2 个、第 3 个等种子向量，以求得 $\boldsymbol{A}$ 的其他的特征值和其他的线性无关的特征向量呢？可用问题 11.1 中的 4 阶矩阵 $\boldsymbol{A}$ 再试一下，从中发现规律，由此得到用种子向量直接求矩阵的特征值与特征向量的新方法.

我们知道，一个方阵可能可对角化，也可能不可对角化，将上述求特征向量的方法运用于不同类型的方阵时，是否会产生不同的情况呢？下面通过实例继续进行探讨.

问题 11.3 用种子向量求下列矩阵的特征值与特征向量：

1）$\boldsymbol{A}=\begin{pmatrix}1&2&2\\2&1&2\\2&2&1\end{pmatrix}$；　2）$\boldsymbol{A}=\begin{pmatrix}3&3&2\\1&1&-2\\-3&-1&0\end{pmatrix}$.

问题 11.4 在问题 11.3 的 2）中，我们遇到了属于复特征值的复特征向量. 一般地，一个实矩阵的复特征值与复特征向量有什么特性？

问题 11.5 用种子向量求矩阵

$$\boldsymbol{B}=\begin{pmatrix}3&1&0\\-4&-1&0\\4&-8&-2\end{pmatrix}$$

的特征值与特征向量，从中你有什么发现？

对任一 n 阶矩阵 $\boldsymbol{A}$，是否必能用问题 11.2 给出的方法，求得它的所有特征向量的一个极大线性无关组呢？

下面我们引入向量式的概念来解决此问题.

设 $\boldsymbol{A}\in\mathbf{R}^{n\times n}$，任取一个非零向量 $\boldsymbol{v}_1\in\mathbf{R}^n$（称为**种子向量**）. 考虑由 $\boldsymbol{v}_1$ 生成的向量 $\boldsymbol{v}_1,\boldsymbol{v}_2(=\boldsymbol{A}\boldsymbol{v}_1),\cdots,\boldsymbol{v}_k(=\boldsymbol{A}\boldsymbol{v}_{k-1})$，把它们称为**生成向量**. 如果 $\boldsymbol{v}_k$ 不是 $\boldsymbol{v}_1,\boldsymbol{v}_2,\cdots,\boldsymbol{v}_{k-1}$ 的线性组合，则设 $\boldsymbol{v}_{k+1}=\boldsymbol{A}\boldsymbol{v}_k$（它也是生成向量）. 如果 $\boldsymbol{v}_k$ 是 $\boldsymbol{v}_1,\boldsymbol{v}_2,\cdots,\boldsymbol{v}_{k-1}$ 的线性组合，则记下该线性组合，并取 $\boldsymbol{v}_{k+1}$ 为不能构成 $\boldsymbol{v}_1,\boldsymbol{v}_2,\cdots,\boldsymbol{v}_{k-1}$ 的线性组合的 $\mathbf{R}^n$ 中的任一向量(若这样的向量存在)，也称为**种子向量**. 按这算法继续做下去，由于以上两种情况($\boldsymbol{v}_k$ 是或者不是 $\boldsymbol{v}_1,\boldsymbol{v}_2,\cdots,\boldsymbol{v}_{k-1}$ 的线性组合）的每种情况至多出现 n 次，所以这过程到某一步必然中断，最后产生一个生成向量列，设为 $\boldsymbol{v}_1,\boldsymbol{v}_2,\cdots,\boldsymbol{v}_t$，其中线性无关的生成向量称为**无关生成向量**，它们共有 n 个，构成 $\mathbf{R}^n$ 的一个基，而其他的生成向量称为**相关生成向量**，假设共有 m 个，设 $\boldsymbol{v}_k$ 是其中之一，则 $\boldsymbol{v}_k$ 可以写成 $\boldsymbol{v}_1,\boldsymbol{v}_2,\cdots,\boldsymbol{v}_{k-1}$ 中无关生成向量的线性组合.

在问题 11.1 的实例中，种子向量 $\boldsymbol{u},\boldsymbol{v},\boldsymbol{w}$ 生成的生成向量列为

$$\boldsymbol{u},\boldsymbol{A}\boldsymbol{u},\boldsymbol{A}^2\boldsymbol{u},\boldsymbol{v},\boldsymbol{A}\boldsymbol{v},\boldsymbol{w},\boldsymbol{A}\boldsymbol{w}, \tag{11.1}$$

其中 $\boldsymbol{u},\boldsymbol{A}\boldsymbol{u},\boldsymbol{v},\boldsymbol{w}$ 是无关生成向量，它们构成 $\mathbf{R}^4$ 的一个基，而其他的生成向量 $\boldsymbol{A}^2\boldsymbol{u},\boldsymbol{A}\boldsymbol{v},\boldsymbol{A}\boldsymbol{w}$ 是相关生成向量，共有 3 个，每一个都可以写成无关生成向量的线性组合.

因为该例中所求得的特征向量都是这些生成向量的线性组合(例如：$\boldsymbol{A}$ 的属于特征值 1 的特征向量 $\boldsymbol{A}\boldsymbol{u}-\boldsymbol{u}$ 是生成向量列(11.1) 的线性组合)，所以我们要对生成向量列(11.1) 的线性组合加以研究. 下面我们把生成向量 $\boldsymbol{u}$，$\boldsymbol{A}\boldsymbol{u},\boldsymbol{A}^2\boldsymbol{u},\boldsymbol{v},\boldsymbol{A}\boldsymbol{v},\boldsymbol{w},\boldsymbol{A}\boldsymbol{w}$ 都看做多项式的变量，称由这 7 个生成向量(看做变量)的线性组合为**向量式**(也可看做 7 元 1 次多项式)，将所有向量式的全体记为 V，如同多项式的加法和数乘，定义向量式的加法和数乘，那么 V 构成一个 7 维向量空间.

一般地，如果 $\boldsymbol{A}\in\mathbf{R}^{n\times n}$ 具有生成向量列 $\boldsymbol{v}_1,\boldsymbol{v}_2,\cdots,\boldsymbol{v}_l$，则所有向量式($\boldsymbol{v}_1$，$\boldsymbol{v}_2,\cdots,\boldsymbol{v}_l$(看做变量）的线性组合）的全体构成一个 l 维向量空间，其中 $l=n+m$，n 是无关生成向量(看做向量式）的个数，m 是相关生成向量(看做向量式）的个数. m 也是种子向量的个数.

对一个 V 中的向量式，可以用 $\mathbf{R}^n$ 中的向量代入，赋值后得到 $\mathbf{R}^n$ 中的一个向量，称为该**向量式的值**. 例如：问题 11.1 的例中对向量式 $\boldsymbol{A}\boldsymbol{u}-\boldsymbol{u}$，用 $\boldsymbol{A}\boldsymbol{u}=(3,-1,1,-1)^{\mathrm{T}}$ 和 $\boldsymbol{u}=(1,0,0,0)^{\mathrm{T}}$ 代入后，就得到向量式 $\boldsymbol{A}\boldsymbol{u}-\boldsymbol{u}$ 的值 $(2,-1,1,-1)^{\mathrm{T}}\in\mathbf{R}^4$.

由问题 11.1 和问题 11.2 的解答，知

$$\boldsymbol{A}^2\boldsymbol{u}-\boldsymbol{A}\boldsymbol{u}=\boldsymbol{0}\quad(\text{即}(11.7)),$$

$$\boldsymbol{Av}-2\boldsymbol{v}+\boldsymbol{Au}-2\boldsymbol{u}=\boldsymbol{0}\quad(\text{即}(11.8)),$$
$$\boldsymbol{Aw}-2\boldsymbol{w}+4\boldsymbol{Au}-6\boldsymbol{u}=\boldsymbol{0}\quad(\text{即}(11.9)),$$

故作为向量式，$\boldsymbol{A}^2\boldsymbol{u}-\boldsymbol{Au}$，$\boldsymbol{Av}-2\boldsymbol{v}+\boldsymbol{Au}-2\boldsymbol{u}$ 和 $\boldsymbol{Aw}-2\boldsymbol{w}+4\boldsymbol{Au}-6\boldsymbol{u}$ 都是值为 $\mathbf{R}^4$ 中的零向量的向量式，我们把它们称为**零化向量式**. 我们看到，$\boldsymbol{A}$ 的分别属于特征值 1,0,2,2 的特征向量 $\boldsymbol{Au}$，$\boldsymbol{Au}-\boldsymbol{u}$，$\boldsymbol{v}+\boldsymbol{u}$，$\boldsymbol{w}-\boldsymbol{Au}+3\boldsymbol{u}$ 都是从这 3 个零化向量式导出的，因而我们必须对零化向量式加以研究.

一般地，设 V 是 $\boldsymbol{A}\in\mathbf{R}^{n\times n}$ 的由生成向量列 $\boldsymbol{v}_1,\boldsymbol{v}_2,\cdots,\boldsymbol{v}_l$（看做向量式）张成的向量空间，则其中值为 n 维零向量的向量式称为**零化向量式**. 我们把仅由无关生成向量（看做向量式）的线性组合构成的向量式称为**简洁向量式**. 显然，所有简洁向量式的全体构成 V 的一个 n 维子空间，记为 V_1，生成向量列中 n 个无关生成向量（看做向量式）构成了它的一个基. 显然，V 中零化向量式的全体也构成一个子空间，记为 V_2. 我们要问，V_2 的维数是多少呢?

按如下方法由 m 个相关生成向量可以得到 m 个零化向量式：设 $\boldsymbol{v}_k$ 为相关生成向量，则它可以写成 $\boldsymbol{v}_1,\boldsymbol{v}_2,\cdots,\boldsymbol{v}_{k-1}$ 的线性组合，也可以写成其中的无关生成向量的线性组合，设为

$$\boldsymbol{v}_k=\sum_{i=1}^{k-1}a_i\boldsymbol{v}_i$$

（其中 $\boldsymbol{v}_1,\boldsymbol{v}_2,\cdots,\boldsymbol{v}_{k-1}$ 中相关生成向量的系数为零），于是，

$$\boldsymbol{v}_k-\sum_{i=1}^{k-1}a_i\boldsymbol{v}_i=\boldsymbol{0}\in\mathbf{R}^n.\tag{11.2}$$

上式左边的 $\boldsymbol{v}_k-\sum\limits_{i=1}^{k-1}a_i\boldsymbol{v}_i$ 看做向量式，就是一个零化向量式，且(11.2)中相关生成向量的系数中只有 $\boldsymbol{v}_k$ 的系数不等于零，而其他的均为零. 这样，由 m 个相关生成向量可以导出线性无关的 m 个零化向量式. 因此，$\dim V_2\geqslant m$. 另一方面，由于没有一个非零的简洁向量式有 $\mathbf{R}^n$ 中的零向量作为它的值，所以非零的简洁向量式都不是零化向量式，也就是说，

$$V_1\cap V_2=\{\boldsymbol{0}\}\quad(\text{其中 }\boldsymbol{0}\text{ 是零向量式}),$$

故 $V_1+V_2=V_1\oplus V_2$ 是直和，所以

$$\dim V\geqslant\dim V_1\oplus V_2\geqslant n+m=l,$$

这迫使 $V=V_1\oplus V_2$ 及 $\dim V_2=m$.

设 $\boldsymbol{g}_1,\boldsymbol{g}_2,\cdots,\boldsymbol{g}_n$ 是生成向量列 $\boldsymbol{v}_1,\boldsymbol{v}_2,\cdots,\boldsymbol{v}_l$ 中无关生成向量，将

$$(\boldsymbol{A}-\lambda\boldsymbol{E})\boldsymbol{g}_i=\boldsymbol{Ag}_i-\lambda\boldsymbol{g}_i,\quad i=1,2,\cdots,n$$

（其中 $\lambda\in\mathbf{R}$）都看做向量式，它们是 V 中线性无关的向量式（这是因为 $\boldsymbol{g}_i$ 是无关生成向量，故 $\boldsymbol{Ag}_i$ 仍是生成向量，且 $\boldsymbol{Ag}_i$ 在 $(\boldsymbol{A}-\lambda\boldsymbol{E})\boldsymbol{g}_i$ 中的系数为 1，而

在$(\boldsymbol{A}-\lambda\boldsymbol{E})\boldsymbol{g}_j(j<i)$中的系数为零). 设$\boldsymbol{s}_1,\boldsymbol{s}_2,\cdots,\boldsymbol{s}_m$是种子向量，并看做向量式，则

$$\{(\boldsymbol{A}-\lambda\boldsymbol{E})\boldsymbol{g}_1,(\boldsymbol{A}-\lambda\boldsymbol{E})\boldsymbol{g}_2,\cdots,(\boldsymbol{A}-\lambda\boldsymbol{E})\boldsymbol{g}_n,\boldsymbol{s}_1,\boldsymbol{s}_2,\cdots,\boldsymbol{s}_m\}$$

构成V的一个基(这是因为，如果

$$\sum_{i=1}^{n}a_i(\boldsymbol{A}-\lambda\boldsymbol{E})\boldsymbol{g}_i+\sum_{j=1}^{m}b_j\boldsymbol{s}_j=\boldsymbol{0},$$

则有

$$\sum_{i=1}^{n}a_i(\boldsymbol{A}-\lambda\boldsymbol{E})\boldsymbol{g}_i=-\sum_{j=1}^{m}b_j\boldsymbol{s}_j,$$

而任意一个$(\boldsymbol{A}-\lambda\boldsymbol{E})\boldsymbol{g}_1,(\boldsymbol{A}-\lambda\boldsymbol{E})\boldsymbol{g}_2,\cdots,(\boldsymbol{A}-\lambda\boldsymbol{E})\boldsymbol{g}_n$的非零的线性组合总有一个非种子向量的生成向量，它的系数不等于零，这迫使上式两边都为零向量式，因而$(\boldsymbol{A}-\lambda\boldsymbol{E})\boldsymbol{g}_1,(\boldsymbol{A}-\lambda\boldsymbol{E})\boldsymbol{g}_2,\cdots,(\boldsymbol{A}-\lambda\boldsymbol{E})\boldsymbol{g}_n,\boldsymbol{s}_1,\boldsymbol{s}_2,\cdots,\boldsymbol{s}_m$线性无关). 因此，$V$中任一向量式$\boldsymbol{x}$都可以写成商-余式的形式；

$$\boldsymbol{x}=(\boldsymbol{A}-\lambda\boldsymbol{E})\boldsymbol{q}+\boldsymbol{r},$$

其中$\boldsymbol{q}$是向量式$\boldsymbol{g}_1,\boldsymbol{g}_2,\cdots,\boldsymbol{g}_n$的线性组合，而$\boldsymbol{r}$是种子向量(看做向量式)的线性组合.

由于任意一个属于特征值λ的特征向量都能唯一地表示成n个无关生成向量的线性组合，把它看做向量式，则它是一个简洁向量式(设为$\boldsymbol{x}$). 由于$\boldsymbol{x}$的值是属于λ的特征向量，故$(\boldsymbol{A}-\lambda\boldsymbol{E})\boldsymbol{x}$是零化向量式. 下面将利用这种形式的零化向量式求特征值为λ的特征子空间的一个基.

首先，我们证明，一组简洁向量式是线性无关的当且仅当它们分别用$\boldsymbol{A}-\lambda\boldsymbol{E}$左乘后仍是线性无关的.

假设$\boldsymbol{v}_1,\boldsymbol{v}_2,\cdots,\boldsymbol{v}_p$是线性无关的简洁向量式，$\sum\limits_{i=1}^{p}a_i(\boldsymbol{A}-\lambda\boldsymbol{E})\boldsymbol{v}_i$是零向量式，其中$a_1,a_2,\cdots,a_p$不全为零，则$(\boldsymbol{A}-\lambda\boldsymbol{E})\sum\limits_{i=1}^{p}a_i\boldsymbol{v}_i$是零向量式，$\sum\limits_{i=1}^{p}a_i\boldsymbol{v}_i$是简洁向量式. 因此，$\sum\limits_{i=1}^{p}a_i\boldsymbol{v}_i$是零向量式(这是因为，若$\boldsymbol{v}$是一个非零的简洁向量式，设$\boldsymbol{g}_i$是$\boldsymbol{v}$中最后一个系数非零的无关生成向量(看做向量式)，则$(\boldsymbol{A}-\lambda\boldsymbol{E})\boldsymbol{v}$是一个$\boldsymbol{A}\boldsymbol{g}_i$的系数为非零的向量式. 因此，如果$\sum\limits_{i=1}^{p}a_i\boldsymbol{v}_i$是非零的，则因它又是简洁向量式，故$(\boldsymbol{A}-\lambda\boldsymbol{E})\sum\limits_{i=1}^{p}a_i\boldsymbol{v}_i$是非零的向量式，这与它是零向量式矛盾)，这与$\boldsymbol{v}_1,\boldsymbol{v}_2,\cdots,\boldsymbol{v}_p$是线性无关的相矛盾. 因此，

$$(\boldsymbol{A}-\lambda\boldsymbol{E})\boldsymbol{v}_1,(\boldsymbol{A}-\lambda\boldsymbol{E})\boldsymbol{v}_2,\cdots,(\boldsymbol{A}-\lambda\boldsymbol{E})\boldsymbol{v}_p$$

是线性无关的. 反之，假设$(\boldsymbol{A}-\lambda\boldsymbol{E})\boldsymbol{v}_1,(\boldsymbol{A}-\lambda\boldsymbol{E})\boldsymbol{v}_2,\cdots,(\boldsymbol{A}-\lambda\boldsymbol{E})\boldsymbol{v}_p$是线性无关的向量式，其中$\boldsymbol{v}_1,\boldsymbol{v}_2,\cdots,\boldsymbol{v}_p$是简洁向量式，要证如果$\sum\limits_{i=1}^{p}a_i\boldsymbol{v}_i$是零向量式(其中$a_1,a_2,\cdots,a_p$不全为零)，则将产生矛盾. 事实上，这时由于

$$(\boldsymbol{A}-\lambda\boldsymbol{E})\sum_{i=1}^{p}a_i\boldsymbol{v}_i=\sum_{i=1}^{p}a_i(\boldsymbol{A}-\lambda\boldsymbol{E})\boldsymbol{v}_i$$

是零向量式，而与向量式$(\boldsymbol{A}-\lambda\boldsymbol{E})\boldsymbol{v}_1,(\boldsymbol{A}-\lambda\boldsymbol{E})\boldsymbol{v}_2,\cdots,(\boldsymbol{A}-\lambda\boldsymbol{E})\boldsymbol{v}_p$线性无关相矛盾. 因此，一组简洁向量式是线性无关的当且仅当它们分别用$\boldsymbol{A}-\lambda\boldsymbol{E}$左乘后仍是线性无关的. 于是，要求特征值为$\lambda$的特征子空间$V_\lambda$的一个基，只要找所有形如$(\boldsymbol{A}-\lambda\boldsymbol{E})\boldsymbol{z}$(其中$\boldsymbol{z}$是简洁向量式)的零化向量式全体构成的$V_2$的子空间(记为$V_3$)的一个基，然后因式分解出向量式$\boldsymbol{z}$，就可以得到形如$(\boldsymbol{A}-\lambda\boldsymbol{E})\boldsymbol{z}$的一个基，把它们左边的因式$\boldsymbol{A}-\lambda\boldsymbol{E}$都去掉，就得到一组线性无关的简洁向量式，再对它们取值就可以得到特征值λ的特征子空间V_λ的一个基.

下面来求子空间V_3的基. 设$\boldsymbol{x}_1,\boldsymbol{x}_2,\cdots,\boldsymbol{x}_m$是由$m$个相关生成向量所导出的零化向量式，它们构成子空间$V_2$的一个基，将它们写成商－余式的形式

$$\boldsymbol{x}_j=(\boldsymbol{A}-\lambda\boldsymbol{E})\boldsymbol{q}_j+\boldsymbol{r}_j,$$

其中$\boldsymbol{q}_j$是无关生成向量(看做向量式)的线性组合，$\boldsymbol{r}_j$是种子向量(看做向量式)的线性组合，$j=1,2,\cdots,m$. 那么要求V_3的一个基，就可以通过求所有满足条件$\sum\limits_{j=1}^{m}c_j\boldsymbol{r}_j=\boldsymbol{0}$(零向量式)的$m$维向量$(c_1,c_2,\cdots,c_m)$的全体所构成的$\mathbf{R}^m$的子空间的一个基来得到.

设$\boldsymbol{x}_i=(\boldsymbol{A}-\lambda\boldsymbol{E})\boldsymbol{q}_i\ (i=m+1,m+2,\cdots,k)$是由形如$(\boldsymbol{A}-\lambda\boldsymbol{E})\boldsymbol{z}$的零化向量式构成的子空间$V_3$的一个基，那么向量式$\boldsymbol{q}_{m+1},\boldsymbol{q}_{m+2},\cdots,\boldsymbol{q}_k$的值就构成了特征值$\lambda$的特征子空间$V_\lambda$的一个基.

例如：在问题11.1的例中，由相关生成向量$\boldsymbol{A}^2\boldsymbol{u},\boldsymbol{A}\boldsymbol{v},\boldsymbol{A}\boldsymbol{w}$得到了3个零化向量式：

$$\begin{cases}\boldsymbol{x}_1=\boldsymbol{A}^2\boldsymbol{u}-\boldsymbol{A}\boldsymbol{u},\\ \boldsymbol{x}_2=\boldsymbol{A}\boldsymbol{v}-2\boldsymbol{v}+\boldsymbol{A}\boldsymbol{u}-2\boldsymbol{u},\\ \boldsymbol{x}_3=\boldsymbol{A}\boldsymbol{w}-2\boldsymbol{w}+4\boldsymbol{A}\boldsymbol{u}-6\boldsymbol{u},\end{cases}\tag{11.3}$$

它们构成了零化向量式的子空间V_2的一个基. 设$\lambda=2$，则由(11.3)可得它们的商－余式形式：

$$\begin{cases} \boldsymbol{x}_1 = (\boldsymbol{A}-2\boldsymbol{E})(\boldsymbol{A}\boldsymbol{u}+\boldsymbol{u})+2\boldsymbol{u} \quad (\text{其中 } \boldsymbol{r}_1 = 2\boldsymbol{u}), \\ \boldsymbol{x}_2 = (\boldsymbol{A}-2\boldsymbol{E})(\boldsymbol{u}+\boldsymbol{v}) \quad (\text{其中 } \boldsymbol{r}_2 = \boldsymbol{0}), \\ \boldsymbol{x}_3 = (\boldsymbol{A}-2\boldsymbol{E})(\boldsymbol{w}+4\boldsymbol{u})+2\boldsymbol{u} \quad (\text{其中 } \boldsymbol{r}_3 = 2\boldsymbol{u}), \end{cases}$$

因而

$$\sum_{j=1}^{3} c_j \boldsymbol{r}_j = c_1(2\boldsymbol{u}) + c_3(2\boldsymbol{u}).$$

显然，$\{(0,1,0),(1,0,-1)\}$ 为所有满足条件 $\sum_{j=1}^{3} c_j \boldsymbol{r}_j = \boldsymbol{0}$ 的 3 维向量 (c_1,c_2,c_3) 的全体所构成的 $\mathbf{R}^3$ 的子空间的一个基. 在 V_3 中对应的基为 $\{\boldsymbol{x}_2, \boldsymbol{x}_1-\boldsymbol{x}_3\}$，即

$$\{(\boldsymbol{A}-2\boldsymbol{E})(\boldsymbol{u}+\boldsymbol{v}), (\boldsymbol{A}-2\boldsymbol{E})(\boldsymbol{A}\boldsymbol{u}-3\boldsymbol{u}-\boldsymbol{w})\}.$$

由此可得，一组线性无关的简洁向量式 $\boldsymbol{u}+\boldsymbol{v}, \boldsymbol{A}\boldsymbol{u}-3\boldsymbol{u}-\boldsymbol{w}$，将 $\boldsymbol{u}=(1,0,0,0)^{\mathrm{T}}$，$\boldsymbol{v}=(0,1,0,0)^{\mathrm{T}}$，$\boldsymbol{w}=(0,0,1,0)^{\mathrm{T}}$，$\boldsymbol{A}\boldsymbol{u}=(3,-1,1,-1)^{\mathrm{T}}$ 代入取值后，就得到特征值 $\lambda=2$ 的特征子空间 V_λ 的一个基：

$$(1,1,0,0)^{\mathrm{T}}, (0,-1,0,-1)^{\mathrm{T}}.$$

以上我们利用由 m 个相关生成向量导出的零化向量式，直接求得了特征值 λ 的特征子空间 V_λ 的基，还没有说明特征值 λ 是如何求得的. 下面将探讨如何利用由相关生成向量导出的零化向量式直接求特征值的问题.

我们先对问题 11.1 的实例加以观察，然后再讨论一般性的情况. 由 (11.3) 可见，在由相关生成向量 $\boldsymbol{A}\boldsymbol{v}$ 导出的零化向量式

$$\boldsymbol{x}_2 = \boldsymbol{A}\boldsymbol{v}-2\boldsymbol{v}+\boldsymbol{A}\boldsymbol{u}-2\boldsymbol{u}$$

的各项中，$\boldsymbol{v}$ 是最后一个种子向量(在 $\boldsymbol{A}$ 的生成向量列中，种子向量的先后次序是 $\boldsymbol{u},\boldsymbol{v},\boldsymbol{w}$)，将 $\boldsymbol{x}_2$ 中由 $\boldsymbol{v}$ 产生的生成向量 $\boldsymbol{v},\boldsymbol{A}\boldsymbol{v}$ 的项合在一起，得到形如 $P(\boldsymbol{A})\boldsymbol{v}$ 的向量式

$$\boldsymbol{A}\boldsymbol{v}-2\boldsymbol{v} = (\boldsymbol{A}-2\boldsymbol{E})\boldsymbol{v},$$

其中 $P(x)=x-2$. 我们看到，$P(x)=x-2$ 的根 $x=2$ 是 $\boldsymbol{A}$ 的一个特征值. 同样，在由 $\boldsymbol{A}\boldsymbol{w}$ 导出的零化向量式

$$\boldsymbol{x}_3 = \boldsymbol{A}\boldsymbol{w}-2\boldsymbol{w}+4\boldsymbol{A}\boldsymbol{u}-6\boldsymbol{u}$$

的各项中，$\boldsymbol{w}$ 是最后一个种子向量，$\boldsymbol{x}_3$ 中由 $\boldsymbol{w}$ 产生的生成向量 $\boldsymbol{w},\boldsymbol{A}\boldsymbol{w}$ 的项合在一起，得到向量式

$$P(\boldsymbol{A}) = \boldsymbol{A}\boldsymbol{w}-2\boldsymbol{w},$$

其中 $P(x)=x-2$，它的根 $x=2$ 也是 $\boldsymbol{A}$ 的一个特征值. 对于由 $\boldsymbol{A}^2\boldsymbol{u}$ 导出的零化向量式 $\boldsymbol{x}_1=\boldsymbol{A}^2\boldsymbol{u}-\boldsymbol{A}\boldsymbol{u}$，有

$$\boldsymbol{x}_1 = P(\boldsymbol{A})\boldsymbol{u},$$

其中 $P(x)=x^2-x$，它的根 0 和 1 都是 $\boldsymbol{A}$ 的特征值.

我们看到，$\boldsymbol{A}$ 的特征值 2,0 和 1 都是从由相关生成向量导出的零化向量式得到的某些多项式的根.

探究题 11.1 设 $\boldsymbol{d}$ 是由 n 阶实矩阵 $\boldsymbol{A}$ 的某个相关生成向量导出的零化向量式，$\boldsymbol{s}$ 是使得对某个 i，生成向量 $\boldsymbol{A}^i\boldsymbol{s}$ 在 $\boldsymbol{d}$ 中有非零系数的最后一个种子向量，将 $\boldsymbol{d}$ 中所有形如 $\boldsymbol{A}^j\boldsymbol{s}$ 的项合并，记为 $P(\boldsymbol{A})\boldsymbol{s}$，其中 $P(x)$ 是一个非零的实系数多项式. 由 m 个相关生成向量 $\boldsymbol{x}_1,\boldsymbol{x}_2,\cdots,\boldsymbol{x}_m$ 导出的零化向量式 $\boldsymbol{d}_1,\boldsymbol{d}_2,\cdots,\boldsymbol{d}_m$，可以产生 m 个这样的实系数多项式 $P_1(x),P_2(x),\cdots,P_m(x)$，问：由它们的根是否可得 $\boldsymbol{A}$ 的全部特征根？

通过以上讨论，对任意给定的 n 阶实矩阵 A，我们找到了用向量式直接求它的所有特征向量的一个极大线性无关组(设它的向量个数为 t) 的方法(该方法对 n 阶复矩阵也同样适用). 当 $\boldsymbol{A}$ 可对角化时，$t=n$，否则，$t<n$. 在 $t<n$ 的情况下，如同问题 11.5，$\boldsymbol{A}$ 有次数大于 1 的广义特征向量. 那么，利用由 $\boldsymbol{A}$ 的相关生成向量导出的零化向量式，是否进一步还能求 $\boldsymbol{A}$ 的广义特征向量呢？我们将在课题 23 中再进行探讨.

问题解答

问题 11.1 在 n 维向量空间 $\mathbf{R}^n$ 中，由 $n+1$ 个 n 维向量构成的向量组必线性相关，故该序列的前 $n+1$ 个向量 $\boldsymbol{u},\boldsymbol{Au},\boldsymbol{A}^2\boldsymbol{u},\cdots,\boldsymbol{A}^n\boldsymbol{u}$ 线性相关.

设 k 是使 $\boldsymbol{u},\boldsymbol{Au},\cdots,\boldsymbol{A}^k\boldsymbol{u}$ 线性相关的最小正整数，则存在 $a_0,a_1,\cdots,a_k\in\mathbf{R}$ 使

$$a_0\boldsymbol{u}+a_1\boldsymbol{Au}+\cdots+a_k\boldsymbol{A}^k\boldsymbol{u}=\mathbf{0}. \tag{11.4}$$

设多项式

$$f(\lambda)=a_0+a_1\lambda+\cdots+a_k\lambda^k, \tag{11.5}$$

如果 λ_0 是 $f(\lambda)$ 的一个根，则由余数定理知 $(\lambda-\lambda_0)\mid f(\lambda)$. 设

$$f(\lambda)=(\lambda-\lambda_0)q(\lambda),$$

于是，由(11.4)可得 $f(\boldsymbol{A})\boldsymbol{u}=(\boldsymbol{A}-\lambda_0\boldsymbol{E})q(\boldsymbol{A})\boldsymbol{u}=\mathbf{0}$，即

$$\boldsymbol{A}(q(\boldsymbol{A})\boldsymbol{u})=\lambda_0(q(\boldsymbol{A})\boldsymbol{u}).$$

由 k 的最小性，得 $q(\boldsymbol{A})\boldsymbol{u}\neq\mathbf{0}$，因此，$q(\boldsymbol{A})\boldsymbol{u}$ 是 $\boldsymbol{A}$ 的属于特征值 λ_0 的一个特征向量.

下面考查

$$A=\begin{pmatrix}3&-1&-6&1\\-1&3&4&-1\\1&-1&-2&1\\-1&1&4&1\end{pmatrix},\quad u=\begin{pmatrix}1\\0\\0\\0\end{pmatrix}\tag{11.6}$$

的实例. 由

$$Au=\begin{pmatrix}3\\-1\\1\\-1\end{pmatrix},\quad A^2u=\begin{pmatrix}3\\-1\\1\\-1\end{pmatrix}$$

知,

$$A^2u-Au=\mathbf{0}.\tag{11.7}$$

设 $f(\lambda)=\lambda^2-\lambda$, 则 $\lambda=0,1$ 是它的根. 于是, 由

$$(A^2-A)u=(A-1\cdot E)(Au)=\mathbf{0},$$

得 $Au=\begin{pmatrix}3\\-1\\1\\-1\end{pmatrix}$ 是 A 的属于特征值 1 的特征向量. 同样, 由

$$(A^2-A)u=(A-0\cdot E)(Au-u)=\mathbf{0},$$

得 $Au-u=\begin{pmatrix}2\\-1\\1\\-1\end{pmatrix}$ 是 A 的属于特征值 0 的特征向量.

问题 11.2 在问题 11.1 中对(11.6)的 4 阶矩阵 A, 我们从种子向量 u 出发, 生成了线性无关的向量序列 u,Au. 现在我们要取新的种子向量 v, 以产生新的线性无关的特征向量. 显然, 所取的 v 应使 u,Au,v 线性无关.

取 $v=\begin{pmatrix}0\\1\\0\\0\end{pmatrix}$, 则 u,Au,v 线性无关, 将 v 作为第 2 个种子向量, 可生成 Av, $A^2v,\cdots$. 由 $Av=\begin{pmatrix}-1\\3\\-1\\1\end{pmatrix}$ 可得

$$Av - 2v + Au - 2u = \mathbf{0}, \tag{11.8}$$

即

$$(A - 2E)(v + u) = \mathbf{0},$$

也就是说，$v + u = \begin{pmatrix} 1 \\ 1 \\ 0 \\ 0 \end{pmatrix}$ 是 A 的属于特征值 2 的特征向量. 于是，我们已经得到了 A 的分别属于特征值 0,1,2 的线性无关的特征向量 $Au - u$, Au 和 $v + u$. $\mathbf{R}^4$ 是 4 维向量空间，是否 A 还存在其他的特征值与特征向量呢？

再取新的种子向量 $w = \begin{pmatrix} 0 \\ 0 \\ 1 \\ 0 \end{pmatrix}$，则 u, Au, v, w 线性无关. 由 $Aw = \begin{pmatrix} -6 \\ 4 \\ -2 \\ 4 \end{pmatrix}$ 可得 $Aw - 2w + 4Au - 6u = \mathbf{0}$，即

$$(A - 2E)w + 4Au - 6u = \mathbf{0}. \tag{11.9}$$

如果从 $4Au - 6u$ 中可以分解出因子 $A - 2E$，即写成

$$4Au - 6u = (A - 2E)(xAu + yu), \tag{11.10}$$

则由(11.9)得

$$(A - 2E)(w + xAu + yu) = \mathbf{0},$$

从而 $w + xAu + yu$ 是 A 的属于特征值 2 的特征向量. 用待定系数法，由(11.10)可解得，$x = -1$，$y = 3$，即

$$4Au - 6u = (A - 2E)(-Au + 3u).$$

因此，$w - Au + 3u = \begin{pmatrix} 0 \\ 1 \\ 0 \\ 1 \end{pmatrix}$ 是 A 的属于特征值 2 的特征向量. 于是，我们求得了线性无关的 A 的特征向量

$$Au - u = \begin{pmatrix} 2 \\ -1 \\ 1 \\ -1 \end{pmatrix}, \quad Au = \begin{pmatrix} 3 \\ -1 \\ 1 \\ -1 \end{pmatrix}, \quad v + u = \begin{pmatrix} 1 \\ 1 \\ 0 \\ 0 \end{pmatrix}, \quad w - Au + 3u = \begin{pmatrix} 0 \\ 1 \\ 0 \\ 1 \end{pmatrix}.$$

由此可得 A 的全部特征值与特征向量.

在一般情况下，设 $u \in \mathbf{R}^n$ 是第 1 个种子向量，它生成线性无关的向量序列 $u, Au, \cdots, A^{k-1}u$，再取第 2 个种子向量 $v \in \mathbf{R}^n$，使得 $u, Au, \cdots, A^{k-1}u, v$,

$\boldsymbol{Av},\cdots,\boldsymbol{A}^{l-1}\boldsymbol{v}$ 线性无关，而 $\boldsymbol{u},\boldsymbol{Au},\cdots,\boldsymbol{A}^{k-1}\boldsymbol{u},\boldsymbol{v},\boldsymbol{Av},\cdots,\boldsymbol{A}^{l}\boldsymbol{v}$ 线性相关. 类似于(11.4)，存在线性关系式

$$a_0'\boldsymbol{u}+a_1'\boldsymbol{Au}+\cdots+a_{k-1}'\boldsymbol{A}^{k-1}\boldsymbol{u}+b_0\boldsymbol{v}+b_1\boldsymbol{Av}+\cdots+b_l\boldsymbol{A}^l\boldsymbol{v}=\boldsymbol{0},$$

即

$$(a_0'\boldsymbol{E}+a_1'\boldsymbol{A}+\cdots+a_{k-1}'\boldsymbol{A}^{k-1})\boldsymbol{u}+(b_0\boldsymbol{E}+b_1\boldsymbol{A}+\cdots+b_l\boldsymbol{A}^l)\boldsymbol{v}=\boldsymbol{0}. \tag{11.11}$$

由(11.4)知，

$$(a_0\boldsymbol{E}+a_1\boldsymbol{A}+\cdots+a_k\boldsymbol{A}^k)\boldsymbol{u}=f(\boldsymbol{A})\boldsymbol{u}=\boldsymbol{0},$$

故用 $f(\boldsymbol{A})$ 左乘(11.11)两边，可得

$$f(\boldsymbol{A})(b_0\boldsymbol{E}+b_1\boldsymbol{A}+\cdots+b_l\boldsymbol{A}^l)\boldsymbol{v}=\boldsymbol{0}. \tag{11.12}$$

设 $g(\lambda)=b_0+b_1\lambda+\cdots+b_l\lambda^l$，如果多项式 $g(\boldsymbol{A})=b_0\boldsymbol{E}+b_1\boldsymbol{A}+\cdots+b_l\boldsymbol{A}^l$ 存在一次因式 $\boldsymbol{A}-\lambda_0'\boldsymbol{E}$，则由(11.12)可能求得 $\boldsymbol{A}$ 的属于特征值 λ_0' 的特征向量. 设 $g(\boldsymbol{A})=(\boldsymbol{A}-\lambda_0'\boldsymbol{E})q(\boldsymbol{A})$，如果 $f(\boldsymbol{A})q(\boldsymbol{A})\boldsymbol{v}\neq\boldsymbol{0}$，则它就是属于 λ_0' 的特征向量(例如：由(11.8)可得 $g(\lambda)=\lambda-2$，故 2 就是新的特征值，而且 $\boldsymbol{A}$ 的属于特征值 2 的特征向量 $\boldsymbol{v}+\boldsymbol{u}$ 也可由(11.12)求得：由于 $f(\lambda)=\lambda^2-\lambda$，由(11.12)可得 $f(\boldsymbol{A})g(\boldsymbol{A})\boldsymbol{v}=(\boldsymbol{A}^2-\boldsymbol{A})(\boldsymbol{A}-2\boldsymbol{E})\boldsymbol{v}=\boldsymbol{0}$，故

$$(\boldsymbol{A}^2-\boldsymbol{A})\boldsymbol{v}=\boldsymbol{A}(\boldsymbol{A}-\boldsymbol{E})\boldsymbol{v}=\begin{pmatrix}2\\2\\0\\0\end{pmatrix}$$

是 $\boldsymbol{A}$ 的属于 2 的特征向量(它与 $\boldsymbol{v}+\boldsymbol{u}$ 仅相差一个常数因子 2)).

如果需要的话，在取第 3 个种子向量 $\boldsymbol{w}$ 后，设向量组

$$\boldsymbol{u},\boldsymbol{Au},\cdots,\boldsymbol{A}^{k-1}\boldsymbol{u},\boldsymbol{v},\boldsymbol{Av},\cdots,\boldsymbol{A}^{l-1}\boldsymbol{v},\boldsymbol{w},\boldsymbol{Aw},\cdots,\boldsymbol{A}^{m-1}\boldsymbol{w} \tag{Ⅰ}$$

线性无关，若再添上 $\boldsymbol{A}^m\boldsymbol{w}$ 就线性相关，则类似于(11.11)可以得到关于 $\boldsymbol{u},\boldsymbol{v},\boldsymbol{w}$ 及其生成向量的线性关系式

$$\begin{aligned}&(a_0''\boldsymbol{E}+a_1''\boldsymbol{A}+\cdots+a_{k-1}''\boldsymbol{A}^{k-1})\boldsymbol{u}+(b_0'\boldsymbol{E}+b_1'\boldsymbol{A}+\cdots+b_{l-1}'\boldsymbol{A}^{l-1})\boldsymbol{v}\\&+(c_0\boldsymbol{E}+c_1\boldsymbol{A}+\cdots+c_m\boldsymbol{A}^m)\boldsymbol{w}=\boldsymbol{0}.\end{aligned} \tag{11.13}$$

类似于(11.11)，可以利用(11.13)寻找新的特征值及线性无关的特征向量. 以上过程继续做下去，直到求得 $\boldsymbol{A}$ 的所有特征向量的一个极大线性无关组为止(对此将用向量多项式来加以证明)，这时也就求得 $\boldsymbol{A}$ 的所有不同的特征值(不考虑重数).

问题 11.3 1) 设 $\boldsymbol{u}=\begin{pmatrix}1\\0\\0\end{pmatrix}$，则

$$Au=\begin{pmatrix}1&2&2\\2&1&2\\2&2&1\end{pmatrix}\begin{pmatrix}1\\0\\0\end{pmatrix}=\begin{pmatrix}1\\2\\2\end{pmatrix},\quad A^2u=\begin{pmatrix}9\\8\\8\end{pmatrix},$$

故有 $A^2u-4Au-5u=\mathbf{0}$，即

$$(A+E)(A-5E)u=\mathbf{0}.$$

由此可得，A 的属于 $\lambda_1=-1$ 的一个特征向量

$$(A-5E)u=Au-5u=\begin{pmatrix}-4\\2\\2\end{pmatrix},$$

以及 A 的属于 $\lambda_2=5$ 的一个特征向量

$$(A+E)u=Au+u=\begin{pmatrix}2\\2\\2\end{pmatrix}.$$

取 $v=\begin{pmatrix}0\\1\\0\end{pmatrix}$，则 $Av=\begin{pmatrix}2\\1\\2\end{pmatrix}$，故有 $Av+v-Au-u=\mathbf{0}$，即

$$(A+E)(v-u)=\mathbf{0}.$$

由此可得，A 的属于 $\lambda_3=-1$ 的一个特征向量

$$v-u=\begin{pmatrix}-1\\1\\0\end{pmatrix}.$$

于是，我们得到了分别属于 A 的特征值 $-1,5,-1$ 的 3 个线性无关的特征向量

$$\begin{pmatrix}-4\\2\\2\end{pmatrix},\quad\begin{pmatrix}2\\2\\2\end{pmatrix},\quad\begin{pmatrix}-1\\1\\0\end{pmatrix}.$$

2) 设 $u=\begin{pmatrix}1\\0\\0\end{pmatrix}$，则 $Au=\begin{pmatrix}3&3&2\\1&1&-2\\-3&-1&0\end{pmatrix}\begin{pmatrix}1\\0\\0\end{pmatrix}=\begin{pmatrix}3\\1\\-3\end{pmatrix}$,

$$A^2u=\begin{pmatrix}6\\10\\-10\end{pmatrix},\quad A^3u=\begin{pmatrix}28\\36\\-28\end{pmatrix},$$

故有

$$A^3u-4A^2u+4Au-16u=\mathbf{0}. \tag{11.14}$$

设 $f(\lambda)=\lambda^3-4\lambda^2+4\lambda-16$，则

$$f(\lambda)=(\lambda-4)(\lambda^2+4).$$

由此可得，$\boldsymbol{A}$ 的属于 $\lambda_1=4$ 的一个特征向量

$$\boldsymbol{A}^2\boldsymbol{u}+4\boldsymbol{u}=\begin{pmatrix}10\\10\\-10\end{pmatrix}.$$

由于方程 $\lambda^2+4=0$ 在实数范围内无解，我们扩大到复数范围来求解. $\lambda^2+4=0$ 有复数解 $\lambda=\pm 2\mathrm{i}$，故(11.14) 可写成

$$(\boldsymbol{A}-4\boldsymbol{E})(\boldsymbol{A}-2\mathrm{i}\boldsymbol{E})(\boldsymbol{A}+2\mathrm{i}\boldsymbol{E})\boldsymbol{u}=\boldsymbol{0}.$$

由此可得，$\boldsymbol{A}$ 的属于 $\lambda_2=2\mathrm{i}$ 的一个复特征向量

$$\begin{aligned}(\boldsymbol{A}+2\mathrm{i}\boldsymbol{E})(\boldsymbol{A}-4\boldsymbol{E})\boldsymbol{u}&=\boldsymbol{A}^2\boldsymbol{u}+(-4+2\mathrm{i})\boldsymbol{A}\boldsymbol{u}-8\mathrm{i}\boldsymbol{u}\\&=\begin{pmatrix}-6-2\mathrm{i}\\6+2\mathrm{i}\\2-6\mathrm{i}\end{pmatrix},\end{aligned}$$

以及 $\boldsymbol{A}$ 的属于 $\lambda_3=-2\mathrm{i}$ 的一个复特征向量

$$\begin{aligned}(\boldsymbol{A}-2\mathrm{i}\boldsymbol{E})(\boldsymbol{A}-4\boldsymbol{E})\boldsymbol{u}&=\boldsymbol{A}^2\boldsymbol{u}+(-4-2\mathrm{i})\boldsymbol{A}\boldsymbol{u}+8\mathrm{i}\boldsymbol{u}\\&=\begin{pmatrix}-6+2\mathrm{i}\\6-2\mathrm{i}\\2+6\mathrm{i}\end{pmatrix}.\end{aligned}$$

因此，$\boldsymbol{A}$ 在实数域 $\mathbf{R}$ 上只有 1 个线性无关的特征向量，故不可对角化，而在复数域 $\mathbf{C}$ 上，有 3 个线性无关的特征向量

$$\begin{pmatrix}10\\10\\-10\end{pmatrix},\quad\begin{pmatrix}-6-2\mathrm{i}\\6+2\mathrm{i}\\2-6\mathrm{i}\end{pmatrix},\quad\begin{pmatrix}-6+2\mathrm{i}\\6-2\mathrm{i}\\2+6\mathrm{i}\end{pmatrix},$$

故可对角化.

问题 11.4 由于实矩阵 $\boldsymbol{A}$ 的特征多项式 $|\lambda\boldsymbol{E}-\boldsymbol{A}|$ 是实系数的多项式，故若 $|\lambda\boldsymbol{E}-\boldsymbol{A}|$ 有复特征值，它们必然共轭成对出现. 若 λ 是 $\boldsymbol{A}$ 的一个复特征值，设 $\boldsymbol{\alpha}$ 是属于 λ 的特征向量，则有

$$\boldsymbol{A}\boldsymbol{\alpha}=\lambda\boldsymbol{\alpha},$$

故 $\overline{\boldsymbol{A}}\,\overline{\boldsymbol{\alpha}}=\overline{\lambda}\,\overline{\boldsymbol{\alpha}}$，又因 $\overline{\boldsymbol{A}}=\boldsymbol{A}$，所以

$$\boldsymbol{A}\overline{\boldsymbol{\alpha}}=\overline{\lambda}\,\overline{\boldsymbol{\alpha}},$$

即 $\boldsymbol{\alpha}$ 的共轭复向量 $\overline{\boldsymbol{\alpha}}$ 是属于 $\overline{\lambda}$ 的特征向量. 反之，若 $\boldsymbol{\beta}$ 是 $\boldsymbol{A}$ 的属于 $\overline{\lambda}$ 的特征向量，同理可证，$\overline{\boldsymbol{\beta}}$ 是属于 λ 的特征向量. 因此，属于共轭的复特征值的复特征

向量也互相共轭.

问题 11.5 设 $\boldsymbol{u}=\begin{pmatrix}1\\0\\0\end{pmatrix}$，则

$$\boldsymbol{Bu}=\begin{pmatrix}3&1&0\\-4&-1&0\\4&-8&-2\end{pmatrix}\begin{pmatrix}1\\0\\0\end{pmatrix}=\begin{pmatrix}3\\-4\\4\end{pmatrix},$$

$$\boldsymbol{B}^2\boldsymbol{u}=\begin{pmatrix}5\\-8\\36\end{pmatrix},\quad \boldsymbol{B}^3\boldsymbol{u}=\begin{pmatrix}7\\-12\\12\end{pmatrix},$$

故有

$$\boldsymbol{B}^3\boldsymbol{u}-3\boldsymbol{Bu}+2\boldsymbol{u}=\boldsymbol{0}. \tag{11.15}$$

设 $f(\lambda)=\lambda^3-3\lambda+2$，则

$$f(\lambda)=(\lambda+2)(\lambda-1)^2.$$

由此可得，$\boldsymbol{B}$ 的属于 $\lambda_1=-2$ 的一个特征向量

$$(\boldsymbol{B}-\boldsymbol{E})^2\boldsymbol{u}=\boldsymbol{B}^2\boldsymbol{u}-2\boldsymbol{Bu}+\boldsymbol{u}=\begin{pmatrix}0\\0\\28\end{pmatrix}=28\begin{pmatrix}0\\0\\1\end{pmatrix},$$

以及 $\boldsymbol{B}$ 的属于 $\lambda_2=1$ 的一个特征向量

$$\boldsymbol{\alpha}_1=(\boldsymbol{B}+2\boldsymbol{E})(\boldsymbol{B}-\boldsymbol{E})\boldsymbol{u}=\boldsymbol{B}^2\boldsymbol{u}+\boldsymbol{Bu}-2\boldsymbol{u}=\begin{pmatrix}6\\-12\\40\end{pmatrix}. \tag{11.16}$$

由于 $\lambda=1$ 是二重根，故我们无法由(11.15)求出 $\boldsymbol{B}$ 的属于 $\lambda_3=1$ 的与 $\boldsymbol{\alpha}_1$ 线性无关的特征向量. 但是，由(11.15)可得

$$(\boldsymbol{B}-\boldsymbol{E})^2[(\boldsymbol{B}+2\boldsymbol{E})\boldsymbol{u}]=\boldsymbol{0}. \tag{11.17}$$

设 $\boldsymbol{\alpha}_2=(\boldsymbol{B}+2\boldsymbol{E})\boldsymbol{u}=\boldsymbol{Bu}+2\boldsymbol{u}=\begin{pmatrix}5\\-4\\4\end{pmatrix}$，则由(11.17)得

$$(\boldsymbol{B}-\boldsymbol{E})^2\boldsymbol{\alpha}_2=\boldsymbol{0}. \tag{11.18}$$

我们知道，矩阵 $\boldsymbol{B}$ 的属于特征值 λ 的特征向量 $\boldsymbol{\alpha}$ 实际上就是满足条件

$$(\boldsymbol{B}-\lambda\boldsymbol{E})\boldsymbol{\alpha}=\boldsymbol{0}$$

的向量. 由(11.16)知，

$$(\boldsymbol{B}-1\cdot\boldsymbol{E})\boldsymbol{\alpha}_2=(\boldsymbol{B}-\boldsymbol{E})(\boldsymbol{B}+2\boldsymbol{E})\boldsymbol{u}=\boldsymbol{\alpha}_1\neq\boldsymbol{0}, \tag{11.19}$$

故 $\boldsymbol{\alpha}_2$ 不是 $\boldsymbol{B}$ 的属于特征值 1 的特征向量. 但是，$\boldsymbol{\alpha}_2$ 满足条件

$$(\boldsymbol{B}-1\cdot\boldsymbol{E})^2\boldsymbol{\alpha}_2=\boldsymbol{0}, \tag{11.20}$$

是一种新的向量.

一般地，设 $\boldsymbol{A}$ 是 n 阶矩阵，如果存在一个数 λ 及非零的 n 维列向量 $\boldsymbol{\alpha}$，使得

$$(\boldsymbol{A}-\lambda\boldsymbol{E})^{k-1}\boldsymbol{\alpha}\neq\boldsymbol{0},\quad(\boldsymbol{A}-\lambda\boldsymbol{E})^k\boldsymbol{\alpha}=\boldsymbol{0},$$

则称 $\boldsymbol{\alpha}$ 为矩阵 $\boldsymbol{A}$ 的属于特征值 λ 的 k **次广义特征向量**. 特别地，当 $k=1$ 时，就是通常的特征向量，故广义特征向量的概念是特征向量概念的推广.

由(11.19)和(11.20)两式知，$\boldsymbol{\alpha}_2$ 是矩阵 $\boldsymbol{B}$ 的属于特征值 1 的 2 次广义特征向量.

在课题 23“根子空间分解”中，我们将利用广义特征向量(也称**根向量**)来研讨线性变换 $\mathscr{A}$ 的根子空间的直和分解问题. 在课题 25“用若尔当链求若尔当标准形及变换矩阵”中，我们将用广义特征向量引出若尔当链的概念，从而来求矩阵的若尔当标准形及其变换矩阵.

12. 关于 2 阶矩阵的特征向量的一个简单性质

给定 2 阶矩阵 $\boldsymbol{A}=\begin{pmatrix}5 & 2\\ 3 & 6\end{pmatrix}$，我们可以用课题 11 中介绍的直接求法来求 $\boldsymbol{A}$ 的特征向量.

取种子向量 $\boldsymbol{u}=\begin{pmatrix}1\\ 0\end{pmatrix}$，则 $\boldsymbol{A}\boldsymbol{u}=\begin{pmatrix}5\\ 3\end{pmatrix}$，$\boldsymbol{A}^2\boldsymbol{u}=\begin{pmatrix}31\\ 33\end{pmatrix}$，由此得 $\boldsymbol{A}^2\boldsymbol{u}-11\boldsymbol{A}\boldsymbol{u}+24\boldsymbol{u}=\boldsymbol{0}$，即

$$(\boldsymbol{A}-3\boldsymbol{E})(\boldsymbol{A}-8\boldsymbol{E})\boldsymbol{u}=\boldsymbol{0}.$$

于是得到 $\boldsymbol{A}$ 的属于特征值 $\lambda_1=3$ 的特征向量

$$(\boldsymbol{A}-8\boldsymbol{E})\boldsymbol{u}=\begin{pmatrix}-3 & 2\\ 3 & -2\end{pmatrix}\begin{pmatrix}1\\ 0\end{pmatrix}=\begin{pmatrix}-3\\ 3\end{pmatrix}, \tag{12.1}$$

$\boldsymbol{A}$ 的属于特征值 $\lambda_2=8$ 的特征向量

$$(\boldsymbol{A}-3\boldsymbol{E})\boldsymbol{u}=\begin{pmatrix}2 & 2\\ 3 & 3\end{pmatrix}\begin{pmatrix}1\\ 0\end{pmatrix}=\begin{pmatrix}2\\ 3\end{pmatrix}. \tag{12.2}$$

本课题将通过以上计算探究 2 阶矩阵的特征向量的特性，从而发现求 2 阶矩阵特征向量的新方法. 最后，作为特征向量的应用，介绍马尔可夫(Markov) 型决策问题.

中心问题 探究有 2 个不同特征值的 2 阶矩阵的特征向量的特殊性质，并推广到 n 阶矩阵.

准备知识 特征值，特征向量，矩阵的秩，向量的线性相关性，矩阵的值域与零空间

课题探究

问题 12.1 对于引例中的矩阵 $\boldsymbol{A}=\begin{pmatrix}5 & 2\\ 3 & 6\end{pmatrix}$，另取种子向量 $\boldsymbol{v}=\begin{pmatrix}0\\ 1\end{pmatrix}$，再次求 $\boldsymbol{A}$ 的特征向量.

由 $\boldsymbol{A}\boldsymbol{v}=\begin{pmatrix}2\\6\end{pmatrix}$，$\boldsymbol{A}^2\boldsymbol{v}=\begin{pmatrix}22\\42\end{pmatrix}$，可得 $\boldsymbol{A}^2\boldsymbol{v}-11\boldsymbol{A}\boldsymbol{v}+24\boldsymbol{v}=\boldsymbol{0}$，即

$$(\boldsymbol{A}-3\boldsymbol{E})(\boldsymbol{A}-8\boldsymbol{E})\boldsymbol{v}=\boldsymbol{0}.$$

于是，得到 $\boldsymbol{A}$ 的属于特征值 $\lambda_1=3$ 的特征向量

$$(\boldsymbol{A}-8\boldsymbol{E})\boldsymbol{v}=\begin{pmatrix}-3 & 2\\3 & -2\end{pmatrix}\begin{pmatrix}0\\1\end{pmatrix}=\begin{pmatrix}2\\-2\end{pmatrix},\tag{12.3}$$

$\boldsymbol{A}$ 的属于特征值 $\lambda_2=8$ 的特征向量

$$(\boldsymbol{A}-3\boldsymbol{E})\boldsymbol{v}=\begin{pmatrix}2 & 2\\3 & 3\end{pmatrix}\begin{pmatrix}0\\1\end{pmatrix}=\begin{pmatrix}2\\3\end{pmatrix}.\tag{12.4}$$

从以上计算 2 阶矩阵的特征向量中你有什么发现吗?

下面我们验证问题 12.1 中所发现的结论.

问题 12.2 设 2 阶矩阵 $\boldsymbol{A}$ 有 2 个不同的特征值 λ_1 和 λ_2，$\boldsymbol{v}_1$ 和 $\boldsymbol{v}_2$ 分别是属于它们的特征向量，则 $\boldsymbol{A}-\lambda_1\boldsymbol{E}$ 的两个列向量均为 $\boldsymbol{v}_2$ 的数量倍，$\boldsymbol{A}-\lambda_2\boldsymbol{E}$ 的两个列向量均是 $\boldsymbol{v}_1$ 的数量倍.

由问题 12.2 可知，我们可以从 $\boldsymbol{A}-\lambda_1\boldsymbol{E}$（或 $\boldsymbol{A}-\lambda_2\boldsymbol{E}$）的列向量，直接得到属于 λ_2（或 λ_1）的特征向量. 那么问题 12.2 的结论是否能推广到 n 阶矩阵呢？下面将加以讨论（对 n 阶矩阵 $\boldsymbol{A}$，我们自然地要求 $\boldsymbol{A}$ 至少有两个不同的特征值）.

问题 12.3 设 n 阶矩阵 $\boldsymbol{A}$ 至少有两个不同的特征值，λ 是其中之一.

1） 试将问题 12.2 的结论推广到矩阵 $\boldsymbol{A}$.

2） 如果矩阵 $\boldsymbol{A}$ 可对角化，设 $\boldsymbol{A}$ 的 n 个线性无关的特征向量构成的向量组 $S=\{\boldsymbol{v}_1,\boldsymbol{v}_2,\cdots,\boldsymbol{v}_n\}$，那么 S 中不属于特征值 λ 的特征向量与由 $\boldsymbol{A}-\lambda\boldsymbol{E}$ 的列向量张成的子空间之间有什么关系？

探究题 12.1 设 $\boldsymbol{A}$ 是 n 阶实对称矩阵，$\boldsymbol{v}$ 和 $\boldsymbol{w}$ 是 $\boldsymbol{A}$ 的属于不同特征值的特征向量，试利用问题 12.3 的结果证明 $\boldsymbol{v}$ 和 $\boldsymbol{w}$ 正交.

企业管理的关键在经营，经营的中心是决策. 在经济活动（如技术引进、产品开发、原料购买、市场销售、资金去向、扩大生产等）中，常会遇到各种决策问题，要选择一个最有利的行动方案来执行. 这时，就需要借助于统计决策方法来进行决策. 下面将通过实例来介绍马尔可夫型决策问题及其决策方法，从而了解特征向量的一些应用.

例 12.1 某地有同一类型的 A,B 两种产品在市场上销售，其生产工厂分别记为 A 厂、B 厂. B 厂总感觉自己的产品的市场占有率在降低. 为了寻找原因，该厂进行了市场调查. 调查发现：

1) A 种产品的顾客中有 80% 的老顾客下年仍继续购买 A 种产品，而有 20% 的老顾客下年会转为购买 B 种产品；

2) B 种产品的顾客中有 60% 的老顾客下年仍继续购买 B 种产品，而有 40% 的老顾客下年会转为购买 A 种产品；

3) 在初始时刻，顾客购买 A 种和 B 种产品所占的百分比分别为 40% 和 60%.

现在的问题是，假定总顾客数 N 保持不变，按照 1) 和 2) 的顾客流动规律，问一年以后购买 B 种产品所占的百分比是多少？两年以后呢？三年以后呢？如果按照这种顾客流动趋势继续下去，购买 A 种产品的顾客所占的百分比逐年增加，问购买 B 种产品的顾客所占的百分比最终是否会趋近于 0？

我们用 t 表示时间，时间单位为年，其中 $t=0$ 表示初始时刻. 设 $p_1^{(k)}$ 和 $p_2^{(k)}$ 分别表示 $t=k$ 时 A 种产品和 B 种产品的市场占有率，则

$$p_1^{(k)}+p_2^{(k)}=1,\quad 0\leqslant p_1^{(k)},p_2^{(k)}\leqslant 1\quad (k=0,1,2,\cdots).$$

由上述调查的 3) 知

$$\begin{cases} p_1^{(0)}=40\%=0.4, \\ p_2^{(0)}=60\%=0.6. \end{cases}\tag{12.5}$$

我们先求 $p_1^{(1)}$ 和 $p_2^{(1)}$. 由于一年以后，购买 A 种产品的顾客数 $p_1^{(1)}N$ 是由原来购买 A 种产品的顾客的 80% 加上原来购买 B 种产品的顾客的 40% 所组成的，因此

$$p_1^{(1)}N=0.8p_1^{(0)}N+0.4p_2^{(0)}N.\tag{12.6}$$

同理可得，一年以后，购买 B 种产品的顾客数为

$$p_2^{(1)}N=0.2p_1^{(0)}N+0.6p_2^{(0)}N.\tag{12.7}$$

由(12.6) 和(12.7)，得

$$\begin{cases} p_1^{(1)}=0.8p_1^{(0)}+0.4p_2^{(0)}, \\ p_2^{(1)}=0.2p_1^{(0)}+0.6p_2^{(0)}. \end{cases}\tag{12.8}$$

将(12.5) 代入(12.8)，得

$$p_1^{(1)}=0.56,\quad p_2^{(1)}=0.44.$$

(12.8) 给出了 $p_1^{(1)},p_2^{(1)}$ 与 $p_1^{(0)},p_2^{(0)}$ 之间的线性关系，如同二元线性方程组一样，我们也可以将(12.8) 写成矩阵形式：

$$\begin{pmatrix} p_1^{(1)} \\ p_2^{(1)} \end{pmatrix} = \begin{pmatrix} 0.8 & 0.4 \\ 0.2 & 0.6 \end{pmatrix} \begin{pmatrix} p_1^{(0)} \\ p_2^{(0)} \end{pmatrix}. \tag{12.9}$$

假如把购买 A,B 两种产品看做两个状态，分别记为状态 1 和状态 2，那么，列向量 $(p_1^{(k)},p_2^{(k)})^{\mathrm{T}}$ 表示 k 年后 $(t=k)$ 两个状态的市场占有率，我们把它称为 $t=k$ 时的状态向量，记为

$$\boldsymbol{x}^{(k)} = (p_1^{(k)},p_2^{(k)})^{\mathrm{T}} \quad (k=0,1,2,\cdots).$$

例如：$\boldsymbol{x}^{(0)} = (0.4,0.6)^{\mathrm{T}}$，$\boldsymbol{x}^{(1)} = (0.56,0.44)^{\mathrm{T}}$.

在(12.9)中，矩阵

$$\boldsymbol{P} = \begin{pmatrix} 0.8 & 0.4 \\ 0.2 & 0.6 \end{pmatrix} \tag{12.10}$$

描述了从现在到一年之后状态的转变. 又因为状态转变的这种趋势一直持续下去，所以矩阵 $\boldsymbol{P}$ 也同样描述了第 k 年到第 $k+1$ 年状态的转变：

$$\begin{aligned} \boldsymbol{x}^{(k+1)} &= (p_1^{(k+1)},p_2^{(k+1)})^{\mathrm{T}} = \boldsymbol{P}(p_1^{(k)},p_2^{(k)})^{\mathrm{T}} \\ &= \boldsymbol{P}\boldsymbol{x}^{(k)} \quad (k=0,1,2,\cdots). \end{aligned} \tag{12.11}$$

我们把 $\boldsymbol{P}$ 称为状态转移矩阵. 下面讨论 $\boldsymbol{P}$ 的一些性质.

令

$$\boldsymbol{P} = \begin{pmatrix} p_{11} & p_{12} \\ p_{21} & p_{22} \end{pmatrix},$$

p_{11} 和 p_{21} 分别表示原来处于状态 1 的顾客在下年继续停留在状态 1 和转移到状态 2 的百分比，于是，有

$$p_{11}+p_{21}=1,\quad 0 \leqslant p_{11},p_{21} \leqslant 1.$$

同样，p_{12} 和 p_{22} 分别表示原来处于状态 2 的顾客在下年转移到状态 1 和停留在状态 2 的百分比，我们有

$$p_{12}+p_{22}=1,\quad 0 \leqslant p_{12},p_{22} \leqslant 1.$$

一般地，状态转移矩阵 $\boldsymbol{P}$ 的元素 p_{ij} 表示在 $t=k$ 时处于状态 j，到下一时刻 $t=k+1$ 时转移到状态 i 的比率，且有

$$\sum_{i=1}^{2} p_{ij} = 1\ (j=1,2),\quad 0 \leqslant p_{ij} \leqslant 1\ (i,j=1,2). \tag{12.12}$$

在本例中，讨论的是 p_{ij} 都不随时间变化的最简单的情况，在一般的经济现象下，$p_{ij}\,(i,j=1,2)$ 将随时间而变化.

在(12.11)中，取 $k=1$，则有

$$\boldsymbol{x}^{(2)} = \boldsymbol{P}\boldsymbol{x}^{(1)} = \boldsymbol{P}^2\boldsymbol{x}^{(0)}.$$

同理可得，对所有的 k，有

$$x^{(k)} = P^k x^{(0)}. \tag{12.13}$$

因此，矩阵 P^k 描述了从现在到 k 年之后状态的转变.

由(12.10)得

$$P^2 = \begin{pmatrix} 0.72 & 0.56 \\ 0.28 & 0.44 \end{pmatrix}, \quad P^3 = \begin{pmatrix} 0.688 & 0.624 \\ 0.312 & 0.376 \end{pmatrix}.$$

所以，由(12.13)得

$$x^{(2)} = (0.624, 0.376)^{\mathrm{T}}, \quad x^{(3)} = (0.6496, 0.3504)^{\mathrm{T}}.$$

可见，3年之后，B厂的市场占有率从60%下降到不足40%，继续计算下去，可以预测，B厂的份额还有下降的趋势. 所以B厂决策的重点是分析原因，采取加强经营管理的各种有效措施(例如：提高产品质量，降低产品成本和销售价格，加强促销宣传和提高服务质量等)，来改善状态转移矩阵的数据结构，提高市场占有率.

如同例12.1，在市场、经营管理等方面有一大类决策问题，它们都具有这样一个特点：在经济现象中，状态的转移可以通过状态转移矩阵来刻画. 马尔可夫决策方法就是研究这类经济现象中所有可能出现的状态及其随时间而发生状态转移的统计规律，从而预测未来状态及动向，做出最佳决策的一种方法，它是一种把经济预测和决策联系起来进行研究的方法. 这种方法在市场预测和经营决策中有广泛的应用.

由(12.13)也可以看出，k年后两个状态的市场占有率(即状态向量 $x^{(k)}$)可以通过计算 P^k求得. 为了进一步讨论当k增大时，状态向量 $x^{(k)}$ 变化的最终趋势，必须对k充分大时，P的高次幂P^k 进行研究. 我们已经知道，矩阵P具有性质(12.12)，下面的问题将研讨如何化简具有这类性质的矩阵的高次幂 P^k 的计算.

问题 12.4 设2阶矩阵

$$P = \begin{pmatrix} 1-a & b \\ a & 1-b \end{pmatrix},$$

其中 $0 < a \leqslant 1$，$0 < b \leqslant 1$，$a + b < 2$，求：

1) P^n，对于 $n \geqslant 2$；

2) 矩阵序列 $P, P^2, \cdots$ 当 $n \to \infty$ 时的极限.

利用问题12.4的结论，我们可以进一步讨论当$k \to \infty$时，状态向量 $x^{(k)}$ 变化的最终趋势，也就是说，求一个2维向量 x^*，使得

$$\lim_{k \to \infty} x^{(k)} = x^*.$$

对例 12.1，将 $a=0.2$，$b=0.4$，代入问题 12.4 的解答中的(12.16)，得

$$x^* = \lim_{k\to\infty} P^k x^{(0)} = \begin{pmatrix} \frac{2}{3} & \frac{2}{3} \\ \frac{1}{3} & \frac{1}{3} \end{pmatrix} \begin{pmatrix} 0.4 \\ 0.6 \end{pmatrix} = \begin{pmatrix} \frac{2}{3} \\ \frac{1}{3} \end{pmatrix}.$$

由此可以预测，市场占有率变化的最终趋势：A 厂的份额将上升到 $\frac{2}{3}$，而 B 厂的份额将下降到 $\frac{1}{3}$.

注意，利用课题 18“2 阶矩阵幂的计算公式”，也可以求得 P^n 和极限向量 x^*，虽然结果相同，但用课题 18 的方法还先需要计算矩阵 P 的特征值.

下面我们探讨如何利用本课题的结论，不计算 P^n，直接由 P 的特征值和特征向量来求出极限向量 x^*.

问题 12.5 设 2 阶矩阵 P 如同问题 12.4，$x^{(0)}$ 为初始状态向量，由(12.13)知，

$$x^{(k)} = P^k x^{(0)}, \quad k=1,2,\cdots. \tag{12.14}$$

1) 寻找用初始向量 $x^{(0)}$ 来表示 $x^{(k)}$ 的求解公式.

2) 对于给定的初始向量 $x^{(0)}$，是否存在一个 n 维向量 x^* 使得

$$\lim_{k\to\infty} x^{(k)} = x^*?$$

假如 n 维向量序列 $\{x^{(k)}\}$ 有一个极限向量 x^*，如何求出 x^*？

通过以上问题的讨论，我们就可以了解向量序列 $\{x^{(k)}\}$ 的变化趋势.

3) 利用 1) 和 2) 给出的方法，求例 12.1 中的 $x^{(k)}$ 和极限向量 x^*.

问题 12.5 所给出的方法很容易推广到 P 是 n 阶矩阵的情形，只要 P 是可对角化矩阵，读者可以自行探讨.

问题解答

问题 12.1 由(12.1),(12.3)，我们发现，矩阵

$$A-8E = \begin{pmatrix} -3 & 2 \\ 3 & -2 \end{pmatrix}$$

的两个列向量都是 A 的属于 $\lambda_1=3$ 的特征向量，设由矩阵 $A-8E$ 的列向量张成的 $\mathbf{R}^2$ 的子空间为 W_1，由于 $|A-8E|=0$，故 $A-8E$ 的两个列向量是线性相关的，所以 $\dim W_1=1$.

同样，由(12.2),(12.4)，我们可以发现，矩阵 $\boldsymbol{A}-\lambda_1\boldsymbol{E}$ 的两个列向量都是$\boldsymbol{A}$ 的属于 $\lambda_2=8$ 的特征向量，且它们是线性相关的，即由它们所张成的子空间是1维的.

于是，我们发现，如果2阶矩阵 $\boldsymbol{A}$ 有2个不同的特征值 λ_1 和 λ_2，则属于 λ_1（或 λ_2）的特征向量是 $\boldsymbol{A}-\lambda_2\boldsymbol{E}$（或 $\boldsymbol{A}-\lambda_1\boldsymbol{E}$）的一个列向量的数量倍.

问题 12.2 证明的关键是要找到 $\boldsymbol{v}_2$ 与矩阵 $\boldsymbol{A}-\lambda_1\boldsymbol{E}$ 的列向量之间的关系.

由 $\lambda_1\neq\lambda_2$ 和

$$(\boldsymbol{A}-\lambda_1\boldsymbol{E})\boldsymbol{v}_2=\boldsymbol{A}\boldsymbol{v}_2-\lambda_1\boldsymbol{v}_2=(\lambda_2-\lambda_1)\boldsymbol{v}_2,$$

我们容易得出，$\boldsymbol{v}_2$ 的一个非零的数量倍$(\lambda_2-\lambda_1)\boldsymbol{v}_2$ 是 $\boldsymbol{A}-\lambda_1\boldsymbol{E}$ 的列向量的一个线性组合(这是因为若没 $\boldsymbol{A}-\lambda_1\boldsymbol{E}$ 的列向量组为 $\boldsymbol{\alpha}_1,\boldsymbol{\alpha}_2$，$\boldsymbol{v}_2=\begin{pmatrix}a_1\\a_2\end{pmatrix}$，则

$$(\boldsymbol{A}-\lambda_1\boldsymbol{E})\boldsymbol{v}_2=(\boldsymbol{\alpha}_1,\boldsymbol{\alpha}_2)\begin{pmatrix}a_1\\a_2\end{pmatrix}=a_1\boldsymbol{\alpha}_1+a_2\boldsymbol{\alpha}_2),$$

故$(\lambda_2-\lambda_1)\boldsymbol{v}_2\in L(\boldsymbol{\alpha}_1,\boldsymbol{\alpha}_2)$，从而 $\boldsymbol{v}_2$ 是 $\boldsymbol{A}-\lambda_1\boldsymbol{E}$ 的列向量的一个线性组合. 由于$|\boldsymbol{A}-\lambda_1\boldsymbol{E}|=0$，所以 $\dim L(\boldsymbol{\alpha}_1,\boldsymbol{\alpha}_2)=1$，即

$$L(\boldsymbol{v}_2)=L(\boldsymbol{\alpha}_1,\boldsymbol{\alpha}_2),$$

从而 $\boldsymbol{A}-\lambda_1\boldsymbol{E}$ 的两个列向量均为 $\boldsymbol{v}_2$ 的数量倍. 同理可证，$\boldsymbol{A}-\lambda_2\boldsymbol{E}$ 的两个列向量均为 $\boldsymbol{v}_1$ 的数量倍.

问题 12.3 1) 与问题12.2的解答同样可证，$\boldsymbol{A}$ 的不属于特征值λ 的特征向量是 $\boldsymbol{A}-\lambda\boldsymbol{E}$ 的列向量的一个线性组合.

2) 设在 S 中有 k 个属于λ 的特征向量，则其余的 $n-k$ 个特征向量都不属于特征值 λ. 设 $\boldsymbol{v}$ 是 $\boldsymbol{A}$ 的属于特征值 μ $(\neq\lambda)$ 的特征向量，则

$$(\boldsymbol{A}-\lambda\boldsymbol{E})\boldsymbol{v}=\boldsymbol{A}\boldsymbol{v}-\lambda\boldsymbol{v}=(\mu-\lambda)\boldsymbol{v}.$$

再设 $\boldsymbol{A}-\lambda\boldsymbol{E}$ 的列向量组为 $\boldsymbol{\alpha}_1,\boldsymbol{\alpha}_2,\cdots,\boldsymbol{\alpha}_n$，则 $\boldsymbol{v}\in L(\boldsymbol{\alpha}_1,\boldsymbol{\alpha}_2,\cdots,\boldsymbol{\alpha}_n)$.

由于 $\boldsymbol{A}$ 有 k 个线性无关的属于 λ 的特征向量，它们是齐次线性方程组

$$(\lambda\boldsymbol{E}-\boldsymbol{A})\begin{pmatrix}x_1\\x_2\\\vdots\\x_n\end{pmatrix}=\begin{pmatrix}0\\0\\\vdots\\0\end{pmatrix}$$

的一个基础解系，故矩阵 $\lambda\boldsymbol{E}-\boldsymbol{A}$ 的秩为 $n-k$，于是

$$\dim L(\boldsymbol{\alpha}_1,\boldsymbol{\alpha}_2,\cdots,\boldsymbol{\alpha}_n)=n-k.$$

又因为 $n-k$ 个线性无关的不属于特征值 λ 的 $\boldsymbol{A}$ 的特征向量都包含在 $n-k$ 维向量空间 $L(\boldsymbol{\alpha}_1,\boldsymbol{\alpha}_2,\cdots,\boldsymbol{\alpha}_n)$ 中，故这 $n-k$ 个向量必须是 $L(\boldsymbol{\alpha}_1,\boldsymbol{\alpha}_2,\cdots,\boldsymbol{\alpha}_n)$ 的一个基.

问题 12.4 令 $\boldsymbol{P}=\boldsymbol{E}+\boldsymbol{S}$，其中

$$\boldsymbol{S}=\begin{pmatrix}-a & b\\ a & -b\end{pmatrix},$$

设 $r=-(a+b)$，则

$$\boldsymbol{S}^2=r\boldsymbol{S},\quad \boldsymbol{S}^n=r^{n-1}\boldsymbol{S}，对于 n\geqslant 2.$$

计算 $\boldsymbol{P}$ 的幂，可得

$$\begin{aligned}\boldsymbol{P}^2&=(\boldsymbol{E}+\boldsymbol{S})^2=\boldsymbol{E}+2\boldsymbol{S}+\boldsymbol{S}^2\\&=\boldsymbol{E}+[1+(1+r)]\boldsymbol{S},\\ \boldsymbol{P}^3&=\boldsymbol{E}+[1+(1+r)+(1+r)^2]\boldsymbol{S},\\&\cdots,\\ \boldsymbol{P}^n&=\boldsymbol{E}+[1+(1+r)+\cdots+(1+r)^{n-1}]\boldsymbol{S}\\&=\boldsymbol{E}+\frac{1-(1+r)^n}{1-(1+r)}\boldsymbol{S}.\end{aligned}\tag{12.15}$$

因为 $-1<1+r<1$，故当 $n\to\infty$ 时，有

$$\boldsymbol{P}^n\to\boldsymbol{E}+\frac{1}{a+b}\boldsymbol{S}=\begin{pmatrix}\dfrac{b}{a+b} & \dfrac{b}{a+b}\\ \dfrac{a}{a+b} & \dfrac{a}{a+b}\end{pmatrix}.\tag{12.16}$$

注意，(12.15) 也可以由二项式定理求得：

$$\begin{aligned}\boldsymbol{P}^n&=(\boldsymbol{E}+\boldsymbol{S})^n=\sum_{i=0}^{n}C_n^i\boldsymbol{S}^i=\boldsymbol{E}+\sum_{i=1}^{n}C_n^i\boldsymbol{S}^i\\&=\boldsymbol{E}+\frac{1}{r}\Big(\sum_{i=1}^{n}C_n^ir^i\Big)\boldsymbol{S}=\boldsymbol{E}+\frac{1}{r}[(1+r)^n-1]\boldsymbol{S}.\end{aligned}$$

问题 12.5 1) 计算 $\boldsymbol{P}$ 的特征值：

$$\begin{aligned}|\lambda\boldsymbol{E}-\boldsymbol{P}|&=\begin{vmatrix}\lambda-1+a & -b\\ -a & \lambda-1+b\end{vmatrix}\\&=(\lambda-1)(\lambda+a+b-1),\end{aligned}$$

由于 $-a-b+1\neq 1$，故 $\boldsymbol{P}$ 有两个不同的特征值 $\lambda_1=1$，$\lambda_2=-a-b+1$，所以 $\boldsymbol{P}$ 有两个线性无关的特征向量，设为 $\boldsymbol{\xi}_1,\boldsymbol{\xi}_2$，则 $\boldsymbol{x}^{(0)}$ 可由 $\boldsymbol{\xi}_1,\boldsymbol{\xi}_2$ 线性表示，设

$$\boldsymbol{x}^{(0)}=a_1\boldsymbol{\xi}_1+a_2\boldsymbol{\xi}_2.\tag{12.17}$$

将(12.17)代入(12.14)，得

$$\begin{aligned} x^{(k)} &= P^k x^{(0)} = P^k(a_1\xi_1 + a_2\xi_2) \\ &= a_1 P^k \xi_1 + a_2 P^k \xi_2 = a_1\lambda_1^k\xi_1 + a_2\lambda_2^k\xi_2 \\ &= a_1\xi_1 + a_2(-a-b+1)^k\xi_2. \end{aligned} \tag{12.18}$$

2) 由于 $-1 < -a-b+1 < 1$，故由(12.18)知，x^* 存在，且

$$\lim_{k\to\infty} x^{(k)} = a_1\xi_1. \tag{12.19}$$

3) 当 P 为(12.10)时，P 有两个特征值 $\lambda_1 = 1$，$\lambda_2 = -a-b+1 = 0.4$，由问题 12.2 知，可以利用

$$P - 0.4E = \begin{pmatrix} 0.4 & 0.4 \\ 0.2 & 0.2 \end{pmatrix}, \quad P - E = \begin{pmatrix} -0.2 & 0.4 \\ 0.2 & -0.4 \end{pmatrix},$$

分别求出与它们对应的特征向量：

$$\xi_1 = \begin{pmatrix} 2 \\ 1 \end{pmatrix}, \quad \xi_2 = \begin{pmatrix} 1 \\ -1 \end{pmatrix},$$

而 $x^{(0)}$ 可以写成 ξ_1 和 ξ_2 的线性组合：

$$x^{(0)} = \begin{pmatrix} 0.4 \\ 0.6 \end{pmatrix} = \frac{1}{3}\begin{pmatrix} 2 \\ 1 \end{pmatrix} - \frac{4}{15}\begin{pmatrix} 1 \\ -1 \end{pmatrix},$$

由(12.13)，得

$$\begin{aligned} x^{(k)} &= P^k x^{(0)} = P^k\left(\frac{1}{3}\xi_1 - \frac{4}{15}\xi_2\right) \\ &= \frac{1}{3}(1)^k\xi_1 - \frac{4}{15}(0.4)^k\xi_2 = \frac{1}{3}\xi_1 - \frac{4}{15}(0.4)^k\xi_2 \\ &= \begin{pmatrix} \frac{2}{3} - \frac{4}{15}(0.4)^k \\ \frac{1}{3} + \frac{4}{15}(0.4)^k \end{pmatrix}. \end{aligned} \tag{12.20}$$

由(12.20)可以看出，随着 k 值的无限增大(即时间的不断增大)，$\frac{4}{15}(0.4)^k$ 趋近于 0. 于是，$x^{(k)}$ 趋近于向量 $\left(\frac{2}{3}, \frac{1}{3}\right)^{\mathrm{T}}$，说明 A 厂、B 厂的市场占有率分别趋近于 $\frac{2}{3}$ 和 $\frac{1}{3}$. 实际上，x^* 也可由(12.19)直接给出：

$$x^* = \lim_{k\to\infty} x^{(k)} = \frac{1}{3}\xi_1 = \begin{pmatrix} \frac{2}{3} \\ \frac{1}{3} \end{pmatrix}.$$

13. 年龄结构种群的离散模型

用以描述某一种群的个体数量(或密度)随时间变化而改变的规律的数学模型称为**单种群模型**，它是种群生态学的基本模型之一. 年龄结构种群的离散模型是一种生物种群增长模型，指时间和年龄离散取值的情形下，描述年龄结构种群增长的模型，也就是说，将种群按年龄划分为若干个年龄组，该模型描述在时间离散取值(例如：离散时间间隔取年)的情形下，各年龄组的个体总数随时间变化而增长的规律的数学模型. 本课题将建立某羊群的年龄结构种群的离散模型，并在定期捕杀的条件下探讨关于该羊群的增长问题.

中心问题 建立某羊群的年龄结构种群增长的模型，并引入莱斯利矩阵的概念.

准备知识 矩阵，向量空间，矩阵的对角化

课题探究

本课题将利用离散线性动态系统来建立羊群增长的模型. 下面先介绍离散线性动态系统的概念.

由初始向量 $\boldsymbol{x}^{(0)}$ 和递推关系式

$$\boldsymbol{x}^{(k+1)} = \boldsymbol{A}\boldsymbol{x}^{(k)},\quad k = 0,1,2,\cdots \tag{13.1}$$

定义的向量列 $\boldsymbol{x}^{(k)}$, $k = 0,1,2,\cdots$ 称为一个**离散线性动态系统**，其中 $\boldsymbol{A}$ 是一个给定的方阵，称为该系统的**转移矩阵**. 例如：在课题 12 中的马尔可夫决策问题(例 12.1) 中，由(12.10) 和(12.11) 给出的递推关系式

$$\boldsymbol{x}^{(k+1)} = \boldsymbol{P}\boldsymbol{x}^{(k)},\quad k = 0,1,2,\cdots$$

(其中状态转移矩阵 $\boldsymbol{P} = \begin{bmatrix} 0.8 & 0.4 \\ 0.2 & 0.6 \end{bmatrix}$, $\boldsymbol{x}^{(0)} = \begin{bmatrix} 0.4 \\ 0.6 \end{bmatrix}$) 所确定的状态向量列 $\{\boldsymbol{x}^{(k)}\}$ (称为**马尔可夫链**) 就是一个离散线性动态系统，只是一般的马尔可夫决策问题中的状态转移矩阵

$$\boldsymbol{P} = \begin{bmatrix} p_{11} & p_{12} \\ p_{21} & p_{22} \end{bmatrix}$$

都满足条件

$$\sum_{i=1}^{2} p_{ij} = 1 \ (j = 1,2), \quad 0 \leqslant p_{ij} \leqslant 1 \ (i,j = 1,2)$$

(一般地，具有 n 个状态的马尔可夫链$\{\boldsymbol{x}^{(k)}\}$的状态向量是 n 维向量，递推关系式 $\boldsymbol{x}^{(k+1)} = \boldsymbol{P}\boldsymbol{x}^{(k)}$ $(k = 0,1,2,\cdots)$ 中的状态转移矩阵 $\boldsymbol{P} = (p_{ij})_{n\times n}$ 满足条件

$$\sum_{i=1}^{n} p_{ij} = 1 \ (j = 1,2,\cdots,n), \quad 0 \leqslant p_{ij} \leqslant 1 \ (i,j = 1,2,\cdots,n)),$$

而一般的离散线性动态系统的转移矩阵 $\boldsymbol{A} = (a_{ij})_{n\times n}$ 不一定满足下述条件：

$$\sum_{i=1}^{n} a_{ij} = 1 \ (j = 1,2,\cdots,n), \quad 0 \leqslant a_{ij} \leqslant 1 \ (i,j = 1,2,\cdots,n).$$

如同问题 12.5，对离散线性动态系统，我们也要寻找用初始向量 $\boldsymbol{x}^{(0)}$ 来表示第 k 个向量 $\boldsymbol{x}^{(k)}$ 的求解公式，以及探讨向量列$\{\boldsymbol{x}^{(k)}\}$的长期趋势.

问题 13.1 对具有下列转移矩阵的离散线性动态系统 $\boldsymbol{x}^{(k+1)} = \boldsymbol{A}\boldsymbol{x}^{(k)}$ $(k = 0,1,2,\cdots)$ 及给定的 $\boldsymbol{x}^{(0)}$，写出计算 $\boldsymbol{x}^{(k)}$ 的公式，并说出该动态系统的长期变化趋势：

1) $\boldsymbol{A} = \begin{pmatrix} 0.6 & 0.2 \\ 0.2 & 0.6 \end{pmatrix}$, $\boldsymbol{x}^{(0)} = \begin{pmatrix} a \\ b \end{pmatrix}$;

2) $\boldsymbol{A} = \begin{pmatrix} \frac{4}{3} & \frac{1}{3} \\ -\frac{2}{3} & \frac{1}{3} \end{pmatrix}$, $\boldsymbol{x}^{(0)} = \begin{pmatrix} a \\ b \end{pmatrix}$;

3) $\boldsymbol{A} = \begin{pmatrix} 7 & 6 \\ -9 & -8 \end{pmatrix}$, $\boldsymbol{x}^{(0)} = \begin{pmatrix} 1 \\ 1 \end{pmatrix}$;

4) $\boldsymbol{A} - \begin{pmatrix} 1.5 & -0.5 & -3 \\ -0.5 & 0.5 & 1 \\ 0.5 & 0.5 & 0 \end{pmatrix}$, $\boldsymbol{x}^{(0)} = \begin{pmatrix} a \\ b \\ c \end{pmatrix}$.

由以上所得的结果你发现了什么？

问题 13.2 某牧场所饲养的羊的寿命为 12 年(当然，也有一些羊的寿命会更长一些，但是这些羊的数量相当少，而且它们的生育率也非常低，因而在种群总数的研究中，可以将它们忽略不计)，因而我们将羊群分成 12 个年龄组：不足 1 岁的属于第 1 年龄组，满 1 岁而不足 2 岁的属于第 2 年龄组，等等. 经过对该种群的羊的生物统计学的调查，得到了关于生物统计参数 f_i 和 s_i 的

信息资料(见表 13-1)，其中 f_i 为第 i 年龄组的种群生育率($i=1,2,\cdots,12$)，s_i 为第 i 年龄组的种群存活率($i=1,2,\cdots,11$).

表 13-1

i	1	2	3	4	5	6	7	8	9	10	11	12
f_i	0.000	0.023	0.145	0.236	0.242	0.273	0.271	0.251	0.234	0.229	0.216	0.210
s_i	0.845	0.975	0.965	0.950	0.926	0.895	0.850	0.786	0.691	0.561	0.370	—

设 $\boldsymbol{x}^{(k)}=(x_1^{(k)},x_2^{(k)},\cdots,x_{12}^{(k)})^{\mathrm{T}}$ 表示第 k 年各年龄组的个体数，试根据统计资料，写出描述年龄结构种群增长的离散线性动态系统 $\{\boldsymbol{x}^{(k)}\}$.

由问题 13.2 的解答可见，一个用离散线性动态系统 $\boldsymbol{x}^{(k+1)}=\boldsymbol{L}\boldsymbol{x}^{(k)}$ 表示的年龄结构种群的线性模型中的转移矩阵 $\boldsymbol{L}$ 都有如下的形式：

$$\boldsymbol{L}=\begin{pmatrix} f_1 & f_2 & \cdots & f_{n-1} & f_n \\ s_1 & 0 & \cdots & 0 & 0 \\ 0 & s_2 & \cdots & 0 & 0 \\ \vdots & \vdots & \ddots & \vdots & \vdots \\ 0 & 0 & \cdots & s_{n-1} & 0 \end{pmatrix}. \tag{13.2}$$

形如(13.2)的除第 1 行和下对角线外的元素皆为零的矩阵 $\boldsymbol{L}$ 称为**莱斯利矩阵**(此矩阵是由莱斯利(P. H. Leslie)在建立人口统计学中的人口推算模型时产生的(1945 年))，因而该年龄结构种群的离散模型也称为**莱斯利模型**.

在(13.2)中，f_i 表示生育率，因而 $f_i\geqslant 0$ 且其中至少有一个 f_i 是非零的(否则，生育率全为零，则若干年后该种群将灭绝)；s_i 表示存活率，因而 $0<s_i\leqslant 1$ (其中 $s_1,s_2,\cdots,s_{n-1}$ 全大于零，是因为若某个 $s_i=0$，则若干年后第 $i+1$ 组、第 $i+2$ 组……第 n 组将全部灭绝，寿命降低为 i 年). 因此，$\boldsymbol{L}$ 是一个非负矩阵(如果 n 阶实矩阵 $\boldsymbol{A}=(a_{ij})$ 的每个元素都是非负的，即 $a_{ij}\geqslant 0$ $(i,j=1,2,\cdots,n)$，则称 $\boldsymbol{A}$ 为**非负矩阵**)，又因 $\boldsymbol{L}$ 的下对角线上的所有元素 s_1，$s_2,\cdots,s_{n-1}$ 皆非零，故 $\boldsymbol{L}$ 又是不可约的(矩阵 $\boldsymbol{A}\in\mathbf{R}^{n\times n}$ $(n\geqslant 2)$ 称为**可约的**，如果存在 n 阶置换矩阵 $\boldsymbol{P}$①，使得

$$\boldsymbol{P}^{\mathrm{T}}\boldsymbol{A}\boldsymbol{P}=\begin{bmatrix} \boldsymbol{A}_{11} & \boldsymbol{A}_{12} \\ \boldsymbol{O} & \boldsymbol{A}_{22} \end{bmatrix},$$

① 由课题 9 知，置换矩阵 $\boldsymbol{P}$ 可以写成若干个 $\boldsymbol{P}(i,j)$ 类型的初等矩阵的乘积，且 $\boldsymbol{P}^{-1}=\boldsymbol{P}^{\mathrm{T}}$.

其中 $\boldsymbol{A}_{11}$ 和 $\boldsymbol{A}_{22}$ 是阶数小于 n 的方阵. 如果这样的置换矩阵 $\boldsymbol{P}$ 不存在，则称 $\boldsymbol{A}$ 是**不可约的**).

不可约非负矩阵是一类重要的非负矩阵，下面介绍它的一些非常有用的性质.

设 $\lambda_1,\lambda_2,\cdots,\lambda_n$ 为 n 阶矩阵 $\boldsymbol{A}$ 的 n 个特征值，则

$$\rho(\boldsymbol{A})=\max\{|\lambda_1|,|\lambda_2|,\cdots,|\lambda_n|\}$$

称为 $\boldsymbol{A}$ 的**谱半径**. 下面关于不可约非负矩阵的谱半径的性质定理是基于德国数学家弗罗贝尼乌斯(F. G. Frobenius，1849—1917) 的工作.

定理 1 (弗罗贝尼乌斯) 设 $\boldsymbol{A}\in\mathbf{R}^{n\times n}$ 是不可约非负矩阵，则

1) $\rho(\boldsymbol{A})>0$；

2) $\rho(\boldsymbol{A})$ 是 $\boldsymbol{A}$ 的特征值；

3) 存在正向量(即每个分量都是正数的向量)$\boldsymbol{x}$，满足 $\boldsymbol{A}\boldsymbol{x}=\rho(\boldsymbol{A})\boldsymbol{x}$；

4) $\rho(\boldsymbol{A})$ 是 $\boldsymbol{A}$ 的单重特征值.

(证明略，详见[13] 中 §17.3.)

关于非负矩阵谱半径又有如下的上、下界定理：

定理 2 设 $\boldsymbol{A}=(a_{ij})\in\mathbf{R}^{n\times n}$ 为非负矩阵，则有

$$\min_{1\leqslant i\leqslant n}\sum_{j=1}^{n}a_{ij}\leqslant\rho(\boldsymbol{A})\leqslant\max_{1\leqslant i\leqslant n}\sum_{j=1}^{n}a_{ij}\tag{13.3}$$

和

$$\min_{1\leqslant j\leqslant n}\sum_{i=1}^{n}a_{ij}\leqslant\rho(\boldsymbol{A})\leqslant\max_{1\leqslant j\leqslant n}\sum_{i=1}^{n}a_{ij}.\tag{13.4}$$

(证明略，详见[13] 中 §17.1.)

注意：定理 1 说明不可约非负矩阵 $\boldsymbol{A}$ 总具有单重的正特征值 $\rho(\boldsymbol{A})=\max\{|\lambda_1|,|\lambda_2|,\cdots,|\lambda_n|\}$，以及属于它的正特征向量，但是 $\rho(\boldsymbol{A})$ 只是 $\boldsymbol{A}$ 的特征值中模最大的特征值，它不一定大于所有其他的特征值. 例如：莱斯利矩阵

$$\boldsymbol{L}=\begin{pmatrix}0&0&1\\1&0&0\\0&1&0\end{pmatrix}$$

是一个不可约非负矩阵，它的行和皆为 1，故由定理 2 (13.3) 知，

$$\min\{1,1,1\}\leqslant\rho(\boldsymbol{L})\leqslant\max\{1,1,1\},$$

即 $\rho(\boldsymbol{L})=1>0$，且具有属于它的正特征向量 $\boldsymbol{e}=(1,1,1)^{\mathrm{T}}$ (注意，任一行和为常数 c 的 n 阶矩阵 $\boldsymbol{A}=(a_{ij})$ 都具有属于特征值 c 的正特征向量 $\boldsymbol{e}=(1,1,\cdots,1)^{\mathrm{T}}$，这是因为

$$Ae=\left(\sum_{j=1}^{n}a_{1j},\sum_{j=1}^{n}a_{2j},\cdots,\sum_{j=1}^{n}a_{nj}\right)^{\mathrm{T}}=c(1,1,\cdots,1)^{\mathrm{T}}=ce),$$

但是，由于

$$|\lambda E-L|=\begin{vmatrix}\lambda & 0 & -1\\ -1 & \lambda & 0\\ 0 & -1 & \lambda\end{vmatrix}=\lambda^3-1=(\lambda-1)(\lambda^2+\lambda+1)$$

$$=(\lambda-1)\left(\lambda-\frac{-1+\sqrt{3}\mathrm{i}}{2}\right)\left(\lambda-\frac{-1-\sqrt{3}\mathrm{i}}{2}\right),$$

故 L 的特征值为 $\lambda_1=\rho(L)=1$，$\lambda_2=\dfrac{-1+\sqrt{3}\mathrm{i}}{2}$，$\lambda_3=\dfrac{-1-\sqrt{3}\mathrm{i}}{2}$，且

$$|\rho(L)|=|\lambda_2|=|\lambda_3|=1,$$

即 L 的 3 个特征值的模相等，$\rho(L)$ 不大于 λ_2 和 λ_3，这表明 $\rho(L)$ 还不是占优特征值（一般地，如果 n 阶矩阵 A 有特征值 $\lambda_1,\lambda_2,\cdots,\lambda_n$，且 $|\lambda_1|>|\lambda_i|$，$i=2,3,\cdots,n$，则称 λ_1 为**占优特征值**，属于 λ_1 的特征向量称为**占优特征向量**）. 那么，在什么条件下，才使一个莱斯利矩阵必有占优特征值呢？

可以证明，如果莱斯利矩阵 L 的第 1 行中有两个相邻的元素皆为正数（即有两个相邻的年龄组的生育率 f_i 和 f_{i+1} 皆大于零），那么 $\rho(L)$ 是它的占优特征值（参见[15] 中 §5.7）.

由于在问题 13.2 的莱斯利模型中 $f_2,f_3,\cdots,f_{12}>0$，故所得的莱斯利矩阵 L 的特征值 $\rho(L)$ 必是占优的（在[12] 的课题 36 中，介绍了求占优特征值与占优特征向量的迭代方法 —— 幂法）. 如果再进一步要求一个莱斯利矩阵 L 具有的占优特征值 $\rho(L)=1$，那么由问题 13.1 的解答知，该莱斯利模型 $x^{(k+1)}=Lx^{(k)}$ 对任一非零的初始向量 $x^{(0)}$，存在一个极限向量 x^*，使得

$$\lim_{k\to\infty}x^{(k)}=x^*,$$

且 x^* 是属于特征值 $\rho(L)=1$ 的特征向量. 由定理 1 知，x^* 是正向量，设 $x^*=(x_1^*,x_2^*,\cdots,x_n^*)^{\mathrm{T}}$，则 $s=\sum\limits_{i=1}^{n}x_i^*>0$，且特征向量

$$\frac{1}{s}x^*=\left(\frac{x_1^*}{s},\frac{x_2^*}{s},\cdots,\frac{x_n^*}{s}\right)^{\mathrm{T}}$$

的各分量之和为 1，它给出了各年龄组的个体数占总数的百分比的分布的最终趋势.

例如：莱斯利矩阵

$$L=\begin{pmatrix}0 & 0.75 & 0.25\\ 1 & 0 & 0\\ 0 & 1 & 0\end{pmatrix}$$

的第1行中(1,2)和(1,3)位置上的元素为正数0.75和0.25，又因它的行和皆为1，故 $\rho(\boldsymbol{L})=1$ 为占优特征值，且 $\boldsymbol{e}=(1,1,1)^{\mathrm{T}}$ 为占优特征向量. 由于

$$|\lambda \boldsymbol{E}-\boldsymbol{L}|=\begin{vmatrix} \lambda & -0.75 & -0.25 \\ -1 & \lambda & 0 \\ 0 & -1 & \lambda \end{vmatrix}=\lambda^3-0.75\lambda-0.25,$$

故 $\boldsymbol{L}$ 有特征值 $\lambda_1=\rho(\boldsymbol{L})=1$，$\lambda_2=\lambda_3=-0.5$，且 $\boldsymbol{L}$ 的占优特征值 $\rho(\boldsymbol{L})$ 确大于其他的特征值 λ_2 和 λ_3. 由于 $\boldsymbol{e}$ 是属于特征值1的特征向量，故

$$\frac{1}{3}\boldsymbol{e}=\left(\frac{1}{3},\frac{1}{3},\frac{1}{3}\right)^{\mathrm{T}}$$

给出了该莱斯利模型的最终趋势是3个年龄组的个体数各占总数的 $\frac{1}{3}$.

下面我们探讨需要定期捕杀的羊群增长模型. 为了保持羊群总数是一个常数，牧场主每年需要捕杀一定数量的羊(所谓"捕杀"不一定就是宰杀，也可将一些羊卖给其他牧场主，总之，捕杀的数量就是从羊群中移走的羊的数量). 我们用 h_i 表示每年年底从第 i 年龄组中捕杀的羊的百分数，$i=1,2,\cdots,n$. 假设这些数每年都保持不变(即 h_i 是常数)，这样，每当取定 $h_1,h_2,\cdots,h_n$ 的一组值，就可以得到一个年底的捕杀方案. 假如每次年底捕杀的羊的总数是一个常数，而且每次年底捕杀之后，留下的羊群的年龄分布基本上是不变的，就称该捕杀方案是**可持续的**. 假如所有的 h_i 都相同(设为 h)，则称该捕杀方案是**均匀的**. 均匀的捕杀方案有一个优点是执行比较简单，只要随机地挑选所要捕杀的羊即可.

探究题 13.1 根据表13-1的统计资料，为该牧场主制定一个均匀的可持续的捕杀方案，求该方案所预期的各年龄组羊群分布的最终趋势. 有的牧场主饲养羊的目的是为了上市出售，希望制定一个可持续的捕杀方案能使年产量(即每次年底捕杀的羊的总数)最大，你是否能找到一个比均匀的捕杀方案的年产量大的可持续的捕杀方案，然后推荐给他？有的牧场主饲养羊是为了羊毛和羊绒，因而希望年产量最小，你是否能找到一个比均匀的捕杀方案的年产量小的可持续的捕杀方案，推荐给他？在两种情况下，求出你的方案所预期的羊群分布的最终趋势. 你认为这种类型的最优捕杀方案存在吗？

在种群生态学中还有一种具阶段结构种群的离散模型，它是将种群按其生理特征划分为若干阶段的模型. 例如：把斑点猫头鹰的生命周期分成三个阶段：雏鸟阶段，接近成熟的阶段和已成熟阶段. 我们也可以利用离散线性动态系统来研究该类模型的长期变化趋势(参见[12]中课题32).

问题解答

问题 13.1 1) 解特征多项式

$$|\lambda \boldsymbol{E}-\boldsymbol{A}|=\begin{vmatrix}\lambda-0.6 & -0.2\\ -0.2 & \lambda-0.6\end{vmatrix}=\lambda^2-1.2\lambda-0.32,$$

得特征值 $\lambda_1=0.8$，$\lambda_2=0.4$. 解齐次线性方程组

$$(\lambda_i \boldsymbol{E}-\boldsymbol{A})\boldsymbol{v}_i=\boldsymbol{0},\quad i=1,2,$$

得分别属于特征值 0.8 和 0.4 的特征向量

$$\boldsymbol{v}_1=\begin{pmatrix}1\\1\end{pmatrix},\quad \boldsymbol{v}_2=\begin{pmatrix}-1\\1\end{pmatrix}.$$

由于 $\boldsymbol{v}_1,\boldsymbol{v}_2$ 线性无关，故 $\boldsymbol{x}^{(0)}$ 可以写成它们的线性组合，设为

$$\boldsymbol{x}^{(0)}=c_1\boldsymbol{v}_1+c_2\boldsymbol{v}_2,$$

因而

$$\begin{aligned}\boldsymbol{x}^{(k)}=\boldsymbol{A}^k\boldsymbol{x}^{(0)}&=c_1\lambda_1^k\boldsymbol{v}_1+c_2\lambda_2^k\boldsymbol{v}_2\\&=c_1(0.8)^k\begin{pmatrix}1\\1\end{pmatrix}+c_2(0.4)^k\begin{pmatrix}-1\\1\end{pmatrix}\\&=\begin{pmatrix}c_1(0.8)^k-c_2(0.4)^k\\c_1(0.8)^k+c_2(0.4)^k\end{pmatrix}.\end{aligned}\tag{13.5}$$

由于 $\boldsymbol{x}^{(0)}=\begin{pmatrix}c_1-c_2\\c_1+c_2\end{pmatrix}=\begin{pmatrix}a\\b\end{pmatrix}$，故

$$c_1=\frac{a+b}{2},\quad c_2=\frac{b-a}{2}.$$

将它们代入(13.5)，得

$$\boldsymbol{x}^{(k)}=\begin{pmatrix}(0.8)^k\dfrac{a+b}{2}+(0.4)^k\dfrac{a-b}{2}\\(0.8)^k\dfrac{a+b}{2}+(0.4)^k\dfrac{b-a}{2}\end{pmatrix},$$

因此，当 $k\to\infty$ 时，$\boldsymbol{x}^{(k)}\to\boldsymbol{0}$ 是以由最大特征值 $\lambda_1=0.8$ 控制的速率收敛于零向量.

2) 由

$$|\lambda\boldsymbol{E}-\boldsymbol{A}|=\lambda^2-\frac{5}{3}\lambda+\frac{2}{3}=(\lambda-1)\left(\lambda-\frac{2}{3}\right),$$

得 $\boldsymbol{A}$ 有 2 个特征值 $\lambda_1=1$，$\lambda_2=\dfrac{2}{3}$. 由问题 12.1 的解答知，

$$v_1 = \begin{pmatrix} 1 \\ -1 \end{pmatrix}, \quad v_2 = \begin{pmatrix} -1 \\ 2 \end{pmatrix}$$

分别是属于特征值 1 和 $\frac{2}{3}$ 的特征向量.

$$x^{(0)} = \begin{pmatrix} a \\ b \end{pmatrix} = c_1 v_1 + c_2 v_2 = \begin{pmatrix} c_1 - c_2 \\ -c_1 + 2c_2 \end{pmatrix},$$

则 $c_1 = 2a + b$, $c_2 = a + b$, 故

$$\begin{aligned} x^{(k)} &= A^k x^{(0)} = c_1 v_1 + c_2 \lambda_2^k v_2 \\ &= \begin{pmatrix} 2a + b - \left(\frac{2}{3}\right)^k (a+b) \\ -2a - b + 2\left(\frac{2}{3}\right)^k (a+b) \end{pmatrix}, \end{aligned}$$

因此，当 $k \to \infty$ 时，

$$x^{(k)} \to c_1 v_1 = \begin{pmatrix} 2a + b \\ -2a - b \end{pmatrix},$$

即当 A 具有特征值 λ_1, λ_2，其中 $\lambda_1 = 1$ 和 $|\lambda_2| < 1$ 时，$\{x^{(k)}\}$ 收敛于属于特征值 $\lambda_1 = 1$ 的一个特征向量，且不论初始向量 $x^{(0)} = \begin{pmatrix} a \\ b \end{pmatrix}$ 是什么，$\{x^{(k)}\}$ 都收敛，收敛于极限向量 $\begin{pmatrix} 2a + b \\ -2a - b \end{pmatrix}$.

3) 容易求得 A 具有属于特征值 $\lambda_1 = -2$ 的特征向量 $v_1 = \begin{pmatrix} -2 \\ 3 \end{pmatrix}$ 和属于特征值 $\lambda_2 = 1$ 的特征向量 $v_2 = \begin{pmatrix} -1 \\ 1 \end{pmatrix}$.

将 $x^{(0)} = \begin{pmatrix} 1 \\ 1 \end{pmatrix}$ 写成 v_1, v_2 的线性组合 $c_1 v_1 + c_2 v_2$，则有 $c_1 = 2$, $c_2 = -5$, 故

$$x^{(k)} = c_1(-2)^k v_1 + c_2 v_2 = 2(-2)^k v_1 - 5v_2.$$

由上式可以看到，由于 $|\lambda_1| = |-2| > 1$ 且 $c_1 \neq 0$，故 $\{x^{(k)}\}$ 发散.

注意，由问题 18.1 的解答知

$$\begin{aligned} A^k &= \frac{\lambda_1^k - \lambda_2^k}{\lambda_1 - \lambda_2} A - \frac{\lambda_1^k \lambda_2 - \lambda_2^k \lambda_1}{\lambda_1 - \lambda_2} E \\ &= \begin{pmatrix} 3 - 2(-2)^k & 2 - 2(-2)^k \\ -3 + 3(-2)^k & -2 + 3(-2)^k \end{pmatrix}, \end{aligned}$$

故

$$\boldsymbol{x}^{(k)}=\boldsymbol{A}^k\boldsymbol{x}^{(0)}=\boldsymbol{A}^k\begin{pmatrix}1\\1\end{pmatrix}=\begin{pmatrix}5-4(-2)^k\\-5+6(-2)^k\end{pmatrix},$$

由此也可得出$\{\boldsymbol{x}^{(k)}\}$发散.

4) 容易求得$\boldsymbol{A}$的特征值和对应的特征向量:

$$\lambda_1=1,\quad \lambda_2=0.5-0.5\mathrm{i},\quad \lambda_3=0.5+0.5\mathrm{i};$$

$$\boldsymbol{v}_1=\begin{pmatrix}4\\-2\\1\end{pmatrix},\quad \boldsymbol{v}_2=\begin{pmatrix}2-\mathrm{i}\\-1\\1\end{pmatrix},\quad \boldsymbol{v}_3=\begin{pmatrix}2+\mathrm{i}\\-1\\1\end{pmatrix}.$$

由于$\lambda_1,\lambda_2,\lambda_3$都不相同,故$\boldsymbol{v}_1,\boldsymbol{v}_2,\boldsymbol{v}_3$线性无关,因而$\boldsymbol{x}^{(0)}$可以写成$\boldsymbol{v}_1,\boldsymbol{v}_2,\boldsymbol{v}_3$的线性组合,设为

$$\boldsymbol{x}^{(0)}=c_1\boldsymbol{v}_1+c_2\boldsymbol{v}_2+c_3\boldsymbol{v}_3,$$

所以

$$\boldsymbol{x}^{(k)}=c_1\lambda_1^k\boldsymbol{v}_1+c_2\lambda_2^k\boldsymbol{v}_2+c_3\lambda_3^k\boldsymbol{v}_3.$$

由于$\lambda_1=1$,$|\lambda_2|=|\lambda_3|<1$,所以当$k\to\infty$时,$\boldsymbol{x}^{(k)}\to c_1\boldsymbol{v}_1$.

由上述结果可见:设有离散线性动态系统

$$\boldsymbol{x}^{(k+1)}=\boldsymbol{A}\boldsymbol{x}^{(k)},\quad \boldsymbol{x}^{(0)}=\boldsymbol{c},$$

其中n阶矩阵$\boldsymbol{A}$具有特征值$\lambda_1,\lambda_2,\cdots,\lambda_n\in\mathbf{C}$(设$|\lambda_1|\geqslant|\lambda_2|\geqslant\cdots\geqslant|\lambda_n|$).如果$\boldsymbol{A}$是可对角化的,那么存在$n$个线性无关的特征向量$\boldsymbol{v}_1,\boldsymbol{v}_2,\cdots,\boldsymbol{v}_n$,满足

$$\boldsymbol{A}\boldsymbol{v}_i=\lambda_i\boldsymbol{v}_i,\quad i=1,2,\cdots,n,$$

且$\boldsymbol{x}^{(0)}$可写成它们的线性组合:

$$\boldsymbol{x}^{(0)}=a_1\boldsymbol{v}_1+a_2\boldsymbol{v}_2+\cdots+a_n\boldsymbol{v}_n,$$

则有

$$\boldsymbol{x}^{(k)}=a_1\lambda_1^k\boldsymbol{v}_1+a_2\lambda_2^k\boldsymbol{v}_2+\cdots+a_n\lambda_n^k\boldsymbol{v}_n.\tag{13.6}$$

因此,在(13.6)中,λ_1的值的大小对$\{\boldsymbol{x}^{(k)}\}$的长期变化趋势起着决定性的作用:

1) 若$|\lambda_1|<1$,则$\{\boldsymbol{x}^{(k)}\}$收敛于$\mathbf{0}$(即$\lim\limits_{k\to\infty}\boldsymbol{x}^{(k)}=\mathbf{0}$);

2) 若$\lambda_1=1$,$|\lambda_2|<1$且$a_1\neq0$,则$\{\boldsymbol{x}^{(k)}\}$收敛于$a_1\boldsymbol{v}_1$(即$\lim\limits_{k\to\infty}\boldsymbol{x}^{(k)}=a_1\boldsymbol{v}_1$);

3) 若$|\lambda_1|>1$,$|\lambda_2|<1$且$a_1\neq0$,则$\{\boldsymbol{x}^{(k)}\}$发散.

如果$\boldsymbol{A}$不可对角化,那么由课题25知,$\boldsymbol{A}$具有一个若尔当基$\boldsymbol{v}_1,\boldsymbol{v}_2,\cdots,\boldsymbol{v}_n$.于是,$\boldsymbol{x}^{(0)}$可写成它们的线性组合:

$$\boldsymbol{x}^{(0)}=a_1\boldsymbol{v}_1+a_2\boldsymbol{v}_2+\cdots+a_n\boldsymbol{v}_n,$$

但是，$\boldsymbol{x}^{(k)}$ 就不能再按(13.6)计算. 设$\{\boldsymbol{v}_{il},\boldsymbol{v}_{i,l-1},\cdots,\boldsymbol{v}_{i1}\}$是上述若尔当基中属于特征值 λ_i 的一个若尔当链，则

$$\boldsymbol{v}_{i,j-1}=(\boldsymbol{A}-\lambda_i\boldsymbol{E})\boldsymbol{v}_{ij}\quad(\text{即 } \boldsymbol{A}\boldsymbol{v}_{ij}=\lambda_i\boldsymbol{v}_{ij}+\boldsymbol{v}_{i,j-1}),\quad j=l,l-1,\cdots,1.$$

因而

$$\boldsymbol{A}^k\boldsymbol{v}_{ij}=\lambda^k\boldsymbol{v}_{ij}+k\lambda^{k-1}\boldsymbol{v}_{i,j-1}+C_k^2\lambda^{k-2}\boldsymbol{v}_{i,j-2}+\cdots,\tag{13.7}$$

于是，

$$\boldsymbol{x}^{(k)}=a_1\boldsymbol{A}^k\boldsymbol{v}_1+a_2\boldsymbol{A}^k\boldsymbol{v}_2+\cdots+a_n\boldsymbol{A}^k\boldsymbol{v}_n$$

可按(13.7)进行计算. 特别地，当 $\lambda_1=1$，$|\lambda_2|<1$ 且 $a_1\neq 0$ 时可得

$$\lim_{k\to\infty}\boldsymbol{x}^{(k)}=a_1\boldsymbol{v}_1.$$

问题 13.2 $\{\boldsymbol{x}^{(k)}\}$ 的递推关系式为

$$\boldsymbol{x}^{(k+1)}=\boldsymbol{L}\boldsymbol{x}^{(k)},\quad k=0,1,2,\cdots,$$

其中

$$\boldsymbol{L}=\begin{pmatrix} f_1 & f_2 & \cdots & f_{11} & f_{12}\\ s_1 & 0 & \cdots & 0 & 0\\ 0 & s_2 & \cdots & 0 & 0\\ \vdots & \vdots & \ddots & \vdots & \vdots\\ 0 & 0 & \cdots & s_{11} & 0\end{pmatrix},$$

$\boldsymbol{x}^{(0)}$ 为初始向量.

14. 幂等矩阵

设 $\boldsymbol{A}$ 是 n 阶矩阵，如果 $\boldsymbol{A}^2=\boldsymbol{A}$，则称 $\boldsymbol{A}$ 为**幂等矩阵**. 例如：主对角线上的元素为1或0的对角矩阵为幂等矩阵. 反之，如果 $\boldsymbol{A}$ 是幂等的对角矩阵，那么它的主对角线上的元素 a_{ii} 满足 $a_{ii}^2=a_{ii}$，故必有 $a_{ii}=1$ 或 0，$i=1,2,\cdots,n$.

本课题将研讨幂等矩阵的性质及其应用.

中心问题 探究幂零矩阵的特征性质并按相似关系分类，对称幂等矩阵的特征性质，以及幂等矩阵和的性质及其应用.

准备知识 矩阵的运算，矩阵的对角化，若尔当标准形，二次型

课题探究

我们先探讨幂等矩阵的性质.

问题 14.1 1) 如果 $\boldsymbol{A}$ 是幂等矩阵，证明：$\boldsymbol{A}^{\mathrm{T}},\boldsymbol{A}^k(k=1,2,\cdots)$ 和 $\boldsymbol{E}-\boldsymbol{A}$ 都是幂等矩阵. 问：$-\boldsymbol{A}$ 是否幂等矩阵？

2) 幂等矩阵是否一定是对称矩阵？

3) 证明：$\boldsymbol{A}$ 和 $\boldsymbol{B}$ 是幂等矩阵的充分必要条件是 $\boldsymbol{Z}=\begin{pmatrix}\boldsymbol{A} & \boldsymbol{O}\\ \boldsymbol{O} & \boldsymbol{B}\end{pmatrix}$ 是幂等矩阵.

问题 14.2 幂等矩阵 $\boldsymbol{A}$ 的特征值有什么特性？

问题 14.3 由问题14.2知，幂等矩阵 $\boldsymbol{A}$ 的特征值皆为0或1. 反之，是否成立？

问题 14.4 1) 由问题14.3知，方阵的特征值皆为0或1还不是幂等矩阵的特征性质. 那么幂等矩阵的特征性质是什么？也就是问：使得特征值皆为0

或 1 的方阵是幂等矩阵的充分必要条件是什么？

2) n 阶幂等矩阵按相似关系来分类，可以分成几类？

由问题 14.4 的 2) 可以看到，幂等矩阵按相似关系进行分类，实质上就是按秩进行分类. 下面进一步讨论幂等矩阵的秩的性质.

问题 14.5 设 $\boldsymbol{A}$ 为 n 阶幂等矩阵.

1) 问：秩为 n 的 n 阶幂等矩阵有什么特征？

2) 问：$\boldsymbol{A}$ 的特征值皆为 0 的充分必要条件是什么？

3) 在 1) 和 2) 中讨论了 $\boldsymbol{A}$ 的秩为 n 或 0 的极端情况. 在一般情形下，证明：$\mathrm{r}(\boldsymbol{A})=\mathrm{tr}(\boldsymbol{A})$，其中 $\mathrm{tr}(\boldsymbol{A})=a_{11}+a_{22}+\cdots+a_{nn}$ 是矩阵 $\boldsymbol{A}$ 的迹.

问题 14.6 1) 证明：n 阶实对称矩阵 $\boldsymbol{A}$ 是幂等的充分必要条件是

$$\mathrm{r}(\boldsymbol{A})+\mathrm{r}(\boldsymbol{E}_n-\boldsymbol{A})=n.$$

2) 第 1) 题的结论对任意的 n 阶矩阵(不一定是实对称矩阵)是否成立？

探究题 14.1 问：n 阶矩阵

$$\boldsymbol{A}=\begin{pmatrix}1 & & & *\\ & 1 & & \\ & & \ddots & \\ * & & & 1\end{pmatrix}$$

是否幂等矩阵(其中 $*$ 处的元素不全为零)？

下面讨论幂等矩阵和的性质与幂等矩阵的分解及其应用.

问题 14.7 设 $\boldsymbol{A}$ 和 $\boldsymbol{B}$ 是 n 阶幂等矩阵.

1) 证明：$\boldsymbol{A}+\boldsymbol{B}$ 是幂等的充分必要条件是 $\boldsymbol{AB}=\boldsymbol{BA}=\boldsymbol{O}$.

2) 证明：若 $\boldsymbol{A}+\boldsymbol{B}$ 是幂等的，则 $\mathrm{r}(\boldsymbol{A}+\boldsymbol{B})=\mathrm{r}(\boldsymbol{A})+\mathrm{r}(\boldsymbol{B})$.

问题 14.8 设 $\boldsymbol{A}_1,\boldsymbol{A}_2,\cdots,\boldsymbol{A}_m$ 是 n 阶对称幂等矩阵，其中 $\mathrm{r}(\boldsymbol{A}_i)=r_i$，且 $\boldsymbol{A}_1+\boldsymbol{A}_2+\cdots+\boldsymbol{A}_m=\boldsymbol{E}_n$. 证明：

1) $r_1+r_2+\cdots+r_m=n$;

2) $\boldsymbol{A}_i+\boldsymbol{A}_j$ 是对称幂等矩阵 $(i\neq j)$;

3) $\boldsymbol{A}_i\boldsymbol{A}_j=\boldsymbol{O}\ (i\neq j)$.

问题 14.9 设 $\boldsymbol{A}_1,\boldsymbol{A}_2,\cdots,\boldsymbol{A}_m$ 是 n 阶对称幂等矩阵，其中 $\mathrm{r}(\boldsymbol{A}_i)=r_i$，且 $\boldsymbol{A}_1+$

$\boldsymbol{A}_2+\cdots+\boldsymbol{A}_m=\boldsymbol{E}_n$. 定义

$$\boldsymbol{A}=\alpha_1\boldsymbol{A}_1+\alpha_2\boldsymbol{A}_2+\cdots+\alpha_m\boldsymbol{A}_m.$$

1) 求 $\boldsymbol{A}$ 的特征值；

2) 求 $|\boldsymbol{A}|$；

3) $\boldsymbol{A}$ 可逆的充分必要条件是什么？当 $\boldsymbol{A}$ 可逆时，求 $\boldsymbol{A}^{-1}$.

问题 14.10 设 $\boldsymbol{A}$ 是实幂等矩阵，将它分解为两个实对称矩阵的乘积.

问题 14.11 设 n 阶实矩阵

$$\boldsymbol{A}=\begin{pmatrix}1 & t & \cdots & t\\ t & 1 & \cdots & t\\ \vdots & \vdots & & \vdots\\ t & t & \cdots & 1\end{pmatrix}.$$

1) 求 $\boldsymbol{A}$ 的特征值与 $|\boldsymbol{A}|$.

2) $\boldsymbol{A}$ 可逆的充分必要条件是什么？当 $\boldsymbol{A}$ 可逆时，求 $\boldsymbol{A}^{-1}$.

3) t 为何值时，$\boldsymbol{A}$ 是正定矩阵？

4) 求 $\boldsymbol{A}$ 的特征向量.

问题 14.12 求实二次型 $\sum\limits_{i,j=1}^{n}(x_i-x_j)^2$ 的秩和正惯性指数.

下面我们讨论比问题 14.12 解中的 $\boldsymbol{M}=\boldsymbol{E}_n-\frac{1}{n}\boldsymbol{e}\boldsymbol{e}^{\mathrm{T}}$ 更一般的矩阵，其中 $\boldsymbol{e}=(1,1,\cdots,1)^{\mathrm{T}}$.

问题 14.13 设 $\boldsymbol{X}$ 是 $n\times k$ 矩阵，$\mathrm{r}(\boldsymbol{X})=k$. 矩阵 $\boldsymbol{M}=\boldsymbol{E}_n-\boldsymbol{X}(\boldsymbol{X}^{\mathrm{T}}\boldsymbol{X})^{-1}\boldsymbol{X}^{\mathrm{T}}$ 是计量经济学中一个重要的矩阵(特别，当 $\boldsymbol{X}=\boldsymbol{e}$ 时，

$$\boldsymbol{M}=\boldsymbol{E}_n-\boldsymbol{e}(\boldsymbol{e}^{\mathrm{T}}\boldsymbol{e})^{-1}\boldsymbol{e}^{\mathrm{T}}=\boldsymbol{E}_n-\frac{1}{n}\boldsymbol{e}\boldsymbol{e}^{\mathrm{T}}$$

就是问题 14.12 中的 $\boldsymbol{M}$). 证明：

1) $\boldsymbol{M}$ 是对称幂等矩阵；

2) $\boldsymbol{M}\boldsymbol{X}=\boldsymbol{O}$;

3) $\mathrm{r}(\boldsymbol{M})=n-k$.

探究题 14.2 设 $\boldsymbol{A}$ 是 n 阶半正定矩阵. 证明：

$$\mathrm{tr}\,\boldsymbol{A}^2-\frac{1}{n}(\mathrm{tr}\,\boldsymbol{A})^2\geqslant 0.$$

问题解答

问题 14.1 1) 因为

$$(\boldsymbol{A}^{\mathrm{T}})^2=\boldsymbol{A}^{\mathrm{T}}\boldsymbol{A}^{\mathrm{T}}=(\boldsymbol{A}\boldsymbol{A})^{\mathrm{T}}=\boldsymbol{A}^{\mathrm{T}},\quad (\boldsymbol{A}^k)^2=(\boldsymbol{A}^2)^k=\boldsymbol{A}^k,$$

$$(\boldsymbol{E}-\boldsymbol{A})^2=\boldsymbol{E}-\boldsymbol{A}-\boldsymbol{A}+\boldsymbol{A}^2=\boldsymbol{E}-\boldsymbol{A}-\boldsymbol{A}+\boldsymbol{A}=\boldsymbol{E}-\boldsymbol{A},$$

因此，$\boldsymbol{A}^{\mathrm{T}},\boldsymbol{A}^k(k=1,2,\cdots)$ 和 $\boldsymbol{E}-\boldsymbol{A}$ 都是幂等矩阵. 但是，$(-\boldsymbol{A})^2=\boldsymbol{A}$，所以 $-\boldsymbol{A}\ (\neq\boldsymbol{O})$ 不是幂等矩阵.

2) 设 $\boldsymbol{a}=(a_1,a_2,\cdots,a_n)^{\mathrm{T}}$，$\boldsymbol{b}=(b_1,b_2,\cdots,b_n)^{\mathrm{T}}$，则当 $\boldsymbol{b}^{\mathrm{T}}\boldsymbol{a}=1$ 时，矩阵 $\boldsymbol{A}=\boldsymbol{a}\boldsymbol{b}^{\mathrm{T}}$ 是幂等矩阵，且除非 $\boldsymbol{a}=\boldsymbol{b}$ 或者 $\boldsymbol{a}$ 与 $\boldsymbol{b}$ 中有一个是零向量，$\boldsymbol{A}$ 是非对称的.

更一般地，设 $\boldsymbol{A}$ 和 $\boldsymbol{B}$ 是同阶矩阵，则当 $\boldsymbol{B}^{\mathrm{T}}\boldsymbol{A}$ 是满秩矩阵时，$\boldsymbol{A}(\boldsymbol{B}^{\mathrm{T}}\boldsymbol{A})^{-1}\boldsymbol{B}^{\mathrm{T}}$ 是幂等矩阵，这是因为

$$\boldsymbol{A}(\boldsymbol{B}^{\mathrm{T}}\boldsymbol{A})^{-1}\boldsymbol{B}^{\mathrm{T}}\boldsymbol{A}(\boldsymbol{B}^{\mathrm{T}}\boldsymbol{A})^{-1}\boldsymbol{B}^{\mathrm{T}}=\boldsymbol{A}(\boldsymbol{B}^{\mathrm{T}}\boldsymbol{A})^{-1}\boldsymbol{B}^{\mathrm{T}}.$$

在一般情形下，$\boldsymbol{A}(\boldsymbol{B}^{\mathrm{T}}\boldsymbol{A})^{-1}\boldsymbol{B}^{\mathrm{T}}$ 不是对称矩阵. 例如：设 $\boldsymbol{A}=\dfrac{1}{\sqrt{3}}(1,2,0)^{\mathrm{T}}$，$\boldsymbol{B}=\dfrac{1}{\sqrt{3}}(1,1,1)^{\mathrm{T}}$，则

$$\boldsymbol{A}(\boldsymbol{B}^{\mathrm{T}}\boldsymbol{A})^{-1}\boldsymbol{B}^{\mathrm{T}}=\frac{1}{3}\begin{pmatrix}1\\2\\0\end{pmatrix}(1,1,1)=\frac{1}{3}\begin{pmatrix}1&1&1\\2&2&2\\0&0&0\end{pmatrix}$$

是幂等矩阵，但不是对称矩阵.

因此，幂等矩阵不一定是对称矩阵(虽然在许多实际问题中的幂等矩阵都是对称矩阵).

3) 因为

$$\boldsymbol{Z}^2=\begin{pmatrix}\boldsymbol{A}&\boldsymbol{O}\\\boldsymbol{O}&\boldsymbol{B}\end{pmatrix}\begin{pmatrix}\boldsymbol{A}&\boldsymbol{O}\\\boldsymbol{O}&\boldsymbol{B}\end{pmatrix}=\begin{pmatrix}\boldsymbol{A}^2&\boldsymbol{O}\\\boldsymbol{O}&\boldsymbol{B}^2\end{pmatrix},$$

所以 $\boldsymbol{Z}^2=\boldsymbol{Z}$ 当且仅当 $\boldsymbol{A}^2=\boldsymbol{A}$，$\boldsymbol{B}^2=\boldsymbol{B}$.

问题 14.2 可以证明：幂等矩阵 $\boldsymbol{A}$ 的特征值皆为 0 或 1.

证法 1 因为 $\boldsymbol{A}^2=\boldsymbol{A}$，所以若 $\boldsymbol{A}\boldsymbol{x}=\lambda\boldsymbol{x}\ (\boldsymbol{x}\neq\boldsymbol{0})$，则有

$$\lambda\boldsymbol{x}=\boldsymbol{A}\boldsymbol{x}=\boldsymbol{A}^2\boldsymbol{x}=\lambda\boldsymbol{A}\boldsymbol{x}=\lambda^2\boldsymbol{x},$$

因此，$\lambda=\lambda^2$，因而 $\lambda=0$ 或 1.

证法 2 因为 $\boldsymbol{A}^2=\boldsymbol{A}$，所以 $\lambda^2-\lambda$ 是 $\boldsymbol{A}$ 的零化多项式，因此 $\boldsymbol{A}$ 的最小多

项式 $m_{\boldsymbol{A}}(\lambda) \mid (\lambda^2-\lambda)$，从而 $m_{\boldsymbol{A}}(\lambda)=\lambda$ 或 $\lambda-1$ 或 $\lambda(\lambda-1)$. 于是，$\boldsymbol{A}$ 的特征值皆为 0 或 1.

问题 14.3 特征值皆为 0 或 1 的方阵不一定是幂等矩阵. 例如：

$$\begin{pmatrix}1&1&1\\0&1&1\\0&0&0\end{pmatrix}\begin{pmatrix}1&1&1\\0&1&1\\0&0&0\end{pmatrix}=\begin{pmatrix}1&2&2\\0&1&1\\0&0&0\end{pmatrix},$$

而矩阵 $\begin{pmatrix}1&1&1\\0&1&1\\0&0&0\end{pmatrix}$ 的特征值是 1,1,0.

问题 14.4 1) 设 $\boldsymbol{A}$ 是特征值皆为 0 或 1 的方阵，则 $\boldsymbol{A}$ 是幂等矩阵的充分必要条件是 $\boldsymbol{A}$ 可对角化.

证 充分性. 如果 $\boldsymbol{A}$ 可对角化，则存在可逆矩阵 $\boldsymbol{T}$，使得 $\boldsymbol{T}^{-1}\boldsymbol{A}\boldsymbol{T}=\boldsymbol{D}$，其中 $\boldsymbol{D}$ 是主对角线上元素皆为 0 或 1 的对角矩阵，故 $\boldsymbol{D}^2=\boldsymbol{D}$，且

$$\boldsymbol{A}^2=(\boldsymbol{T}\boldsymbol{D}\boldsymbol{T}^{-1})^2=\boldsymbol{T}\boldsymbol{D}^2\boldsymbol{T}^{-1}=\boldsymbol{T}\boldsymbol{D}\boldsymbol{T}^{-1}=\boldsymbol{A},$$

即 $\boldsymbol{A}$ 是幂等矩阵.

必要性. 设 $\boldsymbol{A}$ 与若尔当形矩阵 $\boldsymbol{J}$ 相似，即存在可逆矩阵 $\boldsymbol{T}$，使得 $\boldsymbol{T}^{-1}\boldsymbol{A}\boldsymbol{T}=\boldsymbol{J}$. 因为 $\boldsymbol{A}$ 的特征值皆为 1 或 0（其中 1 的重数为 r，0 的重数为 $n-r$），故可将 $\boldsymbol{J}$ 分块如下：

$$\boldsymbol{J}=\begin{pmatrix}\boldsymbol{J}_1&\boldsymbol{O}\\\boldsymbol{O}&\boldsymbol{J}_0\end{pmatrix},$$

其中

$$\boldsymbol{J}_1=\begin{pmatrix}1&\beta_1&0&\cdots&0\\0&1&\beta_2&\cdots&0\\\vdots&\vdots&\vdots&&\vdots\\0&0&0&\cdots&\beta_{r-1}\\0&0&0&\cdots&1\end{pmatrix},\quad \boldsymbol{J}_0=\begin{pmatrix}0&\gamma_1&0&\cdots&0\\0&0&\gamma_2&\cdots&0\\\vdots&\vdots&\vdots&&\vdots\\0&0&0&\cdots&\gamma_{n-r-1}\\0&0&0&\cdots&0\end{pmatrix},$$

β_i 和 γ_j 为 0 或 1. 因为 $\boldsymbol{A}$ 是幂等的，故 $\boldsymbol{J}$ 也是幂等的，所以由问题 14.1 的 3) 知，$\boldsymbol{J}_1$ 和 $\boldsymbol{J}_0$ 都是幂等的. 由 $\boldsymbol{J}_1^2=\boldsymbol{J}_1$ 得，$\boldsymbol{J}_1$ 是对角矩阵，由 $\boldsymbol{J}_0^2=\boldsymbol{J}_0$ 得，$\boldsymbol{J}_0$ 也是对角矩阵，即所有的 β_i 和 γ_j 皆为 0，因此 $\boldsymbol{J}$ 是对角矩阵，即 $\boldsymbol{A}$ 可对角化. （"幂等矩阵 $\boldsymbol{A}$ 必可对角化"的另一证法是：由问题 14.2 证法 2 知，$\boldsymbol{A}$ 的最小多项式 $m_{\boldsymbol{A}}(\lambda) \mid (\lambda-1)$，故 $\boldsymbol{A}$ 的初等因子都是一次的（为 λ 或 $\lambda-1$），所以其若尔当形矩阵为对角矩阵，因此 $\boldsymbol{A}$ 可对角化.）

注意，由于实对称矩阵都可对角化，故特征值皆为 0 或 1 的实对称矩阵必为幂等矩阵.

2） n 阶幂等矩阵按相似关系分类只需按其特征值 1 的个数 r $(0\leqslant r\leqslant n)$ 分类，共有 $n+1$ 类.

问题 14.5 1） 可以证明，$\mathrm{r}(\boldsymbol{A})=n$ 当且仅当 $\boldsymbol{A}=\boldsymbol{E}_n$.

事实上，若 $\boldsymbol{A}=\boldsymbol{E}_n$，则显然 $\mathrm{r}(\boldsymbol{A})=n$. 反之，若 $\mathrm{r}(\boldsymbol{A})=n$，则 $\boldsymbol{A}$ 是满秩的，故

$$\boldsymbol{A}=\boldsymbol{A}^{-1}\boldsymbol{A}\boldsymbol{A}=\boldsymbol{A}^{-1}\boldsymbol{A}=\boldsymbol{E}_n.$$

2） 可以证明，n 阶幂等矩阵 $\boldsymbol{A}$ 的特征值皆为零的充分必要条件是 $\boldsymbol{A}=\boldsymbol{O}$.

事实上，若 $\boldsymbol{A}$ 是零矩阵，则其特征值皆为零. 反之，由问题 14.4 的 1) 知，$\boldsymbol{A}$ 可对角化且相似于零矩阵，即存在可逆矩阵 $\boldsymbol{T}$，使得 $\boldsymbol{T}^{-1}\boldsymbol{A}\boldsymbol{T}=\boldsymbol{O}$，故 $\boldsymbol{A}=\boldsymbol{O}$.

3） 由问题 14.4 的 1) 知，$\boldsymbol{A}$ 可对角化，且存在可逆矩阵 $\boldsymbol{T}$，使得

$$\boldsymbol{T}^{-1}\boldsymbol{A}\boldsymbol{T}=\begin{pmatrix}\boldsymbol{E}_r & \boldsymbol{O}\\ \boldsymbol{O} & \boldsymbol{O}\end{pmatrix}=\boldsymbol{D},$$

故 $\mathrm{r}(\boldsymbol{A})=\mathrm{r}(\boldsymbol{D})=r$，$\mathrm{tr}(\boldsymbol{A})=\mathrm{tr}(\boldsymbol{D})=r$.

问题 14.6 1） 设 $\boldsymbol{A}$ 的特征值 0 和 1 的重数分别为 n_0 和 n_1，则

$$\mathrm{r}(\boldsymbol{A})=n-n_0,\quad \mathrm{r}(\boldsymbol{E}_n-\boldsymbol{A})=n-n_1,$$

故 $\mathrm{r}(\boldsymbol{A})+\mathrm{r}(\boldsymbol{E}_n-\boldsymbol{A})=n+(n-n_0-n_1)$. 因此，

$$\begin{aligned}\mathrm{r}(\boldsymbol{A})+\mathrm{r}(\boldsymbol{E}_n-\boldsymbol{A})=n &\Leftrightarrow n_0+n_1=n\\ &\Leftrightarrow \boldsymbol{A}\text{ 的特征值皆为 0 和 1.}\end{aligned}$$

因为 $\boldsymbol{A}$ 是实对称矩阵，必可对角化，由问题 14.4 的 1) 知，

$$\begin{aligned}\boldsymbol{A}\text{ 是幂等矩阵} &\Leftrightarrow \boldsymbol{A}\text{ 的特征值皆为 0 和 1}\\ &\Leftrightarrow \mathrm{r}(\boldsymbol{A})+\mathrm{r}(\boldsymbol{E}_n-\boldsymbol{A})=n.\end{aligned}$$

2） 可以证明，n 阶矩阵 $\boldsymbol{A}$ 是幂等矩阵的充分必要条件是

$$\mathrm{r}(\boldsymbol{A})+\mathrm{r}(\boldsymbol{E}_n-\boldsymbol{A})=n.$$

必要性. 如果 $\boldsymbol{A}$ 是幂等的，则 $\boldsymbol{E}_n-\boldsymbol{A}$ 也是幂等的. 由问题 14.5 的 3) 知，

$$\begin{aligned}\mathrm{r}(\boldsymbol{A})+\mathrm{r}(\boldsymbol{E}_n-\boldsymbol{A})&=\mathrm{tr}(\boldsymbol{A})+\mathrm{tr}(\boldsymbol{E}_n-\boldsymbol{A})=\mathrm{tr}(\boldsymbol{A}+\boldsymbol{E}_n-\boldsymbol{A})\\ &=\mathrm{tr}(\boldsymbol{E}_n)=n.\end{aligned}$$

充分性. 设 $\boldsymbol{A}$ 有 r 个非零的特征值，由 $\boldsymbol{A}$ 的若尔当形矩阵知，$\mathrm{r}(\boldsymbol{A})\geqslant r$. 因 $\boldsymbol{E}_n-\boldsymbol{A}$ 有 $n-r$ 个特征值为 1 和 r 个其他的特征值，故 $\boldsymbol{E}_n-\boldsymbol{A}$ 至少有 $n-r$

个非零的特征值，所以 $r(E_n-A)\geqslant n-r$. 又因 $r(A)+r(E_n-A)=n$，故必有 $r(A)=r$，$r(E_n-A)=n-r$.

设 A 的若尔当形矩阵为

$$T^{-1}AT=\begin{pmatrix}J_1 & O\\ O & J_0\end{pmatrix},$$

其中 J_1 的主对角线元素恰好是 A 的 r 个非零的特征值，J_0 有 $n-r$ 个特征值 0. 因为 $r(J_1)=r$，$r(J_1)+r(J_0)=r(A)=r$，所以 $r(J_0)=0$，因此 $J_0=O$. 类似地，设 E_n-A 的若尔当形矩阵为

$$T^{-1}(E_n-A)T=\begin{pmatrix}E_r-J_1 & O\\ O & E_{n-r}-J_0\end{pmatrix}=\begin{pmatrix}E_r-J_1 & O\\ O & E_{n-r}\end{pmatrix}.$$

因为 $r(E_n-A)=n-r$，所以 $r(E_r-J_1)=0$，因此 $J_1=E_r$. 于是，有

$$A(E_n-A)=T\begin{pmatrix}E_r & O\\ O & O\end{pmatrix}T^{-1}T\begin{pmatrix}O & O\\ O & E_{n-r}\end{pmatrix}T^{-1}=O,$$

即 $A^2=A$.

问题 14.7 1) 若 $AB=BA=O$，则

$$\begin{aligned}(A+B)(A+B)&=A^2+AB+BA+B^2\\&=A^2+B^2=A+B.\end{aligned}$$

反之，若 $A+B$ 是幂等矩阵，则

$$\begin{aligned}A+B=(A+B)(A+B)&=A^2+AB+BA+B^2\\&=A+AB+BA+B,\end{aligned}$$

故 $AB+BA=O$，再用 A 左乘或者右乘等式两边，得

$$AB+ABA=O,\quad ABA+BA=O,$$

所以 $AB=-ABA=BA$，因而

$$O=AB+BA=2AB\ (\text{或 } 2BA),$$

因此，$AB=BA=O$.

2) 如果 $A+B$ 是幂等的，则

$$r(A+B)=\mathrm{tr}(A+B)=\mathrm{tr}(A)+\mathrm{tr}(B)=r(A)+r(B).$$

问题 14.8 1) $\sum_{i=1}^{m}r_i=\sum_{i=1}^{m}\mathrm{tr}(A_i)=\mathrm{tr}\sum_{i=1}^{m}A_i=\mathrm{tr}(E_n)=n.$

2) 设 $B=A_i+A_j$，$C=E_n-B$，则 B 是对称的，且

$$\begin{aligned}n=r(E_n)&=r(B+C)\leqslant r(B)+r(C)\\&=r(A_i+A_j)+r\left(\sum_{k\neq i,j}A_k\right)\leqslant\sum_{i=1}^{m}r(A_i)=n.\end{aligned}$$

故 $\mathrm{r}(\boldsymbol{B})+\mathrm{r}(\boldsymbol{E}_n-\boldsymbol{B})=n$. 由问题 14.6 知，$\boldsymbol{B}$ 是幂等的，因此，$\boldsymbol{A}_i+\boldsymbol{A}_j(i\neq j)$ 是对称幂等矩阵.

3) 因为 $\boldsymbol{A}_i,\boldsymbol{A}_j,\boldsymbol{A}_i+\boldsymbol{A}_j$ 都是幂等的，由问题 14.7 的 1) 知，$\boldsymbol{A}_i\boldsymbol{A}_j=\boldsymbol{O}\,(i\neq j)$.

问题 14.9 1) 由问题 14.8 的 3) 知，$\boldsymbol{A}_i\boldsymbol{A}_j=\boldsymbol{O}\,(i\neq j)$，故

$$\boldsymbol{A}(\boldsymbol{A}_i\boldsymbol{x})=\alpha_i(\boldsymbol{A}_i\boldsymbol{x}),$$

对任意的 n 维向量 $\boldsymbol{x}$. 由于 $\mathrm{r}(\boldsymbol{A}_i)=r_i$，所以我们可以选择 r_i 个线性无关的 $\boldsymbol{A}_i$ 的列向量(注意，$\boldsymbol{A}_i$ 的第 j 个列向量(设为 $\boldsymbol{a}_j$) 可以写成 $\boldsymbol{a}_j=\boldsymbol{A}_i\boldsymbol{e}_j$，其中 $\boldsymbol{e}_j$ 表示第 j 个分量为 1、其余分量为 0 的单位列向量)，作为 $\boldsymbol{A}$ 的属于特征值 α_i 的 r_i 个线性无关的特征向量，因此，α_i 是 $\boldsymbol{A}$ 的重数为 r_i 的特征值，$i=1,2,\cdots,m$，即 $\boldsymbol{A}$ 有特征值 α_i(重数为 r_i)，$i=1,2,\cdots,m$.

2) 由于 $|\boldsymbol{A}|$ 等于其所有的特征值之积，故 $|\boldsymbol{A}|=\alpha_1^{r_1}\alpha_2^{r_2}\cdots\alpha_m^{r_m}$.

3) $\boldsymbol{A}$ 可逆 $\Leftrightarrow|\boldsymbol{A}|\neq0\Leftrightarrow\alpha_i\neq0,\ i=1,2,\cdots,m$.

若 $\boldsymbol{A}$ 可逆，则利用问题 14.8 的 3)，可以验证

$$\boldsymbol{A}^{-1}=\alpha_1^{-1}\boldsymbol{A}_1+\alpha_2^{-1}\boldsymbol{A}_2+\cdots+\alpha_m^{-1}\boldsymbol{A}_m.$$

问题 14.10 由问题 14.4 的 1) 知，存在可逆矩阵 $\boldsymbol{T}$，使得

$$\boldsymbol{T}^{-1}\boldsymbol{A}\boldsymbol{T}=\begin{pmatrix}\boldsymbol{E}_r&\boldsymbol{O}\\\boldsymbol{O}&\boldsymbol{O}\end{pmatrix},$$

故

$$\boldsymbol{A}=\boldsymbol{T}\begin{pmatrix}\boldsymbol{E}_r&\boldsymbol{O}\\\boldsymbol{O}&\boldsymbol{O}\end{pmatrix}\boldsymbol{T}^{-1}=\left(\boldsymbol{T}\begin{pmatrix}\boldsymbol{E}_r&\boldsymbol{O}\\\boldsymbol{O}&\boldsymbol{O}\end{pmatrix}\boldsymbol{T}^{\mathrm{T}}\right)((\boldsymbol{T}^{-1})^{\mathrm{T}}\boldsymbol{T}^{-1})=\boldsymbol{S}_1\boldsymbol{S}_2,$$

其中

$$\boldsymbol{S}_1=\boldsymbol{T}\begin{pmatrix}\boldsymbol{E}_r&\boldsymbol{O}\\\boldsymbol{O}&\boldsymbol{O}\end{pmatrix}\boldsymbol{T}^{\mathrm{T}},\quad\boldsymbol{S}_2=(\boldsymbol{T}^{-1})^{\mathrm{T}}\boldsymbol{T}^{-1}.$$

显然，$\boldsymbol{S}_1$ 和 $\boldsymbol{S}_2$ 都是实对称矩阵.

注意，由于 $\boldsymbol{T}$ 可具体找出，故 $\boldsymbol{S}_1$ 和 $\boldsymbol{S}_2$ 都可具体地构造出来.

问题 14.11 1) 设 $\boldsymbol{e}=(1,1,\cdots,1)^{\mathrm{T}}$ 是 n 维向量，$\boldsymbol{B}=\dfrac{1}{n}\boldsymbol{e}\boldsymbol{e}^{\mathrm{T}}$，则 $\boldsymbol{B}$ 是对称幂等矩阵，且 $\mathrm{r}(\boldsymbol{B})=1$. 显然，

$$\begin{aligned}\boldsymbol{A}&=\boldsymbol{E}_n+t(\boldsymbol{e}\boldsymbol{e}^{\mathrm{T}}-\boldsymbol{E}_n)=(1-t)\boldsymbol{E}_n+(nt)\boldsymbol{B}\\&=[(n-1)t+1]\boldsymbol{B}+(1-t)(\boldsymbol{E}_n-\boldsymbol{B})\\&=\alpha_1\boldsymbol{B}+\alpha_2(\boldsymbol{E}_n-\boldsymbol{B}),\end{aligned}$$

其中 $\alpha_1=(n-1)t+1$，$\alpha_2=1-t$. 因为 $\boldsymbol{B}$ 和 $\boldsymbol{E}_n-\boldsymbol{B}$ 都是对称幂等矩阵，且它们的和为 $\boldsymbol{E}_n$，由问题 14.9 的 1) 知，$\boldsymbol{A}$ 有特征值 α_1（重数为 1），α_2（重数为 $n-1$），故 $|\boldsymbol{A}|=\alpha_1\alpha_2^{n-1}$.

2) 由于

$$|\boldsymbol{A}|=\alpha_1\alpha_2^{n-1}=[(n-1)t+1](1-t)^{n-1},$$

故当 $t\neq 1$ 且 $t\neq -\dfrac{1}{n-1}$ 时，$\boldsymbol{A}$ 可逆，且

$$\boldsymbol{A}^{-1}=\alpha_1^{-1}\boldsymbol{B}+\alpha_2^{-1}(\boldsymbol{E}_n-\boldsymbol{B}).$$

3) 由于 $\boldsymbol{A}$ 是正定矩阵的充分必要条件是 $\alpha_1>0$ 和 $\alpha_2>0$，故当 $-\dfrac{1}{n-1}<t<1$ 时，$\boldsymbol{A}$ 是正定的.

4) 由于 $\boldsymbol{A}=\alpha_1\boldsymbol{B}+\alpha_2(\boldsymbol{E}_n-\boldsymbol{B})$，故 $\boldsymbol{B}$ 的所有特征向量都是 $\boldsymbol{A}$ 的特征向量，而由于 $\boldsymbol{B}$ 是对称幂等矩阵，且 $\mathrm{r}(\boldsymbol{B})=1$，故 $\boldsymbol{B}$ 有特征值 1（重数为 1）和 0（重数为 $n-1$）. 由于

$$\boldsymbol{B}\boldsymbol{e}=\frac{1}{n}\boldsymbol{e}\boldsymbol{e}^{\mathrm{T}}\boldsymbol{e}=\boldsymbol{e},$$

故 $\boldsymbol{B}$ 的属于特征值 1 的全部特征向量为 $k\boldsymbol{e}$（其中 k 是非零实数）. 由于 $\boldsymbol{B}$ 是实对称矩阵，属于特征值 0 的特征向量与属于特征值 1 的特征向量正交，故若 $\boldsymbol{\eta}$ 是 $\boldsymbol{B}$ 的属于特征值 0 的特征向量，则 $(\boldsymbol{e},\boldsymbol{\eta})=\boldsymbol{e}^{\mathrm{T}}\boldsymbol{\eta}=0$. 反之，若 $\boldsymbol{\eta}(\neq\boldsymbol{0})\in\{\boldsymbol{\xi}\mid\boldsymbol{e}^{\mathrm{T}}\boldsymbol{\xi}=0\}$，则

$$\boldsymbol{B}\boldsymbol{\eta}=\frac{1}{n}(\boldsymbol{e}\boldsymbol{e}^{\mathrm{T}})\boldsymbol{\eta}=\frac{1}{n}\boldsymbol{e}(\boldsymbol{e}^{\mathrm{T}}\boldsymbol{\eta})=\boldsymbol{0},$$

故 $\boldsymbol{\eta}$ 是 $\boldsymbol{B}$ 的属于特征值 0 的特征向量，因此，$\boldsymbol{B}$ 的属于特征值 0 的全部特征向量为 $\{\boldsymbol{\xi}\mid\boldsymbol{e}^{\mathrm{T}}\boldsymbol{\xi}=0,\ \boldsymbol{\xi}\neq\boldsymbol{0}\}$.

注意，$\{\boldsymbol{\xi}\mid\boldsymbol{e}^{\mathrm{T}}\boldsymbol{\xi}=0\}\perp\boldsymbol{e}$，且 $\{\boldsymbol{\xi}\mid\boldsymbol{e}^{\mathrm{T}}\boldsymbol{\xi}=0\}=L(\boldsymbol{e})^{\perp}$，$\dim\{\boldsymbol{\xi}\mid\boldsymbol{e}^{\mathrm{T}}\boldsymbol{\xi}=0\}=n-1$，故 $\mathbf{R}^n=L(\boldsymbol{e})\oplus\{\boldsymbol{\xi}\mid\boldsymbol{e}^{\mathrm{T}}\boldsymbol{\xi}=0\}$.

问题 14.12 令 $\boldsymbol{x}=(x_1,x_2,\cdots,x_n)^{\mathrm{T}}$，$\boldsymbol{e}=(1,1,\cdots,1)^{\mathrm{T}}$，则

$$\begin{aligned}\sum_{i,j=1}^{n}(x_i-x_j)^2&=\sum_{i,j=1}^{n}(x_i^2+x_j^2-2x_ix_j)=2n\sum_{i=1}^{n}x_i^2-2\Big(\sum_{i=1}^{n}x_i\Big)^2\\&=(2n)\boldsymbol{x}^{\mathrm{T}}\boldsymbol{x}-2(\boldsymbol{e}^{\mathrm{T}}\boldsymbol{x})^2=(2n)\boldsymbol{x}^{\mathrm{T}}\Big(\boldsymbol{E}_n-\frac{1}{n}\boldsymbol{e}\boldsymbol{e}^{\mathrm{T}}\Big)\boldsymbol{x}\\&=(2n)\boldsymbol{x}^{\mathrm{T}}\boldsymbol{M}\boldsymbol{x},\end{aligned}$$

其中矩阵 $\boldsymbol{M}=\boldsymbol{E}_n-\dfrac{1}{n}\boldsymbol{e}\boldsymbol{e}^{\mathrm{T}}$，故二次型 $\sum\limits_{i,j=1}^{n}(x_i-x_j)^2$ 的矩阵为 $(2n)\boldsymbol{M}$.

由问题 14.11 的 4) 知，$\boldsymbol{B}=\dfrac{1}{n}\boldsymbol{e}\boldsymbol{e}^{\mathrm{T}}$ 有特征值 1（重数为 1）和 0（重数为 $n-1$），故 $\boldsymbol{M}=\boldsymbol{E}_n-\boldsymbol{B}$ 有特征值 0（重数为 1）和 1（重数为 $n-1$），所以 $(2n)\boldsymbol{M}$ 有特征值 0（重数为 1）和 $2n$（重数为 $n-1$），因此二次型 $\sum\limits_{i,j=1}^{n}(x_i-x_j)^2$ 的秩和正惯性指数都是 $n-1$，从而它是半正定的二次型.

问题 14.13 1) 由于

$$\begin{aligned}&(\boldsymbol{E}_n-\boldsymbol{X}(\boldsymbol{X}^{\mathrm{T}}\boldsymbol{X})^{-1}\boldsymbol{X}^{\mathrm{T}})(\boldsymbol{E}_n-\boldsymbol{X}(\boldsymbol{X}^{\mathrm{T}}\boldsymbol{X})^{-1}\boldsymbol{X}^{\mathrm{T}})\\&\quad=\boldsymbol{E}_n-\boldsymbol{X}(\boldsymbol{X}^{\mathrm{T}}\boldsymbol{X})^{-1}\boldsymbol{X}^{\mathrm{T}}-\boldsymbol{X}(\boldsymbol{X}^{\mathrm{T}}\boldsymbol{X})^{-1}\boldsymbol{X}^{\mathrm{T}}\\&\qquad+\boldsymbol{X}(\boldsymbol{X}^{\mathrm{T}}\boldsymbol{X})^{-1}\boldsymbol{X}^{\mathrm{T}}\boldsymbol{X}(\boldsymbol{X}^{\mathrm{T}}\boldsymbol{X})^{-1}\boldsymbol{X}^{\mathrm{T}}\\&\quad=\boldsymbol{E}_n-\boldsymbol{X}(\boldsymbol{X}^{\mathrm{T}}\boldsymbol{X})^{-1}\boldsymbol{X}^{\mathrm{T}}-\boldsymbol{X}(\boldsymbol{X}^{\mathrm{T}}\boldsymbol{X})^{-1}\boldsymbol{X}^{\mathrm{T}}+\boldsymbol{X}(\boldsymbol{X}^{\mathrm{T}}\boldsymbol{X})^{-1}\boldsymbol{X}^{\mathrm{T}}\\&\quad=\boldsymbol{E}_n-\boldsymbol{X}(\boldsymbol{X}^{\mathrm{T}}\boldsymbol{X})^{-1}\boldsymbol{X}^{\mathrm{T}},\\&(\boldsymbol{E}_n-\boldsymbol{X}(\boldsymbol{X}^{\mathrm{T}}\boldsymbol{X})^{-1}\boldsymbol{X}^{\mathrm{T}})^{\mathrm{T}}\\&\quad=\boldsymbol{E}_n-\boldsymbol{X}((\boldsymbol{X}^{\mathrm{T}}\boldsymbol{X})^{-1})^{\mathrm{T}}\boldsymbol{X}^{\mathrm{T}}=\boldsymbol{E}_n-\boldsymbol{X}((\boldsymbol{X}^{\mathrm{T}}\boldsymbol{X})^{\mathrm{T}})^{-1}\boldsymbol{X}^{\mathrm{T}}\\&\quad=\boldsymbol{E}_n-\boldsymbol{X}(\boldsymbol{X}^{\mathrm{T}}\boldsymbol{X})^{-1}\boldsymbol{X}^{\mathrm{T}},\end{aligned}$$

故 $\boldsymbol{M}=\boldsymbol{E}_n-\boldsymbol{X}(\boldsymbol{X}^{\mathrm{T}}\boldsymbol{X})^{-1}\boldsymbol{X}^{\mathrm{T}}$ 是对称幂等矩阵.

2) $\boldsymbol{M}\boldsymbol{X}=(\boldsymbol{E}_n-\boldsymbol{X}(\boldsymbol{X}^{\mathrm{T}}\boldsymbol{X})^{-1}\boldsymbol{X}^{\mathrm{T}})\boldsymbol{X}=\boldsymbol{X}-\boldsymbol{X}(\boldsymbol{X}^{\mathrm{T}}\boldsymbol{X})^{-1}\boldsymbol{X}^{\mathrm{T}}\boldsymbol{X}=\boldsymbol{O}.$

3) 由问题 14.5 的 3) 知，

$$\begin{aligned}\mathrm{r}(\boldsymbol{M})&=\mathrm{tr}(\boldsymbol{M})=\mathrm{tr}(\boldsymbol{E}_n-\boldsymbol{X}(\boldsymbol{X}^{\mathrm{T}}\boldsymbol{X})^{-1}\boldsymbol{X}^{\mathrm{T}})\\&=\mathrm{tr}(\boldsymbol{E}_n)-\mathrm{tr}(\boldsymbol{X}(\boldsymbol{X}^{\mathrm{T}}\boldsymbol{X})^{-1}\boldsymbol{X}^{\mathrm{T}})\\&=n-\mathrm{tr}(\boldsymbol{X}^{\mathrm{T}}\boldsymbol{X}(\boldsymbol{X}^{\mathrm{T}}\boldsymbol{X})^{-1})\end{aligned}$$

（容易验证：$\mathrm{tr}(\boldsymbol{AB})=\mathrm{tr}(\boldsymbol{BA})$，其中 $\boldsymbol{A}$ 是 $n\times k$ 矩阵，$\boldsymbol{B}$ 是 $k\times n$ 矩阵. 再令 $\boldsymbol{A}=\boldsymbol{X}(\boldsymbol{X}^{\mathrm{T}}\boldsymbol{X})^{-1}$，$\boldsymbol{B}=\boldsymbol{X}^{\mathrm{T}}$，即得上式）

$$=n-\mathrm{tr}(\boldsymbol{E}_k)=n-k.$$

15. 低秩矩阵的特征多项式与最小多项式

本课题将探讨低秩矩阵的特征多项式和最小多项式的降阶求法.

在课题 9 “矩阵的三角分解” 中，我们由消元法引出了矩阵三角分解的概念. 那么在用矩阵的行(列)初等变换化 $m\times n$ 矩阵 $\boldsymbol{A}$ 为标准形 $\boldsymbol{I}_r=\begin{bmatrix}\boldsymbol{E}_r & \boldsymbol{O}\\ \boldsymbol{O} & \boldsymbol{O}\end{bmatrix}$ (其中 $\boldsymbol{E}_r$ 是 r 阶单位矩阵，$r=\mathrm{r}(\boldsymbol{A})$) 求秩的过程中，你能得到什么样的矩阵分解呢? 这将导出矩阵的满秩分解.

如果一矩阵的秩等于它的列数(或行数)，则称它为**列满秩矩阵**(或**行满秩矩阵**). 例如：$\begin{bmatrix}\boldsymbol{E}_r\\ \boldsymbol{O}\end{bmatrix}$，$\begin{bmatrix}1 & 2\\ 5 & 6\\ 3 & 2\end{bmatrix}$ 是列满秩矩阵；$(\boldsymbol{E}_r,\boldsymbol{O})$，$\begin{bmatrix}1 & 2 & 3 & 4\\ 0 & 1 & 2 & 3\end{bmatrix}$ 是行满秩矩阵；$\begin{bmatrix}1 & 2\\ 5 & 6\end{bmatrix}$ 既是列满秩矩阵又是行满秩矩阵，故是满秩矩阵.

中心问题　如何将一个秩为 r 的 n 阶矩阵 $\boldsymbol{A}$ 分解成 $n\times r$ 列满秩矩阵 $\boldsymbol{H}$ 和 $r\times n$ 行满秩矩阵 $\boldsymbol{L}$ 的乘积，以及利用这个分解，求 $\boldsymbol{A}$ 的特征多项式的降阶公式并给出求 $\boldsymbol{A}$ 的最小多项式的降阶方法.

准备知识　矩阵的秩，分块矩阵的运算，矩阵的特征多项式与最小多项式

课题探究

我们首先通过下列问题引入矩阵的满秩分解的概念.

问题 15.1　设 n 阶矩阵 $\boldsymbol{A}$ 的秩为 r，证明：存在 $n\times r$ 列满秩矩阵 $\boldsymbol{H}$ 和 $r\times n$ 行满秩矩阵 $\boldsymbol{L}$，使得

$$\boldsymbol{A}=\boldsymbol{H}\boldsymbol{L}. \tag{15.1}$$

我们称(15.1)为 $\boldsymbol{A}$ 的**满秩分解**. 下面我们将用矩阵的满秩分解来导出特

征多项式的降阶公式. 先考查(15.1)中 $\boldsymbol{H}=\begin{pmatrix}\boldsymbol{E}_r\\ \boldsymbol{O}\end{pmatrix}$ 为标准形的最简单的情形，由于在一般情形下，都可用初等变换，把 $\boldsymbol{H}$ 化成标准形 $\begin{pmatrix}\boldsymbol{E}_r\\ \boldsymbol{O}\end{pmatrix}$，从而可以把最简单情形时所得的结论推广到一般情形.

问题 15.2 设秩为 r 的 n 阶矩阵 $\boldsymbol{A}$ 的满秩分解为

$$\boldsymbol{A}=\boldsymbol{HL},$$

其中 $n\times r$ 矩阵 $\boldsymbol{H}=\begin{pmatrix}\boldsymbol{E}_r\\ \boldsymbol{O}\end{pmatrix}$，求 $\boldsymbol{A}$ 的特征多项式的降阶公式.

问题 15.3 设秩为 r 的 n 阶矩阵 $\boldsymbol{A}$ 的满秩分解为 $\boldsymbol{A}=\boldsymbol{HL}$，证明：

$$|\lambda\boldsymbol{E}_n-\boldsymbol{HL}|=\lambda^{n-r}|\lambda\boldsymbol{E}_r-\boldsymbol{LH}|. \tag{15.2}$$

当 r 很小时，特征多项式的降阶公式(15.2)给计算带来很大方便. 对于某些满秩矩阵，有时也可将它化为低秩矩阵来处理.

问题 15.4 求 n 阶对称矩阵

$$\boldsymbol{A}=\begin{pmatrix}0&1&1&\cdots&1&1\\1&0&1&\cdots&1&1\\\vdots&\vdots&\vdots&&\vdots&\vdots\\1&1&1&\cdots&1&0\end{pmatrix}$$

的特征多项式与 n 个特征值.

我们也可以利用 n 阶矩阵 $\boldsymbol{A}$ 的特征多项式 $|\lambda\boldsymbol{E}-\boldsymbol{A}|$ 的基本展开式(见附录2的定理1)来求低秩矩阵的特征多项式.

探究题 15.1 1) 设 $\boldsymbol{A}_n$ 为所有元素皆为1的 n 阶矩阵，求 $\boldsymbol{A}_2,\boldsymbol{A}_3,\boldsymbol{A}_4$ 的特征值，猜测 $\boldsymbol{A}_n$ 的特征值是什么. 对你的猜测加以验证.

2) 1)中矩阵 $\boldsymbol{A}_n$ 的元素可以看做公比为1的等比数列 $1,1,1,\cdots$. 现将 $\boldsymbol{A}_n$ 的元素改为公比为 $r\ (\neq 1)$ 的等比数列 $a,ar,ar^2,\cdots$，而 $\boldsymbol{A}_n$ 由它们逐行依次排列而得，那么它的特征值是什么呢？

3) 求矩阵

$$\boldsymbol{B}_2=\begin{pmatrix}0&1\\2&3\end{pmatrix},\quad \boldsymbol{B}_3=\begin{pmatrix}0&1&2\\3&4&5\\6&7&8\end{pmatrix},\quad \boldsymbol{B}_4=\begin{pmatrix}0&1&2&3\\4&5&6&7\\8&9&10&11\\12&13&14&15\end{pmatrix}$$

的特征值. 设将自然数 $0,1,\cdots,n^2-1$ 作为 n 阶矩阵的元素逐行依次排列而得到的矩阵为 $\boldsymbol{B}_n$，求 $\boldsymbol{B}_n$ 的特征多项式.

4) 将3)中的矩阵元素改为等差数列 $a,a+d,a+2d,\cdots$，设得到的 n 阶矩阵为 $\boldsymbol{C}_n$，求 $\boldsymbol{C}_n$ 的特征多项式.

5) 将3)中的矩阵元素改为斐波那契数列 $0,1,1,2,3,5,8,\cdots$（即满足递推关系 $a_{k+2}=a_k+a_{k+1}$，$k=0,1,2,\cdots$，以及初始条件 $a_0=0$，$a_1=1$ 的数列 $\{a_n\}$），设得到的 n 阶矩阵为 $\boldsymbol{D}_n$，求 $\boldsymbol{D}_n$ 的特征多项式.

在问题15.3中，我们由 $\boldsymbol{A}$ 的满秩分解 $\boldsymbol{A}=\boldsymbol{HL}$，找到了 $\boldsymbol{A}=\boldsymbol{HL}$ 的特征多项式与 $\boldsymbol{LH}$ 的特征多项式之间的关系，从而找到了特征多项式的降阶公式. 那么，由 $\boldsymbol{A}=\boldsymbol{HL}$，是否还能发现 $\boldsymbol{A}=\boldsymbol{HL}$ 的最小多项式与 $\boldsymbol{HL}$ 的最小多项式之间的关系呢?

问题 15.5 设秩为 $r\ (<n)$ 的 n 阶矩阵 $\boldsymbol{A}$ 的满秩分解为

$$\boldsymbol{A}=\boldsymbol{HL},$$

那么 $\boldsymbol{A}=\boldsymbol{HL}$ 的多项式 $f(\boldsymbol{A})$ 与 $\boldsymbol{LH}$ 的多项式 $f(\boldsymbol{LH})$ 有什么关系? 由此你能发现 $\boldsymbol{A}$ 的最小多项式(记为 $m_{\boldsymbol{A}}(\lambda)$)与 $\boldsymbol{D}=\boldsymbol{LH}$ 的最小多项式(记为 $m_{\boldsymbol{D}}(\lambda)$)之间的关系吗?

令 $\chi_{\boldsymbol{D}}(\lambda)$ 表示 $\boldsymbol{D}$ 的特征多项式，由问题15.5可知，

$$m_{\boldsymbol{A}}(\lambda)\mid\lambda m_{\boldsymbol{D}}(\lambda)\mid\lambda\chi_{\boldsymbol{D}}(\lambda).$$

由于 $\boldsymbol{D}=\boldsymbol{LH}$ 的阶数比 $\boldsymbol{A}=\boldsymbol{HL}$ 的低，上述 $\boldsymbol{A}$ 的最小多项式 $m_{\boldsymbol{A}}(\lambda)$ 与 $\boldsymbol{D}$ 的最小多项式 $m_{\boldsymbol{D}}(\lambda)$ 和特征多项式 $\chi_{\boldsymbol{D}}(\lambda)$ 之间的关系，为计算 $m_{\boldsymbol{A}}(\lambda)$ 带来了方便.

问题 15.6 求下列矩阵的特征多项式与最小多项式：

1) $\boldsymbol{A}=\begin{pmatrix}1&2&3&4\\5&6&7&8\\3&2&1&0\\4&4&4&4\end{pmatrix}$;

2) $\boldsymbol{A}=\begin{pmatrix}3&2&8&-2&7\\-1&-1&-3&2&0\\-2&2&-2&1&-2\\0&4&4&-1&2\\3&-2&4&-3&1\end{pmatrix}$.

问题解答

问题 15.1 由消元法知，任一n阶矩阵$\boldsymbol{A}$都可经过行初等变换化为阶梯形矩阵. 显然，对此阶梯形矩阵再经过列初等变换，可以化为标准形

$$\boldsymbol{I}_r=\begin{pmatrix}\boldsymbol{E}_r & \boldsymbol{O}\\ \boldsymbol{O} & \boldsymbol{O}\end{pmatrix}$$

(其中$\boldsymbol{E}_r$是r阶单位矩阵，$r=\mathrm{r}(\boldsymbol{A})$)，也就是说，存在$n$阶可逆矩阵$\boldsymbol{P}$和$\boldsymbol{Q}$，使得$\boldsymbol{PAQ}=\boldsymbol{I}_r$，即

$$\boldsymbol{A}=\boldsymbol{P}^{-1}\boldsymbol{I}_r\boldsymbol{Q}^{-1}=\boldsymbol{P}^{-1}\begin{pmatrix}\boldsymbol{E}_r & \boldsymbol{O}\\ \boldsymbol{O} & \boldsymbol{O}\end{pmatrix}\boldsymbol{Q}^{-1}=\boldsymbol{P}^{-1}\begin{pmatrix}\boldsymbol{E}_r\\ \boldsymbol{O}\end{pmatrix}(\boldsymbol{E}_r,\boldsymbol{O})\boldsymbol{Q}^{-1}. \tag{15.3}$$

由于$\boldsymbol{P}^{-1}\begin{pmatrix}\boldsymbol{E}_r\\ \boldsymbol{O}\end{pmatrix}$是由$\boldsymbol{P}^{-1}$的前$r$列构成的$n\times r$矩阵，设

$$\boldsymbol{P}^{-1}=(\boldsymbol{H},\boldsymbol{H}_1),$$

其中$\boldsymbol{H}$与$\boldsymbol{H}_1$分别是$n\times r$矩阵与$n\times(n-r)$矩阵，则

$$\boldsymbol{P}^{-1}\begin{pmatrix}\boldsymbol{E}_r\\ \boldsymbol{O}\end{pmatrix}=\boldsymbol{H}, \tag{15.4}$$

且由于$\boldsymbol{P}^{-1}$可逆，$\boldsymbol{P}^{-1}$的前r列线性无关，故$\mathrm{r}(\boldsymbol{H})=r$，即$\boldsymbol{H}$是列满秩矩阵. 类似地，令

$$\boldsymbol{Q}^{-1}=\begin{pmatrix}\boldsymbol{L}\\ \boldsymbol{L}_1\end{pmatrix},$$

其中$\boldsymbol{L}$与$\boldsymbol{L}_1$分别是$r\times n$矩阵与$(n-r)\times n$矩阵，则

$$(\boldsymbol{E}_r,\boldsymbol{O})\boldsymbol{Q}^{-1}=\boldsymbol{L} \tag{15.5}$$

是行满秩矩阵. 由(15.3),(15.4)和(15.5)得$\boldsymbol{A}$的满秩分解式

$$\boldsymbol{A}=\boldsymbol{HL}. \tag{15.6}$$

注意，(15.6)可以推广到$\boldsymbol{A}$为任一个秩为r的$m\times n$矩阵.

问题 15.2 设$r\times n$行满秩矩阵$\boldsymbol{L}=(\boldsymbol{L}_1,\boldsymbol{L}_2)$，其中$\boldsymbol{L}_1$是$r$阶矩阵，则由$\boldsymbol{H}=\begin{pmatrix}\boldsymbol{E}_r\\ \boldsymbol{O}\end{pmatrix}$得

$$|\lambda\boldsymbol{E}_n-\boldsymbol{A}|=|\lambda\boldsymbol{E}_n-\boldsymbol{HL}|=\left|\lambda\boldsymbol{E}_n-\begin{pmatrix}\boldsymbol{L}_1 & \boldsymbol{L}_2\\ \boldsymbol{O} & \boldsymbol{O}\end{pmatrix}\right|$$
$$=\begin{vmatrix}\lambda\boldsymbol{E}_r-\boldsymbol{L}_1 & -\boldsymbol{L}_2\\ \boldsymbol{O} & \lambda\boldsymbol{E}_{n-r}\end{vmatrix}=\lambda^{n-r}|\lambda\boldsymbol{E}_r-\boldsymbol{L}_1|,$$

而 $L_1=(L_1,L_2)\begin{pmatrix}E_r\\O\end{pmatrix}=LH$，故

$$|\lambda E_n-A|=|\lambda E_n-HL|=\lambda^{n-r}|\lambda E_r-LH|. \tag{15.7}$$

特别，当 $r<n$ 时，r 阶矩阵 LH 的阶数比 A 的阶数 n 小，故(15.7)是特征多项式 $|\lambda E_n-A|$ 的降阶公式.

问题 15.3 由于秩为 r 的 $n\times r$ 矩阵 H 的标准形为 $\begin{pmatrix}E_r\\O\end{pmatrix}$，故存在 n 阶可逆矩阵 P 和 r 阶可逆矩阵 Q，使得

$$PHQ=\begin{pmatrix}E_r\\O\end{pmatrix}. \tag{15.8}$$

令 $r\times n$ 矩阵

$$Q^{-1}LP^{-1}=(L_1,L_2), \tag{15.9}$$

其中 L_1 是 r 阶矩阵. 以(15.8)的两边分别左乘(15.9)两边得

$$PHLP^{-1}=\begin{pmatrix}L_1 & L_2\\O & O\end{pmatrix}. \tag{15.10}$$

以(15.9)的两边分别左乘(15.8)两边得

$$Q^{-1}LHQ=L_1. \tag{15.11}$$

由于相似矩阵有相同的特征多项式，故由(15.10),(15.11)知，

$$|\lambda E_n-HL|=\begin{vmatrix}\lambda E_r-L_1 & -L_2\\O & \lambda E_{n-r}\end{vmatrix}=\lambda^{n-r}|\lambda E_r-L_1|, \tag{15.12}$$

$$|\lambda E_r-LH|=|\lambda E_r-L_1|. \tag{15.13}$$

由(15.12),(15.13)得，特征多项式 $|\lambda E_n-A|$ 的降阶公式

$$|\lambda E_n-HL|=\lambda^{n-r}|\lambda E_r-LH|. \tag{15.14}$$

注意，(15.14)还可推广，类似地可以证明：设 H,L 分别为 $n\times m$ 与 $m\times n$ $(n>m)$ 矩阵，则

$$|\lambda E_n-HL|=\lambda^{n-m}|\lambda E_m-LH|.$$

问题 15.4

$$|\lambda E_n-A|=\begin{vmatrix}(\lambda+1)-1 & -1 & -1 & \cdots & -1\\-1 & (\lambda+1)-1 & -1 & \cdots & -1\\\vdots & \vdots & \vdots & & \vdots\\-1 & -1 & -1 & \cdots & (\lambda+1)-1\end{vmatrix}$$

$$= \left| (\lambda+1)E_n - \begin{pmatrix} 1 & 1 & \cdots & 1 \\ 1 & 1 & \cdots & 1 \\ \vdots & \vdots & & \vdots \\ 1 & 1 & \cdots & 1 \end{pmatrix} \right|$$

$$= \left| (\lambda+1)E_n - \begin{pmatrix} 1 \\ 1 \\ \vdots \\ 1 \end{pmatrix} (1,1,\cdots,1) \right|$$

$$= (\lambda+1)^{n-1} \left| (\lambda+1) - (1,1,\cdots,1) \begin{pmatrix} 1 \\ 1 \\ \vdots \\ 1 \end{pmatrix} \right|$$

$$= (\lambda+1)^{n-1}(\lambda+1-n),$$

所以 A 有 $n-1$ 个特征值是 -1，另一个特征值是 $n-1$.

注意，由于行列式 $|A|$ 是 A 的所有特征值之积，故

$$|A| = (-1)^{n-1}(n-1).$$

问题 15.5 由于 $A = HL$，故

$$A^{k+1} = HL(HL)^k = H(LH)^k L, \quad k = 1,2,\cdots. \tag{15.15}$$

设 $D = LH$，则 D 是 r 阶矩阵，且对任一多项式 $f(\lambda)$，由(15.15)可得多项式 $f(A)$ 与 $f(D)$ 之间的关系式：

$$Af(A) = Hf(D)L. \tag{15.16}$$

由(15.16)，显然可得 $D = LH$ 的零化多项式与 A 的零化多项式之间的一个关系：

若 $f(D) = O$，则必有 $Af(A) = O$.

由此可以进一步发现 A 的最小多项式与 D 的最小多项式之间的关系. 令 $f(\lambda) = m_D(\lambda)$，则 $m_D(D) = O$，故有

$$Am_D(A) = O,$$

即 $\lambda m_D(\lambda)$ 是 A 的零化多项式. 因此，$m_A(\lambda)$ 整除 $\lambda m_D(\lambda)$，即

$$m_A(\lambda) \mid \lambda m_D(\lambda).$$

若令 $f(\lambda) = \chi_D(\lambda)$ 是 D 的特征多项式，则 $\chi_D(D) = O$，故有

$$A\chi_D(A) = O.$$

由于 $m_D(\lambda) \mid \chi_D(\lambda)$，故有 $\lambda m_D(\lambda) \mid \lambda\chi_D(\lambda)$.

综上所述，我们有 $m_A(\lambda) \mid \lambda m_D(\lambda) \mid \lambda\chi_D(\lambda)$.

问题 15.6 一般地，我们总可以按问题 15.1 的求解过程求得 $\boldsymbol{A}$ 的满秩分解. 对实际例子，我们可以在用行初等变换将 $\boldsymbol{A}$ 化成简化阶梯形矩阵(阶梯形矩阵的每个非零行的第 1 个不为零的元素称为**主元**. 如果阶梯形矩阵的主元都是 1，并且每个主元所在的列的其余元素都是零，则称它为**简化阶梯形矩阵**)后，直接写出 $\boldsymbol{A}$ 的分解式.

1) 用行初等变换把 $\boldsymbol{A}$ 化为简化阶梯形矩阵：

$$\boldsymbol{A}\to\begin{pmatrix}1&2&3&4\\0&-4&-8&-12\\0&-4&-8&-12\\0&-4&-8&-12\end{pmatrix}\to\begin{pmatrix}1&2&3&4\\0&-4&-8&-12\\0&0&0&0\\0&0&0&0\end{pmatrix}$$

$$\to\begin{pmatrix}1&2&3&4\\0&1&2&3\\0&0&0&0\\0&0&0&0\end{pmatrix}\to\begin{pmatrix}1&0&-1&-2\\0&1&2&3\\0&0&0&0\\0&0&0&0\end{pmatrix}.$$

由此可见，$\mathrm{r}(\boldsymbol{A})=2$，令

$$\boldsymbol{L}=\begin{pmatrix}1&0&-1&-2\\0&1&2&3\end{pmatrix},$$

则 $\boldsymbol{L}$ 是 2×4 的行满秩矩阵，它的左边的 2×2 子块是 2 阶单位矩阵，故令 $\boldsymbol{H}$ 为由 $\boldsymbol{A}$ 的前 2 列构成的 4×2 矩阵，由此可得

$$\boldsymbol{A}=\boldsymbol{HL}=\begin{pmatrix}1&2\\5&6\\3&2\\4&4\end{pmatrix}\begin{pmatrix}1&0&-1&-2\\0&1&2&3\end{pmatrix}$$

(可以验证，$\boldsymbol{HL}=\left(\boldsymbol{H}\begin{pmatrix}1&0\\0&1\end{pmatrix},\boldsymbol{H}\begin{pmatrix}-1&-2\\2&3\end{pmatrix}\right)=\left(\boldsymbol{H},\boldsymbol{H}\begin{pmatrix}-1&-2\\2&3\end{pmatrix}\right)=\boldsymbol{A}$).

由于

$$\boldsymbol{D}=\boldsymbol{LH}=\begin{pmatrix}1&0&-1&-2\\0&1&2&3\end{pmatrix}\begin{pmatrix}1&2\\5&6\\3&2\\4&4\end{pmatrix}=\begin{pmatrix}-10&-8\\23&22\end{pmatrix},$$

$$\chi_{\boldsymbol{D}}(\lambda)=\begin{vmatrix}\lambda+10&8\\-23&\lambda-22\end{vmatrix}=\lambda^2-12\lambda-36,$$

由(15.14)得

$$\chi_{\boldsymbol{A}}(\lambda)=\lambda^2\chi_{\boldsymbol{D}}(\lambda)=\lambda^4-12\lambda^3-36\lambda^2.$$

因为 $m_D(\lambda) \mid \chi_D(\lambda)$ 且一次多项式 $\lambda - c$ 都非 $\boldsymbol{D}$ 的零化多项式，故 $m_D(\lambda)$ 的次数必大于1，所以 $m_D(\lambda) = \chi_D(\lambda)$. 又因 $\boldsymbol{A}$ 是非满秩的，故零是它的一个特征值，所以 $m_A(\lambda)$ 必须包含一次因式 λ，由此容易验证，

$$m_A(\lambda) = \lambda m_D(\lambda) = \lambda\chi_D(\lambda) = \lambda^3 - 12\lambda^2 - 36\lambda.$$

2） 有

$$\boldsymbol{A} = \begin{pmatrix} 3 & 2 & 8 & -2 & 7 \\ -1 & -1 & -3 & 2 & 0 \\ -2 & 2 & -2 & 1 & -2 \\ 0 & 4 & 4 & -1 & 2 \\ 3 & -2 & 4 & -3 & 1 \end{pmatrix}$$

$$= \begin{pmatrix} 3 & 2 & -2 \\ -1 & -1 & 2 \\ -2 & 2 & 1 \\ 0 & 4 & -1 \\ 3 & -2 & -3 \end{pmatrix} \begin{pmatrix} 1 & 0 & 2 & 0 & 3 \\ 0 & 1 & 1 & 0 & 1 \\ 0 & 0 & 0 & 1 & 2 \end{pmatrix} = \boldsymbol{HL},$$

其中 $\boldsymbol{L}$ 的第 1,2,4 列组成单位矩阵 $\boldsymbol{E}_3$，$\boldsymbol{H}$ 由 $\boldsymbol{A}$ 的第 1,2,4 列组成. 由于

$$\boldsymbol{D} = \boldsymbol{LH} = \begin{pmatrix} 8 & 0 & -9 \\ 0 & -1 & 0 \\ 6 & 0 & -7 \end{pmatrix},$$

$$\chi_D(\lambda) = \begin{vmatrix} \lambda-8 & 0 & 9 \\ 0 & \lambda+1 & 0 \\ -6 & 0 & \lambda+7 \end{vmatrix} = (\lambda+1)(\lambda^2-\lambda-2)$$

$$= (\lambda+1)^2(\lambda-2),$$

故

$$\chi_A(\lambda) = \lambda^2\chi_D(\lambda) = \lambda^5 - 3\lambda^3 - 2\lambda^2.$$

由于 $m_D(\lambda) \mid \chi_D(\lambda)$，故 $m_D(\lambda) = (\lambda+1)(\lambda-2)$ 或 $(\lambda+1)^2(\lambda-2)$. 容易验证，$m_D(\lambda) = (\lambda+1)(\lambda-2)$，又因 $\boldsymbol{A}$ 是非满秩的，$m_A(\lambda)$ 含有一次因式 λ，因此，

$$m_A(\lambda) = \lambda m_D(\lambda) = \lambda^3 - \lambda^2 - 2\lambda.$$

16. 高斯消元法的其他应用

在用高斯消元法解线性方程组时，我们已经看到，在对它的增广矩阵利用行初等变换化成阶梯形矩阵后，我们就可以清楚地判断它是否有解，且在有解时可直接写出它的一般解. 更进一步，对任一 $m \times n$ 矩阵

$$\boldsymbol{A} = \begin{pmatrix} a_{11} & a_{12} & \cdots & a_{1n} \\ a_{21} & a_{22} & \cdots & a_{2n} \\ \vdots & \vdots & & \vdots \\ a_{m1} & a_{m2} & \cdots & a_{mn} \end{pmatrix}, \tag{16.1}$$

利用矩阵的行初等变换进行"消元"，我们还可以将它化成简化阶梯形矩阵

$$\boldsymbol{B} = \begin{pmatrix} 0 & \cdots & 0 & 1 & b_{1,i_1+1} & \cdots & b_{1,i_2-1} & \cdots & b_{1,i_2+1} & \cdots & b_{1,i_3-1} & 0 & \cdots & 0 & b_{1,i_r+1} & \cdots & b_{1n} \\ 0 & \cdots & 0 & 0 & 0 & \cdots & 0 & 1 & b_{2,i_2+1} & \cdots & b_{2,i_3-1} & 0 & \cdots & 0 & b_{2,i_r+1} & \cdots & b_{2n} \\ 0 & \cdots & 0 & 0 & 0 & \cdots & 0 & 0 & 0 & \cdots & 0 & 1 & \cdots & 0 & b_{3,i_r+1} & \cdots & b_{3n} \\ \vdots & & \vdots & \vdots & \vdots & & \vdots & \vdots & \vdots & & \vdots & \vdots & & \vdots & \vdots & & \vdots \\ 0 & \cdots & 0 & 0 & 0 & \cdots & 0 & 0 & 0 & \cdots & 0 & 0 & \cdots & 1 & b_{r,i_r+1} & \cdots & b_{rn} \\ 0 & \cdots & 0 & 0 & 0 & \cdots & 0 & 0 & 0 & \cdots & 0 & 0 & \cdots & 0 & 0 & \cdots & 0 \\ \vdots & & \vdots & \vdots & \vdots & & \vdots & \vdots & \vdots & & \vdots & \vdots & & \vdots & \vdots & & \vdots \\ 0 & \cdots & 0 & 0 & 0 & \cdots & 0 & 0 & 0 & \cdots & 0 & 0 & \cdots & 0 & 0 & \cdots & 0 \end{pmatrix}, \tag{16.2}$$

其中第 i_1 列是 $\boldsymbol{B}$ 中第 1 个非零列，第 1 行第 i_1 个数字为 1，其左下方全为 0；第 i_2 列是 $\boldsymbol{B}$ 中第 1 个不是第 i_1 列的线性组合的列，该列中，第 2 行的位置上为 1，其余位置上为 0，且 1 的左下方全为 0…… 第 i_r 列是 $\boldsymbol{B}$ 中第 1 个不是第 $i_1, i_2, \cdots, i_{r-1}$ 列的线性组合的列，该列中，第 r 行的位置上为 1，其余位置上为 0，且 1 的左下方全为 0；第 i_r 列以后的所有列皆是第 $i_1, i_2, \cdots, i_{r-1}, i_r$ 列的线性组合.

我们称由 $\boldsymbol{A}$ 进行行初等变换化成的简化阶梯形矩阵为 $\boldsymbol{A}$ **在行初等变换下的标准形**(简称**标准形**).

本课题将探讨高斯消元法和标准形的进一步的应用.

中心问题 探讨矩阵在行初等变换下的标准形的应用.

准备知识 矩阵，向量空间，施密特正交化方法

课题探究

我们先讨论行初等变换的一些性质. 我们知道，矩阵的行初等变换不改变矩阵的秩. 那么行初等变换对矩阵的列向量组会带来什么影响呢?

问题 16.1 设 $m \times n$ 矩阵

$$A = \begin{pmatrix} a_{11} & a_{12} & \cdots & a_{1n} \\ a_{21} & a_{22} & \cdots & a_{2n} \\ \vdots & \vdots & & \vdots \\ a_{m1} & a_{m2} & \cdots & a_{mn} \end{pmatrix} = (\boldsymbol{a}_1, \boldsymbol{a}_2, \cdots, \boldsymbol{a}_n), \tag{16.3}$$

试讨论 $\boldsymbol{A}$ 的行初等变换对 $\boldsymbol{A}$ 的列向量组 $\boldsymbol{a}_1, \boldsymbol{a}_2, \cdots, \boldsymbol{a}_n$ 带来的影响.

我们知道，利用矩阵的行初等变换，将它化成的阶梯形矩阵不是唯一的，那么它在行初等变换下的标准形是否唯一呢?

问题 16.2 设 $m \times n$ 矩阵 $\boldsymbol{A}$（见(16.1)）经过行初等变换化成标准形 $\boldsymbol{B}$（见(16.2)）. 证明：$\boldsymbol{A}$ 的标准形是唯一的.

由于矩阵的标准形是唯一的，因而对矩阵的标准形的定义也是明确的. 由问题 16.2 的解答知，矩阵 $\boldsymbol{A}$（见(16.1)）的标准形(16.2)的第 $i_1, i_2, \cdots, i_r$ 列是标准形 $\boldsymbol{B}$ 的列向量组的一个极大线性无关组，而 $\boldsymbol{A}$ 和 $\boldsymbol{B}$ 的列向量组有相同的线性关系，因此，$\boldsymbol{A}$ 的第 $i_1, i_2, \cdots, i_r$ 列是 $\boldsymbol{A}$ 的列向量组的一个极大线性无关组，因而我们能用矩阵的标准形来求它的列向量组的极大线性无关组.

下面我们再用矩阵的标准形来求两个子空间的交.

问题 16.3 设向量空间 $V = \mathbf{F}^n$，$\mathbf{F}$ 是任意数域，$V_1 = L(\boldsymbol{\alpha}_1, \boldsymbol{\alpha}_2, \cdots, \boldsymbol{\alpha}_s)$ 和 $V_2 = L(\boldsymbol{\beta}_1, \boldsymbol{\beta}_2, \cdots, \boldsymbol{\beta}_t)$ 是 V 的两个子空间，其中

$$\boldsymbol{\alpha}_i = \begin{pmatrix} a_{1i} \\ a_{2i} \\ \vdots \\ a_{ni} \end{pmatrix}, \ i = 1,2,\cdots,s, \quad \boldsymbol{\beta}_j = \begin{pmatrix} b_{1j} \\ b_{2j} \\ \vdots \\ b_{nj} \end{pmatrix}, \ j = 1,2,\cdots,t,$$

试用矩阵的标准形求 $V_1 \cap V_2$(提示：利用方程组

$$x_1\boldsymbol{\alpha}_1 + x_2\boldsymbol{\alpha}_2 + \cdots + x_s\boldsymbol{\alpha}_s = y_1\boldsymbol{\beta}_1 + y_2\boldsymbol{\beta}_2 + \cdots + y_t\boldsymbol{\beta}_t$$

的 $n\times(s+t)$ 系数矩阵 $(\boldsymbol{\alpha}_1,\boldsymbol{\alpha}_2,\cdots,\boldsymbol{\alpha}_s,\boldsymbol{\beta}_1,\boldsymbol{\beta}_2,\cdots,\boldsymbol{\beta}_t)$ 的标准形).

注意，如果 $V_1 = L(\alpha_1,\alpha_2,\cdots,\alpha_s)$ 和 $V_2 = L(\beta_1,\beta_2,\cdots,\beta_t)$ 是数域 **F** 上的向量空间 V 的两个子空间，那么取 V 的一个基 $\varepsilon_1,\varepsilon_2,\cdots,\varepsilon_n$，于是，$V$ 中任一向量

$$\xi = x_1\varepsilon_1 + x_2\varepsilon_2 + \cdots + x_n\varepsilon_n$$

可以写成

$$\xi = (\varepsilon_1,\varepsilon_2,\cdots,\varepsilon_n)\begin{pmatrix} x_1 \\ x_2 \\ \vdots \\ x_n \end{pmatrix}.$$

于是，通过 V 与 $\mathbf{F}^n$ 之间的同构 σ：$\xi \mapsto (x_1,x_2,\cdots,x_n)^{\mathrm{T}}$，可将求 V 中两个子空间的交的问题转化为求 $\mathbf{F}^n$ 中两个子空间的交的问题.

问题 16.4 已知向量空间 $V=\mathbf{F}^4$，**F** 是任意数域，$V_1 = L(\boldsymbol{\alpha}_1,\boldsymbol{\alpha}_2,\boldsymbol{\alpha}_3,\boldsymbol{\alpha}_4)$ 和 $V_2 = L(\boldsymbol{\beta}_1,\boldsymbol{\beta}_2,\boldsymbol{\beta}_3,\boldsymbol{\beta}_4,\boldsymbol{\beta}_5)$ 是其子空间，其中

$$(\boldsymbol{\alpha}_1,\boldsymbol{\alpha}_2,\boldsymbol{\alpha}_3,\boldsymbol{\alpha}_4,\boldsymbol{\beta}_1,\boldsymbol{\beta}_2,\boldsymbol{\beta}_3,\boldsymbol{\beta}_4,\boldsymbol{\beta}_5) = \left(\begin{array}{cccc:ccccc} 1 & 2 & 0 & 3 & 0 & 0 & 2 & 1 & 3 \\ 1 & 2 & 1 & 5 & 0 & 0 & 3 & 3 & 6 \\ 0 & 0 & 1 & 3 & 2 & 0 & 2 & 3 & 5 \\ 2 & 4 & 0 & 6 & 0 & 2 & 8 & 6 & 14 \end{array}\right).$$

求 $V_1 \cap V_2$.

由课题 9 知，如果对 n 阶矩阵 $\boldsymbol{A}$ 能施行行初等变换(不允许用交换矩阵两行的位置变换)，通过消元过程，将它化为阶梯形矩阵，那么就能得到它的三角分解

$$\boldsymbol{A} = \boldsymbol{LU},$$

其中 $\boldsymbol{L}$ 是下三角方阵，$\boldsymbol{U}$ 是上三角方阵. 一般地，只要在一个 n 阶矩阵 $\boldsymbol{A}$ 用行消法变换(不允许用行位置变换) 化为上三角方阵 $\boldsymbol{U}$ 的过程中所出现的用于消元的主对角线上的元素(称为**主元**)皆非零，那么就能通过消元过程将 $\boldsymbol{A}$ 化为 $\boldsymbol{U}$，并得出 $\boldsymbol{A}$ 的 $\boldsymbol{LU}$ 分解. 由[12] 中问题 4.2 知，如果 n 阶矩阵 $\boldsymbol{A}$ 的顺序主子矩阵 $\boldsymbol{A}_k(k=1,2,\cdots,n)$ 全是非奇异的，那么 $\boldsymbol{A}$ 的 $\boldsymbol{LU}$ 分解必存在. 由此可得，如果 $\boldsymbol{A}$ 是正定矩阵，则 $\boldsymbol{A}$ 的 $\boldsymbol{LU}$ 分解必存在. 例如：设 $\boldsymbol{a}_1,\boldsymbol{a}_2,\cdots,\boldsymbol{a}_n$ 是 $\mathbf{R}^m$ 中 n 个线性无关的向量，$\boldsymbol{A}=(\boldsymbol{a}_1,\boldsymbol{a}_2,\cdots,\boldsymbol{a}_n)$，则

$$A^{T}A=\begin{pmatrix} a_1^{T}a_1 & a_1^{T}a_2 & \cdots & a_1^{T}a_n \\ a_2^{T}a_1 & a_2^{T}a_2 & \cdots & a_2^{T}a_n \\ \vdots & \vdots & \ddots & \vdots \\ a_n^{T}a_1 & a_n^{T}a_2 & \cdots & a_n^{T}a_n \end{pmatrix}$$

$$=\begin{pmatrix} (a_1,a_1) & (a_1,a_2) & \cdots & (a_1,a_n) \\ (a_2,a_1) & (a_2,a_2) & \cdots & (a_2,a_n) \\ \vdots & \vdots & \ddots & \vdots \\ (a_n,a_1) & (a_n,a_2) & \cdots & (a_n,a_n) \end{pmatrix}$$

(其中$(x,y)=x^{T}y$ (对$x,y\in\mathbf{R}^m$)是$\mathbf{R}^m$中向量的内积)是$a_1,a_2,\cdots,a_n$的格拉姆矩阵，它是正定的(这是因为，设$q(x)$是由n阶对称矩阵$A^{T}A$确定的二次型，$x=(x_1,x_2,\cdots,x_n)^{T}$，则

$$q(x)=\sum_{i,j=1}^{n}(a_i,a_j)x_ix_j=\left(\sum_{i=1}^{n}x_ia_i,\sum_{j=1}^{n}x_ja_j\right)=(v,v)\geqslant 0,$$

其中$v=\sum_{i=1}^{n}x_ia_i$，且$(v,v)=0$当且仅当$v=\mathbf{0}$，而由于$a_1,a_2,\cdots,a_n$是线性无关的，因而$v=\mathbf{0}$当且仅当$x=\mathbf{0}$，因此，$q(x)=0$当且仅当$x=\mathbf{0}$，即$q(x)$是正定二次型，$A^{T}A$是正定的)，因而$A^{T}A$的LU分解必存在.

设$a_1,a_2,\cdots,a_n$是$\mathbf{R}^m$中n个线性无关的向量，$A=(a_1,a_2,\cdots,a_n)$，则$A^{T}A$的LU分解存在，据此我们还可以利用消元法来求与$a_1,a_2,\cdots,a_n$等价的正交向量组(即将向量组$a_1,a_2,\cdots,a_n$施密特正交化).

探究题 16.1　1) 设

$$a_1=\begin{pmatrix}0\\1\\0\\1\end{pmatrix},\quad a_2=\begin{pmatrix}-2\\3\\0\\1\end{pmatrix},\quad a_3=\begin{pmatrix}1\\1\\1\\5\end{pmatrix},\quad A=(a_1,a_2,a_3),$$

对3×7矩阵$(A^{T}A\mid A^{T})$进行高斯消元法，将$A^{T}A$化成阶梯形矩阵U，同时将A^{T}化成Q^{T}，验证Q的列向量组(即Q^{T}的行向量组)是与a_1,a_2,a_3等价的正交向量组.

2) 试给出一般的从一个线性无关向量组出发，用高斯消元法构造一个与之等价的正交向量组的方法.

在[12]的课题14中，我们介绍了矩阵的正交分解与豪斯霍尔德法. 如果n阶非奇异实矩阵A可以分解为一个正交矩阵Q和一个上三角方阵R的乘积，

则把分解 $A=QR$ 称为 A 的**正交分解**(亦称 QR 分解). 豪斯霍尔德法是先用豪斯霍尔德变换将线性方程组 $Ax=b$ 的系数矩阵进行 QR 分解，然后通过回代过程，由方程组 $Rx=Q^{-1}b$ 求原方程组的解的正交分解法. 这方法可以提高线性方程组解法的数值稳定性. 在[12]的课题15中，我们看到，非奇异实矩阵的正交分解的概念还能推广到列满秩矩阵. 可以证明：设 A 是 $m\times n$ 实矩阵，A 的秩为 n，则 A 可以分解为一个列向量正交的 $m\times n$ 矩阵和一个非奇异的 n 阶上三角方阵的乘积.

由于利用高斯消元法可以将线性无关向量组正交化，因而我们也能用它来求列满秩矩阵的正交分解.

探究题 16.2 1) 求 4×3 矩阵 $A=\begin{pmatrix}0&-2&1\\1&3&1\\0&0&1\\1&1&5\end{pmatrix}$ 的正交分解.

2) 利用探究题16.1，2)的结果，给出一般的求 $m\times n$ 列满秩实矩阵的正交分解的方法.

问题解答

问题 16.1 对 A 施行任一行初等变换不改变它的列向量组的线性关系，也就是说，如果 A 经过一个行初等变换变成 A'，那么 A 和 A' 的列向量组有相同的线性关系(即若 A 的列向量组的部分组线性相关(或无关)，则 A' 的列向量组中相应的部分组也线性相关(或无关)).

下面只证对 A 施行行消法变换不改变它的列向量组的线性关系(对施行行位置变换或倍法变换时的证法相同).

设对 A 施行行消法变换，把 A 的第 i 行的 k 倍加到第 j 行上，所得的矩阵为 $A'=(a'_1,a'_2,\cdots,a'_n)$，则 A' 的列向量为

$$a'_1=\begin{pmatrix}a_{11}\\ \vdots\\ a_{i1}\\ \vdots\\ a_{j1}+ka_{i1}\\ \vdots\\ a_{m1}\end{pmatrix},\ a'_2=\begin{pmatrix}a_{12}\\ \vdots\\ a_{i2}\\ \vdots\\ a_{j2}+ka_{i2}\\ \vdots\\ a_{m2}\end{pmatrix},\ \cdots,\ a'_n=\begin{pmatrix}a_{1n}\\ \vdots\\ a_{in}\\ \vdots\\ a_{jn}+ka_{in}\\ \vdots\\ a_{mn}\end{pmatrix}. \quad (16.4)$$

如果

$$k_1 \boldsymbol{a}_1 + k_2 \boldsymbol{a}_2 + \cdots + k_n \boldsymbol{a}_n = \boldsymbol{0}, \tag{16.5}$$

则有

$$k_1 a_{t1} + k_2 a_{t2} + \cdots + k_n a_{tn} = 0, \quad t = 1,2,\cdots,m, \tag{16.6}$$

故由(16.4)和(16.6)，得

$$k_1 \boldsymbol{a}'_1 + k_2 \boldsymbol{a}'_2 + \cdots + k_n \boldsymbol{a}'_n = \boldsymbol{0}. \tag{16.7}$$

反之，如果(16.7)成立，同样可得(16.5)成立. 因此，$\boldsymbol{A}$ 和 $\boldsymbol{A}'$ 的列向量组有相同的线性关系.

问题 16.2 由问题 16.1 的解答知，行初等变换不改变矩阵列向量组的线性关系且保持任何部分组之间的线性组合关系. 由此可得：

第 i_1 列是 $\boldsymbol{B}$ 中第 1 个非零列，则在 $\boldsymbol{A}$ 中第 1 个非零列也为第 i_1 列，即 i_1 这个数是由 $\boldsymbol{A}$ 本身决定的；

第 i_2 列是 $\boldsymbol{B}$ 中第 1 个不是第 i_1 列的线性组合的列，则在 $\boldsymbol{A}$ 中第 1 个不是第 i_1 列的线性组合的列也是第 i_2 列，即 i_2 这个数是由 $\boldsymbol{A}$ 本身决定的；

……

第 i_r 列是 $\boldsymbol{B}$ 中第 1 个不是第 $i_1, i_2, \cdots, i_{r-1}$ 列的线性组合的列，则在 $\boldsymbol{A}$ 中第 1 个不是第 $i_1, i_2, \cdots, i_{r-1}$ 列的线性组合的列是第 i_r 列，且 $\boldsymbol{A}$ 中第 i_r 列以后的列都是第 $i_1, i_2, \cdots, i_{r-1}, i_r$ 列的线性组合，即 i_r 这个数是由 $\boldsymbol{A}$ 本身决定的.

总之，$i_1, i_2, \cdots, i_r$ 这组数均是由 $\boldsymbol{A}$ 本身性质所决定的，故是唯一的.

再考查 $\boldsymbol{B}$. 因为第 $i_1, i_2, \cdots, i_r$ 列是一个线性无关组，而 $\boldsymbol{B}$ 的每一列都是它们的线性组合，所以第 $i_1, i_2, \cdots, i_r$ 列是 $\boldsymbol{B}$ 的列向量组的极大线性无关组，r 是 $\boldsymbol{B}$ 的秩，也等于 $\boldsymbol{A}$ 的秩，即 r 也是唯一的.

由于 $i_1, i_2, \cdots, i_r$ 列是 $\boldsymbol{B}$ 的列向量组的极大线性无关组，故 $\boldsymbol{B}$ 的所有列都由它们线性表示且表示法唯一，其中

$$\begin{aligned}
&(i_1+1\text{ 列}) = b_{1,i_1+1}(i_1\text{ 列}),\ (i_1+2\text{ 列}) = b_{1,i_1+2}(i_1\text{ 列}),\ \cdots,\\
&(i_2-1\text{ 列}) = b_{1,i_2-1}(i_1\text{ 列});\\
&(i_2+1\text{ 列}) = b_{1,i_2+1}(i_1\text{ 列}) + b_{2,i_2+1}(i_2\text{ 列}),\ \cdots,\\
&(i_3-1\text{ 列}) = b_{1,i_3-1}(i_1\text{ 列}) + b_{2,i_3-1}(i_2\text{ 列});\ \cdots;\\
&(i_r+1\text{ 列}) = b_{1,i_r+1}(i_1\text{ 列}) + \cdots + b_{r,i_r+1}(i_r\text{ 列});\ \cdots;\\
&(n\text{ 列}) = b_{1n}(i_1\text{ 列}) + \cdots + b_{rn}(i_r\text{ 列}).
\end{aligned} \tag{16.8}$$

由于行初等变换不改变列向量的线性关系，故 $\boldsymbol{A}$ 的列向量之间也存在着

与 $\boldsymbol{B}$ 的列向量之间的线性关系(16.8)相应的线性关系，所以(16.8)中的 $b_{1,i_1+1},b_{1,i_1+2},\cdots,b_{rn}$ 均由 $\boldsymbol{A}$ 的本身性质决定，因而是唯一的.

综上所述，$\boldsymbol{A}$ 的标准形 $\boldsymbol{B}$ 是唯一的.

问题 16.3 要求 $V_1\cap V_2$，需求方程

$$x_1\boldsymbol{\alpha}_1+x_2\boldsymbol{\alpha}_2+\cdots+x_s\boldsymbol{\alpha}_s=y_1\boldsymbol{\beta}_1+y_2\boldsymbol{\beta}_2+\cdots+y_t\boldsymbol{\beta}_t \tag{16.9}$$

的解，即求方程组

$$\begin{cases}a_{11}x_1+a_{12}x_2+\cdots+a_{1s}x_s=b_{11}y_1+b_{12}y_2+\cdots+b_{1s}y_s,\\ a_{21}x_1+a_{22}x_2+\cdots+a_{2s}x_s=b_{21}y_1+b_{22}y_2+\cdots+b_{2s}y_s,\\ \cdots,\\ a_{n1}x_1+a_{n2}x_2+\cdots+a_{ns}x_s=b_{n1}y_1+b_{n2}y_2+\cdots+b_{ns}y_s\end{cases} \tag{16.10}$$

的解. 求出满足(16.10)的全部解 $\{x_1,x_2,\cdots,x_s,y_1,y_2,\cdots,y_t\}$ 后，即得

$$\begin{aligned}V_1\cap V_2&=\{x_1\boldsymbol{\alpha}_1+x_2\boldsymbol{\alpha}_2+\cdots+x_s\boldsymbol{\alpha}_s\mid x_1,x_2,\cdots,x_s,y_1,y_2,\cdots,y_t\\&\qquad\text{是(16.10)的解}\}\\&=\{y_1\boldsymbol{\beta}_1+y_2\boldsymbol{\beta}_2+\cdots+y_t\boldsymbol{\beta}_t\mid x_1,x_2,\cdots,x_s,y_1,y_2,\cdots,y_t\\&\qquad\text{是(16.10)的解}\}.\end{aligned}$$

下面利用标准形求解(16.10).

考查系数矩阵

$$\begin{pmatrix}a_{11}&a_{12}&\cdots&a_{1s}&b_{11}&b_{12}&\cdots&b_{1t}\\ a_{21}&a_{22}&\cdots&a_{2s}&b_{21}&b_{22}&\cdots&b_{2t}\\ \vdots&\vdots&&\vdots&\vdots&\vdots&&\vdots\\ a_{n1}&a_{n2}&\cdots&a_{ns}&b_{n1}&b_{n2}&\cdots&b_{nt}\end{pmatrix}. \tag{16.11}$$

将其化为标准形，得

$$\left(\begin{matrix}0&\cdots&0&1&c_{1,i_1+1}&\cdots&c_{1,i_2-1}&0&c_{1,i_2+1}&\cdots&c_{1,i_3-1}&0&\cdots&0&c_{1,i_p+1}&\cdots&c_{1s}\\ 0&\cdots&0&0&0&\cdots&0&1&c_{2,i_2+1}&\cdots&c_{2,i_3-1}&0&\cdots&0&c_{2,i_p+1}&\cdots&c_{2s}\\ 0&\cdots&0&0&0&\cdots&0&0&0&\cdots&0&1&\cdots&0&c_{3,i_p+1}&\cdots&c_{3s}\\ \vdots&&\vdots&\vdots&\vdots&&\vdots&\vdots&\vdots&&\vdots&\vdots&&\vdots&\vdots&&\vdots\\ 0&\cdots&0&0&0&\cdots&0&0&0&\cdots&0&0&\cdots&1&c_{p,i_p+1}&\cdots&c_{ps}\\ 0&\cdots&0&0&0&\cdots&0&0&0&\cdots&0&0&\cdots&0&0&\cdots&0\\ \vdots&&\vdots&\vdots&\vdots&&\vdots&\vdots&\vdots&&\vdots&\vdots&&\vdots&\vdots&&\vdots\\ 0&\cdots&0&0&0&\cdots&0&0&0&\cdots&0&0&\cdots&0&0&\cdots&0\\ \vdots&&\vdots&\vdots&\vdots&&\vdots&\vdots&\vdots&&\vdots&\vdots&&\vdots&\vdots&&\vdots\\ 0&\cdots&0&0&0&\cdots&0&0&0&\cdots&0&0&\cdots&0&0&\cdots&0\end{matrix}\right.$$

$$\begin{bmatrix} d_{11} & \cdots & d_{1,j_1-1} & 0 & d_{1,j_1+1} & \cdots & d_{1,j_q-1} & 0 & d_{1,j_q+1} & \cdots & d_{1t} \\ d_{21} & \cdots & d_{2,j_1-1} & 0 & d_{2,j_1+1} & \cdots & d_{2,j_q-1} & 0 & d_{2,j_q+1} & \cdots & d_{2t} \\ d_{31} & \cdots & d_{3,j_1-1} & 0 & d_{3,j_1+1} & \cdots & d_{3,j_q-1} & 0 & d_{3,j_q+1} & \cdots & d_{3t} \\ \vdots & & \vdots & \vdots & \vdots & & \vdots & \vdots & \vdots & & \vdots \\ d_{p1} & \cdots & d_{p,j_1-1} & 0 & d_{p,j_1+1} & \cdots & d_{p,j_q-1} & 0 & d_{p,j_q+1} & \cdots & d_{pt} \\ 0 & \cdots & 0 & 1 & d_{p+1,j_1+1} & \cdots & d_{p+1,j_q-1} & 0 & d_{p+1,j_q+1} & \cdots & d_{p+1,t} \\ \vdots & & \vdots & \vdots & \vdots & & \vdots & \vdots & \vdots & & \vdots \\ 0 & \cdots & 0 & 0 & 0 & \cdots & 0 & 1 & d_{p+q,j_q+1} & \cdots & d_{p+q,t} \\ \vdots & & \vdots & \vdots & \vdots & & \vdots & \vdots & \vdots & & \vdots \\ 0 & \cdots & 0 & 0 & 0 & \cdots & 0 & 0 & 0 & \cdots & 0 \end{bmatrix}. \tag{16.12}$$

由问题 16.2 的解答知，$\boldsymbol{\alpha}_{i_1},\boldsymbol{\alpha}_{i_2},\cdots,\boldsymbol{\alpha}_{i_p}$ 是 $\boldsymbol{\alpha}_1,\boldsymbol{\alpha}_2,\cdots,\boldsymbol{\alpha}_s$ 的极大线性无关组，故

$$V_1 = L(\boldsymbol{\alpha}_{i_1},\boldsymbol{\alpha}_{i_2},\cdots,\boldsymbol{\alpha}_{i_p}),$$

所以方程(16.9)可以化简为求解

$$x_{i_1}\boldsymbol{\alpha}_{i_1} + x_{i_2}\boldsymbol{\alpha}_{i_2} + \cdots + x_{i_p}\boldsymbol{\alpha}_{i_p} = y_1\boldsymbol{\beta}_1 + y_2\boldsymbol{\beta}_2 + \cdots + y_t\boldsymbol{\beta}_t. \tag{16.13}$$

由(16.12)可得(16.13)的一般解为

$$\begin{aligned} x_{i_1} &= d_{11}y_1 + \cdots + d_{1,j_1-1}y_{j_1-1} + d_{1,j_1+1}y_{j_1+1} + \cdots + d_{1,j_q-1}y_{j_q-1} \\ &\quad + d_{1,j_q+1}y_{j_q+1} + \cdots + d_{1t}y_t, \\ x_{i_2} &= d_{21}y_2 + \cdots + d_{2,j_1-1}y_{j_1-1} + d_{2,j_2+1}y_{j_2+1} + \cdots + d_{2,j_q-1}y_{j_q-1} \\ &\quad + d_{2,j_q+1}y_{j_q+1} + \cdots + d_{2t}y_t, \\ &\cdots, \\ x_{i_p} &= d_{p1}y_1 + \cdots + d_{p,j_1-1}y_{j_1-1} + d_{p,j_1+1}y_{j_1+1} + \cdots + d_{p,j_q-1}y_{j_q-1} \\ &\quad + d_{p,j_q+1}y_{j_q+1} + \cdots + d_{pt}y_t, \\ y_{j_1} &= -d_{p+1,j_1+1}y_{j_1+1} - \cdots - d_{p+1,j_2-1}y_{j_2-1} - d_{p+1,j_2+1}y_{j_2+1} - \cdots \\ &\quad - d_{p+1,j_q+1}y_{j_q+1} - \cdots - d_{p+1,t}y_t, \\ &\cdots, \\ y_{j_q} &= -d_{p+q,j_q+1}y_{j_q+1} - \cdots - d_{p+q,t}y_t, \end{aligned}$$

其中 $y_1,\cdots,y_{j_1-1},y_{j_1+1},\cdots,y_{j_q-1},y_{j_q+1},\cdots,y_t$ 是 $t-q$ 个自由未知量，所以，我们有

$$\begin{pmatrix} x_{i_1} \\ x_{i_2} \\ \vdots \\ x_{i_p} \end{pmatrix} = \begin{pmatrix} d_{11} & \cdots & d_{1,j_1-1} & d_{1,j_1+1} & \cdots & d_{1,j_q-1} & d_{1,j_q+1} & \cdots & d_{1t} \\ d_{21} & \cdots & d_{2,j_1-1} & d_{2,j_1+1} & \cdots & d_{2,j_q-1} & d_{2,j_q+1} & \cdots & d_{2t} \\ \vdots & & \vdots & \vdots & & \vdots & \vdots & & \vdots \\ d_{p1} & \cdots & d_{p,j_1-1} & d_{p,j_1+1} & \cdots & d_{p,j_q-1} & d_{p,j_q+1} & \cdots & d_{pt} \end{pmatrix} \begin{pmatrix} y_1 \\ \vdots \\ y_{j_1-1} \\ y_{j_1+1} \\ \vdots \\ y_{j_q-1} \\ y_{j_q+1} \\ \vdots \\ y_t \end{pmatrix},$$

因此，

$$V_1 \cap V_2 = L\left((\boldsymbol{\alpha}_{i_1}, \boldsymbol{\alpha}_{i_2}, \cdots, \boldsymbol{\alpha}_{i_p}) \begin{pmatrix} x_{i_1} \\ x_{i_2} \\ \vdots \\ x_{i_p} \end{pmatrix} \right)$$

$$= L\left((\boldsymbol{\alpha}_{i_1}, \boldsymbol{\alpha}_{i_2}, \cdots, \boldsymbol{\alpha}_{i_p}) \begin{pmatrix} d_{11} & \cdots & d_{1,j_1-1} & d_{1,j_1+1} & \cdots & d_{1,j_q-1} & d_{1,j_q+1} & \cdots & d_{1t} \\ d_{21} & \cdots & d_{2,j_1-1} & d_{2,j_1+1} & \cdots & d_{2,j_q-1} & d_{2,j_q+1} & \cdots & d_{2t} \\ \vdots & & \vdots & \vdots & & \vdots & \vdots & & \vdots \\ d_{p1} & \cdots & d_{p,j_1-1} & d_{p,j_1+1} & \cdots & d_{p,j_q-1} & d_{p,j_q+1} & \cdots & d_{pt} \end{pmatrix} \begin{pmatrix} y_1 \\ \vdots \\ y_{j_1-1} \\ y_{j_1+1} \\ \vdots \\ y_{j_q-1} \\ y_{j_q+1} \\ \vdots \\ y_t \end{pmatrix} \right).$$

设

$$\boldsymbol{\alpha}'_j = (\boldsymbol{\alpha}_{i_1}, \boldsymbol{\alpha}_{i_2}, \cdots, \boldsymbol{\alpha}_{i_p}) \begin{pmatrix} d_{1j} \\ d_{2j} \\ \vdots \\ d_{pj} \end{pmatrix},$$

$j = 1, 2, \cdots, j_1 - 1, j_1 + 1, \cdots, j_q - 1, j_q + 1, \cdots, t$，则 $V_1 \cap V_2$ 由这 $t - q$ 个向量张成，即

$$V_1 \cap V_2 = L(\boldsymbol{\alpha}'_1, \boldsymbol{\alpha}'_2, \cdots, \boldsymbol{\alpha}'_{j_1-1}, \boldsymbol{\alpha}'_{j_1+1}, \cdots, \boldsymbol{\alpha}'_{j_q-1}, \boldsymbol{\alpha}'_{j_q+1}, \cdots, \boldsymbol{\alpha}'_t).$$

令

$$D=\begin{pmatrix} d_{11} & \cdots & d_{1,j_1-1} & d_{1,j_1+1} & \cdots & d_{1,j_q-1} & d_{1,j_q+1} & \cdots & d_{1t} \\ d_{21} & \cdots & d_{2,j_1-1} & d_{2,j_1+1} & \cdots & d_{2,j_q-1} & d_{2,j_q+1} & \cdots & d_{2t} \\ \vdots & & \vdots & \vdots & & \vdots & \vdots & & \vdots \\ d_{p1} & \cdots & d_{p,j_1-1} & d_{p,j_1+1} & \cdots & d_{p,j_q-1} & d_{p,j_q+1} & \cdots & d_{pt} \end{pmatrix},$$

如果我们再求出 $\boldsymbol{D}$ 的标准形，则可以求得 $\boldsymbol{D}$ 的列向量组的一个极大线性无关组，设为 $l_1,l_2,\cdots,l_k$ 列(其中 k 是 $\boldsymbol{D}$ 的秩)，那么 $\boldsymbol{\alpha}'_{l_1},\boldsymbol{\alpha}'_{l_2},\cdots,\boldsymbol{\alpha}'_{l_k}$ 是 $V_1\cap V_2$ 的一个基.

问题 16.4 将矩阵($\boldsymbol{\alpha}_1,\boldsymbol{\alpha}_2,\boldsymbol{\alpha}_3,\boldsymbol{\alpha}_4,\boldsymbol{\beta}_1,\boldsymbol{\beta}_2,\boldsymbol{\beta}_3,\boldsymbol{\beta}_4,\boldsymbol{\beta}_5$)化为标准形：

$$\left(\begin{array}{cccc:ccccc} 1 & 2 & 0 & 3 & 0 & 0 & 2 & 1 & 3 \\ 1 & 2 & 1 & 5 & 0 & 0 & 3 & 3 & 6 \\ 0 & 0 & 1 & 3 & 2 & 0 & 2 & 3 & 5 \\ 2 & 4 & 0 & 6 & 0 & 2 & 8 & 6 & 14 \end{array}\right)\to\left(\begin{array}{cccc:ccccc} 1 & 2 & 0 & 3 & 0 & 0 & 2 & 1 & 3 \\ 0 & 0 & 1 & 2 & 0 & 0 & 1 & 2 & 3 \\ 0 & 0 & 1 & 3 & 2 & 0 & 2 & 3 & 5 \\ 0 & 0 & 0 & 0 & 0 & 2 & 4 & 4 & 8 \end{array}\right)$$

$$\to\left(\begin{array}{cccc:ccccc} 1 & 2 & 0 & 3 & 0 & 0 & 2 & 1 & 3 \\ 0 & 0 & 1 & 2 & 0 & 0 & 1 & 2 & 3 \\ 0 & 0 & 0 & 1 & 2 & 0 & 1 & 1 & 2 \\ 0 & 0 & 0 & 0 & 0 & 1 & 2 & 2 & 4 \end{array}\right)$$

$$\to\left(\begin{array}{cccc:ccccc} 1 & 2 & 0 & 0 & -6 & 0 & -1 & -2 & -3 \\ 0 & 0 & 1 & 0 & -4 & 0 & -1 & 0 & -1 \\ 0 & 0 & 0 & 1 & 2 & 0 & 1 & 1 & 2 \\ 0 & 0 & 0 & 0 & 0 & 1 & 2 & 2 & 4 \end{array}\right),$$

由此可得，$\boldsymbol{\alpha}_1,\boldsymbol{\alpha}_3,\boldsymbol{\alpha}_4$ 是 $\boldsymbol{\alpha}_1,\boldsymbol{\alpha}_2,\boldsymbol{\alpha}_3,\boldsymbol{\alpha}_4$ 的一个极大线性无关组，且

$$V_1\cap V_2=L\left((\boldsymbol{\alpha}_1,\boldsymbol{\alpha}_3,\boldsymbol{\alpha}_4)\begin{pmatrix} -6 & -1 & -2 & -3 \\ -4 & -1 & 0 & -1 \\ 2 & 1 & 1 & 2 \end{pmatrix}\begin{pmatrix} y_1 \\ y_3 \\ y_4 \\ y_5 \end{pmatrix}\right).$$

令

$$\boldsymbol{\alpha}'_1=-6\boldsymbol{\alpha}_1-4\boldsymbol{\alpha}_3+2\boldsymbol{\alpha}_4,$$
$$\boldsymbol{\alpha}'_2=-\boldsymbol{\alpha}_1-\boldsymbol{\alpha}_3+\boldsymbol{\alpha}_4,$$
$$\boldsymbol{\alpha}'_3=-2\boldsymbol{\alpha}_1+\boldsymbol{\alpha}_4,$$
$$\boldsymbol{\alpha}'_4=-3\boldsymbol{\alpha}_1-\boldsymbol{\alpha}_3+2\boldsymbol{\alpha}_4,$$

则 $V_1\cap V_2=L(\boldsymbol{\alpha}'_1,\boldsymbol{\alpha}'_2,\boldsymbol{\alpha}'_3,\boldsymbol{\alpha}'_4)$. 将

$$\boldsymbol{D}=\begin{pmatrix}-6&-1&-2&-3\\-4&-1&0&-1\\2&1&1&2\end{pmatrix}$$

化为标准形，得

$$\boldsymbol{D}\to\begin{pmatrix}2&1&1&2\\-4&-1&0&-1\\-6&-1&-2&-3\end{pmatrix}\to\begin{pmatrix}2&1&1&2\\0&1&2&3\\0&2&1&3\end{pmatrix}$$

$$\to\begin{pmatrix}2&0&-1&-1\\0&1&2&3\\0&0&-3&-3\end{pmatrix}\to\begin{pmatrix}2&0&0&0\\0&1&0&1\\0&0&1&1\end{pmatrix}$$

$$\to\begin{pmatrix}1&0&0&0\\0&1&0&1\\0&0&1&1\end{pmatrix},$$

由此可得，$\boldsymbol{\alpha}_1',\boldsymbol{\alpha}_2',\boldsymbol{\alpha}_3'$是$\boldsymbol{\alpha}_1',\boldsymbol{\alpha}_2',\boldsymbol{\alpha}_3',\boldsymbol{\alpha}_4'$的极大线性无关组，所以$V_1\cap V_2=L(\boldsymbol{\alpha}_1',\boldsymbol{\alpha}_2',\boldsymbol{\alpha}_3')$是3维的，

$$\boldsymbol{\alpha}_1'=\begin{pmatrix}0\\0\\2\\0\end{pmatrix},\quad \boldsymbol{\alpha}_2'=\begin{pmatrix}2\\3\\2\\4\end{pmatrix},\quad \boldsymbol{\alpha}_3'=\begin{pmatrix}1\\3\\3\\2\end{pmatrix}$$

是它的一个基.

17. 单边逆矩阵

设 $\boldsymbol{A}=(a_{ij})_{n\times n}$ 是数域 $\mathbf{F}$ 上 n 阶矩阵. 若存在 n 阶矩阵 $\boldsymbol{B}=(b_{ij})_{n\times n}\in\mathbf{F}^{n\times n}$，使得

$$\boldsymbol{AB}=\boldsymbol{BA}=\boldsymbol{E}, \tag{17.1}$$

则称 $\boldsymbol{A}$ 是**可逆矩阵**，同时称 $\boldsymbol{B}$ 为 $\boldsymbol{A}$ 的**逆矩阵**. 现在我们将逆矩阵的概念加以推广. 如果 $\boldsymbol{A}=(a_{ij})_{m\times n}$ 是数域 $\mathbf{F}$ 上 $m\times n$ 矩阵，那么是否也有满足(17.1)的矩阵 $\boldsymbol{B}$ 存在？显然，当 $m\neq n$ 时，能够左乘 $\boldsymbol{A}$ 的积为单位矩阵同时右乘 $\boldsymbol{A}$ 的积也是单位矩阵的矩阵 $\boldsymbol{B}$ 是不存在的. 于是，我们将“双边”的条件放宽，改为“单边”，从而引入单边逆矩阵的概念.

设 $\boldsymbol{A}\in\mathbf{F}^{m\times n}$. 若矩阵 $\boldsymbol{B}$ 是矩阵方程

$$\boldsymbol{XA}=\boldsymbol{E}_n$$

的一个解，则称 $\boldsymbol{B}$ 是 $\boldsymbol{A}$ 的**左逆矩阵**；类似地，若矩阵 $\boldsymbol{B}$ 是矩阵方程

$$\boldsymbol{AY}=\boldsymbol{E}_m$$

的一个解，则称 $\boldsymbol{B}$ 是 $\boldsymbol{A}$ 的**右逆矩阵**.

本课题将探讨一个 $m\times n$ 矩阵的左逆(或右逆) 矩阵的存在性、唯一性，以及如果存在，如何去求的问题.

中心问题 一个矩阵的左逆(或右逆) 矩阵存在的充分必要条件是什么？如果一个矩阵的左逆(或右逆) 矩阵存在，那么我们如何计算出这矩阵的所有左逆(或右逆) 矩阵？

准备知识 矩阵，逆矩阵，初等变换，矩阵的秩，向量空间

课题探究

问题 17.1 设矩阵 $\boldsymbol{A}=(a_{ij})_{m\times n}\in\mathbf{F}^{m\times n}$. 问：如果 $\boldsymbol{A}$ 具有一个左逆(或右逆) 矩阵，则 $\boldsymbol{A}$ 具有什么性质？

由问题 17.1 的解答知，$m\times n$ 矩阵 $\boldsymbol{A}$ 具有一个左逆(或右逆) 矩阵的必要

条件是 $r(\boldsymbol{A})=n$（或 $r(\boldsymbol{A})=m$）. 由课题 15 知，如果一矩阵的秩等于它的列数（或行数），则称它为**列满秩矩阵**（或**行满秩矩阵**）. 因此，$m\times n$ 矩阵 $\boldsymbol{A}$ 具有一个左逆（或右逆）矩阵的必要条件是 $\boldsymbol{A}$ 为列满秩矩阵（或行满秩矩阵）. 下面我们要问这个必要条件是否也是充分的.

问题 17.2 设矩阵 $\boldsymbol{A}=(a_{ij})\in\mathbf{F}^{m\times n}$. 矩阵 $\boldsymbol{A}$ 具有一个左逆（右逆）矩阵的充分必要条件是什么？

我们知道，若 n 阶矩阵 $\boldsymbol{A}$ 是奇异的（非满秩的），则 $\boldsymbol{A}$ 不可逆. 于是，我们要问：

问题 17.3 在哪些条件下，矩阵 $\boldsymbol{A}=(a_{ij})_{m\times n}$ 一定没有左逆（右逆）矩阵？

由以上讨论可以看到，如同对 n 阶矩阵可以用矩阵的秩（满秩或非满秩）来研究它的可逆性一样，对 $m\times n$ 矩阵，我们也可以用它的秩（列满秩或行满秩）来研究单边逆矩阵的存在性. 对 n 阶矩阵，我们还可以用初等变换和初等矩阵来研究可逆性，任意一个 $m\times n$ 矩阵 $\boldsymbol{A}=(a_{ij})$ 可经初等变换（即左乘或右乘初等矩阵）化为下面形式的矩阵：

$$\boldsymbol{B}=\begin{pmatrix}1&&&&&\\&\ddots&&&&\\&&1&&&\\&&&0&&\\&&&&\ddots&\\&&&&&0\end{pmatrix},$$

这里矩阵 $\boldsymbol{B}$ 中 1 的个数就是矩阵 $\boldsymbol{A}$ 的秩. 我们把矩阵 $\boldsymbol{B}$ 称为矩阵 $\boldsymbol{A}$ 的**标准形**. 设当 $i=j$ 时 $\delta_{ij}=1$，且当 $i\neq j$ 时 $\delta_{ij}=0$，则 $\boldsymbol{B}=(\delta_{ij})_{m\times n}$ 是列满秩（或行满秩）矩阵. 利用 n 阶矩阵 $\boldsymbol{A}$ 的标准形，我们可以得到判定矩阵可逆的新方法. 下面我们利用 $m\times n$ 矩阵 $\boldsymbol{A}$ 的标准形来求它的所有左逆（或右逆）矩阵. 我们用记号 $\hat{A}_l$（或 $\hat{A}_r$）表示矩阵 $\boldsymbol{A}$ 的所有左逆（或右逆）矩阵的集合.

问题 17.4 1） 设矩阵 $\boldsymbol{A}=(\delta_{ij})_{m\times n}$（显然，$\boldsymbol{A}$ 是标准形）且 $r(\boldsymbol{A})=n$，求 $\hat{A}_l$.

2） 设矩阵 $\boldsymbol{A}=(a_{ij})_{m\times n}$ 且 $r(\boldsymbol{A})=n$，求 $\hat{A}_l$.

实际上，问题 17.4 的解答也给出了一个求左逆（或右逆）矩阵的具体方法. 设矩阵 $\boldsymbol{A}=(a_{ij})_{m\times n}$ 的秩 $r(\boldsymbol{A})=n$，是列满秩矩阵，则我们可以通过将 $\boldsymbol{A}$ 化为标准形 $(\delta_{ij})_{m\times n}$ 的初等变换，找到可逆矩阵 $\boldsymbol{P}$ 和 $\boldsymbol{Q}$，满足

$$PAQ = (\delta_{ij})_{m\times n},$$

从而求得 A 的左逆矩阵 $B = QDP$，其中 D 是 $(\delta_{ij})_{m\times n}$ 的左逆矩阵.

问题 17.5 求下列矩阵 A 的所有左逆矩阵：

1) $A = \begin{pmatrix} 1 & 0 \\ 0 & 1 \\ 0 & 0 \end{pmatrix}$； 2) $A = \begin{pmatrix} 1 & 0 & 1 \\ 2 & 1 & 1 \\ 3 & 0 & 1 \\ 0 & 1 & 1 \end{pmatrix}$.

最后，我们来求一个矩阵的所有右逆矩阵.

探究题 17.1 设矩阵 $A = (a_{ij})_{m\times n}$ 且 $\mathrm{r}(A) = m$，求 $\hat{A}_r$.

由以上讨论可见，如果 $m\times n$ 矩阵 A 的左逆(或右逆)矩阵存在，那么一般是不唯一的(当且仅当 $m = n = \mathrm{r}(A)$ 时，A 的左逆矩阵和右逆矩阵是唯一的，它们就是 A 的逆矩阵).

问题解答

问题 17.1 **解法 1** 如果 $m\times n$ 矩阵 A 具有一个左逆矩阵 B，使

$$BA = E_n,$$

则 B 是 $n\times m$ 矩阵，且有

$$n = \mathrm{r}(E_n) = \mathrm{r}(BA) \leqslant \min\{\mathrm{r}(B), \mathrm{r}(A)\},$$

而

$$\mathrm{r}(B) \leqslant \min\{n, m\}, \quad \mathrm{r}(A) \leqslant \min\{m, n\},$$

因此，

$$n \leqslant \mathrm{r}(A) \leqslant \min\{m, n\}. \tag{17.2}$$

由(17.2)得，$\mathrm{r}(A) = n$. 因此，如果 $m\times n$ 矩阵 A 具有一个左逆矩阵，则 $\mathrm{r}(A) = n$.

同理可证，如果 $m\times n$ 矩阵 A 具有一个右逆矩阵，则 $\mathrm{r}(A) = m$.

解法 2 设 $B = (b_{ij})_{n\times m}$ 满足 $BA = E = (\delta_{ij})_{n\times n}$. 设 $a_1, a_2, \cdots, a_n$ 表示矩阵 A 的列向量组，要证明它是线性无关的向量组. 设在数域 $\mathbf{F}$ 上有一组数 $c_1, c_2, \cdots, c_n$ 满足

$$\sum_{i=1}^{n} c_i a_i = \mathbf{0}.$$

设 $\boldsymbol{b}_1,\boldsymbol{b}_2,\cdots,\boldsymbol{b}_n$ 表示矩阵 $\boldsymbol{B}$ 的行向量组，由于 $\boldsymbol{BA}=(\delta_{ij})_{n\times n}$，故有

$$\boldsymbol{b}_i\,\boldsymbol{a}_j=\begin{cases}1, & 当\ i=j,\\ 0, & 当\ i\neq j.\end{cases}$$

用 $\boldsymbol{b}_1,\boldsymbol{b}_2,\cdots,\boldsymbol{b}_n$ 连续地左乘矩阵方程 $\sum\limits_{i=1}^{n}c_i\,\boldsymbol{a}_i=\boldsymbol{0}$，可得 $c_1=c_2=\cdots=c_n=0$. 这表明向量组 $\boldsymbol{a}_1,\boldsymbol{a}_2,\cdots,\boldsymbol{a}_n$ 是线性无关的. 因此，$\mathrm{r}(\boldsymbol{A})=n$.

类似地，设 $\boldsymbol{B}=(b_{ij})_{n\times m}$ 满足 $\boldsymbol{AB}=\boldsymbol{E}=(\delta_{ij})_{m\times m}$，则可以证明 $\boldsymbol{A}$ 的行向量组 $\boldsymbol{a}_1,\boldsymbol{a}_2,\cdots,\boldsymbol{a}_m$ 线性无关，因而 $\mathrm{r}(\boldsymbol{A})=m$.

问题 17.2 必要性已证. 下面证明充分性：如果 $m\times n$ 矩阵 $\boldsymbol{A}$ 的秩 $\mathrm{r}(\boldsymbol{A})=n$（或 m），则 $\boldsymbol{A}$ 具有一个左逆（或右逆）矩阵.

证法 1 设 $\mathrm{r}(\boldsymbol{A})=n$，则 $n\leqslant m$ 且 $\boldsymbol{A}$ 的列向量组 $\boldsymbol{a}_1,\boldsymbol{a}_2,\cdots,\boldsymbol{a}_n$ 线性无关，因而可以增补 $m-n$ 个向量 $\boldsymbol{a}_{n+1},\cdots,\boldsymbol{a}_m$ 构成 $\mathbf{F}^m$ 的一个基. 设

$$\widetilde{\boldsymbol{A}}=(\boldsymbol{a}_1,\boldsymbol{a}_2,\cdots,\boldsymbol{a}_n,\boldsymbol{a}_{n+1},\cdots,\boldsymbol{a}_m)=(\boldsymbol{A}\,\vdots\,\boldsymbol{A}_1),$$

则 $\mathrm{r}(\widetilde{\boldsymbol{A}})=m$ 且 $\widetilde{\boldsymbol{A}}$ 是 m 阶可逆矩阵，因而存在逆矩阵 $\widetilde{\boldsymbol{A}}^{-1}$，使得 $\widetilde{\boldsymbol{A}}^{-1}\widetilde{\boldsymbol{A}}=\boldsymbol{E}_m$. 设

$$\widetilde{\boldsymbol{A}}^{-1}=\widetilde{\boldsymbol{B}}=\begin{pmatrix}\boldsymbol{B}\\ \boldsymbol{B}_1\end{pmatrix},$$

其中 $\boldsymbol{B}$ 是 $n\times m$ 矩阵，$\boldsymbol{B}_1$ 是 $(m-n)\times m$ 矩阵，则有

$$\widetilde{\boldsymbol{A}}^{-1}\widetilde{\boldsymbol{A}}=\widetilde{\boldsymbol{B}}\widetilde{\boldsymbol{A}}=\begin{pmatrix}\boldsymbol{B}\\ \boldsymbol{B}_1\end{pmatrix}(\boldsymbol{A}\,\vdots\,\boldsymbol{A}_1)=\boldsymbol{E}_m=\begin{pmatrix}\boldsymbol{E}_n & \boldsymbol{O}\\ \boldsymbol{O} & \boldsymbol{E}_{m-n}\end{pmatrix},$$

因此，$\boldsymbol{BA}=\boldsymbol{E}_n$，即 $\boldsymbol{B}$ 是 $\boldsymbol{A}$ 的一个左逆矩阵.

类似地，对于右逆矩阵的存在性，可设 $\mathrm{r}(\boldsymbol{A})=m$，则 $m\leqslant n$，因而可以增补 $n-m$ 个行向量，将 $\boldsymbol{A}$ 扩充为一个 n 阶的满秩矩阵 $\widetilde{\boldsymbol{A}}$，设 $\widetilde{\boldsymbol{A}}^{-1}=\widetilde{\boldsymbol{B}}$，$\boldsymbol{B}$ 是由 $\widetilde{\boldsymbol{B}}$ 的前 m 列构成的 $n\times m$ 矩阵，同样可以证明，

$$\boldsymbol{AB}=\boldsymbol{E}_m,$$

即 $\boldsymbol{B}$ 是 $\boldsymbol{A}$ 的一个右逆矩阵.

证法 2 设 $\mathrm{r}(\boldsymbol{A})=n$，则 $n\leqslant m$，且由 $\boldsymbol{A}$ 的行向量的转置得到的列向量组 $\boldsymbol{a}_1^{\mathrm{T}}=(a_{11},a_{12},\cdots,a_{1n})^{\mathrm{T}}$，$\boldsymbol{a}_2^{\mathrm{T}}=(a_{21},a_{22},\cdots,a_{2n})^{\mathrm{T}}$，$\cdots$，$\boldsymbol{a}_m^{\mathrm{T}}=(a_{m1},a_{m2},\cdots,a_{mn})^{\mathrm{T}}$ 的秩为 n，又因 $\boldsymbol{E}_n=(\delta_{ij})$ 的列向量组 $\boldsymbol{e}_1=(\delta_{11},\delta_{12},\cdots,\delta_{1n})^{\mathrm{T}}$，$\boldsymbol{e}_2=(\delta_{21},\delta_{22},\cdots,\delta_{2n})^{\mathrm{T}}$，$\cdots$，$\boldsymbol{e}_n=(\delta_{n1},\delta_{n2},\cdots,\delta_{nn})^{\mathrm{T}}$ 的秩也为 n，故这两个 n 维向量组是等价的. 于是，后者可用前者线性表示，即存在数域 $\mathbf{F}$ 上的数 b_{i1}，$b_{i2},\cdots,b_{im}$ 满足

$$b_{i1}\begin{bmatrix}a_{11}\\a_{12}\\\vdots\\a_{1n}\end{bmatrix}+b_{i2}\begin{bmatrix}a_{21}\\a_{22}\\\vdots\\a_{2n}\end{bmatrix}+\cdots+b_{im}\begin{bmatrix}a_{m1}\\a_{m2}\\\vdots\\a_{mn}\end{bmatrix}=\begin{bmatrix}\delta_{i1}\\\delta_{i2}\\\vdots\\\delta_{in}\end{bmatrix}.$$

现在我们设 $\boldsymbol{B}=(b_{ij})_{n\times m}$，则 $\boldsymbol{BA}=(\delta_{ij})_{m\times n}=\boldsymbol{E}_n$. 这表明，这里的矩阵 $\boldsymbol{B}=(b_{ij})_{n\times m}$ 就是矩阵 $\boldsymbol{A}$ 的一个左逆矩阵.

下面证明右逆矩阵的存在性.

设 $\mathrm{r}(\boldsymbol{A})=m$. 显然，$\mathrm{r}(\boldsymbol{A}^{\mathrm{T}})=m$. 因此，$\boldsymbol{A}^{\mathrm{T}}$ 有一个左逆矩阵 $\boldsymbol{D}$，满足 $\boldsymbol{DA}^{\mathrm{T}}=\boldsymbol{E}_m$. 两边取转置运算，我们就得到 $\boldsymbol{AD}^{\mathrm{T}}=\boldsymbol{E}_m$. 这表明矩阵 $\boldsymbol{A}$ 有右逆矩阵.

问题 17.3　由问题 17.2，我们可以得到如下情况：

1） 若 $\mathrm{r}(\boldsymbol{A})<m$，则矩阵 $\boldsymbol{A}$ 没有右逆矩阵.

2） 若 $\mathrm{r}(\boldsymbol{A})<n$，则矩阵 $\boldsymbol{A}$ 没有左逆矩阵.

3） 若 $n<m$，则矩阵 $\boldsymbol{A}$ 没有右逆矩阵.

4） 若 $m<n$，则矩阵 $\boldsymbol{A}$ 没有左逆矩阵.

5） 若 $\mathrm{r}(\boldsymbol{A})<n\leqslant m$，或者 $\mathrm{r}(\boldsymbol{A})<m\leqslant n$，则矩阵 $\boldsymbol{A}$ 既没有左逆矩阵也没有右逆矩阵.

问题 17.4　1） 可以证明：设 $\boldsymbol{A}=(\delta_{ij})_{m\times n}$ 且 $\mathrm{r}(\boldsymbol{A})=n$，则矩阵 $\boldsymbol{B}=(b_{ij})_{n\times m}$ 是矩阵 $\boldsymbol{A}$ 的左逆矩阵当且仅当 $b_{ij}=\delta_{ij}$，$i,j\in\{1,2,\cdots,n\}$.

事实上，因为 $\mathrm{r}(\boldsymbol{A})=n$，我们有 $n\leqslant m$. 设 $\boldsymbol{BA}=(c_{ij})_{n\times n}$，则

$$c_{ij}=\sum_{k=1}^{m}b_{ik}\delta_{kj}=b_{ij}.$$

因为 $\boldsymbol{E}_n=(\delta_{ij})_{n\times n}$，所以我们能够断言 $\boldsymbol{BA}=\boldsymbol{E}_n$ 当且仅当 $b_{ij}=\delta_{ij}$，$i,j\in\{1,2,\cdots,n\}$.

2） 可以证明：设矩阵 $\boldsymbol{A}=(a_{ij})_{m\times n}$ 且 $\mathrm{r}(\boldsymbol{A})=n$. 则有两个可逆矩阵 $\boldsymbol{P}$，$\boldsymbol{Q}$ 满足 $\boldsymbol{PAQ}=(\delta_{ij})_{m\times n}$. 于是，$\boldsymbol{B}\in\hat{A}_l$ 当且仅当 $\boldsymbol{B}=\boldsymbol{QDP}$，其中 $\boldsymbol{D}$ 是 $(\delta_{ij})_{m\times n}$ 的左逆矩阵.

事实上，如果 $\boldsymbol{B}\in\hat{A}_l$，则 $\boldsymbol{Q}^{-1}\boldsymbol{BP}^{-1}(\delta_{ij})_{m\times n}=\boldsymbol{Q}^{-1}\boldsymbol{BP}^{-1}(\boldsymbol{PAQ})=\boldsymbol{E}_n$. 这表明 $\boldsymbol{D}=\boldsymbol{Q}^{-1}\boldsymbol{BP}^{-1}$ 是 $(\delta_{ij})_{m\times n}$ 的一个左逆矩阵. 因此，$\boldsymbol{B}=\boldsymbol{QDP}$.

另一方面，如果 $\boldsymbol{D}$ 是 $(\delta_{ij})_{m\times n}$ 的一个左逆矩阵且 $\boldsymbol{B}=\boldsymbol{QDP}$，则

$$\boldsymbol{BA}=\boldsymbol{B}(\boldsymbol{P}^{-1}(\delta_{ij})_{m\times n}\boldsymbol{Q}^{-1})=(\boldsymbol{QDP})(\boldsymbol{P}^{-1}(\delta_{ij})_{m\times n}\boldsymbol{Q}^{-1})=\boldsymbol{E}_n,$$

即 $\boldsymbol{B}=\hat{A}_l$.

问题 17.5 1) 设$A=\begin{pmatrix}1&0\\0&1\\0&0\end{pmatrix}$. 由问题17.4的1)的解答知，$B\in\hat{A}_l$当且仅当$B=\begin{pmatrix}1&0&x\\0&1&y\end{pmatrix}$，其中$x,y$是数域F上任意两个数. 因此，我们就得到了矩阵方程$XA=E_2$的所有解，即矩阵A所有的左逆矩阵.

2) 显然，$r(A)=3$，故A的左逆矩阵存在. 下面我们利用行初等变换来找出两个可逆矩阵P和Q，它们满足$PAQ=(\delta_{ij})_{4\times 3}$.

$$\left(\begin{array}{cccc:ccc}1&0&0&0&1&0&1\\0&1&0&0&2&1&1\\0&0&1&0&3&0&1\\0&0&0&1&0&1&1\end{array}\right)\xrightarrow[P(3,1(-3))]{P(2,1(-2))}\left(\begin{array}{cccc:ccc}1&0&0&0&1&0&1\\-2&1&0&0&0&1&-1\\-3&0&1&0&0&0&-2\\0&0&0&1&0&1&1\end{array}\right)$$

$$\xrightarrow{P(4,2(-1))}\left(\begin{array}{cccc:ccc}1&0&0&0&1&0&1\\-2&1&0&0&0&1&-1\\-3&0&1&0&0&0&-2\\2&-1&0&1&0&0&2\end{array}\right)$$

$$\xrightarrow{P\left(3\left(-\frac{1}{2}\right)\right)}\left(\begin{array}{cccc:ccc}1&0&0&0&1&0&1\\-2&1&0&0&0&1&-1\\\frac{3}{2}&0&-\frac{1}{2}&0&0&0&1\\2&-1&0&1&0&0&2\end{array}\right)$$

$$\xrightarrow[\substack{P(2,3(1))\\P(4,3(-2))}]{P(1,3(-1))}\left(\begin{array}{cccc:ccc}-\frac{1}{2}&0&\frac{1}{2}&0&1&0&0\\-\frac{1}{2}&1&-\frac{1}{2}&0&0&1&0\\\frac{3}{2}&0&-\frac{1}{2}&0&0&0&1\\-1&-1&1&1&0&0&0\end{array}\right).$$

于是，我们得到可逆矩阵

$$P=\begin{pmatrix}-\frac{1}{2}&0&\frac{1}{2}&0\\-\frac{1}{2}&1&-\frac{1}{2}&0\\\frac{3}{2}&0&-\frac{1}{2}&0\\-1&-1&1&1\end{pmatrix},$$

以及 $Q=E_3$. 由问题 17.4 的 1) 的解答知，矩阵 $(\delta_{ij})_{4\times 3}$ 的每一个左逆矩阵都有如下形式：

$$\begin{pmatrix}1 & 0 & 0 & x_1\\ 0 & 1 & 0 & x_2\\ 0 & 0 & 1 & x_3\end{pmatrix}.$$

由问题 17.4 的 2) 的解答知，$B\in \hat{A}_l$ 当且仅当

$$B=E_3\begin{pmatrix}1 & 0 & 0 & x_1\\ 0 & 1 & 0 & x_2\\ 0 & 0 & 1 & x_3\end{pmatrix}P=\begin{pmatrix}-\dfrac{1}{2}-x_1 & -x_1 & \dfrac{1}{2}+x_1 & x_1\\ -\dfrac{1}{2}-x_2 & 1-x_2 & -\dfrac{1}{2}+x_2 & x_2\\ \dfrac{3}{2}-x_3 & -x_3 & -\dfrac{1}{2}+x_3 & x_3\end{pmatrix},$$

其中 $x_1,x_2,x_3\in \mathbf{F}$.

注意，以上我们利用矩阵的行初等变换找出了可逆矩阵 P 和 Q，满足 $PAQ=(\delta_{ij})_{m\times n}$，那么是否也可以用列初等变换来求满足 $PAD=(\delta_{ij})_{m\times n}$ 的可逆矩阵 P 和 Q 呢？读者可以自行思考.

18. 2阶矩阵幂的计算公式

一般情况下，矩阵幂的计算是比较繁琐的，人们自然想寻找简便的计算方法. 高等代数教科书上通常介绍了两种方法. 一是当矩阵 $\boldsymbol{A}$ 可对角化时，即存在对角矩阵 $\boldsymbol{D}$ 和可逆矩阵 $\boldsymbol{P}$ 使 $\boldsymbol{A}=\boldsymbol{P}^{-1}\boldsymbol{D}\boldsymbol{P}$ 时，有 $\boldsymbol{A}^n=\boldsymbol{P}^{-1}\boldsymbol{D}^n\boldsymbol{P}$. 二是利用若尔当标准形的方法. 那么，除此之外，还有别的简便方法吗？

本课题将对某些较特殊矩阵，探求矩阵幂的简便算法.

很明显，上述两种方法的一个显著特点是将矩阵分解成几个矩阵的乘积，从而给计算带来方便. 对此我们会有什么联想？是不是很容易产生这样的想法：将矩阵分解成两个矩阵的和会带来方便吗？进一步思考，不难看出，若矩阵 $\boldsymbol{A}$ 有分解：$\boldsymbol{A}=\boldsymbol{B}+\boldsymbol{C}$，且 $\boldsymbol{BC}=\boldsymbol{CB}=\boldsymbol{O}$，则有 $\boldsymbol{A}^n=\boldsymbol{B}^n+\boldsymbol{C}^n$. 当 $\boldsymbol{B}^n$，$\boldsymbol{C}^n$ 易算时，这就是一种简便方法. 可见这也是一个不错的思路. 接下来的问题就是如何找到这样的分解，这是这种想法能否实现的关键.

由于分解 $\boldsymbol{A}=\boldsymbol{B}+\boldsymbol{C}$ 的同时还要满足 $\boldsymbol{BC}=\boldsymbol{CB}=\boldsymbol{O}$，这种分解不是很容易看出的. 我们可以先从较特殊的矩阵开始讨论.

中心问题 通过2阶矩阵 $\boldsymbol{A}$ 的和式分解，求矩阵 $\boldsymbol{A}$ 的幂 $\boldsymbol{A}^n$，并将所得方法加以推广.

准备知识 矩阵的运算，特征多项式，零化多项式

课题探究

2阶矩阵非常简单，特别是它的特征多项式 $\chi_{\boldsymbol{A}}(\lambda)$ 是2次的，能分解成一次因式的乘积

$$\chi_{\boldsymbol{A}}(\lambda)=(\lambda-\alpha)(\lambda-\beta),$$

其中 α,β 是 $\boldsymbol{A}$ 的特征值. 由哈密顿 - 凯莱定理可得

$$\chi_{\boldsymbol{A}}(\boldsymbol{A})=(\boldsymbol{A}-\alpha\boldsymbol{E})(\boldsymbol{A}-\beta\boldsymbol{E})=\boldsymbol{O}, \tag{18.1}$$

其中 $\boldsymbol{E}$ 是单位矩阵. 对下面的问题，能否利用(18.1)，找到所需的 $\boldsymbol{A}$ 的和式分解而加以解决呢？

问题 18.1 设2阶矩阵$\boldsymbol{A}$的特征值为α和β，求矩阵$\boldsymbol{A}$的幂$\boldsymbol{A}^n$的计算公式.

由问题18.1可见，对2阶矩阵，我们的想法能够实现，那么若矩阵$\boldsymbol{A}$的阶大于2，这一方法还有效吗？

问题 18.2 求下列3阶矩阵$\boldsymbol{A}$的幂$\boldsymbol{A}^n$：

$$1)\ \boldsymbol{A}=\begin{pmatrix}-1&-2&6\\-1&0&3\\-1&-1&4\end{pmatrix};\qquad 2)\ \boldsymbol{A}=\begin{pmatrix}3&-3&2\\-1&5&-2\\-1&3&0\end{pmatrix}.$$

探究题 18.1 通过问题18.2的两个计算3阶矩阵的幂的实例，你发现了什么？

问题解答

问题 18.1 由(18.1)知，

$$(\boldsymbol{A}-\alpha\boldsymbol{E})(\boldsymbol{A}-\beta\boldsymbol{E})=(\boldsymbol{A}-\beta\boldsymbol{E})(\boldsymbol{A}-\alpha\boldsymbol{E})=\boldsymbol{O}.$$

下面利用$\boldsymbol{A}-\alpha\boldsymbol{E}$和$\boldsymbol{A}-\beta\boldsymbol{E}$来寻求$\boldsymbol{A}$的和式分解.

当$\alpha\neq\beta$时，设

$$\boldsymbol{B}=a(\boldsymbol{A}-\alpha\boldsymbol{E}),\quad \boldsymbol{C}=b(\boldsymbol{A}-\beta\boldsymbol{E}),$$

使得$\boldsymbol{A}=\boldsymbol{B}+\boldsymbol{C}$. 那么只要如下选取$a,b$即可：

$$a=\frac{\beta}{\beta-\alpha},\quad b=\frac{\alpha}{\alpha-\beta}.$$

不难发现，

$$\left(\frac{\boldsymbol{A}-\alpha\boldsymbol{E}}{\beta-\alpha}\right)^2=\frac{\boldsymbol{A}-\alpha\boldsymbol{E}}{\beta-\alpha},\quad \left(\frac{\boldsymbol{A}-\beta\boldsymbol{E}}{\alpha-\beta}\right)^2=\frac{\boldsymbol{A}-\beta\boldsymbol{E}}{\alpha-\beta}.$$

从而$\boldsymbol{B}^2=\beta\boldsymbol{B}$，$\boldsymbol{C}^2=\alpha\boldsymbol{C}$，于是

$$\begin{aligned}\boldsymbol{A}^n&=\beta^n\left(\frac{\boldsymbol{A}-\alpha\boldsymbol{E}}{\beta-\alpha}\right)+\alpha^n\left(\frac{\boldsymbol{A}-\beta\boldsymbol{E}}{\alpha-\beta}\right)\\&=\frac{\alpha^n-\beta^n}{\alpha-\beta}\boldsymbol{A}-\frac{\alpha^n\beta-\beta^n\alpha}{\alpha-\beta}\boldsymbol{E}.\end{aligned}$$

当$\alpha=\beta$时，由(18.1)得$(\boldsymbol{A}-\alpha\boldsymbol{E})^2=\boldsymbol{O}$，故

$$(\boldsymbol{A}-\alpha\boldsymbol{E})^k=\boldsymbol{O}\quad(k\geqslant 2).$$

又因$\boldsymbol{A}=\alpha\boldsymbol{E}+(\boldsymbol{A}-\alpha\boldsymbol{E})$，从而

$$\boldsymbol{A}^n=\alpha^n\boldsymbol{E}+n\alpha^{n-1}(\boldsymbol{A}-\alpha\boldsymbol{E}).$$

问题 18.2　1)

$$A=\begin{pmatrix}-1&-2&6\\-1&0&3\\-1&-1&4\end{pmatrix}.$$

A 的特征多项式

$$\chi_A(\lambda)=\begin{vmatrix}\lambda+1&2&-6\\1&\lambda&-3\\1&1&\lambda-4\end{vmatrix}=(\lambda-1)^3.$$

由于$(A-E)^2=O$，故

$$A^n=[E+(A-E)]^n=E+n(A-E)=nA-(n-1)E.$$

2)

$$A=\begin{pmatrix}3&-3&2\\-1&5&-2\\-1&3&0\end{pmatrix}.$$

A 的特征多项式

$$\chi_A(\lambda)=\begin{vmatrix}\lambda-3&3&-2\\1&\lambda-5&2\\1&-3&\lambda\end{vmatrix}=(\lambda-2)^2(\lambda-4).$$

由于$(A-2E)(A-4E)=O$，故

$$A^n=\frac{4^n-2^n}{2}A-\frac{4^n2-2^n4}{2}E.$$

19. 在数域 C,R 上的幂幺矩阵的分类

我们知道 n 维线性空间 V 上的恒等变换(记为 $\mathscr{E}$) 是唯一的，那么容易想到这样的问题：若 $\mathscr{A}$ 是 V 上的一个线性变换，$\mathscr{A} \neq \mathscr{E}$，且 $\mathscr{A}^2 = \mathscr{E}$，这样的 $\mathscr{A}$ 唯一吗？若不唯一，这样的 $\mathscr{A}$ 有多少呢？这是个有意思的问题.

我们可以更一般地提出问题：若 $\mathscr{A}$ 是 V 上的一个线性变换，满足 $\mathscr{A}^k = \mathscr{E}$，且 $\mathscr{A}^i \neq \mathscr{E}\ (1 \leqslant i < k)$，这样的 $\mathscr{A}$ 有多少呢？由线性变换与矩阵的联系，我们还可以把这个问题用矩阵的语言来叙述：若 $\boldsymbol{A}$ 是 n 阶矩阵，满足 $\boldsymbol{A}^k = \boldsymbol{E}$，且 $\boldsymbol{A}^i \neq \boldsymbol{E}\ (1 \leqslant i < k)$，这样互不相似的 $\boldsymbol{A}$ 有多少呢？

容易看到，用矩阵来讨论这个问题更方便. 下面我们就用矩阵来讨论这个问题.

通常我们把满足 $\boldsymbol{A}^k = \boldsymbol{E}$ 且 $\boldsymbol{A}^i \neq \boldsymbol{E}\ (1 \leqslant i < k)$ 的矩阵 $\boldsymbol{A}$ 称为 k 次幂幺矩阵($k = 2$ 时，特称为对合矩阵). 上述问题又称为幂幺矩阵的分类问题. 本课题将讨论幂幺矩阵的分类问题. 这个问题的讨论与矩阵所在数域密切相关，我们将就复数域 **C** 和实数域 **R** 进行讨论，而对有理数域 **Q** 的情形仅作简单介绍.

中心问题　讨论数域 **C**,**R** 上 k 次幂幺矩阵的分类.

准备知识　λ-矩阵，若尔当标准形

课题探究

我们从一些特殊情况出发进行探讨.

问题 19.1　设 $\boldsymbol{A}$ 为 3 阶复对合矩阵，这样的 $\boldsymbol{A}$ 有多少类？

问题 19.2　将问题 19.1 推广到 n 阶复矩阵的情况，对任意正整数 k，讨论复数域 **C** 上 k 次幂幺矩阵的分类.

由问题 19.2 的解可知，在 **C** 上，对任意正整数 k，皆有 k 次幂幺矩阵

存在.

下面我们讨论实数域 **R** 上 k 次幂幺矩阵的分类问题. 实数域的情形比复数域复杂. 在复数域上, λ^k-1 可分解为一次因式的乘积:

$$\lambda^k-1=(\lambda-1)(\lambda-\omega)\cdots(\lambda-\omega^{k-1}), \tag{19.1}$$

其中 $\omega=\cos\dfrac{2\pi}{k}+\mathrm{i}\sin\dfrac{2\pi}{k}$ 是 k 次单位根. 在实数域上可把(19.1)中共轭虚根 ω^j 和 ω^{k-j} 配对, 构成 λ^k-1 的二次不可约因式:

$$(\lambda-\omega^j)(\lambda-\omega^{k-j})=\lambda^2-\left(2\cos\frac{2\pi j}{k}\right)\lambda+1.$$

令

$$p_\theta=\lambda^2-(2\cos\theta)\lambda+1,\quad \theta_j=\frac{2\pi j}{k},$$

则在实数域上, λ^k-1 分解成一次与二次不可约因式的乘积:

$$\lambda^k-1=\begin{cases}(\lambda-1)(\lambda+1)p_{\theta_1}\cdots p_{\theta_r}, & 若\ k=2r+2,\\ (\lambda-1)p_{\theta_1}\cdots p_{\theta_r}, & 若\ k=2r+1.\end{cases} \tag{19.2}$$

这样 n 阶实矩阵 **A** 不一定有 n 个实特征值, 故不一定可对角化.

先讨论最简单的 2 阶的情况, 然后再推广到 n 阶.

问题 19.3 讨论实数域上 2 阶 k 次幂幺矩阵的分类问题.

问题 19.4 讨论实数域上 n 阶 k 次幂幺矩阵的分类问题.

通过以上讨论解决了数域 **C**,**R** 上幂幺矩阵的分类, 我们自然会问: 有理数域 **Q** 上的 k 次幂幺矩阵分类又是什么样的呢?

虽然有理数域上多项式的因式分解要比在复数域和实数域的情况复杂得多, 但是对于多项式 λ^k-1 在 **Q** 上的因式分解, 可以利用初等数论中的分圆多项式加以解决, 这里就不再详细讨论了. 有兴趣的读者可参阅[9]. 下面介绍 2 阶幂幺矩阵的分类结果:

设 **A** 是有理数域上 2 阶矩阵, **A** 是有限次幂幺矩阵当且仅当与下列矩阵之一相似:

$$\begin{pmatrix}1&0\\0&1\end{pmatrix},\quad \begin{pmatrix}1&0\\0&-1\end{pmatrix},\quad \begin{pmatrix}-1&0\\0&-1\end{pmatrix},$$

$$\begin{pmatrix}0&-1\\1&-1\end{pmatrix},\quad \begin{pmatrix}0&-1\\1&0\end{pmatrix},\quad \begin{pmatrix}0&-1\\1&1\end{pmatrix}.$$

与复和实的情况不同, **Q** 上 2 阶有限次幂幺矩阵的次数只能是 1,2,3,4,

6，其中

$$\begin{pmatrix}0 & -1\\1 & -1\end{pmatrix},\quad \begin{pmatrix}0 & -1\\1 & 0\end{pmatrix},\quad \begin{pmatrix}0 & -1\\1 & 1\end{pmatrix},$$

的次数分别是 3,4,6.

最后，我们对 6 次以下的 **Q** 上 2 阶和 3 阶幂幺矩阵的分类问题再加以讨论.

探究题 19.1 讨论有理数域上 2 阶 k ($\leqslant 6$) 次幂幺矩阵的分类问题.

探究题 19.2 讨论有理数域上 3 阶 k ($\leqslant 6$) 次幂幺矩阵的分类问题.

问题解答

问题 19.1 我们先看 **A** 的若尔当标准形是什么样的. 为此先求 **A** 的最小多项式 $m_{\boldsymbol{A}}(\lambda)$. 由于 $\boldsymbol{A}^2=\boldsymbol{E}$，故 λ^2-1 是 **A** 的零化多项式，从而

$$m_{\boldsymbol{A}}(\lambda)\mid(\lambda^2-1).$$

这样 $m_{\boldsymbol{A}}(\lambda)$ 无重根，因而 **A** 可对角化. 易知 **A** 的若当标准形是下列对角矩阵之一：

$$\begin{pmatrix}-1 & 0 & 0\\0 & -1 & 0\\0 & 0 & -1\end{pmatrix},\quad \begin{pmatrix}-1 & 0 & 0\\0 & -1 & 0\\0 & 0 & 1\end{pmatrix},\quad \begin{pmatrix}-1 & 0 & 0\\0 & 1 & 0\\0 & 0 & 1\end{pmatrix}.$$

因此 3 阶复对合矩阵可以分成 3 类.

问题 19.2 不难看到问题 19.1 的讨论完全可以推广到复 n 阶矩阵的情况，可以得到

定理 1 设 **A** 是复 n 阶矩阵，则 **A** 是 k 次幂幺矩阵当且仅当 **A** 相似于对角阵

$$\begin{pmatrix}\lambda_1 & & & \\ & \lambda_2 & & \\ & & \ddots & \\ & & & \lambda_n\end{pmatrix},$$

其中 λ_i 是 k 次单位根($i=1,2,\cdots,n$). 设使 $\lambda_i^m=1$ 的最小正整数 m 为 m_i，则 **A** 的次数 k 是 $m_1,m_2,\cdots,m_n$ 的最小公倍数.

证 必要性. 如果 **A** 是 k 次幂幺矩阵，则

$$A^k = E,\quad A^i \neq E\ \ (1 \leqslant i < k),$$

故 $\lambda^k - 1$ 是 A 的零化多项式，从而 A 的最小多项式

$$m_A(\lambda) \mid \lambda^k - 1 = (\lambda - 1)(\lambda - \omega)\cdots(\lambda - \omega^{k-1}),$$

其中 $\omega = \cos\dfrac{2\pi}{k} + \mathrm{i}\sin\dfrac{2\pi}{k}$ 是 k 次单位根，故 $m_A(\lambda)$ 无重根，因而 A 可对角化.

设 A 相似于对角矩阵

$$\begin{pmatrix} \lambda_1 & & & \\ & \lambda_2 & & \\ & & \ddots & \\ & & & \lambda_n \end{pmatrix},$$

其中 λ_i 是 k 次单位根 $(i = 1,2,\cdots,n)$. 设使 $\lambda_i^m = 1$ 的最小正整数 m 为 m_i. 由于 $A^k = E$, $A^i \neq E$ $(1 \leqslant i < k)$，故 $k = [m_1, m_2, \cdots, m_n]$.

充分性. 显然成立.

问题 19.3 由[2]中 5.3.4 节知，使坐标轴绕原点旋转 θ 角的坐标旋转变换的矩阵是

$$A_\theta = \begin{pmatrix} \cos\theta & -\sin\theta \\ \sin\theta & \cos\theta \end{pmatrix}.$$

容易看到，A_θ 是幂幺矩阵当且仅当 θ 是 2π 的有理数倍. 下面利用 A_θ 来解决 2 阶 k 次幂幺矩阵的分类问题.

经计算，A_θ 的特征多项式

$$\chi_{A_\theta}(\lambda) = \lambda^2 - (2\cos\theta)\lambda + 1.$$

若 $0 < \theta < \pi$，则 $\chi_{A_\theta}(\lambda)$ 在 $\mathbf{R}$ 上是不可约的(判别式 $(-2\cos\theta)^2 - 4 < 0$)，而特征多项式又是 A_θ 的所有不变因子的乘积，故 A_θ 的不变因子为

$$1,\ \lambda^2 - (2\cos\theta)\lambda + 1.$$

据[2]定理 9.7 的推论，不变因子为 $1, \lambda^2 - (2\cos\theta)\lambda + 1$ 的 2 阶实矩阵都与 A_θ 相似.

下面利用(19.2)对 2 阶 k 次幂幺矩阵的不变因子的可能情况进行分析，从而解决分类问题. 由于 A 的最小多项式 $m_A(\lambda) \mid (\lambda^k - 1)$，且由[2]定理 9.1.2 知，$m_A(\lambda)$ 就是 A 的最后一个不变因子 $d_2(\lambda)$，由(19.2)有：

当 $k = 1$ 时，A 的不变因子只可能是 $\lambda - 1, \lambda - 1$. 由此可得

$$A = E = \begin{pmatrix} \cos 0 & -\sin 0 \\ \sin 0 & \cos 0 \end{pmatrix} = A_0.$$

当 $k = 2$ 时，A 的不变因子可能是 $\lambda + 1, \lambda + 1$，或 $1, (\lambda + 1)(\lambda - 1)$. 由

此可得

$$A \sim \begin{pmatrix} -1 & 0 \\ 0 & -1 \end{pmatrix} = \begin{pmatrix} \cos\pi & -\sin\pi \\ \sin\pi & \cos\pi \end{pmatrix} = A_\pi,$$

或

$$A \sim \begin{pmatrix} 1 & 0 \\ 0 & -1 \end{pmatrix}.$$

其中矩阵$\begin{pmatrix} 1 & 0 \\ 0 & -1 \end{pmatrix}$也可看成平面直角坐标系中以 x 轴为轴的反射变换的矩阵.

当 $k \geqslant 3$ 时，A 的不变因子只可能是 $1, p_\theta$，其中 $\theta = \frac{2\pi j}{k}$，$1 \leqslant j \leqslant r$，且 $k = 2r+2$，或 $2r+1$，即 θ 是 2π 的有理数倍，且 $0 < \theta < \pi$. 由此可得 $A \sim A_\theta$.

综上所述，即得

定理 2 2 阶实矩阵 A 是 k 次幂幺矩阵当且仅当 A 相似于坐标旋转变换矩阵$\begin{pmatrix} \cos\theta & -\sin\theta \\ \sin\theta & \cos\theta \end{pmatrix}$（其中 θ $(0 \leqslant \theta \leqslant \pi)$ 是 2π 的有理数倍）或相似于反射变换矩阵$\begin{pmatrix} 1 & 0 \\ 0 & -1 \end{pmatrix}$.

由定理 2 知，在 $\mathbf{R}$ 上，对任意正整数 k，皆有 k 次幂幺矩阵存在.

问题 19.4 利用定理 2，我们容易得到下面的定理：

定理 3 n 阶实矩阵 A 是 k 次幂幺矩阵当且仅当 A 相似于分块对角阵，其主对角线上的子块分别为

$$E_{k_1}, -E_{k_2}, \underbrace{A_{\theta_1}, \cdots, A_{\theta_1}}_{d_1}, \cdots, \underbrace{A_{\theta_r}, \cdots, A_{\theta_r}}_{d_r},$$

其中 $k_1, k_2 \geqslant 0$，$r \geqslant 0$，$d_1, \cdots, d_r \geqslant 1$，$0 < \theta_1 < \cdots < \theta_r < \pi$，每个 θ_i 都是 2π 的有理数倍，且

$$k_1 + k_2 + 2(d_1 + \cdots + d_r) = n.$$

令 $\theta_i = \frac{2\pi a_i}{b_i}$，其中$\frac{a_i}{b_i}$是简约分数，则当 $k_2 > 0$（或 $k_2 = 0$）时，A 的次数是最小公倍数$[2, b_1, \cdots, b_r]$（或$[b_1, b_2, \cdots, b_r]$）.

（证明从略）

20. 求属于重数为 1 的特征值的特征向量的方法

求出属于某特征值的所有特征向量，常用的高等代数教科书上介绍的是解线性方程组的方法，课题 11 介绍了特征值与特征向量的直接求法，是否还有别的方法呢？本课题特别对于重数为 1 的特征值，寻找求属于它的特征向量的新方法. 由于只要找出它的一个特征向量，也就得到所有特征向量，可见此时问题比较简单.

中心问题 求属于重数为 1 的特征值的特征向量的其他方法.

准备知识 特征值与特征向量，零化多项式，多项式的重因式

课题探究

我们先回顾一下通常求属于某特征值的所有特征向量的过程. 若 λ_i 是矩阵 $\boldsymbol{A}$ 的特征值，设 $\boldsymbol{A}\boldsymbol{x}=\lambda_i\boldsymbol{x}$，则有线性方程组

$$(\boldsymbol{A}-\lambda_i\boldsymbol{E})\boldsymbol{x}=\boldsymbol{0},$$

这里 $\boldsymbol{E}$ 是单位矩阵. 因而通过求解线性方程组，就能找到所有特征向量. 从这一过程我们发现，如果不解方程，但找到矩阵 $\boldsymbol{B}$，使得

$$(\boldsymbol{A}-\lambda_i\boldsymbol{E})\boldsymbol{B}=\boldsymbol{O}, \tag{20.1}$$

那么 $\boldsymbol{B}$ 中非零列向量就是特征向量. 通过上述分析，我们可发现另外的方法.

问题 20.1 1) 设

$$\boldsymbol{A}=\begin{pmatrix}0&1&1&-1\\1&0&-1&1\\1&-1&0&1\\-1&1&1&0\end{pmatrix}.$$

$\boldsymbol{A}$ 的特征多项式

$$\chi_A(\lambda)=\begin{vmatrix}\lambda & -1 & -1 & 1\\ -1 & \lambda & 1 & -1\\ -1 & 1 & \lambda & -1\\ 1 & -1 & -1 & \lambda\end{vmatrix}=(\lambda+3)(\lambda-1)^3,$$

且 -3 是矩阵 $\boldsymbol{A}$ 的重数为 1 的特征值，试直接求属于特征值 -3 的特征向量.

2) 由 1) 能否归纳出利用矩阵的零化多项式直接求属于重数为 1 的特征值的特征向量的新方法?

问题 20.1 的方法从计算量看，并不太简便，但思路还是很有新意的，此外问题 20.1 中利用(20.1) 求特征向量的方法是否还能加以推广呢?

问题 20.2 1) 试利用伴随矩阵的性质，直接求属于重数为 1 的特征值的特征向量.

2) 设 $\boldsymbol{A}=\begin{pmatrix}0 & 1 & 0\\ 0 & 0 & 1\\ 4 & -17 & 8\end{pmatrix}$，$\boldsymbol{A}$ 的特征多项式

$$\chi_A(\lambda)=\begin{vmatrix}\lambda & -1 & 0\\ 0 & \lambda & -1\\ -4 & 17 & \lambda-8\end{vmatrix}=(\lambda-4)(\lambda^2-4\lambda+1).$$

试直接求矩阵 $\boldsymbol{A}$ 的属于特征值 4 的特征向量.

在问题 20.2 求解的过程中，我们还会发现一个问题：当 $(\lambda\boldsymbol{E}-\boldsymbol{A})^*=\boldsymbol{O}$ 时，此法不就失效了吗? 我们说这种情况是不会发生的. 下面将利用矩阵论的有关性质：

$$\frac{\mathrm{d}}{\mathrm{d}\lambda}|\lambda\boldsymbol{E}-\boldsymbol{A}|=\operatorname{tr}(\lambda\boldsymbol{E}-\boldsymbol{A})^*, \tag{20.2}$$

来探讨这个问题，其中 $\frac{\mathrm{d}}{\mathrm{d}\lambda}|\lambda\boldsymbol{E}-\boldsymbol{A}|$ 表示 λ 的多项式 $|\lambda\boldsymbol{E}-\boldsymbol{A}|$ 的导数，由于该问题涉及重数为 1 的特征值，所以我们要用导数来反映“重数为 1”的条件，$\operatorname{tr}(\lambda\boldsymbol{E}-\boldsymbol{A})^*$ 表示矩阵的迹，是矩阵的主对角线上元素之和((20.2) 的证明见附录 2 特征多项式的导数公式).

由问题 20.2 给出的求属于重数为 1 的特征值的特征向量的方法是否还能推广呢?

探究题 20.1 问：对任一矩阵 $\boldsymbol{A}\in\mathbf{C}^{2\times 2}$，是否也能用问题 20.2 的方法直接求特征向量呢? 对 3 阶矩阵，情况又如何呢?

问题 20.3 证明：若 λ_i 是矩阵 $\boldsymbol{A}$ 的重数为 1 的特征值，则 $(\lambda_i\boldsymbol{E}-\boldsymbol{A})^* \neq \boldsymbol{O}$.

一般地，对于 n 阶矩阵 $\boldsymbol{A}$，当 λ_i 的重数大于 1 时，只要属于 λ_i 的特征子空间的维数为 1，仍可推得 $(\lambda_i\boldsymbol{E}-\boldsymbol{A})^* \neq \boldsymbol{O}$. 但是可能 $\{(\lambda_i\boldsymbol{E}-\boldsymbol{A})^*\}_{pp}$ 全为零，此时使 $(\lambda_i\boldsymbol{E}-\boldsymbol{A})^*$ 的第 p 列为非零的值的选择将更困难，有兴趣的读者可参阅[10].

问题解答

问题 20.1 1) 由直接计算可得

$$(\boldsymbol{A}+3\boldsymbol{E})(\boldsymbol{A}-\boldsymbol{E})=\boldsymbol{O},$$

(可知 $\boldsymbol{A}$ 的最小多项式是 $(\lambda+3)(\lambda-1)$)，于是由(20.1)可知，矩阵 $\boldsymbol{A}-\boldsymbol{E}$ 的任意列向量都是属于特征值 -3 的特征向量.

注意，本题也可用课题 11 的方法来解，设种子向量 $\boldsymbol{u}=(1,0,0,0)^{\mathrm{T}}$，则

$$\boldsymbol{A}\boldsymbol{u}=\boldsymbol{A}\begin{pmatrix}1\\0\\0\\0\end{pmatrix}=\begin{pmatrix}0\\1\\1\\-1\end{pmatrix},\quad \boldsymbol{A}^2\boldsymbol{u}=\boldsymbol{A}\begin{pmatrix}0\\1\\1\\-1\end{pmatrix}=\begin{pmatrix}3\\-2\\-2\\2\end{pmatrix}.$$

故有

$$\boldsymbol{A}^2\boldsymbol{u}+2\boldsymbol{A}\boldsymbol{u}-3\boldsymbol{u}=(\boldsymbol{A}^2+2\boldsymbol{A}-3\boldsymbol{E})\boldsymbol{u}=\boldsymbol{0},$$

即

$$(\boldsymbol{A}+3\boldsymbol{E})(\boldsymbol{A}-\boldsymbol{E})\boldsymbol{u}=\boldsymbol{0}.$$

由此可得，$(\boldsymbol{A}-\boldsymbol{E})\boldsymbol{u}$（即 $\boldsymbol{A}-\boldsymbol{E}$ 的第 1 列）是属于特征值 -3 的特征向量，结果与上述解法一致.

若 λ_1 是矩阵 $\boldsymbol{A}$ 的重数为 1 的特征值，$p(\lambda)$ 是 $\boldsymbol{A}$ 的零化多项式，若有 $p(\lambda)=(\lambda-\lambda_1)q(\lambda)$，则

$$(\boldsymbol{A}-\lambda_1\boldsymbol{E})q(\boldsymbol{A})=\boldsymbol{O}.$$

由(20.1)可知，当 $q(\boldsymbol{A})\neq\boldsymbol{O}$ 时，则 $q(\boldsymbol{A})$ 中的任意非零列向量就是属于特征值 λ_1 的特征向量.

特征多项式、最小多项式都是矩阵的零化多项式. 当 $p(\lambda)$ 是 $\boldsymbol{A}$ 的最小多项式时，显然 $q(\boldsymbol{A})\neq\boldsymbol{O}$.

问题 20.2 1) 我们知道，对矩阵 $\boldsymbol{B}$ 及其伴随矩阵 $\boldsymbol{B}^*$ 有性质：

$$\boldsymbol{B}\boldsymbol{B}^*=|\boldsymbol{B}|\boldsymbol{E}. \tag{20.3}$$

当 $|\boldsymbol{B}| \neq 0$ 时，利用此性质可得到 $\boldsymbol{B}^{-1}$ 的表达式. 当 $|\boldsymbol{B}| = 0$ 时，这个性质我们较少使用，但今天它倒为我们提供了另一个方法. 若 λ 是矩阵 $\boldsymbol{A}$ 的重数为 1 的特征值，则 $|\lambda\boldsymbol{E} - \boldsymbol{A}| = 0$. 于是由(20.3) 可得

$$(\lambda\boldsymbol{E} - \boldsymbol{A})(\lambda\boldsymbol{E} - \boldsymbol{A})^* = |\lambda\boldsymbol{E} - \boldsymbol{A}|\boldsymbol{E} = \boldsymbol{O}. \tag{20.4}$$

由(20.4) 可知，如果 $(\lambda\boldsymbol{E} - \boldsymbol{A})^* \neq \boldsymbol{O}$，则 $(\lambda\boldsymbol{E} - \boldsymbol{A})^*$ 中任意非零列向量就是 $\boldsymbol{A}$ 的属于特征值 λ 的特征向量.

2) 由于

$$4\boldsymbol{E} - \boldsymbol{A} = \begin{pmatrix} 4 & -1 & 0 \\ 0 & 4 & -1 \\ -4 & 17 & -4 \end{pmatrix},$$

故

$$(4\boldsymbol{E} - \boldsymbol{A})^* = \begin{pmatrix} 1 & -4 & 1 \\ 4 & -16 & 4 \\ 16 & -64 & 16 \end{pmatrix},$$

因此 $(4\boldsymbol{E} - \boldsymbol{A})^*$ 的第 1 列 $(1,4,16)^{\mathrm{T}}$ 是 $\boldsymbol{A}$ 的属于特征值 4 的特征向量.

问题 20.3 设 n 阶矩阵 $\boldsymbol{A}$ 的特征值为 $\lambda_1, \lambda_2, \cdots, \lambda_n$，其中 λ_i 的重数为 1，则

$$|\lambda\boldsymbol{E} - \boldsymbol{A}| = \prod_{j=1}^{n} (\lambda - \lambda_j). \tag{20.5}$$

由(20.5) 得

$$\frac{\mathrm{d}}{\mathrm{d}\lambda}|\lambda\boldsymbol{E} - \boldsymbol{A}| = \sum_{k=1}^{n} \prod_{j=1,\, j\neq k}^{n} (\lambda - \lambda_j), \tag{20.6}$$

再由(20.2) 和(20.6) 得

$$\sum_{k=1}^{n} \prod_{j=1,\, j\neq k}^{n} (\lambda - \lambda_j) = \mathrm{tr}(\lambda\boldsymbol{E} - \boldsymbol{A})^*, \tag{20.7}$$

在(20.7) 中，令 $\lambda = \lambda_i$，得

$$\mathrm{tr}(\lambda_i\boldsymbol{E} - \boldsymbol{A})^* = \sum_{j=1}^{n} \{(\lambda_i\boldsymbol{E} - \boldsymbol{A})^*\}_{jj} = \prod_{j=1,\, j\neq i}^{n} (\lambda_i - \lambda_j), \tag{20.8}$$

其中 $\{(\lambda_i\boldsymbol{E} - \boldsymbol{A})^*\}_{jj}$ 表示矩阵 $(\lambda_i\boldsymbol{E} - \boldsymbol{A})^*$ 的第 (j,j) 位置上的元素. 因为 λ_i 的重数是 1，故(20.8) 的右边不等于零，所以存在 p $(1 \leqslant p \leqslant n)$ 使 $\{(\lambda_i\boldsymbol{E} - \boldsymbol{A})^*\}_{pp} \neq 0$，因此 $(\lambda_i\boldsymbol{E} - \boldsymbol{A})^* \neq \boldsymbol{O}$.

注意，仅需考查 $(\lambda_i\boldsymbol{E} - \boldsymbol{A})^*$ 的主对角线上的非零元素，即由 $\lambda_i\boldsymbol{E} - \boldsymbol{A}$ 的主对角线上元素的非零的余子式来决定 p 值，从而得到属于 λ_i 的特征向量，即 $(\lambda_i\boldsymbol{E} - \boldsymbol{A})^*$ 的第 p 列.

21. 中心对称矩阵

实数域上的 n 阶对称矩阵是元素关于主对角线对称的一类矩阵. 类似地，还有另一类关于矩阵的"中心"对称的矩阵，其定义如下：

如果 n 阶实矩阵 $\boldsymbol{P}=(p_{ij})$ 满足

$$p_{ij}=p_{n-i+1,n-j+1},\quad i,j=1,2,\cdots,n,$$

则称 $\boldsymbol{P}$ 是**中心对称的**.

例如：$\begin{pmatrix} a & b \\ b & a \end{pmatrix}$，$\begin{pmatrix} a & b & c \\ d & e & d \\ c & b & a \end{pmatrix}$ 都是中心对称矩阵，它们在研究某些马尔可夫链时非常有用. 类似于对称矩阵，中心对称矩阵有许多有趣的性质，但在很多方面又不同于对称矩阵.

事实上，对于任意形状的矩阵我们也能定义中心对称矩阵：

如果一个 $m\times n$ 矩阵 $\boldsymbol{P}=(p_{ij})$ 满足

$$p_{ij}=p_{m-i+1,n-j+1},\quad 其中\ 1\leqslant i\leqslant m,1\leqslant j\leqslant n,$$

则称 $\boldsymbol{P}$ 是**中心对称的**.

本课题将探讨中心对称矩阵的一些性质.

中心问题 中心对称矩阵的对角化问题及其特征值、特征向量的求法.

准备知识 对称矩阵，对角化，特征值与特征向量

课题探究

我们先讨论中心对称矩阵的一些基本性质，特别是求一类低阶中心对称矩阵的特征值与特征向量.

问题 21.1 求行和相等的 2 阶和 3 阶中心对称矩阵的特征值和特征向量.

4 阶以上的中心对称矩阵的特征值与特征向量的计算就比 2 阶、3 阶复杂多了. 因此，为求高阶中心对称矩阵的特征值和特征向量，需要探求它们的

基本性质.

将一个对称矩阵作一次转置，则矩阵不变. 将一个中心对称矩阵 $\boldsymbol{P}=(p_{ij})_{n\times n}$ 的元素按行标和列标同时反序重新排列(例如：p_{11} 变成 p_{nn}，p_{12} 变成 $p_{n,n-1}$…… 一般地，p_{ij} 变成 $p_{n-i+1,n-j+1}$)，按中心对称矩阵的定义，矩阵 $\boldsymbol{P}$ 经上述的"反射"后保持不变，这表明中心对称矩阵具有"反射"对称性.

设 $\boldsymbol{P}=(p_{ij})$ 是一个 $m\times n$ 矩阵，则矩阵 $\boldsymbol{P}$ 经过"反射"所得的反射矩阵 $\boldsymbol{P}^R=(p_{ij}^R)$ 满足

$$p_{ij}^R=p_{m-i+1,n-j+1},\quad 其中 1\leqslant i\leqslant m,\ 1\leqslant j\leqslant n.$$

显然，我们可以断言：一个 $m\times n$ 矩阵 $\boldsymbol{P}$ 是中心对称的当且仅当 $\boldsymbol{P}^R=\boldsymbol{P}$.

设

$$\boldsymbol{J}_n=(J_{ij})_{n\times n}=\begin{pmatrix} & & & 1\\ & & 1 & \\ & \iddots & & \\ 1 & & & \end{pmatrix}$$

(其中 $J_{ij}=\delta_{i,n-j+1}$，$i,j=1,2,\cdots,n$)是 n 阶置换矩阵，则用 $\boldsymbol{J}_m$ 左乘(或用 $\boldsymbol{J}_n$ 右乘)一个 $m\times n$ 矩阵 $\boldsymbol{P}$，可以将其行(或列)按反序重新排列. 那么，我们是否可以用置换矩阵 $\boldsymbol{J}_n$ 来刻画中心对称矩阵的"反射"对称性呢?

问题 21.2 证明：$m\times n$ 矩阵 $\boldsymbol{P}$ 是中心对称的当且仅当

$$\boldsymbol{J}_m\boldsymbol{P}=\boldsymbol{P}\boldsymbol{J}_n.$$

利用上述命题，我们有如下基本性质：

问题 21.3 证明：设 $\boldsymbol{P}$ 和 $\boldsymbol{Q}$ 都是 n 阶中心对称矩阵，则 $\boldsymbol{P}+\boldsymbol{Q}$，$\boldsymbol{PQ}$ 和 $c\boldsymbol{P}$(c 是任一实数) 仍是中心对称矩阵.

下面将阶数 n 分成偶数和奇数两种情况来进一步讨论中心对称矩阵的性质. 先讨论 $n=2s$ (s 为正整数) 的情况. 显然，$n\ (=2s)$ 阶矩阵 $\boldsymbol{J}_n$ 是实对称矩阵，故可通过正交相似变换，将它对角化.

问题 21.4 求 $n\ (=2s)$ 阶正交矩阵 $\boldsymbol{Q}$，使 $\boldsymbol{Q}^{\mathrm{T}}\boldsymbol{J}_n\boldsymbol{Q}$ 为对角矩阵.

问题 21.5 设 $\boldsymbol{P}=\begin{pmatrix}\boldsymbol{A} & \boldsymbol{B}\\ \boldsymbol{C} & \boldsymbol{D}\end{pmatrix}$ 是 $n\ (=2s)$ 阶中心对称矩阵(其中 $\boldsymbol{A},\boldsymbol{B},\boldsymbol{C},\boldsymbol{D}$ 都是 s 阶矩阵)，$\boldsymbol{Q}=\dfrac{1}{\sqrt{2}}\begin{pmatrix}\boldsymbol{E}_s & -\boldsymbol{J}_s\\ \boldsymbol{J}_s & \boldsymbol{E}_s\end{pmatrix}$，求 $\boldsymbol{Q}^{\mathrm{T}}\boldsymbol{P}\boldsymbol{Q}$，并证明：矩阵 $\boldsymbol{P}$ 的特征值就是

$\boldsymbol{A}+\boldsymbol{J}_s\boldsymbol{C}$ 和 $\boldsymbol{A}-\boldsymbol{J}_s\boldsymbol{C}$ 的特征值(提示：证明 $\boldsymbol{P}$ 正交相似于

$$\boldsymbol{Q}^{\mathrm{T}}\boldsymbol{P}\boldsymbol{Q}=\begin{pmatrix}\boldsymbol{A}+\boldsymbol{J}_s\boldsymbol{C} & \boldsymbol{O}\\ \boldsymbol{O} & \boldsymbol{D}-\boldsymbol{C}\boldsymbol{J}_s\end{pmatrix}=\begin{pmatrix}\boldsymbol{A}+\boldsymbol{J}_s\boldsymbol{C} & \boldsymbol{O}\\ \boldsymbol{O} & \boldsymbol{J}_s(\boldsymbol{A}-\boldsymbol{J}_s\boldsymbol{C})\boldsymbol{J}_s\end{pmatrix},$$

且 $\boldsymbol{J}_s(\boldsymbol{A}-\boldsymbol{J}_s\boldsymbol{C})\boldsymbol{J}_s=\boldsymbol{J}_s^{-1}(\boldsymbol{A}-\boldsymbol{J}_s\boldsymbol{C})\boldsymbol{J}_s$ 与 $\boldsymbol{A}-\boldsymbol{J}_s\boldsymbol{C}$ 有相同的特征值).

特别地，当 $\boldsymbol{P}$ 是 4 阶中心对称矩阵

$$\boldsymbol{P}=\begin{pmatrix}a & b & c & d\\ e & f & g & h\\ h & g & f & e\\ d & c & b & a\end{pmatrix}$$

时，求 $\boldsymbol{Q}^{\mathrm{T}}\boldsymbol{P}\boldsymbol{Q}$.

下面将 $n=2s$ 的情况推广到 $n=2s+1$ 的情况.

探究题 21.1 1) 求 $n\ (=2s+1)$ 阶正交矩阵 $\boldsymbol{Q}$，使 $\boldsymbol{Q}^{\mathrm{T}}\boldsymbol{J}_n\boldsymbol{Q}$ 为对角矩阵.

2) 设 $\boldsymbol{Q}=\dfrac{1}{\sqrt{2}}\begin{pmatrix}\boldsymbol{E}_s & \boldsymbol{0} & -\boldsymbol{J}_s\\ \boldsymbol{0} & \sqrt{2} & \boldsymbol{0}\\ \boldsymbol{J}_s & \boldsymbol{0} & \boldsymbol{E}_s\end{pmatrix}$ 和 $\boldsymbol{P}=\begin{pmatrix}\boldsymbol{A} & \boldsymbol{x} & \boldsymbol{B}\\ \boldsymbol{y} & q & \boldsymbol{y}\boldsymbol{J}_s\\ \boldsymbol{C} & \boldsymbol{J}_s\boldsymbol{x} & \boldsymbol{D}\end{pmatrix}$ 是 $n\ (=2s+1)$ 阶中心对称矩阵，其中 $\boldsymbol{A},\boldsymbol{B},\boldsymbol{C}$ 和 $\boldsymbol{D}$ 都是 s 阶矩阵，$\boldsymbol{x}$ 是 $s\times 1$ 矩阵，$\boldsymbol{y}$ 是 $1\times s$ 矩阵，以及 $q\in\mathbf{R}$，求 $\boldsymbol{Q}^{\mathrm{T}}\boldsymbol{P}\boldsymbol{Q}$，并证明：$n\ (=2s+1)$ 阶中心对称矩阵 $\boldsymbol{P}$ 的特征值就是矩阵 $\begin{pmatrix}\boldsymbol{A}+\boldsymbol{J}_s\boldsymbol{C} & \sqrt{2}\boldsymbol{x}\\ \sqrt{2}\boldsymbol{y} & q\end{pmatrix}$ 和矩阵 $\boldsymbol{A}-\boldsymbol{J}_s\boldsymbol{C}$ 的特征值.

在讨论了中心对称矩阵的特征值的性质后，下面讨论其特征向量的性质，先计算一个实例.

问题 21.6 求 4 阶矩阵

$$\boldsymbol{P}=\begin{pmatrix}4 & 1 & 1 & 3\\ 2 & 5 & 0 & 2\\ 2 & 0 & 5 & 2\\ 3 & 1 & 1 & 4\end{pmatrix}$$

的特征值与特征向量，从中你有什么发现？

从问题 21.6 的解答中我们发现，4 阶中心对称矩阵 $\boldsymbol{P}$ 的特征向量的分量具有对称性，将它们的分量按反序重新排列后，向量 $\boldsymbol{v}_1$ 和 $\boldsymbol{v}_2$ 保持不变，具有

对称性，而 $\boldsymbol{v}_3$ 和 $\boldsymbol{v}_4$ 分别改变为 $-\boldsymbol{v}_3$ 和 $-\boldsymbol{v}_4$，具有斜对称性.

一般地，如果一个 n 维向量 $\boldsymbol{x}=(x_1,x_2,\cdots,x_n)^{\mathrm{T}}$ 满足 $\boldsymbol{J}_n\boldsymbol{x}=\boldsymbol{x}$，即

$$\begin{pmatrix} & & & 1 \\ & & 1 & \\ & \iddots & & \\ 1 & & & \end{pmatrix}\begin{pmatrix} x_1 \\ x_2 \\ \vdots \\ x_n \end{pmatrix}=\begin{pmatrix} x_n \\ x_{n-1} \\ \vdots \\ x_1 \end{pmatrix}=\begin{pmatrix} x_1 \\ x_2 \\ \vdots \\ x_n \end{pmatrix},$$

则称 $\boldsymbol{x}$ 是对称的. 如果 $\boldsymbol{x}$ 满足 $\boldsymbol{J}_n\boldsymbol{x}=-\boldsymbol{x}$，即

$$\begin{pmatrix} & & & 1 \\ & & 1 & \\ & \iddots & & \\ 1 & & & \end{pmatrix}\begin{pmatrix} x_1 \\ x_2 \\ \vdots \\ x_n \end{pmatrix}=\begin{pmatrix} x_n \\ x_{n-1} \\ \vdots \\ x_1 \end{pmatrix}=\begin{pmatrix} -x_1 \\ -x_2 \\ \vdots \\ -x_n \end{pmatrix},$$

则称 $\boldsymbol{x}$ 是斜对称的.

最后讨论 n 阶中心对称矩阵 $\boldsymbol{P}$ 的特征向量的对称性与斜对称性.

问题 21.7　1) 证明：设 $\boldsymbol{P}$ 是 n 阶中心对称矩阵，且特征值 λ 的特征子空间 V_λ 的维数 $\dim V_\lambda=1$，则 $\boldsymbol{P}$ 的属于 λ 的特征向量是对称的或斜对称的.

2) 问：如果 1) 中 $\dim V_\lambda>1$，你对属于 λ 的特征向量有什么发现？

问题解答

问题 21.1　设 2 阶中心对称矩阵 $\boldsymbol{A}=\begin{pmatrix} a & b \\ b & a \end{pmatrix}$ 的特征方程为 $|\lambda\boldsymbol{E}-\boldsymbol{A}|=0$，即

$$\begin{vmatrix} \lambda-a & -b \\ -b & \lambda-a \end{vmatrix}=(\lambda-a-b)(\lambda-a+b)=0,$$

于是 $\boldsymbol{A}=\begin{pmatrix} a & b \\ b & a \end{pmatrix}$ 的特征值分别为 $a+b$ 和 $a-b$. 解方程 $(\lambda\boldsymbol{E}-\boldsymbol{A})\boldsymbol{x}=\boldsymbol{0}$，得特征值 $a+b$ 对应的特征向量为 $(1,1)^{\mathrm{T}}$，特征值 $a-b$ 对应的特征向量为 $(1,-1)^{\mathrm{T}}$.

设 3 阶中心对称矩阵 $\boldsymbol{B}=\begin{pmatrix} a & b & c \\ d & e & d \\ c & b & a \end{pmatrix}$ 的行和相等，即 $2d=a+b+c-e$.

由特征方程 $|\lambda\boldsymbol{E}-\boldsymbol{B}|=0$，即

$$\begin{vmatrix} \lambda-a & -b & -c \\ -d & \lambda-e & -d \\ -c & -b & \lambda-a \end{vmatrix} = (\lambda-a-b-c)(\lambda-a+c)(\lambda-e+b),$$

可得矩阵 $\boldsymbol{B}$ 的特征值分别为 $a+b+c, a-c$ 和 $e-b$. 如果 $b\neq 0$ 或 $d\neq 0$，解方程 $(\lambda\boldsymbol{E}-\boldsymbol{B})\boldsymbol{x}=\boldsymbol{0}$，这些特征值对应的特征向量分别为 $(1,1,1)^{\mathrm{T}}, (1,0,-1)^{\mathrm{T}}$ 和 $(b,-2d,b)^{\mathrm{T}}$.

问题 21.2 设 $\boldsymbol{J}_m\boldsymbol{P}=\boldsymbol{P}\boldsymbol{J}_n$. 注意到 $\boldsymbol{J}_n^2=\boldsymbol{E}$，则 $\boldsymbol{P}=\boldsymbol{J}_m\boldsymbol{P}\boldsymbol{J}_n$ 且

$$p_{ij}=[\boldsymbol{J}_m\boldsymbol{P}\boldsymbol{J}_n]_{i,j}=[\boldsymbol{P}\boldsymbol{J}_n]_{m-i+1,j}=p_{m-i+1,n-j+1},$$

其中 $1\leqslant i\leqslant m$，$1\leqslant j\leqslant n$. 因此，$\boldsymbol{P}$ 是中心对称矩阵.

反之，从上可知，若 $\boldsymbol{P}$ 是中心对称矩阵，则 $\boldsymbol{J}_m\boldsymbol{P}=\boldsymbol{P}\boldsymbol{J}_n$.

问题 21.3 设 $\boldsymbol{P},\boldsymbol{Q}$ 是 n 阶实中心对称矩阵. 则由问题 21.2 知

$$\boldsymbol{J}_n(\boldsymbol{P}+\boldsymbol{Q})\boldsymbol{J}_n=\boldsymbol{J}_n\boldsymbol{P}\boldsymbol{J}_n+\boldsymbol{J}_n\boldsymbol{Q}\boldsymbol{J}_n=\boldsymbol{P}+\boldsymbol{Q},$$

$$\boldsymbol{J}_n(\boldsymbol{P}\boldsymbol{Q})\boldsymbol{J}_n=(\boldsymbol{J}_n\boldsymbol{P}\boldsymbol{J}_n)(\boldsymbol{J}_n\boldsymbol{Q}\boldsymbol{J}_n)=\boldsymbol{P}\boldsymbol{Q},$$

且

$$\boldsymbol{J}_n(c\boldsymbol{P})\boldsymbol{J}_n=c\boldsymbol{J}_n\boldsymbol{P}\boldsymbol{J}_n=c\boldsymbol{P}.$$

因此，$\boldsymbol{P}+\boldsymbol{Q},\boldsymbol{P}\boldsymbol{Q}$ 和 $c\boldsymbol{P}$ 仍是中心对称矩阵.

问题 21.4 设 $\boldsymbol{u}_1=(1,0,\cdots,0)^{\mathrm{T}}$，则 $\boldsymbol{J}_n\boldsymbol{u}_1=(0,0,\cdots,1)^{\mathrm{T}}$，$\boldsymbol{J}_n^2\boldsymbol{u}_1=(1,0,\cdots,0)^{\mathrm{T}}$，故 $\boldsymbol{J}_n^2\boldsymbol{u}_1-\boldsymbol{u}_1=\boldsymbol{0}$，即

$$(\boldsymbol{J}_n^2-\boldsymbol{E})\boldsymbol{u}_1=(\boldsymbol{J}_n-\boldsymbol{E})(\boldsymbol{J}_n+\boldsymbol{E})\boldsymbol{u}_1=\boldsymbol{0},$$

所以 $(\boldsymbol{J}_n+\boldsymbol{E})\boldsymbol{u}_1=(1,0,\cdots,0,1)^{\mathrm{T}}$，$(\boldsymbol{J}_n-\boldsymbol{E})\boldsymbol{u}_1=(-1,0,\cdots,0,1)^{\mathrm{T}}$ 分别是 $\boldsymbol{J}_n$ 的属于特征值 1 和 -1 的特征向量. 同样，设 $\boldsymbol{u}_2=(0,1,\cdots,0)^{\mathrm{T}}$，可得

$$\boldsymbol{J}_n^2\boldsymbol{u}_2-\boldsymbol{u}_2=\boldsymbol{0},$$

故 $(0,1,0,\cdots,0,1,0)^{\mathrm{T}}$ 和 $(0,-1,0,\cdots,0,1,0)^{\mathrm{T}}$ 分别是属于特征值 1 和 -1 的特征向量. 继续做下去，可得 $n=2s$ 个相互正交的特征向量，将它们单位化后作为变换矩阵 $\boldsymbol{Q}$ 的列向量，得

$$\boldsymbol{Q}=\frac{1}{\sqrt{2}}\begin{pmatrix} 1 & & & & & & & -1 \\ & 1 & & & & & -1 & \\ & & \ddots & & & \iddots & & \\ & & & 1 & -1 & & & \\ & & & 1 & 1 & & & \\ & & \iddots & & & \ddots & & \\ & 1 & & & & & 1 & \\ 1 & & & & & & & 1 \end{pmatrix}=\frac{1}{\sqrt{2}}\begin{pmatrix} \boldsymbol{E}_s & -\boldsymbol{J}_s \\ \boldsymbol{J}_s & \boldsymbol{E}_s \end{pmatrix},$$

使得

$$Q^{\mathrm{T}}J_nQ=\begin{pmatrix}1&&&&&&&\\&1&&&&&&\\&&\ddots&&&&&\\&&&1&&&&\\&&&&-1&&&\\&&&&&-1&&\\&&&&&&\ddots&\\&&&&&&&-1\end{pmatrix}=\begin{pmatrix}\boldsymbol{E}_s&\boldsymbol{O}\\\boldsymbol{O}&-\boldsymbol{E}_s\end{pmatrix}.$$

注意：由问题21.2知，如果 $\boldsymbol{P}$ 是 n 阶中心对称矩阵，则 $\boldsymbol{J}_n\boldsymbol{P}=\boldsymbol{P}\boldsymbol{J}_n$，因而

$$\boldsymbol{Q}^{\mathrm{T}}\boldsymbol{J}_n\boldsymbol{P}\boldsymbol{Q}=\boldsymbol{Q}^{\mathrm{T}}\boldsymbol{P}\boldsymbol{J}_n\boldsymbol{Q},$$

故 $\boldsymbol{Q}^{\mathrm{T}}\boldsymbol{J}_n\boldsymbol{Q}\boldsymbol{Q}^{\mathrm{T}}\boldsymbol{P}\boldsymbol{Q}=\boldsymbol{Q}^{\mathrm{T}}\boldsymbol{P}\boldsymbol{Q}\boldsymbol{Q}^{\mathrm{T}}\boldsymbol{J}_n\boldsymbol{Q}$，所以

$$\begin{pmatrix}\boldsymbol{E}&\boldsymbol{O}\\\boldsymbol{O}&-\boldsymbol{E}\end{pmatrix}\boldsymbol{Q}^{\mathrm{T}}\boldsymbol{P}\boldsymbol{Q}=\boldsymbol{Q}^{\mathrm{T}}\boldsymbol{P}\boldsymbol{Q}\begin{pmatrix}\boldsymbol{E}&\boldsymbol{O}\\\boldsymbol{O}&-\boldsymbol{E}\end{pmatrix}.$$

设 $\boldsymbol{Q}^{\mathrm{T}}\boldsymbol{P}\boldsymbol{Q}=\begin{pmatrix}\boldsymbol{P}_1&\boldsymbol{P}_2\\\boldsymbol{P}_3&\boldsymbol{P}_4\end{pmatrix}$（$\boldsymbol{P}_i$ 都是 s 阶矩阵），则

$$\begin{pmatrix}\boldsymbol{E}&\boldsymbol{O}\\\boldsymbol{O}&-\boldsymbol{E}\end{pmatrix}\begin{pmatrix}\boldsymbol{P}_1&\boldsymbol{P}_2\\\boldsymbol{P}_3&\boldsymbol{P}_4\end{pmatrix}=\begin{pmatrix}\boldsymbol{P}_1&\boldsymbol{P}_2\\-\boldsymbol{P}_3&-\boldsymbol{P}_4\end{pmatrix},$$

$$\begin{pmatrix}\boldsymbol{P}_1&\boldsymbol{P}_2\\\boldsymbol{P}_3&\boldsymbol{P}_4\end{pmatrix}\begin{pmatrix}\boldsymbol{E}&\boldsymbol{O}\\\boldsymbol{O}&-\boldsymbol{E}\end{pmatrix}=\begin{pmatrix}\boldsymbol{P}_1&-\boldsymbol{P}_2\\\boldsymbol{P}_3&-\boldsymbol{P}_4\end{pmatrix}.$$

由此得 $\boldsymbol{P}_2=\boldsymbol{P}_3=\boldsymbol{O}$，故 $\boldsymbol{Q}^{\mathrm{T}}\boldsymbol{P}\boldsymbol{Q}=\begin{pmatrix}\boldsymbol{P}_1&\boldsymbol{O}\\\boldsymbol{O}&\boldsymbol{P}_4\end{pmatrix}$ 是准对角矩阵，这很便利其特征值和特征向量的计算，因而我们需要求出这正交矩阵 $\boldsymbol{Q}$.

问题 21.5 由于 $\boldsymbol{P}=\begin{pmatrix}\boldsymbol{A}&\boldsymbol{B}\\\boldsymbol{C}&\boldsymbol{D}\end{pmatrix}$ 是 $n\ (=2s)$ 阶中心对称矩阵，从而由问题21.2知

$$\begin{pmatrix}\boldsymbol{A}&\boldsymbol{B}\\\boldsymbol{C}&\boldsymbol{D}\end{pmatrix}\begin{pmatrix}\boldsymbol{O}&\boldsymbol{J}_s\\\boldsymbol{J}_s&\boldsymbol{O}\end{pmatrix}=\begin{pmatrix}\boldsymbol{O}&\boldsymbol{J}_s\\\boldsymbol{J}_s&\boldsymbol{O}\end{pmatrix}\begin{pmatrix}\boldsymbol{A}&\boldsymbol{B}\\\boldsymbol{C}&\boldsymbol{D}\end{pmatrix}.$$

因此，$\boldsymbol{B}\boldsymbol{J}_s=\boldsymbol{J}_s\boldsymbol{C}$ 且 $\boldsymbol{D}\boldsymbol{J}_s=\boldsymbol{J}_s\boldsymbol{A}$. 于是 $\boldsymbol{B}=\boldsymbol{J}_s\boldsymbol{C}\boldsymbol{J}_s$ 且 $\boldsymbol{D}=\boldsymbol{J}_s\boldsymbol{A}\boldsymbol{J}_s$，从而 $\boldsymbol{P}=\begin{pmatrix}\boldsymbol{A}&\boldsymbol{J}_s\boldsymbol{C}\boldsymbol{J}_s\\\boldsymbol{C}&\boldsymbol{J}_s\boldsymbol{A}\boldsymbol{J}_s\end{pmatrix}$，故

$$\boldsymbol{Q}^{\mathrm{T}}\boldsymbol{P}\boldsymbol{Q}=\frac{1}{2}\begin{pmatrix}\boldsymbol{E}_s&\boldsymbol{J}_s\\-\boldsymbol{J}_s&\boldsymbol{E}_s\end{pmatrix}\begin{pmatrix}\boldsymbol{A}&\boldsymbol{J}_s\boldsymbol{C}\boldsymbol{J}_s\\\boldsymbol{C}&\boldsymbol{J}_s\boldsymbol{A}\boldsymbol{J}_s\end{pmatrix}\begin{pmatrix}\boldsymbol{E}_s&-\boldsymbol{J}_s\\\boldsymbol{J}_s&\boldsymbol{E}_s\end{pmatrix}$$

$$=\begin{pmatrix} A+J_sC & O \\ O & J_s(A-J_sC)J_s \end{pmatrix}=\begin{pmatrix} A+J_sC & O \\ O & J_sAJ_s-CJ_s \end{pmatrix}.$$

当 P 是 4 阶中心对称矩阵时,

$$Q^{\mathrm{T}}PQ=\begin{pmatrix} \frac{1}{\sqrt{2}} & 0 & 0 & \frac{1}{\sqrt{2}} \\ 0 & \frac{1}{\sqrt{2}} & \frac{1}{\sqrt{2}} & 0 \\ 0 & -\frac{1}{\sqrt{2}} & \frac{1}{\sqrt{2}} & 0 \\ -\frac{1}{\sqrt{2}} & 0 & 0 & \frac{1}{\sqrt{2}} \end{pmatrix}\begin{pmatrix} a & b & c & d \\ e & f & g & h \\ h & g & f & e \\ d & c & b & a \end{pmatrix}\begin{pmatrix} \frac{1}{\sqrt{2}} & 0 & 0 & -\frac{1}{\sqrt{2}} \\ 0 & \frac{1}{\sqrt{2}} & -\frac{1}{\sqrt{2}} & 0 \\ 0 & \frac{1}{\sqrt{2}} & \frac{1}{\sqrt{2}} & 0 \\ \frac{1}{\sqrt{2}} & 0 & 0 & \frac{1}{\sqrt{2}} \end{pmatrix}$$

$$=\begin{pmatrix} a+d & b+c & 0 & 0 \\ e+h & f+g & 0 & 0 \\ 0 & 0 & f-g & e-h \\ 0 & 0 & b-c & a-d \end{pmatrix}.$$

问题 21.6 由问题 21.5 知, 4 阶矩阵

$$P=\begin{pmatrix} 4 & 1 & 1 & 3 \\ 2 & 5 & 0 & 2 \\ 2 & 0 & 5 & 2 \\ 3 & 1 & 1 & 4 \end{pmatrix}$$

的特征值与矩阵$\begin{pmatrix} 7 & 2 \\ 4 & 5 \end{pmatrix}$及矩阵$\begin{pmatrix} 1 & 0 \\ 0 & 5 \end{pmatrix}$的特征值相同. 因此, 特征值为 $\lambda_1=3$, $\lambda_2=9$, $\lambda_3=5$, $\lambda_4=1$. 解方程组$(\lambda E-P)x=0$, 得这些特征值对应的特征向量分别为 $v_1=(1,-2,-2,1)^{\mathrm{T}}$, $v_2=(1,1,1,1)^{\mathrm{T}}$, $v_3=(0,1,-1,0)^{\mathrm{T}}$, $v_4=(1,0,0,-1)^{\mathrm{T}}$. 我们发现, 关于向量分量的排列, v_1 和 v_2 有对称性, 而 v_3 和 v_4 有反对称性.

问题 21.7 1) 设 P 是 n 阶中心对称矩阵, x 是矩阵 P 的对应于特征值 λ 的一个特征向量. 则 $Px=\lambda x$ 且 $PJ_nx=\lambda J_nx$. 于是由 $\dim V_\lambda=1$ 知存在一个不为零的实数 a, 使得 $ax=J_nx$. 显然, a 也是 J_n 的特征值. 因为 J_n 是一个正交矩阵, 所以 J_n 的特征值是 1 或者 -1, 即 $a=\pm1$. 因此, $J_nx=\pm x$. 这表明, P 的属于 λ 的特征向量 x 是对称的或斜对称的.

2) 由上可知, 如果 x 是 P 的属于特征值 λ 的一个特征向量, 那么 J_nx 也是 P 的属于 λ 的一个特征向量.

22. 用逆矩阵求不定积分

设 V 为实数域 $\mathbf{R}$ 上全体可微函数的集合，则 V 构成 $\mathbf{R}$ 上的一个线性空间（即向量空间）. 设 S 是 V 的一个有限维子空间（令 $\dim S = n$），且在求导运算 $\mathscr{D}$ 所定义的线性变换下封闭，也就是说，若 $f(x) \in S$，则 $\mathscr{D}(f(x)) = f'(x) \in S$. 本课题将研讨如何利用矩阵的工具来计算不定积分 $\int f(x)\mathrm{d}x$，其中 $f(x) \in S$，以及求正弦函数幂的不定积分.

中心问题 设 $f_1(x), \cdots, f_n(x)$ 是 S 的一个基，线性变换 $\mathscr{D}$ 在 S 下的限制 $\mathscr{D}\big|_S$ 在这个基下的矩阵是 $\mathbf{A}$. 怎样利用 $\mathbf{A}$ 的逆矩阵来计算不定积分 $\int f(x)\mathrm{d}x$？其中 $f(x) \in S$.

准备知识 向量空间的基，线性变换的矩阵以及函数的求导，不定积分等的基础知识

课题探究

注意到函数的不定积分是求导运算的逆运算，我们可以利用逆矩阵计算不定积分 $\int f_i(x)\mathrm{d}x$.

问题 22.1 怎样利用逆矩阵计算不定积分 $\int \sin x\,\mathrm{d}x$ 和 $\int \cos x\,\mathrm{d}x$？（提示：设 S 为由 $\sin x$ 和 $\cos x$ 张成的子空间 $L(\sin x, \cos x)$.）

问题 22.1 本身是十分简单的，但是通过它的解，给出了用逆矩阵求不定积分的新方法. 当然，使用这个新方法还是有条件的，要求被积函数 $f(x) \in S$，其中 S 是 V 的一个有限维的子空间，且 $\mathscr{D}(S) \subseteq S$，因此，使用该方法时，首先要找出这个子空间 S.

问题 22.2 1) 利用逆矩阵计算不定积分$\int x^2 e^x dx$.

2) 利用逆矩阵计算不定积分$\int x^n e^x dx$（其中 n 为正整数）.

问题 22.3 利用逆矩阵计算不定积分$\int e^{ax}\sin bx\ dx$.

下面我们推广求不定积分的逆矩阵方法，用于求常系数非齐次线性微分方程的特解.

形如

$$\frac{d^n y}{dx^n}+a_1\frac{d^{n-1}y}{dx^{n-1}}+\cdots+a_{n-1}\frac{dy}{dx}+a_n y=f(x)$$

（其中 $a_1,a_2,\cdots,a_n$ 都是常数，$f(x)$ 是已知的连续函数）的微分方程称为**常系数线性微分方程**（所谓“线性”是指方程中出现的未知函数及其各阶导数都是一次的），当 $f(x)\neq 0$ 时，称为**常系数非齐次线性方程**，当 $f(x)\equiv 0$ 时，称为**常系数齐次线性方程**.

常系数线性微分方程的理论研究已很完整，它在工程技术等实际领域内也有广泛的应用. 我们可以用代数方法来求出它们的通解. 类似于线性方程组的解的结构，常系数非齐次线性微分方程的通解也等于它的对应齐次方程的通解与它本身的一个特解之和. 在常微分方程理论中，我们可以用待定系数法来求其特解. 下面我们探讨利用逆矩阵来求解.

探究题 22.1 1) 利用逆矩阵求方程

$$y''+y'-y=e^{ax}(\cos bx+\sin bx)$$

的特解，其中 $a,b\in\mathbf{R}$ 且 $b\neq 0$.

2) 如果在 1) 中 $b=0$，则情况如何?

3) 试述在什么条件下，可以利用逆矩阵求方程

$$a_n y^{(n)}+a_{n-1}y^{(n-1)}+\cdots+a_0 y=f(x)$$

的特解.

最后我们讨论利用线性代数的工具求正弦函数幂的不定积分问题.

我们知道，用分部积分法可以证明计算$\int \sin^n x\ dx$（其中 $n\geqslant 2$ 是整数）的缩减公式：

$$\int \sin^n x\ dx=-\frac{1}{n}\sin^{n-1}x\cos x+\frac{n-1}{n}\int \sin^{n-2}x\ dx.$$

是否可以利用逆矩阵来计算$\int \sin^n x\,\mathrm{d}x$呢？为此先引入一些三角公式. 将

$$\cos(k+1)t = \cos kt\ \cos t - \sin kt\ \sin t$$

和

$$\cos(k-1)t = \cos kt\ \cos t + \sin kt\ \sin t$$

相减可得

$$\cos(k+1)t = -2\sin kt\ \sin t + \cos(k-1)t. \tag{22.1}$$

同样，由 $\sin(k+1)t$ 减 $\sin(k-1)t$ 可得

$$\sin(k+1)t = 2\cos kt\ \sin t + \sin(k-1)t. \tag{22.2}$$

当 k 为奇数时利用(22.1)，当 k 为偶数时利用(22.2)，得

$$\left.\begin{aligned}
&\cos 0t = 1,\\
&\sin 1t = \sin t,\\
&\cos 2t = \cos 0t - 2\sin t\ \sin t = 1 - 2\sin^2 t,\\
&\sin 3t = 2\cos 2t\ \sin t + \sin t = 2(1-2\sin^2 t)\ \sin t + \sin t\\
&\qquad\ = 3\sin t - 4\sin^3 t,\\
&\cos 4t = 1 - 8\sin^2 t + 8\sin^4 t,\\
&\sin 5t = 5\sin t - 20\sin^3 t + 16\sin^5 t,\\
&\cos 6t = 1 - 18\sin^2 t + 48\sin^4 t - 32\sin^6 t,\\
&\cdots.
\end{aligned}\right\} \tag{22.3}$$

探究题 22.2　利用三角公式(22.3)计算下列三角函数的不定积分：

1)　$\sin^2 t$, $\sin^4 t$, $\sin^6 t$;　　　2)　$\sin^3 t$, $\sin^5 t$.

从以上的计算中，你发现了什么？

问题解答

问题 22.1　设 $S = L(\sin x, \cos x)$，则 S 在求导运算 $\mathscr{D}$ 下封闭，即 $\mathscr{D}(S) \subseteq S$. 由于 $\sin x$ 和 $\cos x$ 线性无关，故 $\sin x, \cos x$ 是 S 的一个基. 由于

$$\begin{cases}\mathscr{D}(\sin x) = \cos x,\\ \mathscr{D}(\cos x) = -\sin x,\end{cases} \tag{22.4}$$

故线性变换 $\mathscr{D}\big|_S$ 的值域 $\mathscr{D}\big|_S(S) = S$. 由线性变换的维数公式

$$\dim S = \dim \mathscr{D}\big|_S(S) + \dim\left(\mathscr{D}\big|_S\right)^{-1}(0)$$

可知，$\mathscr{D}\big|_S$ 的核 $\left(\mathscr{D}\big|_S\right)^{-1}(0)$ 的维数(即零度)为零，故 $\mathscr{D}\big|_S: S \to S$ 是可逆的

线性变换. 由于不定积分是求导运算的逆运算，我们可以利用 $\mathscr{D}\big|_S$ 在基 $\sin x,\cos x$ 下的矩阵 $\mathbf{A}$ 的逆矩阵 $\mathbf{A}^{-1}$ 来求 S 中函数的不定积分. 具体的方法是：

(1) 先求矩阵 $\mathbf{A}$

由(22.4)立即可得 $\mathscr{D}\big|_S$ 在基 $\sin x,\cos x$ 下的矩阵 $\mathbf{A}=\begin{pmatrix}0 & -1\\ 1 & 0\end{pmatrix}$.

(2) 求逆矩阵 $\mathbf{A}^{-1}$

显然，$\mathbf{A}$ 的逆矩阵 $\mathbf{A}^{-1}=\begin{pmatrix}0 & 1\\ -1 & 0\end{pmatrix}$.

(3) 利用 $\mathscr{D}\big|_S$ 的逆变换 $\left(\mathscr{D}\big|_S\right)^{-1}$ 的矩阵 $\mathbf{A}^{-1}$，求反导数，从而求得不定积分：将 $\mathscr{D}\big|_S$ 的逆变换 $\left(\mathscr{D}\big|_S\right)^{-1}$ 作用在 S 的基向量 $\sin x,\cos x$ 上可以得到它们的反导数：

$$\begin{cases}\left(\mathscr{D}\big|_S\right)^{-1}(\sin x)=0\cdot\sin x+(-1)\cdot\cos x,\\ \left(\mathscr{D}\big|_S\right)^{-1}(\cos x)=1\cdot\sin x+0\cdot\cos x,\end{cases}$$

因此，

$$\int\sin x\,\mathrm{d}x=-\cos x+C,\quad \int\cos x\,\mathrm{d}x=\sin x+C,$$

其中 C 是任意常数.

注意，$\sin x$ 和 $\cos x$ 还有其他的相差一个常数项的反导数. 它们不出现是因为常数函数的子空间形成了求导线性变换的核 $(\mathscr{D})^{-1}(0)$，且

$$(\mathscr{D})^{-1}(0)\cap S=\{0\}.$$

因此，在子空间 S 中，反导数是唯一的. 而 $\sin x$ 和 $\cos x$ 的不定积分应写为

$$\int\sin x\,\mathrm{d}x=-\cos x+C \text{ 和 } \int\cos x\,\mathrm{d}x=\sin x+C,$$

其中 C 是任意常数.

问题 22.2 1) 首先来寻找一个包含 $x^2\mathrm{e}^x$ 的子空间 S，且 S 在求导作用下不变. 通过对 $x^2\mathrm{e}^x$ 的连续的求导运算可知，$S=L(x^2\mathrm{e}^x,x\mathrm{e}^x,\mathrm{e}^x)$，其中 $x^2\mathrm{e}^x,x\mathrm{e}^x,\mathrm{e}^x$ 构成 S 的一个基，且有

$$\begin{cases}\mathscr{D}\big|_S(x^2\mathrm{e}^x)=1\cdot x^2\mathrm{e}^x+2x\mathrm{e}^x+0\cdot\mathrm{e}^x,\\ \mathscr{D}\big|_S(x\mathrm{e}^x)=0\cdot x^2\mathrm{e}^x+1\cdot x\mathrm{e}^x+1\cdot\mathrm{e}^x,\\ \mathscr{D}\big|_S(\mathrm{e}^x)=0\cdot x^2\mathrm{e}^x+0\cdot\mathrm{e}^x+1\cdot\mathrm{e}^x,\end{cases}$$

故 $\mathscr{D}\big|_S$ 在基 $x^2\mathrm{e}^x, x\mathrm{e}^x, \mathrm{e}^x$ 下的矩阵为

$$\boldsymbol{A}=\begin{pmatrix}1&0&0\\2&1&0\\0&1&1\end{pmatrix},$$

且

$$\boldsymbol{A}^{-1}=\begin{pmatrix}1&0&0\\-2&1&0\\2&-1&1\end{pmatrix},$$

于是由 $\boldsymbol{A}^{-1}$ 的列可知

$$\int x^2\mathrm{e}^x\mathrm{d}x=x^2\mathrm{e}^x-2x\mathrm{e}^x+2\mathrm{e}^x+C,$$

$$\int x\mathrm{e}^x\mathrm{d}x=x\mathrm{e}^x-\mathrm{e}^x+C,$$

$$\int \mathrm{e}^x\mathrm{d}x=\mathrm{e}^x+C,$$

其中 C 是任意常数.

2) 同样，对任意正整数 n，利用逆矩阵计算不定积分，可得

$$\int x^n\mathrm{e}^x\mathrm{d}x=\mathrm{e}^x[x^n-nx^{n-1}+n(n-1)x^{n-2}-\cdots+(-1)^n n!]+C,$$

其中 C 是任意常数. 这是因为此时 $S=L(x^n\mathrm{e}^x,\cdots,x^2\mathrm{e}^x,x\mathrm{e}^x,\mathrm{e}^x)$，$\mathscr{D}\big|_S$ 在基 $x^n\mathrm{e}^x,\cdots,x^2\mathrm{e}^x,x\mathrm{e}^x,\mathrm{e}^x$ 下的矩阵是如下一个有趣的矩阵：

$$\boldsymbol{A}=\begin{pmatrix}1&0&0&\cdots&0&0&0\\n&1&0&\cdots&0&0&0\\0&n-1&1&\cdots&0&0&0\\\vdots&\vdots&\vdots&&\vdots&\vdots&\vdots\\0&0&0&\cdots&1&0&0\\0&0&0&\cdots&2&1&0\\0&0&0&\cdots&0&1&1\end{pmatrix}.$$

由于只需求 $x^n\mathrm{e}^x$ 的不定积分，故只需求 $\boldsymbol{A}^{-1}$ 的第一列. 由于 $|\boldsymbol{A}|=1$，故 $\boldsymbol{A}^{-1}=\boldsymbol{A}^*$. 由此容易得到 $\boldsymbol{A}^{-1}$ 的第一列为

$$\left(1,-n,n(n-1),\cdots,(-1)^{n-2}\frac{n!}{2!},(-1)^{n-1}n!,(-1)^n n!\right)^{\mathrm{T}},$$

因此，

$$\int x^n\mathrm{e}^x\mathrm{d}x=\mathrm{e}^x[x^n-nx^{n-1}+n(n-1)x^{n-2}-\cdots+(-1)^n n!]+C,$$

其中 C 是任意常数.

问题 22.3 首先来寻找一个包含 $e^{ax}\sin bx$ 的子空间 S，且 S 在求导运算的作用下不变. 通过 $e^{ax}\sin bx$ 的连续的导数运算，可得 S 的一个基为 $e^{ax}\sin bx, e^{ax}\cos bx$，且有

$$\begin{cases} \mathscr{D}\big|_S(e^{ax}\sin bx) = a e^{ax}\sin bx + b e^{ax}\cos bx; \\ \mathscr{D}\big|_S(e^{ax}\cos bx) = -b e^{ax}\sin bx + a e^{ax}\cos bx. \end{cases}$$

于是，$\mathscr{D}\big|_S$ 关于基 $e^{ax}\sin bx, e^{ax}\cos bx$ 的矩阵为

$$\boldsymbol{A} = \begin{pmatrix} a & -b \\ b & a \end{pmatrix}.$$

显然，

$$\boldsymbol{A}^{-1} = \frac{1}{a^2+b^2}\begin{pmatrix} a & b \\ -b & a \end{pmatrix}.$$

因此，

$$\int e^{ax}\sin bx\ dx = \frac{e^{ax}}{a^2+b^2}(a\sin bx - b\cos bx) + C,$$

其中 C 是任意常数.

23. 根子空间分解及其直接求法

设 $\mathscr{A}$ 是 n 维线性空间 V 的线性变换，则

$$\mathscr{A}\text{可对角化} \Leftrightarrow \mathscr{A}\text{有 } n \text{ 个线性无关的特征向量 } \xi_1,\xi_2,\cdots,\xi_n$$

$$\Leftrightarrow V \text{ 可分解成 } n \text{ 个一维 } \mathscr{A}\text{- 子空间的直和：}$$

$$V = L(\xi_1) \oplus L(\xi_2) \oplus \cdots \oplus L(\xi_n),$$

此外，$\mathscr{A}$ 在基 $\xi_1,\xi_2,\cdots,\xi_n$ 下的矩阵是对角矩阵.

由此可见，找线性变换 $\mathscr{A}$ 的尽量简单的矩阵表示，是与对线性空间 V 作为 $\mathscr{A}$- 子空间的尽可能“细”的直和分解有密切联系的. 对于一个一般的线性变换 $\mathscr{A}$，如何求它的 $\mathscr{A}$- 子空间直和分解呢？

问题 11.5 中，我们将矩阵 $\boldsymbol{A}$ 的特征向量概念推广到广义特征向量(也称**根向量**). 本课题研讨如何将线性变换的有关特征向量的概念和性质推广到根向量，从而得到线性变换的根子空间的直和分解(讨论在复数域 $\mathbf{C}$ 上进行).

设 V 为 $\mathbf{C}$ 上 n 维线性空间，$\mathscr{A}$ 为 V 的一个线性变换，λ 为 $\mathscr{A}$ 的一个特征值，ξ 为 V 的一个非零向量. 如果存在正整数 k，使 $(\mathscr{A}-\lambda\mathscr{E})^k\xi=0$，其中 $\mathscr{E}$ 为恒等变换，则称 ξ 为线性变换 $\mathscr{A}$ 的一个属于特征值 λ 的**根向量**(亦称**广义特征向量**)，称子空间

$$W_\lambda = \{\xi \in V \mid \text{存在某个正整数 } k \text{，使 } (\mathscr{A}-\lambda\mathscr{E})^k\xi = 0\}$$

为 $\mathscr{A}$ 的属于特征值 λ 的**根子空间**. 显然，$\mathscr{A}$ 的属于特征向量 λ 的特征向量必定是根向量，即 $V_\lambda = \{\xi \in V \mid (\mathscr{A}-\lambda\mathscr{E})\xi = 0\} \subseteq W_\lambda$，故根向量的概念是特征向量的推广，有时亦称**广义特征向量**. 本课题还将探讨根子空间分解的直接求法.

中心问题 如何将 V 分解为 $\mathscr{A}$ 的根子空间的直和，从而简化 $\mathscr{A}$ 的矩阵表示？

准备知识 线性空间，线性变换，课题 11：特征值与特征向量的直接求法

课 题 探 究

首先，我们先讨论根子空间的性质，然后再讨论 V 关于 $\mathscr{A}$ 的根子空间的

直和分解.

问题 23.1 我们知道，设$\mathscr{A}$是n维线性空间V上的一个线性变换，则$\mathscr{A}$的特征子空间V_λ是$\mathscr{A}$-子空间，且V_λ是$\mathscr{A}-\lambda\mathscr{E}$的核，即

$$V_\lambda=(\mathscr{A}-\lambda\mathscr{E})^{-1}(0).$$

试将这结论推广到根子空间W_λ.（提示：证明W_λ是$(\mathscr{A}-\lambda\mathscr{E})^n$的核.）

问题 23.2 设$\mathscr{A}$是n维线性空间V上的一个线性变换，试将V分解为$\mathscr{A}$的根子空间的直和.

由问题 23.1 知，$\mathscr{A}-\lambda\mathscr{E}$在$W_\lambda$上的限制$(\mathscr{A}-\lambda\mathscr{E})\big|_{W_\lambda}$的$n$次方幂

$$\left((\mathscr{A}-\lambda\mathscr{E})\big|_{W_\lambda}\right)^n=(\mathscr{A}-\lambda\mathscr{E})^n\big|_{W_\lambda}=\mathscr{O}\big|_{W_\lambda}$$

是W_λ上的零变换. 一般地，我们把某个方幂等于零变换的线性空间V的线性变换$\mathscr{A}$称为幂零的.

问题 23.3 设$\mathscr{A}$是n维线性空间V上的一个线性变换.

1） 证明：设$\mathscr{A}$是幂零的，则存在V的一个基，使得$\mathscr{A}$在这个基下的矩阵是主对角线上的元素皆为零的上三角方阵.

2） 试问：幂零线性变换$\mathscr{A}$的特征值有什么特征?

我们知道，如果线性变换$\mathscr{A}$可对角化，则由$\mathscr{A}$的特征子空间的直和分解可得$\mathscr{A}$的对角矩阵表示，那么，一般地，由一个线性变换$\mathscr{A}$的根子空间直和分解，是否能找到尽量简单的矩阵表示呢?

问题 23.4 证明：设$\lambda_1,\lambda_2,\cdots,\lambda_s$是$n$维线性空间$V$的线性变换$\mathscr{A}$的互不相同的特征值，则存在$V$的一个基，使得$\mathscr{A}$在这个基下的矩阵是上三角方阵：

$$\begin{pmatrix} \boxed{\begin{matrix}\lambda_1 & & * \\ & \ddots & \\ 0 & & \lambda_1\end{matrix}} & & & \\ & \boxed{\begin{matrix}\lambda_2 & & * \\ & \ddots & \\ 0 & & \lambda_2\end{matrix}} & & \\ & & \ddots & \\ & & & \boxed{\begin{matrix}\lambda_s & & * \\ & \ddots & \\ 0 & & \lambda_s\end{matrix}} \end{pmatrix}. \tag{23.1}$$

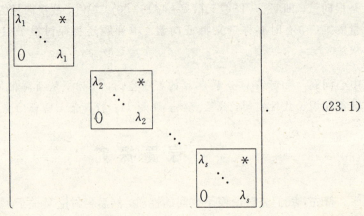

用矩阵的语言来说，问题23.4的结论实质上就是：任一n阶复矩阵$\boldsymbol{A}$必可相似于一个上三角方阵，且上三角方阵的主对角线上的元素是$\boldsymbol{A}$的n个特征值.

问题 23.5 设矩阵

$$\boldsymbol{B}=\begin{bmatrix}3 & 1 & 0\\ -4 & -1 & 0\\ 4 & -8 & -2\end{bmatrix},$$

求可逆矩阵$\boldsymbol{T}$，使$\boldsymbol{T}^{-1}\boldsymbol{B}\boldsymbol{T}$是上三角方阵.

注意，线性变换$\mathscr{A}$在某个基下的矩阵$\boldsymbol{A}$的若尔当标准形也具有(23.1)的形式，只是其中的若尔当块是由$\boldsymbol{A}$的初等因子所决定的，而且对同一个特征值λ_i，可能有几个初等因子(设为t个)：

$$(\lambda-\lambda_i)^{k_{i1}},\ (\lambda-\lambda_i)^{k_{i2}},\ \cdots,\ (\lambda-\lambda_i)^{k_{it}},$$

这样，(23.1)中的矩阵子块

$$\begin{bmatrix}\lambda_i & & & *\\ & \lambda_i & & \\ & & \ddots & \\ 0 & & & \lambda_i\end{bmatrix}$$

又可以进一步化成以t个若尔当块为对角块的分块对角矩阵，$i=1,2,\cdots,s$. 实际上，在今后的具体应用(例如：常微分方程等)中，往往只要将矩阵$\boldsymbol{A}$化成形如(23.1)的上三角方阵，就能满足理论推导的需要，而用不到将$\boldsymbol{A}$化成若尔当标准形的具体计算. 此外，用根子空间分解的方法可以求出使$\boldsymbol{T}^{-1}\boldsymbol{A}\boldsymbol{T}$成上三角方阵所用的可逆矩阵$\boldsymbol{T}$，这是用初等因子的方法来求$\boldsymbol{A}$的若尔当标准形时办不到的. 为了要利用根向量既能求得$\boldsymbol{A}$的若尔当标准形$\boldsymbol{J}$，又能求得使$\boldsymbol{T}^{-1}\boldsymbol{A}\boldsymbol{T}=\boldsymbol{J}$所用的可逆矩阵$\boldsymbol{T}$，在课题25“用若尔当链求若尔当标准形及变换矩阵”中，我们将引入若尔当链的概念，可以解决上述问题.

在问题23.5中，我们用问题11.5的直接求法，求得了矩阵$\boldsymbol{B}$的线性无关的广义特征向量，从而得到了$\boldsymbol{B}$的若尔当标准形. 下面我们将问题11.5的解法用向量式的语言加以表述，从而推广到任一n维矩阵$\boldsymbol{A}\in\mathbf{C}^{n\times n}$，给出利用由$\boldsymbol{A}$的相关生成向量导出的零化向量式，直接求$\boldsymbol{A}$的$n$个线性无关的广义特征向量(因而直接求出$\boldsymbol{A}$的若尔当标准形及其变换矩阵)的算法.

我们先将求$\boldsymbol{B}$的相关生成向量导出的零化向量式的过程列成一个表：

$$
\begin{array}{c}
\boldsymbol{B} \\
\begin{pmatrix} 3 & 1 & 0 \\ -4 & -1 & 0 \\ 4 & -8 & -2 \end{pmatrix}
\end{array}
\qquad
\begin{array}{cccc|}
\boldsymbol{u} & \boldsymbol{Bu} & \boldsymbol{B}^2\boldsymbol{u} & \boldsymbol{B}^3\boldsymbol{u} \\
1 & 3 & 5 & 7 \\
0 & -4 & -8 & -12 \\
0 & 4 & 36 & 12 \\
\hline
2 & -3 & & 1
\end{array}
$$

上表的左边是矩阵$\boldsymbol{B}$，$\boldsymbol{B}$的右边是生成向量列$\boldsymbol{u},\boldsymbol{Bu},\boldsymbol{B}^2\boldsymbol{u},\boldsymbol{B}^3\boldsymbol{u}$，各生成向量的值分别写在它们的下方．一个直角的竖线表示左边由种子向量$\boldsymbol{u}$生成的向量是线性相关的，而横线下方的一行数字表示它们之间的线性关系，即

$$\boldsymbol{B}^3\boldsymbol{u}-3\boldsymbol{Bu}+2\boldsymbol{u}=\boldsymbol{0}.$$

生成向量$\boldsymbol{u},\boldsymbol{Bu},\boldsymbol{B}^2\boldsymbol{u}$是无关生成向量，$\boldsymbol{B}^3\boldsymbol{u}$是相关生成向量，由$\boldsymbol{B}^3\boldsymbol{u}$导出了零化向量式

$$\begin{aligned}\boldsymbol{x}_1&=\boldsymbol{B}^3\boldsymbol{u}-3\boldsymbol{Bu}+2\boldsymbol{u}=(\boldsymbol{B}^3-3\boldsymbol{B}+2\boldsymbol{E})\boldsymbol{u}\\&=(\boldsymbol{B}+2\boldsymbol{E})(\boldsymbol{B}-\boldsymbol{E})^2\boldsymbol{u}.\end{aligned}\tag{23.2}$$

将(23.2)中由种子向量$\boldsymbol{u}$产生的生成向量$\boldsymbol{u},\boldsymbol{Bu},\boldsymbol{B}^2\boldsymbol{u},\boldsymbol{B}^3\boldsymbol{u}$的项合并，得

$$P_1(\boldsymbol{B})\boldsymbol{u}=(\boldsymbol{B}^3-3\boldsymbol{B}+2\boldsymbol{E})\boldsymbol{u},$$

其中

$$P_1(x)=x^3-3x+2=(x+2)(x-1)^2.$$

由此可得，$\boldsymbol{B}$的特征值为-2和1.

对于特征值$\lambda_1=-2$，用$\boldsymbol{A}+2\boldsymbol{E}$除$\boldsymbol{x}_1$，可得商 - 余式形式：

$$\boldsymbol{x}_1=(\boldsymbol{B}+2\boldsymbol{E})\boldsymbol{q}_1+\boldsymbol{r}_1=(\boldsymbol{B}+2\boldsymbol{E})[(\boldsymbol{B}-\boldsymbol{E})^2\boldsymbol{u}]+\boldsymbol{0},$$

由此可得，商$\boldsymbol{q}_1=(\boldsymbol{B}-\boldsymbol{E})^2\boldsymbol{u}$的值$\boldsymbol{\alpha}_3=\begin{pmatrix}0\\0\\28\end{pmatrix}$是属于特征值$-2$的特征向量.

对于特征值$\lambda_2=1$，用$\boldsymbol{B}-\boldsymbol{E}$除$\boldsymbol{x}_1$，可得商 - 余式形式：

$$\boldsymbol{x}_1=(\boldsymbol{B}-\boldsymbol{E})\boldsymbol{q}_2+\boldsymbol{r}_2=(\boldsymbol{B}-\boldsymbol{E})[(\boldsymbol{B}-\boldsymbol{E})(\boldsymbol{B}+2\boldsymbol{E})\boldsymbol{u}]+\boldsymbol{0},$$

由此可得，商$\boldsymbol{q}_2=(\boldsymbol{B}-\boldsymbol{E})(\boldsymbol{B}+2\boldsymbol{E})\boldsymbol{u}$的值$\boldsymbol{\alpha}_1=\begin{pmatrix}6\\-12\\40\end{pmatrix}$是属于特征值1的特征向量.

于是，我们得到了$\boldsymbol{B}$的2个线性无关的特征向量$\boldsymbol{\alpha}_3$和$\boldsymbol{\alpha}_1$．由于$\boldsymbol{B}$的线性无关的特征向量的极大个数$2<3$，故还存在次数大于1的广义特征向量.

我们知道，如果$\boldsymbol{\alpha}$是矩阵$\boldsymbol{B}$的属于特征值λ的k次广义特征向量，则

$$(\boldsymbol{B}-\lambda\boldsymbol{E})^{k-1}\boldsymbol{\alpha}\neq\boldsymbol{0},\quad(\boldsymbol{B}-\lambda\boldsymbol{E})^k\boldsymbol{\alpha}=\boldsymbol{0},$$

因而$(\boldsymbol{B}-\lambda\boldsymbol{E})\boldsymbol{\alpha}$是$\boldsymbol{B}$的属于特征值$\lambda$的$k-1$次广义特征向量. 如果已知$k-1$次广义特征向量$\boldsymbol{\gamma}$, 我们就可以通过解方程$(\boldsymbol{B}-\lambda\boldsymbol{E})z=\boldsymbol{\gamma}$来求$\boldsymbol{B}$的属于特征值$\lambda$的$k$次广义特征向量.

由于向量式$\boldsymbol{q}_2=(\boldsymbol{B}-\boldsymbol{E})(\boldsymbol{B}+2\boldsymbol{E})\boldsymbol{u}$还能分解出因式$\boldsymbol{B}-\boldsymbol{E}$, 使得

$$\boldsymbol{q}_2=(\boldsymbol{B}-\boldsymbol{E})\boldsymbol{q}_3=(\boldsymbol{B}-\boldsymbol{E})[(\boldsymbol{B}+2\boldsymbol{E})\boldsymbol{u}], \tag{23.3}$$

在(23.3)的两边取值后, 得

$$\boldsymbol{\alpha}_1=(\boldsymbol{B}-\boldsymbol{E})\boldsymbol{\alpha}_2, \tag{23.4}$$

其中$\boldsymbol{\alpha}_2$是商$\boldsymbol{q}_3=(\boldsymbol{B}+2\boldsymbol{E})\boldsymbol{u}$的值$\begin{pmatrix}5\\-4\\4\end{pmatrix}$. 由(23.4)知, $\boldsymbol{\alpha}_2$是$\boldsymbol{B}$的属于特征值1的2次广义特征向量(向量式$\boldsymbol{q}_1=(\boldsymbol{B}-\boldsymbol{E})^2\boldsymbol{u}$不能再分解出因式$\boldsymbol{B}+2\boldsymbol{E}$, $\boldsymbol{B}$也不存在属于特征值-2的2次广义特征向量). $\boldsymbol{\alpha}_1,\boldsymbol{\alpha}_2,\boldsymbol{\alpha}_3$构成了$\mathbf{C}^3$的一个基, 它是$\boldsymbol{B}$的所有广义特征向量全体的一个极大线性无关组, 由此我们也得到了线性变换$\mathscr{B}$: $\boldsymbol{x}\longmapsto\boldsymbol{B}\boldsymbol{x}$ $(\boldsymbol{x}\in\mathbf{C}^3)$的根子空间分解$L(\boldsymbol{\alpha}_1,\boldsymbol{\alpha}_2)\oplus L(\boldsymbol{\alpha}_3)$.

下面用向量式来探求7阶矩阵$\mathbf{A}$的广义特征向量. 我们将求$\mathbf{A}$的相关生成向量导出的零化向量式的过程列成一个表:

A							u	Au	A^2u	v	Av	A^2v	w	Aw	A^2w	A^3w
5	1	−28	1	−17	34	39	1	5	22	0	1	−1	0	1	6	11
1	6	−29	−1	−45	66	61	0	1	6	1	6	25	0	−1	−2	−21
5	−2	−33	3	51	−32	−1	0	5	30	0	−2	−27	0	3	16	65
4	−2	−26	3	49	−37	−8	0	4	24	0	−2	−24	1	3	11	44
2	−1	−13	2	23	−13	−2	0	2	12	0	−1	−12	0	2	10	39
−2	1	13	0	−26	23	5	0	−2	−12	0	1	12	0	0	−1	−9
6	−3	−39	3	71	−52	−9	0	6	36	0	−3	−36	0	3	16	69
							8	−6	1							
							−8	3		8	−6	1				
							3	1		−10	5		−8	12	−6	1

由上表中的最后三行得, 由相关生成向量$\boldsymbol{A}^2\boldsymbol{u},\boldsymbol{A}^2\boldsymbol{v}$和$\boldsymbol{A}^3\boldsymbol{w}$导出的零化向量式为

$$\begin{cases}\boldsymbol{x}_1=\boldsymbol{A}^2\boldsymbol{u}-6\boldsymbol{A}\boldsymbol{u}+8\boldsymbol{u},\\ \boldsymbol{x}_2=\boldsymbol{A}^2\boldsymbol{v}-6\boldsymbol{A}\boldsymbol{v}+8\boldsymbol{v}+3\boldsymbol{A}\boldsymbol{u}-8\boldsymbol{u},\\ \boldsymbol{x}_3=\boldsymbol{A}^3\boldsymbol{w}-6\boldsymbol{A}^2\boldsymbol{w}+12\boldsymbol{A}\boldsymbol{w}-8\boldsymbol{w}+5\boldsymbol{A}\boldsymbol{v}-10\boldsymbol{v}+\boldsymbol{A}\boldsymbol{u}+3\boldsymbol{u}.\end{cases} \tag{23.5}$$

由(23.5)可得多项式

$$\begin{cases} P_1(x) = x^2 - 6x + 8 = (x-4)(x-2), \\ P_2(x) = x^2 - 6x + 8 = (x-4)(x-2), \\ P_3(x) = x^3 - 6x^2 + 12x - 8 = (x-2)^3. \end{cases} \tag{23.6}$$

由(23.6)知，$\boldsymbol{A}$ 的特征值是 4 和 2.

先求 $\boldsymbol{A}$ 的属于特征值 $\lambda_1 = 4$ 的特征向量. 将 $\boldsymbol{x}_i$ 写成商-余式形式 $\boldsymbol{x}_i = (\boldsymbol{A} - 4\boldsymbol{E})\boldsymbol{q}_i + \boldsymbol{r}_i$，$i = 1,2,3$，得

$$\boldsymbol{x}_1 = (\boldsymbol{A} - 4\boldsymbol{E})(\boldsymbol{Au} - 2\boldsymbol{u}) + \boldsymbol{0}, \tag{23.7}$$

$$\boldsymbol{x}_2 = (\boldsymbol{A} - 4\boldsymbol{E})(\boldsymbol{Av} - 2\boldsymbol{v} + 3\boldsymbol{u}) + 4\boldsymbol{u}, \tag{23.8}$$

$$\begin{aligned} \boldsymbol{x}_3 = {} & (\boldsymbol{A} - 4\boldsymbol{E})(\boldsymbol{A}^2\boldsymbol{w} - 2\boldsymbol{Aw} + 4\boldsymbol{w} + 5\boldsymbol{v} + \boldsymbol{u}) \\ & + 8\boldsymbol{w} + 10\boldsymbol{v} + 7\boldsymbol{u}. \end{aligned} \tag{23.9}$$

由于(23.7)中的余式 $\boldsymbol{r}_1 = \boldsymbol{0}$，故用 $\boldsymbol{A} - 4\boldsymbol{E}$ 除 $\boldsymbol{x}_1$ 所得的商 $\boldsymbol{q}_1 = \boldsymbol{Au} - 2\boldsymbol{u}$ 的值是一个属于 $\lambda_1 = 4$ 的特征向量. 在(23.8)中余式 $\boldsymbol{r}_2 = 4\boldsymbol{u}$ 不是前一个余式 $\boldsymbol{r}_1$ 的线性组合，在(23.9)中余式 $\boldsymbol{r}_3 = 8\boldsymbol{w} + 10\boldsymbol{v} + 7\boldsymbol{u}$ 也不是前两个余式 $\boldsymbol{r}_1$ 和 $\boldsymbol{r}_2$ 的线性组合. 因此，$\boldsymbol{A}$ 的特征值 $\lambda_1 = 4$ 的特征子空间 V_{λ_1} 是 1 维的，$\boldsymbol{q}_1 = \boldsymbol{Au} - 2\boldsymbol{u}$ 的值$(3,1,5,4,2,-2,6)^{\mathrm{T}}$ 构成它的一个基.

下面求 $\boldsymbol{A}$ 的属于 $\lambda_1 = 4$ 的 2 次广义特征向量. 先将向量式 $\boldsymbol{x}_4 = \boldsymbol{q}_1$ 写成商-余式形式

$$\boldsymbol{x}_4 = (\boldsymbol{A} - 4\boldsymbol{E})\boldsymbol{q}_4 + \boldsymbol{r}_4.$$

如果 $\boldsymbol{r}_4 = \boldsymbol{0}$，则 $\boldsymbol{q}_4$ 的值就是 2 次广义特征向量. 但现在

$$\boldsymbol{x}_4 = \boldsymbol{q}_1 = \boldsymbol{Au} - 2\boldsymbol{u} = (\boldsymbol{A} - 4\boldsymbol{E})\boldsymbol{u} + 2\boldsymbol{u},$$

其中 $\boldsymbol{r}_4 = 2\boldsymbol{u} \neq \boldsymbol{0}$，故 $\boldsymbol{q}_4 = \boldsymbol{u}$ 的值还不是 2 次广义特征向量. 与求特征向量的方法类似，我们检验 $\boldsymbol{r}_4$ 是否前三个余式 $\boldsymbol{r}_1, \boldsymbol{r}_2$ 和 $\boldsymbol{r}_3$ 的线性组合. 显然 $2\boldsymbol{r}_4 - \boldsymbol{r}_2 = \boldsymbol{0}$，所以对应的 $\boldsymbol{x}_2$ 和 $\boldsymbol{x}_4$ 的线性组合 $2\boldsymbol{x}_4 - \boldsymbol{x}_2$ 有$(\boldsymbol{A} - 4\boldsymbol{E})\boldsymbol{z}$ 的形式，且用 $\boldsymbol{A} - 4\boldsymbol{E}$ 除 $2\boldsymbol{x}_4 - \boldsymbol{x}_2$ 所得的商为

$$2\boldsymbol{q}_4 - \boldsymbol{q}_2 = 2\boldsymbol{u} - (\boldsymbol{Av} - 2\boldsymbol{v} + 3\boldsymbol{u}) = -\boldsymbol{Av} + 2\boldsymbol{v} - \boldsymbol{u},$$

它的值是属于 $\lambda_1 = 4$ 的 2 次广义特征向量(这是因为 $\boldsymbol{x}_2$ 是零化向量式，故向量式

$$(\boldsymbol{A} - 4\boldsymbol{E})(2\boldsymbol{q}_4 - \boldsymbol{q}_2) = 2\boldsymbol{x}_4 - \boldsymbol{x}_2 = 2\boldsymbol{q}_1 - \boldsymbol{x}_2$$

的值就是 $2\boldsymbol{q}_1 = 2(\boldsymbol{Au} - 2\boldsymbol{u})$ 的值，是属于 $\lambda_1 = 4$ 的特征向量，且

$$\begin{aligned} (\boldsymbol{A} - 4\boldsymbol{E})^2(2\boldsymbol{q}_4 - \boldsymbol{q}_2) &= (\boldsymbol{A} - 4\boldsymbol{E})(2\boldsymbol{x}_4 - \boldsymbol{x}_2) \\ &= 2(\boldsymbol{A} - 4\boldsymbol{E})\boldsymbol{q}_1 - (\boldsymbol{A} - 4\boldsymbol{E})\boldsymbol{x}_2 \\ &= 2\boldsymbol{x}_1 - (\boldsymbol{A} - 4\boldsymbol{E})\boldsymbol{x}_2 \end{aligned}$$

是零化向量式，它的值为 $\boldsymbol{0}$).

是否还有 $\boldsymbol{A}$ 的属于 $\lambda_1 = 4$ 的 3 次广义特征向量呢？再计算向量式 $\boldsymbol{x}_5 = 2\boldsymbol{q}_4 - \boldsymbol{q}_2 = -\boldsymbol{A}\boldsymbol{v} + 2\boldsymbol{v} - \boldsymbol{u}$ 除以 $\boldsymbol{A} - 4\boldsymbol{E}$ 的商 $\boldsymbol{q}_5$ 和余式 $\boldsymbol{r}_5$，得

$$\boldsymbol{q}_5 = -\boldsymbol{v}, \quad \boldsymbol{r}_5 = -2\boldsymbol{v} - \boldsymbol{u}.$$

显然，$\boldsymbol{r}_5$ 不是 $\boldsymbol{r}_1, \boldsymbol{r}_2, \boldsymbol{r}_3, \boldsymbol{r}_4$ 的线性组合，故不存在 x_5 和 $\boldsymbol{x}_1, \boldsymbol{x}_2, \boldsymbol{x}_3, \boldsymbol{x}_4$ 的线性组合再能分解出因式 $\boldsymbol{A} - 4\boldsymbol{E}$，因而不存在 $\boldsymbol{A}$ 的属于 $\lambda_1 = 4$ 的 3 次广义特征向量.

因此，特征向量 $\boldsymbol{A}\boldsymbol{u} - 2\boldsymbol{u} = (3,1,5,4,2,-2,6)^{\mathrm{T}}$ 和 2 次广义特征向量

$$-\boldsymbol{A}\boldsymbol{v} + 2\boldsymbol{v} - \boldsymbol{u} = -(2,4,-2,-2,-1,1,-3)^{\mathrm{T}}$$

构成 $\boldsymbol{A}$ 的特征值 $\lambda_1 = 4$ 的根子空间 W_{λ_1} 的一个基.

问题 23.6 用零化向量式(23.5)求 $\boldsymbol{A}$ 的特征值 $\lambda_2 = 2$ 的根子空间 W_{λ_2} 的一个基.

通过以上两个实例，可以对求广义特征向量的直接算法加以归结了.

探究题 23.1 试述利用 $\boldsymbol{A} \in \mathbf{C}^{n\times n}$ 的相关生成向量导出的零化向量式，求它的所有广义特征向量全球的一个极大线性无关组的算法.

问题解答

问题 23.1 可以证明：W_λ 是 $\mathscr{A}$ 子空间，且

$$W_\lambda = [(\mathscr{A} - \lambda\mathscr{E})^n]^{-1}(0).$$

事实上，$(\mathscr{A} - \lambda\mathscr{E})^n$ 的核中每一向量都是 $\mathscr{A}$ 的属于特征值 λ 的根向量，故

$$[(\mathscr{A} - \lambda\mathscr{E})^n]^{-1}(0) \subseteq W_\lambda.$$

反之，若 $\xi \in W_\lambda$，要证 $(\mathscr{A} - \lambda\mathscr{E})^n\xi = 0$. 不妨设 $\xi \neq 0$，且 k 是使 $(\mathscr{A} - \lambda\mathscr{E})^k\xi = 0$ 的最小正整数，则只要证 $k \leqslant n$，而如果能证明下列 k 个向量

$$\xi,\ (\mathscr{A} - \lambda\mathscr{E})\xi,\ (\mathscr{A} - \lambda\mathscr{E})^2\xi,\ \cdots,\ (\mathscr{A} - \lambda\mathscr{E})^{k-1}\xi \tag{23.10}$$

线性无关，那么就有 $k \leqslant \dim V = n$.

假设存在一组复数 $c_0, c_1, \cdots, c_{k-1}$，使

$$c_0\xi + c_1(\mathscr{A} - \lambda\mathscr{E})\xi + \cdots + c_{k-1}(\mathscr{A} - \lambda\mathscr{E})^{k-1}\xi = 0,$$

将 $(\mathscr{A} - \lambda\mathscr{E})^{k-1}$ 作用于上式两边得 $c_0(\mathscr{A} - \lambda\mathscr{E})^{k-1}\xi = 0$，由此得 $c_0 = 0$，再将 $(\mathscr{A} - \lambda\mathscr{E})^{k-2}$ 作用于上式两边得 $c_1(\mathscr{A} - \lambda\mathscr{E})^{k-1}\xi = 0$，由此得 $c_1 = 0$，这样继续做下去，可得

$$c_0 = c_1 = \cdots = c_{k-1} = 0,$$

因而向量组(23.10)中的 k 个向量线性无关，从而 $k \leqslant n$，

$$W_\lambda \subseteq [(\mathscr{A}-\lambda\mathscr{E})^n]^{-1}(0),$$

因此，$W_\lambda = [(\mathscr{A}-\lambda\mathscr{E})^n]^{-1}(0)$.

若 $\xi \in W_\lambda$，则 $(\mathscr{A}-\lambda\mathscr{E})^n\xi = 0$，故

$$(\mathscr{A}-\lambda\mathscr{E})^n\mathscr{A}\xi = \mathscr{A}(\mathscr{A}-\lambda\mathscr{E})^n\xi = \mathscr{A}(0) = 0,$$

即 $\mathscr{A}\xi \in W_\lambda$. 因此，$W_\lambda$ 是 $\mathscr{A}$- 子空间.

问题 23.2 可以证明：设 $\lambda_1,\lambda_2,\cdots,\lambda_s$ 是 $\mathscr{A}$ 的互不相同的特征值，则

$$V = W_{\lambda_1} \oplus W_{\lambda_2} \oplus \cdots \oplus W_{\lambda_s},$$

且 $\dim W_{\lambda_i}$ 等于特征值 λ_i 重数(即 λ_i 作为 $\mathscr{A}$ 的特征多项式的根的重数).

事实上，对 $\dim V = n$ 用数学归纳法. 当 $n=1$ 时，结论显然成立. 假设对 $\dim V < n$ 结论成立. 设 λ_1 是 $\mathscr{A}$ 的一个特征值，我们先证明

$$V = [(\mathscr{A}-\lambda_1\mathscr{E})^n]^{-1}(0) \oplus (\mathscr{A}-\lambda_1\mathscr{E})^n V. \tag{23.11}$$

由于对任一 V 的线性变换 $\mathscr{B}$ 都有

$$\mathscr{B}\text{ 的零度} + \mathscr{B}\text{ 的秩} = \dim V,$$

故对 $\mathscr{B} = (\mathscr{A}-\lambda\mathscr{E})^n$ 也有

$$\dim V = \dim[(\mathscr{A}-\lambda_1\mathscr{E})^n]^{-1}(0) + \dim(\mathscr{A}-\lambda_1\mathscr{E})^n V.$$

设

$$V_1 = W_{\lambda_1} = [(\mathscr{A}-\lambda_1\mathscr{E})^n]^{-1}(0), \quad V_2 = (\mathscr{A}-\lambda_1\mathscr{E})^n V,$$

要证(23.11)，只要再证 $V_1 \cap V_2 = \{0\}$.

若 $\alpha \in V_1 \cap V_2$，则 $(\mathscr{A}-\lambda_1\mathscr{E})^n\alpha = 0$ 且存在 $\beta \in V$ 使

$$(\mathscr{A}-\lambda_1\mathscr{E})^n\beta = \alpha.$$

将 $(\mathscr{A}-\lambda_1\mathscr{E})^n$ 作用于上式两边，得

$$(\mathscr{A}-\lambda_1\mathscr{E})^{2n}\beta = 0,$$

故 $\beta \in W_{\lambda_1}$. 由问题 23.1 知，$W_{\lambda_1} = [(\mathscr{A}-\lambda_1\mathscr{E})^n]^{-1}(0)$，故

$$(\mathscr{A}-\lambda_1\mathscr{E})^n\beta = 0,$$

而 $(\mathscr{A}-\lambda_1\mathscr{E})^n\beta = \alpha$，故 $\alpha = 0$. 因此

$$V_1 \cap V_2 = \{0\}, \quad V = W_{\lambda_1} \oplus V_2.$$

显然，V_2 也是 $\mathscr{A}$- 子空间，且由 $V_1 \cap V_2 = \{0\}$，故 $\mathscr{A}$ 在 V_2 上的限制 $\mathscr{A}\big|_{V_2}$ 不再含有 $\mathscr{A}$ 的属于特征值 λ_1 的根向量. 由于 $\dim V_1 > 0$，故 $\dim V_2 < n$，据归纳法假设，V_2 可以分解成 $\mathscr{A}$ 的其他特征值的根子空间的直和.

只需再证 $\mathscr{A}$ 限制在 W_{λ_1} 上仅有一个特征值 λ_1，则结论对 $\dim V = n$ 即刻成立.

事实上，设 μ 是 $\mathscr{A}\big|_{W_{\lambda_1}}$ 的特征值，则有特征向量 $\alpha \in W_{\lambda_1}$ 使 $\mathscr{A}\alpha = \mu\alpha$（其

中 $\alpha\neq 0$)，故有

$$(\mathscr{A}-\lambda_1\mathscr{E})\alpha=(\mu-\lambda_1)\alpha,$$

于是，有

$$(\mathscr{A}-\lambda_1\mathscr{E})^k\alpha=(\mu-\lambda_1)^k\alpha,\quad k=1,2,\cdots.$$

因为 α 是 $\mathscr{A}$ 的属于 λ_1 的根向量，所以存在某个正整数 k 使得上式左边为零，由此得 $\mu=\lambda_1$.

问题 23.3 1) 由于 $\mathscr{A}$ 是幂零的，可设

$$\mathscr{A}^{k-1}\neq\mathscr{O},\quad \mathscr{A}^k=\mathscr{O}.$$

先取 $\mathscr{A}^{-1}(0)$ 的一个基，再扩张为 $(\mathscr{A}^2)^{-1}(0)$ 的一个基，再扩张为 $(\mathscr{A}^3)^{-1}(0)$ 的一个基，继续下去，最后得到所需的 $(\mathscr{A}^k)^{-1}(0)=V$ 的一个基.

2) 可以证明：线性变换 $\mathscr{A}$ 是幂零的充分必要条件是 $\mathscr{A}$ 的特征值皆为 0.

事实上，若 $\mathscr{A}$ 的特征值皆为 0，由问题 23.2 知，

$$V=W_0=[(\mathscr{A}-0\cdot\mathscr{E})^n]^{-1}(0)=(\mathscr{A}^n)^{-1}(0),$$

故有

$$\mathscr{A}^nV=\{0\},$$

即 $\mathscr{A}^n=\mathscr{O}$，因而 $\mathscr{A}$ 是幂零的. 反之，若 $\mathscr{A}$ 是幂零的，则由 1) 知，存在 V 的一个基，使得 $\mathscr{A}$ 在这个基下的矩阵是主对角线上的元素皆为零的上三角方阵，故 $\mathscr{A}$ 的特征值皆为零.

注意，幂零线性变换 $\mathscr{A}$ 的特征值皆为 0 的性质也可以利用它的零化多项式和最小多项式来证明. 我们这里给出直接的证明，目的是将来要用根子空间分解和若尔当链给出求线性变换 $\mathscr{A}$ 在某个基下的矩阵 $\boldsymbol{A}$ 的若尔当标准形的新方法.

问题 23.4 由于 $\lambda_1,\lambda_2,\cdots,\lambda_s$ 是 $\mathscr{A}$ 的互不相同的特征值，由问题 23.2 可知，V 可分解为 $\mathscr{A}$ 的根子空间的直和

$$V=W_{\lambda_1}\oplus W_{\lambda_2}\oplus\cdots\oplus W_{\lambda_s},$$

其中 $\dim W_{\lambda_i}$ 等于特征值 λ_i 的重数. 由问题 23.1 知，$(\mathscr{A}-\lambda_i\mathscr{E})\big|_{W_{\lambda_i}}$ 是幂零的，再由问题 23.3 的 1) 知，对每个 W_{λ_i} 存在一个基，使得 $(\mathscr{A}-\lambda_i\mathscr{E})\big|_{W_{\lambda_i}}$ 在这个基下的矩阵是主对角线上的元素皆为零的上三角方阵，即使得 $\mathscr{A}\big|W_{\lambda_i}$ 在这个基下的矩阵是主对角线上的元素皆为 λ_i 的上三角方阵，$i=1,2,\cdots,s$，将 $W_{\lambda_i}(i=1,2,\cdots,s)$ 的基合起来，得到 V 的一个基，使得 $\mathscr{A}$ 在这个基下的矩阵是上三角方阵(23.1).

问题 23.5 由问题11.5知，$\boldsymbol{\alpha}_1=\begin{pmatrix}6\\-12\\40\end{pmatrix}$和$\boldsymbol{\alpha}_2=\begin{pmatrix}5\\-4\\4\end{pmatrix}$分别是矩阵$\boldsymbol{B}$的属于特征值1的特征向量和广义特征向量(即根向量)，使得

$$(\boldsymbol{B}-\boldsymbol{E})\boldsymbol{\alpha}_2=\boldsymbol{\alpha}_1,$$

且

$$(\boldsymbol{B}-\boldsymbol{E})\boldsymbol{\alpha}_1=\boldsymbol{0},\quad (\boldsymbol{B}-\boldsymbol{E})^2\boldsymbol{\alpha}_2=\boldsymbol{0};$$

$\boldsymbol{\alpha}_3=\begin{pmatrix}0\\0\\1\end{pmatrix}$是$\boldsymbol{B}$的属于特征值$-2$的特征向量.

定义$\mathbf{C}^3$的线性变换$\mathscr{B}$为

$$\mathscr{B}\boldsymbol{x}=\boldsymbol{B}\boldsymbol{x},\quad \forall\,\boldsymbol{x}\in\mathbf{C}^3,$$

则$\mathscr{B}$在基

$$\boldsymbol{\varepsilon}_1=(1,0,0)^{\mathrm{T}},\ \boldsymbol{\varepsilon}_2=(0,1,0)^{\mathrm{T}},\ \boldsymbol{\varepsilon}_3=(0,0,1)^{\mathrm{T}}$$

下的矩阵为$\boldsymbol{B}$. 由于

$$\begin{aligned}\mathscr{B}\boldsymbol{\alpha}_1&=\boldsymbol{B}\boldsymbol{\alpha}_1=\boldsymbol{\alpha}_1,\\ \mathscr{B}\boldsymbol{\alpha}_2&=\boldsymbol{B}\boldsymbol{\alpha}_2=(\boldsymbol{B}-\boldsymbol{E})\boldsymbol{\alpha}_2+\boldsymbol{\alpha}_2=\boldsymbol{\alpha}_1+\boldsymbol{\alpha}_2,\\ \mathscr{B}\boldsymbol{\alpha}_3&=\boldsymbol{B}\boldsymbol{\alpha}_3=-2\boldsymbol{\alpha}_3,\end{aligned}$$

故$\mathscr{B}$在基$\boldsymbol{\alpha}_1,\boldsymbol{\alpha}_2,\boldsymbol{\alpha}_3$下的矩阵为

$$\boldsymbol{J}=\begin{pmatrix}1&1&0\\0&1&0\\0&0&-2\end{pmatrix}.$$

设由基$\boldsymbol{\varepsilon}_1,\boldsymbol{\varepsilon}_2,\boldsymbol{\varepsilon}_3$到基$\boldsymbol{\alpha}_1,\boldsymbol{\alpha}_2,\boldsymbol{\alpha}_3$的过渡矩阵为$\boldsymbol{T}$，即

$$(\boldsymbol{\alpha}_1,\boldsymbol{\alpha}_2,\boldsymbol{\alpha}_3)=(\boldsymbol{\varepsilon}_1,\boldsymbol{\varepsilon}_2,\boldsymbol{\varepsilon}_3)\boldsymbol{T}=\boldsymbol{E}\boldsymbol{T}=\boldsymbol{T},$$

则$\boldsymbol{T}$可逆，且

$$\boldsymbol{T}=(\boldsymbol{\alpha}_1,\boldsymbol{\alpha}_2,\boldsymbol{\alpha}_3)=\begin{pmatrix}6&5&0\\-12&-4&0\\40&4&1\end{pmatrix},$$

使$\boldsymbol{T}^{-1}\boldsymbol{B}\boldsymbol{T}=\boldsymbol{J}$(注意，实际上$\boldsymbol{J}$是$\boldsymbol{B}$的若尔当标准形).

问题 23.6 求特征值$\lambda_2=2$的广义特征向量的算法是与$\lambda_1=4$时相同的，我们采用相同的记号.

由于特征值λ_2的根子空间W_{λ_2}的维数为$7-2=5$，故计算量要稍大一些，其计算过程可用下表概述:

x_j		q_j	r_j
x_1	$=A^2u-6Au+8u$	$Au-4u$	0
x_2	$=A^2v-6Av+8v+3Au-8u$	$Av-4v+3u$	$-2u$
x_3	$=A^3w-6A^2w+12Aw-8w$ $+5Av-10v+Au+3u$	$A^2w-4Aw+4w$ $+5v+u$	$5u$
$x_4=q_1$	$=Au-4u$	u	$-2u$
$x_5=2q_3+5q_2$	$=2A^2w-8Aw+8w$ $+5Av-10v+17u$	$2Aw-4w+5v$	$17u$
$x_6=q_2-q_4$	$=-Av-4v+2u$	v	$-2v+2u$
$x_7=2q_5+17q_2$	$=4Aw-8w+17Av-58v+51u$	$4w+17v$	$-24v+51u$
$x_8=2q_7-24q_6+27q_2$	$=8w+27Av-98v+81u$	$27v$	$8w-44v+81u$

上表第 j 行中包含向量式 x_j，以及用 $A-2E$ 除所得的商 q_j 和余式 r_j. 表中第 1 条和第 2 条横线之间的 x_1,x_2,x_3 及其商和余式是由(23.7),(23.8) 和 (23.9) 所给出的. 第 2 条和第 3 条横线之间的 x_4,x_5 是第 2 条横线上方的商 q_1,q_2,q_3 的线性组合，由于 $r_1=0$ 和 $2r_3+5r_2=0$，所以 $x_4=q_1$ 和 $x_5=2q_3+5q_2$ 的值就是属于 $\lambda_2=2$ 的 2 个线性无关的特征向量. 第 3 条和第 4 条横线之间的 x_6,x_7 是前面的商的线性组合：

$$x_6=q_2-q_4,\quad x_7=2q_5+17q_2,$$

由于 $r_2-r_4=0$, $2r_5+17r_2=0$，故它们的值是属于 $\lambda_2=2$ 的 2 个线性无关的 2 次广义特征向量. 由于 $2r_7-24r_6+27r_2=0$，故最后一行的

$$x_8=2q_7-24q_6+27q_2=8w+27Av-98v+81u$$

的值就是属于 $\lambda_2=2$ 的 3 次广义特征向量. 用 $A-2E$ 除 x_8，得

$$x_8=(A-2E)q_8+r_8=(A-2E)(27v)+8w-44v+81u,$$

其中 $r_8=8w-44v+81u$ 不再是其他余式 $r_1,r_2,\cdots,r_7$ 的线性组合，因而就不再存在 4 次广义特征向量. 实际上，向量式 x_4,x_5,x_6,x_7,x_8 的值

$$x_4=(1,1,5,4,2,-2,6)^{\mathrm{T}},$$

$$x_5=(2,4,-2,-2,-1,1,-3)^{\mathrm{T}},$$

$$x_6=(3,2,-2,-2,-1,1,-3)^{\mathrm{T}},$$

$$x_7=(72,40,-22,-30,-9,17,-39)^{\mathrm{T}},$$

$$x_8=(108,64,-54,-46,-27,27,-81)^{\mathrm{T}}$$

是根子空间 W_{λ_2} 的5个线性无关的广义特征向量，已经构成了 W_{λ_2} 的一个基.

24. 幂零矩阵

在课题23中，我们把某个方幂等于零变换的线性空间V的线性变换$\mathscr{A}$称为**幂零的**. 设$\mathscr{A}$是n维线性空间V上的幂零线性变换，使得$\mathscr{A}^k=\mathscr{O}$且$\mathscr{A}^{k-1}\neq\mathscr{O}$，则它在$V$的一个基下的$n$阶矩阵$\boldsymbol{A}$，满足$\boldsymbol{A}^k=\boldsymbol{O}$且$\boldsymbol{A}^{k-1}\neq\boldsymbol{O}$. 我们把满足$\boldsymbol{A}^k=\boldsymbol{O}$且$\boldsymbol{A}^{k-1}\neq\boldsymbol{O}$的矩阵$\boldsymbol{A}$称为**$k$次幂零矩阵**. 设$\lambda$为$\mathscr{A}$的一个特征值，$W_\lambda$为$\mathscr{A}$的属于特征值$\lambda$的根子空间，则$\mathscr{A}-\lambda\mathscr{E}$在$W_\lambda$上的限制$(\mathscr{A}-\lambda\mathscr{E})\Big|_{W_\lambda}$是$W_\lambda$上的幂零线性变换，于是，$(\mathscr{A}-\lambda\mathscr{E})\Big|_{W_\lambda}$在$W_\lambda$的一个基下的矩阵就是一个$\dim W_\lambda$阶的幂零矩阵. 幂零矩阵也是矩阵论中一类重要的矩阵，本课题将探讨幂零矩阵的性质.

中心问题　幂零矩阵有什么特征性质?

准备知识　矩阵的运算，矩阵的特征值与特征向量

课题探究

问题 24.1　1） 证明：$\boldsymbol{A}=\begin{pmatrix}0&1&2\\0&0&1\\0&0&0\end{pmatrix}$是幂零的.

2） 我们把主对角线上的元素都是零的上(或下)三角方阵称为**严格上(或下)三角方阵**. 证明：任一严格上(或下)三角方阵是幂零的.

3） 问：是否存在既非上三角方阵又非下三角方阵的幂零矩阵?

由问题 24.1 可见，矩阵为严格上(或下)三角方阵只是矩阵为幂零矩阵的充分条件. 那么其充分必要条件又是什么呢?

问题 24.2　问：n阶幂零矩阵有什么特征?

根据幂零矩阵的特征，它的若尔当标准形特别简单，仅在上对角线(即主对角线上方的第1条对角线)上有的元素为1，其余元素皆为零.

探究题 24.1 试求所有的 2 阶幂零矩阵.

设有矩阵列 $\boldsymbol{A}_k = (a_{ij}^{(k)})_{n\times n}$, $k = 1,2,\cdots$, 以及 $\boldsymbol{A} = (a_{ij})_{n\times n}$. 如果

$$\lim_{k\to\infty} a_{ij}^{(k)} = a_{ij} \quad (i,j = 1,2,\cdots,n)$$

成立, 则称$\{\boldsymbol{A}_k\}$ **收敛于 A**, 记为 $\lim\limits_{k\to\infty}\boldsymbol{A}_k = \boldsymbol{A}$ (在研究线性方程组的迭代求解方法的收敛性时要用到矩阵列收敛性的概念, 详见[12] 中课题 35).

探究题 24.2 设$\{\boldsymbol{A}^k\}$是由 n 阶矩阵的幂构成的矩阵列. 如果 $\lim\limits_{k\to\infty}\boldsymbol{A}^k = \boldsymbol{O}$, 则称矩阵 $\boldsymbol{A}$ 是**收敛的**. 显然, 幂零矩阵是收敛的. 问: 设 $\boldsymbol{A}$ 是收敛的矩阵, 则 $\boldsymbol{A}$ 是否必是幂零的? 如果 $\boldsymbol{A}$ 是整矩阵(即元素都是整数的矩阵), 情况又如何?

问题解答

问题 24.1 1) 由于

$$\boldsymbol{A}^2 = \begin{pmatrix} 0 & 0 & 1 \\ 0 & 0 & 0 \\ 0 & 0 & 0 \end{pmatrix}, \quad \boldsymbol{A}^3 = \boldsymbol{O},$$

故 $\boldsymbol{A}$ 是幂零的.

2) 设 $\boldsymbol{A} = (a_{ij})_{n\times n}$ 是严格上三角方阵, 则当 $j \leqslant i$ 时 $a_{ij} = 0$. 设 $\boldsymbol{B} = (b_{ij})_{n\times n}$ 是主对角线上方第 k 条对角线以及该条对角线下方的所有元素皆为零的矩阵, 则当 $j \leqslant i+k-1$ 时 $b_{ij} = 0$ (特别地, 当 $k=1$ 时, $\boldsymbol{B}$ 是严格上三角方阵). 设 $\boldsymbol{C} = \boldsymbol{AB}$, 只要证明, $\boldsymbol{C} = (c_{ij})_{n\times n}$ 是主对角线上方第 $k+1$ 条对角线以及该条对角线下方的所有元素皆为零的矩阵(即当 $j \leqslant i+k$ 时 $c_{ij} = 0$), 那么 $\boldsymbol{A}^2, \boldsymbol{A}^3, \cdots$ 分别是主对角线上方第 $2,3,\cdots$ 条对角线以及该条对角线下方的所有元素皆为零的矩阵, 因而 $\boldsymbol{A}^n = \boldsymbol{O}$.

事实上, 当 $j \leqslant i+k$ 时,

$$c_{ij} = \sum_{l=1}^{n} a_{il} b_{lj}$$

的和式中当 $l \leqslant i$ 时, 有 $a_{il} = 0$, 而当 $l > i$ 时, 有 $l \geqslant i-1$, 故有 $j \leqslant i+k \leqslant l+k-1$, 因而有 $b_{lj} = 0$, 因此, $c_{ij} = 0$ (其中 $j \leqslant i+k$).

3) 设 $\boldsymbol{A} = \begin{pmatrix} 1 & 1 \\ -1 & -1 \end{pmatrix}$, 则 $\boldsymbol{A}^2 = \boldsymbol{O}$, 故 $\boldsymbol{A}$ 是既非上三角方阵又非下三角方阵的幂零矩阵(注意, 下面利用问题 24.2 的结论, 我们可以构造更多的这

种类型的幂零矩阵).

问题 24.2 1) 如果 n 阶矩阵 $\boldsymbol{A}$ 是幂零的，可设

$$\boldsymbol{A}^{k-1} \neq \boldsymbol{O}, \quad \boldsymbol{A}^k = \boldsymbol{O},$$

则 λ^k 是 $\boldsymbol{A}$ 的一个零化多项式，故 $\boldsymbol{A}$ 的最小多项式 $m_{\boldsymbol{A}}(\lambda)$ 整除 λ^k，所以 $\boldsymbol{A}$ 的特征值皆为零. 反之，如果 n 阶矩阵 $\boldsymbol{A}$ 的特征值皆为零，则 $\boldsymbol{A}$ 的若尔当标准形为严格上三角方阵，所以 $\boldsymbol{A}$ 是幂零矩阵. 因此，

$$n\text{ 阶矩阵 }\boldsymbol{A}\text{ 是幂零的} \Leftrightarrow \boldsymbol{A}\text{ 的所有特征值皆为零.} \\ \Leftrightarrow |\lambda \boldsymbol{E} - \boldsymbol{A}| = \lambda^n.$$

由附录 2 的定理 1 知，n 阶矩阵 $\boldsymbol{A}$ 的特征多项式为

$$|\lambda \boldsymbol{E} - \boldsymbol{A}| = \lambda^n - a_1\lambda^{n-1} + a_2\lambda^{n-2} - \cdots + (-1)^{n-1}a_{n-1}\lambda + (-1)^n a_n,$$

其中 a_i 等于 $\boldsymbol{A}$ 的所有 i 阶主子式之和$(i = 1,2,\cdots,n)$. 因此，

$$n\text{ 阶矩阵 }\boldsymbol{A}\text{ 是幂零的} \Leftrightarrow \boldsymbol{A}\text{ 的所有 }i\text{ 阶主子式之和 }a_i = 0 \\ (i = 1,2,\cdots,n).$$

注意，用上述幂零矩阵的充分必要条件，我们可以构造出一些既非上三角方阵又非下三角方阵的幂零矩阵. 例如：秩为 1 且迹为零的 n 阶矩阵 $\boldsymbol{A} = (a_{ij})$ 必是幂零的(这是因为 $\mathrm{tr}(\boldsymbol{A}) = \sum_{i=1}^{n} a_{ii} = a_1 = 0$，且由于秩为 1，故 $\boldsymbol{A}$ 的二阶以上的子式皆为零，因而 $a_2 = a_3 = \cdots = a_n = 0$，因此，$\boldsymbol{A}$ 是幂零的).

于是，当 $\sum_{i=1}^{n} c_i a_{1i} = 0$ 时，非零矩阵

$$\begin{pmatrix} c_1 a_{11} & c_1 a_{12} & \cdots & c_1 a_{1n} \\ c_2 a_{11} & c_2 a_{12} & \cdots & c_2 a_{1n} \\ \vdots & \vdots & & \vdots \\ c_n a_{11} & c_n a_{12} & \cdots & c_n a_{1n} \end{pmatrix}$$

是幂零矩阵. 例如：

$$\begin{pmatrix} 1 & 1 & 1 & 1 \\ -1 & -1 & -1 & -1 \\ 1 & 1 & 1 & 1 \\ -1 & -1 & -1 & -1 \end{pmatrix}, \quad \begin{pmatrix} 1 & 1 & 1 & 1 & 1 \\ -1 & -1 & -1 & -1 & -1 \\ 1 & 1 & 1 & 1 & 1 \\ 2 & 2 & 2 & 2 & 2 \\ -3 & -3 & -3 & -3 & -3 \end{pmatrix}$$

都是既非上三角方阵又非下三角方阵的幂零矩阵.

25. 用若尔当链求若尔当标准形及变换矩阵

在问题 23.5 中，我们看到，利用广义特征向量(即根向量)可以求矩阵

$$\boldsymbol{B}=\begin{pmatrix}3 & 1 & 0\\ -4 & -1 & 0\\ 4 & -8 & -2\end{pmatrix}$$

的若尔当标准形. 本课题将研讨对任一复方阵 $\boldsymbol{A}$ 是否都可以利用广义特征向量来求它的若尔当标准形 $\boldsymbol{J}$，并同时求使得 $\boldsymbol{T}^{-1}\boldsymbol{A}\boldsymbol{T}=\boldsymbol{J}$ 的变换矩阵 $\boldsymbol{T}$. 讨论仍在复数域 $\mathbf{C}$ 上进行.

中心问题 对任一复方阵 $\boldsymbol{A}$，如何求出用它的若尔当链构成的变换矩阵 $\boldsymbol{T}$，从而得出若尔当标准形 $\boldsymbol{T}^{-1}\boldsymbol{A}\boldsymbol{T}=\boldsymbol{J}$?

准备知识 线性空间，线性变换，若尔当标准形

课题探究

下面先引入若尔当链的概念.

在问题 23.5 中，我们找到了 $\boldsymbol{B}$ (或 $\mathscr{B}$) 的属于特征值 1 的特征向量 $\boldsymbol{\alpha}_1$ 和 2 次广义特征向量 $\boldsymbol{\alpha}_2$，以及属于特征值 -2 的特征向量 $\boldsymbol{\alpha}_3$，令 $\boldsymbol{T}=(\boldsymbol{\alpha}_1,\boldsymbol{\alpha}_2,\boldsymbol{\alpha}_3)$，则 $\boldsymbol{T}^{-1}\boldsymbol{B}\boldsymbol{T}$ 就是 $\boldsymbol{B}$ 的若尔当标准形，其中

$$(\boldsymbol{B}-1\cdot\boldsymbol{E})\boldsymbol{\alpha}_1=0,$$

$$(\boldsymbol{B}-1\cdot\boldsymbol{E})^2\boldsymbol{\alpha}_2=0,\text{且}(\boldsymbol{B}-1\cdot\boldsymbol{E})\boldsymbol{\alpha}_2=\boldsymbol{\alpha}_1,$$

$$[\boldsymbol{B}-(-2)\boldsymbol{E}]\boldsymbol{\alpha}_3=0.$$

一般地，设 $\boldsymbol{A}$ 是 n 阶矩阵，据广义特征向量的定义，如果存在一个数 λ 及非零的 n 维列向量 $\boldsymbol{\alpha}$，使得

$$(\boldsymbol{A}-\lambda\boldsymbol{E})^{k-1}\boldsymbol{\alpha}\neq\mathbf{0},\quad(\boldsymbol{A}-\lambda\boldsymbol{E})^{k}\boldsymbol{\alpha}=\mathbf{0},$$

则 $\boldsymbol{\alpha}$ 就是矩阵 $\boldsymbol{A}$ 的属于特征值 λ 的 k 次广义特征向量. 特别，当 $k=1$ 时，$\boldsymbol{\alpha}$ 就是通常的特征向量.

假定 $\boldsymbol{\alpha}_k$ 是 $\boldsymbol{A}$ 的属于特征值 λ 的 k 次广义特征向量，归纳地定义

$$\boldsymbol{\alpha}_i = (\boldsymbol{A}-\lambda\boldsymbol{E})\boldsymbol{\alpha}_{i+1} \quad (i=k-1,k-2,\cdots,1),$$

即

$$\boldsymbol{\alpha}_{k-i} = (\boldsymbol{A}-\lambda\boldsymbol{E})^i\boldsymbol{\alpha}_k \quad (i=1,2,\cdots,k-1).$$

由此得到向量列$\{\boldsymbol{\alpha}_k,\boldsymbol{\alpha}_{k-1},\cdots,\boldsymbol{\alpha}_1\}$，我们把它称为矩阵$\boldsymbol{A}$的属于特征值$\lambda$的长度为$k$的**若尔当链**，$\boldsymbol{\alpha}_k$称为它的**生成元**.

显然，$\boldsymbol{\alpha}_1=(\boldsymbol{A}-\lambda\boldsymbol{E})^{k-1}\boldsymbol{\alpha}_k$，而由于

$$\boldsymbol{\alpha}_0=(\boldsymbol{A}-\lambda\boldsymbol{E})\boldsymbol{\alpha}_1=(\boldsymbol{A}-\lambda\boldsymbol{E})^k\boldsymbol{\alpha}_k=\boldsymbol{0},$$

故$\boldsymbol{\alpha}_0$不再列入若尔当链.

在由$\boldsymbol{\alpha}_k$生成的若尔当链$\{\boldsymbol{\alpha}_k,\boldsymbol{\alpha}_{k-1},\cdots,\boldsymbol{\alpha}_1\}$中，$\boldsymbol{\alpha}_k$是$k$次广义特征向量. 于是，我们自然要问链中其他向量有什么特性?

问题 25.1 设λ是n阶矩阵$\boldsymbol{A}$的特征值(重数>1)，$\{\boldsymbol{\alpha}_k,\boldsymbol{\alpha}_{k-1},\cdots,\boldsymbol{\alpha}_1\}$是$\boldsymbol{A}$的属于$\lambda$的长度为$k$的若尔当链，其中

$$\boldsymbol{\alpha}_i=(\boldsymbol{A}-\lambda\boldsymbol{E})\boldsymbol{\alpha}_{i+1},\quad i=k-1,k-2,\cdots,1.$$

问：向量$\boldsymbol{\alpha}_{k-1},\boldsymbol{\alpha}_{k-2},\cdots,\boldsymbol{\alpha}_1$有什么特性?

在问题23.5中，我们用$\boldsymbol{B}$的属于特征值1的长度为2的若尔当链$\{\boldsymbol{\alpha}_2,\boldsymbol{\alpha}_1\}$和属于特征值$-2$的长度为1的若尔当链$\{\boldsymbol{\alpha}_3\}$中的3个向量，构成可逆矩阵$\boldsymbol{T}=(\boldsymbol{\alpha}_1,\boldsymbol{\alpha}_2,\boldsymbol{\alpha}_3)$，求出了$\boldsymbol{B}$的若尔当标准形

$$\boldsymbol{T}^{-1}\boldsymbol{B}\boldsymbol{T}=\begin{pmatrix}1&1&0\\0&1&0\\0&0&-2\end{pmatrix}.$$

为了将上述结果加以推广，即研究本课题的中心问题，我们先讨论如果n阶矩阵$\boldsymbol{A}$相似于一个若尔当标准形$\boldsymbol{J}$，设$\boldsymbol{T}^{-1}\boldsymbol{A}\boldsymbol{T}=\boldsymbol{J}$，那么可逆矩阵$\boldsymbol{T}$的列向量组是否也由$\boldsymbol{A}$的若尔当链组成?

问题 25.2 设$\boldsymbol{A}$是n阶矩阵，它的若尔当标准形为$\boldsymbol{J}$，即存在一个可逆矩阵$\boldsymbol{T}$，使得$\boldsymbol{T}^{-1}\boldsymbol{A}\boldsymbol{T}=\boldsymbol{J}$. 问：

1) 若$\boldsymbol{J}$只含有一个若尔当块，即

$$\boldsymbol{J}=\begin{pmatrix}\lambda&1&0&\cdots&0&0\\0&\lambda&1&\cdots&0&0\\\vdots&\vdots&\vdots&&\vdots&\vdots\\0&0&0&\cdots&\lambda&1\\0&0&0&\cdots&0&\lambda\end{pmatrix},$$

则矩阵$\boldsymbol{T}$的列向量组有什么特性?

2) 若 $\boldsymbol{J}$ 含有 s 个若尔当块，情况又如何？

由问题 25.2 的结论可以看到，如果 n 阶矩阵 $\boldsymbol{A}$ 的若尔当标准形 $\boldsymbol{J}$ 含有 s 个若尔当块，则使得 $\boldsymbol{T}^{-1}\boldsymbol{A}\boldsymbol{T}=\boldsymbol{J}$ 的可逆矩阵 $\boldsymbol{T}$ 的列向量组也必须是由 s 个 $\boldsymbol{A}$ 的若尔当链组成，而且这 s 个若尔当链中的向量必须是线性无关的. 为此，我们需要讨论 $\boldsymbol{A}$ 的一个若尔当链中向量的线性关系以及几个若尔当链中向量的线性关系，以便寻找构成 $\boldsymbol{T}$ 所需的 n 个线性无关的广义特征向量.

问题 25.3 设 λ 是 n 阶矩阵 $\boldsymbol{A}$ 的特征值(重数 >1)，试讨论 $\boldsymbol{A}$ 的属于 λ 的若尔当链 $\{\boldsymbol{\alpha}_p,\boldsymbol{\alpha}_{p-1},\cdots,\boldsymbol{\alpha}_1\}$ 中向量的线性关系.

问题 25.4 设 λ_1,λ_2 是 n 阶矩阵 $\boldsymbol{A}$ 的两个不同的特征值，$\{\boldsymbol{\alpha}_p,\boldsymbol{\alpha}_{p-1},\cdots,\boldsymbol{\alpha}_1\}$ 和 $\{\boldsymbol{\beta}_q,\boldsymbol{\beta}_{q-1},\cdots,\boldsymbol{\beta}_1\}$ 分别是属于 λ_1 和 λ_2 的若尔当链，试讨论向量组 $\boldsymbol{\alpha}_p,\boldsymbol{\alpha}_{p-1},\cdots,\boldsymbol{\alpha}_1,\boldsymbol{\beta}_q,\boldsymbol{\beta}_{q-1},\cdots,\boldsymbol{\beta}_1$ 的线性关系.

问题 25.5 设 λ_1,λ_2 是 n 阶矩阵 $\boldsymbol{A}$ 的两个特征值(不一定是不同的)，$\{\boldsymbol{\alpha}_p,\boldsymbol{\alpha}_{p-1},\cdots,\boldsymbol{\alpha}_1\}$ 和 $\{\boldsymbol{\beta}_q,\boldsymbol{\beta}_{q-1},\cdots,\boldsymbol{\beta}_1\}$ 分别是属于 λ_1 和 λ_2 的若尔当链，其中 $\boldsymbol{\alpha}_1$ 和 $\boldsymbol{\beta}_1$ 是 $\boldsymbol{A}$ 的线性无关的特征向量.

1) 试讨论向量组 $\boldsymbol{\alpha}_p,\boldsymbol{\alpha}_{p-1},\cdots,\boldsymbol{\alpha}_1,\boldsymbol{\beta}_q,\boldsymbol{\beta}_{q-1},\cdots,\boldsymbol{\beta}_1$ 的线性关系.

2) 第 1) 题的结论是否能推广到多于两个的若尔当链？

下面回到本课题的中心问题展开讨论.

问题 25.6 设 n 阶矩阵 $\boldsymbol{A}$ 的特征值 λ 的重数为 m，是否存在若干个 $\boldsymbol{A}$ 的属于 λ 的若尔当链，它们的长度之和恰好是 m，且这些若尔当链中的 m 个向量线性无关？若存在的话，如何去求？

设 n 阶矩阵 $\boldsymbol{A}$ 的全部特征值为 λ_1(重数为 m_1)，λ_2(重数为 m_2)，$\cdots$，λ_k(重数为 m_k)，由问题 25.6 知，对矩阵 $\boldsymbol{A}$ 的每一特征值 λ_i(重数为 m_i)，我们都能求出属于 λ_i 的长度之和为 m_i 的所含有的向量线性无关的若干个若尔当链，且将这些属于 $\lambda_1,\lambda_2,\cdots,\lambda_k$ 的若尔当链(设共有 s 个链) 中的向量合并起来，共有 $m_1+m_2+\cdots+m_k=n$ 个，它们是线性无关的，将它们作为列向量组得到可逆矩阵 $\boldsymbol{T}$，其中每个若尔当链的向量可以构成 $\boldsymbol{T}$ 的一个子块，设为 $\boldsymbol{T}_i$，$i=1,2,\cdots,s$，则 $\boldsymbol{T}=(\boldsymbol{T}_1,\boldsymbol{T}_2,\cdots,\boldsymbol{T}_s)$. 由于 $\boldsymbol{T}_i$ 中的列向量都是同一个若尔当链中的广义特征向量，类似于问题 25.2，可以验证，

$$\boldsymbol{A}\boldsymbol{T}_i=\boldsymbol{T}_i\boldsymbol{J}_i,\quad i=1,2,\cdots,s,$$

其中 J_i 是若尔当块，且

$$A(T_1,T_2,\cdots,T_s)=(T_1,T_2,\cdots,T_s)\begin{pmatrix}J_1&&&\\&J_2&&\\&&\ddots&\\&&&J_s\end{pmatrix},$$

即 $AT=TJ$，故有

$$T^{-1}AT=J$$

(其中 J 是含有若尔当块 $J_1,J_2,\cdots,J_s$ 的若尔当形矩阵).

注意，用求特征矩阵 $\lambda E-A$ 的初等因子的方法，虽然同样可以求得矩阵 A 的若尔当标准形，但不能同时求出变换矩阵 T，而用若尔当链的方法在求若尔当标准形的同时求出了所用的变换矩阵. 通过实例的计算，可以进一步看到后者的优点.

问题 25.7 用若尔当链求下列矩阵 A 的若尔当标准形 J 及变换矩阵 T：

1) $\begin{pmatrix}1&3&0\\0&1&0\\2&1&5\end{pmatrix}$；　　2) $\begin{pmatrix}4&-1&2\\-9&4&-6\\-9&3&-5\end{pmatrix}$.

如果 n 阶矩阵 A 的一个或若干个若尔当链由 n 个互不相同的向量组成，且构成 $\mathbf{C}^n$(或 $\mathbf{R}^n$) 的一个基，则称它为矩阵 A 的**若尔当基**.

例如：在问题 25.7 的 1)（或 2)）的解答中变换矩阵 T 的 3 个列向量构成了矩阵 A 的一个若尔当基.

由问题 25.2 知，如果 n 阶矩阵 A 的若尔当标准形为 J，且变换矩阵 T 使得 $T^{-1}AT=J$，则 T 的列向量 $t_1,t_2,\cdots,t_n$ 构成 A 的一个若尔当基. 特别地，当 $A=J$ 是若尔当型时，E 的列向量 $e_1,e_2,\cdots,e_n$ 构成 A 的一个若尔当基. 这样，利用了任一 n 阶复矩阵的若尔当标准形的存在性，证明了它必有若尔当基存在，这就是下面的定理：

若尔当基定理　任一 n 阶复矩阵必具有一个 $\mathbf{C}^n$ 的若尔当基，其中所有若尔当链的特征向量构成 A 的特征向量的极大线性无关组，以及属于特征值 λ 的若尔当链的长度之和(即它们所含的广义特征向量的个数) 等于特征值 λ 的重数.

以上是利用若尔当标准形的存在性来导出若尔当基定理的. 反之，是否可以不利用 n 阶复矩阵 A 的若尔当标准形，通过直接构造 A 的若尔当基来证明若尔当基定理，从而不利用不变因子和初等因子，直接由若尔当基来得出若尔当标准形和变换矩阵呢？回答是肯定的，详见[12]中课题31或[14]的§7.7，§7.8. 在[14]中，先证明任一n阶复幂零矩阵的若尔当基的存在性，从而得出其若尔当标准形，然后再利用矩阵$\boldsymbol{A}$与$\boldsymbol{B}=\boldsymbol{A}-c\boldsymbol{E}$（$c$为任一常数）有相同的若尔当基，将求任一$n$阶复矩阵的若尔当基的问题转化为求幂零矩阵的若尔当基的问题，有兴趣的读者可以进一步自行研讨.

在问题25.6中，对一个给定的矩阵，我们得到了一个求若尔当基的方法. 对一个给定的矩阵，我们也可以利用课题23中求广义特征向量的直接算法，来求若尔当基.

探究题 25.1 试利用求广义特征向量的直接算法，求下列矩阵$\boldsymbol{A}$的若尔当基，以及它的若尔当标准形$\boldsymbol{J}$和变换矩阵$\boldsymbol{T}$，计算中你有何发现：

1) $\begin{pmatrix} 3 & 3 & 2 & 1 \\ -2 & -1 & -1 & -1 \\ 1 & -1 & 0 & 1 \\ -5 & -4 & -3 & -2 \end{pmatrix}$；　　2) $\begin{pmatrix} 0 & 0 & 0 & -1 \\ 1 & 0 & 0 & -4 \\ 0 & 1 & 0 & -6 \\ 0 & 0 & 1 & -4 \end{pmatrix}$；

3) $\begin{pmatrix} 0 & 0 & 0 & 0 & 4 \\ 1 & 0 & 0 & 0 & -16 \\ 0 & 1 & 0 & 0 & 25 \\ 0 & 0 & 1 & 0 & -19 \\ 0 & 0 & 0 & 1 & 7 \end{pmatrix}$.

注意，n阶复矩阵的若尔当标准形的存在性和唯一性的证明方法还有很多，有兴趣的读者可以查阅[17]，[18]和[19].

问题解答

问题 25.1 可以证明，$\boldsymbol{\alpha}_i$是矩阵$\boldsymbol{A}$的属于λ的i次广义特征向量，$i=k-1,k-2,\cdots,1$（这也是在若尔当链$\{\boldsymbol{\alpha}_k,\boldsymbol{\alpha}_{k-1},\cdots,\boldsymbol{\alpha}_1\}$中的向量采用倒序的下标$k,k-1,\cdots,1$的原因）.

事实上，设$\boldsymbol{M}=\boldsymbol{A}-\lambda\boldsymbol{E}$，由广义特征向量$\boldsymbol{\alpha}_k$的定义知，

$$\boldsymbol{M}^{k-1}\boldsymbol{\alpha}_k\neq\boldsymbol{0},\quad \boldsymbol{M}^k\boldsymbol{\alpha}_k=\boldsymbol{0}.$$

由于$\boldsymbol{\alpha}_{k-1}=\boldsymbol{M}\boldsymbol{\alpha}_k$，故

$$\boldsymbol{M}^{k-2}\boldsymbol{\alpha}_{k-1}=\boldsymbol{M}^{k-2}\boldsymbol{M}\boldsymbol{\alpha}_k=\boldsymbol{M}^{k-1}\boldsymbol{\alpha}_k\neq\boldsymbol{0},$$

$$\boldsymbol{M}^{k-1}\boldsymbol{\alpha}_{k-1}=\boldsymbol{M}^{k-1}\boldsymbol{M}\boldsymbol{\alpha}_k=\boldsymbol{M}^k\boldsymbol{\alpha}_k=\boldsymbol{0},$$

所以 $\boldsymbol{\alpha}_{k-1}$ 是 $\boldsymbol{A}$ 的属于 λ 的 $k-1$ 次广义特征向量，对 $\boldsymbol{\alpha}_i=\boldsymbol{M}\boldsymbol{\alpha}_{i+1}$（$i=k-2,k-3,\cdots,1$），重复以上证明过程，即刻得证.

问题 25.2 1) 设 $\boldsymbol{T}=(\boldsymbol{\alpha}_1,\boldsymbol{\alpha}_2,\cdots,\boldsymbol{\alpha}_n)$，其中 $\boldsymbol{\alpha}_i$ 是 $\boldsymbol{T}$ 的列向量，$i=1,2,\cdots,n$. 由 $\boldsymbol{T}^{-1}\boldsymbol{A}\boldsymbol{T}=\boldsymbol{J}$，得 $\boldsymbol{A}\boldsymbol{T}=\boldsymbol{T}\boldsymbol{J}$，故有

$$\boldsymbol{A}\boldsymbol{\alpha}_1=\lambda\boldsymbol{\alpha}_1,\quad \boldsymbol{A}\boldsymbol{\alpha}_{i+1}=\boldsymbol{\alpha}_i+\lambda\boldsymbol{\alpha}_{i+1}\quad(i=1,2,\cdots,n-1),$$

即

$$(\boldsymbol{A}-\lambda\boldsymbol{E})\boldsymbol{\alpha}_1=\boldsymbol{0},\quad(\boldsymbol{A}-\lambda\boldsymbol{E})\boldsymbol{\alpha}_{i+1}=\boldsymbol{\alpha}_i\quad(i=1,2,\cdots,n-1).$$

因此 $\boldsymbol{T}$ 的 n 个列向量都是 $\boldsymbol{A}$ 的属于 λ 的广义特征向量，且它们构成 $\boldsymbol{A}$ 的属于 λ 的长度 n 的若尔当链$\{\boldsymbol{\alpha}_n,\boldsymbol{\alpha}_{n-1},\cdots,\boldsymbol{\alpha}_1\}$.

2) 若 $\boldsymbol{J}$ 含有 s 个若尔当块，设

$$\boldsymbol{J}=\begin{pmatrix}\boldsymbol{J}_1 & & & \\ & \boldsymbol{J}_2 & & \\ & & \ddots & \\ & & & \boldsymbol{J}_s\end{pmatrix},$$

其中

$$\boldsymbol{J}_i=\begin{pmatrix}\lambda_i & 1 & 0 & \cdots & 0 & 0\\ 0 & \lambda_i & 1 & \cdots & 0 & 0\\ \vdots & \vdots & \vdots & & \vdots & \vdots\\ 0 & 0 & 0 & \cdots & \lambda_i & 1\\ 0 & 0 & 0 & \cdots & 0 & \lambda_i\end{pmatrix}_{n_i\times n_i},$$

如果存在可逆矩阵 $\boldsymbol{T}$，使得 $\boldsymbol{T}^{-1}\boldsymbol{A}\boldsymbol{T}=\boldsymbol{J}$，则有

$$\boldsymbol{A}\boldsymbol{T}=\boldsymbol{T}\boldsymbol{J}. \tag{25.1}$$

将 $\boldsymbol{T}$ 按列数 $n_1,n_2,\cdots,n_s$ 分成 s 个子块，得

$$\boldsymbol{T}=(\boldsymbol{T}_1,\boldsymbol{T}_2,\cdots,\boldsymbol{T}_s), \tag{25.2}$$

其中 $\boldsymbol{T}_i$ 是由 $\boldsymbol{T}$ 的 n_i 个列向量组成的 $n\times n_i$ 矩阵. 将(25.2)代入(25.1)得

$$\boldsymbol{A}(\boldsymbol{T}_1,\boldsymbol{T}_2,\cdots,\boldsymbol{T}_s)=(\boldsymbol{T}_1,\boldsymbol{T}_2,\cdots,\boldsymbol{T}_s)\begin{pmatrix}\boldsymbol{J}_1 & & & \\ & \boldsymbol{J}_2 & & \\ & & \ddots & \\ & & & \boldsymbol{J}_s\end{pmatrix},$$

即

$$(\boldsymbol{A}\boldsymbol{T}_1,\boldsymbol{A}\boldsymbol{T}_2,\cdots,\boldsymbol{A}\boldsymbol{T}_s)=(\boldsymbol{T}_1\boldsymbol{J}_1,\boldsymbol{T}_2\boldsymbol{J}_2,\cdots,\boldsymbol{T}_s\boldsymbol{J}_s),$$

故有

$$AT_i = T_iJ_i, \quad i = 1,2,\cdots,s.$$

与 1) 同样可得，T_i 的 n_i 个列向量构成 A 的属于 λ_i 的长度为 n_i 的若尔当链，$i = 1,2,\cdots,s$，而且由于 T 的列向量组是线性无关的，故这 s 个若尔当链中的向量也必须是线性无关的，且 $n_1 + n_2 + \cdots + n_s = n$.

问题 25.3 设

$$\sum_{i=1}^{p} k_i\boldsymbol{\alpha}_i = \mathbf{0}, \tag{25.3}$$

要证 $k_i = 0$，$i = 1,2,\cdots,p$. 因为 $\boldsymbol{\alpha}_i$ 是 i 次广义特征向量，所以

$$(\boldsymbol{A}-\lambda\boldsymbol{E})^{i}\boldsymbol{\alpha}_i = \mathbf{0}, \quad (\boldsymbol{A}-\lambda\boldsymbol{E})^{i-1}\boldsymbol{\alpha}_i \neq \mathbf{0}.$$

因此 $(\boldsymbol{A}-\lambda\boldsymbol{E})^{i+j}\boldsymbol{\alpha}_i = \mathbf{0}$，$j = 0,1,\cdots$. 用 $(\boldsymbol{A}-\lambda\boldsymbol{E})^{p-1}$ 左乘 (25.3) 两边，得

$$(\boldsymbol{A}-\lambda\boldsymbol{E})^{p-1}\sum_{i=1}^{p} k_i\boldsymbol{\alpha}_i = k_p(\boldsymbol{A}-\lambda\boldsymbol{E})^{p-1}\boldsymbol{\alpha}_p = \mathbf{0},$$

故 $k_p = 0$，再用 $(\boldsymbol{A}-\lambda\boldsymbol{E})^{p-2}$ 左乘 (25.3) 两边，同样可得，$k_{p-1} = 0$，继续做下去，最后可得 $k_i = 0$，$i = 1,2,\cdots,p$.

问题 25.4 可以证明：$\boldsymbol{\alpha}_p,\boldsymbol{\alpha}_{p-1},\cdots,\boldsymbol{\alpha}_1,\boldsymbol{\beta}_q,\boldsymbol{\beta}_{q-1},\cdots,\boldsymbol{\beta}_1$ 线性无关. 为此只须证明：若

$$\sum_{i=1}^{p} a_i\boldsymbol{\alpha}_i + \sum_{j=1}^{q} b_j\boldsymbol{\beta}_j = \mathbf{0}, \tag{25.4}$$

则 $a_i = 0$，$i = 1,2,\cdots,p$，$b_j = 0$，$j = 1,2,\cdots,q$.

由于 $\boldsymbol{\alpha}_i$ 是 i 次广义特征向量，故

$$(\boldsymbol{A}-\lambda_1\boldsymbol{E})^{p}\boldsymbol{\alpha}_i = \mathbf{0}, \quad 对\ i \leqslant p,$$

所以，由 (25.4) 可得

$$\mathbf{0} = (\boldsymbol{A}-\lambda_1\boldsymbol{E})^{p}\sum_{i=1}^{p} a_i\boldsymbol{\alpha}_i = -(\boldsymbol{A}-\lambda_1\boldsymbol{E})^{p}\sum_{j=1}^{q} b_j\boldsymbol{\beta}_j, \tag{25.5}$$

再用 $(\boldsymbol{A}-\lambda_2\boldsymbol{E})^{q-1}$ 左乘 (25.5) 两边，得

$$\begin{aligned}\mathbf{0} &= (\boldsymbol{A}-\lambda_2\boldsymbol{E})^{q-1}\left[-(\boldsymbol{A}-\lambda_1\boldsymbol{E})^{p}\sum_{j=1}^{q} b_j\boldsymbol{\beta}_j\right] \\ &= -(\boldsymbol{A}-\lambda_1\boldsymbol{E})^{p}\sum_{j=1}^{q} b_j(\boldsymbol{A}-\lambda_2\boldsymbol{E})^{q-1}\boldsymbol{\beta}_j.\end{aligned}$$

因为 $(\boldsymbol{A}-\lambda_2\boldsymbol{E})^{q-1}\boldsymbol{\beta}_j = \mathbf{0}$，对 $j \leqslant q-1$，故上式右边的和式中仅有 $j = q$ 的一项是非零的，所以

$$\mathbf{0} = b_q(\boldsymbol{A}-\lambda_1\boldsymbol{E})^{p}(\boldsymbol{A}-\lambda_2\boldsymbol{E})^{q-1}\boldsymbol{\beta}_q = b_q(\boldsymbol{A}-\lambda_1\boldsymbol{E})^{p}\boldsymbol{\beta}_1. \tag{25.6}$$

因 $\boldsymbol{\beta}_1$ 是 $\boldsymbol{A}$ 的属于特征值 λ_2 的特征向量，故有

$$(\boldsymbol{A}-\lambda_1\boldsymbol{E})\boldsymbol{\beta}_1=(\lambda_2-\lambda_1)\boldsymbol{\beta}_1,$$

将上式代入(25.6)得

$$\boldsymbol{0}=b_q(\lambda_2-\lambda_1)^p\boldsymbol{\beta}_1,$$

又因 $\lambda_2\neq\lambda_1$，故必须 $b_q=0$. 同样，再用 $(\boldsymbol{A}-\lambda_2\boldsymbol{E})^{q-2}$ 左乘(25.5)两边，可得 $b_{q-1}=0$，继续做下去，可得 $b_j=0$，$j=1,2,\cdots,q$，代入(25.4)，得

$$\sum_{i=1}^{p}a_i\boldsymbol{\alpha}_i=\boldsymbol{0},$$

又因 $\boldsymbol{\alpha}_1,\boldsymbol{\alpha}_2,\cdots,\boldsymbol{\alpha}_p$ 线性无关，故有 $a_i=0$，$i=1,2,\cdots,p$.

问题 25.5 1) 若 $\lambda_1\neq\lambda_2$，则由问题 25.4 知，$\boldsymbol{\alpha}_p,\boldsymbol{\alpha}_{p-1},\cdots,\boldsymbol{\alpha}_1,\boldsymbol{\beta}_q,\boldsymbol{\beta}_{q-1},\cdots,\boldsymbol{\beta}_1$ 线性无关. 若 $\lambda_1=\lambda_2=\lambda$，不妨设 $q\geqslant p$. 假设

$$\sum_{i=1}^{p}a_i\boldsymbol{\alpha}_i+\sum_{j=1}^{q}b_j\boldsymbol{\beta}_j=\boldsymbol{0},\tag{25.7}$$

用 $(\boldsymbol{A}-\lambda\boldsymbol{E})^{q-1}$ 左乘(25.7)两边，得

$$\begin{aligned}&\sum_{i=1}^{p}a_i(\boldsymbol{A}-\lambda\boldsymbol{E})^{q-1}\boldsymbol{\alpha}_i+\sum_{j=1}^{q}b_j(\boldsymbol{A}-\lambda\boldsymbol{E})^{q-1}\boldsymbol{\beta}_j\\&=a_p(\boldsymbol{A}-\lambda\boldsymbol{E})^{q-1}\boldsymbol{\alpha}_p+b_q(\boldsymbol{A}-\lambda\boldsymbol{E})^{q-1}\boldsymbol{\beta}_q\\&=a_p(\boldsymbol{A}-\lambda\boldsymbol{E})^{q-1}\boldsymbol{\alpha}_p+b_q\boldsymbol{\beta}_1=\boldsymbol{0}.\end{aligned}\tag{25.8}$$

如果 $q=p$，则由(25.8)得

$$a_p\boldsymbol{\alpha}_1+b_q\boldsymbol{\beta}_1=\boldsymbol{0},$$

由于 $\boldsymbol{\alpha}_1,\boldsymbol{\beta}_1$ 线性无关，故 $b_q=0$. 如果 $q>p$，则由(25.8)得 $b_q\boldsymbol{\beta}_1=\boldsymbol{0}$，故也有 $b_q=0$.

再用 $(\boldsymbol{A}-\lambda\boldsymbol{E})^{q-2}$ 左乘(25.7)两边，可得 $b_{q-1}=0$，继续做下去，可得 $b_j=0$，$j=1,2,\cdots,q$，再由 $\sum\limits_{i=1}^{p}a_i\boldsymbol{\alpha}_i=\boldsymbol{0}$ 推得 $a_i=0$，$i=1,2,\cdots,p$. 于是，$\boldsymbol{\alpha}_p,\boldsymbol{\alpha}_{p-1},\cdots,\boldsymbol{\alpha}_1,\boldsymbol{\beta}_q,\boldsymbol{\beta}_{q-1},\cdots,\boldsymbol{\beta}_1$ 线性无关.

2) 对于有限多个若尔当链 $\{\boldsymbol{\alpha}_p,\cdots,\boldsymbol{\alpha}_1\},\{\boldsymbol{\beta}_q,\cdots,\boldsymbol{\beta}_1\},\{\boldsymbol{\gamma}_r,\cdots,\boldsymbol{\gamma}_1\},\cdots$，如果 $\boldsymbol{\alpha}_1,\boldsymbol{\beta}_1,\boldsymbol{\gamma}_1,\cdots$ 是 $\boldsymbol{A}$ 的线性无关的特征向量，则令

$$\sum_{i=1}^{p}a_i\boldsymbol{\alpha}_i+\sum_{j=1}^{q}b_j\boldsymbol{\beta}_j+\sum_{k=1}^{r}c_k\boldsymbol{\gamma}_k+\cdots=\boldsymbol{0},$$

用与 1) 同样的方法可以证明 $a_i,b_j,c_k,\cdots$ 全为零，此时 $\boldsymbol{\alpha}_p,\cdots,\boldsymbol{\alpha}_1,\boldsymbol{\beta}_q,\cdots,\boldsymbol{\beta}_1,\boldsymbol{\gamma}_r,\cdots,\boldsymbol{\gamma}_1,\cdots$ 线性无关.

问题 25.6 设矩阵 $\boldsymbol{A}$ 的若尔当标准形为

$$J=\begin{pmatrix} J_1 & & & \\ & J_2 & & \\ & & \ddots & \\ & & & J_s \end{pmatrix},$$

不妨设其中前 t 个若尔当块 $J_1, J_2, \cdots, J_t$ 的主对角线上元素均为 λ，且矩阵 J_j 的阶数为 n_j，而 $n_1+n_2+\cdots+n_t=m$. 由问题 25.2 可知，存在 t 个 A 的属于特征值 λ 的长度分别为 $n_1, n_2, \cdots, n_t$ 的若尔当链，它们的长度之和 $n_1+n_2+\cdots+n_t$ 恰好是 m，且这 t 个若尔当链中的 m 个向量线性无关. 下面讨论这 m 个线性无关的广义特征向量的具体求法.

设 A 的属于 λ 的特征子空间为 V_λ，$\dim V_\lambda=t$. 由问题 25.5 知，我们要寻找由 t 个广义特征向量所生成的 t 个若尔当链，使得这些链中所含的 t 个特征向量(即 1 次广义向量)是线性无关的. 由于 A 的属于 λ 的若尔当链的长度都不大于 m，故 A 的属于 λ 的广义特征向量的次数 $\leqslant m$，设 p 是最高次数. 令

$$V_\lambda^{(k)}=\{x\in \mathbf{C}^n \mid (A-\lambda E)^k x=\mathbf{0}\},\quad k=p, p-1, \cdots, 1,$$

则 $V_\lambda^{(k)}$ 都是 $\mathbf{C}^n$ 的子空间，且

$$V_\lambda^{(p)} \supseteq V_\lambda^{(p-1)} \supseteq \cdots \supseteq V_\lambda^{(1)}=V_\lambda. \tag{25.9}$$

显然，A 的属于 λ 的所有广义特征向量都属于 $V_\lambda^{(p)}$，次数不大于 $p-1$ 的广义特征向量都属于 $V_\lambda^{(p-1)}$…… 次数为 1 的广义特征向量(即特征向量)都属于 $V_\lambda^{(1)}=V_\lambda$.

令 $(A-\lambda E)^j V_\lambda^{(k)}=\{(A-\lambda E)^j x \mid x\in V_\lambda^{(k)}\}$，则它也是 $\mathbf{C}^n$ 的子空间，且有

$$\begin{gathered}(A-\lambda E)V_\lambda^{(p)} \subseteq V_\lambda^{(p-1)},\\ (A-\lambda E)^2 V_\lambda^{(p)} \subseteq (A-\lambda E)V_\lambda^{(p-1)} \subseteq V_\lambda^{(p-2)},\\ \cdots,\\ (A-\lambda E)^{p-1}V_\lambda^{(p)} \subseteq (A-\lambda E)^{p-2}V_\lambda^{(p-1)} \subseteq \cdots \subseteq V_\lambda^{(1)}=V_\lambda. \end{gathered} \tag{25.10}$$

显然，由 p 次广义特征向量(设为 $\boldsymbol{\alpha}_p$) 生成的若尔当链中的特征向量($(A-\lambda E)^{p-1}\boldsymbol{\alpha}_p$) 都落在子空间 $(A-\lambda E)^{p-1}V_\lambda^{(p)}$ 中，同样，由 $p-1$ 次广义特征向量(设为 $\boldsymbol{\alpha}_{p-1}$) 生成的特征向量($(A-\lambda E)^{p-2}\boldsymbol{\alpha}_{p-1}$) 都落在子空间 $(A-\lambda E)^{p-2}V_\lambda^{(p-1)}$ 中 …… 由 2 次广义特征向量(设为 $\boldsymbol{\alpha}_2$) 生成的特征向量($(A-\lambda E)\boldsymbol{\alpha}_2$) 都落在子空间 $(A-\lambda E)V_\lambda^{(2)}$ 中.

下面我们将利用(25.9)和(25.10)，在 $V_\lambda^{(p)}$ 中寻找 t 个生成元，使它们生成 t 个线性无关的特征向量是 V_λ 的基，这样就能得到我们所需的 t 个若尔当链.

由(25.9)，可先由 V_λ 的一个基 $\boldsymbol{\varepsilon}_1,\boldsymbol{\varepsilon}_2,\cdots,\boldsymbol{\varepsilon}_{m_1}$（都是 $\boldsymbol{A}$ 的特征向量），再添上 2 次广义特征向量 $\boldsymbol{\varepsilon}_{m_1+1},\boldsymbol{\varepsilon}_{m_1+2},\cdots,\boldsymbol{\varepsilon}_{m_2}$ 构成 $V_\lambda^{(2)}$ 的一个基 …… 再添上 p 次广义特征向量 $\boldsymbol{\varepsilon}_{m_{p-1}+1},\boldsymbol{\varepsilon}_{m_{p-1}+2},\cdots,\boldsymbol{\varepsilon}_{m_p}$ 构成 $V_\lambda^{(p)}$ 的一个基. 虽然这样得到的 $V_\lambda^{(p)}$ 的基中的 m_p 个向量线性无关，但是，由它们生成的 m_p 个特征向量

$$(\boldsymbol{A}-\lambda\boldsymbol{E})^{p-1}\boldsymbol{\varepsilon}_{m_{p-1}+1},\ \cdots,\ (\boldsymbol{A}-\lambda\boldsymbol{E})^{p-1}\boldsymbol{\varepsilon}_{m_p}\ (\in(\boldsymbol{A}-\lambda\boldsymbol{E})^{p-1}V_\lambda^{(p)});$$

$$(\boldsymbol{A}-\lambda\boldsymbol{E})^{p-2}\boldsymbol{\varepsilon}_{m_{p-2}+1},\ \cdots,\ (\boldsymbol{A}-\lambda\boldsymbol{E})^{p-2}\boldsymbol{\varepsilon}_{m_{p-1}}\ (\in(\boldsymbol{A}-\lambda\boldsymbol{E})^{p-2}V_\lambda^{(p-1)});$$

$$\cdots;$$

$$\boldsymbol{\varepsilon}_1,\boldsymbol{\varepsilon}_2,\cdots,\boldsymbol{\varepsilon}_{m_1}\ (\in V_\lambda)$$

不一定线性无关(这是因为 $(\boldsymbol{A}-\lambda\boldsymbol{E})^k\ (k=1,2,\cdots,p-1)$ 都有特征值 0，故都是非满秩的)，它们只是张成 $\mathbf{C}^n$ 的子空间 V_λ，然而利用(25.10)，我们可以从它们中间选出一个极大线性无关组，得到我们所需的 V_λ 的基. 具体地说，令 $\dim(\boldsymbol{A}-\lambda\boldsymbol{E})^{p-1}V_\lambda^{(p)}=t_1$，故在向量组

$$\{(\boldsymbol{A}-\lambda\boldsymbol{E})^{p-1}\boldsymbol{\varepsilon}_{m_{p-1}+1},\cdots,(\boldsymbol{A}-\lambda\boldsymbol{E})^{p-1}\boldsymbol{\varepsilon}_{m_p}\}$$

中可以找到 t_1 个向量构成的极大线性无关组(即 $(\boldsymbol{A}-\lambda\boldsymbol{E})^{p-1}V_\lambda^{(p)}$ 的基)，设为

$$(\boldsymbol{A}-\lambda\boldsymbol{E})^{p-1}\boldsymbol{\varepsilon}_1',\ (\boldsymbol{A}-\lambda\boldsymbol{E})^{p-1}\boldsymbol{\varepsilon}_2',\ \cdots,\ (\boldsymbol{A}-\lambda\boldsymbol{E})^{p-1}\boldsymbol{\varepsilon}_{t_1}', \qquad (\text{I})$$

由此可得由 t_1 个 p 次广义特征向量 $\boldsymbol{\varepsilon}_1',\boldsymbol{\varepsilon}_2',\cdots,\boldsymbol{\varepsilon}_{t_1}'$ 生成的 t_1 个长度为 p 的若尔当链，产生 t_1p 个属于我们所需的线性无关的广义特征向量.

令 $\dim(\boldsymbol{A}-\lambda\boldsymbol{E})^{p-2}V_\lambda^{(p-1)}=t_2$，由(25.10)，我们可以从向量组

$$\{(\boldsymbol{A}-\lambda\boldsymbol{E})^{p-2}\boldsymbol{\varepsilon}_{m_{p-2}+1},\cdots,(\boldsymbol{A}-\lambda\boldsymbol{E})^{p-2}\boldsymbol{\varepsilon}_{m_{p-1}}\}$$

中取出 t_2-t_1 个向量，设为

$$(\boldsymbol{A}-\lambda\boldsymbol{E})^{p-2}\boldsymbol{\varepsilon}_{t_1+1}',\ (\boldsymbol{A}-\lambda\boldsymbol{E})^{p-2}\boldsymbol{\varepsilon}_{t_1+2}',\ \cdots,\ (\boldsymbol{A}-\lambda\boldsymbol{E})^{p-2}\boldsymbol{\varepsilon}_{t_2}', \qquad (\text{II})$$

使得向量组(Ⅱ)添加到向量组(Ⅰ)中，构成 $(\boldsymbol{A}-\lambda\boldsymbol{E})^{p-2}V_\lambda^{(p-1)}$ 的基，于是得到由 t_2-t_1 个 $p-1$ 次广义特征向量 $\boldsymbol{\varepsilon}_{t_1+1}',\boldsymbol{\varepsilon}_{t_1+2}',\cdots,\boldsymbol{\varepsilon}_{t_2}'$ 生成的 t_2-t_1 个长度为 $p-1$ 的若尔当链，它们又产生了 $(t_2-t_1)(p-1)$ 个属于我们所需的广义特征向量 …… 继续做下去，将向量组(Ⅰ)添加向量组(Ⅱ)…… 最后扩充为 V_λ 的基，从而得到所需的 t 个若尔当链，它们共含 m 个广义特征向量，且由于这 t 个链中的特征向量线性无关，故所得到的 m 个广义特征向量也线性无关.

问题 25.7 1) 由

$$|\lambda\boldsymbol{E}-\boldsymbol{A}|=\begin{vmatrix}\lambda-1 & -3 & 0\\ 0 & \lambda-1 & 0\\ -2 & -1 & \lambda-5\end{vmatrix}=(\lambda-1)^2(\lambda-5)$$

知，$\boldsymbol{A}$ 的特征值为 1,1,5.

由于特征值 1 的重数为 2，故 $\boldsymbol{A}$ 属于 1 的广义特征向量的次数不大于 2，且只要寻找 2 个属于 1 的线性无关的广义特征向量. 我们先解齐次线性方程组

$$(\boldsymbol{A}-1\cdot\boldsymbol{E})^2\boldsymbol{x}=\boldsymbol{0}$$

(其中 $\boldsymbol{x}=(x,y,z)^{\mathrm{T}}$)，即

$$\begin{pmatrix}0&3&0\\0&0&0\\2&1&4\end{pmatrix}^2\begin{pmatrix}x\\y\\z\end{pmatrix}=\begin{pmatrix}0&0&0\\0&0&0\\8&10&16\end{pmatrix}\begin{pmatrix}x\\y\\z\end{pmatrix}=\begin{pmatrix}0\\0\\8x+10y+16z\end{pmatrix}=\begin{pmatrix}0\\0\\0\end{pmatrix},$$

求得基础解系：$\boldsymbol{\varepsilon}_1=\left(-\dfrac{5}{4},1,0\right)^{\mathrm{T}}$，$\boldsymbol{\varepsilon}_2=(-2,0,1)^{\mathrm{T}}$. 由

$$(\boldsymbol{A}-1\cdot\boldsymbol{E})\boldsymbol{\varepsilon}_1=\begin{pmatrix}0&3&0\\0&0&0\\2&1&4\end{pmatrix}\begin{pmatrix}-\frac{5}{4}\\1\\0\end{pmatrix}=\begin{pmatrix}3\\0\\-\frac{3}{2}\end{pmatrix}\neq\boldsymbol{0},$$

$$(\boldsymbol{A}-1\cdot\boldsymbol{E})\boldsymbol{\varepsilon}_2=\begin{pmatrix}0&3&0\\0&0&0\\2&1&4\end{pmatrix}\begin{pmatrix}-2\\0\\1\end{pmatrix}=\boldsymbol{0}$$

知，$\boldsymbol{\varepsilon}_1$ 是 $\boldsymbol{A}$ 的属于 1 的 2 次广义特征向量(而 $\boldsymbol{\varepsilon}_2$ 不是 2 次广义特征向量)，由此得到，由 $\boldsymbol{\varepsilon}_1$ 生成的长度为 2 的若尔当链$\{\boldsymbol{\varepsilon}_1,(\boldsymbol{A}-1\cdot\boldsymbol{E})\boldsymbol{\varepsilon}_1\}$，即

$$\left\{\left(-\frac{5}{4},1,0\right)^{\mathrm{T}},\left(3,0,-\frac{3}{2}\right)^{\mathrm{T}}\right\}.$$

由于特征值5的重数为1，故$\boldsymbol{A}$的属于5的广义特征向量的次数不大于1，即都是特征向量. 解齐次线性方程组

$$(\boldsymbol{A}-5\cdot\boldsymbol{E})\boldsymbol{x}=\begin{pmatrix}-4&3&0\\0&-4&0\\2&1&0\end{pmatrix}\begin{pmatrix}x\\y\\z\end{pmatrix}=\begin{pmatrix}0\\0\\0\end{pmatrix},$$

得基础解系：$\boldsymbol{\varepsilon}_3=(0,0,1)^{\mathrm{T}}$. 于是，得到 3 个线性无关的广义特征向量：$(\boldsymbol{A}-1\cdot\boldsymbol{E})\boldsymbol{\varepsilon}_1,\boldsymbol{\varepsilon}_1,\boldsymbol{\varepsilon}_3$，它们构成变换矩阵

$$\boldsymbol{T}=((\boldsymbol{A}-1\cdot\boldsymbol{E})\boldsymbol{\varepsilon}_1,\boldsymbol{\varepsilon}_1,\boldsymbol{\varepsilon}_3)\begin{pmatrix}3&-\frac{5}{4}&0\\0&1&0\\-\frac{3}{2}&0&1\end{pmatrix},$$

及 $\boldsymbol{A}$ 的若尔当标准形

$$J = T^{-1}AT$$

$$= \begin{pmatrix} 3 & -\frac{5}{4} & 0 \\ 0 & 1 & 0 \\ -\frac{3}{2} & 0 & 1 \end{pmatrix}^{-1} \begin{pmatrix} 1 & 3 & 0 \\ 0 & 1 & 0 \\ 2 & 1 & 5 \end{pmatrix} \begin{pmatrix} 3 & -\frac{5}{4} & 0 \\ 0 & 1 & 0 \\ -\frac{3}{2} & 0 & 1 \end{pmatrix}$$

$$= \begin{pmatrix} \frac{1}{3} & \frac{5}{12} & 0 \\ 0 & 1 & 0 \\ \frac{1}{2} & \frac{5}{8} & 1 \end{pmatrix} \begin{pmatrix} 3 & \frac{7}{4} & 0 \\ 0 & 1 & 0 \\ -\frac{3}{2} & -\frac{3}{2} & 5 \end{pmatrix}$$

$$= \begin{pmatrix} 1 & 1 & 0 \\ 0 & 1 & 0 \\ 0 & 0 & 5 \end{pmatrix}.$$

2) 由 $|\lambda E - A| = (\lambda - 1)^3$ 知，A 的特征值为 1,1,1. 由于

$$(A - 1\cdot E)^2 = \begin{pmatrix} 3 & -1 & 2 \\ -9 & 3 & -6 \\ -9 & 3 & -6 \end{pmatrix} \begin{pmatrix} 3 & -1 & 2 \\ -9 & 3 & -6 \\ -9 & 3 & -6 \end{pmatrix} = O,$$

故 A 属于 1 的广义特征向量的次数不大于 2，且 C^3 中所有向量 x 都满足

$$(A - 1\cdot E)^2 x = 0.$$

设 $\varepsilon_1 = (1,0,0)^T$，$\varepsilon_2 = (0,1,0)^T$，$\varepsilon_3 = (0,0,1)^T$，则

$$\{x \in C^3 \mid (A - 1\cdot E)^2 x = 0\} = L(\varepsilon_1, \varepsilon_2, \varepsilon_3).$$

由于

$$(A - 1\cdot E)\varepsilon_1 = \begin{pmatrix} 3 & -1 & 2 \\ -9 & 3 & -6 \\ -9 & 3 & -6 \end{pmatrix} \begin{pmatrix} 1 \\ 0 \\ 0 \end{pmatrix} = \begin{pmatrix} 3 \\ -9 \\ -9 \end{pmatrix} \neq 0,$$

$$(A - 1\cdot E)\varepsilon_2 = \begin{pmatrix} -1 \\ 3 \\ 3 \end{pmatrix} \neq 0,$$

$$(A - 1\cdot E)\varepsilon_3 = \begin{pmatrix} 2 \\ -6 \\ -6 \end{pmatrix} \neq 0,$$

故 $\varepsilon_1, \varepsilon_2, \varepsilon_3$ 都是 A 的属于 1 的 2 次广义特征向量，但由于 ε_1 和 ε_3 生成的特征向量 $(A - 1\cdot E)\varepsilon_1$ 和 $(A - 1\cdot E)\varepsilon_3$ 分别是 ε_2 生成的特征向量的 -3 倍和 -2 倍，故只取由 ε_2 生成的若尔当链 $\{\varepsilon_2, (A - 1\cdot E)\varepsilon_2\}$ 作为变换矩阵 T 的列

向量.

由于矩阵$\boldsymbol{T}$具有3个列向量，还剩下的一个列向量必须取与$(\boldsymbol{A}-1\cdot\boldsymbol{E})\boldsymbol{\varepsilon}_2$线性无关的特征向量. 由于矩阵$\boldsymbol{A}-1\cdot\boldsymbol{E}$的秩为1，故齐次线性方程组

$$(\boldsymbol{A}-1\cdot\boldsymbol{E})\boldsymbol{x}=\begin{pmatrix}3&-1&2\\-9&3&-6\\-9&3&-6\end{pmatrix}\begin{pmatrix}x\\y\\z\end{pmatrix}=\boldsymbol{0} \qquad (25.11)$$

的解空间是2维的，由(25.11)可见，只要满足条件$3x-y+2z=0$的向量$\boldsymbol{x}$都是它的解向量. 由于$(\boldsymbol{A}-1\cdot\boldsymbol{E})\boldsymbol{\varepsilon}_2=(-1,3,3)^{\mathrm{T}}$，故再取(25.11)的解向量$\boldsymbol{\varepsilon}_4=(0,2,1)^{\mathrm{T}}$，显然，$(\boldsymbol{A}-1\cdot\boldsymbol{E})\boldsymbol{\varepsilon}_2,\boldsymbol{\varepsilon}_4$线性无关. 由此我们得到3个线性无关的$(\boldsymbol{A}-1\cdot\boldsymbol{E})\boldsymbol{\varepsilon}_2,\boldsymbol{\varepsilon}_2,\boldsymbol{\varepsilon}_3$，它们构成变换矩阵

$$\boldsymbol{T}=((\boldsymbol{A}-1\cdot\boldsymbol{E})\boldsymbol{\varepsilon}_2,\boldsymbol{\varepsilon}_2,\boldsymbol{\varepsilon}_4)\begin{pmatrix}-1&0&0\\3&1&2\\3&0&1\end{pmatrix},$$

及$\boldsymbol{A}$的若尔当标准形

$$\begin{aligned}\boldsymbol{J}&=\boldsymbol{T}^{-1}\boldsymbol{A}\boldsymbol{T}\\&=\begin{pmatrix}-1&0&0\\3&1&2\\3&0&1\end{pmatrix}^{-1}\begin{pmatrix}4&-1&2\\-9&4&-6\\-9&3&-5\end{pmatrix}\begin{pmatrix}-1&0&0\\3&1&2\\3&0&1\end{pmatrix}\\&=\begin{pmatrix}-1&0&0\\-3&1&-2\\3&0&1\end{pmatrix}\begin{pmatrix}-1&-1&0\\3&4&2\\3&3&1\end{pmatrix}\\&=\begin{pmatrix}1&1&0\\0&1&0\\0&0&1\end{pmatrix}.\end{aligned}$$

注意，在1)中，变换矩阵$\boldsymbol{T}$不能取$(\boldsymbol{\varepsilon}_1,(\boldsymbol{A}-1\cdot\boldsymbol{E})\boldsymbol{\varepsilon}_1,\boldsymbol{\varepsilon}_3)$，在2)中，$\boldsymbol{T}$不能取$(\boldsymbol{\varepsilon}_2,(\boldsymbol{A}-1\cdot\boldsymbol{E})\boldsymbol{\varepsilon}_2,\boldsymbol{\varepsilon}_4)$，必须注意$\boldsymbol{T}$中列向量的次序.

26. 友矩阵与范德蒙德矩阵

设

$$f(\lambda)=\lambda^n+a_1\lambda^{n-1}+\cdots+a_{n-1}\lambda+a_n \tag{26.1}$$

是数域 **F** 上的首项系数为 1 的多项式，则 n 阶矩阵

$$\boldsymbol{C}=\begin{pmatrix} 0 & 0 & \cdots & 0 & -a_n \\ 1 & 0 & \cdots & 0 & -a_{n-1} \\ 0 & 1 & \cdots & 0 & -a_{n-2} \\ \vdots & \vdots & & \vdots & \vdots \\ 0 & 0 & \cdots & 1 & -a_1 \end{pmatrix} \tag{26.2}$$

称为多项式 $f(\lambda)$ 的**友矩阵**(或**伴侣矩阵**). 方阵的有理标准形就是由友矩阵块构成的分块对角矩阵，而有理标准形在应用上以及理论推导中，都有较大的作用.

本课题将研讨在友矩阵有互不相同的特征值的条件下，化友矩阵为对角矩阵的变换矩阵求法及其与范德蒙德矩阵的关系.

中心问题 设多项式 $f(\lambda)$ ((26.1) 式) 的友矩阵为 $\boldsymbol{C}$ ((26.2) 式)，且 $f(\lambda)$ 有 n 个不同的根，求化 $\boldsymbol{C}$ 为对角矩阵的变换矩阵及其逆矩阵.

准备知识 矩阵的对角化，课题 11：特征值与特征向量的直接求法

课题探究

首先探讨上述的中心问题，然后再探索将友矩阵化为对角矩阵的变换矩阵的特点.

问题 26.1 设矩阵 $\boldsymbol{C}$ ((26.2) 式) 是 $f(\lambda)$ ((26.1) 式) 的友矩阵，$f(\lambda)$ 有 n 个不同的根，求变换矩阵 $\boldsymbol{T}$，使 $\boldsymbol{T}^{-1}\boldsymbol{C}\boldsymbol{T}$ 为对角矩阵.

问题 26.2 设 $f(\lambda)=\lambda^3-2\lambda^2+\lambda-2$ 的友矩阵为

$$C=\begin{pmatrix}0 & 0 & 2\\ 1 & 0 & -1\\ 0 & 1 & 2\end{pmatrix}, \tag{26.3}$$

求变换矩阵 $\boldsymbol{T}$，使 $\boldsymbol{T}^{-1}\boldsymbol{C}\boldsymbol{T}$ 为对角矩阵.

在问题 26.1 和问题 26.2 中，我们用课题 11 中的方法，求出了化友矩阵 $\boldsymbol{C}$ 为对角矩阵

$$\boldsymbol{\Lambda}=\boldsymbol{T}^{-1}\boldsymbol{C}\boldsymbol{T} \tag{26.4}$$

的变换矩阵 $\boldsymbol{T}$. 下面讨论(26.4)中的变换矩阵的逆矩阵的求法. 我们可以按逆矩阵的定义来计算 $\boldsymbol{T}^{-1}$，但是，在目前的情况下，可以寻求更简捷的计算方法. 由(26.4)知，

$$\boldsymbol{\Lambda}=(\boldsymbol{T}^{-1}\boldsymbol{C}\boldsymbol{T})^{\mathrm{T}}=\boldsymbol{T}^{\mathrm{T}}\boldsymbol{C}^{\mathrm{T}}(\boldsymbol{T}^{-1})^{\mathrm{T}}=((\boldsymbol{T}^{-1})^{\mathrm{T}})^{-1}\boldsymbol{C}^{\mathrm{T}}(\boldsymbol{T}^{-1})^{\mathrm{T}},$$

故 $\boldsymbol{C}^{\mathrm{T}}$ 与 $\boldsymbol{C}$ 相似(都相似于 $\boldsymbol{\Lambda}$). 如果能从 $\boldsymbol{C}^{\mathrm{T}}$ 直接求出它的变换矩阵 $\boldsymbol{V}$ 及其逆矩阵 $\boldsymbol{V}^{-1}$，使得

$$\boldsymbol{V}^{-1}\boldsymbol{C}^{\mathrm{T}}\boldsymbol{V}=\boldsymbol{\Lambda},$$

那么令 $\boldsymbol{T}=(\boldsymbol{V}^{-1})^{\mathrm{T}}$，则 $\boldsymbol{T}=(\boldsymbol{V}^{\mathrm{T}})^{-1}$，故 $\boldsymbol{T}^{-1}=\boldsymbol{V}^{\mathrm{T}}$，且

$$(\boldsymbol{T}^{-1}\boldsymbol{C}\boldsymbol{T})^{\mathrm{T}}=\boldsymbol{T}^{\mathrm{T}}\boldsymbol{C}^{\mathrm{T}}(\boldsymbol{T}^{-1})^{\mathrm{T}}=\boldsymbol{V}^{-1}\boldsymbol{C}^{\mathrm{T}}\boldsymbol{V}=\boldsymbol{\Lambda},$$

于是，我们可以求得 $\boldsymbol{T}=(\boldsymbol{V}^{-1})^{\mathrm{T}}$ 和 $\boldsymbol{T}^{-1}=\boldsymbol{V}^{\mathrm{T}}$，使得

$$\boldsymbol{T}^{-1}\boldsymbol{C}\boldsymbol{T}=\boldsymbol{\Lambda}.$$

下面先以问题 26.2 的友矩阵 $\boldsymbol{C}$（见(26.3)）为例来求 $\boldsymbol{C}^{\mathrm{T}}$ 的变换矩阵 $\boldsymbol{V}$ 及 $\boldsymbol{V}^{-1}$，然后再找一般规律.

问题 26.3 设

$$\boldsymbol{C}^{\mathrm{T}}=\begin{pmatrix}0 & 1 & 0\\ 0 & 0 & 1\\ 2 & -1 & 2\end{pmatrix},$$

求变换矩阵 $\boldsymbol{V}$，使 $\boldsymbol{V}^{-1}\boldsymbol{C}^{\mathrm{T}}\boldsymbol{V}$ 为对角矩阵，从中你有什么发现?

问题 26.4 设多项式 $f(\lambda)=\lambda^n+a_1\lambda^{n-1}+\cdots+a_{n-1}\lambda+a_n$ 有 n 个不同的根，其友矩阵的转置矩阵为

$$\boldsymbol{C}^{\mathrm{T}}=\begin{pmatrix}0 & 1 & 0 & \cdots & 0\\ 0 & 0 & 1 & \cdots & 0\\ \vdots & \vdots & \vdots & & \vdots\\ 0 & 0 & 0 & \cdots & 1\\ -a_n & -a_{n-1} & -a_{n-2} & \cdots & -a_1\end{pmatrix},$$

求变换矩阵 $\boldsymbol{V}$ 及其逆矩阵 $\boldsymbol{V}^{-1}$，使 $\boldsymbol{V}^{-1}\boldsymbol{C}^{\mathrm{T}}\boldsymbol{V}$ 为对角矩阵，从而求出把多项式 $f(\lambda)$ 的友矩阵 $\boldsymbol{C}$ 化为对角矩阵的变换矩阵 $\boldsymbol{T}$ 及其逆矩阵 $\boldsymbol{T}^{-1}$.

由问题 26.4 的解答知，当多项式 $f(\lambda)=\lambda^n+a_1\lambda^{n-1}+\cdots+a_{n-1}\lambda+a_n$ 有 n 个不同的根，其友矩阵的转置矩阵为 $\boldsymbol{C}^{\mathrm{T}}$ 时，存在变换矩阵

$$\boldsymbol{V}=\begin{pmatrix}1 & 1 & \cdots & 1\\ \lambda_1 & \lambda_2 & \cdots & \lambda_n\\ \lambda_1^2 & \lambda_2^2 & \cdots & \lambda_n^2\\ \vdots & \vdots & \ddots & \vdots\\ \lambda_1^{n-1} & \lambda_2^{n-1} & \cdots & \lambda_n^{n-1}\end{pmatrix}$$

使得 $\boldsymbol{V}^{-1}\boldsymbol{C}^{\mathrm{T}}\boldsymbol{V}=\boldsymbol{\Lambda}=\mathrm{diag}(\lambda_1,\lambda_2,\cdots,\lambda_n)$.

设

$$\boldsymbol{v}_i=(1,\lambda_i,\lambda_i^2,\cdots,\lambda_i^{n-1})^{\mathrm{T}},\quad i=1,2,\cdots,n,$$

则 $\boldsymbol{V}=(\boldsymbol{v}_1,\boldsymbol{v}_2,\cdots,\boldsymbol{v}_n)$，且

$$\boldsymbol{C}^{\mathrm{T}}(\boldsymbol{v}_1,\boldsymbol{v}_2,\cdots,\boldsymbol{v}_n)=(\lambda_1\boldsymbol{v}_1,\lambda_2\boldsymbol{v}_2,\cdots,\lambda_n\boldsymbol{v}_n),$$

即

$$\boldsymbol{C}^{\mathrm{T}}\boldsymbol{v}_i=\lambda_i\boldsymbol{v}_i,\quad i=1,2,\cdots,n.$$

因此，变换矩阵 $\boldsymbol{V}$ 可以用 $\boldsymbol{C}^{\mathrm{T}}$ 的分别属于特征值 $\lambda_1,\lambda_2,\cdots,\lambda_n$ 的特征向量 $\boldsymbol{v}_1,\boldsymbol{v}_2,\cdots,\boldsymbol{v}_n$ 作列向量而构成. 我们能否利用属于不同的特征值的若尔当链，将这结果再推广到有重根的多项式 $f(\lambda)$ 的友矩阵的转置矩阵 $\boldsymbol{C}^{\mathrm{T}}$ 呢？

下面我们仅讨论 $\boldsymbol{C}^{\mathrm{T}}$ 的特征值有重根(其重数称为该特征值的代数重数)，但是各个特征值的特征子空间的维数(称为特征值的几何重数) 都是 1 的情况.

探究题 26.1 设多项式

$$f(\lambda)=\lambda^n+a_1\lambda^{n-1}+\cdots+a_{n-1}\lambda+a_n=\prod_{i=1}^{l}(\lambda-\lambda_i)^{m_i},$$

其中 $m_1,m_2,\cdots,m_l$ 分别是它的友矩阵 $\boldsymbol{C}$ 的特征值 $\lambda_1,\lambda_2,\cdots,\lambda_l$ 的代数重数，$m_1+m_2+\cdots+m_l=n$，且它们的几何重数 $\dim V_{\lambda_i}=1$，$i=1,2,\cdots,l$. 求变换矩阵 $\boldsymbol{V}$，使 $\boldsymbol{V}^{-1}\boldsymbol{C}^{\mathrm{T}}\boldsymbol{V}$ 为若尔当标准形.

如果我们取 $\lambda_1,\lambda_2,\cdots,\lambda_l$ 为整数，$m_1,m_2,\cdots,m_l$ 为正整数，以及 $f(\lambda)=\prod\limits_{i=1}^{l}(\lambda-\lambda_i)^{m_i}$，则由(26.1) 和(26.2) 可确定 $a_1,a_2,\cdots,a_n$，从而得到多项式

$f(\lambda)$ 的友矩阵 $\boldsymbol{C}$. 显然，$\boldsymbol{C}$ 和 $\boldsymbol{C}^{\mathrm{T}}$ 都是元素皆为整数的整矩阵，且它们的特征值也均为整数. 当 $\boldsymbol{C}^{\mathrm{T}}$ 的特征值的几何重数也均为1时，由探究题26.1知，$\boldsymbol{C}^{\mathrm{T}}$ 具有整数特征向量和整数若尔当链，使得变换矩阵 $\boldsymbol{V}$ 也是整矩阵. 例如：取 $\lambda_1=1$，$\lambda_2=2$，$m_1=2$，$m_2=1$. 由(26.1)和(26.2)，得

$$\boldsymbol{C}^{\mathrm{T}}=\begin{pmatrix}0 & 1 & 0\\ 0 & 0 & 1\\ 2 & -5 & 4\end{pmatrix}.$$

$\boldsymbol{C}^{\mathrm{T}}$ 具有分别属于特征值 $\lambda_1=1$ 和 $\lambda_2=2$ 的特征向量

$$\boldsymbol{v}_1=(1,1,1)^{\mathrm{T}},\quad \boldsymbol{v}_3=(1,2,4)^{\mathrm{T}},$$

以及属于特征值 $\lambda_1=1$ 的若尔当链$\{\boldsymbol{v}_2,\boldsymbol{v}_1\}$，其中

$$\boldsymbol{v}_2=(0,1,2)^{\mathrm{T}}.$$

由此得变换矩阵

$$\boldsymbol{v}=(\boldsymbol{v}_1,\boldsymbol{v}_2,\boldsymbol{v}_3)=\begin{pmatrix}1 & 0 & 1\\ 1 & 1 & 2\\ 1 & 2 & 4\end{pmatrix},$$

它是一个整矩阵. 由于 $|\boldsymbol{V}|=1$，故 $\boldsymbol{V}^{-1}$ 也是整矩阵，

$$\boldsymbol{V}^{-1}=\begin{pmatrix}0 & 2 & -1\\ -2 & 3 & -1\\ 1 & -2 & 1\end{pmatrix}.$$

关于具有整数特征值的整矩阵，我们将在课题29中进一步加以讨论.

下面简要介绍有理标准形以了解友矩阵的作用.

我们知道，在复数域上任一 n 阶矩阵可以相似于一个若尔当标准形. 那么在一般的数域 $\mathbf{F}$（例如有理数域）上，一个 n 阶矩阵的形式较简单的相似标准形是什么呢？由于任一 n 次特征多项式在复数域中有 n 个根，而在一般的数域 $\mathbf{F}$ 上情况就有所不同，所以在数域 $\mathbf{F}$ 上的一个 n 阶矩阵 $\boldsymbol{A}$ 的形式最简单的相似矩阵不一定是若尔当形，但由于求矩阵 $\boldsymbol{A}$ 的不变因子时，只用到加、减、乘、除运算，所以 $\boldsymbol{A}$ 在 $\mathbf{F}$ 上和 $\mathbf{C}$ 上有相同的不变因子. 利用不变因子，我们就可以构造它的有理标准形.

设数域 $\mathbf{F}$ 上 n 阶矩阵 $\boldsymbol{A}$ 的不变因子为

$$1,\ 1,\ \cdots,\ 1,\ d_1(\lambda),\ d_2(\lambda),\ \cdots,\ d_s(\lambda),$$

其中 $d_i(\lambda)$ 次数 $\deg d_i(\lambda)\geqslant 1$，$i=1,2,\cdots,s$，且 $d_i(\lambda)\mid d_{i+1}(\lambda)$，则

$$\sum_{i=1}^{s}\deg d_i(\lambda)=n,$$

其中 $\deg d_i(\lambda)$ 表示 $d_i(\lambda)$ 的次数. 设 $\boldsymbol{C}_1,\boldsymbol{C}_2,\cdots,\boldsymbol{C}_s$ 分别是 $d_1(\lambda),d_2(\lambda),\cdots,$

$d_s(\lambda)$ 的友矩阵，则 $\boldsymbol{C}_i$ 是 $\deg d_i(\lambda)$ 阶矩阵，$i=1,2,\cdots,s$. 我们称分块对角矩阵

$$\boldsymbol{C}=\begin{pmatrix}\boldsymbol{C}_1 & & & \\ & \boldsymbol{C}_2 & & \\ & & \ddots & \\ & & & \boldsymbol{C}_s\end{pmatrix}$$

为矩阵 $\boldsymbol{A}$ 的**有理标准形**. 现在的问题是 $\boldsymbol{C}$ 与 $\boldsymbol{A}$ 是否相似呢？回答是肯定的.

探究题 26.2 证明：数域 F 上的任意 n 阶矩阵 $\boldsymbol{A}$（在 F 上）必相似于它的有理标准形 $\boldsymbol{C}$.

可以看到，构造 F 上的矩阵 $\boldsymbol{A}$ 的相似标准形 —— 有理标准形只须用到加、减、乘、除有理运算，故称有理标准形. 有理标准形的分块比若尔当标准形的要粗糙，但我们很容易构造出它，而且利用它可以在数域 F 上推导出许多有用的结论，这里就不详细介绍了.

问题解答

问题 26.1 采用课题 11“特征值与特征向量的直接求法”，求出 $\boldsymbol{C}$ 的属于不同特征值的特征向量，从而构造变换矩阵.

设 $\boldsymbol{e}_1=(1,0,\cdots,0)^{\mathrm{T}}$, $\boldsymbol{e}_2=(0,1,\cdots,0)^{\mathrm{T}}$, $\cdots$, $\boldsymbol{e}_n=(0,0,\cdots,1)^{\mathrm{T}}$ 为 n 维单位向量组，则

$$\boldsymbol{Ce}_1=\boldsymbol{e}_2,\quad \boldsymbol{C}^2\boldsymbol{e}_1=\boldsymbol{Ce}_2=\boldsymbol{e}_3,\quad \cdots,\quad \boldsymbol{C}^{n-1}\boldsymbol{e}_1=\boldsymbol{Ce}_{n-1}=\boldsymbol{e}_n,$$
$$\boldsymbol{C}^n\boldsymbol{e}_1=\boldsymbol{Ce}_n=-a_n\boldsymbol{e}_1-a_{n-1}\boldsymbol{e}_2-\cdots-a_1\boldsymbol{e}_n$$
$$=(-a_n\boldsymbol{E}-a_{n-1}\boldsymbol{C}-\cdots-a_1\boldsymbol{C}^{n-1})\boldsymbol{e}_1,$$

故

$$f(\boldsymbol{C})\boldsymbol{e}_1=(\boldsymbol{C}^n+a_1\boldsymbol{C}^{n-1}+\cdots+a_{n-1}\boldsymbol{C}+a_n\boldsymbol{E})\boldsymbol{e}_1=\boldsymbol{0}. \tag{26.5}$$

设 $f(\lambda)$ 的 n 个不同的根为 $\lambda_1,\lambda_2,\cdots,\lambda_n$，则

$$f(\lambda)=(\lambda-\lambda_1)(\lambda-\lambda_2)\cdots(\lambda-\lambda_n),$$

由(26.5)得

$$\boldsymbol{\alpha}_1=(\boldsymbol{C}-\lambda_2\boldsymbol{E})\cdots(\boldsymbol{C}-\lambda_n\boldsymbol{E})\boldsymbol{e}_1,$$
$$\boldsymbol{\alpha}_2=(\boldsymbol{C}-\lambda_1\boldsymbol{E})(\boldsymbol{C}-\lambda_3\boldsymbol{E})\cdots(\boldsymbol{C}-\lambda_n\boldsymbol{E})\boldsymbol{e}_1,$$
$$\cdots,$$
$$\boldsymbol{\alpha}_n=(\boldsymbol{C}-\lambda_1\boldsymbol{E})\cdots(\boldsymbol{C}-\lambda_{n-1}\boldsymbol{E})\boldsymbol{e}_1$$

分别是 $\boldsymbol{C}$ 的属于特征值 $\lambda_1,\lambda_2,\cdots,\lambda_n$ 的特征向量. 由于 $\lambda_1,\lambda_2,\cdots,\lambda_n$ 互不相同, 故 $\boldsymbol{\alpha}_1,\boldsymbol{\alpha}_2,\cdots,\boldsymbol{\alpha}_n$ 线性无关, 且 $\boldsymbol{C}$ 可对角化. 设 $\boldsymbol{T}=(\boldsymbol{\alpha}_1,\boldsymbol{\alpha}_2,\cdots,\boldsymbol{\alpha}_n)$, 则

$$\boldsymbol{T}^{-1}\boldsymbol{C}\boldsymbol{T}=\begin{pmatrix}\lambda_1 & & & \\ & \lambda_2 & & \\ & & \ddots & \\ & & & \lambda_n\end{pmatrix},$$

$\boldsymbol{T}$ 即为所求的变换矩阵.

问题 26.2 由于

$$f(\lambda)=\lambda^3-2\lambda^2+\lambda-2=(\lambda-2)(\lambda-\mathrm{i})(\lambda+\mathrm{i}),$$

由问题 26.1 知, 因 $f(\lambda)$ 的友矩阵 $\boldsymbol{C}$ 有 3 个不同的特征值: $2,\mathrm{i},-\mathrm{i}$, 故 $\boldsymbol{C}$ 可对角化. 设

$$\begin{aligned}\boldsymbol{\alpha}_1&=(\boldsymbol{C}-\mathrm{i}\boldsymbol{E})(\boldsymbol{C}+\mathrm{i}\boldsymbol{E})\boldsymbol{e}_1=(\boldsymbol{C}^2+\boldsymbol{E})\boldsymbol{e}_1=\boldsymbol{e}_3+\boldsymbol{e}_1\\&=\begin{pmatrix}1\\0\\1\end{pmatrix},\end{aligned}$$

$$\begin{aligned}\boldsymbol{\alpha}_2&=(\boldsymbol{C}-2\boldsymbol{E})(\boldsymbol{C}+\mathrm{i}\boldsymbol{E})\boldsymbol{e}_1=[\boldsymbol{C}^2+(-2+\mathrm{i})\boldsymbol{C}-2\mathrm{i}\boldsymbol{E}]\boldsymbol{e}_1\\&=\begin{pmatrix}-2\mathrm{i}\\-2+\mathrm{i}\\1\end{pmatrix},\end{aligned}$$

$$\boldsymbol{\alpha}_3=(\boldsymbol{C}-2\boldsymbol{E})(\boldsymbol{C}-\mathrm{i}\boldsymbol{E})\boldsymbol{e}_1=\begin{pmatrix}2\mathrm{i}\\-2-\mathrm{i}\\1\end{pmatrix},$$

则变换矩阵

$$\boldsymbol{T}=\begin{pmatrix}1 & -2\mathrm{i} & 2\mathrm{i}\\0 & -2+\mathrm{i} & -2-\mathrm{i}\\1 & 1 & 1\end{pmatrix},$$

且有

$$\boldsymbol{T}^{-1}\boldsymbol{C}\boldsymbol{T}=\begin{pmatrix}2 & & \\ & \mathrm{i} & \\ & & -\mathrm{i}\end{pmatrix}.$$

问题 26.3 仍设 $\boldsymbol{e}_1,\boldsymbol{e}_2,\boldsymbol{e}_3$ 为 3 维单位向量组, 设 $\boldsymbol{A}=\boldsymbol{C}^{\mathrm{T}}$, 则

$$Ae_1 = \begin{pmatrix} 0 \\ 0 \\ 2 \end{pmatrix}, \quad A^2 e_1 = \begin{pmatrix} 0 \\ 2 \\ 4 \end{pmatrix}, \quad A^3 e_1 = \begin{pmatrix} 2 \\ 4 \\ 6 \end{pmatrix},$$

故

$$A^3 e_1 - 2A^2 e_1 + Ae_1 - 2Ee_1 = \mathbf{0},$$

即$(A^3 - 2A^2 + A - 2E)e_1 = \mathbf{0}$,

$$(A - 2E)(A^2 + E)e_1 = \mathbf{0}. \tag{26.6}$$

由(26.6)可得，$C^{\mathrm{T}} = A$ 的属于 $\lambda_1 = 2$ 的一个特征向量

$$(A^2 + E)e_1 = A^2 e_1 + e_1 = \begin{pmatrix} 1 \\ 2 \\ 4 \end{pmatrix},$$

属于 $\lambda_2 = \mathrm{i}$ 的一个特征向量

$$\begin{aligned}(A - 2E)(A + \mathrm{i}E)e_1 &= [A^2 + (-2 + \mathrm{i})A - 2\mathrm{i}E]e_1 \\ &= \begin{pmatrix} 0 \\ 2 \\ 4 \end{pmatrix} + (-2 + \mathrm{i}) \begin{pmatrix} 0 \\ 0 \\ 2 \end{pmatrix} - 2\mathrm{i} \begin{pmatrix} 1 \\ 0 \\ 0 \end{pmatrix} \\ &= \begin{pmatrix} -2\mathrm{i} \\ 2 \\ 2\mathrm{i} \end{pmatrix} = -2\mathrm{i} \begin{pmatrix} 1 \\ \mathrm{i} \\ \mathrm{i}^2 \end{pmatrix},\end{aligned}$$

属于 $\lambda_3 = -\mathrm{i}$ 的一个特征向量

$$(A - 2E)(A - \mathrm{i}E)e_1 = \begin{pmatrix} 2\mathrm{i} \\ 2 \\ -2\mathrm{i} \end{pmatrix} = 2\mathrm{i} \begin{pmatrix} 1 \\ -\mathrm{i} \\ (-\mathrm{i})^2 \end{pmatrix}.$$

于是，我们得到 C^{T} 的 3 个线性无关的特征向量

$$\alpha_1 = \begin{pmatrix} 1 \\ 2 \\ 4 \end{pmatrix}, \quad \alpha_2 = \begin{pmatrix} 1 \\ \mathrm{i} \\ \mathrm{i}^2 \end{pmatrix}, \quad \alpha_3 = \begin{pmatrix} 1 \\ -\mathrm{i} \\ (-\mathrm{i})^2 \end{pmatrix},$$

由此得到变换矩阵

$$V = (\alpha_1, \alpha_2, \alpha_3) = \begin{pmatrix} 1 & 1 & 1 \\ 2 & \mathrm{i} & -\mathrm{i} \\ 4 & \mathrm{i}^2 & (-\mathrm{i})^2 \end{pmatrix} = \begin{pmatrix} 1 & 1 & 1 \\ \lambda_1 & \lambda_2 & \lambda_3 \\ \lambda_1^2 & \lambda_2^2 & \lambda_3^2 \end{pmatrix}.$$

我们发现，V 就是对应于范德蒙德行列式

$$\begin{vmatrix} 1 & 1 & 1 \\ \lambda_1 & \lambda_2 & \lambda_3 \\ \lambda_1^2 & \lambda_2^2 & \lambda_3^2 \end{vmatrix}$$

的范德蒙德矩阵. 于是，我们可由 $\boldsymbol{C}$ 的特征值 $2, \mathrm{i}, -\mathrm{i}$，直接写出变换矩阵

$$\boldsymbol{V} = \begin{pmatrix} 1 & 1 & 1 \\ 2 & \mathrm{i} & -\mathrm{i} \\ 4 & -1 & -1 \end{pmatrix}.$$

关于 $\boldsymbol{V}^{-1}$，我们利用拉格朗日内插多项式来求.

设 $\mathbf{F}[x]_3$ 表示由 x 的次数小于3的数域 $\mathbf{F}$ 上多项式全体组成的线性空间，则 $1, x, x^2$ 为它的一个基. 设

$$\left.\begin{aligned} L_1(x) &= \frac{(x-\lambda_2)(x-\lambda_3)}{(\lambda_1-\lambda_2)(\lambda_1-\lambda_3)}, \\ L_2(x) &= \frac{(x-\lambda_1)(x-\lambda_3)}{(\lambda_2-\lambda_1)(\lambda_2-\lambda_3)}, \\ L_3(x) &= \frac{(x-\lambda_1)(x-\lambda_2)}{(\lambda_3-\lambda_1)(\lambda_3-\lambda_2)}, \end{aligned}\right\} \tag{26.7}$$

则 $L_1(x), L_2(x), L_3(x)$ 也是 $\mathbf{F}[x]_3$ 的一个基(这是因为任一 $f(x) \in \mathbf{F}[x]_3$ 都可以用它们线性表示：$f(x) = \sum_{i=1}^{3} f(\lambda_i) L_i(x)$). 特别，取 $f(x) = x^k$ $(k = 0,1,2)$ 时有

$$\left.\begin{aligned} &k=0, \quad 1 = L_1(x) + L_2(x) + L_3(x), \\ &k=1, \quad x = \lambda_1 L_1(x) + \lambda_2 L_2(x) + \lambda_3 L_3(x), \\ &k=2, \quad x^2 = \lambda_1^2 L_1(x) + \lambda_2^2 L_2(x) + \lambda_3^2 L_3(x). \end{aligned}\right\} \tag{26.8}$$

设

$$\boldsymbol{x} = \begin{pmatrix} 1 \\ x \\ x^2 \end{pmatrix}, \quad \boldsymbol{l} = \begin{pmatrix} L_1(x) \\ L_2(x) \\ L_3(x) \end{pmatrix},$$

则由(26.8)得

$$\boldsymbol{x} = \begin{pmatrix} 1 \\ x \\ x^2 \end{pmatrix} = \begin{pmatrix} 1 & 1 & 1 \\ \lambda_1 & \lambda_2 & \lambda_3 \\ \lambda_1^2 & \lambda_2^2 & \lambda_3^2 \end{pmatrix} \begin{pmatrix} L_1(x) \\ L_2(x) \\ L_3(x) \end{pmatrix} = \boldsymbol{V}\boldsymbol{l},$$

故有

$$\boldsymbol{l} = \boldsymbol{V}^{-1}\boldsymbol{x}.$$

由于 $L_i(x)$ $(i=1,2,3)$ 的次数小于 3，都可以用 $1,x,x^2$ 线性表示，设

$$L_i(x)=\alpha_{i1}+\alpha_{i2}x+\alpha_{i3}x^2,\quad i=1,2,3,$$

则

$$\boldsymbol{l}=\begin{pmatrix}L_1(x)\\L_2(x)\\L_3(x)\end{pmatrix}=\begin{pmatrix}\alpha_{11}&\alpha_{12}&\alpha_{13}\\\alpha_{21}&\alpha_{22}&\alpha_{23}\\\alpha_{31}&\alpha_{32}&\alpha_{33}\end{pmatrix}\begin{pmatrix}1\\x\\x^2\end{pmatrix}=\boldsymbol{V}^{-1}\boldsymbol{x},$$

故

$$\boldsymbol{V}^{-1}=\begin{pmatrix}\alpha_{11}&\alpha_{12}&\alpha_{13}\\\alpha_{21}&\alpha_{22}&\alpha_{23}\\\alpha_{31}&\alpha_{32}&\alpha_{33}\end{pmatrix}.$$

现设 $\lambda_1=2$，$\lambda_2=\mathrm{i}$，$\lambda_3=-\mathrm{i}$，代入(26.7)得

$$L_1(x)=\frac{(x-\mathrm{i})(x+\mathrm{i})}{(2-\mathrm{i})(2+\mathrm{i})}=\frac{1+x^2}{5},$$

$$\alpha_{11}=\frac{1}{5},\quad \alpha_{12}=0,\quad \alpha_{13}=\frac{1}{5},$$

$$L_2(x)=\frac{(x-2)(x+\mathrm{i})}{(\mathrm{i}-2)(\mathrm{i}+\mathrm{i})}=\frac{(4+2\mathrm{i})-5\mathrm{i}x+(-1+2\mathrm{i})x^2}{10},$$

$$\alpha_{21}=\frac{4+2\mathrm{i}}{10},\quad \alpha_{22}=\frac{-5\mathrm{i}}{10},\quad \alpha_{23}=\frac{-1+2\mathrm{i}}{10},$$

$$L_3(x)=\frac{(x-2)(x-\mathrm{i})}{(-\mathrm{i}-2)(-\mathrm{i}-\mathrm{i})}=\frac{(4-2\mathrm{i})+5\mathrm{i}x+(-1-2\mathrm{i})x^2}{10},$$

$$\alpha_{31}=\frac{4-2\mathrm{i}}{10},\quad \alpha_{32}=\frac{5\mathrm{i}}{10},\quad \alpha_{33}=\frac{-1-2\mathrm{i}}{10}.$$

因此，

$$\boldsymbol{V}^{-1}=\frac{1}{10}\begin{pmatrix}2&0&2\\4+2\mathrm{i}&-5\mathrm{i}&-1+2\mathrm{i}\\4-2\mathrm{i}&5\mathrm{i}&-1-2\mathrm{i}\end{pmatrix}.$$

由此可得，

$$\boldsymbol{T}=(\boldsymbol{V}^{-1})^{\mathrm{T}}=\frac{1}{10}\begin{pmatrix}2&4+2\mathrm{i}&4-2\mathrm{i}\\0&-5\mathrm{i}&5\mathrm{i}\\2&-1+2\mathrm{i}&-1-2\mathrm{i}\end{pmatrix},$$

$$\boldsymbol{T}^{-1}=\boldsymbol{V}^{\mathrm{T}}=\begin{pmatrix}1&2&4\\1&\mathrm{i}&-1\\1&-\mathrm{i}&-1\end{pmatrix},$$

$$T^{-1}CT=\begin{pmatrix}1&2&4\\1&\mathrm{i}&-1\\1&-\mathrm{i}&-1\end{pmatrix}\begin{pmatrix}0&0&2\\1&0&-1\\0&1&2\end{pmatrix}\cdot\frac{1}{10}\begin{pmatrix}2&4+2\mathrm{i}&4-2\mathrm{i}\\0&-5\mathrm{i}&5\mathrm{i}\\2&-1+2\mathrm{i}&-1-2\mathrm{i}\end{pmatrix}$$
$$=\begin{pmatrix}2&&\\&\mathrm{i}&\\&&-\mathrm{i}\end{pmatrix}.$$

问题 26.4 设 $f(\lambda)$ 的 n 个不同的根为 $\lambda_1,\lambda_2,\cdots,\lambda_n$，对角矩阵 $\boldsymbol{\Lambda}$ 和范德蒙德矩阵 $\boldsymbol{V}$ 分别为

$$\boldsymbol{\Lambda}=\begin{pmatrix}\lambda_1&&&\\&\lambda_2&&\\&&\ddots&\\&&&\lambda_n\end{pmatrix},\quad \boldsymbol{V}=\begin{pmatrix}1&1&\cdots&1\\\lambda_1&\lambda_2&\cdots&\lambda_n\\\lambda_1^2&\lambda_2^2&\cdots&\lambda_n^2\\\vdots&\vdots&&\vdots\\\lambda_1^{n-1}&\lambda_2^{n-1}&\cdots&\lambda_n^{n-1}\end{pmatrix},$$

容易验证，$\boldsymbol{C}^{\mathrm{T}}\boldsymbol{V}=\boldsymbol{V}\boldsymbol{\Lambda}$，又因 $|\boldsymbol{V}|\neq 0$，故 $\boldsymbol{V}$ 可逆，所以，有

$$\boldsymbol{V}^{-1}\boldsymbol{C}^{\mathrm{T}}\boldsymbol{V}=\boldsymbol{\Lambda},$$

即 $\boldsymbol{V}$ 是 $\boldsymbol{C}^{\mathrm{T}}$ 的变换矩阵(其中 $\lambda_1,\lambda_2,\cdots,\lambda_n$ 是 $\boldsymbol{C}$（也是 $\boldsymbol{C}^{\mathrm{T}}$）的 n 个不同的特征值). 令 $n-1$ 次插值基函数为

$$L_i(x)=\frac{(x-\lambda_1)\cdots(x-\lambda_{i-1})(x-\lambda_{i+1})\cdots(x-\lambda_n)}{(\lambda_i-\lambda_1)\cdots(\lambda_i-\lambda_{i-1})(\lambda_i-\lambda_{i+1})\cdots(\lambda_i-\lambda_n)},$$

则

$$L_i(\lambda_j)=\begin{cases}1, & 若\ i=j,\\0, & 若\ i\neq j.\end{cases}\tag{26.9}$$

设 $f(x)$ 为任一次数小于 n 的多项式，则 $f(x)$ 由它在 $x=\lambda_1,\lambda_2,\cdots,\lambda_n$ 上的值 $f(\lambda_1),f(\lambda_2),\cdots,f(\lambda_n)$ 完全确定. 由(26.9)得

$$\sum_{i=1}^{n}f(\lambda_i)L_i(\lambda_j)=f(\lambda_j),\quad j=1,2,\cdots,n,$$

即多项式 $\sum\limits_{i=1}^{n}f(\lambda_i)L_i(x)$ 和 $f(x)$ 在 $x=\lambda_1,\lambda_2,\cdots,\lambda_n$ 上的值完全相同，因此，

$$f(x)=\sum_{i=1}^{n}f(\lambda_i)L_i(x),\tag{26.10}$$

我们把它称为**拉格朗日插值多项式**.

特别，取 $f(x)=1$ 时，有 $f(\lambda_i)=1$，$i=1,2,\cdots,n$，故由(26.10)得

$$1=\sum_{i=1}^{n}L_i(x)=L_1(x)+L_2(x)+\cdots+L_n(x).\tag{26.11}$$

类似地，取 $f(x)=x^k$，$k=1,2,\cdots,n-1$，得

$$x^k=\lambda_1^k L_1(x)+\lambda_2^k L_2(x)+\cdots+\lambda_n^k L_n(x). \qquad (26.12)$$

设

$$\boldsymbol{x}=\begin{pmatrix}1\\x\\\vdots\\x^{n-1}\end{pmatrix},\quad \boldsymbol{l}=\begin{pmatrix}L_1(x)\\L_2(x)\\\vdots\\L_n(x)\end{pmatrix},$$

则有 $\boldsymbol{x}=\boldsymbol{V}\boldsymbol{l}$，故 $\boldsymbol{l}=\boldsymbol{V}^{-1}\boldsymbol{x}$.

设

$$L_i(x)=\alpha_{i1}+\alpha_{i2}x+\cdots+\alpha_{in}x^{n-1}\quad (i=1,2,\cdots,n),$$

则有

$$\boldsymbol{V}^{-1}=\begin{pmatrix}\alpha_{11}&\alpha_{12}&\cdots&\alpha_{1n}\\\alpha_{21}&\alpha_{22}&\cdots&\alpha_{2n}\\\vdots&\vdots&&\vdots\\\alpha_{n1}&\alpha_{n2}&\cdots&\alpha_{nn}\end{pmatrix}.$$

也就是说，$\boldsymbol{V}^{-1}$ 的 (i,j) 位置上的元素 α_{ij} 是拉格朗日插值多项式 $L_i(x)$ 的 x^{j-1} 项的系数.

由此可得，$\boldsymbol{T}=(\boldsymbol{V}^{-1})^{\mathrm{T}}$，$\boldsymbol{T}^{-1}=\boldsymbol{V}^{\mathrm{T}}$，以及 $\boldsymbol{T}^{-1}\boldsymbol{C}\boldsymbol{T}=\boldsymbol{\Lambda}$.

27. 线性变换的循环不变子空间

设 V 为数域 $\mathbf{F}$ 上的 n 维线性空间，$\mathscr{A}$ 是 V 上的线性变换，W 是 $\mathscr{A}$ 的一个不变子空间，若有 $v_0(\neq 0)\in W$，使 $v_0,\mathscr{A}v_0,\cdots,\mathscr{A}^{k-1}v_0$ 组成 W 的一个基，则称 W 为 $\mathscr{A}$ 的**循环不变子空间**. 若 V 本身是 $\mathscr{A}$ 的循环不变子空间，则称 V 为 $\mathscr{A}$ 的**循环空间**，它的基 $v_0,\mathscr{A}v_0,\cdots,\mathscr{A}^{n-1}v_0$ 称为 $\mathscr{A}$ 的**循环基**.

本课题将探讨线性变换的循环不变子空间的性质.

中心问题 求 V 为线性变换 $\mathscr{A}$ 的循环空间的充分必要条件.

准备知识 线性空间，线性变换，课题 26：友矩阵与范德蒙德矩阵

课 题 探 究

首先，我们证明 V 为线性变换 $\mathscr{A}$ 的循环空间的一些充分条件，由此可以给出一些循环空间的实例.

问题 27.1 设 V 为数域 $\mathbf{F}$ 上的 n 维线性空间，$\mathscr{A}$ 是 V 上的线性变换，证明：

1) 如果 $\mathscr{A}$ 有 n 个互不相同的特征值 $\lambda_1,\lambda_2,\cdots,\lambda_n$，则 V 是 $\mathscr{A}$ 的循环空间；

2) 如果 $\mathscr{A}$ 的特征多项式无重因式，则 V 是 $\mathscr{A}$ 的循环空间；

3) 如果 $\mathscr{A}$ 的特征多项式不可约，则 V 是 $\mathscr{A}$ 的循环空间.

由问题 27.1 知，若线性变换 $\mathscr{A}$ 是 $\mathbf{F}$ 上 n 维线性空间 V 上的 n 次幂么线性变换(即 $\mathscr{A}$ 满足 $\mathscr{A}^n=\mathscr{E}$ ($\mathscr{E}$ 是 V 上的恒等变换)，且 $\mathscr{A}^i\neq\mathscr{E}$ $(1\leqslant i<n)$)，则 V 是 $\mathscr{A}$ 的循环空间(这是因为 λ^n-1 是 $\mathscr{A}$ 的零化多项式，故由哈密顿 - 凯莱定理知，$\mathscr{A}$ 的特征多项式 $p(\lambda)\mid\lambda^n-1$；又因为 $p(\lambda)$ 是首项系数为 1 的 n 次多项式，故 $p(\lambda)=\lambda^n-1$. 因此，$\mathscr{A}$ 的特征多项式 $p(\lambda)$ 无重因子(在复数域上，λ^n-1 可以分解为

$$\lambda^n-1=(\lambda-1)(\lambda-\omega)\cdots(\lambda-\omega^{n-1}),$$

其中 $\omega=\cos\frac{2\pi}{n}+\mathrm{i}\sin\frac{2\pi}{n}$ 是 n 次单位根)，有 n 个互不相同的根).

下面我们进一步探讨 V 为线性变换 $\mathscr{A}$ 的循环空间的充分必要条件.

问题 27.2 设 V 为数域 $\mathbf{F}$ 上的 n 维线性空间，$\mathscr{A}$ 是 V 上的线性变换，证明下列条件是等价的：

1) V 是 $\mathscr{A}$ 的循环空间；

2) 存在 $v_0(\neq 0)\in V$ 使

$$V=\{f(\mathscr{A})v_0 \mid f(x)\in \mathbf{F}[x]\};$$

3) $\mathscr{A}$ 在某基下的矩阵是它的特征多项式的友矩阵；

4) $\mathscr{A}$ 仅有一个非常数不变因子；

5) $\mathscr{A}$ 的特征多项式 $p(\lambda)$ 等于它的最小多项式.

问题 27.3 设 V 为数域 $\mathbf{F}$ 上的 n 维线性空间，$\mathscr{A}$ 是 V 上的线性变换. 证明：若 V 是 $\mathscr{A}$ 的循环空间，则 $\mathscr{A}$ 的任一特征值的特征子空间的维数为 1；当 $\mathbf{F}$ 是复数域时，两者是等价的.

注意，线性变换 $\mathscr{A}$ 的循环不变子空间 W 也可看成限制在 W 上的线性变换 $\mathscr{A}|_W$ 的循环空间，所以它也具有问题 27.2 和问题 27.3 所述的相应性质.

我们知道，设 $\mathscr{A}$ 是复数域 $\mathbf{C}$ 上 n 维线性空间 V 的线性变换，则 V 可以分解为 $\mathscr{A}$ 的根子空间的直和. 显然，V 不一定是 $\mathscr{A}$ 的循环空间，类似地，V 是否可以分解为 $\mathscr{A}$ 的循环不变子空间的直和呢？

探究题 27.1 设 V 为数域 $\mathbf{F}$ 上的 n 维线性空间，$\mathscr{A}$ 是 V 上的线性变换，W 是 $\mathscr{A}$ 的循环不变子空间.

1) 试写出 $\mathscr{A}|_W$ 在循环基下的矩阵.

2) 试将 V 分解为 $\mathscr{A}$ 的循环不变子空间的直和.

最后，我们讨论使得 V 成为 $\mathscr{A}$ 的循环空间的线性变换 $\mathscr{A}$ 的一个性质. 设 V 为 $\mathbf{F}$ 上的 n 维线性空间，$\mathscr{A}$ 是 V 上的线性变换. 令

$$\mathbf{F}(\mathscr{A})=\{f(\mathscr{A}) \mid f(x)\in \mathbf{F}[x]\},$$

$$C(\mathscr{A})=\{V\text{ 上与 }\mathscr{A}\text{ 可交换的线性变换的全体}\}.$$

显然，$\mathbf{F}(\mathscr{A})\subseteq C(\mathscr{A})$. 那么，在什么条件下，能使 $\mathbf{F}(\mathscr{A})=C(\mathscr{A})$ 成立呢？我们先考查线性变换 $\mathscr{A}$ 的矩阵 $\mathbf{A}$ 只有一个若尔当块和两个若尔当块的特殊情况，然后再讨论一般情况.

探究题 27.2 求与下列若尔当型矩阵 $\mathbf{A}$ 可交换的矩阵的全体：

$$1)\ \boldsymbol{A}=\begin{pmatrix}0&1&0&\cdots&0\\0&0&1&\cdots&0\\\vdots&\vdots&\vdots&&\vdots\\0&0&0&\cdots&1\\0&0&0&\cdots&0\end{pmatrix}_{n\times n};\quad 2)\ \boldsymbol{A}=\begin{pmatrix}0&1&0&0&0\\0&0&1&0&0\\0&0&0&0&0\\0&0&0&0&1\\0&0&0&0&0\end{pmatrix},$$

从以上计算中，你有什么发现？

探究题 27.3 设 V 为 $\mathbf{F}$ 上的 n 维线性空间，$\mathscr{A}$ 是 V 上的线性变换，求 $C(\mathscr{A})=\mathbf{F}(\mathscr{A})$ 时，$\mathscr{A}$ 所满足的充分必要条件.

问题解答

问题 27.1 1) 由于 $\mathscr{A}$ 有 n 个互不相同的特征值 $\lambda_1,\lambda_2,\cdots,\lambda_n$，故 $\mathscr{A}$ 具有 n 个线性无关的特征向量 $\alpha_1,\alpha_2,\cdots,\alpha_n$，使得

$$\mathscr{A}\alpha_i=\lambda_i\alpha_i,\quad i=1,2,\cdots,n,$$

且在基 $\alpha_1,\alpha_2,\cdots,\alpha_n$ 下的矩阵 $\boldsymbol{A}=\mathrm{diag}(\lambda_1,\lambda_2,\cdots,\lambda_n)$ 是对角矩阵.

由问题 26.1 知，设矩阵

$$\boldsymbol{C}=\begin{pmatrix}0&0&\cdots&0&-a_n\\1&0&\cdots&0&-a_{n-1}\\0&1&\cdots&0&-a_{n-2}\\\vdots&\vdots&&\vdots&\vdots\\0&0&\cdots&1&-a_1\end{pmatrix}$$

是

$$f(\lambda)=\prod_{i=1}^{n}(\lambda-\lambda_i)=\lambda^n+a_1\lambda^{n-1}+\cdots+a_{n-1}\lambda+a_n$$

的友矩阵，由于 $f(\lambda)$ 有 n 个不同的根，故 $\boldsymbol{C}$ 与 $\boldsymbol{A}$ 相似，即存在 V 的一个基 $\beta_1,\beta_2,\cdots,\beta_n$，使得 $\mathscr{A}$ 在该基下的矩阵为友矩阵 $\boldsymbol{C}$. 因此，我们有

$$\mathscr{A}\beta_1=\beta_2,\ \mathscr{A}^2\beta_1=\mathscr{A}\beta_2=\beta_3,\ \cdots,\ \mathscr{A}^{n-1}\beta_1=\mathscr{A}\beta_{n-1}=\beta_n,$$
$$\mathscr{A}^n\beta_1=\mathscr{A}\beta_n=-a_n\beta_1-a_{n-1}\beta_2-\cdots-a_1\beta_n,$$

即 $\beta_1,\beta_2(=\mathscr{A}\beta_1),\cdots,\beta_n(=\mathscr{A}^{n-1}\beta_1)$ 为 $\mathscr{A}$ 的循环基，V 为 $\mathscr{A}$ 的循环空间.

2) 由于 $\mathscr{A}$ 的特征多项式无重因式，故它有 n 个不同的根，由 1) 知，V 是 $\mathscr{A}$ 的循环空间.

3) 由于 $\mathscr{A}$ 的特征多项式 $f(\lambda)$ 不可约，故 $f(\lambda)$ 与 $f'(\lambda)$ 互素，所以 $f(\lambda)$

无重因式，由 2) 知，V 是 $\mathscr{A}$ 的循环空间.

问题 27.2 1)⇒2) 设 $v_0(\neq 0)\in V$，使 $v_0,\mathscr{A}v_0,\cdots,\mathscr{A}^{n-1}v_0$ 组成 V 的一个基，则任一 $\alpha\in V$ 是基向量的线性组合，设为

$$\begin{aligned}\alpha &= a_n v_0 + a_{n-1}\mathscr{A}v_0 + \cdots + a_1\mathscr{A}^{n-1}v_0\\ &= (a_n\mathscr{E} + a_{n-1}\mathscr{A} + \cdots + a_1\mathscr{A}^{n-1})v_0 \in \{f(\mathscr{A})v_0 \mid f(x)\in \mathbf{F}[x]\}.\end{aligned}$$

因此，$V=\{f(\mathscr{A})v_0 \mid f(x)\in\mathbf{F}[x]\}$.

2)⇒1) 因为 V 是有限维的，故当 k 充分大时，$v_0,\mathscr{A}v_0,\cdots,\mathscr{A}^k v_0$ 线性相关，取最小的正整数 k，使其线性相关(因为 v_0 线性无关，所以 $k\geqslant 1$). 于是，$v_0,\mathscr{A}v_0,\cdots,\mathscr{A}^{k-1}v_0$ 线性无关，而 $\mathscr{A}^k v_0$ 是 $v_0,\mathscr{A}v_0,\cdots,\mathscr{A}^{k-1}v_0$ 的线性组合，

$$\mathscr{A}^k v_0 = a_k v_0 + a_{k-1}\mathscr{A}v_0 + \cdots + a_1\mathscr{A}^{k-1}v_0.$$

令 $p(x)=x^k - a_1x^{k-1} - \cdots - a_{k-1}x - a_k$，则

$$p(\mathscr{A})v_0 = 0. \tag{27.1}$$

对任一多项式 $f(x)\in\mathbf{F}[x]$，进行带余除法，得

$$f(x) = g(x)p(x) + r(x),$$

其中 $\deg r(x) < \deg p(x) = k$，设

$$r(x) = r_0x^{k-1} + r_1x^{k-2} + \cdots + r_{k-1},$$

则由(27.1)，得

$$f(\mathscr{A})v_0 = r(\mathscr{A})v_0,$$

是 $v_0,\mathscr{A}v_0,\cdots,\mathscr{A}^{k-1}v_0$ 的线性组合，故 $v_0,\mathscr{A}v_0,\cdots,\mathscr{A}^{k-1}v_0$ 是 $V=\{f(\mathscr{A})v_0 \mid f(x)\in\mathbf{F}[x]\}$ 的基，因而 V 是 $\mathscr{A}$ 的循环空间.

1)⇔3) 设 $v_0\in V$ 使 $v_0,\mathscr{A}v_0,\cdots,\mathscr{A}^{n-1}v_0$ 组成 $\mathscr{A}$ 的循环空间 V 的基，又设

$$\mathscr{A}^n v_0 = -a_n v_0 - a_{n-1}\mathscr{A}v_0 - \cdots - a_1\mathscr{A}^{n-1}v_0,$$

则 $\mathscr{A}$ 在该循环基下的矩阵为

$$\boldsymbol{C} = \begin{pmatrix} 0 & 0 & \cdots & 0 & -a_n \\ 1 & 0 & \cdots & 0 & -a_{n-1} \\ 0 & 1 & \cdots & 0 & -a_{n-2} \\ \vdots & \vdots & & \vdots & \vdots \\ 0 & 0 & \cdots & 1 & -a_1 \end{pmatrix}, \tag{27.2}$$

这是特征多项式为 $\lambda^n + a_1\lambda^{n-1} + \cdots + a_{n-1}\lambda + a_n$ 的友矩阵. 反之，如果 $\mathscr{A}$ 在某基 $\beta_1,\beta_2,\cdots,\beta_n$ 下的矩阵为友矩阵(27.2)，则有

$$\mathscr{A}\beta_1 = \beta_2,\ \mathscr{A}^2\beta_1 = \mathscr{A}\beta_2 = \beta_3,\ \cdots,\ \mathscr{A}^{n-1}\beta_1 = \mathscr{A}\beta_{n-1} = \beta_n,$$

故 $\beta_1,\beta_2,\cdots,\beta_n$ 是 $\mathscr{A}$ 的循环基，且 V 是 $\mathscr{A}$ 的循环空间.

3)⇔4) 只要证明：

$$\mathscr{A}\text{仅有一个非常数不变因子 } d(\lambda) \Leftrightarrow \mathscr{A}\text{在某基下的矩阵是 } d(\lambda) \text{ 的友矩阵.}$$

事实上，如果 $\mathscr{A}$ 在某基下的矩阵是 n 次多项式

$$d(\lambda)=\lambda^n+a_1\lambda^{n-1}+\cdots+a_{n-1}\lambda+a_n$$

的友矩阵 $\boldsymbol{C}$（见(27.2)），则 $\boldsymbol{C}$ 的 n 阶行列式为 $|\lambda\boldsymbol{E}-\boldsymbol{C}|=d(\lambda)$，且 $\boldsymbol{C}$ 的 $n-1$ 阶行列式因子必是 1（这是因为 $\lambda\boldsymbol{E}-\boldsymbol{C}$ 有如下的 $n-1$ 阶子式：

$$\begin{vmatrix} -1 & \lambda & & & * \\ & -1 & \lambda & & \\ & & \ddots & \ddots & \\ & & & -1 & \lambda \\ 0 & & & & -1 \end{vmatrix}=(-1)^{n-1}),$$

又因 $\boldsymbol{C}$ 的前 $n-1$ 个行列式因子必全是 1（因为低阶行列式因子能整除高阶行列式因子），所以友矩阵 $\boldsymbol{C}$ 的不变因子为 $1,1,\cdots,1,d(\lambda)$，即 $\mathscr{A}$ 仅有一个非常数不变因子 $d(\lambda)$. 反之，如果 $\mathscr{A}$ 仅有一个非常数不变因子 $d(\lambda)$，则由于两个矩阵相似的充分必要条件是它们有相同的不变因子，故 $\mathscr{A}$ 在任一基下的矩阵必与仅有一个非常数不变因子 $d(\lambda)$ 的多项式 $d(\lambda)$ 的友矩阵 $\boldsymbol{C}$ 相似，即 $\mathscr{A}$ 在某基下的矩阵是 $d(\lambda)$ 的友矩阵.

4)⇔5) 设 $\mathscr{A}$ 的不变因子是

$$1,1,\cdots,1,d_1(\lambda),d_2(\lambda),\cdots,d_s(\lambda),$$

则 $\mathscr{A}$ 的特征多项式是 $\mathscr{A}$ 的所有不变因子的乘积 $d_1(\lambda)d_2(\lambda)\cdots d_s(\lambda)$，$\mathscr{A}$ 的最小多项式是它的最后一个不变因子 $d_s(\lambda)$，两者相等当且仅当 $s=1$（即 $\mathscr{A}$ 仅有一个非常数不变因子）.

问题 27.3 设 V 是 $\mathscr{A}$ 的循环空间，则 $\mathscr{A}$ 在 V 的某循环基下的矩阵为其特征多项式的友矩阵 $\boldsymbol{C}$（见(27.2)）. 设 λ_0 是 $\mathscr{A}$ 的特征值，则 $|\lambda_0\boldsymbol{E}-\boldsymbol{C}|=0$，又有 $n-1$ 阶子式

$$\begin{vmatrix} -1 & \lambda_0 & & & * \\ & -1 & \lambda_0 & & \\ & & \ddots & \ddots & \\ & & & -1 & \lambda_0 \\ 0 & & & & -1 \end{vmatrix}\neq 0,$$

故 $\lambda_0\boldsymbol{E}-\boldsymbol{C}$ 的秩为 $n-1$，因而特征子空间 V_{λ_0} 的维数为 1.

下面证明当 **F** 为复数域 **C** 时反之亦成立. 设 $\mathscr{A}$ 有 s 个非常数不变因子

$$d_1(\lambda) \mid d_2(\lambda) \mid \cdots \mid d_{s-1}(\lambda) \mid d_s(\lambda), \quad s \geqslant 2,$$

则 $d_{s-1}(\lambda)$ 与 $d_s(\lambda)$ 有公共根 λ_0. 设 $d_{s-1}(\lambda)$ 中有初等因子 $(\lambda-\lambda_0)^l$, $d_s(\lambda)$ 中有初等因子 $(\lambda-\lambda_0)^k$, 则 $\mathscr{A}$ 的若尔当标准形中有两个若尔当块以 λ_0 为特征值, 其中每块各有一个属于 λ_0 的特征向量, 它们是线性无关的, 这与假设属于特征值 λ_0 的特征子空间的维数为 1 矛盾. 因此, $s=1$, 即 $\mathscr{A}$ 只有一个非常数不变因子, V 是 $\mathscr{A}$ 的循环空间.

28. 矩阵多项式方程

常用的高等代数教科书对一元多项式以及线性方程组理论都有较系统的介绍，而对多元高次方程组，由于其过于复杂且缺乏完整的结论，一般不再讨论，或者仅对二元高次方程组的解法作简单介绍.

常见的多元高次方程组，往往以矩阵方程的形式出现，其中有一类叫矩阵多项式方程，形如

$$\boldsymbol{A}_n\boldsymbol{X}^n+\boldsymbol{A}_{n-1}\boldsymbol{X}^{n-1}+\cdots+\boldsymbol{A}_0=\boldsymbol{O},$$

这里 $\boldsymbol{A}_i$ 是已知的 m 阶矩阵，$\boldsymbol{X}$ 是未知的 m 阶矩阵. 不难看出，研究一般形式的矩阵多项式方程非常困难. 本课题将对矩阵多项式方程的特殊情况做些探讨.

中心问题 求复数域上形如 $\boldsymbol{X}^2=\boldsymbol{A}$ 的 2 阶矩阵多项式方程的解，并对复数域上形如 $\boldsymbol{AX}^2+\boldsymbol{BX}+\boldsymbol{C}=\boldsymbol{O}$ 的 2 阶矩阵多项式方程的求解问题作些探讨.

准备知识 线性方程组，矩阵，矩阵的对角化，若尔当标准形

课题探究

问题 28.1 设 $\boldsymbol{A}$ 是 2 阶复矩阵，求矩阵方程 $\boldsymbol{X}^2=\boldsymbol{A}$ 的解.

通过问题28.1的讨论，我们还会很自然地想到下面的问题：对复数域上形如 $\boldsymbol{AX}^2+\boldsymbol{BX}+\boldsymbol{C}=\boldsymbol{O}$ 的 2 阶矩阵多项式方程的求解问题是否也有圆满的结果呢？下面介绍一种求解方法（它不是一种一般性的方法，只是在某些特殊情况下能帮助我们求解）：

若矩阵多项式方程 $\boldsymbol{AX}^2+\boldsymbol{BX}+\boldsymbol{C}=\boldsymbol{O}$ 有解 $\boldsymbol{M}$，则 $\boldsymbol{M}$ 有特征值 λ. 设 $\boldsymbol{Mv}=\lambda\boldsymbol{v}$，$\boldsymbol{v}\neq\boldsymbol{0}$，于是有

$$(\boldsymbol{A}\lambda^2+\boldsymbol{B}\lambda+\boldsymbol{C})\boldsymbol{v}=\boldsymbol{0}.$$

由于 $\boldsymbol{v}\neq\boldsymbol{0}$，因而 λ 是未知量为 t 的 k 次方程（$k\leqslant 4$）

$$|\boldsymbol{A}t^2+\boldsymbol{B}t+\boldsymbol{C}|=0 \tag{28.1}$$

的解. 设 λ_1,λ_2 是方程(28.1)的解(不必不相同)，且向量 $\boldsymbol{v}_i$ 是线性方程组

$$(\boldsymbol{A}\lambda_i^2+\boldsymbol{B}\lambda_i+\boldsymbol{C})\boldsymbol{v}=\boldsymbol{0} \tag{28.2}$$

的非零解($i=1,2$). 取 2 阶矩阵 $\boldsymbol{P}=(\boldsymbol{v}_1,\boldsymbol{v}_2)$，那么

$$\begin{aligned}&\boldsymbol{A}(\boldsymbol{v}_1,\boldsymbol{v}_2)\begin{pmatrix}\lambda_1 & 0\\ 0 & \lambda_2\end{pmatrix}^2+\boldsymbol{B}(\boldsymbol{v}_1,\boldsymbol{v}_2)\begin{pmatrix}\lambda_1 & 0\\ 0 & \lambda_2\end{pmatrix}+\boldsymbol{C}(\boldsymbol{v}_1,\boldsymbol{v}_2)\\ &=\big((\boldsymbol{A}\lambda_1^2+\boldsymbol{B}\lambda_1+\boldsymbol{C})\boldsymbol{v}_1,(\boldsymbol{A}\lambda_2^2+\boldsymbol{B}\lambda_2+\boldsymbol{C})\boldsymbol{v}_2\big)\\ &=\boldsymbol{0}.\end{aligned}$$

当 $\boldsymbol{P}$ 是可逆矩阵时，有

$$\boldsymbol{AP}\begin{pmatrix}\lambda_1 & 0\\ 0 & \lambda_2\end{pmatrix}^2\boldsymbol{P}^{-1}+\boldsymbol{BP}\begin{pmatrix}\lambda_1 & 0\\ 0 & \lambda_2\end{pmatrix}\boldsymbol{P}^{-1}+\boldsymbol{C}=\boldsymbol{O}.$$

于是 $\boldsymbol{P}\begin{pmatrix}\lambda_1 & 0\\ 0 & \lambda_2\end{pmatrix}\boldsymbol{P}^{-1}$ 就是 $\boldsymbol{AX}^2+\boldsymbol{BX}+\boldsymbol{C}=\boldsymbol{O}$ 的一个解.

因此只要求得方程(28.1)的两个解 λ_1,λ_2，以及对应的线性方程组(28.2)的向量解 $\boldsymbol{v}_1,\boldsymbol{v}_2$，使得 $\boldsymbol{v}_1,\boldsymbol{v}_2$ 线性无关，设 $\boldsymbol{P}=(\boldsymbol{v}_1,\boldsymbol{v}_2)$，则

$$\boldsymbol{M}=\boldsymbol{P}\begin{pmatrix}\lambda_1 & 0\\ 0 & \lambda_2\end{pmatrix}\boldsymbol{P}^{-1} \tag{28.3}$$

就是 $\boldsymbol{AX}^2+\boldsymbol{BX}+\boldsymbol{C}=\boldsymbol{O}$ 的一个解.

问题 28.2 求 2 阶矩阵多项式方程

$$\begin{pmatrix}0 & 1\\ 0 & 1\end{pmatrix}\boldsymbol{X}^2+\begin{pmatrix}1 & 3\\ 0 & 1\end{pmatrix}\boldsymbol{X}+\begin{pmatrix}1 & 2\\ 0 & -2\end{pmatrix}=\boldsymbol{O}$$

的解.

由以上讨论可以看到上面介绍的求解矩阵多项式方程 $\boldsymbol{AX}^2+\boldsymbol{BX}+\boldsymbol{C}=\boldsymbol{O}$ 的方法的思路自然、精妙，并且它可以推广到高次和高阶的情形. 但是使用该方法是有条件的，要通过求解得线性方程组(28.2)，找到可逆矩阵 $\boldsymbol{P}$. 在一般情形下，这样的 $\boldsymbol{P}$ 不一定总是存在的.

问题 28.3 问：3 阶矩阵多项式方程

$$\boldsymbol{X}^2=\begin{pmatrix}0 & 0 & 1\\ 0 & 0 & 0\\ 0 & 0 & 0\end{pmatrix}$$

是否可用上述方法求解?

由问题 28.3 可见，上述方法并非对所有的矩阵方程有效，即使对于 2 阶矩阵多项式方程 $\boldsymbol{X}^2=\boldsymbol{O}$，这一方法不能给出非零解，而在问题 28.1 中，我们已找到了它的所有非零解. 类似地，对于矩阵方程

$$\boldsymbol{X}^2=\begin{pmatrix}0&1\\0&0\end{pmatrix},$$

该方法也失效，而在问题 28.1 中，证明了它无解.

探究题 28.1 将上述求矩阵多项式方程 $\boldsymbol{AX}^2+\boldsymbol{BX}+\boldsymbol{C}=\boldsymbol{O}$ 的一个解的方法推广到复数域上 n 阶矩阵多项式方程

$$\sum_{j=0}^{r}\boldsymbol{A}_j\boldsymbol{X}^j=\boldsymbol{O},$$

其中 $\boldsymbol{A}_r=\boldsymbol{E}$.

问题解答

问题 28.1 对于 $\boldsymbol{X}^2=\boldsymbol{A}$，我们首先要判断它是否有解，然后在有解时，想办法求出解.

由于 $\boldsymbol{A}$ 是 2 阶矩阵，易知 $\boldsymbol{A}$ 只有如下两种情况：

1） $\boldsymbol{A}$ 相似于 $\begin{pmatrix}\alpha&0\\0&\beta\end{pmatrix}$；　　2） $\boldsymbol{A}$ 相似于 $\begin{pmatrix}\alpha&1\\0&\alpha\end{pmatrix}$.

由于 $(\boldsymbol{PXP}^{-1})^2=\boldsymbol{PAP}^{-1}$，这里 $\boldsymbol{P}$ 是可逆矩阵. 于是上述两种情况可转化为如下两种情况：

1） $\boldsymbol{X}^2=\begin{pmatrix}\alpha&0\\0&\beta\end{pmatrix}$；　　2） $\boldsymbol{X}^2=\begin{pmatrix}\alpha&1\\0&\alpha\end{pmatrix}$.

下面就分两种情形加以讨论：

情形 1） $\boldsymbol{X}^2=\begin{pmatrix}\alpha&0\\0&\beta\end{pmatrix}$.

此时显然有解. 下面又分两种情况讨论.

（1） $\alpha=\beta=0$ 时，若有非零解 $\boldsymbol{M}$，则显然 $\boldsymbol{M}$ 不可对角化. 由于 $|\boldsymbol{M}|=0$，$\boldsymbol{M}$ 有零特征值. 于是 $\boldsymbol{M}$ 必相似于 $\begin{pmatrix}0&1\\0&0\end{pmatrix}$. 显然 $\begin{pmatrix}0&1\\0&0\end{pmatrix}$ 是方程的解. 故此时方程的所有非零解形如 $\boldsymbol{P}\begin{pmatrix}0&1\\0&0\end{pmatrix}\boldsymbol{P}^{-1}$，这里 $\boldsymbol{P}$ 是任意可逆矩阵.

（2） 当 α,β 不全为零时，设 $\boldsymbol{M}$ 是解. 我们说 $\boldsymbol{M}$ 必可对角化. 事实上，若

M不可对角化，则M相似于$\begin{pmatrix}\lambda & 1\\ 0 & \lambda\end{pmatrix}$（显然$\lambda\neq 0$），于是有可逆矩阵$P$，使

$$P\begin{pmatrix}\lambda & 2\lambda\\ 0 & \lambda\end{pmatrix}P^{-1}=\begin{pmatrix}\alpha & 0\\ 0 & \beta\end{pmatrix}.$$

这说明$\begin{pmatrix}\lambda & 2\lambda\\ 0 & \lambda\end{pmatrix}$可对角化，矛盾．故$M$必可对角化．

设M相似于$\begin{pmatrix}\lambda & 0\\ 0 & \gamma\end{pmatrix}$，于是有可逆矩阵$Q=\begin{pmatrix}q_1 & q_2\\ q_3 & q_4\end{pmatrix}$，使

$$\begin{pmatrix}q_1 & q_2\\ q_3 & q_4\end{pmatrix}\begin{pmatrix}\lambda & 0\\ 0 & \gamma\end{pmatrix}^2\begin{pmatrix}q_1 & q_2\\ q_3 & q_4\end{pmatrix}^{-1}=\begin{pmatrix}\alpha & 0\\ 0 & \beta\end{pmatrix}.$$

从而

$$\begin{pmatrix}\lambda^2 q_1 & \gamma^2 q_2\\ \lambda^2 q_3 & \gamma^2 q_4\end{pmatrix}=\begin{pmatrix}\alpha q_1 & \alpha q_2\\ \beta q_3 & \beta q_4\end{pmatrix}. \tag{28.4}$$

当$\alpha=\beta$时，由(28.4)可知$\lambda=\pm\gamma$．故当$\gamma=\lambda$时方程的所有解为

$$M=Q\begin{pmatrix}\lambda & 0\\ 0 & \lambda\end{pmatrix}Q^{-1}=\begin{pmatrix}\lambda & 0\\ 0 & \lambda\end{pmatrix},$$

其中$\lambda^2=\alpha$；当$\gamma=-\lambda$时，方程的所有解为

$$M=Q\begin{pmatrix}\lambda & 0\\ 0 & -\lambda\end{pmatrix}Q^{-1},$$

其中$Q=\begin{pmatrix}q_1 & q_2\\ q_3 & q_4\end{pmatrix}$，$Q^{-1}=\dfrac{1}{q_1q_4-q_2q_3}\begin{pmatrix}q_4 & -q_2\\ -q_3 & q_1\end{pmatrix}$，所以此时方程的所有解为

$$M=\frac{\lambda}{q_1q_4-q_2q_3}\begin{pmatrix}q_1q_4+q_2q_3 & -2q_1q_2\\ 2q_3q_4 & -q_1q_4-q_2q_3\end{pmatrix},$$

其中$\lambda^2=\alpha$，$q_1q_4-q_2q_3\neq 0$．

当$\alpha\neq\beta$时，由(28.4)可知$Q=\begin{pmatrix}q_1 & 0\\ 0 & q_4\end{pmatrix}$，或$Q=\begin{pmatrix}0 & q_2\\ q_3 & 0\end{pmatrix}$．从而可知

$$M=Q\begin{pmatrix}\lambda & 0\\ 0 & \gamma\end{pmatrix}Q^{-1}=\begin{pmatrix}\lambda & 0\\ 0 & \gamma\end{pmatrix}.$$

故此时方程的所有解为$M=\begin{pmatrix}\lambda & 0\\ 0 & \gamma\end{pmatrix}$，其中$\lambda^2=\alpha$，$\gamma^2=\beta$．

故当α,β不全为零时，不论α与β是否相等，此时方程的所有解为$M=$

$\begin{pmatrix}\lambda & 0\\ 0 & \gamma\end{pmatrix}$，其中 $\lambda^2=\alpha$，$\gamma^2=\beta$.

情形 2)　$\boldsymbol{X}^2=\begin{pmatrix}\alpha & 1\\ 0 & \alpha\end{pmatrix}$.

我们分两种情况讨论：

(1) 当 $\alpha=0$ 时，若方程有解 $\boldsymbol{M}$，则 $|\boldsymbol{M}|=0$，于是 $\boldsymbol{M}$ 有零特征值. 若 $\boldsymbol{M}$ 还有非零特征值，则 $\boldsymbol{M}$ 可对角化. 设 $\boldsymbol{M}$ 相似于 $\begin{pmatrix}0 & 0\\ 0 & \lambda\end{pmatrix}$，于是有可逆矩阵 $\boldsymbol{P}$ 使

$$\boldsymbol{P}\begin{pmatrix}0 & 0\\ 0 & \lambda\end{pmatrix}^2\boldsymbol{P}^{-1}=\begin{pmatrix}0 & 1\\ 0 & 0\end{pmatrix}.$$

这说明 $\begin{pmatrix}0 & 1\\ 0 & 0\end{pmatrix}$ 可对角化，矛盾. 故 $\boldsymbol{M}$ 只有零特征值. 显然 $\boldsymbol{M}\neq\boldsymbol{O}$，因而 $\boldsymbol{M}$ 相似于 $\begin{pmatrix}0 & 1\\ 0 & 0\end{pmatrix}$. 但这样，$\boldsymbol{M}^2=\begin{pmatrix}0 & 0\\ 0 & 0\end{pmatrix}\neq\begin{pmatrix}0 & 1\\ 0 & 0\end{pmatrix}$，矛盾. 故此时方程无解.

(2) 当 $\alpha\neq 0$ 时，若方程有解 $\boldsymbol{M}$，则 $\boldsymbol{M}$ 不可对角化(否则可推出 $\begin{pmatrix}\alpha & 1\\ 0 & \alpha\end{pmatrix}$ 可对角化，矛盾). 设 $\boldsymbol{M}$ 相似于 $\begin{pmatrix}\lambda & 1\\ 0 & \lambda\end{pmatrix}$，于是有可逆矩阵 $\boldsymbol{P}=\begin{pmatrix}p_1 & p_2\\ p_3 & p_4\end{pmatrix}$，使

$$\begin{pmatrix}p_1 & p_2\\ p_3 & p_4\end{pmatrix}\begin{pmatrix}\lambda & 1\\ 0 & \lambda\end{pmatrix}^2\begin{pmatrix}p_1 & p_2\\ p_3 & p_4\end{pmatrix}^{-1}=\begin{pmatrix}\alpha & 1\\ 0 & \alpha\end{pmatrix}.$$

从而有

$$\begin{pmatrix}\lambda^2p_1 & 2\lambda p_1+\lambda^2p_2\\ \lambda^2p_3 & 2\lambda p_3+\lambda^2p_4\end{pmatrix}=\begin{pmatrix}\alpha p_1+p_3 & \alpha p_2+p_4\\ \alpha p_3 & \alpha p_4\end{pmatrix}.$$

若 $p_3\neq 0$，则 $\lambda^2=\alpha$，由 $\lambda^2p_1=\alpha p_1+p_3$ 可得 $p_3=0$，矛盾. 故 $p_3=0$. 于是 $p_1\neq 0$，从而 $\lambda^2=\alpha$，$2\lambda p_1=p_4$. 于是

$$\begin{aligned}\boldsymbol{M}&=\begin{pmatrix}p_1 & p_2\\ 0 & 2\lambda p_1\end{pmatrix}\begin{pmatrix}\lambda & 1\\ 0 & \lambda\end{pmatrix}\begin{pmatrix}p_1 & p_2\\ 0 & 2\lambda p_1\end{pmatrix}^{-1}\\ &=\begin{pmatrix}\lambda p_1 & p_1+\lambda p_2\\ 0 & 2\lambda^2p_1\end{pmatrix}\frac{1}{2\lambda p_1^2}\begin{pmatrix}2\lambda p_1 & -p_2\\ 0 & p_1\end{pmatrix}\\ &=\frac{1}{2\lambda p_1^2}\begin{pmatrix}2\lambda^2p_1^2 & p_1^2\\ 0 & 2\lambda^2p_1^2\end{pmatrix}=\begin{pmatrix}\lambda & \frac{1}{2\lambda}\\ 0 & \lambda\end{pmatrix}.\end{aligned}$$

显然$\begin{pmatrix}\lambda & \frac{1}{2\lambda}\\ 0 & \lambda\end{pmatrix}$是方程的解. 故此时方程的所有解为$M=\begin{pmatrix}\lambda & \frac{1}{2\lambda}\\ 0 & \lambda\end{pmatrix}$，其中$\lambda^2=\alpha$.

通过上面的讨论，关于复数域上形如$X^2=A$的二阶矩阵多项式方程的求解问题我们有了圆满的结果. 我们看到它比同类型的一元二次方程的求解要复杂许多.

问题 28.2 先解方程

$$\left|t^2\begin{pmatrix}0 & 1\\ 0 & 1\end{pmatrix}+t\begin{pmatrix}1 & 3\\ 0 & 1\end{pmatrix}+\begin{pmatrix}1 & 2\\ 0 & -2\end{pmatrix}\right|=(t+1)(t^2+t-2)=0,$$

解为$t_1=1$，$t_2=-1$，$t_3=-2$.

然后将这三个解分别代入下面方程组：

$$\begin{pmatrix}t+1 & t^2+3t+2\\ 0 & t^2+t-2\end{pmatrix}\begin{pmatrix}v_1\\ v_2\end{pmatrix}=\mathbf{0}.$$

依次得到下面方程组及相应非零解：

$$t_1=1,\quad \begin{pmatrix}2 & 6\\ 0 & 0\end{pmatrix}\begin{pmatrix}v_1\\ v_2\end{pmatrix}=\mathbf{0},\quad \boldsymbol{v}_1=\begin{pmatrix}3\\ -1\end{pmatrix};$$

$$t_2=-1,\quad \begin{pmatrix}0 & 0\\ 0 & -2\end{pmatrix}\begin{pmatrix}v_1\\ v_2\end{pmatrix}=\mathbf{0},\quad \boldsymbol{v}_2=\begin{pmatrix}1\\ 0\end{pmatrix};$$

$$t_3=-2,\quad \begin{pmatrix}-1 & 0\\ 0 & 0\end{pmatrix}\begin{pmatrix}v_1\\ v_2\end{pmatrix}=\mathbf{0},\quad \boldsymbol{v}_3=\begin{pmatrix}0\\ 1\end{pmatrix}.$$

由于$\boldsymbol{v}_1$和$\boldsymbol{v}_2$，$\boldsymbol{v}_1$和$\boldsymbol{v}_3$，$\boldsymbol{v}_2$和$\boldsymbol{v}_3$分别线性无关，设$\boldsymbol{P}_1=(\boldsymbol{v}_1,\boldsymbol{v}_2)$，$\boldsymbol{P}_2=(\boldsymbol{v}_1,\boldsymbol{v}_3)$，$\boldsymbol{P}_3=(\boldsymbol{v}_2,\boldsymbol{v}_3)$，将它们分别代入(28.3)，就得到矩阵方程的三个解：

$$\boldsymbol{X}_1=\begin{pmatrix}3 & 1\\ -1 & 0\end{pmatrix}\begin{pmatrix}1 & 0\\ 0 & -1\end{pmatrix}\begin{pmatrix}3 & 1\\ -1 & 0\end{pmatrix}^{-1}=\begin{pmatrix}-1 & -6\\ 0 & 1\end{pmatrix},$$

$$\boldsymbol{X}_2=\begin{pmatrix}3 & 0\\ -1 & 1\end{pmatrix}\begin{pmatrix}1 & 0\\ 0 & -2\end{pmatrix}\begin{pmatrix}3 & 0\\ -1 & 1\end{pmatrix}^{-1}=\begin{pmatrix}1 & 0\\ -1 & -2\end{pmatrix},$$

$$\boldsymbol{X}_3=\begin{pmatrix}1 & 0\\ 0 & 1\end{pmatrix}\begin{pmatrix}-1 & 0\\ 0 & -2\end{pmatrix}\begin{pmatrix}1 & 0\\ 0 & 1\end{pmatrix}^{-1}=\begin{pmatrix}-1 & 0\\ 0 & -2\end{pmatrix}.$$

问题 28.3 由(28.1)得

$$\left|t^2\begin{pmatrix}1 & 0 & 0\\ 0 & 1 & 0\\ 0 & 0 & 1\end{pmatrix}-\begin{pmatrix}0 & 0 & 1\\ 0 & 0 & 0\\ 0 & 0 & 0\end{pmatrix}\right|=t^6=0, \tag{28.5}$$

故方程(28.5)只有零解 $\lambda = 0$. 将 $\lambda = 0$ 代入方程组(28.2)，得

$$\boldsymbol{C}\boldsymbol{v} = -\begin{pmatrix} 0 & 0 & 1 \\ 0 & 0 & 0 \\ 0 & 0 & 0 \end{pmatrix}\begin{pmatrix} v_1 \\ v_2 \\ v_3 \end{pmatrix} = \boldsymbol{O}. \tag{28.6}$$

由于方程组(28.6)的系数矩阵 $\boldsymbol{C}$ 的秩 $\mathrm{r}(\boldsymbol{C}) = 1$，故基础解系中所含向量的个数为 2，因而所求的 3 解可逆矩阵 $\boldsymbol{P}$ 不存在，无法用上述方法求出任何解. 但是

$$\boldsymbol{X} = \begin{pmatrix} 0 & 1 & 0 \\ 0 & 0 & 1 \\ 0 & 0 & 0 \end{pmatrix}$$

是它的一个解.

29. 具有整数特征值的整矩阵

设 $\boldsymbol{A}=(a_{ij})_{n\times n}\in\mathbf{Z}^{n\times n}$，则$\boldsymbol{A}$是一个元素都是整数的$n$阶矩阵，简称$\boldsymbol{A}$为整矩阵.

整矩阵不仅看上去简单、美观，也便于计算，但想在涉及矩阵计算的所有问题中都保持这种良好的简洁性，通常是不容易的. 对整矩阵的一些简单运算，如矩阵的加、减、乘、转置，可以保持整元素的特性；而复杂的矩阵运算，如矩阵求逆、矩阵初等变换、特征值和特征向量计算、矩阵对角化、线性方程组求解等，往往就无法继续保持整数运算结果了.

特征值、特征向量问题是线性代数中的重要内容，它不仅是一个计算问题，更重要的是它还反映了矩阵的某些结构性特征，还可由此刻画线性变换的本质特征与线性空间的结构状况.

本课题研讨整矩阵具有整数特征值的基本特征，以及如何构造具有这种特征的整矩阵.

中心问题 设 $\boldsymbol{A}=(a_{ij})_{n\times n}\in\mathbf{Z}^{n\times n}$ 为一个整矩阵，那么当$\boldsymbol{A}$满足什么条件时，它的特征值都是整数？以及如何构造一个整矩阵，使得它具有整数特征值？

准备知识 矩阵运算，矩阵初等变换，分块矩阵及其运算，矩阵化为三角阵的理论，课题26：友矩阵与范德蒙矩阵

课题探究

先考虑如下问题：

问题 29.1 已知 n 阶矩阵有 n 个互不相同的整数特征值 $\lambda_1,\lambda_2,\cdots,\lambda_n$，那么能否利用友矩阵构造一个元素均为整数的矩阵$\boldsymbol{C}$，使得 $\lambda_1,\lambda_2,\cdots,\lambda_n$ 恰好为它的 n 个特征值？

问题 29.2 设 3 阶矩阵的三个整数特征根分别为 1，-1，2，试求一整矩阵$\boldsymbol{C}$，使得它的特征值恰好是已知的三个整数，并求一整数可逆矩阵$\boldsymbol{T}$，使

$T^{-1}CT$ 为对角形，其对角线上的元素恰为已知的特征值.

如果一个元素为整数的矩阵 A 有整数特征值 λ_0，那么我们知道必有 $|A-\lambda_0 E_n|=0$，令 $B=A-\lambda_0 E_n$，则 B 也是整矩阵，且 $|B|=0$，即 B 的一个特征值为零. 我们先研讨整矩阵 B 具有什么特征.

问题 29.3 设 B 为 n 阶整矩阵，那么 $|B|=0$ 的充要条件是 B 可表为如下的形式：

$$B=XY,$$

其中 X 为 $n\times(n-1)$ 整矩阵，Y 为 $(n-1)\times n$ 整矩阵.

问题经过上述转换后可知，只要知道 A 的一个特征值 λ_0，我们就有

$$B-\lambda E_n=(A-\lambda_0 E_n)-\lambda E_n=A-(\lambda+\lambda_0)E_n.$$

因此，整矩阵 B 的特征值与 A 的特征值有密切的关系，只要求得 B 的特征值 λ，即可得到 A 的特征值 $\lambda+\lambda_0$. 因此，我们先考虑 B 的特征值，有下面的问题：

问题 29.4 设 $B=XY$，其中 X 为 $n\times(n-1)$ 整矩阵，Y 为 $(n-1)\times n$ 整矩阵. 那么，B 的特征多项式为

$$|\lambda E_n-B|=\lambda|\lambda E_{n-1}-YX|.$$

这个问题表明，整矩阵 B 与矩阵 YX 除一个特征值 0 外有相同的特征值，从而可以通过考查矩阵 YX 的特征值的构造来得到矩阵 B 的特征值. 先考虑下列问题：

问题 29.5 设 C 为 m 阶整矩阵，其特征值皆为整数. 那么，存在一个元素均为整数的 m 阶可逆矩阵 T，它的行列式 $|T|=\pm1$，且使得 $T^{-1}CT$ 为一上三角整矩阵.

由此，我们可以得到本课题的中心问题：

问题 29.6 n 阶整矩阵 A 有整数特征值的充分必要条件是 A 可表示成下面的形式：

$$A=\sum_{i=1}^{n-1}u_i^{\mathrm{T}}v_i+kE_n,$$

其中 u_i 和 v_i 都是具有 n 个整数分量的行向量且满足：对任意的 $1\leqslant i<j\leqslant$

$n-1$，有 $\boldsymbol{u}_i \cdot \boldsymbol{v}_j = 0$；$k$ 是一个整数；$\boldsymbol{E}_n$ 是 n 阶单位矩阵．并且 $\boldsymbol{A}$ 的特征值为 $k, k+\boldsymbol{u}_1 \cdot \boldsymbol{v}_1, \cdots, k+\boldsymbol{u}_{n-1} \cdot \boldsymbol{v}_{n-1}$．

利用上述问题的结论，我们可以非常方便地构造具有互不相同的整数特征值的整矩阵，下面给出两个实际例子．

例 1 构造一个 3 阶的整矩阵，使之具有整数特征值．

取 $k=2$，$\boldsymbol{u}_1=(1,2,-1)$，$\boldsymbol{u}_2=(-1,1,1)$，$\boldsymbol{v}_1=(-1,1,-2)$，$\boldsymbol{v}_2=(3,-1,1)$，则显然

$$\boldsymbol{u}_1 \cdot \boldsymbol{v}_2 = 0, \quad \boldsymbol{u}_1 \cdot \boldsymbol{v}_1 = 3, \quad \boldsymbol{u}_2 \cdot \boldsymbol{v}_2 = -3.$$

作矩阵

$$\boldsymbol{A} = \begin{pmatrix} 1 \\ 2 \\ -1 \end{pmatrix}(-1,1,-2) + \begin{pmatrix} -1 \\ 1 \\ 1 \end{pmatrix}(3,-1,1) + 2\begin{pmatrix} 1 & & \\ & 1 & \\ & & 1 \end{pmatrix}$$

$$= \begin{pmatrix} -2 & 2 & -3 \\ 1 & 3 & -3 \\ 4 & -2 & 5 \end{pmatrix},$$

则 $\boldsymbol{A}$ 一定以 $2, 2+\boldsymbol{u}_1 \cdot \boldsymbol{v}_1, 2+\boldsymbol{u}_2 \cdot \boldsymbol{v}_2$ 为它的特征值，即 $\boldsymbol{A}$ 的特征值为 $2,5,-1$．容易验证结论的正确性．

例 2 再构造一个满足条件的 4 阶整矩阵如下．若

$$\begin{pmatrix} 1 \\ 0 \\ 1 \\ 0 \end{pmatrix}(1,-2,1,-1) + \begin{pmatrix} 2 \\ 3 \\ 2 \\ 1 \end{pmatrix}(-1,-1,1,1) + \begin{pmatrix} -1 \\ 1 \\ 1 \\ -1 \end{pmatrix}(2,-1,-2,3)$$

$$+(-1)\begin{pmatrix} 1 & & & \\ & 1 & & \\ & & 1 & \\ & & & 1 \end{pmatrix} = \begin{pmatrix} -4 & -3 & 5 & -2 \\ -1 & -5 & 1 & 6 \\ 1 & -5 & 0 & 4 \\ -3 & 0 & 3 & -3 \end{pmatrix},$$

则这个整矩阵的特征值为 $-1, -1+2, -1+(-2), -1+(-8)$，即 $-1,1,-3,-9$．

整矩阵是个非常有趣的课题，还有很多问题值得研讨，比如对于整数特征值有重根的情形，是否也可以构造相应的整矩阵？

探究题 29.1 设 a,b,c 是整数．

1) 求 3 阶矩阵

$$\boldsymbol{A}=\begin{pmatrix} a & b & c \\ a-\lambda_2 & b+\lambda_2 & c \\ a-\lambda_3 & b & c+\lambda_3 \end{pmatrix}$$

的特征值；

2） 设 k_2 和 k_3 是非零整数，求

$$\boldsymbol{A}=\begin{pmatrix} a & b & c \\ k_2(a-\lambda_2) & k_2b+\lambda_2 & k_2c \\ k_3(a-\lambda_3) & k_3b & k_3c+\lambda_3 \end{pmatrix}$$

的特征值.

探究题 29.2 设 $\boldsymbol{k}=(k_1,k_2,\cdots,k_n)^{\mathrm{T}}$，$\boldsymbol{\beta}=(\beta_1,\beta_2,\cdots,\beta_n)^{\mathrm{T}}$，$\boldsymbol{B}=\boldsymbol{k}\boldsymbol{\beta}^{\mathrm{T}}$.

1） 求 n 阶矩阵 $\boldsymbol{A}=\boldsymbol{B}+\lambda\boldsymbol{E}$ 的特征值与特征向量.

2） 当 $\boldsymbol{A}$ 的特征值全不为零时，求 $\boldsymbol{A}$ 的逆矩阵；当 $\boldsymbol{A}$ 是整矩阵时，试给出 $\boldsymbol{A}^{-1}$ 也是整矩阵的条件.

3） 在 1) 中，设 $\boldsymbol{B}$ 是对称矩阵，求 $\boldsymbol{A}$ 的特征值与特征向量.

利用探究题 29.1 和探究题 29.2，我们也可以得到一些具有整数特征值的整矩阵(其中特征值允许有重根).

问题解答

问题 29.1 由已知条件可设矩阵 $\boldsymbol{C}$ 的特征多项式为

$$f(\lambda)=(\lambda-\lambda_1)(\lambda-\lambda_2)\cdots(\lambda-\lambda_n),$$

其中 $\lambda_1,\lambda_2,\cdots,\lambda_n$ 为 $\boldsymbol{C}$ 的 n 个互不相同的特征值. 将 $f(\lambda)$ 展开表示为

$$f(\lambda)=\lambda^n+a_1\lambda^{n-1}+\cdots+a_{n-1}\lambda+a_n,$$

其中 $a_1,a_2,\cdots,a_{n-1},a_n$ 由根与系数关系可以确定，因 $\lambda_1,\lambda_2,\cdots,\lambda_n$ 都是整数，故 $a_1,a_2,\cdots,a_{n-1},a_n$ 也都是整数.

根据课题 26"友矩阵与范德蒙德矩阵"，由上述特征多项式的系数 a_1，$a_2,\cdots,a_{n-1},a_n$，可以构造 $f(\lambda)$ 的一个友矩阵：

$$\boldsymbol{C}=\begin{pmatrix} 0 & 0 & \cdots & 0 & -a_n \\ 1 & 0 & \cdots & 0 & -a_{n-1} \\ 0 & 1 & \cdots & 0 & -a_{n-2} \\ \vdots & \vdots & & \vdots & \vdots \\ 0 & 0 & \cdots & 1 & -a_1 \end{pmatrix},$$

那么，由问题 26.1 结论存在可逆矩阵 $\boldsymbol{T}$，使得

$$\boldsymbol{T}^{-1}\boldsymbol{C}\boldsymbol{T}=\begin{pmatrix}\lambda_1 & & & \\ & \lambda_2 & & \\ & & \ddots & \\ & & & \lambda_n\end{pmatrix}.$$

从而可知，$\boldsymbol{C}$ 就是所要构造的满足条件的一个整矩阵.

问题 29.2　解法 1　由条件设 $\lambda_1=1$，$\lambda_2=-1$，$\lambda_3=2$，则

$$\begin{cases}a_1=-(\lambda_1+\lambda_2+\lambda_3)=-2,\\ a_2=\lambda_1\lambda_2+\lambda_2\lambda_3+\lambda_3\lambda_1=-1,\\ a_3=-\lambda_1\lambda_2\lambda_3=2,\end{cases}$$

故特征多项式可表示为

$$f(\lambda)=\lambda^3-2\lambda^2-\lambda+2,$$

则其友矩阵为

$$\boldsymbol{C}=\begin{pmatrix}0 & 0 & -2\\ 1 & 0 & 1\\ 0 & 1 & 2\end{pmatrix}.$$

设 $\boldsymbol{e}_1=(1,0,0)^{\mathrm{T}}$，由课题 11“特征值、特征向量的直接求法”，可求得特征值 $\lambda_1=1$，$\lambda_2=-1$，$\lambda_3=2$ 对应的特征向量分别为

$$\begin{cases}\boldsymbol{\alpha}_1=(\boldsymbol{C}+\boldsymbol{E})(\boldsymbol{C}-2\boldsymbol{E})\boldsymbol{e}_1=(-2,-1,1)^{\mathrm{T}},\\ \boldsymbol{\alpha}_2=(\boldsymbol{C}-\boldsymbol{E})(\boldsymbol{C}-2\boldsymbol{E})\boldsymbol{e}_1=(2,-3,1)^{\mathrm{T}},\\ \boldsymbol{\alpha}_3=(\boldsymbol{C}-\boldsymbol{E})(\boldsymbol{C}+\boldsymbol{E})\boldsymbol{e}_1=(-1,0,1)^{\mathrm{T}}.\end{cases}$$

所求的可逆矩阵为

$$\boldsymbol{T}=\begin{pmatrix}-2 & 2 & -1\\ -1 & -3 & 0\\ 1 & 1 & 1\end{pmatrix},$$

经验证可有

$$\begin{aligned}\boldsymbol{T}^{-1}\boldsymbol{C}\boldsymbol{T}&=\frac{1}{6}\begin{pmatrix}-3 & -3 & -3\\ 1 & -1 & 1\\ 2 & 4 & 8\end{pmatrix}\begin{pmatrix}0 & 0 & -2\\ 1 & 0 & 1\\ 0 & 1 & 2\end{pmatrix}\begin{pmatrix}-2 & 2 & -1\\ -1 & -3 & 0\\ 1 & 1 & 1\end{pmatrix}\\ &=\begin{pmatrix}1 & 0 & 0\\ 0 & -1 & 0\\ 0 & 0 & 2\end{pmatrix}.\end{aligned}$$

解法 2 由课题 26 的问题 26.3，我们可以先考虑友矩阵的转置矩阵 $\boldsymbol{C}^{\mathrm{T}}$，则其变换矩阵恰好为三个不同特征值的范德蒙德矩阵

$$\boldsymbol{U}=\begin{pmatrix}1&1&1\\1&-1&2\\1^2&(-1)^2&2^2\end{pmatrix}=\begin{pmatrix}1&1&1\\1&-1&2\\1&1&4\end{pmatrix},$$

验证可得

$$\boldsymbol{U}^{-1}\boldsymbol{C}^{\mathrm{T}}\boldsymbol{U}=\frac{1}{6}\begin{pmatrix}6&3&-3\\2&-3&1\\-2&0&2\end{pmatrix}\begin{pmatrix}0&1&0\\0&0&1\\-2&1&2\end{pmatrix}\begin{pmatrix}1&1&1\\1&-1&2\\1&1&4\end{pmatrix}$$

$$=\begin{pmatrix}1&0&0\\0&-1&0\\0&0&2\end{pmatrix},$$

所以，

$$\boldsymbol{U}^{\mathrm{T}}\boldsymbol{C}(\boldsymbol{U}^{-1})^{\mathrm{T}}=\begin{pmatrix}1&0&0\\0&-1&0\\0&0&2\end{pmatrix}.$$

所求可逆矩阵 $\boldsymbol{T}=(\boldsymbol{U}^{-1})^{\mathrm{T}}$.

问题 29.3 先证必要性. 因 $|\boldsymbol{B}|=0$，故可以证明 $\boldsymbol{B}$ 可经整型初等变换（相应的初等矩阵为整矩阵）化为如下的对角形：

$$\boldsymbol{D}=\begin{pmatrix}d_1&&&\\&\ddots&&\\&&d_{n-1}&\\&&&0\end{pmatrix},$$

其中 $d_i\in\mathbf{Z},\ i=1,2,\cdots,n-1$.

事实上，我们可以用数学归纳法证明上述结论.

当 $\boldsymbol{B}$ 为 1 阶矩阵时，因 $|\boldsymbol{B}|=0$，故 $\boldsymbol{D}=\boldsymbol{O}$.

假定对于满足 $|\boldsymbol{B}_1|=0$ 的 $n-1$ 阶矩阵 $\boldsymbol{B}_1$ 结论成立，即 $\boldsymbol{B}_1$ 可以经过整型初等变换化为整数对角矩阵

$$\boldsymbol{D}_1=\begin{pmatrix}d_2&&&\\&\ddots&&\\&&d_{n-1}&\\&&&0\end{pmatrix}.$$

当 $\boldsymbol{B}$ 为 n 阶整矩阵，且满足 $|\boldsymbol{B}|=0$ 时，我们设

$$B=\begin{pmatrix} b_{11} & b_{12} & \cdots & b_{1n} \\ b_{21} & b_{22} & \cdots & b_{2n} \\ \vdots & \vdots & & \vdots \\ b_{n1} & b_{n2} & \cdots & b_{nn} \end{pmatrix}.$$

若 $\boldsymbol{B}=\boldsymbol{O}$，则结论已成立. 否则，总有某一 $b_{ij}\neq 0$，我们可以用位置变换将 b_{11} 变为非零元，并且若 $b_{11}<0$，则可左乘或右乘一个整数初等矩阵

$$\begin{pmatrix} -1 & & & \\ & 1 & & \\ & & \ddots & \\ & & & 1 \end{pmatrix}$$

使得 $b_{11}>0$. 因此，不妨假定 b_{11} 为正整数，若 b_{11} 整除第 1 行和第 1 列中其余所有的元素，则可利用一系列整数消法变换将第 1 行与第 1 列中除 b_{11} 以外的其余元素全部化为零. 否则，用 b_{11} 去除这些元素，有

$$b_{1i}=b_{11}q_{1i}+r_{1i},\quad i=2,3,\cdots,n,$$

$$b_{j1}=b_{11}q_{j1}+r_{j1},\quad j=2,3,\cdots,n,$$

其中 r_{1i},r_{j1} 等于零或者 $0<r_{1i},r_{j1}<b_{11}$.

此时，用整数消法变换可将第 1 行与第 1 列中除 b_{11} 以外的元素全部化为零或大于零且小于 b_{11} 的整数. 令 r 为 $r_{12},r_{13},\cdots,r_{1n};r_{21},r_{31},\cdots,r_{n1}$ 中最小的非零整数. 这时有 $0<r<b_{11}$，再利用位置变换可将 r 交换至 b_{11} 位置. 同样，若 r 能整除新矩阵第 1 行和第 1 列中其余所有的元素，则又可利用一系列整数消法变换将第 1 行、第 1 列位置(这时是 r) 以外的其余元素全部化为零. 否则，再重复上述步骤，可以将正整数 r 化为比它更小的非零正整数.

由于 b_{11} 是一个固定的正整数，上述每次变换都将 b_{11} 化为比它小的正整数，故至多进行有限次后，总能将 b_{11} 位置的元素化为可以整除第 1 行与第 1 列中其余元素的正整数 d_1，从而可将这些元素化为零. 即若整矩阵 $\boldsymbol{B}$ 满足 $|\boldsymbol{B}|=0$，则必可经过若干次整型初等变换化为：

$$\boldsymbol{C}=\begin{pmatrix} d_1 & \boldsymbol{0} \\ \boldsymbol{0} & \boldsymbol{B}_1 \end{pmatrix},$$

其中 d_1 为非零正整数，$\boldsymbol{B}_1$ 为 $n-1$ 阶整矩阵. 故有整数可逆矩阵 $\boldsymbol{P}_1,\boldsymbol{Q}_1$ 使得

$$\boldsymbol{P}_1\boldsymbol{B}\boldsymbol{Q}_1=\boldsymbol{C}=\begin{pmatrix} d_1 & \boldsymbol{0} \\ \boldsymbol{0} & \boldsymbol{B}_1 \end{pmatrix},$$

由于 $|\boldsymbol{B}|=0$，故 $|\boldsymbol{C}|=0$，即 $d_1|\boldsymbol{B}_1|=0$，因 $d_1\neq 0$，所以 $|\boldsymbol{B}_1|=0$.

对 $\boldsymbol{B}_1$ 应用归纳假设，可以存在 $n-1$ 阶整数可逆矩阵 $\boldsymbol{U},\boldsymbol{V}$，使得

$$\boldsymbol{U}\boldsymbol{B}_1\boldsymbol{V}=\begin{pmatrix} d_2 & & & \\ & \ddots & & \\ & & d_{n-1} & \\ & & & 0 \end{pmatrix},\quad d_i\in\mathbf{Z},\ i=2,3,\cdots,n-1.$$

令

$$\boldsymbol{P}_2=\begin{pmatrix} 1 & \\ & \boldsymbol{U} \end{pmatrix},\quad \boldsymbol{Q}_2=\begin{pmatrix} 1 & \\ & \boldsymbol{V} \end{pmatrix},$$

以及 $\boldsymbol{P}_3=\boldsymbol{P}_2\boldsymbol{P}_1$，$\boldsymbol{Q}_3=\boldsymbol{Q}_1\boldsymbol{Q}_2$，则

$$\begin{aligned}\boldsymbol{P}_3\boldsymbol{B}\boldsymbol{Q}_3 &= \boldsymbol{P}_2\boldsymbol{P}_1\boldsymbol{B}\boldsymbol{Q}_1\boldsymbol{Q}_2=\boldsymbol{P}_2\begin{pmatrix} d_1 & \boldsymbol{0} \\ \boldsymbol{0} & \boldsymbol{B}_1 \end{pmatrix}\boldsymbol{Q}_2 \\ &= \begin{pmatrix} 1 & \\ & \boldsymbol{U} \end{pmatrix}\begin{pmatrix} d_1 & \boldsymbol{0} \\ \boldsymbol{0} & \boldsymbol{B}_1 \end{pmatrix}\begin{pmatrix} 1 & \\ & \boldsymbol{V} \end{pmatrix}=\begin{pmatrix} d_1 & \boldsymbol{0} \\ \boldsymbol{0} & \boldsymbol{U}\boldsymbol{B}_1\boldsymbol{V} \end{pmatrix} \\ &= \begin{pmatrix} d_1 & & & & \\ & d_2 & & & \\ & & \ddots & & \\ & & & d_{n-1} & \\ & & & & 0 \end{pmatrix},\end{aligned}$$

从而，证明了我们的结论. 令 $\boldsymbol{P}=\boldsymbol{P}_3^{-1}$，$\boldsymbol{Q}=\boldsymbol{Q}_3^{-1}$，即存在整数可逆矩阵 $\boldsymbol{P},\boldsymbol{Q}$，使得 $\boldsymbol{B}=\boldsymbol{P}\boldsymbol{D}\boldsymbol{Q}$，其中

$$\boldsymbol{D}=\operatorname{diag}(d_1,\cdots,d_{n-1},0),\quad d_i\in\mathbf{Z},\ i=1,2,\cdots,n-1.$$

由于可将 $\boldsymbol{D}$ 表为

$$\boldsymbol{D}=\boldsymbol{D}\boldsymbol{F}=\begin{pmatrix} d_1 & & & \\ & \ddots & & \\ & & d_{n-1} & \\ & & & 0 \end{pmatrix}\begin{pmatrix} 1 & & & \\ & \ddots & & \\ & & 1 & \\ & & & 0 \end{pmatrix},$$

其中 $\boldsymbol{F}=\begin{pmatrix} 1 & & & \\ & \ddots & & \\ & & 1 & \\ & & & 0 \end{pmatrix}$. 并将 $\boldsymbol{D}$ 和 $\boldsymbol{F}$ 适当分块，记为

$$\boldsymbol{D}=(\boldsymbol{D}_1,\boldsymbol{O}_1),\quad \boldsymbol{F}=\begin{pmatrix} \boldsymbol{F}_1 \\ \boldsymbol{O}_2 \end{pmatrix}$$

其中 $\boldsymbol{D}_1$ 为 $n\times(n-1)$ 矩阵，$\boldsymbol{O}_1$ 为 $n\times 1$ 的零矩阵，$\boldsymbol{F}_1$ 为 $(n-1)\times n$ 矩阵，$\boldsymbol{O}_2$ 为 $1\times n$ 的零矩阵. 则有

$$B = PDQ = PDFQ = P(D_1, O_1)\begin{pmatrix} F_1 \\ O_2 \end{pmatrix} Q$$

$$= (PD_1, O_1)\begin{pmatrix} F_1 Q \\ O_2 \end{pmatrix} = (PD_1)(F_1 Q).$$

记 $X = PD_1$，$Y = F_1 Q$，这儿 X 为 $n \times (n-1)$ 矩阵，Y 为 $(n-1) \times n$ 矩阵，即有 $B = XY$.

充分性是显然的，因为秩 $r(B) \leqslant \min\{r(X), r(Y)\} \leqslant n-1 < n$，故 $|B| = 0$.

问题 29.4 设 $B = X_{n\times(n-1)} Y_{(n-1)\times n}$，并假设 $\lambda \neq 0$，我们构造一个 $(n-1)+n$ 阶矩阵

$$C = \begin{pmatrix} E_{n-1} & \frac{1}{\lambda} Y_{(n-1)\times n} \\ X_{n\times(n-1)} & E_n \end{pmatrix},$$

对这个分块矩阵分别作行初等变换与列初等变换，有

$$\begin{pmatrix} E_{n-1} & O \\ -X_{n\times(n-1)} & E_n \end{pmatrix}\begin{pmatrix} E_{n-1} & \frac{1}{\lambda} Y_{(n-1)\times n} \\ X_{n\times(n-1)} & E_n \end{pmatrix}$$

$$= \begin{pmatrix} E_{n-1} & \frac{1}{\lambda} Y_{(n-1)\times n} \\ O & E_n - \frac{1}{\lambda} X_{n\times(n-1)} Y_{(n-1)\times n} \end{pmatrix},$$

$$\begin{pmatrix} E_{n-1} & \frac{1}{\lambda} Y_{(n-1)\times n} \\ X_{n\times(n-1)} & E_n \end{pmatrix}\begin{pmatrix} E_{n-1} & O \\ -X_{n\times(n-1)} & E_n \end{pmatrix}$$

$$= \begin{pmatrix} E_{n-1} - \frac{1}{\lambda} Y_{(n-1)\times n} X_{n\times(n-1)} & \frac{1}{\lambda} Y_{(n-1)\times n} \\ O & E_n \end{pmatrix}.$$

上式两边取行列式得

$$|C| = \begin{vmatrix} E_{n-1} & \frac{1}{\lambda} Y_{(n-1)\times n} \\ X_{n\times(n-1)} & E_n \end{vmatrix} = \begin{vmatrix} E_{n-1} & \frac{1}{\lambda} Y_{(n-1)\times n} \\ O & E_n - \frac{1}{\lambda} X_{n\times(n-1)} Y_{(n-1)\times n} \end{vmatrix}$$

$$= \begin{vmatrix} E_{n-1} - \frac{1}{\lambda} Y_{(n-1)\times n} X_{n\times(n-1)} & \frac{1}{\lambda} Y_{(n-1)\times n} \\ O & E_n \end{vmatrix},$$

即

$$\left|\boldsymbol{E}_n-\frac{1}{\lambda}\boldsymbol{X}_{n\times(n-1)}\boldsymbol{Y}_{(n-1)\times n}\right|=\left|\boldsymbol{E}_{n-1}-\frac{1}{\lambda}\boldsymbol{Y}_{(n-1)\times n}\boldsymbol{X}_{n\times(n-1)}\right|,$$

等式两边同乘以 λ^n，得

$$|\lambda\boldsymbol{E}_n-\boldsymbol{X}_{n\times(n-1)}\boldsymbol{Y}_{(n-1)\times n}|=\lambda|\lambda\boldsymbol{E}_{n-1}-\boldsymbol{Y}_{(n-1)\times n}\boldsymbol{X}_{n\times(n-1)}|,$$

所以有

$$|\lambda\boldsymbol{E}_n-\boldsymbol{B}|=\lambda|\lambda\boldsymbol{E}_{n-1}-\boldsymbol{YX}|.$$

这表明，整矩阵 $\boldsymbol{B}=\boldsymbol{XY}$ 与整矩阵 $\boldsymbol{YX}$ 除零特征值外有相同的特征值.

问题29.5 设 λ_1 是 $\boldsymbol{C}$ 的一个整数特征值，则在有理数域 $\mathbf{Q}$ 上解齐次线性方程组

$$(\lambda_1\boldsymbol{E}_m-\boldsymbol{C})\boldsymbol{x}=\boldsymbol{0},$$

必有分量全为整数的非零解 $\boldsymbol{x}$，即有 $\boldsymbol{C}$ 的属于特征值 λ_1 的特征向量 $\boldsymbol{x}$，使得

$$\boldsymbol{Cx}=\lambda_1\boldsymbol{x}.$$

将 $\boldsymbol{x}$ 看做 $m\times1$ 的矩阵，对 $\boldsymbol{x}$ 作位置变换和消法变换两种初等行变换，即 $\boldsymbol{x}$ 左乘一系列相应的行列式的值为 ±1 的初等矩阵 $\boldsymbol{P}_1,\boldsymbol{P}_2,\cdots,\boldsymbol{P}_s$，我们可以将 $\boldsymbol{x}$ 化为

$$\boldsymbol{\varepsilon}_1=\begin{pmatrix}k\\0\\\vdots\\0\end{pmatrix},\quad \text{其中 } k \text{ 为非零整数.}$$

这个结论对于数域来说是容易得到的，但对于整数环，除法运算不封闭，故下面改用辗转相除法来进行消法变换.

我们可设 $\boldsymbol{x}=(x_1,x_2,\cdots,x_m)^{\mathrm{T}}$，这里 $\boldsymbol{x}\neq\boldsymbol{0}$ 且分量 $x_i\in\mathbf{Z}$，$i=1,2,\cdots,m$. 不妨设 $x_1\neq0$，否则，因为 $\boldsymbol{x}\neq\boldsymbol{0}$，故至少存在一个 $x_{i_0}\neq0$，交换 $\boldsymbol{x}$ 的第1行与第 i_0 行两行即可满足要求. 此时，若 $x_1\mid x_i$，$i=2,3,\cdots,m$，则用消法变换即可将 x_1 以外的其余分量全部化为零. 否则，若 x_1 不整除某个 x_j，即有 $x_j=qx_1+r$，其中 $0<r<x_1$. 用消法变换，并交换第1行与第 j 行，即可将 $\boldsymbol{x}$ 的第一个分量 x_1 处变为 r. 如此下去，总能将 $\boldsymbol{x}$ 化为 $\boldsymbol{\varepsilon}_1$.

由此，我们有

$$\boldsymbol{P}_s\cdots\boldsymbol{P}_2\boldsymbol{P}_1\boldsymbol{x}=\boldsymbol{\varepsilon}_1.$$

设 $\boldsymbol{U}=\boldsymbol{P}_s\cdots\boldsymbol{P}_2\boldsymbol{P}_1$，则 $\boldsymbol{U}$ 是整矩阵，且 $|\boldsymbol{U}|=\pm1$，并有

$$\boldsymbol{x}=\boldsymbol{U}^{-1}\boldsymbol{\varepsilon}_1.$$

设 $\boldsymbol{V}_1=\boldsymbol{U}^{-1}$，则 $\boldsymbol{V}_1$ 也是整矩阵(因 $|\boldsymbol{U}|=\pm1$)，$\boldsymbol{x}=\boldsymbol{V}_1\boldsymbol{\varepsilon}_1$，令

$$V_1^{-1}CV_1 = \begin{pmatrix} C_1 & C_2 \\ C_3 & C_4 \end{pmatrix},$$

其中 C_1 为常数，则 $C_i(i=1,2,3,4)$ 均为整矩阵. 因为 $Cx = CV_1\varepsilon_1 = \lambda_1 V_1 \varepsilon_1$，故 $V_1^{-1}CV_1\varepsilon_1 = \lambda_1 V_1^{-1}V_1\varepsilon_1 = \lambda_1\varepsilon_1$，所以

$$\begin{pmatrix} C_1 & C_2 \\ C_3 & C_4 \end{pmatrix}\begin{pmatrix} k \\ O \end{pmatrix} = \lambda_1 \begin{pmatrix} k \\ O \end{pmatrix},$$

其中 O 为 $(m-1)\times 1$ 零矩阵，因此，可得 $C_1=(\lambda_1)_{1\times 1}$，$C_3=O$, C_2, C_4 均为整矩阵. 即存在可逆整矩阵 V_1，其行列式 $|V_1|=\pm 1$，且使得

$$V_1^{-1}CV_1 = \begin{pmatrix} \lambda_1 & C_2 \\ O & C_4 \end{pmatrix},$$

对 C_4 重复上述步骤，可得到一系列的整矩阵 $V_2, V_3, \cdots, V_t$，$V_i(i=2,3,\cdots,t)$ 满足 $|V_i|=\pm 1$ $(i=2,3,\cdots,t)$，使得

$$V_t^{-1}\cdots V_2^{-1}V_1^{-1}CV_1V_2\cdots V_t = \begin{pmatrix} \lambda_1 & * & \cdots & * \\ & \lambda_2 & \cdots & * \\ & & \ddots & \vdots \\ & & & \lambda_m \end{pmatrix},$$

其中 * 部分均为整数. 从而，我们令 $T=V_1V_2\cdots V_t$，则 $|T|=\pm 1$，且使得 $T^{-1}CT$ 为一上三角整矩阵.

问题 29.6 必要性. 设 n 阶整矩阵的所有特征根均为整数，不妨设其一个特征根为 k，这必有

$$|A-kE_n|=0.$$

令 $B=A-kE_n$，则 $|B|=0$. 由问题 29.3 可知，存在 $n\times(n-1)$ 整矩阵 X 和 $(n-1)\times n$ 整矩阵 Y，使得

$$B=XY.$$

又由问题 29.4 知，整矩阵 $B=XY$ 与 YX 除一个特征值 0 外有相同的特征值，故整矩阵 YX 的特征值也全为整数. 从而利用问题 29.5，可以找到 $n-1$ 阶可逆整矩阵 T，其行列式 $|T|=\pm 1$，使得 $T^{-1}(YX)T$ 为上三角整矩阵，故 $B=XY$ 与 YX，从而也与 $T^{-1}(YX)T$ 除一个特征值 0 外有相同的特征值(因为 YX 与 $T^{-1}(YX)T$ 相似). 令

$$U=XT,\quad V=T^{-1}Y,$$

则 $B=XY=UV$，而 $VU=T^{-1}(YX)T$ 为上三角整矩阵，这里 U 为 $n\times(n-1)$ 整矩阵，V 为 $(n-1)\times n$ 整矩阵.

设 $\boldsymbol{U}$ 的 $n-1$ 个 n 维列向量为 $\boldsymbol{u}_i^{\mathrm{T}}(i=1,2,\cdots,n-1)$，$\boldsymbol{V}$ 的 $n-1$ 个 n 维行向量为 $\boldsymbol{v}_i(i=1,2,\cdots,n-1)$，则

$$\boldsymbol{B}=\boldsymbol{UV}=(\boldsymbol{u}_1^{\mathrm{T}},\boldsymbol{u}_2^{\mathrm{T}},\cdots,\boldsymbol{u}_{n-1}^{\mathrm{T}})\begin{pmatrix}\boldsymbol{v}_1\\\boldsymbol{v}_2\\\vdots\\\boldsymbol{v}_{n-1}\end{pmatrix}=\sum_{i=1}^{n-1}\boldsymbol{u}_i^{\mathrm{T}}\boldsymbol{v}_i.$$

又因

$$\boldsymbol{VU}=\begin{pmatrix}\boldsymbol{v}_1\\\boldsymbol{v}_2\\\vdots\\\boldsymbol{v}_{n-1}\end{pmatrix}(\boldsymbol{u}_1^{\mathrm{T}},\boldsymbol{u}_2^{\mathrm{T}},\cdots,\boldsymbol{u}_{n-1}^{\mathrm{T}})=\begin{pmatrix}\boldsymbol{v}_1\boldsymbol{u}_1^{\mathrm{T}} & \boldsymbol{v}_1\boldsymbol{u}_2^{\mathrm{T}} & \cdots & \boldsymbol{v}_1\boldsymbol{u}_{n-1}^{\mathrm{T}}\\\boldsymbol{v}_2\boldsymbol{u}_1^{\mathrm{T}} & \boldsymbol{v}_2\boldsymbol{u}_2^{\mathrm{T}} & \cdots & \boldsymbol{v}_2\boldsymbol{u}_{n-1}^{\mathrm{T}}\\\vdots & \vdots & & \vdots\\\boldsymbol{v}_{n-1}\boldsymbol{u}_1^{\mathrm{T}} & \boldsymbol{v}_{n-1}\boldsymbol{u}_2^{\mathrm{T}} & \cdots & \boldsymbol{v}_{n-1}\boldsymbol{u}_{n-1}^{\mathrm{T}}\end{pmatrix},$$

由于 $\boldsymbol{VU}$ 为上三角整矩阵，故当 $i<j$ 时 $\boldsymbol{v}_j\boldsymbol{u}_i^{\mathrm{T}}$ 均为零. 而 $\boldsymbol{VU}$ 主对角线上的元素 $\boldsymbol{v}_i\boldsymbol{u}_i^{\mathrm{T}}$ 恰为整矩阵 $\boldsymbol{VU}$ 的特征值，从而可得

$$\boldsymbol{A}-k\boldsymbol{E}_n=\boldsymbol{B}=\sum_{i=1}^{n-1}\boldsymbol{u}_i^{\mathrm{T}}\boldsymbol{v}_i,$$

即

$$\boldsymbol{A}=\boldsymbol{B}+k\boldsymbol{E}_n=\sum_{i=1}^{n-1}\boldsymbol{u}_i^{\mathrm{T}}\boldsymbol{v}_i+k\boldsymbol{E}_n,$$

其中 $\boldsymbol{u}_i,\boldsymbol{v}_j$ 满足条件 $\boldsymbol{v}_j\boldsymbol{u}_i^{\mathrm{T}}=0\ (1\leqslant i<j\leqslant n-1)$，即

$$\boldsymbol{u}_i\cdot\boldsymbol{v}_j=0\quad(1\leqslant i<j\leqslant n-1),$$

且 $k,k+\boldsymbol{u}_1\cdot\boldsymbol{v}_1,\cdots,k+\boldsymbol{u}_{n-1}\cdot\boldsymbol{v}_{n-1}$ 就是 $\boldsymbol{A}$ 的整数特征值.

充分性. 若 $\boldsymbol{A}$ 可表示成下面的形式:

$$\boldsymbol{A}=\sum_{i=1}^{n-1}\boldsymbol{u}_i^{\mathrm{T}}\boldsymbol{v}_i+k\boldsymbol{E}_n,$$

其中 $\boldsymbol{u}_i$ 和 $\boldsymbol{v}_i$ 都是具有 n 个整数分量的行向量且满足: 对任意的 $1\leqslant i<j\leqslant n-1$，有 $\boldsymbol{u}_i\cdot\boldsymbol{v}_j=0$；$k$ 是一个整数.

令 $X=(\boldsymbol{u}_1^{\mathrm{T}},\boldsymbol{u}_2^{\mathrm{T}},\cdots,\boldsymbol{u}_{n-1}^{\mathrm{T}})_{n\times(n-1)}$，$\boldsymbol{Y}=(\boldsymbol{v}_1^{\mathrm{T}},\boldsymbol{v}_2^{\mathrm{T}},\cdots,\boldsymbol{v}_{n-1}^{\mathrm{T}})_{(n-1)\times n}^{\mathrm{T}}$，则

$$\boldsymbol{A}-k\boldsymbol{E}_n=\sum_{i=1}^{n-1}\boldsymbol{u}_i^{\mathrm{T}}\boldsymbol{v}_i=\boldsymbol{XY}.$$

因

$$\text{秩}(\boldsymbol{A}-k\boldsymbol{E}_n)\leqslant\min\{\text{秩}(\boldsymbol{X}),\text{秩}(\boldsymbol{Y})\}\leqslant n-1<n,$$

故 $|\boldsymbol{A}-k\boldsymbol{E}_n|=0$，即 k 是 $\boldsymbol{A}$ 的一个整数特征值. 再利用问题 29.4，以及

$$\boldsymbol{YX} = \begin{pmatrix} \boldsymbol{v}_1 \\ \boldsymbol{v}_2 \\ \vdots \\ \boldsymbol{v}_{n-1} \end{pmatrix} (\boldsymbol{u}_1^{\mathrm{T}}, \boldsymbol{u}_2^{\mathrm{T}}, \cdots, \boldsymbol{u}_{n-1}^{\mathrm{T}})$$

$$= \begin{pmatrix} \boldsymbol{v}_1\boldsymbol{u}_1^{\mathrm{T}} & \boldsymbol{v}_1\boldsymbol{u}_2^{\mathrm{T}} & \cdots & \boldsymbol{v}_1\boldsymbol{u}_{n-1}^{\mathrm{T}} \\ \boldsymbol{v}_2\boldsymbol{u}_1^{\mathrm{T}} & \boldsymbol{v}_2\boldsymbol{u}_2^{\mathrm{T}} & \cdots & \boldsymbol{v}_2\boldsymbol{u}_{n-1}^{\mathrm{T}} \\ \vdots & \vdots & & \vdots \\ \boldsymbol{v}_{n-1}\boldsymbol{u}_1^{\mathrm{T}} & \boldsymbol{v}_{n-1}\boldsymbol{u}_2^{\mathrm{T}} & \cdots & \boldsymbol{v}_{n-1}\boldsymbol{u}_{n-1}^{\mathrm{T}} \end{pmatrix}$$

是上三角矩阵，即可知整矩阵 $\boldsymbol{A}$ 的全部特征值均为整数.

30. 自逆整矩阵

在探究题 29.2 中，我们得到了一些逆矩阵也是整矩阵的整矩阵. 我们把逆矩阵也是整矩阵的整矩阵称为**好矩阵**. 例如：对角元素都是 ± 1 的上(或下)三角方阵都是好矩阵.

我们可以用一个好矩阵 $\boldsymbol{A}$ 来编码，用它的逆矩阵 $\boldsymbol{A}^{-1}$ 来译码. 先将各个字母或符号都分别指定一个不同的整数，例如：设 $\mathrm{A}=1$，$\mathrm{B}=-1$，$\mathrm{C}=2$，$\mathrm{D}=-2$，…，$\mathrm{Y}=13$，$\mathrm{Z}=-13$，空格 $=0$，则信息"COME HOME"可以用

$$2, 8, 7, 3, 0, -4, 8, 7, 3$$

表示. 将它们按 3 个数一组，可以分成三组，再用矩阵

$$\boldsymbol{A}=\begin{pmatrix}1 & -2 & 3\\ 2 & -5 & 10\\ -1 & 2 & -2\end{pmatrix}$$

来编码：

$$\begin{pmatrix}1 & -2 & 3\\ 2 & -5 & 10\\ -1 & 2 & -2\end{pmatrix}\begin{pmatrix}2\\8\\7\end{pmatrix},\ \begin{pmatrix}3\\0\\-4\end{pmatrix},\ \begin{pmatrix}8\\7\\3\end{pmatrix}=\begin{pmatrix}7\\34\\0\end{pmatrix},\ \begin{pmatrix}-9\\-34\\5\end{pmatrix},\ \begin{pmatrix}3\\11\\0\end{pmatrix},$$

编码后的信息为

$$7, 34, 0, -9, -34, -5, 3, 11, 0.$$

然后只要利用

$$\boldsymbol{A}^{-1}=\begin{pmatrix}10 & -2 & 5\\ 6 & -1 & 4\\ -1 & 0 & 1\end{pmatrix}$$

就可以译码

$$\begin{pmatrix}10 & -2 & 5\\ 6 & -1 & 4\\ -1 & 0 & 1\end{pmatrix}\begin{pmatrix}7\\34\\0\end{pmatrix}=\begin{pmatrix}2\\8\\7\end{pmatrix},\cdots.$$

设 $\boldsymbol{A}$ 是一个好矩阵，如果它的逆矩阵 $\boldsymbol{A}^{-1}=\boldsymbol{A}$，则称 $\boldsymbol{A}$ 是**自逆整矩阵**. 本课题将探讨好矩阵和自逆整矩阵的性质，并求所有的好矩阵和所有 2 阶自逆

整矩阵.

中心问题 探求产生所有好矩阵和所有2阶自逆整矩阵的方法.

准备知识 矩阵初等变换，初等矩阵，矩阵相似

课题探究

问题 30.1 设$\boldsymbol{A}$是一个好矩阵，Q是下列初等变换之一：

1) 用非零的整数k乘$\boldsymbol{A}$的第j行(或列)加到第i行(或列)的消法变换，记为kR_j+R_i(或kC_j+C_i)；

2) 用-1乘$\boldsymbol{A}$的第i行(或列)的倍法变换，记为$-1R_i$(或$-1C_i$)；

3) 互换第i行(或列)与第j行(或列)的位置变换，记为$R_i\leftrightarrow R_j$(或$C_i\leftrightarrow C_j$).

证明：$\boldsymbol{A}$经过上述行(或列)初等变换Q(其对应的初等矩阵都是好矩阵)得到的矩阵仍是好矩阵.

设$\boldsymbol{A}$和$\boldsymbol{B}$都是n阶好矩阵. 如果存在问题30.1中所给出的初等变换Q_1，$Q_2,\cdots,Q_t$，使得

$$Q_t(\cdots(Q_2(Q_1(\boldsymbol{A})))\cdots)=\boldsymbol{B},$$

则称$\boldsymbol{A}$与$\boldsymbol{B}$是**等价的**，记为$\boldsymbol{A}\sim_1\boldsymbol{B}$. 显然，$\sim_1$是由$n$阶好矩阵的全体构成的集合$S_1$上的一个等价关系.

问题 30.2 1) 将所有的n阶好矩阵按等价关系$\sim_1$分类，可以分成几个等价类？

2) 求所有的n阶好矩阵.

问题 30.3 证明：n阶整矩阵

$$\boldsymbol{M}=\begin{bmatrix}\boldsymbol{E}_p & \boldsymbol{X}_{p\times q}\\ \boldsymbol{O}_{q\times p} & -\boldsymbol{E}_q\end{bmatrix} \tag{30.1}$$

是自逆整矩阵.

任一自逆整矩阵$\boldsymbol{A}$满足$\boldsymbol{A}^2=\boldsymbol{E}$(这是因为$\boldsymbol{AA}=\boldsymbol{AA}^{-1}=\boldsymbol{E}$)，是对合矩阵(即2次幂幺矩阵，故$\boldsymbol{A}$是可对角化矩阵，特征值为1或$-1$(参见问题19.1))，因此$\boldsymbol{A}$与$\boldsymbol{A}$的自乘仍是自逆整矩阵. 虽然两个好矩阵的乘积仍是好矩阵，但任意两个自逆整矩阵的乘积却不一定是自逆整矩阵，例如：

$$A = \begin{pmatrix} 2 & -3 \\ 1 & -2 \end{pmatrix}, \quad B = \begin{pmatrix} 3 & -4 \\ 2 & -3 \end{pmatrix}$$

都是自逆整矩阵，但 $AB = \begin{pmatrix} 0 & 1 \\ -1 & 2 \end{pmatrix}$ 不是自逆整矩阵.

问题 30.4 设 A 和 B 是 n 阶自逆整矩阵. 证明：

1） AB 也是自逆整矩阵当且仅当 $AB = BA$；

2） ABA 和 BAB 是自逆整矩阵；

3） 若 $A+B$ 也是自逆整矩阵，则

$$AB = (BA)^2, \quad BA = (AB)^2, \quad ABA = BAB.$$

注意，如果 A 和 B 都是 n 阶自逆整矩阵，则 $A+B$ 和 AB 不能同时为自逆整矩阵(见[22]).

为了构造所有的好矩阵，我们引入了等价关系 $\sim_1$. 虽然 $P(i,j)$ 也是自逆整矩阵，但一般地，

$$P(i,j)A \neq AP(i,j).$$

由问题 30.4 的 1) 知，即使 A 是自逆整矩阵，$P(i,j)A$ $(\sim_1 A)$ 也不一定是自逆整矩阵. 因此，为了构造所有的自逆整矩阵，我们必须引入一个新的等价关系.

设 A 和 B 是 n 阶好矩阵. 如果存在一个好矩阵 P，使得 $P^{-1}AP = B$，则称 A 和 B 是**相似等价的**，记为 $A \sim_2 B$.

显然，$\sim_2$ 是由 n 阶自逆整矩阵的全体构成的集合 S_2 上的一个等价关系.

由问题 30.2 的 2) 的解答知，任一好矩阵都可以写成若干个以下三种类型的初等矩阵的乘积：

1） $P(i,j(k))$ (其中 k 为非零整数)；

2） $P(i(-1))$；

3） $P(i,j)$.

由于 $P(i,j(k))^{-1} = P(i,j(-k))$ ，$P(i(-1))^{-1} = P(i(-1))$，$P(i,j)^{-1} = P(i,j)$ ，故若自逆整矩阵 $A \sim_2 B$ (即存在好矩阵 P 使 $P^{-1}AP = B$)，则存在上述三种类型的初等矩阵的乘积 $P_1P_2\cdots P_t(= P)$，使得

$$P_t^{-1}P_{t-1}^{-1}\cdots P_1^{-1}AP_1P_2\cdots P_t = B.$$

上式表明，自逆整矩阵 A 与 B 是相似等价的当且仅当 A 可以通过有限次下述类型的相似变换变成 B：

1） 用非零的整数 k 乘 A 的第 i 行加到第 j 行，再用 $-k$ 乘第 j 列加到第

i 列，记为 kR_i+R_j，$-kC_j+C_i$ $(i\neq j)$；

2) 用 -1 乘 $\boldsymbol{A}$ 的第 i 行，再用 -1 乘 $\boldsymbol{A}$ 的第 i 列，记为 $-1R_i$，$-1C_i$；

3) 互换 $\boldsymbol{A}$ 的第 i 行和第 j 行，再互换 $\boldsymbol{A}$ 的第 i 列与第 j 列，记为 $R_i\leftrightarrow R_j$，$C_i\leftrightarrow C_j$.

对好矩阵的集合 S_1，按等价关系 $\sim_1$ 分类，只有一个等价类，$\boldsymbol{E}$ 是它的代表元素. 那么，对 2 阶自逆整矩阵的集合 S_2 按等价关系 $\sim_2$ 分类，有多少类呢？为此，先讨论一个 2 阶自逆整矩阵通过上述三类相似变换究竟可以化简到什么程度.

问题 30.5 1) 用上述三类相似变换将 2 阶自逆整矩阵 $\boldsymbol{A}=\begin{pmatrix}7 & -12\\ 4 & -7\end{pmatrix}$ 化为上三角方阵.

2) 设 $\boldsymbol{A}=\begin{pmatrix}a & c\\ d & b\end{pmatrix}$ 是 2 阶自逆整矩阵. 证明：$\boldsymbol{A}$ 相似于一个上三角自逆整矩阵.

对 2 阶自逆整矩阵，我们可以通过上述三种相似变换化简到上三角自逆整矩阵，是否能再化简，找出相互不等价的按等价关系 $\sim_2$ 分类的所有等价类的代表元素呢？

探究题 30.1 设 $\boldsymbol{A}=\begin{pmatrix}a & b\\ 0 & d\end{pmatrix}$ 是 2 阶上三角自逆整矩阵，用上述三类相似变换再将它化简，找出相互不等价的按等价关系 $\sim_2$ 分类的所有等价类的代表元素.

以上求所有 2 阶自逆整矩阵的方法还可以推广到求所有的 n 阶自逆整矩阵(见[22]).

问题解答

问题 30.1 显然，好矩阵的乘积仍是好矩阵，而上述行(或列)初等变换 Q 对应的初等矩阵都是好矩阵，故用这些初等矩阵左乘(或右乘)好矩阵得到的矩阵仍是好矩阵.

问题 30.2 1) 设 $\boldsymbol{B}$ 是好矩阵，则 $\boldsymbol{B}$ 的第 1 列中必含有非零整数元素(否

则 $|\boldsymbol{B}|=0$，因而 $\boldsymbol{B}$ 不是好矩阵).

设 $\boldsymbol{B}$ 的第 1 列中第 i 行的非零元素绝对值最小，用第 i 行对其他行作行消法变换，可使第 1 列中非零整数元素的绝对值不断减小，经过有限次的行消法变换后，可使得 $\boldsymbol{B}$ 的第 1 列中仅含有一个非零整数元素，再经过行位置变换，使得

$$\boldsymbol{B}\sim_1\begin{pmatrix}k_1 & * & \cdots & * \\ 0 & * & \cdots & * \\ \vdots & \vdots & \ddots & \vdots \\ 0 & * & \cdots & *\end{pmatrix},$$

对其他列继续做下去，可得

$$\boldsymbol{B}\sim_1\begin{pmatrix}k_1 & * & \cdots & * \\ 0 & k_2 & \cdots & * \\ \vdots & \vdots & \ddots & \vdots \\ 0 & 0 & \cdots & k_n\end{pmatrix}=\boldsymbol{A}.$$

因 $\boldsymbol{B}$ 和 $\boldsymbol{B}^{-1}$ 都是整矩阵，$|\boldsymbol{B}\boldsymbol{B}^{-1}|=|\boldsymbol{E}|=1$，故 $|\boldsymbol{B}|=\pm 1$，所以 $k_1k_2\cdots k_n=\pm 1$，因此 $k_1,k_2,\cdots,k_n=\pm 1$.

对上述整矩阵 $\boldsymbol{A}$，若其中 $k_i=-1$，则对所有等于 -1 的 k_i 所在的第 i 行作乘 -1 的倍法变换，再用消法变换化简，可得 $\boldsymbol{A}\sim_1\boldsymbol{E}$.

因此，$\boldsymbol{B}\sim_1\boldsymbol{E}$，即 S_1 只有一个等价类.

2) 对 n 阶矩阵 $\boldsymbol{A}$ 进行问题 30.1 中 1)，2)，3) 的行(或列)初等变换，相当于用初等矩阵 $\boldsymbol{P}(i,j(k))$（其中 k 为非零整数)，$\boldsymbol{P}(i(-1))$，$\boldsymbol{P}(i,j)$ 左乘(或右乘)$\boldsymbol{A}$.

设 $\boldsymbol{A}$ 是 n 阶好矩阵，由问题 30.2 的 1) 的解答知 $\boldsymbol{A}\sim_1\boldsymbol{E}$，故存在属于上述三种类型的初等矩阵 $\boldsymbol{P}_1,\boldsymbol{P}_2,\cdots,\boldsymbol{P}_s$ 及 $\boldsymbol{Q}_1,\boldsymbol{Q}_2,\cdots,\boldsymbol{Q}_t$，使得

$$\boldsymbol{P}_1\boldsymbol{P}_2\cdots\boldsymbol{P}_s\boldsymbol{A}\boldsymbol{Q}_1\boldsymbol{Q}_2\cdots\boldsymbol{Q}_t=\boldsymbol{E},$$

故 $\boldsymbol{A}=\boldsymbol{P}_s^{-1}\boldsymbol{P}_{s-1}^{-1}\cdots\boldsymbol{P}_1^{-1}\boldsymbol{Q}_t^{-1}\boldsymbol{Q}_{t-1}^{-1}\cdots\boldsymbol{Q}_1^{-1}$.

由于上述三种类型的初等矩阵的逆矩阵也是上述三种类型的初等矩阵.因此，n 阶好矩阵全体构成的集合 S_1 由所有的有限个属于上述三种类型的初等矩阵的乘积所组成，也就是说，从单位矩阵出发，施行问题 30.1 中所给出的初等变换，就可以得到所有的好矩阵.

问题 30.3 由于

$$\boldsymbol{M}^2=\begin{pmatrix}\boldsymbol{E}_p & \boldsymbol{E}_p\boldsymbol{X}_{p\times q}-\boldsymbol{X}_{p\times q}\boldsymbol{E}_q \\ \boldsymbol{O}_{q\times p} & (-\boldsymbol{E}_q)(-\boldsymbol{E}_q)\end{pmatrix}=\boldsymbol{E}_n,$$

故整矩阵 $\boldsymbol{M}$ 是自逆整矩阵.

问题 30.4 1) 如果 $\boldsymbol{AB}$ 是自逆整矩阵，则 $(\boldsymbol{AB})(\boldsymbol{AB})=\boldsymbol{E}$，所以

$$\boldsymbol{AB}=\boldsymbol{AEB}=\boldsymbol{A}(\boldsymbol{AB})(\boldsymbol{AB})\boldsymbol{B}=(\boldsymbol{AA})(\boldsymbol{BA})(\boldsymbol{BB})=\boldsymbol{E}(\boldsymbol{BA})\boldsymbol{E}=\boldsymbol{BA}.$$

反之，如果 $\boldsymbol{AB}=\boldsymbol{BA}$，则

$$(\boldsymbol{AB})^2=(\boldsymbol{AB})(\boldsymbol{AB})=\boldsymbol{A}(\boldsymbol{AB})\boldsymbol{B}=(\boldsymbol{AA})(\boldsymbol{BB})=\boldsymbol{E},$$

所以，$\boldsymbol{AB}$ 也是自逆整矩阵.

2) 由于 $(\boldsymbol{ABA})(\boldsymbol{ABA})=\boldsymbol{E}$，$(\boldsymbol{BAB})(\boldsymbol{BAB})=\boldsymbol{E}$，故 $\boldsymbol{ABA}$ 和 $\boldsymbol{BAB}$ 都是自逆整矩阵.

3) 若 $\boldsymbol{A}+\boldsymbol{B}$ 也是自逆整矩阵，则

$$\boldsymbol{E}=(\boldsymbol{A}+\boldsymbol{B})^2=\boldsymbol{A}^2+\boldsymbol{AB}+\boldsymbol{BA}+\boldsymbol{B}^2=\boldsymbol{E}+\boldsymbol{AB}+\boldsymbol{BA}+\boldsymbol{E},$$

即

$$\boldsymbol{AB}+\boldsymbol{BA}=-\boldsymbol{E}.$$

用 $\boldsymbol{A}$ 和 $\boldsymbol{B}$ 分别左乘上式的两边，得

$$\boldsymbol{B}+\boldsymbol{ABA}=-\boldsymbol{A},\quad \boldsymbol{A}+\boldsymbol{BAB}=-\boldsymbol{B}.$$

由此可得

$$\boldsymbol{ABA}=\boldsymbol{BAB}.$$

再用 $\boldsymbol{A}$ (或 $\boldsymbol{B}$) 分别右乘上式的两边，即得

$$\boldsymbol{AB}=(\boldsymbol{BA})^2,\quad \boldsymbol{BA}=(\boldsymbol{AB})^2.$$

问题 30.5 1) 由于

$$\boldsymbol{A}=\begin{pmatrix}7&-12\\4&-7\end{pmatrix}\xrightarrow{-1R_2+R_1}\begin{pmatrix}3&-5\\4&-7\end{pmatrix}\xrightarrow[C_1+C_2]{}\begin{pmatrix}3&-2\\4&-3\end{pmatrix}$$

$$\xrightarrow{-1R_1+R_2}\begin{pmatrix}3&-2\\1&-1\end{pmatrix}\xrightarrow[C_2+C_1]{}\begin{pmatrix}1&-2\\0&-1\end{pmatrix},$$

因此，$\boldsymbol{A}\sim_2\begin{pmatrix}1&-2\\0&-1\end{pmatrix}$.

2) 由于 $\boldsymbol{A}^2=\boldsymbol{E}$，故有

$$a^2+cd=1, \qquad ①$$

$$(a+b)c=0, \qquad ②$$

$$(a+b)d=0, \qquad ③$$

$$cd+b^2=1, \qquad ④$$

$$ab-cd=\pm 1\quad (因\ |\boldsymbol{A}|=\pm 1). \qquad ⑤$$

由 ① 和 ④ 得 $a^2=b^2$，故 $a=\pm b$.

下面对 $\boldsymbol{A}$ 分两种情况加以讨论，即 $\boldsymbol{A}$ 含有 0 和 $\boldsymbol{A}$ 不含有 0：

情形 1 $\mathbf{A}$ 含有 0.

若 $d=0$，则 $\mathbf{A}$ 为上三角方阵；若 $c=0$，则作相似变换 $R_1 \leftrightarrow R_2$ 和 $C_1 \leftrightarrow C_2$ 使之成为一上三角方阵，故 $\mathbf{A}$ 相似于一上三角自逆整矩阵；如果 $ab=0$，那么 $cd=1$，可得 $c=d=\pm 1$ (c,d 同号)，所以对 $\mathbf{A}$ 作相似变换 $1C_2+C_1$，$-1R_1+R_2$，可得

$$\mathbf{A}=\begin{pmatrix}0 & 1\\ 1 & 0\end{pmatrix} \sim_2 \begin{pmatrix}1 & 1\\ 0 & -1\end{pmatrix} \text{ 或者 } \mathbf{A}=\begin{pmatrix}0 & -1\\ -1 & 0\end{pmatrix} \sim_2 \begin{pmatrix}-1 & -1\\ 0 & 1\end{pmatrix},$$

故 $\mathbf{A}$ 亦相似于上三角自逆整矩阵.

情形 2 $\mathbf{A}$ 不含有 0.

如果 $a=b$，那么 $d=0$，$\mathbf{A}$ 就是一个上三角矩阵，现在假定 $a=-b$.

由于 a 是一个非零整数，故 $a^2 \geqslant 1$，且因 $cd \neq 0$，及上面已知的 $a^2+cd=1$，可得到 $cd<0$ 及 $|a|>1$. 因此，有

$$|a|^2=1+|c||d|>|c||d|,$$

这意味着 $|c|>|a|$ 和 $|d|>|a|$ 不能同时成立. 同样，$|c|<|a|$ 和 $|d|<|a|$ 也不能同时成立. 否则，有自然数 p,q，使得 $|c|+p=|a|$ 和 $|d|+q=|a|$，这样就有

$$|a|^2=|cd|+|c|q+|d|p+pq,$$

且因 $|a|^2=1+|c||d|$，故

$$|c|q+|d|p+pq=1.$$

但 $|c|q+|d|p=1-pq \leqslant 0$ 不成立. 因此，$|c|$ 和 $|d|$ 中必定有一个比 $|a|$ 大，另一个比 $|a|$ 小. 不失一般性，假定 $1 \leqslant |c|<|a|<|d|$. 选择适当的整数 k，对于矩阵 $\mathbf{A}$ 应用相似消法变换 kR_1+R_2，$-kC_2+C_1$，一定可将 $\mathbf{A}$ 化为一个新的自逆整矩阵：

$$\mathbf{A}=\begin{pmatrix}a & c\\ d & -a\end{pmatrix} \xrightarrow{kR_1+R_2} \begin{pmatrix}* & c\\ * & *\end{pmatrix} \xrightarrow[-kC_2+C_1]{} \begin{pmatrix}x & c\\ y & -x\end{pmatrix}=\mathbf{A}_1,$$

其中 $|x|<|c|$. 若 $\mathbf{A}_1$ 中出现零元素，那么 $\mathbf{A}_1$ 从而 $\mathbf{A}$ (因 $\mathbf{A} \sim_2 \mathbf{A}_1$) 等价于一个上三角自逆整矩阵；若 $\mathbf{A}_1$ 中的元素均非零，并且 $0<|y|<|x|<|c|$，那么，继续对 $\mathbf{A}_1$ 作上述同样的相似消法变换，得到又一个新的自逆整矩阵 $\mathbf{A}_2$. 由于每一步都使对角线上元素的绝对值减小，在有限步之后，必然得到一个自逆整矩阵 $\mathbf{A}_N$，且其中含有零元素. 因此，$\mathbf{A} \sim_2 \mathbf{A}_N$ 且 $\mathbf{A}_N$ 等价于一个上三角自逆整矩阵，所以 $\mathbf{A}$ 也等价于一个上三角自逆整矩阵.

31. 矩阵的克罗内克(Kronecker)积

本课题将研讨矩阵的克罗内克积的某些基本性质及有关特征值和特征向量的问题.

中心问题 已知矩阵 $\boldsymbol{A}$ 和 $\boldsymbol{B}$ 的特征值和特征向量，求克罗内克积 $\boldsymbol{A}\otimes\boldsymbol{B}$ 的特征值和特征向量.

准备知识 普通矩阵的运算性质，矩阵对角化的充要条件，线性变换的矩阵，特征值，特征向量，正定矩阵

课题探究

设 $\boldsymbol{A}=(a_{ij})_{m\times n}$ 是 $m\times n$ 矩阵，$\boldsymbol{B}=(b_{ij})_{p\times q}$ 是 $p\times q$ 矩阵，则称 $mp\times nq$ 矩阵

$$\begin{pmatrix} a_{11}\boldsymbol{B} & a_{12}\boldsymbol{B} & \cdots & a_{1n}\boldsymbol{B} \\ a_{21}\boldsymbol{B} & a_{22}\boldsymbol{B} & \cdots & a_{2n}\boldsymbol{B} \\ \vdots & \vdots & \ddots & \vdots \\ a_{m1}\boldsymbol{B} & a_{m2}\boldsymbol{B} & \cdots & a_{mn}\boldsymbol{B} \end{pmatrix}$$

为矩阵 $\boldsymbol{A}$ 和 $\boldsymbol{B}$ 的克罗内克积，记为 $\boldsymbol{A}\otimes\boldsymbol{B}$.

例如：设 $\boldsymbol{A}=\begin{pmatrix} 2 & 5 & 2 \\ 0 & 1 & -3 \end{pmatrix}$，$\boldsymbol{B}=\begin{pmatrix} 1 \\ -2 \\ 0 \end{pmatrix}$. 则

$$\boldsymbol{A}\otimes\boldsymbol{B}=\begin{pmatrix} 2\boldsymbol{B} & 5\boldsymbol{B} & 2\boldsymbol{B} \\ \boldsymbol{O} & \boldsymbol{B} & -3\boldsymbol{B} \end{pmatrix}=\begin{pmatrix} 2 & 5 & 2 \\ -4 & -10 & -4 \\ 0 & 0 & 0 \\ 0 & 1 & -3 \\ 0 & -2 & 6 \\ 0 & 0 & 0 \end{pmatrix},$$

$$B\otimes A=\begin{pmatrix}A\\-2A\\O\end{pmatrix}=\begin{pmatrix}2&5&2\\0&1&-3\\-4&-10&-4\\0&-2&6\\0&0&0\\0&0&0\end{pmatrix}.$$

又如设列向量 $A=\begin{pmatrix}1\\2\\3\end{pmatrix}$，$B=\begin{pmatrix}2\\-1\\3\\1\end{pmatrix}$，可以计算

$$A\otimes B^{\mathrm{T}}=\begin{pmatrix}B^{\mathrm{T}}\\2B^{\mathrm{T}}\\3B^{\mathrm{T}}\end{pmatrix}_{3\times 4}=AB^{\mathrm{T}}=(2A,-A,3A,A)_{3\times 4}$$
$$=B^{\mathrm{T}}\otimes A.$$

由此可知，克罗内克积 $A\otimes B$ 实际上就是以 $a_{ij}B$ 为子块的分块矩阵，一般情况下，$A\otimes B\neq B\otimes A$，但当 A,B 均为列向量时，克罗内克积满足这样的交换律：$A\otimes B^{\mathrm{T}}=B^{\mathrm{T}}\otimes A$. 矩阵的克罗内克积在多重线性代数中的张量代数、线性矩阵方程求解、统计的正交设计等许多领域都有应用.

任何一种运算，只有具备了良好的运算律，才能得以广泛的应用. 下面我们先研讨克罗内克积的运算性质.

问题 31.1 证明克罗内克积具有下列运算性质：

1) $A\otimes O=O\otimes A=O$;

2) $(A_1+A_2)\otimes B=A_1\otimes B+A_2\otimes B$，这里 A_1，A_2 具有相同的行列数；

3) $A\otimes(B_1+B_2)=A\otimes B_1+A\otimes B_2$，这里 B_1，B_2 具有相同的行列数；

4) 若 λ,μ 为常数，则

$$(\lambda A)\otimes B=A\otimes(\lambda B)=\lambda(A\otimes B),$$
$$(\lambda A)\otimes(\mu B)=\lambda\mu(A\otimes B);$$

5) $\lambda\otimes A=\lambda A=A\lambda=A\otimes\lambda$;

6) $(A\otimes B)\otimes C=A\otimes(B\otimes C)$.

考虑稍微复杂些的矩阵运算，如矩阵克罗内克积的复合运算、积的转置、积的逆、积的迹，就有

问题 31.2 证明克罗内克积的下列运算性质：

7) $(\boldsymbol{A}\otimes\boldsymbol{B})(\boldsymbol{C}\otimes\boldsymbol{D})=\boldsymbol{AC}\otimes\boldsymbol{BD}$；

8) $(\boldsymbol{A}\otimes\boldsymbol{b})\boldsymbol{B}=(\boldsymbol{AB})\otimes\boldsymbol{b}$，这里 $\boldsymbol{b}$ 为列向量，$\boldsymbol{A},\boldsymbol{B}$ 可乘；

9) $(\boldsymbol{A}\otimes\boldsymbol{B})^{\mathrm{T}}=\boldsymbol{A}^{\mathrm{T}}\otimes\boldsymbol{B}^{\mathrm{T}}$；

10) $\mathrm{tr}(\boldsymbol{A}\otimes\boldsymbol{B})=(\mathrm{tr}\,\boldsymbol{A})(\mathrm{tr}\,\boldsymbol{B})$；

11) 若 $\boldsymbol{A},\boldsymbol{B}$ 是幂等的，则 $\boldsymbol{A}\otimes\boldsymbol{B}$ 也是幂等的；

12) $(\boldsymbol{A}\otimes\boldsymbol{B})^{-1}=\boldsymbol{A}^{-1}\otimes\boldsymbol{B}^{-1}$.

下面我们考虑克罗内克积矩阵的特征值、特征向量问题：

问题 31.3 1) 设 $\boldsymbol{A},\boldsymbol{B}$ 分别为 m 和 n 阶矩阵，它们分别具有特征值 $\lambda_1,\cdots,\lambda_m$ 和 $\mu_1,\cdots,\mu_n$. 那么，克罗内克积 $\boldsymbol{A}\otimes\boldsymbol{B}$ 的特征值是什么？

2) 如果已知 $\boldsymbol{A},\boldsymbol{B}$ 的两个特征向量分别是 $\boldsymbol{\alpha}$ 和 $\boldsymbol{\beta}$，那么 $\boldsymbol{\alpha}\otimes\boldsymbol{\beta}$ 是否是 $\boldsymbol{A}\otimes\boldsymbol{B}$ 的特征向量？并且研究克罗内克积矩阵 $\boldsymbol{A}\otimes\boldsymbol{B}$ 的特征向量是否都是由矩阵 $\boldsymbol{A}$ 和 $\boldsymbol{B}$ 的特征向量的克罗内克积组成.

探究题 31.1 1) 由问题 31.3 知，设 $\boldsymbol{A},\boldsymbol{B}$ 分别为 m 阶和 n 阶矩阵，则 $\boldsymbol{A}\otimes\boldsymbol{B}$ 的特征向量不一定都能由矩阵 $\boldsymbol{A}$ 和 $\boldsymbol{B}$ 的特征向量的克罗内克积组成. 现条件改为 $\boldsymbol{A}$ 和 $\boldsymbol{B}$ 都是可对角化矩阵，情况如何？

2) 设 $\boldsymbol{A}$ 和 $\boldsymbol{B}$ 都是 2 阶矩阵. 试在一般情况下，讨论用 $\boldsymbol{A}$ 和 $\boldsymbol{B}$ 的特征值和特征向量来表示 $\boldsymbol{A}\otimes\boldsymbol{B}$ 的特征值和特征向量的问题.

利用问题 31.3，我们还可以研究克罗内克积矩阵的正定(或半正定) 性、行列式、秩，以及线性变换与克罗内克积的关系等，从而有

问题 31.4 1) 设 $\boldsymbol{A}$ 和 $\boldsymbol{B}$ 都是正定(或半正定) 矩阵，问：$\boldsymbol{A}\otimes\boldsymbol{B}$ 是否也是正定(或半正定) 矩阵？

2) 设 $\boldsymbol{A},\boldsymbol{B}$ 分别为 m 和 n 阶矩阵，证明：

$$|\boldsymbol{A}\otimes\boldsymbol{B}|=|\boldsymbol{A}|^n|\boldsymbol{B}|^m.$$

3) 证明：秩$(\boldsymbol{A}\otimes\boldsymbol{B})=$ 秩$(\boldsymbol{A})$ 秩$(\boldsymbol{B})$.

4) 如果 $\boldsymbol{A},\boldsymbol{B}$ 不是方阵，但 $\boldsymbol{A}\otimes\boldsymbol{B}$ 仍然可能为方阵. 证明：$\boldsymbol{A}\otimes\boldsymbol{B}$ 满秩，仅当 $\boldsymbol{A}$ 和 $\boldsymbol{B}$ 都是方阵并且满秩.

如果 $\boldsymbol{B}$ 和 $\boldsymbol{C}$ 是两个固定 n 阶矩阵，$\boldsymbol{X}$ 是任一 n 阶矩阵，定义一个矩阵变换为 $\mathscr{A}(\boldsymbol{X})=\boldsymbol{BXC}$，容易证明 $\mathscr{A}$ 是一个线性变换. 我们可以考虑下列问题：

问题 31.5 设 $\boldsymbol{B},\boldsymbol{C}\in\mathbf{F}^{n\times n}$ 是两个固定的 n 阶矩阵，$\boldsymbol{X}$ 是 $\mathbf{F}^{n\times n}$ 中的任意一个 n 阶矩阵.

1) 证明：变换 $\mathscr{A}(\boldsymbol{X})=\boldsymbol{BXC}$ 是数域 $\mathbf{F}$ 上线性空间 $\mathbf{F}^{n\times n}$ 的一个线性变换.

2) 若设 $\boldsymbol{E}_{11},\boldsymbol{E}_{21},\cdots,\boldsymbol{E}_{n1},\boldsymbol{E}_{12},\boldsymbol{E}_{22},\cdots,\boldsymbol{E}_{n2},\cdots,\boldsymbol{E}_{1n},\boldsymbol{E}_{2n},\cdots,\boldsymbol{E}_{nn}$ 为 $\mathbf{F}^{n\times n}$ 的一组基，试求 $\mathscr{A}$ 在这组基下的矩阵，其中 $\boldsymbol{E}_{ij}$ 表示 n 阶中第 i 行第 j 列元素为 1 其余元素均为 0 的矩阵. 由此你可得到什么结论？线性变换 $\mathscr{A}$ 的矩阵与克罗内克积有何关系？

下面我们自然会考虑，问题 31.5 中的线性变换 $\mathscr{A}$ 可否对角化？

问题 31.6 证明：如果 $\boldsymbol{A}$ 和 $\boldsymbol{B}$ 是可对角化矩阵，则 $\boldsymbol{A}\otimes\boldsymbol{B}$ 也是可对角化矩阵. 并进一步说明问题 31.5 中线性变换 $\mathscr{A}$ 的矩阵何时能够对角化.

问题解答

问题 31.1 性质 1) ～ 6) 直接由克罗内克积的定义即可验证.

问题 31.2 7) 等式左边矩阵的第 i 行第 j 列位置上的子块 $\{(\boldsymbol{A}\otimes\boldsymbol{B})(\boldsymbol{C}\otimes\boldsymbol{D})\}_{ij}$ 是 $(\boldsymbol{A}\otimes\boldsymbol{B})$ 的第 i 行子矩阵块和 $(\boldsymbol{C}\otimes\boldsymbol{D})$ 的第 j 列矩阵块对应乘积之和，即

$$\begin{aligned}\{(\boldsymbol{A}\otimes\boldsymbol{B})(\boldsymbol{C}\otimes\boldsymbol{D})\}_{ij}&=\sum_k(a_{ik}\boldsymbol{B})(c_{kj}\boldsymbol{D})=\Big(\sum_k a_{ik}c_{kj}\Big)(\boldsymbol{BD})\\&=\{\boldsymbol{AC}\}_{ij}(\boldsymbol{BD})=\{(\boldsymbol{AC})\otimes(\boldsymbol{BD})\}_{ij}.\end{aligned}$$

8) $$\begin{aligned}(\boldsymbol{A}\otimes\boldsymbol{b})\boldsymbol{B}&=(\boldsymbol{A}\otimes\boldsymbol{b})(\boldsymbol{B}\otimes 1)=(\boldsymbol{AB})\otimes(\boldsymbol{b}\times 1)\\&=(\boldsymbol{AB})\otimes\boldsymbol{b}.\end{aligned}$$

9) $$\begin{aligned}(\boldsymbol{A}\otimes\boldsymbol{B})^{\mathrm{T}}&=\begin{pmatrix}a_{11}\boldsymbol{B}&\cdots&a_{1n}\boldsymbol{B}\\\vdots&&\vdots\\a_{m1}\boldsymbol{B}&\cdots&a_{mn}\boldsymbol{B}\end{pmatrix}^{\mathrm{T}}=\begin{pmatrix}a_{11}\boldsymbol{B}^{\mathrm{T}}&\cdots&a_{m1}\boldsymbol{B}^{\mathrm{T}}\\\vdots&&\vdots\\a_{1n}\boldsymbol{B}^{\mathrm{T}}&\cdots&a_{mn}\boldsymbol{B}^{\mathrm{T}}\end{pmatrix}\\&=\boldsymbol{A}^{\mathrm{T}}\otimes\boldsymbol{B}^{\mathrm{T}},\end{aligned}$$

其中 $\boldsymbol{A},\boldsymbol{B}$ 为任意矩阵.

10) $$\begin{aligned}\mathrm{tr}(\boldsymbol{A}\otimes\boldsymbol{B})&=\mathrm{tr}\begin{pmatrix}a_{11}\boldsymbol{B}&\cdots&a_{1m}\boldsymbol{B}\\\vdots&&\vdots\\a_{m1}\boldsymbol{B}&\cdots&a_{mm}\boldsymbol{B}\end{pmatrix}=\mathrm{tr}(a_{11}\boldsymbol{B})+\cdots+\mathrm{tr}(a_{mm}\boldsymbol{B})\\&=(a_{11}+\cdots+a_{mm})\mathrm{tr}(\boldsymbol{B})=\mathrm{tr}(\boldsymbol{A})\mathrm{tr}(\boldsymbol{B}),\end{aligned}$$

这里矩阵 $\boldsymbol{A}$ 和 $\boldsymbol{B}$ 都是方阵.

11) $(\boldsymbol{A}\otimes\boldsymbol{B})^2=(\boldsymbol{A}\otimes\boldsymbol{B})(\boldsymbol{A}\otimes\boldsymbol{B})=(\boldsymbol{AA})\otimes(\boldsymbol{BB})$

$$=\boldsymbol{A}^2\otimes\boldsymbol{B}^2=\boldsymbol{A}\otimes\boldsymbol{B},$$

这里 $\boldsymbol{A},\boldsymbol{B}$ 必须是方阵，但不必为同阶的.

12) $(\boldsymbol{A}\otimes\boldsymbol{B})(\boldsymbol{A}^{-1}\otimes\boldsymbol{B}^{-1})=(\boldsymbol{AA}^{-1})\otimes(\boldsymbol{BB}^{-1})$

$$=\boldsymbol{E}_m\otimes\boldsymbol{E}_n=\boldsymbol{E}_{mn},$$

其中 $\boldsymbol{A},\boldsymbol{B}$ 分别为 m 和 n 阶可逆矩阵，$\boldsymbol{E}_k$ 为 k 阶单位矩阵.

注意，由 9) 到 10) 可得，如果 $\boldsymbol{A}$ 和 $\boldsymbol{B}$ 都是正交矩阵，则 $\boldsymbol{A}\otimes\boldsymbol{B}$ 也是正交矩阵.

问题 31.3 1) 由矩阵性质可知，对任意矩阵 $\boldsymbol{A}$ 和 $\boldsymbol{B}$ 都存在可逆矩阵 $\boldsymbol{P}$ 及 $\boldsymbol{Q}$，使得

$$\boldsymbol{P}^{-1}\boldsymbol{AP}=\boldsymbol{T}_1,\quad \boldsymbol{Q}^{-1}\boldsymbol{BQ}=\boldsymbol{T}_2,$$

其中 $\boldsymbol{T}_1,\boldsymbol{T}_2$ 都是上三角矩阵，其对角线上的元素分别为矩阵 $\boldsymbol{A}$ 和 $\boldsymbol{B}$ 的特征值 $\lambda_1,\cdots,\lambda_m$ 和 $\mu_1,\cdots,\mu_m$.

由克罗内克积的定义直接计算可知上三角矩阵的克罗内克积还是上三角矩阵，即 $\boldsymbol{T}_1\otimes\boldsymbol{T}_2$ 为上三角矩阵，并且 $\boldsymbol{T}_1\otimes\boldsymbol{T}_2$ 对角线上的元素恰好为 $\lambda_i\mu_j$ $(i=1,\cdots,m;\ j=1,\cdots,n)$；由问题 31.2 的 12) 可知矩阵 $\boldsymbol{P}\otimes\boldsymbol{Q}$ 可逆，且 $(\boldsymbol{P}\otimes\boldsymbol{Q})^{-1}=\boldsymbol{P}^{-1}\otimes\boldsymbol{Q}^{-1}$. 因

$$\begin{aligned}(\boldsymbol{P}\otimes\boldsymbol{Q})^{-1}(\boldsymbol{A}\otimes\boldsymbol{B})(\boldsymbol{P}\otimes\boldsymbol{Q})&=(\boldsymbol{P}^{-1}\otimes\boldsymbol{Q}^{-1})(\boldsymbol{A}\otimes\boldsymbol{B})(\boldsymbol{P}\otimes\boldsymbol{Q})\\&=(\boldsymbol{P}^{-1}\boldsymbol{AP})\otimes(\boldsymbol{Q}^{-1}\boldsymbol{BQ})\\&=\boldsymbol{T}_1\otimes\boldsymbol{T}_2,\end{aligned}$$

故 $\boldsymbol{A}\otimes\boldsymbol{B}$ 与 $\boldsymbol{T}_1\otimes\boldsymbol{T}_2$ 相似，从而有相同的特征值，而 $\boldsymbol{T}_1\otimes\boldsymbol{T}_2$ 的特征值就是主对角线上的元素，所以 $\boldsymbol{A}\otimes\boldsymbol{B}$ 的全部特征值为 $\lambda_i\mu_j(i=1,\cdots,m;\ j=1,\cdots,n)$.

注意，

$$\operatorname{tr}(\boldsymbol{A}\otimes\boldsymbol{B})=\sum_{i=1}^{m}\sum_{j=1}^{n}\lambda_i\mu_j=\sum_{i=1}^{m}\lambda_i\sum_{j=1}^{n}\mu_j=(\operatorname{tr}\boldsymbol{A})(\operatorname{tr}\boldsymbol{B}),$$

再次证明了问题 31.2 的 10).

2) 因 $\boldsymbol{A},\boldsymbol{B}$ 的两个特征向量分别是 $\boldsymbol{\alpha}$ 和 $\boldsymbol{\beta}$，我们设特征向量 $\boldsymbol{\alpha}$ 和 $\boldsymbol{\beta}$ 分别属于 $\boldsymbol{A}$ 和 $\boldsymbol{B}$ 的特征值 λ 和 μ，则有

$$\boldsymbol{A\alpha}=\lambda\boldsymbol{\alpha},\quad \boldsymbol{B\beta}=\mu\boldsymbol{\beta}.$$

所以，由问题 31.2 的 7) 可得

$$(\boldsymbol{A}\otimes\boldsymbol{B})(\boldsymbol{\alpha}\otimes\boldsymbol{\beta})=\boldsymbol{A}\alpha\otimes\boldsymbol{B\beta}=\lambda\boldsymbol{\alpha}\otimes\mu\boldsymbol{\beta}=\lambda\mu(\boldsymbol{\alpha}\otimes\boldsymbol{\beta}).$$

从而可知，两个矩阵 $\boldsymbol{A},\boldsymbol{B}$ 的特征向量 $\boldsymbol{\alpha},\boldsymbol{\beta}$ 的克罗内克积 $\boldsymbol{\alpha}\otimes\boldsymbol{\beta}$ 是这两个矩阵的克罗内克积 $\boldsymbol{A}\otimes\boldsymbol{B}$ 的特征向量.

但是，矩阵 $\boldsymbol{A},\boldsymbol{B}$ 的特征向量并不能完全决定它们的克罗内克积 $\boldsymbol{A}\otimes\boldsymbol{B}$ 的特征向量. 例如，设

$$\boldsymbol{A}=\boldsymbol{B}=\begin{pmatrix}0&1\\0&0\end{pmatrix},\quad \boldsymbol{e}_1=\begin{pmatrix}1\\0\end{pmatrix},\quad \boldsymbol{e}_2=\begin{pmatrix}0\\1\end{pmatrix}$$

显然，矩阵 $\boldsymbol{A}$ 和 $\boldsymbol{B}$ 的特征值都是零，它们的特征向量都只有 $k\boldsymbol{e}_1$，其中 k 是任意非零常数. 矩阵 $\boldsymbol{A}$ 和 $\boldsymbol{B}$ 的克罗内克积 $\boldsymbol{A}\otimes\boldsymbol{B}$ 的四个特征值也都是零，但 $\boldsymbol{A}\otimes\boldsymbol{B}$ 却有三个特征向量 $\boldsymbol{e}_1\otimes\boldsymbol{e}_1,\boldsymbol{e}_1\otimes\boldsymbol{e}_2,\boldsymbol{e}_2\otimes\boldsymbol{e}_1$，后面两个都不是 $\boldsymbol{A}$ 和 $\boldsymbol{B}$ 的特征向量的克罗内克积.

问题 31.4 1) 若 $\boldsymbol{A}$ 和 $\boldsymbol{B}$ 都是正定(或半正定)矩阵，那么 $\boldsymbol{A}$ 的特征值 λ_i 和 $\boldsymbol{B}$ 的特征值 μ_j 都大于零(或大于或等于零). 由问题 31.3 的 1) 知，$\boldsymbol{A}\otimes\boldsymbol{B}$ 的特征值为 $\lambda_i\mu_j(i=1,2,\cdots,m,\ j=1,2,\cdots,n)$，从而它们也都全为正(或全大于或等于零)，故 $\boldsymbol{A}\otimes\boldsymbol{B}$ 是正定(或半正定)矩阵.

2) 再由问题 31.3 的 1) 可得

$$\begin{aligned}|\boldsymbol{A}\otimes\boldsymbol{B}|&=\prod_{i=1}^{m}\prod_{j=1}^{n}\lambda_i\mu_j=\prod_{i=1}^{m}\left(\lambda_i^n\prod_{j=1}^{n}\mu_j\right)=\prod_{i=1}^{m}(\lambda_i^n|\boldsymbol{B}|)\\&=\prod_{i=1}^{m}(\lambda_i^n)|\boldsymbol{B}|^m=|\boldsymbol{A}|^n|\boldsymbol{B}|^m.\end{aligned}$$

3) 设秩$(\boldsymbol{A})=s$，秩$(\boldsymbol{B})=t$，则有可逆矩阵 $\boldsymbol{P}_1,\boldsymbol{Q}_1$ 和可逆矩阵 $\boldsymbol{P}_2,\boldsymbol{Q}_2$ 使得

$$\boldsymbol{P}_1\boldsymbol{A}\boldsymbol{Q}_1=\boldsymbol{A}_1=\begin{pmatrix}\boldsymbol{E}_s&\boldsymbol{O}\\\boldsymbol{O}&\boldsymbol{O}\end{pmatrix},\quad \boldsymbol{P}_2\boldsymbol{B}\boldsymbol{Q}_2=\boldsymbol{B}_1=\begin{pmatrix}\boldsymbol{E}_t&\boldsymbol{O}\\\boldsymbol{O}&\boldsymbol{O}\end{pmatrix},$$

所以，有

$$\begin{aligned}\boldsymbol{A}_1\otimes\boldsymbol{B}_1&=(\boldsymbol{P}_1\boldsymbol{A}\boldsymbol{Q}_1)\otimes(\boldsymbol{P}_2\boldsymbol{B}\boldsymbol{Q}_2)\\&=(\boldsymbol{P}_1\otimes\boldsymbol{P}_2)(\boldsymbol{A}\otimes\boldsymbol{B})(\boldsymbol{Q}_1\otimes\boldsymbol{Q}_2).\end{aligned}$$

由问题 31.2 的 12) 可知矩阵 $\boldsymbol{P}_1\otimes\boldsymbol{P}_2$ 和 $\boldsymbol{Q}_1\otimes\boldsymbol{Q}_2$ 均可逆，故秩$(\boldsymbol{A}\otimes\boldsymbol{B})=$秩$(\boldsymbol{A}_1\otimes\boldsymbol{B}_1)$. 注意到

$$\boldsymbol{A}_1\otimes\boldsymbol{B}_1=\begin{pmatrix}\boldsymbol{B}_1&\cdots&\boldsymbol{O}&\boldsymbol{O}\\\vdots&&\vdots&\vdots\\\boldsymbol{O}&\cdots&\boldsymbol{B}_1&\boldsymbol{O}\\\boldsymbol{O}&\cdots&\boldsymbol{O}&\boldsymbol{O}\end{pmatrix},$$

所以，秩$(\boldsymbol{A}_1\otimes\boldsymbol{B}_1)=st$，即

$$秩(\boldsymbol{A}\otimes\boldsymbol{B})=秩(\boldsymbol{A}_1\otimes\boldsymbol{B}_1)=st=秩(\boldsymbol{A})秩(\boldsymbol{B}).$$

4) 如果 $\boldsymbol{A}$ 是 $m\times p$ 矩阵，$\boldsymbol{B}$ 是 $n\times q$ 矩阵，那么 $\boldsymbol{A}\otimes\boldsymbol{B}$ 是方阵当且仅当 $mn=pq$；并且由问题 31.4 的 3) 有

$$秩(\boldsymbol{A}\otimes\boldsymbol{B})=秩(\boldsymbol{A})秩(\boldsymbol{B})\leqslant\min\{m,p\}\min\{n,q\}.$$

若 $\boldsymbol{A}\otimes\boldsymbol{B}$ 满秩，那么由秩$(\boldsymbol{A}\otimes\boldsymbol{B})=mn$ 可以确定 $m\leqslant p$ 及 $n\leqslant q$，同样由秩$(\boldsymbol{A}\otimes\boldsymbol{B})=pq$ 也可以确定 $p\leqslant m$ 和 $q\leqslant n$. 因此，可得 $p=m$ 和 $q=n$，且 $\boldsymbol{A}$ 和 $\boldsymbol{B}$ 都是方阵. 又因为秩$(\boldsymbol{A})$秩$(\boldsymbol{B})=mn$，从而有秩$(\boldsymbol{A})=m$ 以及秩$(\boldsymbol{B})=n$.

问题 31.5 1) 容易验证(略).

2) 设 $\boldsymbol{B}=(b_{ij})$，$\boldsymbol{C}=(c_{ij})$ 都是 n 阶矩阵，则

$$\mathscr{A}(\boldsymbol{E}_{ij})=\boldsymbol{B}\boldsymbol{E}_{ij}\boldsymbol{C}=\begin{pmatrix}b_{11}&\cdots&b_{1n}\\\vdots&&\vdots\\b_{n1}&\cdots&b_{nn}\end{pmatrix}\boldsymbol{E}_{ij}\begin{pmatrix}c_{11}&\cdots&c_{1n}\\\vdots&&\vdots\\c_{n1}&\cdots&c_{nn}\end{pmatrix}$$

$$=\underset{(j\text{ 列})}{\begin{pmatrix}0&\cdots&0&b_{1i}&0&\cdots&0\\\vdots&&\vdots&\vdots&\vdots&&\vdots\\0&\cdots&0&b_{ni}&0&\cdots&0\end{pmatrix}}\begin{pmatrix}c_{11}&\cdots&c_{1n}\\\vdots&&\vdots\\c_{n1}&\cdots&c_{nn}\end{pmatrix}$$

$$=\begin{pmatrix}b_{1i}c_{j1}&\cdots&b_{1i}c_{jn}\\\vdots&&\vdots\\b_{ni}c_{j1}&\cdots&b_{ni}c_{jn}\end{pmatrix}$$

$$=(\boldsymbol{E}_{11},\boldsymbol{E}_{21},\cdots,\boldsymbol{E}_{n1},\boldsymbol{E}_{12},\boldsymbol{E}_{22},\cdots,\boldsymbol{E}_{n2},\cdots,\boldsymbol{E}_{1n},\boldsymbol{E}_{2n},\cdots,\boldsymbol{E}_{nn})\cdot\begin{pmatrix}b_{1i}c_{j1}\\b_{2i}c_{j1}\\\vdots\\b_{ni}c_{j1}\\\vdots\\b_{1i}c_{jn}\\b_{2i}c_{jn}\\\vdots\\b_{ni}c_{jn}\end{pmatrix},$$

经计算可得

$$\mathscr{A}(\boldsymbol{E}_{11},\boldsymbol{E}_{21},\cdots,\boldsymbol{E}_{n1},\boldsymbol{E}_{12},\boldsymbol{E}_{22},\cdots,\boldsymbol{E}_{n2},\cdots,\boldsymbol{E}_{1n},\boldsymbol{E}_{2n},\cdots,\boldsymbol{E}_{nn})$$

$$= (E_{11}, E_{21}, \cdots, E_{n1}, E_{12}, E_{22}, \cdots, E_{n2}, \cdots, E_{1n}, E_{2n}, \cdots, E_{nn}) \cdot \begin{pmatrix} c_{11}B & c_{21}B & \cdots & c_{n1}B \\ c_{12}B & c_{22}B & \cdots & c_{n2}B \\ \vdots & \vdots & & \vdots \\ c_{1n}B & c_{2n}B & \cdots & c_{nn}B \end{pmatrix}$$

$$= (E_{11}, E_{21}, \cdots, E_{n1}, E_{12}, E_{22}, \cdots, E_{n2}, \cdots, E_{1n}, E_{2n}, \cdots, E_{nn}) \cdot (C^{T} \otimes B).$$

所以，线性变换 $\mathscr{A}$ 在基

$$E_{11}, E_{21}, \cdots, E_{n1}, E_{12}, E_{22}, \cdots, E_{n2}, \cdots, E_{1n}, E_{2n}, \cdots, E_{nn}$$

下的矩阵为 $C^{T} \otimes B$，即此线性变换在基

$$E_{11}, E_{21}, \cdots, E_{n1}, E_{12}, E_{22}, \cdots, E_{n2}, \cdots, E_{1n}, E_{2n}, \cdots, E_{nn}$$

下的矩阵恰好为两个固定矩阵 B,C 的适当的克罗内克积.

问题 31.6 设矩阵 A 和 B 可对角化，则存在可逆矩阵 P,Q 使得

$$P^{-1}AP = \Lambda_1, \quad Q^{-1}BQ = \Lambda_2,$$

这里 Λ_1,Λ_2 是两个对角矩阵. 因

$$\begin{aligned}(P \otimes Q)^{-1}(A \otimes B)(P \otimes Q) &= (P^{-1}AP) \otimes (Q^{-1}BQ) \\ &= \Lambda_1 \otimes \Lambda_2,\end{aligned}$$

即存在可逆矩阵 $P \otimes Q$ 使得矩阵 $A \otimes B$ 相似于对角矩阵 $\Lambda_1 \otimes \Lambda_2$，从而矩阵 $A \otimes B$ 也可对角化.

由此可知，问题 31.5 中只要矩阵 B,C 可对角化，则线性变换 $\mathscr{A}$ 的矩阵 $C^{T} \otimes B$ 也可对角化.

32. 阿达马(Hadamard) 矩阵

设 $\boldsymbol{H}$ 是以 1 或 -1 为元素的 n 阶矩阵，如果

$$\boldsymbol{H}^{\mathrm{T}}\boldsymbol{H} = n\boldsymbol{E}, \tag{32.1}$$

则称 $\boldsymbol{H}$ 为 n 阶**阿达马矩阵**. 由(32.1)知，阿达马矩阵的任意两列必正交(即对应元素乘积之和等于零). 例如：

$$(1), \quad \begin{pmatrix} 1 & 1 \\ 1 & -1 \end{pmatrix}, \quad \begin{pmatrix} 1 & 1 & 1 & 1 \\ 1 & 1 & -1 & -1 \\ 1 & -1 & 1 & -1 \\ 1 & -1 & -1 & 1 \end{pmatrix}$$

分别是 1 阶、2 阶和 4 阶阿达马矩阵. 我们把第 1 行和第 1 列的元素都是 1 的阿达马矩阵，称为**正规阿达马矩阵**. 1893 年，法国数学家阿达马(J. Hadamard，1865—1963)证明了：若 n 阶实矩阵 $\boldsymbol{A}=(a_{ij})$ 中每个元素的绝对值 $|a_{ij}|\leqslant 1$，则其行列式的绝对值 $|\det \boldsymbol{A}|\leqslant n^{\frac{n}{2}}$，而阿达马矩阵是使其中等号成立的 n 阶实矩阵，这就是阿达马矩阵这一名称的来由.

阿达马矩阵在正交试验设计和构造纠错码等许多方面都有应用.

在生产实践中，如为提高产品质量或数量而需要寻找最佳或满意的工艺参数的搭配等，需要进行试验. 为了减少随机误差对试验结果的影响，为了减少试验次数，并使获得的试验结果(数据) 适合使用统计方法进行数据分析，得出有效的和客观的结论，需要对试验进行总体安排，制定试验计划，这就是试验设计. 当今在生产和科学实验中使用最多的是正交试验设计、回归设计等. 正交试验设计是利用正交表安排多因素试验计划和分析试验结果的一种试验设计. 当影响试验结果的因素有若干个时，就需要安排多因素试验计划，试验目的在于选择各因素水平的最佳搭配. 当各因素的水平数都取 2 时，我们可以用水平数为 2 的正交表来安排正交试验设计计划，常用的水平数为 2 的正交表有 $L_4(2^3)$，$L_8(2^7)$，$L_{16}(2^{15})$ 等，记号 $L_N(2^k)$ 表示该正交表是一个 $N\times k$ 矩阵 $\boldsymbol{A}$，$\boldsymbol{A}$ 的每个位置上的元素都是 1 或 2 (表示水平的号码)，正交表的行数 N 恰好等于所要做的试验次数，k 表示正交表的列数，在它的某些列各安置一个因素，则每行中相应列的数字分别代表一次试验中各因素

的水平搭配. 我们可以用 N 阶阿达马矩阵 $\boldsymbol{H}$ 来构造正交表 $L_N(2^k)$，在 $L_N(2^k)$ 中，$k=N-1$，故只要划去正规阿达马矩阵 $\boldsymbol{H}$ 中第 1 列，并将 $\boldsymbol{H}$ 中的元素 -1 都改为 2，就可以得到正交表 $L_N(2^k)$. 例如：$L_{32}(2^{31})$ 可由 32 阶阿达马矩阵改造而得. 正交试验设计的试验方案具有搭配均衡、整齐可比、试验次数少等优点，并且分析试验结果时计算十分简便.

阿达马矩阵还可在数字通信中用于构造纠错码. 从阿达马矩阵产生的纠错码称为**阿达马码**. 字长为 32 的阿达马码曾被 1969 年美国发射的航海者号宇宙飞船实际采用，得到了人类从宇宙空间发回的第 1 张行星照片. 从火星及水星等行星拍摄到的每一张黑白照片分成 600 行、600 列，共由 36 万个点组成，每个点(即一小方格)的明暗程度分为 64 个等级，由 6 维的二元向量(即每个分量只能取 0 或 1 的向量)来表示. 经过编码后每个 6 维向量变为字长为 $2^6=32$ 的阿达马码中的某个码字，然后发回地面. 即使在宇宙空间中因各种干扰使字长为 32 的码字发生畸变，但只要发生差错的位置不超过 7 个，地面上收到畸变的码字后仍能正确译出原来的 6 维二元向量，提高了清晰程度. 利用阿达马矩阵还可构造其他类型的码(如三元自对偶码)，这里就不再介绍了.

本课题将探讨阿达马矩阵的性质，用于构造一些阿达马矩阵，并探讨阿达马矩阵存在的条件.

中心问题 探讨阿达马矩阵存在的充分条件及必要条件.

准备知识 矩阵的运算，正交矩阵，课题 31：矩阵的克罗内克积

课题探究

问题 32.1 设 $\boldsymbol{H}_n$ 是 n 阶阿达马矩阵，证明：

1) $n^{-\frac{1}{2}}\boldsymbol{H}_n$ 是 n 阶正交矩阵；

2) $\boldsymbol{H}_n$ 的任意两行必正交；

3) $|\boldsymbol{H}_n|=\pm n^{\frac{n}{2}}$；

4) $\boldsymbol{H}_m\otimes\boldsymbol{H}_n$ 是 mn 阶阿达马矩阵.

由于两个阿达马矩阵的克罗内克积仍是阿达马矩阵，所以我们可以从 2 阶阿达马矩阵 $\boldsymbol{H}_2$ 出发，递推构造阿达马矩阵：

$$\boldsymbol{H}_4=\boldsymbol{H}_2\otimes\boldsymbol{H}_2,\ \boldsymbol{H}_8=\boldsymbol{H}_4\otimes\boldsymbol{H}_2,\ \cdots,\ \boldsymbol{H}_{2^k}=H_{2^{k-1}}\otimes\boldsymbol{H}_2,\ \cdots,$$

从而证明，当$n=2^k(k=0,1,2,\cdots)$时，阿达马矩阵$\boldsymbol{H}_n$是存在的. 这是阿达马矩阵存在的一个充分条件. 下面再探讨它存在的必要条件，为此先证正规阿达马矩阵的存在性.

问题 32.2 证明：如果一个n阶阿达马矩阵存在，那么必存在一个n阶正规阿达马矩阵.

问题 32.3 证明：如果$\boldsymbol{H}$是一个n阶阿达马矩阵(其中$n>2$)，那么n必是4的倍数.

1阶和2阶的阿达马矩阵是存在的，当$n>2$时，我们已经证明了如果n阶阿达马矩阵$\boldsymbol{H}_n$存在，则$n=4t$是4的倍数. 但当$n>2$时是否总存在$n=4t$阶的阿达马矩阵$\boldsymbol{H}_n$还是一个未解决的突出问题. 人们猜测：对任何4的倍数n，$\boldsymbol{H}_n$一定存在. 这猜测称为**阿达马矩阵猜测**. 人们用种种方法来构造阿达马矩阵，现已构造出阶数$n\leqslant 264$的所有阿达马矩阵. 但是，这个猜测至今尚未能解决.

复阿达马矩阵是阿达马矩阵的推广. 设n阶复矩阵$\boldsymbol{C}$的元素为± 1或$\pm \mathrm{i}$，如果

$$\boldsymbol{C}^*\boldsymbol{C}=n\boldsymbol{E}, \tag{32.2}$$

则称$\boldsymbol{C}$为n阶**复阿达马矩阵**. 当$\boldsymbol{C}$为实矩阵时，满足$\boldsymbol{C}^*\boldsymbol{C}=n\boldsymbol{E}$的矩阵就是$n$阶阿达马矩阵.

探究题 32.1 问：n阶阿达马矩阵的哪些性质可以推广到n阶复阿达马矩阵?

类似于阿达马矩阵，可以证明：当n阶复阿达马矩阵$\boldsymbol{C}_n$存在时，n必为1或偶数. 于是，人们猜测：偶数阶复阿达马矩阵都存在；但是，这个猜测尚未解决. 可以证明，当n阶复阿达马矩阵存在时，必存在$2n$阶阿达马矩阵，所以上述猜测包含了阿达马矩阵猜测(更一般地，当n阶复阿达马矩阵及m阶阿达马矩阵存在时，必存在mn阶阿达马矩阵).

问题解答

问题 32.1 1) 由(32.1)，得

$$(n^{-\frac{1}{2}}\boldsymbol{H}_n^{\mathrm{T}})(n^{-\frac{1}{2}}\boldsymbol{H}_n)=\boldsymbol{E},$$

故 $n^{-\frac{1}{2}}\boldsymbol{H}_n$ 是 n 阶正交矩阵.

2) 由于 $n^{-\frac{1}{2}}\boldsymbol{H}_n$ 是正交矩阵，故 $n^{-\frac{1}{2}}\boldsymbol{H}_n$ 的任意两行必正交，因此，$\boldsymbol{H}_n$ 的任意两行必正交.

3) 由(32.1)，得

$$|\boldsymbol{H}_n^{\mathrm{T}}\boldsymbol{H}_n| = |n\boldsymbol{E}_n| = n^n,$$

而

$$|\boldsymbol{H}_n^{\mathrm{T}}\boldsymbol{H}_n| = |\boldsymbol{H}_n^{\mathrm{T}}||\boldsymbol{H}_n| = |\boldsymbol{H}_n|^2,$$

因此，$|\boldsymbol{H}_n| = \pm n^{\frac{n}{2}}$.

4) 因为 $\boldsymbol{H}_m \otimes \boldsymbol{H}_n$ 的每一元素是 $\boldsymbol{H}_m$ 中的一个元素与 $\boldsymbol{H}_n$ 中的一个元素的乘积，所以 $\boldsymbol{H}_m \otimes \boldsymbol{H}_n$ 的元素只能是 1 或 -1. 由问题 31.2，得

$$\begin{aligned}(\boldsymbol{H}_m \otimes \boldsymbol{H}_n)^{\mathrm{T}}(\boldsymbol{H}_m \otimes \boldsymbol{H}_n) &= (\boldsymbol{H}_m^{\mathrm{T}} \otimes \boldsymbol{H}_n^{\mathrm{T}})(\boldsymbol{H}_m \otimes \boldsymbol{H}_n) \\ &= \boldsymbol{H}_m^{\mathrm{T}}\boldsymbol{H}_m \otimes \boldsymbol{H}_n^{\mathrm{T}}\boldsymbol{H}_n = m\boldsymbol{E}_m \otimes n\boldsymbol{E}_n \\ &= mn\boldsymbol{E}_{mn}.\end{aligned}$$

因此，$\boldsymbol{H}_m \otimes \boldsymbol{H}_n$ 是 mn 阶阿达马矩阵.

问题 32.2 设 $\boldsymbol{H}$ 是 n 阶阿达马矩阵，$\boldsymbol{D}$ 是以 $\boldsymbol{H}$ 的第 1 行的元素为对角元素的对角矩阵，即

$$\boldsymbol{D} = \mathrm{diag}(h_{11}, h_{12}, \cdots, h_{1n}).$$

由于 $\boldsymbol{D}$ 的每个对角元素都是 1 或 -1，故 $\boldsymbol{D}^2 = \boldsymbol{E}_n$. 设 $\boldsymbol{H}_* = \boldsymbol{HD}$，则 $\boldsymbol{H}_*$ 的每一列都是 $\boldsymbol{H}$ 的对应列数乘 1 或 -1，故 $\boldsymbol{H}_*$ 的每一元素都是 1 或 -1. 由于 $\boldsymbol{H}_*$ 的第 1 行的第 j 个元素是 $h_{1j}^2 = 1$，故 $\boldsymbol{H}_*$ 是第 1 行元素皆为 1 的矩阵，且因

$$\begin{aligned}\boldsymbol{H}_*^{\mathrm{T}}\boldsymbol{H}_* &= (\boldsymbol{HD})^{\mathrm{T}}\boldsymbol{HD} = \boldsymbol{D}^{\mathrm{T}}\boldsymbol{H}^{\mathrm{T}}\boldsymbol{HD} = \boldsymbol{D}(n\boldsymbol{E}_n)\boldsymbol{D} \\ &= n\boldsymbol{D}^2 = n\boldsymbol{E}_n,\end{aligned}$$

因此，$\boldsymbol{H}_*$ 仍是一个 n 阶阿达马矩阵，且其第 1 行元素皆为 1. 设 $\boldsymbol{H}_* = (h'_{ij})$，$\boldsymbol{D}_* = \mathrm{diag}(h'_{11}, h'_{21}, \cdots, h'_{n1})$. 同理可证，$\boldsymbol{D}_*\boldsymbol{H}_*$ 是一个 n 阶阿达马矩阵，且它的第 1 行和第 1 列的元素皆为 1，是一个 n 阶正规阿达马矩阵.

问题 32.3 由问题 32.2 知，如果 n 阶阿达马矩阵存在，那么必存在一个 n 阶正规化阿达马矩阵，故不妨设 $\boldsymbol{H}$ 是一个正规阿达马矩阵，所以它的第 1 行元素皆为 1. 下面利用 $\boldsymbol{H}$ 的前三行的相互正交性来证明 n 是 4 的倍数.

由于第 2 行和第 3 行都与第 1 行正交，而第 1 行的元素皆为 1，故第 2 行和第 3 行必须都有 r 个 1 和 r 个 -1，其中

$$n = 2r, \tag{32.3}$$

即 n 是 2 的倍数. 设 n_{+-} 是矩阵 $\boldsymbol{H}$ 中在第 2 行元素为 1、在第 3 行元素为 -1 的列的个数，类似地，设 n_{-+}（或 n_{++} 或 n_{--}）是在第 2 行元素为 -1（或 1 或 -1）、在第 3 行元素为 1（或 1 或 -1）的列的个数. 显然，我们有

$$n_{++} + n_{+-} = r, \quad n_{++} + n_{-+} = r,$$
$$n_{--} + n_{-+} = r, \quad n_{--} + n_{+-} = r.$$

将上面的第 2 式与第 3 式相减，得

$$n_{++} = n_{--} = r - n_{-+}; \tag{32.4}$$

将第 1 式与第 2 式相减，得

$$n_{+-} = n_{-+}. \tag{32.5}$$

由第 2 行和第 3 行的正交性，得

$$n_{++} + n_{--} = n_{-+} + n_{+-}. \tag{32.6}$$

由(32.4),(32.5)和(32.6)，得

$$n_{++} = n_{--} = n_{-+} = n_{+-} = \frac{r}{2},$$

故 $r = 2n_{++}$ 是 2 的倍数，又由(32.3)，得

$$n = 4n_{++},$$

即 n 是 4 的倍数.

33. 矩阵的阿达马积

本课题研讨矩阵的阿达马积的基本运算性质及阿达马积正定性的一个基本问题.

中心问题 已知 $\boldsymbol{A},\boldsymbol{B}$ 都是 n 阶半正定(或正定)矩阵，问：阿达马积 $\boldsymbol{A}\circ\boldsymbol{B}$ 是否有相同的正定性?

准备知识 普通矩阵运算性质，分块矩阵运算、化简及行列式，矩阵秩的性质，行列式按行展开公式，课题 15 中关于“低秩矩阵的分解”及课题 31 中关于“克罗内克积的性质”

课题探究

设 $\boldsymbol{A}=(a_{ij})_{m\times n}\in\mathbf{F}^{m\times n}$，$\boldsymbol{B}=(b_{ij})_{m\times n}\in\mathbf{F}^{m\times n}$，定义

$$\boldsymbol{A}\circ\boldsymbol{B}=(a_{ij}b_{ij})=\begin{pmatrix} a_{11}b_{11} & a_{12}b_{12} & \cdots & a_{1n}b_{1n}\\ a_{21}b_{21} & a_{22}b_{22} & \cdots & a_{2n}b_{2n}\\ \vdots & \vdots & & \vdots\\ a_{m1}b_{m1} & a_{m2}b_{m2} & \cdots & a_{mn}b_{mn}\end{pmatrix},$$

则称 $m\times n$ 矩阵 $\boldsymbol{A}\circ\boldsymbol{B}$ 为矩阵 $\boldsymbol{A}$ 和 $\boldsymbol{B}$ 的**阿达马积**.

例如：设 $\boldsymbol{A}=\begin{pmatrix}2 & 5 & 2\\ 0 & 1 & -3\end{pmatrix}$，$\boldsymbol{B}=\begin{pmatrix}-1 & 0 & 3\mathrm{i}\\ 1 & -7 & 2\end{pmatrix}$，那么

$$\boldsymbol{A}\circ\boldsymbol{B}=\begin{pmatrix}-2 & 0 & 6\mathrm{i}\\ 0 & -7 & -6\end{pmatrix}.$$

矩阵 $\boldsymbol{A}$ 和 $\boldsymbol{B}$ 的阿达马积 $\boldsymbol{A}\circ\boldsymbol{B}$ 与矩阵 $\boldsymbol{A},\boldsymbol{B}$ 有相同的行、列数. 阿达马积也称“绕积”，或“舒尔积”，它的运算非常简单，但可以非常自然地引出各种方法，并且具有很丰富的结构和各种有趣的结果.

我们同样先研究矩阵的阿达马积的运算性质，显然有

$$(\boldsymbol{A}\circ\boldsymbol{B})^{\mathrm{T}}=\boldsymbol{A}^{\mathrm{T}}\circ\boldsymbol{B}^{\mathrm{T}}.$$

此外，还有哪些性质呢?

问题 33.1 证明：阿达马积具有如下基本运算性质：

1) 设 $\boldsymbol{A},\boldsymbol{B}_1,\boldsymbol{B}_2,\cdots,\boldsymbol{B}_S$ 都是 $m\times n$ 矩阵，则

$$\boldsymbol{A}\circ\left(\sum_{i=1}^{S}\boldsymbol{B}_i\right)=\sum_{i=1}^{S}(\boldsymbol{A}\circ\boldsymbol{B}_i);$$

2) 设 $\boldsymbol{A},\boldsymbol{B}$ 都是 $m\times n$ 矩阵，λ 为常数，则 $\boldsymbol{A}\circ(\lambda\boldsymbol{B})=\lambda(\boldsymbol{A}\circ\boldsymbol{B})$；

3) 设 $\boldsymbol{A},\boldsymbol{B}$ 都是 $m\times n$ 矩阵，则 $\boldsymbol{A}\circ\boldsymbol{B}=\boldsymbol{B}\circ\boldsymbol{A}$；

4) 设 $\boldsymbol{\alpha},\boldsymbol{\beta}$ 都是 m 维列向量，$\boldsymbol{\gamma},\boldsymbol{\delta}$ 都是 n 维列向量，则

$$(\boldsymbol{\alpha}\circ\boldsymbol{\beta})(\boldsymbol{\gamma}\circ\boldsymbol{\delta})^{\mathrm{T}}=(\boldsymbol{\alpha}\boldsymbol{\gamma}^{\mathrm{T}})\circ(\boldsymbol{\beta}\boldsymbol{\delta}^{\mathrm{T}}).$$

由问题 33.1 的 1)，2) 可知，阿达马积是保线性运算的；由 3) 则可知阿达马积可交换. 下面我们要问：矩阵的阿达马积与克罗内克积之间有什么关系？有趣的是，阿达马积矩阵是克罗内克积矩阵的子矩阵，即有

问题 33.2 证明：若 $\boldsymbol{A},\boldsymbol{B}$ 都是 $m\times n$ 矩阵，那么

$$\boldsymbol{A}\circ\boldsymbol{B}=(\boldsymbol{A}\otimes\boldsymbol{B})(\alpha,\beta),$$

其中 $\alpha=\{1,m+2,2m+3,\cdots,m^2\}$ 和 $\beta=\{1,n+2,2n+3,\cdots,n^2\}$，即矩阵 $\boldsymbol{A}\circ\boldsymbol{B}$ 是由矩阵 $\boldsymbol{A}\otimes\boldsymbol{B}$ 的第 $1,m+2,2m+3,\cdots,m^2$ 行，以及第 $1,n+2,2n+3,\cdots,n^2$ 列交叉处的元素组成的子矩阵.

下面我们讨论通常的矩阵乘法与阿达马积之间的关系. 显然，$\boldsymbol{A}\circ\boldsymbol{B}=\boldsymbol{A}\boldsymbol{B}$ 当且仅当 $\boldsymbol{A}$ 和 $\boldsymbol{B}$ 都是对角矩阵. 我们进一步讨论阿达马积关于对角矩阵和矩阵乘法的结合关系，以及如何用阿达马积把一个可对角化矩阵主对角线上的元素与特征值联系起来.

问题 33.3 证明：

1) 若 $\boldsymbol{A},\boldsymbol{B}$ 都是 $m\times n$ 矩阵，且 $\boldsymbol{D}$ 和 $\boldsymbol{E}$ 分别是 m,n 阶对角矩阵，那么

$$\begin{aligned}\boldsymbol{D}(\boldsymbol{A}\circ\boldsymbol{B})\boldsymbol{E}&=(\boldsymbol{D}\boldsymbol{A}\boldsymbol{E})\circ\boldsymbol{B}=(\boldsymbol{D}\boldsymbol{A})\circ(\boldsymbol{B}\boldsymbol{E})\\&=(\boldsymbol{A}\boldsymbol{E})\circ(\boldsymbol{D}\boldsymbol{B})=\boldsymbol{A}\circ(\boldsymbol{D}\boldsymbol{B}\boldsymbol{E}).\end{aligned}$$

2) 设 $\boldsymbol{x}\in\mathbf{C}^n$. 定义 n 阶对角矩阵 $\mathrm{diag}(\boldsymbol{x})$，其对角线上的元素为 $\boldsymbol{x}$ 对应的元素，并记 $\boldsymbol{D}_x=\mathrm{diag}(\boldsymbol{x})$，且显然有 $\boldsymbol{D}_x\boldsymbol{e}=\boldsymbol{x}$，这里 $\boldsymbol{e}=(1,1,\cdots,1)^{\mathrm{T}}$. 若 $\boldsymbol{A},\boldsymbol{B}\in\mathbf{C}^{m\times n}$，$\boldsymbol{x}\in\mathbf{C}^n$，那么，矩阵 $\boldsymbol{A}\boldsymbol{D}_x\boldsymbol{B}^{\mathrm{T}}$ 对角线上第 i 个元素与 n 维向量 $(\boldsymbol{A}\circ\boldsymbol{B})\boldsymbol{x}$ 的第 i 个元素对应相等，即

$$\{\boldsymbol{A}\boldsymbol{D}_x\boldsymbol{B}^{\mathrm{T}}\}_{ii}=\{(\boldsymbol{A}\circ\boldsymbol{B})\boldsymbol{x}\}_i,\quad i=1,2,\cdots,m.$$

从而有 $\mathrm{tr}(\boldsymbol{A}\boldsymbol{D}_x\boldsymbol{B}^{\mathrm{T}})=\boldsymbol{e}^{\mathrm{T}}((\boldsymbol{A}\circ\boldsymbol{B})\boldsymbol{x})$.

3) 若 $\boldsymbol{A},\boldsymbol{B},\boldsymbol{C}\in\mathbf{C}^{m\times n}$，那么矩阵 $(\boldsymbol{A}\circ\boldsymbol{B})\boldsymbol{C}^{\mathrm{T}}$ 对角线上第 i 个元素与矩阵

$(\boldsymbol{A}\circ\boldsymbol{C})\boldsymbol{B}^{\mathrm{T}}$ 对角线上第 i 个元素相等，即

$$\{(\boldsymbol{A}\circ\boldsymbol{B})\boldsymbol{C}^{\mathrm{T}}\}_{ii}=\{(\boldsymbol{A}\circ\boldsymbol{C})\boldsymbol{B}^{\mathrm{T}}\}_{ii},\quad i=1,2,\cdots,m.$$

从而有 $\mathrm{tr}((\boldsymbol{A}\circ\boldsymbol{B})\boldsymbol{C}^{\mathrm{T}})=\mathrm{tr}((\boldsymbol{A}\circ\boldsymbol{C})\boldsymbol{B}^{\mathrm{T}})$.

4) 设 $\boldsymbol{B}=(b_{ij})\in\mathbf{C}^{n\times n}$ 是一个具有特征值 $\lambda_1,\lambda_2,\cdots,\lambda_n$ 的可对角化矩阵，则有可逆矩阵 $\boldsymbol{A}$ 使得

$$\boldsymbol{B}=\boldsymbol{A}(\mathrm{diag}(\lambda_1,\lambda_2,\cdots,\lambda_n))\boldsymbol{A}^{-1}.$$

那么，矩阵 $\boldsymbol{B}$ 的主对角线上的元素有计算公式：

$$\begin{pmatrix}b_{11}\\b_{22}\\\vdots\\b_{nn}\end{pmatrix}=[\boldsymbol{A}\circ(\boldsymbol{A}^{-1})^{\mathrm{T}}]\begin{pmatrix}\lambda_1\\\lambda_2\\\vdots\\\lambda_n\end{pmatrix}.$$

由问题 33.3 的 4) 可以得到

问题 33.4 1) 设 $\boldsymbol{A}\in\mathbf{C}^{n\times n}$，证明：矩阵 $\boldsymbol{A}\circ(\boldsymbol{A}^{-1})^{\mathrm{T}}$ 的所有列(或行)元素的和等于 1.

2) 由此可以证明：可对角化的矩阵的迹等于其特征值之和.

同样，利用这些结论，还可以考虑相应的阿达马积的秩的问题.

问题 33.5 设 $\boldsymbol{A},\boldsymbol{B}\in\mathbf{R}^{m\times n}$，那么 $\mathrm{r}(\boldsymbol{A}\circ\boldsymbol{B})\leqslant\mathrm{r}(\boldsymbol{A})\mathrm{r}(\boldsymbol{B})$. 其中 $\mathrm{r}(\boldsymbol{A})$ 表示矩阵 $\boldsymbol{A}$ 的秩.

下面给出本课题的中心问题，即实数域上阿达马积的一个半正定(正定)性问题.

问题 33.6 设 $\boldsymbol{A},\boldsymbol{B}$ 都是 n 阶实对称矩阵. 证明：当 $\boldsymbol{A},\boldsymbol{B}$ 都是半正定矩阵时，$\boldsymbol{A}\circ\boldsymbol{B}$ 也是半正定矩阵；特别地，若 $\boldsymbol{A},\boldsymbol{B}$ 都是正定矩阵，那么 $\boldsymbol{A}\circ\boldsymbol{B}$ 也是正定矩阵.

这就是所谓的舒尔(Schur)积定理. 它表明，给定阶数的矩阵的正定性(或半正定性)在阿达马乘积运算下是一个封闭的性质，但这对普通矩阵乘法运算未必成立，因为两个正定矩阵的积未必是对称的，从而也未必是正定的矩阵.

由舒尔积定理立即可得下列结论：

设 $\boldsymbol{A}=(a_{ij})_{n\times n}$ 是正定矩阵，则对任何正整数 k，n 阶矩阵

$$(a_{ij}^k)_{n\times n}=\begin{pmatrix} a_{11}^k & a_{12}^k & \cdots & a_{1n}^k \\ a_{21}^k & a_{22}^k & \cdots & a_{2n}^k \\ \vdots & \vdots & & \vdots \\ a_{n1}^k & a_{n2}^k & \cdots & a_{nn}^k \end{pmatrix}$$

必是正定矩阵.

下面的结论是舒尔定理的一个应用.

探究题 33.1 证明：矩阵 $\boldsymbol{A}=(a_{ij})_{n\times n}$ 是半正定矩阵当且仅当对所有的半正定矩阵 $\boldsymbol{B}=(b_{ij})_{n\times n}$ 有 $\sum\limits_{i,j=1}^{n}a_{ij}b_{ij}\geqslant 0$.

作为舒尔积定理的另一个应用，我们有下列著名的 Oppenheim 不等式问题：

Oppenheim 不等式 设 $\boldsymbol{A},\boldsymbol{B}$ 都是 n 阶正定矩阵，那么

$$|\boldsymbol{A}\circ\boldsymbol{B}|\geqslant a_{11}a_{22}\cdots a_{nn}|\boldsymbol{B}|,$$

且等号成立的充要条件为 $\boldsymbol{B}$ 是对角矩阵.

其证明稍复杂些，可参见附录 3. 应用 Oppenheim 不等式，我们可以有下列问题：

问题 33.7 1) （**Hadamard 不等式**）设 $\boldsymbol{A}$ 为 n 阶正定矩阵，那么

$$|\boldsymbol{A}|\leqslant a_{11}a_{22}\cdots a_{nn},$$

等号成立的充要条件为 $\boldsymbol{A}$ 是对角矩阵.

2) 设 $\boldsymbol{A},\boldsymbol{B}$ 都是 n 阶正定矩阵，那么

$$|\boldsymbol{A}\circ\boldsymbol{B}|\geqslant|\boldsymbol{A}||\boldsymbol{B}|=|\boldsymbol{AB}|,$$

等号成立的充要条件为 $\boldsymbol{A},\boldsymbol{B}$ 均为对角矩阵.

由此可知，阿达马积矩阵的行列式不同于普通矩阵乘法的行列式性质：

$$|\boldsymbol{AB}|=|\boldsymbol{A}||\boldsymbol{B}|.$$

阿达马积还有很多有趣的问题值得研究，例如阿达马积的逆、阿达马积的特征值和特征向量、阿达马积的对角化等问题，留待读者进一步研讨.

问题解答

问题 33.1 1) 令 $\{\boldsymbol{A}\}_{ij}$ 表示矩阵 $\boldsymbol{A}$ 第 i 行、第 j 列处的元素，则由阿达

马积的定义知

$$\left\{\boldsymbol{A}\circ\sum_{k=1}^{S}\boldsymbol{B}_k\right\}_{ij}=\{\boldsymbol{A}\}_{ij}\left\{\sum_{k=1}^{S}\boldsymbol{B}_k\right\}_{ij}=\{\boldsymbol{A}\}_{ij}\cdot\sum_{k=1}^{S}\{\boldsymbol{B}_k\}_{ij}$$
$$=\sum_{k=1}^{S}\{\boldsymbol{A}\}_{ij}\{\boldsymbol{B}_k\}_{ij}=\sum_{k=1}^{S}\{\boldsymbol{A}\circ\boldsymbol{B}_k\}_{ij};$$

从而有 $\boldsymbol{A}\circ\sum_{i=1}^{S}\boldsymbol{B}_i=\sum_{i=1}^{S}\boldsymbol{A}\circ\boldsymbol{B}_i$.

2) $\{\boldsymbol{A}\circ(\lambda\boldsymbol{B})\}_{ij}=\{\boldsymbol{A}\}_{ij}\{\lambda\boldsymbol{B}\}_{ij}=\lambda\{\boldsymbol{A}\}_{ij}\{\boldsymbol{B}\}_{ij}=\lambda\{\boldsymbol{A}\circ\boldsymbol{B}\}_{ij}$，故

$$\boldsymbol{A}\circ(\lambda\boldsymbol{B})=\lambda(\boldsymbol{A}\circ\boldsymbol{B}).$$

3) $\{\boldsymbol{A}\circ\boldsymbol{B}\}_{ij}=\{\boldsymbol{A}\}_{ij}\{\boldsymbol{B}\}_{ij}=\{\boldsymbol{B}\}_{ij}\{\boldsymbol{A}\}_{ij}=\{\boldsymbol{B}\circ\boldsymbol{A}\}_{ij}$，故

$$\boldsymbol{A}\circ\boldsymbol{B}=\boldsymbol{B}\circ\boldsymbol{A}.$$

4) 由阿达马积的定义有

$$(\boldsymbol{\alpha}\circ\boldsymbol{\beta})(\boldsymbol{\gamma}\circ\boldsymbol{\delta})^{\mathrm{T}}=\left(\begin{bmatrix}a_1\\a_2\\\vdots\\a_m\end{bmatrix}\circ\begin{bmatrix}b_1\\b_2\\\vdots\\b_m\end{bmatrix}\right)\left(\begin{bmatrix}c_1\\c_2\\\vdots\\c_n\end{bmatrix}\circ\begin{bmatrix}d_1\\d_2\\\vdots\\d_n\end{bmatrix}\right)^{\mathrm{T}}$$
$$=\begin{bmatrix}a_1b_1\\a_2b_2\\\vdots\\a_mb_m\end{bmatrix}(c_1d_1,c_2d_2,\cdots,c_nd_n)$$
$$=\begin{bmatrix}a_1b_1c_1d_1 & a_1b_1c_2d_2 & \cdots & a_1b_1c_nd_n\\ a_2b_2c_1d_1 & a_2b_2c_2d_2 & \cdots & a_2b_2c_nd_n\\ \vdots & \vdots & & \vdots\\ a_mb_mc_1d_1 & a_mb_mc_2d_2 & \cdots & a_mb_mc_nd_n\end{bmatrix}_{m\times n},$$

$$(\boldsymbol{\alpha\gamma}^{\mathrm{T}})\circ(\boldsymbol{\beta\delta}^{\mathrm{T}})=\left(\begin{bmatrix}a_1\\a_2\\\vdots\\a_m\end{bmatrix}(c_1,c_2,\cdots,c_n)\right)\circ\left(\begin{bmatrix}b_1\\b_2\\\vdots\\b_m\end{bmatrix}(d_1,d_2,\cdots,d_n)\right)$$
$$=\begin{bmatrix}a_1c_1 & a_1c_2 & \cdots & a_1c_n\\ a_2c_1 & a_2c_2 & \cdots & a_2c_n\\ \vdots & \vdots & & \vdots\\ a_mc_1 & a_mc_2 & \cdots & a_mc_n\end{bmatrix}_{m\times n}$$

$$
\circ\begin{pmatrix} b_1d_1 & b_1d_2 & \cdots & b_1d_n \\ b_2d_1 & b_2d_2 & \cdots & b_2d_n \\ \vdots & \vdots & & \vdots \\ b_md_1 & b_md_2 & \cdots & b_md_n \end{pmatrix}_{m\times n}
$$

$$
= \begin{pmatrix} a_1b_1c_1d_1 & a_1b_1c_2d_2 & \cdots & a_1b_1c_nd_n \\ a_2b_2c_1d_1 & a_2b_2c_2d_2 & \cdots & a_2b_2c_nd_n \\ \vdots & \vdots & & \vdots \\ a_mb_mc_1d_1 & a_mb_mc_2d_2 & \cdots & a_mb_mc_nd_n \end{pmatrix}_{m\times n},
$$

所以，$(\boldsymbol{\alpha}\circ\boldsymbol{\beta})(\boldsymbol{\gamma}\circ\boldsymbol{\delta})^{\mathrm{T}} = (\boldsymbol{\alpha}\boldsymbol{\gamma}^{\mathrm{T}})\circ(\boldsymbol{\beta}\boldsymbol{\delta}^{\mathrm{T}})$.

问题 33.2 由克罗内克积定义有

$$
\boldsymbol{A}\otimes\boldsymbol{B} = \begin{pmatrix} a_{11}\boldsymbol{B} & a_{12}\boldsymbol{B} & \cdots & a_{1n}\boldsymbol{B} \\ a_{21}\boldsymbol{B} & a_{22}\boldsymbol{B} & \cdots & a_{2n}\boldsymbol{B} \\ \vdots & \vdots & & \vdots \\ a_{m1}\boldsymbol{B} & a_{m2}\boldsymbol{B} & \cdots & a_{mn}\boldsymbol{B} \end{pmatrix},
$$

取其行指标为 $\alpha = \{1, m+2, 2m+3, \cdots, m^2\}$，列指标为 $\beta = \{1, n+2, 2n+3, \cdots, n^2\}$ 的交叉处的元素构成的矩阵为

$$
\begin{pmatrix} a_{11}b_{11} & a_{12}b_{12} & \cdots & a_{1n}b_{1n} \\ a_{21}b_{21} & a_{22}b_{22} & \cdots & a_{2n}b_{2n} \\ \vdots & \vdots & & \vdots \\ a_{m1}b_{m1} & a_{m2}b_{m2} & \cdots & a_{mn}b_{mn} \end{pmatrix},
$$

它恰好就是阿达马积 $\boldsymbol{A}\circ\boldsymbol{B}$，即

$$
\boldsymbol{A}\circ\boldsymbol{B} = (\boldsymbol{A}\otimes\boldsymbol{B})(\alpha,\beta),
$$

这里指标集 α,β 分别为 $\{1, m+2, 2m+3, \cdots, m^2\}$ 和 $\{1, n+2, 2n+3, \cdots, n^2\}$.

问题 33.3 1) 由定义容易验证(略).

2) 设 $\boldsymbol{x} = \begin{pmatrix} x_1 \\ x_2 \\ \vdots \\ x_n \end{pmatrix}$，则 $\boldsymbol{D_x} = \mathrm{diag}(\boldsymbol{x}) = \begin{pmatrix} x_1 & & & \\ & x_2 & & \\ & & \ddots & \\ & & & x_n \end{pmatrix}$. 所以，

$$
\boldsymbol{D_x e} = \begin{pmatrix} x_1 & & & \\ & x_2 & & \\ & & \ddots & \\ & & & x_n \end{pmatrix}\begin{pmatrix} 1 \\ 1 \\ \vdots \\ 1 \end{pmatrix} = \begin{pmatrix} x_1 \\ x_2 \\ \vdots \\ x_n \end{pmatrix} = \boldsymbol{x}.
$$

于是

$$\{AD_xB^{\mathrm{T}}\}_{ii}=\left\{\begin{pmatrix}a_{11}&a_{12}&\cdots&a_{1n}\\a_{21}&a_{22}&\cdots&a_{2n}\\\vdots&\vdots&&\vdots\\a_{m1}&a_{m2}&\cdots&a_{mn}\end{pmatrix}\begin{pmatrix}x_1&&&\\&x_2&&\\&&\ddots&\\&&&x_n\end{pmatrix}\begin{pmatrix}b_{11}&b_{21}&\cdots&b_{m1}\\b_{12}&b_{22}&\cdots&b_{m2}\\\vdots&\vdots&&\vdots\\b_{1n}&b_{2n}&\cdots&b_{mn}\end{pmatrix}\right\}_{ii}$$

$$=(a_{i1},a_{i2},\cdots,a_{in})\begin{pmatrix}x_1&&&\\&x_2&&\\&&\ddots&\\&&&x_n\end{pmatrix}\begin{pmatrix}b_{i1}\\b_{i2}\\\vdots\\b_{in}\end{pmatrix}$$

$$=x_1a_{i1}b_{i1}+x_2a_{i2}b_{i2}+\cdots+x_na_{in}b_{in}$$

$$=(a_{i1}b_{i1},a_{i2}b_{i2},\cdots,a_{in}b_{in})\begin{pmatrix}x_1\\x_2\\\vdots\\x_n\end{pmatrix}=\{A\circ B\}_{i\text{行}}\begin{pmatrix}x_1\\x_2\\\vdots\\x_n\end{pmatrix}$$

$$=\{(A\circ B)x\}_i,$$

从而

$$\operatorname{tr}(AD_xB^{\mathrm{T}})=\sum_{i=1}^{m}\{AD_xB^{\mathrm{T}}\}_{ii}=\sum_{i=1}^{m}\{(A\circ B)x\}_i=e^{\mathrm{T}}((A\circ B)x).$$

3） 直接计算即可得结论.

4） $b_{ii}=\{B\}_{ii}=\{A(\operatorname{diag}(\lambda_1,\lambda_2,\cdots,\lambda_n))A^{-1}\}_{ii}$

$$=(a_{i1},a_{i2},\cdots,a_{in})\begin{pmatrix}\lambda_1&&&\\&\lambda_2&&\\&&\ddots&\\&&&\lambda_n\end{pmatrix}\left(\frac{1}{|A|}\begin{pmatrix}A_{i1}\\A_{i2}\\\vdots\\A_{in}\end{pmatrix}\right)$$

$$=(\lambda_1a_{i1},\lambda_2a_{i2},\cdots,\lambda_na_{in})\left(\frac{1}{|A|}\begin{pmatrix}A_{i1}\\A_{i2}\\\vdots\\A_{in}\end{pmatrix}\right)$$

$$= \frac{1}{|\boldsymbol{A}|}(\lambda_1 a_{i1}A_{i1} + \lambda_2 a_{i2}A_{i2} + \cdots + \lambda_n a_{in}A_{in})$$

$$= \frac{1}{|\boldsymbol{A}|}(a_{i1}A_{i1}, a_{i2}A_{i2}, \cdots, a_{in}A_{in})\begin{pmatrix}\lambda_1\\ \lambda_2\\ \vdots\\ \lambda_n\end{pmatrix}$$

$$= (\{\boldsymbol{A}\}_{i\text{行}} \circ \{(\boldsymbol{A}^{-1})^{\mathrm{T}}\}_{i\text{行}})\begin{pmatrix}\lambda_1\\ \lambda_2\\ \vdots\\ \lambda_n\end{pmatrix} = \left\{(\boldsymbol{A}\circ(\boldsymbol{A}^{-1})^{\mathrm{T}})\begin{pmatrix}\lambda_1\\ \lambda_2\\ \vdots\\ \lambda_n\end{pmatrix}\right\}_i.$$

问题 33.4 1) 直接计算可得

$$\boldsymbol{A}\circ(\boldsymbol{A}^{-1})^{\mathrm{T}} = \frac{1}{|\boldsymbol{A}|}\begin{pmatrix}a_{11}A_{11} & a_{12}A_{12} & \cdots & a_{1n}A_{1n}\\ a_{21}A_{21} & a_{22}A_{22} & \cdots & a_{2n}A_{2n}\\ \vdots & \vdots & & \vdots\\ a_{n1}A_{n1} & a_{n2}A_{n2} & \cdots & a_{nn}A_{nn}\end{pmatrix}.$$

由行列式按行、按列展开公式即可知矩阵 $\boldsymbol{A}\circ(\boldsymbol{A}^{-1})^{\mathrm{T}}$ 的所有列(或行)元素的和等于1.

2) 设 $\boldsymbol{B}=(b_{ij})\in M^{n\times n}$ 是一个具有特征值 $\lambda_1,\lambda_2,\cdots,\lambda_n$ 的可对角化矩阵，则有可逆矩阵 $\boldsymbol{A}$ 使得

$$\boldsymbol{B} = \boldsymbol{A}(\mathrm{diag}(\lambda_1,\lambda_2,\cdots,\lambda_n))\boldsymbol{A}^{-1}.$$

由问题 33.3 的 4) 的计算及问题 33.4 的 1) 可知：

$$b_{ii} = \frac{1}{|\boldsymbol{A}|}(\lambda_1 a_{i1}A_{i1} + \lambda_2 a_{i2}A_{i2} + \cdots + \lambda_n a_{in}A_{in}),$$

所以

$$\mathrm{tr}(\boldsymbol{B}) = \sum_{i=1}^n b_{ii} = \sum_{i=1}^n \frac{1}{|\boldsymbol{A}|}(\lambda_1 a_{i1}A_{i1} + \lambda_2 a_{i2}A_{i2} + \cdots + \lambda_n a_{in}A_{in})$$

$$= \frac{1}{|\boldsymbol{A}|}\sum_{i=1}^n(\lambda_1 a_{i1}A_{i1} + \lambda_2 a_{i2}A_{i2} + \cdots + \lambda_n a_{in}A_{in})$$

$$= \frac{1}{|\boldsymbol{A}|}\left(\lambda_1\sum_{i=1}^n a_{i1}A_{i1} + \lambda_2\sum_{i=1}^n a_{i2}A_{i2} + \cdots + \lambda_n\sum_{i=1}^n a_{in}A_{in}\right)$$

$$= \frac{1}{|\boldsymbol{A}|}(\lambda_1|\boldsymbol{A}| + \lambda_2|\boldsymbol{A}| + \cdots + \lambda_n|\boldsymbol{A}|)$$

$$= \lambda_1 + \lambda_2 + \cdots + \lambda_n.$$

问题 33.5 若 $\boldsymbol{A},\boldsymbol{B} \in \mathbf{R}^{m\times n}$，我们来证明：

$$\text{秩}(\boldsymbol{A} \circ \boldsymbol{B}) \leqslant \text{秩}(\boldsymbol{A})\ \text{秩}(\boldsymbol{B}).$$

利用课题 15“低秩矩阵的特征多项式和最小多项式”中的矩阵的满秩分解，可以得到如下证法：

证法 1 若 $m\times n$ 矩阵 $\boldsymbol{M}$ 的秩为 r，则存在 $m\times r$ 列满秩矩阵 $\boldsymbol{H}$ 和 $r\times n$ 行满秩矩阵 $\boldsymbol{L}$，使得 $\boldsymbol{M}=\boldsymbol{HL}$，且

$$\boldsymbol{M}=\boldsymbol{HL}=(\boldsymbol{\alpha}_1,\boldsymbol{\alpha}_2,\cdots,\boldsymbol{\alpha}_r)\begin{pmatrix}\boldsymbol{\beta}_1\\ \boldsymbol{\beta}_2\\ \vdots\\ \boldsymbol{\beta}_r\end{pmatrix}=\boldsymbol{\alpha}_1\boldsymbol{\beta}_1+\boldsymbol{\alpha}_2\boldsymbol{\beta}_2+\cdots+\boldsymbol{\alpha}_r\boldsymbol{\beta}_r, \quad (33.1)$$

其中 $\boldsymbol{\alpha}_1,\boldsymbol{\alpha}_2,\cdots,\boldsymbol{\alpha}_r$ 为 $\boldsymbol{H}$ 的线性无关的 m 维列向量组，$\boldsymbol{\beta}_1,\boldsymbol{\beta}_2,\cdots,\boldsymbol{\beta}_r$ 为 $\boldsymbol{L}$ 的线性无关的 n 维行向量组. 因此，$\boldsymbol{M}$ 可表为 r 个秩为 1 的矩阵之和. 令 $\mathrm{r}(\boldsymbol{A})=s$，$\mathrm{r}(\boldsymbol{B})=t$，按(33.1) 将 $\boldsymbol{A},\boldsymbol{B}$ 分别表示为 s 个和 t 个秩为 1 的矩阵之和：

$$\boldsymbol{A}=\sum_{i=1}^{s}\boldsymbol{x}_i\boldsymbol{y}_i,\ \boldsymbol{B}=\sum_{j=1}^{t}\boldsymbol{u}_j\boldsymbol{v}_j,$$

其中 $\boldsymbol{x}_i,\boldsymbol{u}_j$ 是 m 维列向量，$\boldsymbol{y}_i,\boldsymbol{v}_j$ 是 n 维行向量，$i=1,2,\cdots,s$，$j=1,2,\cdots,t$，则由问题 33.1 的 1),4) 可得

$$\boldsymbol{A}\circ\boldsymbol{B}=\Big(\sum_{i=1}^{s}\boldsymbol{x}_i\boldsymbol{y}_i\Big)\circ\Big(\sum_{j=1}^{t}\boldsymbol{u}_j\boldsymbol{v}_j\Big)=\sum_{i=1}^{s}\sum_{j=1}^{t}(\boldsymbol{x}_i\circ\boldsymbol{u}_j)(\boldsymbol{y}_i\circ\boldsymbol{v}_j),$$

这表明 $\boldsymbol{A}\circ\boldsymbol{B}$ 至多是 st 个秩为 1 的矩阵之和. 由于矩阵和的秩不超过矩阵秩的和，故有

$$\text{秩}(\boldsymbol{A}\circ\boldsymbol{B})\leqslant st\leqslant\text{秩}(\boldsymbol{A})\ \text{秩}(\boldsymbol{B}).$$

应用阿达马积与克罗内克积的关系(问题 33.2)，可以得到如下证法：

证法 2 由于

$$\boldsymbol{A}\circ\boldsymbol{B}=(\boldsymbol{A}\otimes\boldsymbol{B})(\alpha,\beta),$$

其中 $\alpha=\{1,m+2,2m+3,\cdots,m^2\}$，$\beta=\{1,n+2,2n+3,\cdots,n^2\}$，$(\boldsymbol{A}\otimes\boldsymbol{B})(\alpha,\beta)$ 表示取矩阵 $\boldsymbol{A}\otimes\boldsymbol{B}$ 的以指标集 α 所表示的行与指标集 β 所表示的列的交叉处元素所构成的矩阵，它是矩阵 $\boldsymbol{A}\otimes\boldsymbol{B}$ 的一个子矩阵. 故有

$$\mathrm{r}(\boldsymbol{A}\circ\boldsymbol{B})\leqslant\mathrm{r}(\boldsymbol{A}\otimes\boldsymbol{B}).$$

由课题 31“矩阵的克罗内克积”知：$\mathrm{r}(\boldsymbol{A}\otimes\boldsymbol{B})=\mathrm{r}(\boldsymbol{A})\mathrm{r}(\boldsymbol{B})$，故

$$\mathrm{r}(\boldsymbol{A}\circ\boldsymbol{B})\leqslant\mathrm{r}(\boldsymbol{A})\mathrm{r}(\boldsymbol{B}).$$

问题 33.6 舒尔积定理的证明.

证法 1 先证明：n 阶实对称矩阵 $\boldsymbol{A}$ 是秩为 r 的半正定矩阵的充分必要条

件是存在 $r\times n$ 行满秩矩阵 $\boldsymbol{H}$，使 $\boldsymbol{A}=\boldsymbol{H}^{\mathrm{T}}\boldsymbol{H}$.

充分性　设 $\boldsymbol{H}$ 为 $r\times n$ 实行满秩矩阵，并且 $\boldsymbol{A}=\boldsymbol{H}^{\mathrm{T}}\boldsymbol{H}$，则

$$\boldsymbol{x}^{\mathrm{T}}\boldsymbol{A}\boldsymbol{x}=\boldsymbol{x}^{\mathrm{T}}\boldsymbol{H}^{\mathrm{T}}\boldsymbol{H}\boldsymbol{x}=(\boldsymbol{H}\boldsymbol{x})^{\mathrm{T}}(\boldsymbol{H}\boldsymbol{x}),\quad \boldsymbol{x}\in\mathbf{R}^{n\times 1}.$$

令 $\boldsymbol{y}=\boldsymbol{H}\boldsymbol{x}$，则 $\boldsymbol{y}=(y_1,y_2,\cdots,y_r)^{\mathrm{T}}\in\mathbf{R}^{r\times 1}$，并且

$$\boldsymbol{x}^{\mathrm{T}}\boldsymbol{A}\boldsymbol{x}=\boldsymbol{x}^{\mathrm{T}}\boldsymbol{H}^{\mathrm{T}}\boldsymbol{H}\boldsymbol{x}=(\boldsymbol{H}\boldsymbol{x})^{\mathrm{T}}(\boldsymbol{H}\boldsymbol{x})=y_1^2+y_2^2+\cdots+y_r^2\geqslant 0,$$

其中 $y_i\in\mathbf{R}$，$i=1,2,\cdots,r$. 从而由半正定矩阵的定义可知 $\boldsymbol{A}$ 为半正定矩阵.

必要性　如果 $\boldsymbol{A}$ 是秩为 r 的半正定矩阵，则存在可逆矩阵 $\boldsymbol{P}$，使得

$$\boldsymbol{A}=\boldsymbol{P}^{\mathrm{T}}\begin{pmatrix}\boldsymbol{E}_r & \boldsymbol{O}\\ \boldsymbol{O} & \boldsymbol{O}\end{pmatrix}\boldsymbol{P},$$

将 $\boldsymbol{P}$ 分块为 $\boldsymbol{P}=\begin{pmatrix}\boldsymbol{H}\\ \boldsymbol{H}_1\end{pmatrix}$，其中 $\boldsymbol{H}$ 是 $r\times n$ 矩阵. 故 $\boldsymbol{H}$ 是 $r\times n$ 行满秩矩阵，且

$$\boldsymbol{A}=(\boldsymbol{H}^{\mathrm{T}},\boldsymbol{H}_1^{\mathrm{T}})\begin{pmatrix}\boldsymbol{E}_r & \boldsymbol{O}\\ \boldsymbol{O} & \boldsymbol{O}\end{pmatrix}\begin{pmatrix}\boldsymbol{H}\\ \boldsymbol{H}_1\end{pmatrix}=\boldsymbol{H}^{\mathrm{T}}\boldsymbol{H}.$$

下面设秩$(\boldsymbol{B})=r$，则由上面结论知，存在 $r\times n$ 行满秩矩阵 $\boldsymbol{H}$，使得 $\boldsymbol{B}=\boldsymbol{H}^{\mathrm{T}}\boldsymbol{H}$. 令 $\boldsymbol{B}=(b_{ij})_{n\times n}$，$\boldsymbol{H}^{\mathrm{T}}=(h_{ij})_{n\times r}$，则

$$b_{ij}=\sum_{k=1}^{r}h_{ik}h_{jk},\quad i,j=1,2,\cdots,n.$$

设 $\boldsymbol{x}=(x_1,x_2,\cdots,x_n)^{\mathrm{T}}$，则二次型

$$\begin{aligned}\boldsymbol{x}^{\mathrm{T}}(\boldsymbol{A}\circ\boldsymbol{B})\boldsymbol{x}&=\sum_{i,j=1}^{n}x_ia_{ij}b_{ij}x_j=\sum_{i,j=1}^{n}\left(\sum_{k=1}^{r}x_ia_{ij}h_{ik}h_{jk}x_j\right)\\&=\sum_{k=1}^{r}\left(\sum_{i,j=1}^{n}a_{ij}(x_ih_{ik})(x_jh_{jk})\right).\end{aligned}$$

令 $y_i^{(k)}=x_ih_{ik}$，$i=1,2,\cdots,n$；$k=1,2,\cdots,r$，则

$$\begin{aligned}\boldsymbol{x}^{\mathrm{T}}(\boldsymbol{A}\circ\boldsymbol{B})\boldsymbol{x}&=\sum_{k=1}^{r}(y_1^{(k)},\cdots,y_n^{(k)})\boldsymbol{A}(y_1^{(k)},\cdots,y_n^{(k)})^{\mathrm{T}}\\&=\sum_{k=1}^{r}\boldsymbol{y}_k^{\mathrm{T}}\boldsymbol{A}\boldsymbol{y}_k,\end{aligned}$$

其中 $\boldsymbol{y}_k=(y_1^{(k)},\cdots,y_n^{(k)})^{\mathrm{T}}$，$k=1,2,\cdots,r$.

由于 $\boldsymbol{A}$ 是半正定矩阵，故 $\boldsymbol{y}_k^{\mathrm{T}}\boldsymbol{A}\boldsymbol{y}_k\geqslant 0$，$k=1,2\cdots,r$. 所以，$\boldsymbol{x}^{\mathrm{T}}(\boldsymbol{A}\circ\boldsymbol{B})\boldsymbol{x}\geqslant 0$，又由于 $\boldsymbol{A}\circ\boldsymbol{B}$ 也是实对称矩阵，故 $\boldsymbol{A}\circ\boldsymbol{B}$ 是半正定的矩阵.

当 $\boldsymbol{A},\boldsymbol{B}$ 都是正定矩阵时，由 $\boldsymbol{B}$ 的正定性知 $r=n$，故

$$\boldsymbol{x}^{\mathrm{T}}(\boldsymbol{A}\circ\boldsymbol{B})\boldsymbol{x}=\sum_{k=1}^{n}\boldsymbol{y}_k^{\mathrm{T}}\boldsymbol{A}\boldsymbol{y}_k,$$

而

$$(\boldsymbol{y}_1,\boldsymbol{y}_2,\cdots,\boldsymbol{y}_n)=\begin{pmatrix} x_1h_{11} & x_1h_{12} & \cdots & x_1h_{1n} \\ x_2h_{21} & x_2h_{22} & \cdots & x_2h_{2n} \\ \vdots & \vdots & & \vdots \\ x_nh_{n1} & x_nh_{n2} & \cdots & x_nh_{nn} \end{pmatrix}$$

$$=\operatorname{diag}(x_1,x_2,\cdots,x_n)\boldsymbol{H}^{\mathrm{T}},$$

这里的 $\boldsymbol{H}^{\mathrm{T}}$ 是可逆矩阵. 所以，当 $\boldsymbol{x}\neq\boldsymbol{0}$ 时必有 $(\boldsymbol{y}_1,\boldsymbol{y}_2,\cdots,\boldsymbol{y}_n)\neq\boldsymbol{O}$，即 n 阶矩阵 $(\boldsymbol{y}_1,\boldsymbol{y}_2,\cdots,\boldsymbol{y}_n)$ 中至少有某一列，例如 $\boldsymbol{y}_s(1\leqslant s\leqslant n)$ 不等于零；又由于 $\boldsymbol{A}$ 是正定矩阵，故 $\boldsymbol{y}_s^{\mathrm{T}}\boldsymbol{A}\boldsymbol{y}_s>0$，所以 $\boldsymbol{x}^{\mathrm{T}}(\boldsymbol{A}\circ\boldsymbol{B})\boldsymbol{x}>0$. 因此，$\boldsymbol{A}\circ\boldsymbol{B}$ 是正定矩阵.

证法 2　由问题 33.2 知：

$$\boldsymbol{A}\circ\boldsymbol{B}=(\boldsymbol{A}\otimes\boldsymbol{B})(\alpha,\beta),$$

其中 $\alpha=\{1,m+2,2m+3,\cdots,m^2\}$，$\beta=\{1,n+2,2n+3,\cdots,n^2\}$，即阿达马积矩阵是克罗内克积矩阵的子矩阵. 我们可以课题 31“矩阵的克罗内克积”的有关结论来证明舒尔积定理.

设 $\boldsymbol{A},\boldsymbol{B}$ 为半正定矩阵，则由半正定矩阵的定义知，分别存在实矩阵 $\boldsymbol{P}$ 与 $\boldsymbol{Q}$，使得

$$\boldsymbol{A}=\boldsymbol{P}^{\mathrm{T}}\boldsymbol{P},\quad \boldsymbol{B}=\boldsymbol{Q}^{\mathrm{T}}\boldsymbol{Q}.$$

由课题 31 的问题 31.2 的 7) 及 9) 可得

$$\begin{aligned}\boldsymbol{A}\otimes\boldsymbol{B}&=(\boldsymbol{P}^{\mathrm{T}}\boldsymbol{P})\otimes(\boldsymbol{Q}^{\mathrm{T}}\boldsymbol{Q})=(\boldsymbol{P}^{\mathrm{T}}\otimes\boldsymbol{Q}^{\mathrm{T}})(\boldsymbol{P}\otimes\boldsymbol{Q})\\&=(\boldsymbol{P}\otimes\boldsymbol{Q})^{\mathrm{T}}(\boldsymbol{P}\otimes\boldsymbol{Q}),\end{aligned}$$

由于 $\boldsymbol{P},\boldsymbol{Q}$ 均为实矩阵，故 $\boldsymbol{P}\otimes\boldsymbol{Q}$ 也是实矩阵. 注意到，当 $\boldsymbol{A},\boldsymbol{B}$ 均为对称矩阵时，$\boldsymbol{A}\otimes\boldsymbol{B}$ 也是对称矩阵，从而，$\boldsymbol{A}\otimes\boldsymbol{B}$ 亦是半正定矩阵.

又因为，n 阶实对称矩阵是半正定的充分必要条件是其一切主子式全大于或等于零. 因阿达马积 $\boldsymbol{A}\circ\boldsymbol{B}$ 是克罗内克积 $\boldsymbol{A}\otimes\boldsymbol{B}$ 的一个主子式，而阿达马积矩阵的一切主子式也是克罗内克积的主子式，故阿达马积矩阵 $\boldsymbol{A}\circ\boldsymbol{B}$ 的一切主子式均大于或等于零，由此可知 $\boldsymbol{A}\circ\boldsymbol{B}$ 也是半正定矩阵.

当 $\boldsymbol{A},\boldsymbol{B}$ 均为正定矩阵时，则存在可逆矩阵 $\boldsymbol{P}$ 与 $\boldsymbol{Q}$，使得 $\boldsymbol{A}=\boldsymbol{P}^{\mathrm{T}}\boldsymbol{P}$，$\boldsymbol{B}=\boldsymbol{Q}^{\mathrm{T}}\boldsymbol{Q}$，且

$$\begin{aligned}\boldsymbol{A}\otimes\boldsymbol{B}&=(\boldsymbol{P}^{\mathrm{T}}\boldsymbol{P})\otimes(\boldsymbol{Q}^{\mathrm{T}}\boldsymbol{Q})=(\boldsymbol{P}^{\mathrm{T}}\otimes\boldsymbol{Q}^{\mathrm{T}})(\boldsymbol{P}\otimes\boldsymbol{Q})\\&=(\boldsymbol{P}\otimes\boldsymbol{Q})^{\mathrm{T}}(\boldsymbol{P}\otimes\boldsymbol{Q}).\end{aligned}$$

由课题 31 的问题 31.2 的 12) 知，$(\boldsymbol{P}\otimes\boldsymbol{Q})^{-1}=\boldsymbol{P}^{-1}\otimes\boldsymbol{Q}^{-1}$，且 $\boldsymbol{P}\otimes\boldsymbol{Q}$ 为可逆矩阵. 从而可知 $\boldsymbol{A}\otimes\boldsymbol{B}$ 是正定矩阵.

同样，由[2] 中定理 5.8 的推论:“实对称矩阵是正定的充要条件是其一切主子式全大于零”可得，克罗内克积 $\boldsymbol{A}\otimes\boldsymbol{B}$ 的子矩阵阿达马积 $\boldsymbol{A}\circ\boldsymbol{B}$ 也是正

定矩阵.

"舒尔积定理"也可以用本课题中的有关命题来证明，这些留给读者自己去研究.

问题 33.7 1) 证明 Hadamard 不等式.

设 $\boldsymbol{A}=(a_{ij})_{n\times n}$ 为 n 阶正定矩阵，且 $\boldsymbol{E}_n$ 为 n 阶单位矩阵，则由上述 Oppenheim 不等式可得：

$$\begin{vmatrix} a_{11} & & & \\ & a_{22} & & \\ & & \ddots & \\ & & & a_{nn} \end{vmatrix} = |\boldsymbol{E}_n \circ \boldsymbol{A}| \geqslant \{\boldsymbol{E}_n\}_{11}\{\boldsymbol{E}_n\}_{22}\cdots\{\boldsymbol{E}_n\}_{nn}|\boldsymbol{A}| = |\boldsymbol{A}|,$$

即 $|\boldsymbol{A}| \leqslant a_{11}a_{22}\cdots a_{nn}$.

另外，Hadamard 不等式也可利用高等代数中正定矩阵的有关性质给予证明，读者可以参阅有关教材.

2) 证明阿达马积的行列式不等式.

利用 Oppenheim 不等式和 Hadamard 不等式，我们容易得到阿达马积的行列式不等式

$$|\boldsymbol{A}\circ\boldsymbol{B}| \geqslant a_{11}a_{22}\cdots a_{nn}|\boldsymbol{B}| \geqslant |\boldsymbol{A}||\boldsymbol{B}| = |\boldsymbol{AB}|.$$

34. 化二次型为标准形的雅可比(Jacobi)方法

本课题将研讨用双线性函数化二次型为标准形的新方法及其在判定二次型的正定性问题上的应用.

设 V 是数域 $\mathbf{F}$ 上一个 n 维线性空间，取定 V 的一个基 $\varepsilon_1,\varepsilon_2,\cdots,\varepsilon_n$，令

$$\alpha=\sum_{i=1}^{n}x_i\varepsilon_i,\quad \beta=\sum_{i=1}^{n}y_i\varepsilon_i,$$

$$\boldsymbol{x}=(x_1,x_2,\cdots,x_n)^{\mathrm{T}},\quad \boldsymbol{y}=(y_1,y_2,\cdots,y_n)^{\mathrm{T}},$$

那么给定一个 $\mathbf{F}$ 上的 n 元二次型 $\boldsymbol{x}^{\mathrm{T}}\boldsymbol{A}\boldsymbol{x}$（其中 $\boldsymbol{A}$ 是 n 阶对称矩阵），则由 $\boldsymbol{A}$ 可以定义一个 V 上对称双线性函数

$$f(\alpha,\beta)=\boldsymbol{x}^{\mathrm{T}}\boldsymbol{A}\boldsymbol{y},$$

其中 $\boldsymbol{A}=(f(\varepsilon_i,\varepsilon_j))$. 反之亦然. 在固定的基 $\varepsilon_1,\varepsilon_2,\cdots,\varepsilon_n$ 下，二次型 $\boldsymbol{x}^{\mathrm{T}}\boldsymbol{A}\boldsymbol{x}$ 和对称双线性函数 $f(\alpha,\beta)=\boldsymbol{x}^{\mathrm{T}}\boldsymbol{A}\boldsymbol{y}$ 是相互唯一确定的(都是由 $\boldsymbol{A}$ 确定的).

本课题中化二次型 $\boldsymbol{x}^{\mathrm{T}}\boldsymbol{A}\boldsymbol{y}$ 为标准形的方法就是将该问题转化为

中心问题　对在 V 的基 $\varepsilon_1,\varepsilon_2,\cdots,\varepsilon_n$ 下由二次型 $\boldsymbol{x}^{\mathrm{T}}\boldsymbol{A}\boldsymbol{x}$ 确定的对称双线性函数 $f(\alpha,\beta)=\boldsymbol{x}^{\mathrm{T}}\boldsymbol{A}\boldsymbol{y}$，求满足条件

$$f(\eta_i,\eta_j)=0,\quad 对\ i\neq j\ (i,j=1,2,\cdots,n)$$

的 V 的另一个基 $\eta_1,\eta_2,\cdots,\eta_n$.

准备知识　二次型，对称双线性函数

课 题 探 究

为什么化二次型 $\boldsymbol{x}^{\mathrm{T}}\boldsymbol{A}\boldsymbol{y}$ 为标准形的问题可以归结为上述中心问题呢?

我们知道，设 $\{\eta_1,\eta_2,\cdots,\eta_n\}$ 是 V 的另一个基，而 $\boldsymbol{B}=(b_{ij})_{n\times n}=(f(\eta_i,\eta_j))$ 是 $f(\alpha,\beta)$ 关于这个基的矩阵，又设 $\boldsymbol{C}=(c_{ij})_{n\times n}$ 是由基 $\varepsilon_1,\varepsilon_2,\cdots,\varepsilon_n$ 到基 $\eta_1,\eta_2,\cdots,\eta_n$ 的过渡矩阵，即

$$\eta_i=\sum_{j=1}^{n}c_{ji}\varepsilon_j,\quad i=1,2,\cdots,n,$$

那么

$$\boldsymbol{B}=\boldsymbol{C}^{\mathrm{T}}\boldsymbol{A}\boldsymbol{C},\tag{34.1}$$

即一个双线性函数关于 V 的两个基的两个矩阵是合同的.

由于任一对称矩阵必能合同于对角矩阵. 设可逆矩阵 $\boldsymbol{C}$ 使 $\boldsymbol{C}^{\mathrm{T}}\boldsymbol{A}\boldsymbol{C}$ 成对角阵

$$\boldsymbol{B}=\begin{pmatrix}b_{11}&&&\\&b_{22}&&\\&&\ddots&\\&&&b_{nn}\end{pmatrix},\tag{34.2}$$

再设 $\boldsymbol{C}$ 是基 $\varepsilon_1,\varepsilon_2,\cdots,\varepsilon_n$ 到基 $\eta_1,\eta_2,\cdots,\eta_n$ 的过渡矩阵，由(34.1)知，$f(\alpha,\beta)$ 关于基 $\eta_1,\eta_2,\cdots,\eta_n$ 的矩阵是对角矩阵(34.2)，即

$$f(\eta_i,\eta_j)=0,\quad 对\ i\neq j\ (i,j=1,2,\cdots,n).\tag{34.3}$$

这表明，对于每一个对称双线性函数 $f(\alpha,\beta)$，都存在一个适当的基 $\eta_1,\eta_2,\cdots,\eta_n$，使它可以写成如下形式

$$f(\alpha,\beta)=\boldsymbol{z}^{\mathrm{T}}\boldsymbol{B}\boldsymbol{u}=b_{11}z_1u_1+b_{22}z_2u_2+\cdots+b_{nn}z_nu_n,$$

其中 $\alpha=\sum\limits_{i=1}^{n}z_i\eta_i$, $\beta=\sum\limits_{i=1}^{n}u_i\eta_i$, 从而它所确定的二次型 $\boldsymbol{z}^{\mathrm{T}}\boldsymbol{B}\boldsymbol{z}$ 可以写成标准形

$$\boldsymbol{z}^{\mathrm{T}}\boldsymbol{B}\boldsymbol{z}=b_{11}z_1^2+b_{22}z_2^2+\cdots+b_{nn}z_n^2,$$

且二次型 $\boldsymbol{x}^{\mathrm{T}}\boldsymbol{A}\boldsymbol{x}$ 化为 $\boldsymbol{z}^{\mathrm{T}}\boldsymbol{B}\boldsymbol{z}$ 所作的非退化线性替换为

$$\boldsymbol{x}=\boldsymbol{C}\boldsymbol{z},$$

其中 $\boldsymbol{C}$ 是由基 $\varepsilon_1,\varepsilon_2,\cdots,\varepsilon_n$ 到基 $\eta_1,\eta_2,\cdots,\eta_n$ 的过渡矩阵，它使 $\boldsymbol{C}^{\mathrm{T}}\boldsymbol{A}\boldsymbol{C}=\boldsymbol{B}$. 于是，化二次型 $\boldsymbol{x}^{\mathrm{T}}\boldsymbol{A}\boldsymbol{x}$ 为标准形的问题可以归结为上述关于对称双线性函数的“中心问题”，为此，需要寻找满足条件(34.2)的 V 的一个基 $\boldsymbol{\eta}_1,\boldsymbol{\eta}_2,\cdots,\boldsymbol{\eta}_n$.

在 $\mathbf{R}^n$ 中，从一个基 $\boldsymbol{\varepsilon}_1,\boldsymbol{\varepsilon}_2,\cdots,\boldsymbol{\varepsilon}_n$ 出发，利用施密特正交化方法，可以构造一个与之等价的正交基 $\boldsymbol{\eta}_1,\boldsymbol{\eta}_2,\cdots,\boldsymbol{\eta}_n$. 该方法的实质就是设

$$\begin{cases}\boldsymbol{\eta}_1=c_{11}\boldsymbol{\varepsilon}_1,\\ \boldsymbol{\eta}_2=c_{12}\boldsymbol{\varepsilon}_1+c_{22}\boldsymbol{\varepsilon}_2,\\ \cdots,\\ \boldsymbol{\eta}_n=c_{1n}\boldsymbol{\varepsilon}_1+c_{2n}\boldsymbol{\varepsilon}_2+\cdots+c_{nn}\boldsymbol{\varepsilon}_n,\end{cases}$$

然后用待定系数法求得使 $(\boldsymbol{\eta}_i,\boldsymbol{\eta}_j)=0$ (其中 $i\neq j$, $i,j=1,2,\cdots,n$) 的系数 c_{ij}.

类似地，我们要问：

问题 34.1 1) 设 V 是数域 $\mathbf{F}$ 上一个 n 维线性空间，$f(\alpha,\beta)=\boldsymbol{x}^{\mathrm{T}}\boldsymbol{A}\boldsymbol{y}$ 是 V 上

对称双线性函数，其中$\varepsilon_1,\varepsilon_2,\cdots,\varepsilon_n$是$V$的一个基，$\alpha=\sum_{i=1}^{n}x_i\varepsilon_i$，$\beta=\sum_{i=1}^{n}y_i\varepsilon_i$，$\boldsymbol{x}=(x_1,x_2,\cdots,x_n)^{\mathrm{T}}$，$\boldsymbol{y}=(y_1,y_2,\cdots,y_n)^{\mathrm{T}}$，$\boldsymbol{A}$是$n$阶对称矩阵，那么从基$\{\varepsilon_1,\varepsilon_2,\cdots,\varepsilon_n\}$出发，是否能构造如下形式的基$\eta_1,\eta_2,\cdots,\eta_n$：

$$\begin{cases}\eta_1=c_{11}\varepsilon_1,\\ \eta_2=c_{12}\varepsilon_1+c_{22}\varepsilon_2,\\ \cdots,\\ \eta_n=c_{1n}\varepsilon_1+c_{2n}\varepsilon_2+\cdots+c_{nn}\varepsilon_n,\end{cases}\tag{34.4}$$

使得

$$f(\eta_i,\eta_j)=0,\quad 对\ i\neq j,\ i,j=1,2,\cdots,n.\tag{34.5}$$

2) 通过1)的讨论，对化二次型为标准形问题，你能得到什么启示？

下面我们运用问题34.1中得到的雅可比方法来化二次型为标准形.

问题 34.2 用雅可比方法化下列二次型$f(x_1,x_2,x_3)$为标准形，并写出所作的线性替换：

1) $2x_1^2+3x_1x_2+4x_1x_3+x_2^2+x_3^2$；

2) $5x_1^2+x_2^2+5x_3^2+4x_1x_2-8x_1x_3-4x_2x_3$.

下面我们运用雅可比方法来讨论实二次型的正定性.

问题 34.3 利用雅可比方法直接证明：

1) 实二次型

$$f(x_1,x_2,\cdots,x_n)=\sum_{i=1}^{n}\sum_{j=1}^{n}a_{ij}x_ix_j=\boldsymbol{x}^{\mathrm{T}}\boldsymbol{A}\boldsymbol{x}$$

(其中$\boldsymbol{A}^{\mathrm{T}}=\boldsymbol{A}$)是正定的充分必要条件为矩阵$\boldsymbol{A}$的顺序主子式$\Delta_1,\Delta_2,\cdots,\Delta_n$全大于零；

2) 实二次型

$$f(x_1,x_2,\cdots,x_n)=\sum_{i=1}^{n}\sum_{j=1}^{n}a_{ij}x_ix_j=\boldsymbol{x}^{\mathrm{T}}\boldsymbol{A}\boldsymbol{x}$$

(其中$\boldsymbol{A}^{\mathrm{T}}=\boldsymbol{A}$)是负定的充分必要条件为

$$(-1)^k\Delta_k>0,\quad k=1,2,\cdots,n.$$

问题 34.4 判别n阶矩阵$\boldsymbol{M}_n=(m_{ij})_{n\times n}=(\min\{i,j\})_{n\times n}$是否正定(由于元素$m_{ij}$是取行标$i$和列标$j$的极小值，故$\boldsymbol{M}$称为"极小"矩阵).

在问题 34.4 的解答中，我们将二次型 $f(\boldsymbol{x})=\sum_{i,j=1}^{n}\min\{i,j\}x_ix_j$ 化为标准形. 现将“极小”改为“极大”，情况又如何？

探究题 34.1 用非退化线性替换化实二次型 $f(\boldsymbol{x})=\sum_{i,j=1}^{n}\max\{i,j\}x_ix_j$ 为标准形.

问题 34.5 试讨论 n 阶矩阵 $\boldsymbol{M}_n=(m_{ij})_{n\times n}=(\min\{\lambda_i,\lambda_j\})_{n\times n}$ 的正定性，其中 $\lambda_1,\lambda_2,\cdots,\lambda_n$ 是任意正数.

由问题 34.3、问题 34.4 和问题 34.5 可见，雅可比方法不仅可用于化二次型为标准形，对讨论实二次型的正定性也很有用. 现在我们要问是否能把它再加以推广，得到更一般的结果？

首先，注意到在问题 34.1 的解中将 V 的基 $\varepsilon_1,\varepsilon_2,\cdots,\varepsilon_n$ 变换到基 $\eta_1,\eta_2,\cdots,\eta_n$（设过渡矩阵为 $\boldsymbol{C}$），而使得双线性函数 $f(\alpha,\beta)$ 的矩阵从 $\boldsymbol{A}$ 合同变换到对角矩阵 $\boldsymbol{B}=\boldsymbol{C}^{\mathrm{T}}\boldsymbol{A}\boldsymbol{C}$ 所用的基 $\eta_1,\eta_2,\cdots,\eta_n$ 不是唯一的，也就是说，将二次型 $\boldsymbol{x}^{\mathrm{T}}\boldsymbol{A}\boldsymbol{x}$ 化为标准形所作的非线性替换 $\boldsymbol{x}=\boldsymbol{C}\boldsymbol{z}$ 不是唯一的. 例如：令

$$\begin{cases} z_1=\dfrac{\Delta_1}{\Delta_0}v_1, \\ z_2=\dfrac{\Delta_2}{\Delta_1}v_2, \\ \cdots, \\ z_n=\dfrac{\Delta_n}{\Delta_{n-1}}v_n, \end{cases}$$

则有 $\dfrac{\Delta_{i-1}}{\Delta_i}z_i^2=\dfrac{\Delta_i}{\Delta_{i-1}}v_i^2$，故

$$\frac{\Delta_0}{\Delta_1}z_1^2+\frac{\Delta_1}{\Delta_2}z_2^2+\cdots+\frac{\Delta_{n-1}}{\Delta_n}z_n^2 \tag{34.6}$$

又可化成

$$\frac{\Delta_1}{\Delta_0}v_1^2+\frac{\Delta_2}{\Delta_1}v_2^2+\cdots+\frac{\Delta_n}{\Delta_{n-1}}v_n^2. \tag{34.7}$$

在(34.6)中，要求系数的分母 $\Delta_1,\Delta_2,\cdots,\Delta_n$ 都不等于零，而(34.7)中系数的分母只是 $\Delta_1,\Delta_2,\cdots,\Delta_{n-1}$，只要求 $\Delta_1,\Delta_2,\cdots,\Delta_{n-1}$ 都不等于零. 如果能不要求 $\Delta_n\neq 0$ 而直接证明二次型 $\boldsymbol{x}^{\mathrm{T}}\boldsymbol{A}\boldsymbol{x}$ 可化为标准形(34.7)，那么雅可比方法的使用范围就能得到扩大. 由此就产生了下面的问题：

问题 34.6 设实二次型 $\boldsymbol{x}^{\mathrm{T}}\boldsymbol{A}\boldsymbol{x}=\sum_{i=1}^{n}\sum_{j=1}^{n}a_{ij}x_ix_j$（其中 $a_{ij}=a_{ji}$）中，$\boldsymbol{A}$ 的顺序主子式 $\Delta_1,\Delta_2,\cdots,\Delta_{n-1}$ 都不等于零，证明：该二次型必可化为下面的标准形：

$$\Delta_1 y_1^2+\frac{\Delta_2}{\Delta_1}y_2^2+\cdots+\frac{\Delta_{n-1}}{\Delta_{n-2}}y_{n-1}^2+\frac{\Delta_n}{\Delta_{n-1}}y_n^2,$$

其中 $\Delta_n=|\boldsymbol{A}|$.

问题解答

问题 34.1 1) 将 $\eta_j=c_{1j}\varepsilon_1+c_{2j}\varepsilon_2+\cdots+c_{jj}\varepsilon_j$ 代入 $f(\eta_i,\eta_j)$ 得

$$\begin{aligned}f(\eta_i,\eta_j)&=f(\eta_i,c_{1j}\varepsilon_1+c_{2j}\varepsilon_2+\cdots+c_{jj}\varepsilon_j)\\&=c_{1j}f(\eta_i,\varepsilon_1)+c_{2j}f(\eta_i,\varepsilon_2)+\cdots+c_{jj}f(\eta_i,\varepsilon_j),\end{aligned}$$

所以，若对任意 i 及任意 $j<i$ 有 $f(\eta_i,\varepsilon_j)=0$，则对 $j<i$，也有

$$f(\eta_i,\eta_j)=0,$$

又因双线性函数 $f(\alpha,\beta)$ 是对称的，对 $j>i$，有

$$f(\eta_i,\eta_j)=f(\eta_j,\eta_i)=0,$$

即 $\eta_1,\eta_2,\cdots,\eta_n$ 是所求的基. 于是，问题归结为求待定系数 $c_{1i},c_{2i},\cdots,c_{ii}$，$i=1,2,\cdots,n$，使向量

$$\eta_i=c_{1i}\varepsilon_1+c_{2i}\varepsilon_2+\cdots+c_{ii}\varepsilon_i \tag{34.8}$$

满足条件

$$f(\eta_i,\varepsilon_j)=f(\varepsilon_j,\eta_i)=0,\quad j=1,2,\cdots,i-1. \tag{34.9}$$

显然，若 η_i 满足 $f(\eta_i,\varepsilon_j)=0$，则 η_i 的数量倍 $c\eta_i$ 也满足

$$f(c\eta_i,\varepsilon_j)=0,$$

故为了确定 η_i，我们再要求 η_i 满足条件

$$f(\eta_i,\varepsilon_i)=f(\varepsilon_i,\eta_i)=1. \tag{34.10}$$

这样，η_i 可以用条件(34.9)和(34.10)唯一确定了. 将(34.8)代入(34.9)和(34.10)，得关于 c_{ji} 的线性方程组

$$\begin{cases}c_{1i}f(\varepsilon_1,\varepsilon_1)+c_{2i}f(\varepsilon_1,\varepsilon_2)+\cdots+c_{ii}f(\varepsilon_1,\varepsilon_i)=0,\\c_{1i}f(\varepsilon_2,\varepsilon_1)+c_{2i}f(\varepsilon_2,\varepsilon_2)+\cdots+c_{ii}f(\varepsilon_2,\varepsilon_i)=0,\\\cdots,\\c_{1i}f(\varepsilon_{i-1},\varepsilon_1)+c_{2i}f(\varepsilon_{i-1},\varepsilon_2)+\cdots+c_{ii}f(\varepsilon_{i-1},\varepsilon_i)=0,\\c_{1i}f(\varepsilon_i,\varepsilon_1)+c_{2i}f(\varepsilon_i,\varepsilon_2)+\cdots+c_{ii}f(\varepsilon_i,\varepsilon_i)=1.\end{cases} \tag{34.11}$$

这方程组的系数行列式为

$$\Delta_i = \begin{vmatrix} f(\varepsilon_1,\varepsilon_1) & f(\varepsilon_1,\varepsilon_2) & \cdots & f(\varepsilon_1,\varepsilon_i) \\ f(\varepsilon_2,\varepsilon_1) & f(\varepsilon_2,\varepsilon_2) & \cdots & f(\varepsilon_2,\varepsilon_i) \\ \vdots & \vdots & & \vdots \\ f(\varepsilon_i,\varepsilon_1) & f(\varepsilon_i,\varepsilon_2) & \cdots & f(\varepsilon_i,\varepsilon_i) \end{vmatrix}.$$

因此，当 $\Delta_i \neq 0$ 时，方程组(34.11)有唯一解，从而可求得向量 η_i. 于是，当 $\boldsymbol{A}=(a_{ij})_{n\times n}=(f(\varepsilon_i,\varepsilon_i))$ 的顺序主子式

$$\Delta_1 = a_{11},\quad \Delta_2 = \begin{vmatrix} a_{11} & a_{12} \\ a_{21} & a_{22} \end{vmatrix},\quad \cdots,\quad \Delta_n = \begin{vmatrix} a_{11} & a_{12} & \cdots & a_{1n} \\ a_{21} & a_{22} & \cdots & a_{2n} \\ \vdots & \vdots & & \vdots \\ a_{n1} & a_{n2} & \cdots & a_{nn} \end{vmatrix}$$

都不等于零时，可以由方程组(34.11)求出向量 η_i，$i=1,2,\cdots,n$.

2) 由1)可知，在 $\Delta_i \neq 0$，$i=1,2,\cdots,n$ 的情形下，由方程组(34.11)可求出上三角矩阵

$$\boldsymbol{C}=(c_{ij})_{n\times n}=\begin{pmatrix} c_{11} & c_{12} & \cdots & c_{1n} \\ & c_{22} & \cdots & c_{2n} \\ & & \ddots & \vdots \\ & & & c_{nn} \end{pmatrix},$$

从而由(34.8)求得 η_i，$i=1,2,\cdots,n$，它们满足

$$b_{ij}=f(\eta_i,\eta_j)=0,\quad 对\ i\neq j\ (i,j=1,2,\cdots,n),$$

使得双线性函数 $f(\alpha,\beta)$ 关于基 $\eta_1,\eta_2,\cdots,\eta_n$ 的矩阵为

$$\boldsymbol{B}=\boldsymbol{C}^{\mathrm{T}}\boldsymbol{A}\boldsymbol{C}=\begin{pmatrix} b_{11} & & & \\ & b_{22} & & \\ & & \ddots & \\ & & & b_{nn} \end{pmatrix},$$

是对角矩阵，由此可得，二次型 $\boldsymbol{x}^{\mathrm{T}}\boldsymbol{A}\boldsymbol{x}$ 可经非线性替换 $\boldsymbol{x}=\boldsymbol{C}\boldsymbol{z}$，化为标准形

$$\boldsymbol{z}^{\mathrm{T}}\boldsymbol{B}\boldsymbol{z}=b_{11}z_1^2+b_{22}z_2^2+\cdots+b_{nn}z_n^2,$$

其中 $\boldsymbol{x}=(x_1,x_2,\cdots,x_n)^{\mathrm{T}}$，$\boldsymbol{z}=(z_1,z_2,\cdots,z_n)^{\mathrm{T}}$.

下面计算 $b_{ii}=f(\eta_i,\eta_i)$，$i=1,2,\cdots,n$. 由(34.8)，(34.9)，(34.10)可得

$$\begin{aligned} b_{ii} &= f(\eta_i,\eta_i)=f(\eta_i,c_{1i}\varepsilon_1+c_{2i}\varepsilon_2+\cdots+c_{ii}\varepsilon_i) \\ &= c_{ii}=f(\eta_i,\varepsilon_i)=c_{ii}, \end{aligned}$$

再按克拉默法则，由方程组(34.11)可解得

$$c_{ii}=\frac{\Delta_{i-1}}{\Delta_i}\quad(\text{其中令 }\Delta_0=1).$$

因此，$b_{ii}=\dfrac{\Delta_{i-1}}{\Delta_i}$，$i=1,2,\cdots,n$.

综上所述，我们可以得到以下结论：

设二次型 $\sum\limits_{i=1}^{n}\sum\limits_{j=1}^{n}a_{ij}x_ix_j$（其中 $a_{ij}=a_{ji}$）中，顺序主子式 $\Delta_1,\Delta_2,\cdots,\Delta_n$ 都不等于零，则该二次型必可化为下面的标准形：

$$\frac{\Delta_0}{\Delta_1}z_1^2+\frac{\Delta_1}{\Delta_2}z_2^2+\cdots+\frac{\Delta_{n-1}}{\Delta_n}z_n^2,$$

其中 $\Delta_0=1$.

这个化二次型为标准形的方法称为**雅可比方法**.

问题 34.2 1) 由于矩阵

$$\boldsymbol{A}=\begin{pmatrix}2&\frac{3}{2}&2\\\frac{3}{2}&1&0\\2&0&1\end{pmatrix}$$

的顺序主子式 $\Delta_1=2$，$\Delta_2=-\dfrac{1}{4}$，$\Delta_3=-4\dfrac{1}{4}$，都不等于零，故可用雅可比方法.

设 $\boldsymbol{\varepsilon}_1=(1,0,0)^{\mathrm{T}}$，$\boldsymbol{\varepsilon}_2=(0,1,0)^{\mathrm{T}}$，$\boldsymbol{\varepsilon}_3=(0,0,1)^{\mathrm{T}}$，双线性函数 $f(\boldsymbol{\alpha},\boldsymbol{\beta})$ 关于基 $\boldsymbol{\varepsilon}_1,\boldsymbol{\varepsilon}_2,\boldsymbol{\varepsilon}_3$ 的矩阵为 $\boldsymbol{A}$，则

$$\boldsymbol{A}=\begin{pmatrix}f(\boldsymbol{\varepsilon}_1,\boldsymbol{\varepsilon}_1)&f(\boldsymbol{\varepsilon}_1,\boldsymbol{\varepsilon}_2)&f(\boldsymbol{\varepsilon}_1,\boldsymbol{\varepsilon}_3)\\f(\boldsymbol{\varepsilon}_2,\boldsymbol{\varepsilon}_1)&f(\boldsymbol{\varepsilon}_2,\boldsymbol{\varepsilon}_2)&f(\boldsymbol{\varepsilon}_2,\boldsymbol{\varepsilon}_3)\\f(\boldsymbol{\varepsilon}_3,\boldsymbol{\varepsilon}_1)&f(\boldsymbol{\varepsilon}_3,\boldsymbol{\varepsilon}_2)&f(\boldsymbol{\varepsilon}_3,\boldsymbol{\varepsilon}_3)\end{pmatrix}=\begin{pmatrix}2&\frac{3}{2}&2\\\frac{3}{2}&1&0\\2&0&1\end{pmatrix}.$$

设

$$\boldsymbol{\eta}_1=c_{11}\boldsymbol{\varepsilon}_1=(c_{11},0,0)^{\mathrm{T}},$$

$$\boldsymbol{\eta}_2=c_{12}\boldsymbol{\varepsilon}_1+c_{22}\boldsymbol{\varepsilon}_2=(c_{12},c_{22},0)^{\mathrm{T}},$$

$$\boldsymbol{\eta}_3=c_{13}\boldsymbol{\varepsilon}_1+c_{23}\boldsymbol{\varepsilon}_2+c_{33}\boldsymbol{\varepsilon}_3=(c_{13},c_{23},c_{33})^{\mathrm{T}}.$$

系数 c_{11} 可由条件 $f(\boldsymbol{\eta}_1,\boldsymbol{\varepsilon}_1)=1$ 求出，即由

$$f(\boldsymbol{\eta}_1,\boldsymbol{\varepsilon}_1)=c_{11}f(\boldsymbol{\varepsilon}_1,\boldsymbol{\varepsilon}_1)=2c_{11}=1$$

可得，$c_{11}=\dfrac{1}{2}$，故有 $\boldsymbol{\eta}_1=\dfrac{1}{2}\boldsymbol{\varepsilon}_1=\left(\dfrac{1}{2},0,0\right)^{\mathrm{T}}$.

系数 c_{12} 与 c_{22} 可由方程组

$$\begin{cases} c_{12}f(\boldsymbol{\varepsilon}_1,\boldsymbol{\varepsilon}_1)+c_{22}f(\boldsymbol{\varepsilon}_1,\boldsymbol{\varepsilon}_2)=2c_{12}+\dfrac{3}{2}c_{22}=0, \\ c_{12}f(\boldsymbol{\varepsilon}_2,\boldsymbol{\varepsilon}_1)+c_{22}f(\boldsymbol{\varepsilon}_2,\boldsymbol{\varepsilon}_2)=\dfrac{3}{2}c_{12}+c_{22}=1 \end{cases}$$

解得，$c_{12}=6$，$c_{22}=-8$，故有 $\boldsymbol{\eta}_2=6\boldsymbol{\varepsilon}_1-8\boldsymbol{\varepsilon}_2=(6,-8,0)^{\mathrm{T}}$.

系数 c_{13},c_{23},c_{33} 可由方程组

$$\begin{cases} 2c_{13}+\dfrac{3}{2}c_{23}+2c_{33}=0, \\ \dfrac{3}{2}c_{13}+c_{23}=0, \\ 2c_{13}+c_{33}=1 \end{cases}$$

解得，$c_{13}=\dfrac{8}{17}$，$c_{23}=-\dfrac{12}{17}$，$c_{33}=\dfrac{1}{17}$，故有

$$\boldsymbol{\eta}_3=\frac{8}{17}\boldsymbol{\varepsilon}_1-\frac{12}{17}\boldsymbol{\varepsilon}_2+\frac{1}{17}\boldsymbol{\varepsilon}_3=\left(\frac{8}{17},-\frac{12}{17},\frac{1}{17}\right)^{\mathrm{T}}.$$

由此可得，由基 $\boldsymbol{\varepsilon}_1,\boldsymbol{\varepsilon}_2,\boldsymbol{\varepsilon}_3$ 到基 $\boldsymbol{\eta}_1,\boldsymbol{\eta}_2,\boldsymbol{\eta}_3$ 的过渡矩阵为

$$\boldsymbol{C}=\begin{pmatrix} \dfrac{1}{2} & 6 & \dfrac{8}{17} \\ 0 & -8 & -\dfrac{12}{17} \\ 0 & 0 & \dfrac{1}{17} \end{pmatrix},$$

因此，二次型 $f(x_1,x_2,x_3)$ 可经非线性替换 $\boldsymbol{x}=\boldsymbol{C}\boldsymbol{z}$，即

$$\begin{cases} x_1=\dfrac{1}{2}z_1+6z_2+\dfrac{8}{17}z_3, \\ x_2=-8z_2-\dfrac{12}{17}z_3, \\ x_3=\dfrac{1}{17}z_3, \end{cases}$$

化为标准形

$$\frac{\Delta_0}{\Delta_1}z_1^2+\frac{\Delta_1}{\Delta_2}z_2^2+\frac{\Delta_2}{\Delta_3}z_3^2=\frac{1}{2}z_1^2-8z_2^2+\frac{1}{17}z_3^2.$$

2) 由于矩阵

$$\boldsymbol{A}=\begin{pmatrix} 5 & 2 & -4 \\ 2 & 1 & -2 \\ -4 & -2 & 5 \end{pmatrix}$$

的顺序主子式 $\Delta_1 = 5$，$\Delta_2 = 1$，$\Delta_3 = 1$，都不等于零，故可用雅可比方法.

解下列方程组

$$5c_{11} = 1,$$

$$\begin{cases} 5c_{12} + 2c_{22} = 0, \\ 2c_{12} + c_{22} = 1 \end{cases}$$

$$\begin{cases} 5c_{13} + 2c_{23} - 4c_{33} = 0, \\ 2c_{13} + c_{23} - 2c_{33} = 0, \\ -4c_{13} - 2c_{23} + 5c_{33} = 1, \end{cases}$$

得

$$c_{11} = \frac{1}{5},\ c_{12} = -2,\ c_{22} = 5,\ c_{13} = 0,\ c_{23} = 2,\ c_{33} = 1.$$

由此可得，二次型 $f(x_1, x_2, x_3)$ 可经非线性替换

$$\begin{cases} x_1 = \frac{1}{5}z_1 - 2z_2, \\ x_2 = 5z_2 + 2z_3, \\ x_3 = z_3, \end{cases}$$

化为标准形 $\frac{1}{5}z_1^2 + 5z_2^2 + z_3^2$.

问题 34.3　1) 必要性显然成立. 下面来证充分性.

由于矩阵 $\boldsymbol{A}$ 的顺序主子式全大于零，故该二次型必可化为

$$\frac{\Delta_0}{\Delta_1}z_1^2 + \frac{\Delta_1}{\Delta_2}z_2^2 + \cdots + \frac{\Delta_{n-1}}{\Delta_n}z_n^2, \tag{34.12}$$

由于 $\frac{\Delta_{i-1}}{\Delta_i} > 0\ (i = 1,2,\cdots,n)$，故该二次型的正惯性指数等于 n，所以它是正定的.

2) 证明与 1) 类似，只是因 $(-1)^k\Delta_k > 0$，$k = 1,2,\cdots,n$，故

$$\frac{\Delta_{i-1}}{\Delta_i} < 0 \quad (i = 1,2,\cdots,n),$$

所以该二次型的负惯性指数等于 n，是负定的.

问题 34.4　**分析**　先考查 4 阶"极小"矩阵

$$\boldsymbol{M}_4 = \begin{pmatrix} 1 & 1 & 1 & 1 \\ 1 & 2 & 2 & 2 \\ 1 & 2 & 3 & 3 \\ 1 & 2 & 3 & 4 \end{pmatrix}$$

的顺序主子式，我们发现，

$$\Delta_4 = |\boldsymbol{M}_4| = \begin{vmatrix} 1 & 1 & 1 & 1 \\ 0 & 1 & 1 & 1 \\ 0 & 1 & 2 & 2 \\ 0 & 1 & 2 & 3 \end{vmatrix} \text{（将第 2,3,4 行分别减去第 1 行）}$$

$$= \begin{vmatrix} 1 & 1 & 1 \\ 1 & 2 & 2 \\ 1 & 2 & 3 \end{vmatrix} \ (= |\boldsymbol{M}_3| = \Delta_3)$$

$$= \begin{vmatrix} 1 & 1 & 1 \\ 0 & 1 & 1 \\ 0 & 1 & 2 \end{vmatrix} = \begin{vmatrix} 1 & 1 \\ 1 & 2 \end{vmatrix} \ (= |\boldsymbol{M}_2| = \Delta_2)$$

$$= \begin{vmatrix} 1 & 1 \\ 0 & 1 \end{vmatrix} = 1 \ (= \Delta_1),$$

故 $\boldsymbol{M}_4$ 是正定矩阵. 可以猜测，对任一正整数 n，$\boldsymbol{M}_n$ 的顺序主子式

$$\Delta_n = \Delta_{n-1} = \cdots = \Delta_1 = 1,$$

于是，$\boldsymbol{M}_n$ 是正定矩阵(读者自行证明).

另一解法是证明实二次型

$$f(x_1, x_2, \cdots, x_n) = \sum_{i=1}^{n}\sum_{j=1}^{n} \min\{i, j\} x_i x_j$$

是正定的，从而它的矩阵 $\boldsymbol{M}_n$ 是正定的.

同样，先考查 $n = 4$ 的二次型 $f(x_1, x_2, x_3, x_4)$ 的矩阵 $\boldsymbol{M}_4$. 由于

$$\boldsymbol{M}_4 = \begin{pmatrix} 1 & 1 & 1 & 1 \\ 1 & 1 & 1 & 1 \\ 1 & 1 & 1 & 1 \\ 1 & 1 & 1 & 1 \end{pmatrix} + \begin{pmatrix} 0 & 0 & 0 & 0 \\ 0 & 1 & 1 & 1 \\ 0 & 1 & 2 & 2 \\ 0 & 1 & 2 & 3 \end{pmatrix}$$

$$= \begin{pmatrix} 1 & 1 & 1 & 1 \\ 1 & 1 & 1 & 1 \\ 1 & 1 & 1 & 1 \\ 1 & 1 & 1 & 1 \end{pmatrix} + \begin{pmatrix} 0 & 0 & 0 & 0 \\ 0 & 1 & 1 & 1 \\ 0 & 1 & 1 & 1 \\ 0 & 1 & 1 & 1 \end{pmatrix} + \begin{pmatrix} 0 & 0 & 0 & 0 \\ 0 & 0 & 0 & 0 \\ 0 & 0 & 1 & 1 \\ 0 & 0 & 1 & 1 \end{pmatrix}$$

$$+ \begin{pmatrix} 0 & 0 & 0 & 0 \\ 0 & 0 & 0 & 0 \\ 0 & 0 & 0 & 0 \\ 0 & 0 & 0 & 1 \end{pmatrix},$$

故

$$\begin{aligned} f(x_1,x_2,x_3,x_4) &= \sum_{i=1}^{4}\sum_{j=1}^{4}\min\{i,j\}x_ix_j \\ &= (x_1+x_2+x_3+x_4)^2+(x_2+x_3+x_4)^2 \\ &\quad +(x_3+x_4)^2+x_4^2. \end{aligned}$$

令

$$\begin{cases} y_1 = x_1+x_2+x_3+x_4, \\ y_2 = \quad\ \ x_2+x_3+x_4, \\ y_3 = \qquad\quad\ x_3+x_4, \\ y_4 = \qquad\qquad\quad x_4, \end{cases}$$

即经非退化线性替换

$$\begin{cases} x_1 = y_1-y_2, \\ x_2 = \quad\ \ y_2-y_3, \\ x_3 = \qquad\quad y_3-y_4, \\ x_4 = \qquad\qquad\quad y_4, \end{cases}$$

得 $f(x_1,x_2,x_3,x_4)=y_1^2+y_2^2+y_3^2+y_4^2$.

上述方法容易推广到任一正整数 n，一般地，有

$$\begin{aligned} f(x_1,x_2,\cdots,x_n) &= \sum_{i=1}^{n}\sum_{j=1}^{n}\min\{i,j\}x_ix_j \\ &= (x_1+x_2+\cdots+x_n)^2+(x_2+\cdots+x_n)^2+\cdots \\ &\quad +(x_{n-1}+x_n)^2+x_n^2, \end{aligned}$$

经非退化线性替换

$$\begin{cases} x_1 = y_1-y_2, \\ x_2 = \quad\ \ y_2-y_3, \\ \cdots, \\ x_{n-1} = \qquad\quad y_{n-1}-y_n, \\ x_n = \qquad\qquad\quad y_n, \end{cases}$$

它可化为

$$y_1^2+y_2^2+\cdots+y_n^2,$$

故二次型 $\sum\limits_{i=1}^{n}\sum\limits_{j=1}^{n}\min\{i,j\}x_ix_j$ 是正定的，即 $\boldsymbol{M}_n$ 是正定的.

问题 34.5 不妨设 $0<\lambda_1\leqslant\lambda_2\leqslant\cdots\leqslant\lambda_n$（必要时可交换矩阵 $\boldsymbol{M}_n$ 的行和列），则

$$\boldsymbol{M}_n = \begin{pmatrix} \lambda_1 & \lambda_1 & \cdots & \lambda_1 \\ \lambda_1 & \lambda_2 & \cdots & \lambda_2 \\ \vdots & \vdots & & \vdots \\ \lambda_1 & \lambda_2 & \cdots & \lambda_n \end{pmatrix}.$$

显然，

$$\Delta_1 = \lambda_1, \quad \Delta_2 = \lambda_1(\lambda_2 - \lambda_1), \quad \cdots,$$
$$\Delta_n = \lambda_1(\lambda_2 - \lambda_1)\cdots(\lambda_n - \lambda_{n-1}),$$

故当 $\lambda_1, \lambda_2, \cdots, \lambda_n$ 互不相同，即 $0 < \lambda_1 < \lambda_2 < \cdots < \lambda_n$ 时，$\Delta_i > 0$，$i = 1, 2, \cdots, n$，因而 $\boldsymbol{M}_n$ 是正定矩阵.

在一般情形下，$0 < \lambda_1 \leqslant \lambda_2 \leqslant \cdots \leqslant \lambda_n$ 中可能有等式成立，即对某些 i，有 $\lambda_i = \lambda_{i-1}$，此时就不能利用雅可比方法，类似于问题 34.4 的解法，可以考查实二次型

$$f(x_1, x_2, \cdots, x_n) = \sum_{i=1}^{n}\sum_{j=1}^{n}\min\{\lambda_i, \lambda_j\}x_i x_j$$

由于

$$\boldsymbol{M}_n = \lambda_1 \widetilde{\boldsymbol{E}}_n + (\lambda_2 - \lambda_1)\widetilde{\boldsymbol{E}}_{n-1} + (\lambda_3 - \lambda_2)\widetilde{\boldsymbol{E}}_{n-2} + \cdots + (\lambda_n - \lambda_{n-1})\widetilde{\boldsymbol{E}}_1,$$

其中 n 阶矩阵 $\widetilde{\boldsymbol{E}}_k$ 是右下角的 $k \times k$ 子块为

$$\begin{pmatrix} 1 & 1 & \cdots & 1 \\ 1 & 1 & \cdots & 1 \\ \vdots & \vdots & & \vdots \\ 1 & 1 & \cdots & 1 \end{pmatrix}_{k\times k}$$

而其他元素皆为零的矩阵，$k = 1, 2, \cdots, n$，故

$$\begin{aligned} f(x_1, x_2, \cdots, x_n) = {} & \lambda_1(x_1 + x_2 + \cdots + x_n)^2 \\ & + (\lambda_2 - \lambda_1)(x_2 + \cdots + x_n)^2 + \cdots \\ & + (\lambda_n - \lambda_{n-1})x_n^2, \end{aligned}$$

经非退化线性替换

$$\begin{cases} x_1 = y_1 - y_2, \\ x_2 = y_2 - y_3, \\ \cdots, \\ x_{n-1} = y_{n-1} - y_n, \\ x_n = y_n, \end{cases}$$

得

$$f(x_1,x_2,\cdots,x_n)=\lambda_1 y_1^2+(\lambda_2-\lambda_1)y_2^2+\cdots+(\lambda_n-\lambda_{n-1})y_n^2,$$

由于$\lambda_1>0$, $\lambda_2-\lambda_1\geqslant 0$, $\cdots$, $\lambda_n-\lambda_{n-1}\geqslant 0$，故二次型$\sum_{i=1}^{n}\sum_{j=1}^{n}\min\{\lambda_i,\lambda_j\}x_ix_j$是半正定的，因而$\boldsymbol{M}_n$是半正定的.

问题 34.6 对n用数学归纳法. 当$n=1$时，

$$\boldsymbol{x}^{\mathrm{T}}\boldsymbol{A}\boldsymbol{x}=a_{11}x_1^2=\Delta_1 x_1^2,$$

结论成立. 假设对$n-1$元二次型结论成立. 要证对n元二次型$\boldsymbol{x}^{\mathrm{T}}\boldsymbol{A}\boldsymbol{x}=\sum_{i=1}^{n}\sum_{j=1}^{n}a_{ij}x_ix_j$结论也成立.

将矩阵$\boldsymbol{A}$作如下分块：

$$\boldsymbol{A}=\begin{pmatrix}\boldsymbol{A}_{n-1} & \boldsymbol{b}^{\mathrm{T}}\\ \boldsymbol{b} & c\end{pmatrix},$$

其中$n-1$阶子块$\boldsymbol{A}_{n-1}$的行列式$|\boldsymbol{A}_{n-1}|=\Delta_{n-1}\neq 0$，故$\boldsymbol{A}_{n-1}$是可逆的对称矩阵. 用可逆矩阵

$$\boldsymbol{P}^{\mathrm{T}}=\begin{pmatrix}\boldsymbol{E}_{n-1} & \boldsymbol{0}\\ -\boldsymbol{b}\boldsymbol{A}_{n-1}^{-1} & 1\end{pmatrix}$$

(其中$\boldsymbol{E}_{n-1}$为$n-1$阶单位矩阵)和

$$\boldsymbol{P}=\begin{pmatrix}\boldsymbol{E}_{n-1} & -\boldsymbol{A}_{n-1}^{-1}\boldsymbol{b}^{\mathrm{T}}\\ \boldsymbol{0} & 1\end{pmatrix}$$

分别左乘和右乘矩阵$\boldsymbol{A}$，得

$$\begin{aligned}\boldsymbol{P}^{\mathrm{T}}\boldsymbol{A}\boldsymbol{P}&=\begin{pmatrix}\boldsymbol{E}_{n-1} & \boldsymbol{0}\\ -\boldsymbol{b}\boldsymbol{A}_{n-1}^{-1} & 1\end{pmatrix}\begin{pmatrix}\boldsymbol{A}_{n-1} & \boldsymbol{b}^{\mathrm{T}}\\ \boldsymbol{b} & c\end{pmatrix}\begin{pmatrix}\boldsymbol{E}_{n-1} & -\boldsymbol{A}_{n-1}^{-1}\boldsymbol{b}^{\mathrm{T}}\\ \boldsymbol{0} & 1\end{pmatrix}\\&=\begin{pmatrix}\boldsymbol{A}_{n-1} & \boldsymbol{b}^{\mathrm{T}}\\ \boldsymbol{0} & -\boldsymbol{b}\boldsymbol{A}_{n-1}^{-1}\boldsymbol{b}^{\mathrm{T}}+c\end{pmatrix}\begin{pmatrix}\boldsymbol{E}_{n-1} & -\boldsymbol{A}_{n-1}^{-1}\boldsymbol{b}^{\mathrm{T}}\\ \boldsymbol{0} & 1\end{pmatrix}\\&=\begin{pmatrix}\boldsymbol{A}_{n-1} & \boldsymbol{0}\\ \boldsymbol{0} & -\boldsymbol{b}\boldsymbol{A}_{n-1}^{-1}\boldsymbol{b}^{\mathrm{T}}+c\end{pmatrix}\end{aligned}\qquad(34.13)$$

(这相当于对分块矩阵$\boldsymbol{A}$作列消法变换以及相应的行消法变换，将它化为分块对角矩阵). 由于$|\boldsymbol{P}|=|\boldsymbol{P}^{\mathrm{T}}|=1$，故

$$\begin{aligned}\Delta_n=|\boldsymbol{A}|=|\boldsymbol{P}^{\mathrm{T}}\boldsymbol{A}\boldsymbol{P}|&=|\boldsymbol{A}_{n-1}|(-\boldsymbol{b}\boldsymbol{A}_{n-1}^{-1}\boldsymbol{b}^{\mathrm{T}}+c)\\&=\Delta_{n-1}(-\boldsymbol{b}\boldsymbol{A}_{n-1}^{-1}\boldsymbol{b}^{\mathrm{T}}+c),\end{aligned}$$

即

$$-\boldsymbol{b}\boldsymbol{A}_{n-1}^{-1}\boldsymbol{b}^{\mathrm{T}}+c=\frac{\Delta_n}{\Delta_{n-1}}. \tag{34.14}$$

由(34.13)和(34.14)知，必有非退化线性替换可将 $\boldsymbol{x}^{\mathrm{T}}\boldsymbol{A}\boldsymbol{x}$ 化为

$$\sum_{i=1}^{n-1}\sum_{j=1}^{n-1}a_{ij}x'_ix'_j+\frac{\Delta_n}{\Delta_{n-1}}x'^2_n,$$

再由归纳法假设，$\sum\limits_{i=1}^{n-1}\sum\limits_{j=1}^{n-1}a_{ij}x'_ix'_j$ 可化为标准形

$$\Delta_1 y_1^2+\frac{\Delta_2}{\Delta_1}y_2^2+\cdots+\frac{\Delta_{n-1}}{\Delta_{n-2}}y_{n-1}^2,$$

根据归纳法原理，$\sum\limits_{i=1}^{n}\sum\limits_{j=1}^{n}a_{ij}x_ix_j$ 必可化为标准形

$$\Delta_1 y_1^2+\frac{\Delta_2}{\Delta_1}y_2^2+\cdots+\frac{\Delta_{n-1}}{\Delta_{n-2}}y_{n-1}^2+\frac{\Delta_n}{\Delta_{n-1}}y_n^2.$$

35. 无限可分矩阵

在微积分、统计学(相关矩阵)、振动系统(刚性矩阵)、量子力学(密度矩阵)、调和分析(正定函数)和计算数学等学科中都要用到半正定矩阵. 本课题将矩阵的半正定性概念从实数域上对称矩阵推广到复数域上埃尔米特矩阵，探讨半正定埃尔米特矩阵的性质，并引入无限可分矩阵的概念，再介绍一些有趣的无限可分矩阵.

中心问题 探讨“极小”矩阵的无限可分性.

准备知识 二次型，酉空间

课题探究

复数域 **C** 上变量 $x_1, x_2, \cdots, x_n$ 的二次型

$$f(x_1, x_2, \cdots, x_n) = \sum_{i=1}^{n}\sum_{j=1}^{n} a_{ij}\,\overline{x_i}x_j = \boldsymbol{x}^*\boldsymbol{A}\boldsymbol{x}$$

称为**埃尔米特二次型**，$\boldsymbol{A}$ 称为 $f(x_1, x_2, \cdots, x_n)$ 的矩阵，其中

$$\boldsymbol{x} = (x_1, x_2, \cdots, x_n)^{\mathrm{T}}, \quad \boldsymbol{x}^* = \overline{\boldsymbol{x}}^{\mathrm{T}}, \quad a_{ij} = \bar{a}_{ji},$$

因而 a_{ii} 都是实数，且 $\boldsymbol{A}(= \boldsymbol{A}^* = \overline{\boldsymbol{A}}^{\mathrm{T}})$ 是埃尔米特矩阵.

设 n 阶复矩阵 $\boldsymbol{C} = (c_{ij})$，作非退化线性替换

$$\boldsymbol{x} = \boldsymbol{C}\boldsymbol{y},$$

其中 $\boldsymbol{y} = (y_1, y_2, \cdots, y_n)^{\mathrm{T}}$，所得到二次型的矩阵为 $\boldsymbol{B} = \boldsymbol{C}^*\boldsymbol{A}\boldsymbol{C}$.

设 $\boldsymbol{A},\boldsymbol{B}$ 是复数域上的两个 n 阶矩阵，若存在一个 n 阶复可逆矩阵 $\boldsymbol{C}$，使得

$$\boldsymbol{B} = \boldsymbol{C}^*\boldsymbol{A}\boldsymbol{C},$$

那么我们称矩阵 $\boldsymbol{A},\boldsymbol{B}$ 为**合同的**.

显然，若 $\boldsymbol{A},\boldsymbol{B}$ 是 n 阶埃尔米特矩阵，则 $\boldsymbol{A},\boldsymbol{B}$ 合同的充分必要条件是 n 元埃尔米特二次型 $\boldsymbol{x}^*\boldsymbol{A}\boldsymbol{x}$ 可经非退化线性替换化为 $\boldsymbol{y}^*\boldsymbol{B}\boldsymbol{y}$. 与实二次型可以通过正交的线性替换化为标准形一样，任意的埃尔米特二次型

$$f(x_1, x_2, \cdots, x_n) = \boldsymbol{x}^*\boldsymbol{A}\boldsymbol{x}$$

可通过酉线性替换 $\boldsymbol{x}=\boldsymbol{U}\boldsymbol{y}$（其中 $\boldsymbol{U}$ 是酉矩阵，即它满足 $\boldsymbol{U}^*\boldsymbol{U}=\boldsymbol{E}$）化为

$$\lambda_1\overline{y_1}y_1+\lambda_2\overline{y_2}y_2+\cdots+\lambda_r\overline{y_r}y_r, \tag{35.1}$$

其中 r 是 $\boldsymbol{A}$ 的秩，$\lambda_1,\lambda_2,\cdots,\lambda_r$ 是 $\boldsymbol{A}$ 的非零特征值.

由于埃尔米特矩阵的特征值都为实数，故(35.1) 中 $\lambda_1,\lambda_2,\cdots,\lambda_r$ 都是实数，且对变量 $x_1,x_2,\cdots,x_n$ 的任何复数值，埃尔米特二次型

$$f(x_1,x_2,\cdots,x_n)=\boldsymbol{x}^*\boldsymbol{A}\boldsymbol{x}=\boldsymbol{y}^*(\boldsymbol{U}^*\boldsymbol{A}\boldsymbol{U})\boldsymbol{y}=\sum_{i=1}^{r}\lambda_i\overline{y_i}y_i$$

的值都是实数.

设 $f(x_1,x_2,\cdots,x_n)$ 是一个埃尔米特二次型，如果对任意一组不全为零的复数 $c_1,c_2,\cdots,c_n$ 恒有

$$f(c_1,c_2,\cdots,c_n)>0\quad(\text{或}\geqslant 0),$$

则称 $f(x_1,x_2,\cdots,x_n)$ 为**正定的**(或**半正定的**). 正定(或半正定) 埃尔米特二次型 $f(x_1,x_2,\cdots,x_n)=\boldsymbol{x}^*\boldsymbol{A}\boldsymbol{x}$ 的矩阵 $\boldsymbol{A}$ 称为**正定的**(或**半正定的**).

类似于半正定的实对称矩阵，可以证明，设 $\boldsymbol{A}$ 是 n 阶埃尔米特矩阵，则下列条件等价：

1） $\boldsymbol{A}$ 是半正定的；

2） $f(x_1,x_2,\cdots,x_n)=\boldsymbol{x}^*\boldsymbol{A}\boldsymbol{x}$ 是半正定的；

3） $\boldsymbol{A}$ 的所有主子式均为非负的；

4） $\boldsymbol{A}$ 的特征值均为非负的；

5） 存在 n 阶复矩阵 $\boldsymbol{B}$，使 $\boldsymbol{A}=\boldsymbol{B}\boldsymbol{B}^*$；

6） 在某个酉空间 V 中存在向量 $\boldsymbol{u}_1,\boldsymbol{u}_2,\cdots,\boldsymbol{u}_n$ 使得 $a_{ij}=(\boldsymbol{u}_i,\boldsymbol{u}_j)$，而矩阵 $\boldsymbol{A}=(a_{ij})_{n\times n}$ 就是 $\boldsymbol{u}_1,\boldsymbol{u}_2,\cdots,\boldsymbol{u}_n$ 的格拉姆矩阵.

由于实对称矩阵都是埃尔米特矩阵，由等价条件 4) 知，$\mathbf{R}$ 上半正定矩阵都是半正定的埃尔米特矩阵. 由问题 33.6 的舒尔积定理知，设 $\boldsymbol{A},\boldsymbol{B}$ 都是实对称矩阵，如果 $\boldsymbol{A},\boldsymbol{B}$ 都是半正定矩阵，则 $\boldsymbol{A}$ 和 $\boldsymbol{B}$ 的阿达马积 $\boldsymbol{A}\circ\boldsymbol{B}$ 也是半正定矩阵. 因此，设 $\boldsymbol{A}=(a_{ij})\in\mathbf{R}^{n\times n}$ 是半正定矩阵，则对任一非负整数 k，$\boldsymbol{A}$ 的 k 次阿达马幂

$$\boldsymbol{A}^{\circ k}=\underbrace{\boldsymbol{A}\circ\boldsymbol{A}\circ\cdots\circ\boldsymbol{A}}_{k\text{个}}=(a_{ij}^k)$$

也是半正定矩阵. 矩阵的无限可分性就是对于更一般的半正定的埃尔米特矩阵 $\boldsymbol{A}=(a_{ij})$，讨论对任一非负实数 r，矩阵 (a_{ij}^r) 的半正定性. 在下面的讨论中，所述的半正定矩阵就是指半正定的埃尔米特矩阵.

设 $\lambda_1,\lambda_2,\cdots,\lambda_n$ 是半正定矩阵 $\boldsymbol{A}$ 的特征值，$\boldsymbol{v}_1,\boldsymbol{v}_2,\cdots,\boldsymbol{v}_n$ 是对应的(正交的) 单位特征向量，则 $\boldsymbol{A}=\sum_{i=1}^{n}\lambda_i\boldsymbol{v}_i\boldsymbol{v}_i^*$（这是因为设 $\boldsymbol{U}=(\boldsymbol{v}_1,\boldsymbol{v}_2,\cdots,\boldsymbol{v}_n)$，则

$U^*U=E$，且 $U^*AU=\operatorname{diag}(\lambda_1,\lambda_2,\cdots,\lambda_n)$，即

$$A=U\operatorname{diag}(\lambda_1,\lambda_2,\cdots,\lambda_n)U^* \;=\sum_{i=1}^{n}\lambda_i v_i v_i^*).$$

对任一非负实数 r，A 的 r 次幂就是半正定矩阵 $A^r=\sum_{i=1}^{n}\lambda_i^r v_i v_i^*$. 如果 A 的元素 a_{ij} 都是非负实数，我们自然也会定义 r 次阿达马幂

$$A^{\circ r}=(a_{ij}^r),\quad 其中\ r\in[0,+\infty).$$

设 $A=(a_{ij})$ 是 n 阶半正定矩阵且 $a_{ij}\geqslant 0$，$i,j=1,2,\cdots,n$，如果对任一非负实数 r，矩阵 $A^{\circ r}$ 是半正定的，则称 A 是**无限可分的**.

由于无限可分矩阵总是半正定的，故我们只需对半正定矩阵来探讨它的无限可分性.

问题 35.1 试讨论 2 阶半正定矩阵 $A=(a_{ij})$ 的无限可分性.

问题 35.2 问：3 阶矩阵 $A=\begin{pmatrix}1&1&0\\1&2&1\\0&1&1\end{pmatrix}$ 是无限可分的吗？

在探讨矩阵的无限可分性之前，先证明一些我们需要的结果.

问题 35.3 证明：

1) 如果 $A_1,A_2,\cdots,A_k$ 是半正定的，那么它们的线性组合 $a_1A_1+a_2A_2+\cdots+a_kA_k$（其中 a_i 是非负系数）也是半正定的；

2) 如果一个半正定矩阵列 $\{A_k\}$ 收敛于 A（即 $\lim\limits_{k\to\infty}A_k=A$），那么 A 是半正定的；

3) 所有元素都是 1 的 n 阶矩阵

$$I=\begin{pmatrix}1&1&\cdots&1\\1&1&\cdots&1\\\vdots&\vdots&\ddots&\vdots\\1&1&\cdots&1\end{pmatrix}$$

称为**平坦矩阵**，平坦矩阵 I 是秩为 1 的半正定矩阵；

4) 如果 n 阶矩阵 A 是半正定的，那么对任一 n 阶复矩阵 X，矩阵 X^*AX 是半正定的. 特别地，当 $X=\operatorname{diag}(\lambda_1,\lambda_2,\cdots,\lambda_n)$ 且 $\lambda_i>0$ $(i=1,2,\cdots,n)$ 时，如果 A 是半正定的（或无限可分的），那么 $XAX=(\lambda_i\lambda_j a_{ij})$ 也是半正定的（或无限可分的）. 如果 X 是可逆的，那么矩阵 A 和 X^*AX 是合同的.

注意：1) 利用问题 35.3 的 1) 也可以证明埃尔米特矩阵的舒尔积定理. 事实上，每个秩为 1 的半正定矩阵 $\boldsymbol{A}$ 可以写成 $\boldsymbol{A}=\boldsymbol{x}\boldsymbol{x}^*$ 的形式，其中 $\boldsymbol{x}=(x_1,x_2,\cdots,x_n)^{\mathrm{T}}$ 是某个复向量. 如果 $\boldsymbol{A}=\boldsymbol{x}\boldsymbol{x}^*$ 和 $\boldsymbol{B}=\boldsymbol{y}\boldsymbol{y}^*$ 都是秩为 1 的半正定矩阵，则 $\boldsymbol{A}\circ\boldsymbol{B}=\boldsymbol{z}\boldsymbol{z}^*$，其中 $\boldsymbol{z}=(x_1y_1,x_2y_2,\cdots,x_ny_n)^{\mathrm{T}}$. 因此，两个秩为 1 的半正定矩阵的阿达马积也是半正定的，而任一半正定矩阵都是秩为 1 的半正定矩阵的和，因而它们的阿达马积也是半正定的.

2) 利用问题 35.3 的 2) 可以给出术语"无限可分"的由来. 如果 $\boldsymbol{A}^{\circ r}$ 是半正定的，对 $r=\frac{1}{m}\ (m=1,2,\cdots)$，那么用舒尔积定理得，对所有的正有理数 r，$\boldsymbol{A}^{\circ r}$ 是半正定的，再利用问题 35.3 的 2)，取极限可得，对所有的非负实数 r，$\boldsymbol{A}^{\circ r}$ 也是半正定的. 因此，一个所有元素都是非负实数的半正定矩阵是无限可分的当且仅当对每个正整数 m，存在一个半正定矩阵 $\boldsymbol{B}$，使得 $\boldsymbol{A}=\boldsymbol{B}^{\circ m}$. 这意味着对每个正整数 m，$\boldsymbol{A}$ "可分" 为 m 个 $\boldsymbol{B}$ 的阿达马积，因而是"无限可分"的.

下面我们来判定柯西矩阵和"极小" 矩阵的无限可分性. 此外，我们还介绍一些无限可分矩阵(例如：广义柯西矩阵，帕斯卡矩阵，莱默(Lehmer) 矩阵和 GCD 矩阵等).

我们把 n 阶矩阵

$$\boldsymbol{H}_n=(h_{ij})=\begin{pmatrix} 1 & \frac{1}{2} & \frac{1}{3} & \cdots & \frac{1}{n} \\ \frac{1}{2} & \frac{1}{3} & \frac{1}{4} & \cdots & \frac{1}{n+1} \\ \frac{1}{3} & \frac{1}{4} & \frac{1}{5} & \cdots & \frac{1}{n+2} \\ \vdots & \vdots & \vdots & \ddots & \vdots \\ \frac{1}{n} & \frac{1}{n+1} & \frac{1}{n+2} & \cdots & \frac{1}{2n-1} \end{pmatrix}$$

(其中 $h_{ij}=\frac{1}{i+j-1}$) 称为**希尔伯特矩阵**. 希尔伯特矩阵是病态矩阵，它的逆矩阵和以其为系数矩阵的方程组 $\boldsymbol{H}_n\boldsymbol{x}=\boldsymbol{b}$ 的解对 $\boldsymbol{H}_n$ 和 $\boldsymbol{b}$ 的微小扰动十分敏感，对数值求解会带来很大困难(见[12] 中课题 13). 将希尔伯特矩阵的概念加以推广，就可以得到柯西矩阵.

设 $0<\lambda_1\leqslant\lambda_2\leqslant\cdots\leqslant\lambda_n$，元素 $c_{ij}=\frac{1}{\lambda_i+\lambda_j}$ 的 n 阶矩阵 $\boldsymbol{C}_n=(c_{ij})$ 称为**结合 $\lambda_1,\lambda_2,\cdots,\lambda_n$ 的柯西矩阵**.

问题 35.4 设 C_n 为结合 $\lambda_1,\lambda_2,\cdots,\lambda_n$ 的柯西矩阵，证明：

1) C_n 是半正定矩阵；

2) C_n 是无限可分的(提示：对 $r>0$，$\frac{1}{(1-x)^r}$ 的麦克劳林级数为

$$\frac{1}{(1-x)^r}=\sum_{m=0}^{\infty}a_m x^m \quad (|x|<1), \tag{35.2}$$

其中 $a_0=1$，$a_m=\frac{r(r+1)\cdots(r+m-1)}{m!}$ $(m\geqslant 1)$ 都是正数. 设 $\varepsilon\in(0,\lambda_1)$，由(35.2)可得

$$\frac{1}{(\lambda_i+\lambda_j-\varepsilon)^r}=\left(\frac{\varepsilon}{\lambda_i\lambda_j}\right)^r\sum_{m=0}^{\infty}a_m\left[\frac{(\lambda_i-\varepsilon)(\lambda_j-\varepsilon)}{\lambda_i\lambda_j}\right]^m. \tag{35.3}$$

证明以(35.3)给出的级数为元素的矩阵是半正定的，再用问题 35.3 的 2) 证明 C_n 是无限可分的).

设 $\lambda_1,\lambda_2,\cdots,\lambda_n$ 是正数，对每个 $t\in(-2,2]$，可以定义一个 n 阶矩阵 $Z=(z_{ij})$，其中 $z_{ij}=\frac{1}{\lambda_i^2+\lambda_j^2+t\lambda_i\lambda_j}$，我们将 Z 称为**广义柯西矩阵**.

可以证明，对每个 $t\in(-2,2]$，Z 是无限可分的(见[17]). 在[17]中还证明了课题 10 中的帕斯卡矩阵 $S_n=(s_{ij})$ (其中 $s_{ij}=C_{i+j}^{i}$，$i,j=0,1,\cdots,n-1$) 是无限可分的.

在问题 34.4 中，我们证明了“极小”矩阵

$$M_n=(m_{ij})_{n\times n}=(\min\{i,j\})_{n\times n}$$

是正定的. 更一般地，设 $\lambda_1,\lambda_2,\cdots,\lambda_n$ 是任意正数，不妨设 $0<\lambda_1\leqslant\lambda_2\leqslant\cdots\leqslant\lambda_n$，在问题 34.5 中，我们证明了“极小”矩阵

$$M_n=(m_{ij})_{n\times n}=(\min\{\lambda_i,\lambda_j\})_{n\times n}=\begin{pmatrix}\lambda_1&\lambda_1&\cdots&\lambda_1\\ \lambda_1&\lambda_2&\cdots&\lambda_2\\ \vdots&\vdots&\ddots&\vdots\\ \lambda_1&\lambda_2&\cdots&\lambda_n\end{pmatrix} \tag{35.4}$$

是半正定的. 它们是否无限可分呢?

探究题 35.1 证明：(35.4)的“极小”矩阵 M_n 是无限可分的.

探究题 35.2 设 $\lambda_1,\lambda_2,\cdots,\lambda_n$ 是任意正数，$w_{ij}=\frac{1}{\max\{\lambda_i,\lambda_j\}}$，$W_n=(w_{ij})_{n\times n}$，证明：$W_n$ 是无限可分的.

设 $0 < \lambda_1 \leqslant \lambda_2 \leqslant \cdots \leqslant \lambda_n$，$\boldsymbol{L}$ 是元素为

$$l_{ij} = \frac{\min\{\lambda_i, \lambda_j\}}{\max\{\lambda_i, \lambda_j\}} \tag{35.5}$$

的 n 阶矩阵．由探究题 35.1 和探究题 35.2 知，$\boldsymbol{M}_n$ 和 $\boldsymbol{W}_n$ 都是无限可分的，故它们的阿达马积 $\boldsymbol{L}$ 也是无限可分的．

由(35.5)，知

$$l_{ij} = \frac{\lambda_i}{\lambda_j} \quad (1 \leqslant i \leqslant j \leqslant n),$$

特别地，取 $\lambda_j = j$ $(1 \leqslant j \leqslant n)$，则

$$l_{ij} = \frac{i}{j} = l_{ji} \quad (1 \leqslant i \leqslant j \leqslant n),$$

由此得到的矩阵 $\boldsymbol{L}$ 称为**莱默矩阵**，它也是无限可分的．

对一组给定的互不相同的正整数集 $S = \{x_1, x_2, \cdots, x_n\}$，可以定义一个 n 阶矩阵 $\boldsymbol{A} = (a_{ij})$，其中 $a_{ij} = (x_i, x_j)$ 是 x_i 和 x_j 的最大公约数，我们把 A 称为**结合 S 的 GCD 矩阵**．可以证明，它是无限可分的(见[17])．

无限可分的概念在概率分布的特征函数理论中是重要的．无限可分的分布恰好是一类独立随机变量之和的极限分布．无限可分的概念在算子单调函数理论中也有其应用．

问题解答

问题 35.1　设 $\boldsymbol{A} = \begin{pmatrix} a_{11} & a_{12} \\ a_{21} & a_{22} \end{pmatrix}$ 是半正定的，且所有的 $a_{ij} \geqslant 0$，则

$$\begin{vmatrix} a_{11} & a_{12} \\ a_{21} & a_{22} \end{vmatrix} = a_{11}a_{22} - a_{12}a_{21} \geqslant 0,$$

即 $a_{11}a_{22} \geqslant a_{12}a_{21}$．因而对任一 $r \geqslant 0$，有 $a_{11}^r a_{22}^r \geqslant a_{12}^r a_{21}^r$，即

$$\begin{vmatrix} a_{11}^r & a_{12}^r \\ a_{21}^r & a_{22}^r \end{vmatrix} \geqslant 0.$$

又因 $a_{11}^r \geqslant 0$，$a_{22}^r \geqslant 0$，故 $\boldsymbol{A}^{\circ r} = (a_{ij}^r)$ 的所有主子式均为非负的，即 $\boldsymbol{A}^{\circ r}$ 是半正定的，因此，$\boldsymbol{A}$ 是无限可分的，也就是说，如果一个 2 阶埃尔米特矩阵的所有元素都是非负实数，那么它是无限可分的充分必要条件是它为半正定的．

问题 35.2　设 $r \in [0, +\infty)$，则 $\boldsymbol{A}^{\circ r}$ 的所有主子式为

$$|1^r|,\ |2^r|,\ |1^r|,\ \begin{vmatrix} 1^r & 1^r \\ 1^r & 2^r \end{vmatrix} = 2^r - 1,\ \begin{vmatrix} 2^r & 1^r \\ 1^r & 1^r \end{vmatrix} = 2^r - 1,$$

$$\begin{vmatrix} 1^r & 0 \\ 0 & 1^r \end{vmatrix} = 1,\quad |\boldsymbol{A}^{\circ r}| = 2^r - 2,$$

因而 $\boldsymbol{A}^{\circ r}$ 是半正定的当且仅当 $r \geqslant 1$. 因此，$\boldsymbol{A}$ 不是无限可分的.

问题 35.3 1) 由于埃尔米特二次型

$$f(x_1, x_2, \cdots, x_n) = \boldsymbol{x}^*(a_1\boldsymbol{A}_1 + a_2\boldsymbol{A}_2 + \cdots + a_k\boldsymbol{A}_k)\boldsymbol{x}$$

是半正定的，故 $a_1\boldsymbol{A}_1 + a_2\boldsymbol{A}_2 + \cdots + a_k\boldsymbol{A}_k$ 也是半正定的.

2) 设 $\boldsymbol{A}_k = (a_{ij}^{(k)})$，$\lim\limits_{k\to\infty}\boldsymbol{A}_k = \boldsymbol{A} = (a_{ij})$. 由于 $\boldsymbol{A}_k$ 是半正定的，故对任一 $\boldsymbol{x} = (x_1, x_2, \cdots, x_n)^{\mathrm{T}} \in \mathbf{C}^n$，有

$$f_k(x_1, x_2, \cdots, x_n) = \sum_{i=1}^{n}\sum_{j=1}^{n} a_{ij}^{(k)}\, \overline{x_i} x_j \geqslant 0,$$

所以有

$$\begin{aligned}\lim_{k\to\infty} f_k(x_1, x_2, \cdots, x_n) &= \sum_{i=1}^{n}\sum_{j=1}^{n} \lim_{k\to\infty} a_{ij}^{(k)}\, \overline{x_i} x_j = \sum_{i=1}^{n}\sum_{j=1}^{n} a_{ij}\, \overline{x_i} x_j \\ &= \boldsymbol{x}^*\boldsymbol{A}\boldsymbol{x} \geqslant 0,\end{aligned}$$

因此，$\boldsymbol{A}$ 是半正定的.

3) 由于 $\boldsymbol{I}$ 是主子式除一阶的为 1 外，其余皆为零，故 $\boldsymbol{I}$ 是秩为 1 的半正定矩阵.

4) 因为 $\boldsymbol{A}$ 是半正定的，所以对任一 $\boldsymbol{c} \in \mathbf{C}^n$，有 $\boldsymbol{c}^*\boldsymbol{A}\boldsymbol{c} \geqslant 0$，因而对任一 $\boldsymbol{y} \in \mathbf{C}^n$，有

$$\boldsymbol{y}^*\boldsymbol{X}^*\boldsymbol{A}\boldsymbol{X}\boldsymbol{y} = (\boldsymbol{X}\boldsymbol{y})^*\boldsymbol{A}(\boldsymbol{X}\boldsymbol{y}) \geqslant 0,$$

因此，$\boldsymbol{X}^*\boldsymbol{A}\boldsymbol{X}$ 是半正定的. 当 $\boldsymbol{X} = \mathrm{diag}(\lambda_1, \lambda_2, \cdots, \lambda_n)$ 且 $\lambda_i > 0\ (i = 1, 2, \cdots, n)$ 时，$\boldsymbol{X}$ 是正定的，也是无限可分的，且 $\boldsymbol{X}^*\boldsymbol{A}\boldsymbol{X} = \boldsymbol{X}\boldsymbol{A}\boldsymbol{X}$ 是三个半正定矩阵的阿达马积，因此，如果 $\boldsymbol{A}$ 是半正定的(或无限可分的)，那么 $\boldsymbol{X}\boldsymbol{A}\boldsymbol{X} = (\lambda_i\lambda_j a_{ij})$ 也是半正定的(或无限可分的).

问题 35.4 1) 用 $\boldsymbol{C}_n = (c_{ij})$ 的元素 $c_{nn} = \dfrac{1}{2\lambda_n}$ 对第 n 列的其余 $n-1$ 个元素进行消法变换可得 $\boldsymbol{C}_n$ 与 $\boldsymbol{C}_{n-1}$ 的递推关系式：

$$|\boldsymbol{C}_n| = \frac{1}{2\lambda_n}\prod_{i=1}^{n-1}\frac{(\lambda_i - \lambda_n)^2}{(\lambda_i + \lambda_n)^2}|\boldsymbol{C}_{n-1}|.$$

用这个递推关系式将 $|\boldsymbol{C}_n|$ 依次降价可得

$$|C_n| = \frac{\prod\limits_{1\leqslant i<j\leqslant n}(\lambda_i-\lambda_j)^2}{\prod\limits_{1\leqslant i,j\leqslant n}(\lambda_i+\lambda_j)} \tag{35.6}$$

(该公式由柯西于 1841 年给出). 由于 $\boldsymbol{C}_n$ 的每个主子式都是另一个柯西矩阵的行列式, 由(35.6)知, 它们都是非负的, 因而 $\boldsymbol{C}_n$ 是半正定的.

2) 首先, 证明公式(35.2). 设 $f(x)=\dfrac{1}{(1-x)^r}$ (其中 $r>0$). 由于

$$\begin{aligned}
&f(x)=\frac{1}{(1-x)^r}=(1-x)^{-r}, && f(0)=1,\\
&f'(x)=r(1-x)^{-(r+1)}, && f'(0)=r,\\
&f''(x)=r(r+1)(1-x)^{-(r+2)}, && f''(0)=r(r+1),\\
&f'''(x)=r(r+1)(r+2)(1-x)^{-(r+3)}, && f'''(0)=r(r+1)(r+2),
\end{aligned}$$

$$\cdots,$$

$$f^{(m)}(x)=r(r+1)\cdots(r+m-1)(1-x)^{-(r+m)},$$

$$f^{(m)}(0)=r(r+1)\cdots(r+m-1),$$

故 $f(x)=\dfrac{1}{(1-x)^r}$ 的麦克劳林级数为

$$\frac{1}{(1-x)^r}=\sum_{m=0}^{\infty}a_m x^m, \tag{35.7}$$

其中 $a_0=1$, $a_m=\dfrac{r(r+1)\cdots(r+m-1)}{m!}$ $(m\geqslant 1)$.

下面用比式判别法来求它的收敛半径. 由于

$$\left|\frac{r(r+1)\cdots(r+m)}{(m+1)!}x^{m+1}\Big/\frac{r(r+1)\cdots(r+m-1)}{m!}x^m\right|$$

$$=\frac{|r+m|}{m+1}|x|=\frac{\left|1+\dfrac{r}{m}\right|}{1+\dfrac{1}{m}}|x|\to|x|, \text{ 当 } m\to\infty,$$

故当 $|x|<1$ 时, 级数(35.7)是绝对收敛的, 因而是收敛的.

设 $\varepsilon\in(0,\lambda_1)$, $r>0$, 由(35.7), 得

$$\begin{aligned}
c_{ij}^{(\varepsilon)}&=\frac{1}{(\lambda_i+\lambda_j-\varepsilon)^r}=\frac{\varepsilon^r}{(\varepsilon\lambda_i+\varepsilon\lambda_j-\varepsilon^2)^r}=\frac{\varepsilon^r}{[\lambda_i\lambda_j-(\lambda_i-\varepsilon)(\lambda_j-\varepsilon)]^r}\\
&=\left(\frac{\varepsilon}{\lambda_i\lambda_j}\right)^r\frac{1}{\left[1-\dfrac{(\lambda_i-\varepsilon)(\lambda_j-\varepsilon)}{\lambda_i\lambda_j}\right]^r}
\end{aligned}$$

$$=\left(\frac{\varepsilon}{\lambda_i\lambda_j}\right)^r\sum_{m=0}^{\infty}a_m\left[\frac{(\lambda_i-\varepsilon)(\lambda_j-\varepsilon)}{\lambda_i\lambda_j}\right]^m, \tag{35.8}$$

其中 $a_0,a_1,a_2,\cdots$ 都是正数. 设 $\boldsymbol{C}_\varepsilon=(c_{ij}^{(\varepsilon)})_{n\times n}$，则 $\lim\limits_{\varepsilon\to 0}\boldsymbol{C}_\varepsilon=\boldsymbol{C}_n^{\circ r}$，故只要再证，对任一 $\varepsilon\in(0,\lambda_1)$，$\boldsymbol{C}_\varepsilon$ 是半正定的，那么 $\boldsymbol{C}_n^{\circ r}$ 也是半正定的($r>0$)，因而 $\boldsymbol{C}_n$ 是无限可分的.

设

$$\boldsymbol{X}=\operatorname{diag}\left(\frac{\lambda_1-\varepsilon}{\lambda_1},\frac{\lambda_2-\varepsilon}{\lambda_2},\cdots,\frac{\lambda_n-\varepsilon}{\lambda_n}\right),$$

则 $\boldsymbol{X}$ 是可逆的. 由问题 35.3 的 4) 知，元素为

$$\frac{(\lambda_i-\varepsilon)(\lambda_j-\varepsilon)}{\lambda_i\lambda_j}$$

的矩阵就是 $\boldsymbol{XIX}=\boldsymbol{X}^*\boldsymbol{IX}$ (其中 $\boldsymbol{I}$ 是平坦矩阵，是半正定的)，它与 $\boldsymbol{I}$ 合同，是半正定的. 用舒尔积定理，它的 m 次阿达马幂也是半正定的，$m=0,1,2,\cdots$. 由问题 35.3 的 1) 和 2) 知，元素为

$$\sum_{m=0}^{\infty}a_m\left[\frac{(\lambda_i-\varepsilon)(\lambda_j-\varepsilon)}{\lambda_i\lambda_j}\right]^m$$

的矩阵是半正定的. 又因元素为 $\dfrac{1}{(\lambda_i\lambda_j)^r}$ 的矩阵是半正定的(因为它合同于平坦矩阵)，再由舒尔积定理得，$\boldsymbol{C}_\varepsilon$ 是半正定的. 因此 $\boldsymbol{C}_n$ 是无限可分的.

注意：我们也可以用 Γ 函数(格马(Gamma) 函数) 来证明 $\boldsymbol{C}_n$ 的无限可分性，下面作简略的介绍.

设 $L_2(0,+\infty)$ 是由所有的在$(0,+\infty)$ 上关于勒贝格测度平方可积的函数组成的希尔伯特空间，在这个空间中的两个元素 u_1 和 u_2 的内积定义为

$$\langle u_1,u_2\rangle=\int_0^{+\infty}u_1(t)\,\overline{u_2(t)}\,\mathrm{d}t.$$

设 $u_i(t)=\mathrm{e}^{-t\lambda_i}$ $(1\leqslant i\leqslant n)$，则

$$\frac{1}{\lambda_i+\lambda_j}=\int_0^{+\infty}\mathrm{c}^{-t(\lambda_i+\lambda_j)}\,\mathrm{d}t-\langle u_i,u_j\rangle, \tag{35.9}$$

故 $\boldsymbol{C}_n$ 就是 $u_1(t),u_2(t),\cdots,u_n(t)$ 的格拉姆矩阵，因而是半正定的.

在$(0,+\infty)$ 上定义的 $\boldsymbol{\Gamma}$ 函数为

$$\Gamma(x)=\int_0^{+\infty}\mathrm{e}^{-t}t^{x-1}\,\mathrm{d}t,\quad x>0.$$

用这个定义可以证明

$$\frac{1}{(\lambda_i+\lambda_j)^r}=\frac{1}{\Gamma(r)}\int_0^{+\infty}\mathrm{e}^{-t(\lambda_i+\lambda_j)}t^{r-1}\,\mathrm{d}t, \tag{35.10}$$

其中 $r>0$. 当 $r=1$ 时，(35.10) 就简化为(35.9). 由(35.10) 知，元素为 $\dfrac{1}{(\lambda_i+\lambda_j)^r}$ 的矩阵 $\boldsymbol{C}_n^{\circ r}$ 是关于测度

$$\mathrm{d}\mu(t)=\frac{t^{r-1}}{\Gamma(r)}\mathrm{d}t$$

的 $L_2(0,+\infty)$ 中的元素 $u_i(t)=\mathrm{e}^{-t\lambda_i}\ (i=1,2,\cdots,n)$ 的格拉姆矩阵，因而是半正定的. 因此，$\boldsymbol{C}_n$ 是无限可分的.

36. 有向图的关联矩阵

关联矩阵是表示图的一类矩阵，利用它可以将一些图论问题代数化. 本课题将研讨有向图的关联矩阵及其转置矩阵的值域与零空间的性质，并给出相关的物理意义.

中心问题 研讨有向图的关联矩阵 $\boldsymbol{A}$ 及其转置矩阵 $\boldsymbol{A}^{\mathrm{T}}$ 的值域和零空间的性质以及它们之间的正交关系和维数关系，并求矩阵 $\boldsymbol{A}$ 的秩.

准备知识 线性方程组，矩阵的秩、值域和零空间，实向量空间、子空间与正交补

下面结合图 36-1，介绍本课题将用到的一些图论的基本术语.

如图 36-1 所示，图中有 4 个顶点 v_1, v_2, v_3, v_4 和 6 条边 $e_1, e_2, e_3, e_4, e_5, e_6$. 图论中的图 G 是由集合 V 与 E 组成的，其中 V 表示由顶点组成的集合，E 表示由边组成的集合. 在图 36-1 中，$G=(V,E)$，其中 $V=\{v_1, v_2, v_3, v_4\}$，$E=\{e_1, e_2, e_3, e_4, e_5, e_6\}$，顶点 v_1 与 v_2 称为边 e_1 的**端点**，此时称边 e_1 与顶点 v_1, v_2 **相关联**. 图 36-1 中，从顶点 v_1 出发，相继经过边和顶点：e_1, v_2, e_3, v_3，构成一个顶点和边的交替序列：

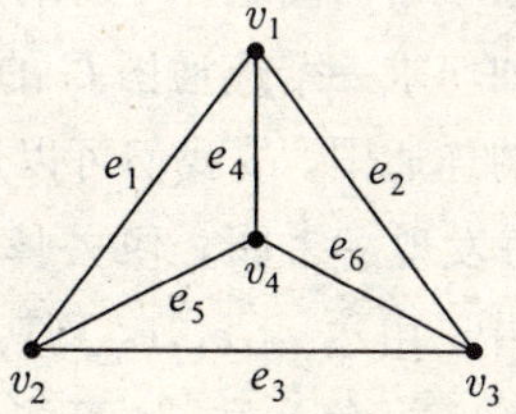

图 36-1

$$W=v_1e_1v_2e_3v_3,$$

称 W 为图中的一条**道路**，v_1 叫做 W 的**起点**，v_3 为**终点**. 顶点互不相同的道路称为**轨道**. 起点与终点重合的道路称为**回路**(或圈). 例如：$W=v_1e_1v_2e_5v_4e_6v_3e_2v_1$ 是一条回路.

若两个顶点 u, v 间存在道路，则称顶点 u 与 v **连通**. 任意两顶点都连通的图称为**连通图**. 例如：图 36-1 是连通图. 本课题中讨论的图均为连通图，道路均为轨道.

在图论中，树是一类重要的图，它在各个不同的科学领域中有广泛的应用. 不含回路的图称为**树**. 图 36-2 给出了一些树的例子，而图 36-1 不是树.

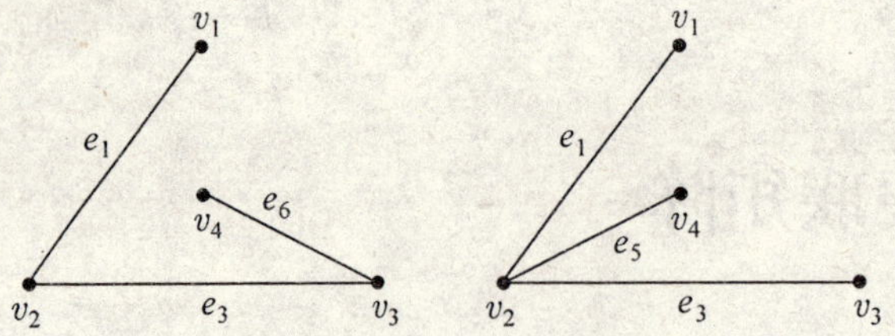

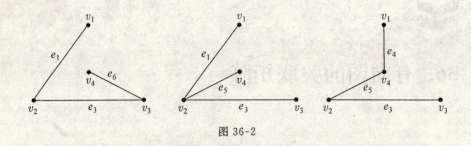

图 36-2

可以证明：如果树 $T=(V,E)$ 的顶点数为 n，则它的边数 $m=n-1$（事实上，只要逐次去掉一个树的一条边，则每次将顶点数也减少 1，最后，剩下一条边，它有 2 个端点，故树的边数比顶点数少 1）.

树的边数可由它的顶点数确定，树是顶点数相同的连通图中边数最少的图，少一条就不连通，而加一条就出现回路.

由部分边及其相关联的顶点组成的图称为原图的**子图**. 例如：图 36-2 中的图都是图 36-1 的一个子图. 在图 $G=(V,E)$ 中，若一个子图 T 包含了原图的所有顶点，且它是一个树，则称树 T 是 G 的**生成树**. 例如：图 36-2 中的图都是图 36-1 的生成树. 一个连通图 G，除非它本身就是树，一般地，有不止一个生成树. 许多实际问题可以归结为寻找图的生成树问题，如寻找一个有线电信系统，使该系统内各线路的长度之和最短，且各地区之间又能保持电信畅通联络的问题，可归纳为寻求最优生成树问题.

如何求一个连通图 G 的生成树呢？图 G 的生成树是保留全部顶点，并且无圈的连通图，故我们可以用破圈法来求图的生成树，具体地说就是：在图中，每发现一个圈，便去掉其中一条边，直至图中无圈为止. 例如：在图 36-1 中，由边 e_2,e_4,e_6 及其相关联的顶点组成一个圈，我们去掉边 e_2（见图 36-3 (1)），使 e_4 与 e_6 不能与 e_2 构成圈，再从剩下的边中选边 e_4，将它去掉（见图 36-3 (2)），使 e_1 与 e_5 不能与 e_4 构成圈，再从剩下的边中选边 e_5，将它

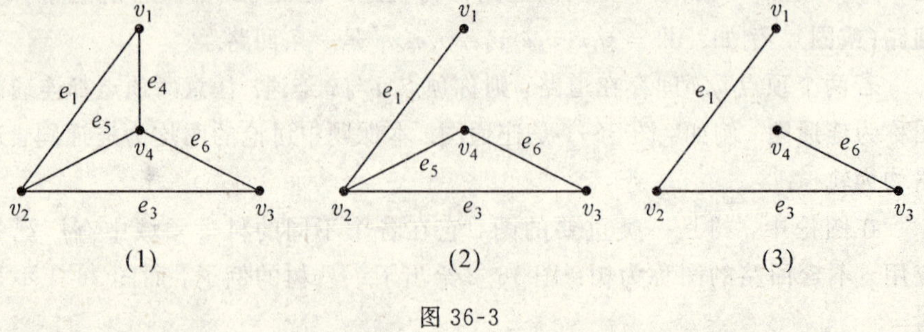

图 36-3

去掉(见图 36-3 (3)),使 e_3 与 e_6 不能与 e_5 构成圈. 此时剩下的 3 条边 e_1,e_3,e_6 及相关联的顶点构成的图就不再含圈,且仍保留原图的全部顶点,它是图 36-1 的一个生成树,其过程如图 36-3 所示.

如图 36-4 所示,指定边的方向的图称为**有向图**. 在有向图中,每条边的两个端点中,一个是始端,另一个是终端,而且边的方向规定为从始端指向终端.

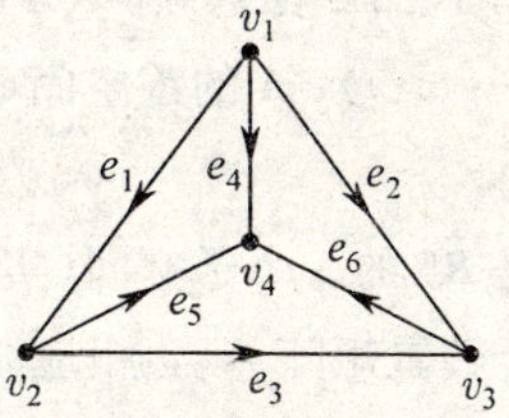

图 36-4

关联矩阵是图的一种矩阵表示,它刻画了图中顶点与边之间的关联关系,对于有向图,它还规定了边的方向.

设图 G 为具有 n 个顶点、m 条边的有向图,令

$$a_{ij}=\begin{cases}-1, & \text{若顶点 } v_j \text{ 是边 } e_i \text{ 的始端},\\ 1, & \text{若顶点 } v_j \text{ 是边 } e_i \text{ 的终端},\\ 0, & \text{其他},\end{cases}$$

则称 $m\times n$ 矩阵 $\mathbf{A}=(a_{ij})_{m\times n}$ 为有向图 G 的关联矩阵. 例如:图 36-4 的关联矩阵为

$$\begin{array}{c} \text{顶点} \\ \begin{array}{cccc} 1 & 2 & 3 & 4 \end{array} \end{array}$$

$$\mathbf{A}=\begin{pmatrix}-1 & 1 & 0 & 0\\ -1 & 0 & 1 & 0\\ 0 & -1 & 1 & 0\\ -1 & 0 & 0 & 1\\ 0 & -1 & 0 & 1\\ 0 & 0 & -1 & 1\end{pmatrix}\begin{matrix}1\\2\\3\\4\\5\\6\end{matrix}\text{边}. \tag{36.1}$$

下面介绍顶点的次数的概念. 在一个图 G 中,与顶点 v 关联的边的数目称为顶点 v 的**次数**. 例如:图 36-1 中,顶点 v_1 的次数为 3;图 36-3 (3) 中,顶点 v_1 的次数为 1,v_2 的次数为 2. 由于一个树不含圈,故它总含有次数为 1 的顶点,如图 36-3 (3).

课题探究

我们知道,对任一 $m\times n$ 实矩阵 $\mathbf{A}$,都可以给出 m 维实向量空间 $\mathbf{R}^m$ 的 2 个子空间与 n 维实向量空间 $\mathbf{R}^n$ 的 2 个子空间:矩阵 $\mathbf{A}$ 的值域和零空间以及矩

阵 $\mathbf{A}^{\mathrm{T}}$ 的值域和零空间，具体地说，$\mathbf{A}$ 的值域为

$$\mathscr{R}(\mathbf{A})=\{\mathbf{A}\boldsymbol{y}\mid \boldsymbol{y}\in\mathbf{R}^n\},$$

它是 $\mathbf{R}^m$ 的一个子空间(设 $\mathbf{A}=(\boldsymbol{a}_1,\boldsymbol{a}_2,\cdots,\boldsymbol{a}_n)$，其中 $\boldsymbol{a}_i$ 是 $\mathbf{A}$ 的第 i 个列向量 $(i=1,2,\cdots,n)$，则 $\mathscr{R}(\mathbf{A})$ 是由 $\mathbf{A}$ 的列向量所张成的子空间 $\mathscr{R}(\mathbf{A})=L(\boldsymbol{a}_1,\boldsymbol{a}_2,\cdots,\boldsymbol{a}_n)$)；$\mathbf{A}$ 的零空间(也称为 $\mathbf{A}$ 的核) 为

$$\mathscr{N}(\mathbf{A})=\{\boldsymbol{x}\in\mathbf{R}^n\mid \mathbf{A}\boldsymbol{x}=\mathbf{0}\},$$

它是 $\mathbf{R}^n$ 的一个子空间(实际上，它就是齐次线性方程组 $\mathbf{A}\boldsymbol{x}=\mathbf{0}$ 的解空间)；对于转置矩阵 $\mathbf{A}^{\mathrm{T}}$，相应地也有值域 $\mathscr{R}(\mathbf{A}^{\mathrm{T}})$ (称为 $\mathbf{A}$ 的**上值域**) 和零空间 $\mathscr{N}(\mathbf{A}^{\mathrm{T}})$ (称为 $\mathbf{A}$ 的**上核**)，它们分别是 $\mathbf{R}^n$ 和 $\mathbf{R}^m$ 的子空间.

我们先对任一 $m\times n$ 实矩阵 $\mathbf{A}$ 的 4 个子空间 $\mathscr{N}(\mathbf{A})$，$\mathscr{R}(\mathbf{A}^{\mathrm{T}})$，$\mathscr{R}(\mathbf{A})$，$\mathscr{N}(\mathbf{A}^{\mathrm{T}})$ 之间的关系加以讨论，然后再对 $\mathbf{A}$ 为有向图的关联矩阵的情况进一步展开讨论，并给出相应的物理意义.

问题 36.1 设 $\mathbf{A}$ 是一个 $m\times n$ 实矩阵，试讨论 $\mathscr{N}(\mathbf{A})$，$\mathscr{N}(\mathbf{A}^{\mathrm{T}})$，$\mathscr{R}(\mathbf{A})$，$\mathscr{R}(\mathbf{A}^{\mathrm{T}})$ 之间的正交关系和维数关系.

探究题 36.1 设 $\mathbf{A}$ 是一个 $m\times n$ 实矩阵，试利用 $\mathscr{N}(\mathbf{A})$，$\mathscr{N}(\mathbf{A}^{\mathrm{T}})$，$\mathscr{R}(\mathbf{A})$，$\mathscr{R}(\mathbf{A}^{\mathrm{T}})$ 将向量空间 $\mathbf{R}^m$ 和 $\mathbf{R}^n$ 进行正交的直和分解(即正交分解).

由问题 36.1 可知，$\dim\mathscr{R}(\mathbf{A})=\dim\mathscr{R}(\mathbf{A}^{\mathrm{T}})=\mathrm{r}(\mathbf{A})$. 为求矩阵 $\mathbf{A}$ 的秩 $\mathrm{r}(\mathbf{A})$，可以用行初等变换将 $\mathbf{A}$ 化成阶梯形矩阵来求，这过程相当于用消元法求解齐次线性方程组 $\mathbf{A}\boldsymbol{x}=\mathbf{0}$ 时，将系数矩阵 $\mathbf{A}$ 化为阶梯形，故将上述矩阵 $\mathbf{A}$ 化成阶梯形矩阵的过程仍称为“消元法”.

问题 36.2 设 $m\times n$ 实矩阵 $\mathbf{A}$ 经过消元法化成阶梯形矩阵 $\boldsymbol{U}$，观察 $\mathbf{A}$ 和 $\boldsymbol{U}$ 的零空间和值域，你有什么发现？特别地，当 $\mathbf{A}$ 是图 36-4 的关联矩阵时，$\mathbf{A}$ 和 $\boldsymbol{U}$ 的图之间有什么联系？从图论的角度来看一个有向图的关联矩阵 $\mathbf{A}$ 的秩，你有什么发现？

由问题 36.2 可知，任一个(连通的) 有向图的关联矩阵 $\mathbf{A}$ 的秩为它的顶点数减去 1，即 $n-1$. 由此我们可以对 $\mathscr{N}(\mathbf{A})$，$\mathscr{R}(\mathbf{A}^{\mathrm{T}})$，$\mathscr{R}(\mathbf{A})$，$\mathscr{N}(\mathbf{A}^{\mathrm{T}})$ 的性质展开进一步的讨论. 另一方面，也可以看到，利用消元法可以将一个关联矩阵为 $\mathbf{A}$ 的顶点数为 n 的有向图 G 变成一个关联矩阵为 $\boldsymbol{U}$ 的生成树 T，其中 $\mathrm{r}(\mathbf{A})=\mathrm{r}(\boldsymbol{U})=n-1$，而树 T 的边数 $=n-1$，故 $\boldsymbol{U}$ 是行满秩矩阵，它的行向量组线性无关，且构成 $\mathbf{R}^n$ 的子空间 $\mathscr{R}(\mathbf{A}^{\mathrm{T}})$ 的一个基. 对图 G 的每个生成树，

都可以通过它的边所对应的行向量，找到 $\mathscr{R}(\mathbf{A}^{\mathrm{T}})$ 的一个基. 一般地，G 可以有许多生成树，这样可以对应地找到 $\mathscr{R}(\mathbf{A}^{\mathrm{T}})$ 的许多个基.

问题 36.3 设有向图 G 的顶点数为 n，边数为 m，$m\times n$ 的关联矩阵为 $\mathbf{A}$.

1) 求 $\mathbf{R}^n$ 的子空间 $\mathscr{N}(\mathbf{A})$；

2) 问：$\mathbf{R}^n$ 的子空间 $\mathscr{R}(\mathbf{A}^{\mathrm{T}})$ 有什么特征性质？

3) 试寻找 $\boldsymbol{b}\in\mathbf{R}^m$ 属于 $\mathscr{R}(\mathbf{A})$ 的条件.

在电路计算中，有一个电流定律，即基尔霍夫第一定律：在任一节点处，流向节点的电流和流出节点的电流的代数和等于零.

下面我们借助电学中的思路来求 $\mathbf{R}^m$ 的子空间 $\mathscr{N}(\mathbf{A}^{\mathrm{T}})$，由此也给出了有向图的物理意义.

问题 36.4 设有向图 G 的顶点数为 n，边数为 m，$m\times n$ 的关联矩阵为 $\mathbf{A}$. 求线性方程组 $\mathbf{A}^{\mathrm{T}}\boldsymbol{y}=\mathbf{0}$ 的解空间 $\mathscr{N}(\mathbf{A}^{\mathrm{T}})$.

在问题 36.4 中，我们利用电流定律，由独立回路上的电流，求出 $\mathbf{A}^{\mathrm{T}}\boldsymbol{y}=\mathbf{0}$ 的解. 在电路计算中还有一个电压定律，即基尔霍夫第二定律：沿任一闭合回路中电动势的代数和等于回路中电阻上电势降落的代数和.

利用电压定律可以给出问题 36.3 中 3) 的物理意义. 用图 36-4 可以表示各支路上电动势全为零的电路，其中顶点(即节点) v_i 处的电势记为 $x_i(i=1,2,3,4)$，则

$$\boldsymbol{Ax}=\begin{pmatrix}-1&1&0&0\\-1&0&1&0\\0&-1&1&0\\-1&0&0&1\\0&-1&0&1\\0&0&-1&1\end{pmatrix}\begin{pmatrix}x_1\\x_2\\x_3\\x_4\end{pmatrix}=\begin{pmatrix}x_2-x_1\\x_3-x_1\\x_3-x_2\\x_4-x_1\\x_4-x_2\\x_4-x_3\end{pmatrix}=\begin{pmatrix}b_1\\b_2\\b_3\\b_4\\b_5\\b_6\end{pmatrix}\tag{36.2}$$

表示各边(即支路)上的电势差(例如：$x_2-x_1(=b_1)$ 表示边 e_1 的电阻上的电势降落)，正是这些电势差造成了电流的流动. 于是，问题 36.3 中 3) 的解答可以解释为 $\boldsymbol{b}\in\mathscr{R}(\mathbf{A})$ 的必要条件是任一回路中边(即电阻) 上电势降落的代数和等于零，这与电压定律是一致的(因为在该电路中各支路(即边) 上的电动势全为零).

利用电流定律和电压定律可以进行电路计算. 下面求解一个桥式电路的计算问题.

问题 36.5 直流电桥中最常用的是单臂直流电桥(又称惠斯登电桥),是用来测量中值(约 1 Ω 到 0.1 MΩ)电阻的,其电路如图 36-5 所示. 中间支路是一检流计,其电阻为 R_G. 设 $E = 12$ V, $R_1 = R_2 = 5$ Ω, $R_3 = 10$ Ω, $R_4 = 5$ Ω, $R_G = 10$ Ω. 试求检流计 G 中的电流 I_5.

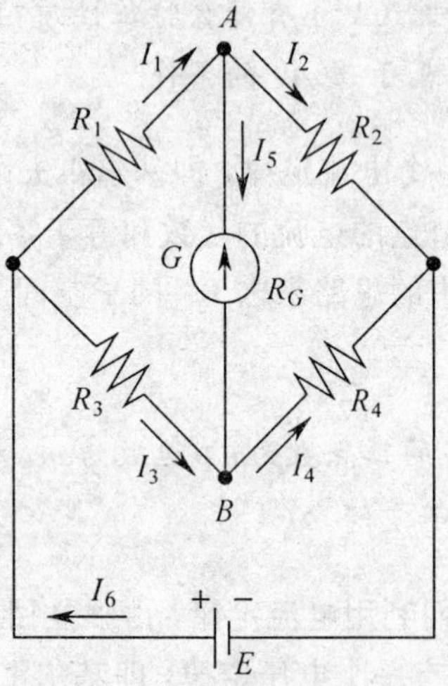

图 36-5

关于有向图的关联矩阵在电网络计算方面进一步的应用可以参阅[12]中课题 20.

问题解答

问题 36.1 设 $\boldsymbol{x} \in \mathcal{N}(\mathbf{A}) = \{\boldsymbol{x} \in \mathbf{R}^n \mid \mathbf{A}\boldsymbol{x} = \mathbf{0}\}$, 则 $\mathbf{A}\boldsymbol{x} = \mathbf{0}$, 故 $\boldsymbol{x}$ 与矩阵 $\mathbf{A}$ 的每个行向量正交,而 $\mathbf{A}$ 的行向量(即 $\mathbf{A}^{\mathrm{T}}$ 的列向量)张成 $\mathbf{R}^n$ 的子空间 $\mathcal{R}(\mathbf{A}^{\mathrm{T}})$,所以在 $\mathcal{N}(\mathbf{A})$ 中的每个向量与 $\mathcal{R}(\mathbf{A}^{\mathrm{T}})$ 中的每个向量正交,即 $\mathbf{R}^n$ 中的两个子空间 $\mathcal{N}(\mathbf{A})$ 和 $\mathcal{R}(\mathbf{A}^{\mathrm{T}})$ 正交. 同理可证, $\mathbf{R}^m$ 中的两个子空间 $\mathcal{N}(\mathbf{A}^{\mathrm{T}})$ 和 $\mathcal{R}(\mathbf{A})$ 正交.

设矩阵 $\mathbf{A}$ 的秩 $\mathrm{r}(\mathbf{A}) = r$, 由于矩阵 $\mathbf{A}$ 的行秩等于列秩,都等于 r, 所以

$$\dim \mathcal{R}(\mathbf{A}) = \dim \mathcal{R}(\mathbf{A}^{\mathrm{T}}) = r,$$

又由于齐次线性方程组 $\mathbf{A}\boldsymbol{x} = \mathbf{0}$ 的解空间 $\mathcal{N}(\mathbf{A})$ 的维数 $\dim \mathcal{N}(\mathbf{A}) = n - r$, 而 $\dim \mathcal{R}(\mathbf{A}) = r$, 所以

$$\dim \mathcal{R}(\mathbf{A}) + \dim \mathcal{N}(\mathbf{A}) = n.$$

同理可证，

$$\dim \mathscr{R}(\boldsymbol{A}^{\mathrm{T}}) + \dim \mathscr{N}(\boldsymbol{A}^{\mathrm{T}}) = m.$$

问题 36.2 由于齐次线性方程组 $\boldsymbol{Ax}=\boldsymbol{0}$ 和 $\boldsymbol{Ux}=\boldsymbol{0}$ 同解，所以 $\mathscr{N}(\boldsymbol{A})=\mathscr{N}(\boldsymbol{U})$. 另一方面，矩阵的行初等变换不改变列向量组的线性关系，所以 $\boldsymbol{A}$ 和 $\boldsymbol{U}$ 的列向量组有相同的线性关系，且

$$\dim \mathscr{R}(\boldsymbol{A}) = \dim \mathscr{R}(\boldsymbol{U}).$$

当矩阵 $\boldsymbol{A}$ 是图 36-4 的关联矩阵时，可以用行初等变换将它化成阶梯形：

$$\boldsymbol{A}=\begin{pmatrix}-1&1&0&0\\-1&0&1&0\\0&-1&1&0\\-1&0&0&1\\0&-1&0&1\\0&0&-1&1\end{pmatrix}\xrightarrow[\text{第 2 行}-\text{第 1 行}]{①}\begin{pmatrix}-1&1&0&0\\0&-1&1&0\\0&-1&1&0\\-1&0&0&1\\0&-1&0&1\\0&0&-1&1\end{pmatrix}$$

$$\xrightarrow[\text{第 2 行}-\text{第 3 行}]{②}\begin{pmatrix}-1&1&0&0\\0&0&0&0\\0&-1&1&0\\-1&0&0&1\\0&-1&0&1\\0&0&-1&1\end{pmatrix}\xrightarrow[\text{第 4 行}-\text{第 1 行}]{③}\begin{pmatrix}-1&1&0&0\\0&0&0&0\\0&-1&1&0\\0&-1&0&1\\0&-1&0&1\\0&0&-1&1\end{pmatrix}$$

$$\xrightarrow[\substack{\text{第 4 行}-\text{第 3 行}\\ \text{第 5 行}-\text{第 3 行}}]{④}\begin{pmatrix}-1&1&0&0\\0&0&0&0\\0&-1&1&0\\0&0&-1&1\\0&0&-1&1\\0&0&-1&1\end{pmatrix}\xrightarrow[\substack{\text{第 4 行}-\text{第 6 行}\\ \text{第 5 行}-\text{第 6 行}}]{⑤}\begin{pmatrix}-1&1&0&0\\0&0&0&0\\0&-1&1&0\\0&0&0&0\\0&0&0&0\\0&0&-1&1\end{pmatrix}$$

$$\xrightarrow[\text{交换矩阵的行}]{⑥}\begin{pmatrix}-1&1&0&0\\0&-1&1&0\\0&0&-1&1\\0&0&0&0\\0&0&0&0\\0&0&0&0\end{pmatrix}=\boldsymbol{U}.$$

由此可得，$\boldsymbol{Ax}=\boldsymbol{0}$ 和 $\boldsymbol{Ux}=\boldsymbol{0}$ 同解，且解空间

$$\mathscr{N}(\boldsymbol{A})=\mathscr{N}(\boldsymbol{U})=L((1,1,1,1)^{\mathrm{T}}),$$

$\boldsymbol{A}$ 和 $\boldsymbol{U}$ 的列向量组有相同的线性关系，且

$$\dim \mathscr{R}(\boldsymbol{A}) = \dim \mathscr{R}(\boldsymbol{U}) = 3.$$

删去 $\boldsymbol{U}$ 中 3 行为零的行向量，得到一个 3×4 矩阵

$$\boldsymbol{B} = \begin{pmatrix} -1 & 1 & 0 & 0 \\ 0 & -1 & 1 & 0 \\ 0 & 0 & -1 & 1 \end{pmatrix},$$

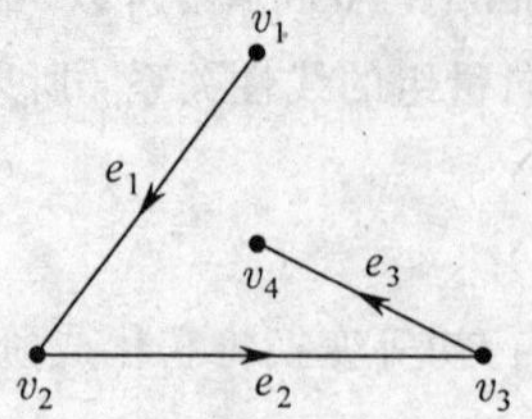

图 36-6

它是图 36-6 的关联矩阵. 我们发现，消元法将矩阵 $\boldsymbol{A}$ 对应的图化成矩阵 $\boldsymbol{U}$ 对应的图(即图 36-6) 是一个树. 可以看到，在消元过程中，第 ① 步：第2行减去第1行，得到第 2 行和第 3 行相同的矩阵. 第 ② 步：第 2 行减去第 3 行(这样相减可以不改变边 e_2 和 e_3 的编号)，所得矩阵的第 2 行为零向量，相当于在图 36-4 中移去边 e_2，使得原来的圈 $v_3e_2v_1e_1v_2e_3v_3$ 变成 $v_1e_1v_2e_3v_3$ 不构成圈(见图 36-7). 同样，通过第 ③,④,⑤ 步后，矩阵的第 4,5 行化为零向量，相当于从图 36-4 中再移去边 e_4 和 e_5，得到图 36-8，第 ⑥ 步变换矩阵的行，相当于改变边的编号，将原 e_3 改写成 e_2，原 e_6 改写成 e_3，得到图 36-6. 可以看到，关联矩阵 $\boldsymbol{U}$ 的图(图 36-6) 是关联矩阵 $\boldsymbol{A}$ 的图(图 36-4) 的一个生成树(只是边的编号有所调整).

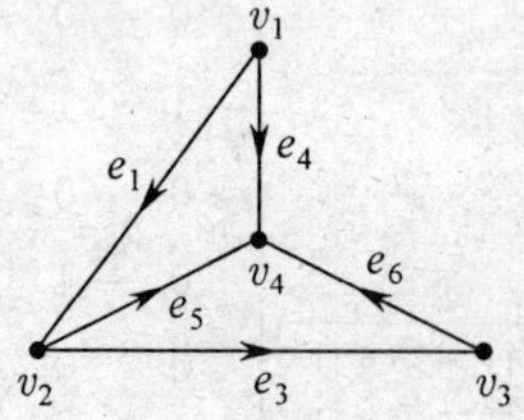

图 36-7

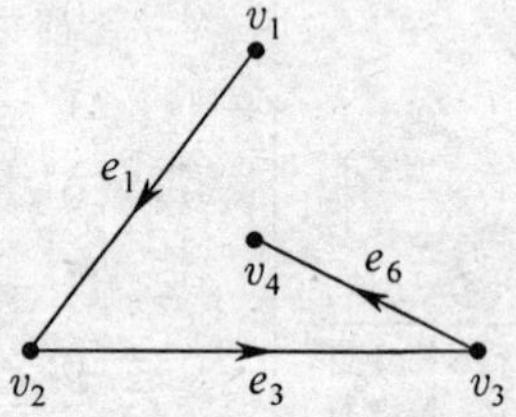

图 36-8

从图论的角度来看，消元法的第 ① 步就是由有公共端点 v_1 的两条边 e_1 和 e_2 产生一条直接从 v_2 到 v_3 的“捷径”边(相对于从 v_2 到 v_1，再到 v_3 的道路来说，是“捷径”)，由于这“捷径”边与 e_3 相同，第 ② 步第 2 个行向量变成零向量，就相当于把 e_2 移去，“破”了一个圈. 如果消元时所得的“捷径”边与原图中的边都不相同，是一条新的边，那么可以对该图的关联矩阵继续进行消元，直到产生有与原图中的边相同的“捷径”边，可以移去，再破一个圈为止.

容易看到，当一个有向图的若干条边构成一个圈时，这些边在关联矩阵中相应的行向量必定线性相关. 例如：图 36-7 中由边 e_1,e_3,e_6,e_4 及其相关联

的顶点组成一个圈，其关联矩阵是矩阵

$$\begin{bmatrix} -1 & 1 & 0 & 0 \\ 0 & -1 & 1 & 0 \\ 0 & 0 & -1 & 1 \\ -1 & 0 & 0 & 1 \end{bmatrix},$$

其行向量线性相关，这是因为

$$\begin{aligned}&(-1,1,0,0)+(0,-1,1,0)+(0,0,-1,1)-(-1,0,0,1)\\&\quad=(0,0,0,0),\end{aligned}$$

其中边 e_4 的方向与回路 $v_1e_1v_2e_3v_3e_6v_4e_4v_1$ 的方向相反，它所对应的行向量 $(-1,0,0,1)$ 前取"—"号.

上述将 $\boldsymbol{A}$ 变成 $\boldsymbol{U}$ 的消元过程实质上就是实施破圈法将图 36-4 变成它的生成树(图 36-6) 的过程. 由于消元法不改变矩阵的秩，故 $\boldsymbol{A}$ 和 $\boldsymbol{U}$ 的秩相等. 对于任意一个树，如果能证明它的关联矩阵的秩为顶点数减去 1，即 $n-1$，则由于任意一个图与它的生成树有相同的顶点数和秩数，故一个(连通) 图的关联矩阵的秩为 $n-1$. 下面只要再证上述关于树的结论：

设树 T 的顶点数为 n，关联矩阵为 $\boldsymbol{U}$，则 $\boldsymbol{U}$ 的秩 $\mathrm{r}(\boldsymbol{U})=n-1$.

证 对 n 用数学归纳法. 当 $n=2$ 时，T 仅含有一条边，故结论

$$\mathrm{r}(\boldsymbol{U})=2-1=1$$

显然成立. 假设 $n=k$ 时，结论成立. 当 $n=k+1$ 时，由于 T 是树，它至少含有一个次数为 1 的顶点，不妨设顶点 v_1 的次数为 1，设与 v_1 相关联的边为 e_1，则将 T 中移去边 e_1，得到一个顶点数为 k 的树，据归纳法假设，它的关联矩阵$(\boldsymbol{U}')$ 的秩为 $k-1$，而 $\boldsymbol{U}'$ 是由 T 的关联矩阵 $\boldsymbol{U}$ 划去第 1 行与第 1 列得到的，由于 v_1 的次数为 1，故 $\boldsymbol{U}$ 的第 1 列中除第 1 行的元素为 -1 外，其余皆为零，所以

$$\mathrm{r}(\boldsymbol{U})=\mathrm{r}(\boldsymbol{U}')+1=k-1+1=k=n-1,$$

结论也成立.

问题 36.3 1) 由问题 36.1 可知，齐次线性方程组 $\boldsymbol{Ax}=\boldsymbol{0}$ 的解空间 $\mathcal{N}(\boldsymbol{A})$ 的维数

$$\dim\mathcal{N}(\boldsymbol{A})=n-r$$

而由问题 36.2 可知，$\mathrm{r}(\boldsymbol{A})=n-1$，故

$$\dim\mathcal{N}(\boldsymbol{A})=1.$$

由于 $\boldsymbol{A}$ 的每一行中除了两个非零元素 -1 和 1 外，其余的元素皆为 0，故将 $\boldsymbol{A}$ 的所有的列向量相加之和是零向量，即

$$\boldsymbol{Ac}=\mathbf{0}, \quad 其中\ \boldsymbol{c}=(1,1,\cdots,1)^{\mathrm{T}}\in\mathbf{R}^n,$$

所以 $\boldsymbol{c}\in\mathcal{N}(\boldsymbol{A})$，又因为 $\dim\mathcal{N}(\boldsymbol{A})=1$，所以 $\mathcal{N}(\boldsymbol{A})$ 可由 $\boldsymbol{c}$ 张成，即

$$\mathcal{N}(\boldsymbol{A})=L((1,1,\cdots,1)^{\mathrm{T}}).$$

2) $\boldsymbol{A}^{\mathrm{T}}$ 的值域 $\mathcal{R}(\boldsymbol{A}^{\mathrm{T}})$ 是由矩阵 $\boldsymbol{A}$ 的 m 个 n 维行向量张成的 $\mathbf{R}^n$ 的子空间，由问题 36.1 和问题 36.2 可知，

$$\dim\mathcal{R}(\boldsymbol{A}^{\mathrm{T}})=\mathrm{r}(\boldsymbol{A})=n-1,$$

且 $\mathbf{R}^n$ 中的两个子空间 $\mathcal{N}(\boldsymbol{A})$ 的 $\mathcal{R}(\boldsymbol{A}^{\mathrm{T}})$ 正交，故 $\mathcal{R}(\boldsymbol{A}^{\mathrm{T}})$ 是 $\mathcal{N}(\boldsymbol{A})$ 的正交补，即

$$\mathbf{R}^n=\mathcal{N}(\boldsymbol{A})\oplus\mathcal{R}(\boldsymbol{A}^{\mathrm{T}}), \quad 且\ \mathcal{N}(\boldsymbol{A})\perp\mathcal{R}(\boldsymbol{A}^{\mathrm{T}}).$$

由于 $\mathcal{N}(\boldsymbol{A})=L((1,1,\cdots,1)^{\mathrm{T}})$，故有

$$\boldsymbol{x}\in\mathcal{R}(\boldsymbol{A}^{\mathrm{T}})\ 当且仅当\ \boldsymbol{x}\ 与(1,1,\cdots,1)^{\mathrm{T}}\ 正交.$$

由此可得检验 $\mathbf{R}^n$ 中的一个向量 $\boldsymbol{x}$ 是否属于 $\mathcal{R}(\boldsymbol{A}^{\mathrm{T}})$ 的一个判定法则：

$$\boldsymbol{x}=(x_1,x_2,\cdots,x_n)^{\mathrm{T}}\in\mathcal{R}(\boldsymbol{A}^{\mathrm{T}})\Leftrightarrow\sum_{i=1}^{n}x_i=0.$$

例如：对(36.1)的矩阵 $\boldsymbol{A}$，$(1,2,3,4)^{\mathrm{T}}\notin\mathcal{R}(\boldsymbol{A}^{\mathrm{T}})$，而$(1,2,3,-6)^{\mathrm{T}}\in\mathcal{R}(\boldsymbol{A}^{\mathrm{T}})$.

3) 我们知道，线性方程组

$$\boldsymbol{Ax}=\boldsymbol{b} \tag{36.3}$$

有解的充分必要条件是 $\boldsymbol{b}\in\mathcal{R}(\boldsymbol{A})$. 为寻找 $\boldsymbol{b}$ 是否属于 $\mathcal{R}(\boldsymbol{A})$ 的必要条件，我们进一步研究方程组(36.3)的特性. 下面仍以图 36-4 的关联矩阵 $\boldsymbol{A}$（见(36.1)）为例，来寻找规律. 将(36.1)代入(36.3)，得

$$\boldsymbol{Ax}=\begin{pmatrix}-1&1&0&0\\-1&0&1&0\\0&-1&1&0\\-1&0&0&1\\0&-1&0&1\\0&0&-1&1\end{pmatrix}\begin{pmatrix}x_1\\x_2\\x_3\\x_4\end{pmatrix}=\begin{pmatrix}x_2-x_1\\x_3-x_1\\x_3-x_2\\x_4-x_1\\x_4-x_2\\x_4-x_3\end{pmatrix}=\begin{pmatrix}b_1\\b_2\\b_3\\b_4\\b_5\\b_6\end{pmatrix}=\boldsymbol{b}. \tag{36.4}$$

由问题 36.2 的解中可知，当一个有向图的若干条边构成一个圈时，这些边在关联矩阵中相应的行向量必定线性相关. 例如：图 36-4 中由边 e_1,e_3,e_2 构成一个大三角形(其中边 e_2 的方向与回路的方向相反)，

$$(-1,1,0,0)+(0,-1,1,0)-(-1,0,1,0)=(0,0,0,0).$$

于是，由方程组(36.4)中的第 1 个方程加第 3 个方程，再减去第 2 个方程，可得

$$(x_2-x_1)+(x_3-x_2)-(x_3-x_1)=0,$$

即

$$b_1 + b_3 - b_2 = 0. \tag{36.5}$$

因此，若 $\boldsymbol{b} \in \mathscr{R}(\mathbf{A})$（即存在某个 $\boldsymbol{x} \in \mathbf{R}^4$，使 $\mathbf{A}\boldsymbol{x} = \boldsymbol{b}$），则 $\boldsymbol{b} = (b_1, b_2, b_3, b_4, b_5, b_6)^{\mathrm{T}}$ 的分量必须满足(36.5)．同样，若 $\boldsymbol{b} \in \mathscr{R}(\mathbf{A})$，则对图 36-4 的任一回路，都可以通过上述这种检验，也就是说，$\boldsymbol{b} \in \mathscr{R}(\mathbf{A})$ 的必要条件是每一回路的边在关联矩阵中相应的行向量与 $\boldsymbol{b}$ 的分量有相同的线性相关性．

上述关于图 36-4 的 $\boldsymbol{b} \in \mathscr{R}(\mathbf{A})$ 的必要条件对任一有向图成立．

问题 36.4 $\mathscr{N}(\mathbf{A}^{\mathrm{T}}) = \{\boldsymbol{y} \in \mathbf{R}^m \mid \mathbf{A}^{\mathrm{T}}\boldsymbol{y} = \mathbf{0}\}$ 的维数

$$\dim \mathscr{N}(\mathbf{A}^{\mathrm{T}}) = m - \dim \mathscr{R}(\mathbf{A}^{\mathrm{T}}) = m - \mathrm{r}(\mathbf{A}) = m - n + 1.$$

为求 $\mathscr{N}(\mathbf{A}^{\mathrm{T}})$ 的一个基，下面仍以图 36-4 为例，加以探究，以发现规律．将(36.1)代入 $\mathbf{A}^{\mathrm{T}}\boldsymbol{y} = \mathbf{0}$，得

$$\mathbf{A}^{\mathrm{T}}\boldsymbol{y} = \begin{pmatrix} -1 & -1 & 0 & -1 & 0 & 0 \\ 1 & 0 & -1 & 0 & -1 & 0 \\ 0 & 1 & 1 & 0 & 0 & -1 \\ 0 & 0 & 0 & 1 & 1 & 1 \end{pmatrix} \begin{pmatrix} y_1 \\ y_2 \\ y_3 \\ y_4 \\ y_5 \\ y_6 \end{pmatrix} = \begin{pmatrix} 0 \\ 0 \\ 0 \\ 0 \end{pmatrix}. \tag{36.6}$$

由于 $m = 6$，$n = 4$，$\dim \mathscr{N}(\mathbf{A}^{\mathrm{T}}) = 6 - 4 + 1 = 3$，所以 $\mathscr{N}(\mathbf{A}^{\mathrm{T}})$ 的一个基含有 3 个基向量．下面借助电学的思路来寻求这 3 个基向量．

我们先来看方程组(36.6)的物理意义．我们用 y_i 表示边 e_i 上的电流，它的方向与 e_i 的方向一致（$i = 1, 2, \cdots, 6$）．那么方程(36.6)的第 1 个方程

$$-y_1 - y_2 - y_4 = 0$$

就是表示流出顶点（即节点）v_1 的电流之和为零（y_1, y_2, y_4 前的“—”号表示电流是从 v_1 流出），如图 36-9 所示．第 2 个方程

$$y_1 - y_3 - y_5 = 0$$

表示流向顶点 v_2 的电流 y_1 和流出 v_2 的电流 y_3 和 y_5 的代数和等于零……第 4 个方程

$$y_4 + y_5 + y_6 = 0$$

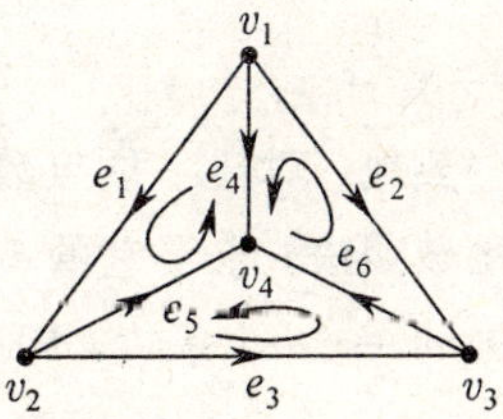

图 36-9

表示流向 v_4 的电流之和为零．因此，电路中的电流平衡方程就是方程组(36.6)，它的系数矩阵就是关联矩阵 $\mathbf{A}$ 的转置矩阵．我们自然要问：$\mathbf{A}^{\mathrm{T}}\boldsymbol{y} = \mathbf{0}$ 的解有什么意义？方程组(36.6)的解 $(y_1, y_2, \cdots, y_6)^{\mathrm{T}}$ 所表示的各边上的电

流应使电路中的电流处于平衡状态. 如果在一个回路上流动的电流既不增加又不减少，那么它将使电路处于平衡状态. 例如：如果一个单位的电流在边 e_1, e_5, e_4 构成的小三角形回路上流动，方向如图 36-9 所示，则电流向量 $\boldsymbol{y}_1 = (1,0,0,-1,1,0)^{\mathrm{T}}$，其中 $y_4 = -1$ 的负号表示电流的方向与边 e_4 的方向相反. 显然，在该回路的每个顶点上流进和流出的电流的代数和为零，而图 36-9 的其他顶点没有电流流过，该电流向量 $\boldsymbol{y}_1$ 使整个电路处于平衡状态，故它应是方程组(36.6)的解. 实际上，将 $\boldsymbol{y}_1 = (1,0,0,-1,1,0)^{\mathrm{T}}$ 代入(36.6)，可以验证它确是方程组(36.6)的解. 对图 36-9 的每一回路，都可以产生方程组(36.6)的一个解. 例如：由 e_3, e_6, e_5 构成的小三角形回路产生解 $\boldsymbol{y}_2 = (0,0,1,0,-1,1)^{\mathrm{T}}$，由 e_2, e_4, e_6 构成的小三角形回路产生解 $\boldsymbol{y}_3 = (0,-1,0,1,0,-1)^{\mathrm{T}}$，由 e_1, e_3, e_2 构成的大三角形回路产生解 $\boldsymbol{y}_4 = (1,-1,1,0,0,0)^{\mathrm{T}}$.

因为 $\dim \mathcal{N}(\boldsymbol{A}^{\mathrm{T}}) = 3$，为求方程组(36.6)的解，只需求出 3 个线性无关的解. 在电学中，3 个小三角形回路是独立的，所以它们所产生的 3 个解 $\boldsymbol{y}_1, \boldsymbol{y}_2, \boldsymbol{y}_3$ 是线性无关的，它们构成了 $\mathcal{N}(\boldsymbol{A}^{\mathrm{T}})$ 的一个基. 实际上，任一使整个电路处于平衡状态的电流向量都可以由这 3 个小回路上的电流向量线性叠加而成. 例如：

$$\begin{pmatrix} 1 \\ 0 \\ 0 \\ -1 \\ 1 \\ 0 \end{pmatrix} + \begin{pmatrix} 0 \\ 0 \\ 1 \\ 0 \\ -1 \\ 1 \end{pmatrix} + \begin{pmatrix} 0 \\ -1 \\ 0 \\ 1 \\ 0 \\ -1 \end{pmatrix} = \begin{pmatrix} 1 \\ -1 \\ 1 \\ 0 \\ 0 \\ 0 \end{pmatrix},$$

即 $\boldsymbol{y}_1 + \boldsymbol{y}_2 + \boldsymbol{y}_3 = \boldsymbol{y}_4$.

一般地，对任一顶点数为 n，边数为 m，关联矩阵为 $\boldsymbol{A}$ 的有向图 G，我们可以用破圈法，求得它的一个生成树 T，其边数为 $n-1$，故从图 G 变成树 T，要移去 $m-n+1$ 条边，即破掉 $m-n+1$ 个圈. 实际上，这 $m-n+1$ 个圈就是 $m-n+1$ 个独立的回路，所谓“独立”，就是每次破圈时所移去的边不出现在其他 $m-n$ 个圈中，因而每次所破的圈产生的解不可能由其他的 $m-n$ 个圈产生的解线性表示，也就是说，这 $m-n+1$ 个圈所产生的 $m-n+1$ 个 $\boldsymbol{A}^{\mathrm{T}}\boldsymbol{y} = \boldsymbol{0}$ 的解是线性无关的，而 $\dim \mathcal{N}(\boldsymbol{A}^{\mathrm{T}}) = m-n+1$，故它们恰好构成 $\mathcal{N}(\boldsymbol{A}^{\mathrm{T}})$ 的一个基，也就是说，独立的回路产生线性无关的解，$m-n+1$ 个独立的回路产生 $\mathcal{N}(\boldsymbol{A}^{\mathrm{T}})$ 的一个基，由此即得 $\boldsymbol{A}^{\mathrm{T}}\boldsymbol{y} = \boldsymbol{0}$ 的解空间 $\mathcal{N}(\boldsymbol{A}^{\mathrm{T}})$.

问题 36.5　将图 36-5 中的节点 A,B,C,D 分别表示为顶点 v_1,v_2,v_3,v_4，电阻 R_1,R_2,R_3,R_4,R_G 及电源 E 所在的支路分别表示为边 e_1,e_2,e_3,e_4,e_5,e_6，得 4 个顶点和 6 条边的有向图(见图 36-10)，设它的关联矩阵为 $\mathbf{A}$.

将电流定律分别用于顶点 v_1,v_2,v_3,v_4 可得 4 个方程：

$$\begin{cases} I_1-I_2-I_5=0, \\ I_3-I_4+I_5=0, \\ I_2+I_4-I_6=0, \\ -I_1-I_3+I_6=0. \end{cases} \tag{36.7}$$

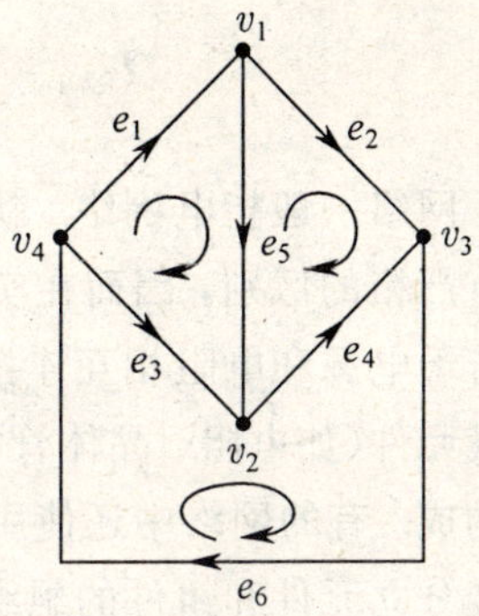

图 36-10

这 4 个方程不相互独立，实际上，将这 4 个方程相加，便得到 $0=0$，故在求解时可删去第 4 个方程(从问题 36.4 的解答来看，设

$$\boldsymbol{y}=(I_1,I_2,I_3,I_4,I_5,I_6)^{\mathrm{T}},$$

则方程组(36.7)就是 $\mathbf{A}^{\mathrm{T}}\boldsymbol{y}=\mathbf{0}$，其中

$$\mathrm{r}(\mathbf{A}^{\mathrm{T}})=n-1=3,$$

故其中只有 3 个方程是独立的，我们选取前 3 个).

将电压定律分别用于 3 个独立的回路($v_1e_5v_2e_3v_4e_1v_1$，$v_1e_2v_3e_4v_2e_5v_1$，$v_4e_3v_2e_4v_3e_6v_4$，如图 36-10 和图 36-5 所示)可得 3 个方程：

$$\begin{cases} R_1I_1+R_GI_5-R_3I_3=0, \\ R_2I_2-R_4I_4-R_GI_5=0, \\ R_3I_3+R_4I_4=E. \end{cases} \tag{36.8}$$

将(36.7)和(36.8)中的 6 个方程联立而成的 6 元线性方程组求解，得

$$I_5=\frac{E(R_2R_3-R_1R_4)}{R_G(R_1+R_2)(R_3+R_4)+R_1R_2(R_3+R_4)+R_3R_4(R_1+R_2)}. \tag{36.9}$$

将已知数据代入(36.9)，得 $I_5=0.126\ \mathrm{A}$.

37. 线性变换在网络分析中的应用

网络一般指电网络. 就电网络而言，网络与课题 36 所述的电路在概念上没有严格的区别，因而在实际中这两个术语常常通用. 在课题 36 中的电路仅有若干电源和电阻相互连接构成，而现在大多数的网络不是仅由几个单独的电气元件(如电阻、晶体管等) 构成，而由包含数千个电气元件的集成电路芯片构成. 有的网络中还使用包含许多集成电路芯片的预制电路插件(是可以安装分立元件和组件的绝缘板，元件或组件之间用导线与印制线相连，板上的线路通过接插件与外界有关电路相连). 在设计一个系统(如计算机网络) 时，设计人员关心的并不是每个组件究竟由什么元件或部件组成，而只需知道这些组件在用于该系统时的工作特性，抽象地说，可以将一个组件看做如图 37-1 所示的“黑箱”(在系统科学中，所谓黑箱就是指具有两个终端(一个是输入端，另一个是输出端) 的没有明确给出内部结构的装置，它可以根据已知的输入，完成特定的操作)，在它的输入端加上激励信号(例如：电压源输出的电压信号，电流源输出的电流信号等)，则在它的输出端便可获得相应的响应信号，该响应信号称为该黑箱的响应函数，响应函数可以是电压响应函数，可以是电流响应函数，也可以是功率响应函数，设计人员需要知道的是对给定的输入，输出是什么，即需要知道该黑箱的响应函数.

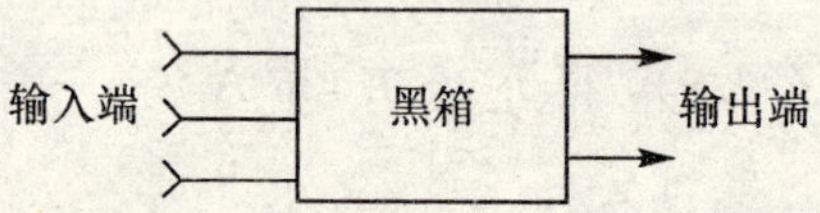

图 37-1

本课题将探求一些黑箱的响应函数.

中心问题 用基尔霍夫电流定律和电压定律求线性黑箱的响应函数.

准备知识 线性变换，课题 36：有向图的关联矩阵

课题探究

问题 37.1 在如图 37-2 所示的黑箱中，已知由左边终端和右边终端输入的电压分别为 U V 和 V V，问：放置在上、下边的电压表①上读出的终端输出电压 M,N 各是多少(图中标明的是假定的电压表的正负两端)？如果 $U=3$，$V=-1$，则 M,N 各是多少？

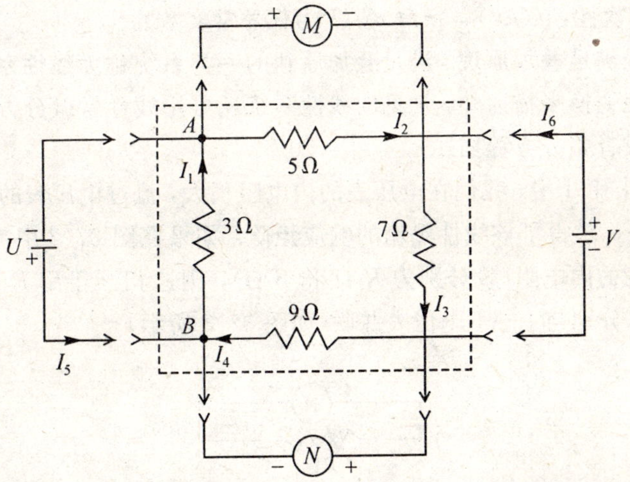

图 37-2

将问题 37.1 的解写成矩阵的形式：

$$\begin{pmatrix} M \\ N \end{pmatrix}=\begin{pmatrix} -\frac{5}{14} & -\frac{5}{14} \\ -\frac{9}{14} & -\frac{9}{14} \end{pmatrix}\begin{pmatrix} U \\ V \end{pmatrix},$$

也就是说，该黑箱的响应函数可以用矩阵乘法来描述. 这表明该黑箱是一个线性黑箱，即它的响应函数是一个线性变换 $\mathscr{A}$，其中输入电压向量为 $\begin{pmatrix} U \\ V \end{pmatrix}$，输出电压向量为 $\begin{pmatrix} M \\ N \end{pmatrix}$，

① 电压表的内电阻很大，流过电压表的电流可以忽略不计.

$$\mathscr{A}: \begin{pmatrix} U \\ V \end{pmatrix} \longmapsto \begin{pmatrix} M \\ N \end{pmatrix} = \mathbf{A}\begin{pmatrix} U \\ V \end{pmatrix}, \quad \mathbf{A} = \begin{pmatrix} -\dfrac{5}{14} & -\dfrac{5}{14} \\ -\dfrac{9}{14} & -\dfrac{9}{14} \end{pmatrix},$$

A 称为**响应矩阵**. 一般地，当一个线性黑箱的响应函数可以用一个响应矩阵的乘法来描述，且输入向量为 n 维，输出向量为 m 维时，响应矩阵是一个 $m \times n$ 矩阵(对于一般的系统来说，令 x 为系统的输入变量，y 为系统的输出变量，$f(\ )$ 为输出对输入的响应函数 $y = f(x)$，如果 $y = f(x)$ 满足

1) 可加性：$f(x_1 + x_2) = f(x_1) + f(x_2)$；

2) 齐次性：$f(kx) = kf(x)$ (k 为任意常实数)，

则称该系统**满足叠加原理**. 满足叠加原理的一类系统称为**线性系统**. 除了用上述的线性变换来描述外，常见的线性系统还可用线性常微分方程、偏微分方程描述或者差分方程描述).

在问题 37.1 中，我们在电压表的内电阻很大，流过电压表的电流忽略不计的情况下，求得了该线性黑箱的响应矩阵. 如果在图 37-2 中需要考虑上、下边电压表的内电阻(设分别为 $R\ \Omega$ 和 $S\ \Omega$)，则这相当于用 $R\ \Omega$ 的电阻和 $S\ \Omega$ 的电阻分别与上、下电压表并联(如图 37-3 所示).

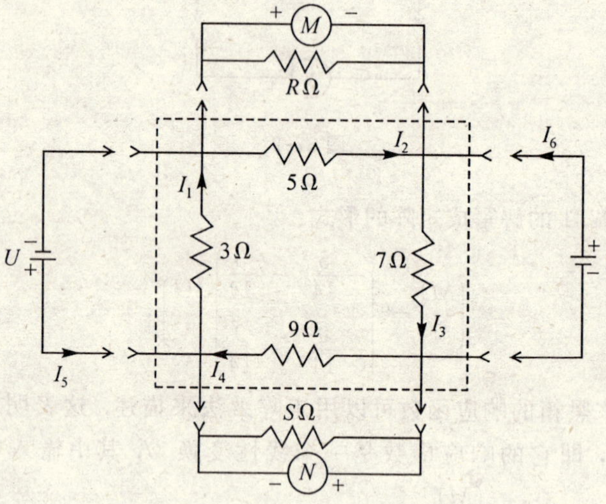

图 37-3

探究题 37.1 设图 37-3 表示图 32-2 中的电压表具有内电阻 $R\ \Omega$ 和 $S\ \Omega$ 的黑箱.

1) 求图 37-3 所示的黑箱的电压响应矩阵.

2） 在图 37-3 中，如果 $U=3$，$V=-1$，$R=7$，$S=8$，求输出电压 M 和 N.

对于一个用线性变换来描述的黑箱来说，在实际应用中它的响应矩阵是至关重要的，一旦知道了响应矩阵，就不需再去知道它的内部结构. 在下面的问题中，我们还将看到，可以构造具有相同的电压响应矩阵的完全不同的电路.

问题 37.2 求图 37-4 所示的黑箱的电压响应矩阵. 问：当 R 和 S 取什么值时，该黑箱与图 37-2 所示的黑箱有相同的电压响应矩阵?

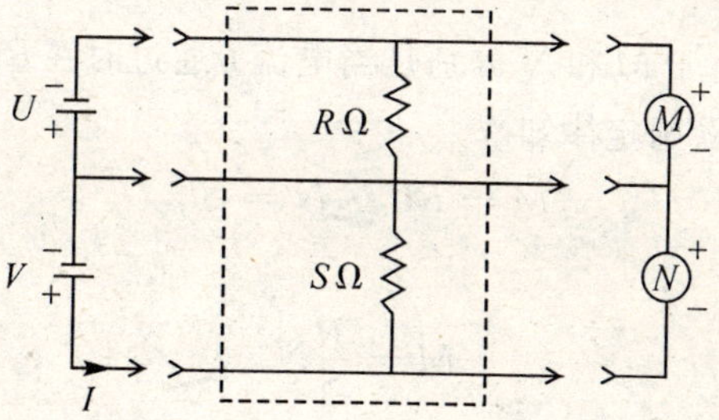

图 37-4

问题解答

问题 37.1 由于 M 和 N 分别是当电流 I_2 和 I_4 通过时在 5 Ω 和 9 Ω 的电阻上的电势降落，故由欧姆定律知

$$M=5I_2,\quad N=9I_4. \tag{37.1}$$

将电流定律分别用于节点 A 和 B，由于我们假设流过电压表的电流为零，故可得

$$I_1-I_2-I_5=0,$$
$$-I_1+I_4+I_5=0.$$

将上面两式相加，得

$$-I_2+I_4=0,$$

因此，$I_4=I_2$. 于是，由(37.1)，得

$$M=\frac{5}{9}N. \tag{37.2}$$

将电压定律分别用于图 37-2 中左、右两个回路得，在 3 Ω 和 7 Ω 的电阻上的电势降落分别为 U 和 V，再将电压定律用于中央回路，可得

$$U+V+M+N=0. \tag{37.3}$$

由(37.2)和(37.3)可解得

$$\begin{cases} M=-\dfrac{5}{14}U-\dfrac{5}{14}V, \\ N=-\dfrac{9}{14}U-\dfrac{9}{14}V. \end{cases} \tag{37.4}$$

如果 $U=3$，$V=-1$，则由(37.4)，得

$$M=-\frac{5}{7},\quad N=-\frac{9}{7}.$$

问题 37.2 由于 M 和 N 分别是当电流 I 通过时在 R Ω 和 S Ω 的电阻上的电势降落，故由欧姆定律知

$$M=RI,\quad N=SI,$$

因此，

$$M=\frac{R}{S}N. \tag{37.5}$$

将电压定律用于图 37-4 中左边回路，可得

$$U+V+N+M=0. \tag{37.6}$$

由(37.5)和(37.6)可解得

$$\begin{cases} M=-\dfrac{R}{R+S}U-\dfrac{R}{R+S}V, \\ N=-\dfrac{S}{R+S}U-\dfrac{S}{R+S}V. \end{cases} \tag{37.7}$$

因此，该黑箱的电压响应矩阵为

$$\begin{pmatrix} -\dfrac{R}{R+S} & -\dfrac{R}{R+S} \\ -\dfrac{S}{R+S} & -\dfrac{S}{R+S} \end{pmatrix}. \tag{37.8}$$

当 R 与 S 的比值为 $\frac{5}{9}$（即 $R=\frac{5}{9}S$）时，电压响应矩阵(37.8)为

$$\begin{pmatrix} -\dfrac{5}{14} & -\dfrac{5}{14} \\ -\dfrac{9}{14} & -\dfrac{9}{14} \end{pmatrix},$$

与图 37-2 所示的黑箱的电压响应矩阵相同.

38. 矩阵的奇异值分解与数字图像压缩技术

矩阵分解就是将矩阵分解成较简单矩阵的乘积，例如：在课题 9 中的三角分解，课题 15 中的满秩分解等. 本课题将引入矩阵的奇异值分解，并介绍它在数字图像压缩技术和曲面拟合中的应用.

中心问题　对任一 $m \times n$ 实矩阵 $\boldsymbol{A}$，它的奇异值分解式 $\boldsymbol{A}=\boldsymbol{UDV}^{\mathrm{T}}$ 是否存在？如果存在，那么其中的 m 阶正交矩阵 $\boldsymbol{U}$ 和 n 阶正交矩阵 $\boldsymbol{V}$ 如何计算？矩阵 $\boldsymbol{A}$ 的奇异值分解又是怎样应用到图像压缩与解压缩技术中的？

准备知识　矩阵运算，矩阵的秩，线性方程组的解，矩阵的特征值与特征向量，正交矩阵，实对称矩阵的对角化

课题探究

我们先引入矩阵的奇异值分解的概念，然后再介绍其在数字图像压缩技术中的应用.

设 $\boldsymbol{A}$ 是秩为 r $(r>0)$ 的 $m\times n$ 实矩阵，n 阶对称矩阵 $\boldsymbol{A}^{\mathrm{T}}\boldsymbol{A}$ 的特征值为 λ_i $(i=1,2,\cdots,n)$，且设

$$\lambda_1 \geqslant \lambda_2 \geqslant \cdots \geqslant \lambda_r > \lambda_{r+1} = \cdots = \lambda_n = 0, \tag{38.1}$$

称 $\sigma_i=\sqrt{\lambda_i}$ $(i=1,2,\cdots,r)$ 为矩阵 $\boldsymbol{A}$ 的**奇异值**. 如果存在 m 阶正交矩阵 $\boldsymbol{U}$ 和 n 阶正交矩阵 $\boldsymbol{V}$，满足

$$\boldsymbol{A}=\boldsymbol{UDV}^{\mathrm{T}},$$

其中 $m\times n$ 矩阵 $\boldsymbol{D}$ 的分块形式为 $\boldsymbol{D}=\begin{pmatrix}\boldsymbol{\Sigma} & \boldsymbol{O}\\ \boldsymbol{O} & \boldsymbol{O}\end{pmatrix}$，且

$$\boldsymbol{\Sigma}=\begin{pmatrix}\sigma_1 & & \\ & \ddots & \\ & & \sigma_r\end{pmatrix},$$

$\sigma_i(i=1,2,\cdots,r)$ 为矩阵 $\boldsymbol{A}$ 的奇异值，那么矩阵的积分解式 $\boldsymbol{A}=\boldsymbol{UDV}^{\mathrm{T}}$ 称为矩阵 $\boldsymbol{A}$ 的**奇异值分解**.

在讨论矩阵的奇异值分解的存在性之前，我们首先讨论对任一秩为 r 的 $m\times n$ 实矩阵 $\boldsymbol{A}$，对称矩阵 $\boldsymbol{A}^{\mathrm{T}}\boldsymbol{A}$ 的特征值 $\lambda_1,\lambda_2,\cdots,\lambda_n$ 是否都满足(38.1).

问题 38.1 设 $\boldsymbol{A}$ 是 $m\times n$ 实矩阵，n 阶对称矩阵 $\boldsymbol{A}^{\mathrm{T}}\boldsymbol{A}$（或 $\boldsymbol{A}\boldsymbol{A}^{\mathrm{T}}$）的特征值是否都是非负的，其中非零的有多少个？

问题 38.2 设 $\boldsymbol{A}$ 是秩为 r $(r>0)$ 的 $m\times n$ 实矩阵，n 阶对称矩阵 $\boldsymbol{A}^{\mathrm{T}}\boldsymbol{A}$ 的特征值为 $\lambda_i(i=1,2,\cdots,n)$. m 阶对称矩阵 $\boldsymbol{A}\boldsymbol{A}^{\mathrm{T}}$ 的特征值为 $\mu_i(i=1,2,\cdots,m)$. 由问题 38.1 的解答可设 $\lambda_1\geqslant\lambda_2\geqslant\cdots\geqslant\lambda_r>0$，$\mu_1\geqslant\mu_2\geqslant\cdots\geqslant\mu_r>0$，对于 $i=1,2,\cdots,r$ 是否都有 $\lambda_i=\mu_i$？

由(38.1)、问题 38.1 和问题 38.2 可得：设 $\boldsymbol{A}$ 是秩为 r $(r>0)$ 的 $m\times n$ 矩阵，n 阶对称矩阵 $\boldsymbol{A}^{\mathrm{T}}\boldsymbol{A}$ 的特征值为 $\lambda_i(i=1,2,\cdots,n)$，那么可设

$$\lambda_1\geqslant\lambda_2\geqslant\cdots\geqslant\lambda_r>\lambda_{r+1}=\cdots=\lambda_n=0,$$

于是 $\sigma_i=\sqrt{\lambda_i}$ $(i=1,2,\cdots,r)$ 为矩阵 $\boldsymbol{A}$ 的奇异值.

下面讨论矩阵的奇异值分解的存在性问题.

问题 38.3 设 $\boldsymbol{A}$ 是秩为 r $(r>0)$ 的 $m\times n$ 实矩阵，证明：存在 m 阶正交矩阵 $\boldsymbol{U}$ 和 n 阶正交矩阵 $\boldsymbol{V}$，满足

$$\boldsymbol{A}=\boldsymbol{U}\boldsymbol{D}\boldsymbol{V}^{\mathrm{T}},$$

其中 $m\times n$ 矩阵 $\boldsymbol{D}$ 的分块形式为 $\boldsymbol{D}=\begin{pmatrix}\boldsymbol{\Sigma} & \boldsymbol{O}\\ \boldsymbol{O} & \boldsymbol{O}\end{pmatrix}$，且

$$\boldsymbol{\Sigma}=\begin{pmatrix}\sigma_1 & & & \\ & \sigma_2 & & \\ & & \ddots & \\ & & & \sigma_r\end{pmatrix},$$

$\sigma_i(i=1,2,\cdots,r)$ 为矩阵 $\boldsymbol{A}$ 的奇异值. 其中矩阵积的分解式 $\boldsymbol{A}=\boldsymbol{U}\boldsymbol{D}\boldsymbol{V}^{\mathrm{T}}$ 就是矩阵 $\boldsymbol{A}$ 的奇异值分解.

由于问题 38.3 的证明是构造性的，故对任一实矩阵 $\boldsymbol{A}$，都可求出它的奇异值分解. 在附录 1 中还给出了矩阵的奇异值分解的C++程序算法，供对此有兴趣的读者使用.

探究题 38.1 试用对称矩阵 $\boldsymbol{A}\boldsymbol{A}^{\mathrm{T}}$ 给出问题 38.3 的证明，与解答中用 $\boldsymbol{A}^{\mathrm{T}}\boldsymbol{A}$ 的证明相比，有何差别？

问题 38.4 求矩阵 $\boldsymbol{A}=\begin{pmatrix}1 & 0 & 1\\ 0 & 1 & 1\end{pmatrix}$ 的奇异值分解.

探究题 38.2 求 $1\times n$ 矩阵和 $n\times 1$ 矩阵的奇异值分解.

问题 38.5 设 $\boldsymbol{A}$ 是秩为 $r\ (r>0)$ 的 $m\times n$ 的复矩阵，问复矩阵是否也有奇异值分解？（提示：n 阶对称矩阵 $\boldsymbol{A}^*\boldsymbol{A}$ 的特征值显然为非负实数 $\lambda_i\,(i=1,2,\cdots,n)$，可以定义 $\sigma_i=\sqrt{\lambda_i}\ (i=1,2,\cdots,r)$ 为矩阵 $\boldsymbol{A}$ 的奇异值，其中矩阵 $\boldsymbol{A}^*$ 表示 $\boldsymbol{A}$ 的复共轭转置.）

问题 38.6 我们知道，对于任意一个 n 阶对称矩阵 $\boldsymbol{A}$，都有一个熟知的矩阵的乘积分解，即必有正交矩阵 $\boldsymbol{P}$，使

$$\boldsymbol{A}=\boldsymbol{P\Lambda P}^{-1}=\boldsymbol{P\Lambda P}^{\mathrm{T}},$$

其中矩阵 $\boldsymbol{\Lambda}$ 是以矩阵 $\boldsymbol{A}$ 的 n 个特征值为对角元素的对角矩阵. 这个分解我们称之为对称矩阵 $\boldsymbol{A}$ 的**特征值分解**. 这个矩阵分解与矩阵 $\boldsymbol{A}$ 的奇异值分解有何联系与区别？

问题 38.7 对问题 38.4 中的矩阵 $\boldsymbol{A}=\begin{pmatrix}1 & 0 & 1\\ 0 & 1 & 1\end{pmatrix}$，$\boldsymbol{A}^{\mathrm{T}}$ 的奇异值分解形式如何？（注意此时，$\boldsymbol{U}\neq\boldsymbol{U}_1=\boldsymbol{AV}_1\boldsymbol{\Sigma}^{-1}$）. 更加一般地，我们会问：矩阵 $\boldsymbol{A}=\boldsymbol{UDV}^{\mathrm{T}}$ 的奇异值分解式中正交矩阵 $\boldsymbol{U},\boldsymbol{V}$ 如何来求？

由问题 38.7 的解答知，设 $\boldsymbol{A}\in\mathbf{R}^{m\times n}$ 的秩为 r，则

1） $\boldsymbol{v}_{r+1},\boldsymbol{v}_{r+2},\cdots,\boldsymbol{v}_n$ 是 $\mathcal{N}(\boldsymbol{A})$ 的标准正交基；

2） $\boldsymbol{u}_1,\boldsymbol{u}_2,\cdots,\boldsymbol{u}_r$ 是 $\mathcal{R}(\boldsymbol{A})$ 的标准正交基；

3） $\boldsymbol{v}_1,\boldsymbol{v}_2,\cdots,\boldsymbol{v}_r$ 是 $\mathcal{R}(\boldsymbol{A}^{\mathrm{T}})$ 的标准正交基；

4） $\boldsymbol{u}_{r+1},\boldsymbol{u}_{r+2},\cdots,\boldsymbol{u}_m$ 是 $\mathcal{N}(\boldsymbol{A}^{\mathrm{T}})$ 的标准正交基，

并且 $\boldsymbol{A}=\boldsymbol{UDV}^{\mathrm{T}}$ 的奇异值分解式中 $\boldsymbol{U}=(\boldsymbol{u}_1,\boldsymbol{u}_2,\cdots,\boldsymbol{u}_m)$，$\boldsymbol{V}=(\boldsymbol{v}_1,\boldsymbol{v}_2,\cdots,\boldsymbol{v}_n)$.

下面介绍矩阵的奇异值分解是如何应用到数字图像压缩技术中的.

假定一幅图像有 $m\times n$ 个像素，如果将这 mn 个数据一起传送，往往数据量会很大. 因此，我们会想办法在信息的发送端传送一些比较少的数据，并且在接收端利用这些传输数据对图像进行重构. 因此，压缩的数字图像为图像的存储与传输提供了便利. 图像压缩要求较高的压缩比，同时不产生失真. 矩阵的奇异值分解可以将任意一个矩阵和一个只包含几个(非零) 奇异值的矩阵对应. 把“大”的矩阵对应到“小”的矩阵，这就产生了“压缩”的思想，

并且利用矩阵的计算可以恢复压缩前的数据. 不妨用 $m \times n$ 矩阵 $\boldsymbol{A}$ 表示要传送的原 $m \times n$ 个像素. 假定对矩阵 $\boldsymbol{A}$ 进行奇异值分解，便得到

$$\boldsymbol{A} = \boldsymbol{UDV}^{\mathrm{T}},$$

其中奇异值按照从大到小的顺序排列. 实际上，较小的奇异值对图像的贡献也较小. 如果从中选择 k 个大奇异值，以及这些奇异值对应的特征向量，共 $(m+n+1)k$ 个数值来代替原来的 mn 个图像数据. 这 $(m+n+1)k$ 个数值是矩阵 $\boldsymbol{A}$ 的前 k 个奇异值、$m \times m$ 矩阵 $\boldsymbol{U}$ 的前 k 列、$n \times n$ 矩阵 $\boldsymbol{V}$ 的前 k 列. 比率

$$\rho = \frac{mn}{(m+n+1)k}$$

称为**图像的压缩比**. 注意被选择的数 k 满足 $\rho > 1$，即

$$k < \frac{mn}{m+n+1}.$$

因此，我们在传送数据的过程中，就不必传送 mn 个原始数据，而只需传送与奇异值和对应的特征向量有关的 $(m+n+1)k$ 个数据. 在接收端收到奇异值 $\sigma_1, \sigma_2, \cdots, \sigma_k$ 以及特征向量 $\boldsymbol{u}_1, \boldsymbol{u}_2, \cdots, \boldsymbol{u}_k$ 和 $\boldsymbol{v}_1, \boldsymbol{v}_2, \cdots, \boldsymbol{v}_k$ 后，通过公式：

$$\boldsymbol{A}_k = \sum_{i=1}^{k} \sigma_i \boldsymbol{u}_i \boldsymbol{v}_i^{\mathrm{T}}$$

重构出原图像就可以满足人的视觉要求. 容易理解：若数 k 越小，即压缩比 ρ 越大，则重构的图像质量不高. 反之，k 太大，则压缩比又太小，降低了图像传输效率. 因此，在实际应用中，我们应该根据需要，在兼顾传输效率和重构图像质量的同时选择合适的压缩比. 经过试验得出：在一般情况下，对于 $256 \leqslant n \leqslant 2\,048$ 的图像，选取 $25 \leqslant k \leqslant 100$ 时，都有较好的视觉效果.

图 38-1 (a) 是一张 512×512 像素的原始黑白图片. 每个像素表示一个灰度值(对于黑白图片，灰度值一般被系统定义为 $0 \sim 1$ 之间的一个实数. 系统还需要定义色谱，色谱也对应一些实数，即灰度值). 这个原始图片是由 512×512 的像素组成，所以我们可以用一个 512×512 矩阵来表示这张图片，其中的元素就是一些灰度值.

在图 38-1 (b) 中取 $k = 2$，则压缩比

$$\rho = \frac{512 \times 512}{(512+512+1) \times 2} = 127.875\,1,$$

但看不出是什么图形；在图 38-1 (c) 中取 $k = 10$，则压缩比 $\rho = 25.575\,0$，此时压缩比下降了很多，但我们已经可以看清图形的轮廓；在图 38-1 (d) 中取 $k = 25$ 时，$\rho = 10.230\,0$，此时图形还是有点模糊；当 $k = 50$ 时，$\rho = 5.115\,0$，此时图形已经接近原图了；当 $k = 75$ 时，$\rho = 3.410\,0$，此时图形已

经很接近原图了，但图 38-1 (f) 与(e) 的差别或改变已经不那么大了，而且原图所占空间却是图 38-1 (f) 所占空间的 3.41 倍.

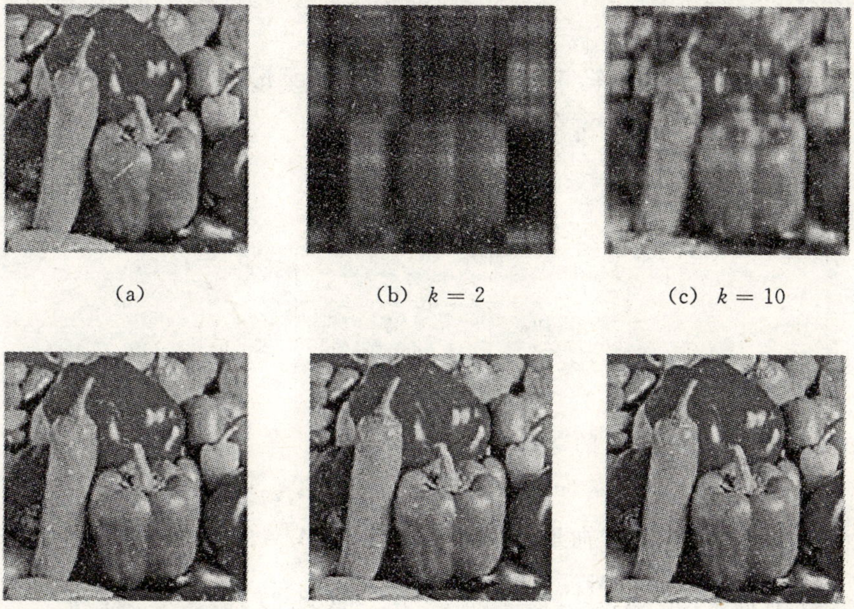

(a)　(b) $k=2$　(c) $k=10$

(d) $k=25$　(e) $k=50$　(f) $k=75$

图 38-1

最后，我们介绍矩阵的奇异值分解在曲面拟合问题和插值问题中的应用.

在许多实际问题中都需要建立函数模型. 例如：在自然科学、经济学和统计学等许多领域常常遇到寻找经验公式的问题：由观测或实验测得三个变量 x,y 与 z 的一组数据(x_i,y_j,z_{ij}) $(i=1,2,\cdots,m,\ j=1,2,\cdots,n)$，求变量 x,y 的一个二元函数 $z=z(x,y)$，使它对该组数据“拟合得最好”，这就是曲面拟合问题. 对给定的数据点(x_i,y_j,z_{ij}) $(i=1,2,\cdots,m,\ j=1,2,\cdots,n)$，寻求函数 $f(x,y)$，使得

$$f(x_i,y_j)=z_{ij}\quad (i=1,2,\cdots,m,\ j=1,2,\cdots,n)$$

的问题就是二元函数**插值问题**，$f(x,y)$ 称为**插值函数**. 由二元函数 $f(x,y)$ 给出的曲面通过这些给定的数据点，而由曲面拟合所得的曲面 $z=z(x,y)$ 只是尽可能地靠近给定的数据点，并不一定通过这些数据点.

对给定的数据点(x_i,y_j,z_{ij}) $(i=1,2,\cdots,m,\ j=1,2,\cdots,n)$，设 $a_{ij}=z_{ij}$，则得一个 $m\times n$ 矩阵 $\mathbf{A}=(a_{ij})=(z_{ij})$. 下面我们用 $\mathbf{A}$ 的奇异值分解来

寻求拟合曲面(或插值函数) $z(x,y)$.

设 $\boldsymbol{A}$ 是秩为 r ($r>0$) 的 $m\times n$ 实矩阵，由问题 38.3 知，存在 $\boldsymbol{A}$ 的奇异值分解

$$\boldsymbol{A}=\boldsymbol{U}\boldsymbol{D}\boldsymbol{V}^{\mathrm{T}}, \tag{38.2}$$

其中 $\boldsymbol{U}$ 是 m 阶正交矩阵，$\boldsymbol{V}$ 是 n 阶正交矩阵，$m\times n$ 矩阵 $\boldsymbol{D}$ 的分块形式为

$$\boldsymbol{D}=\begin{pmatrix}\boldsymbol{\Sigma} & \boldsymbol{O}\\ \boldsymbol{O} & \boldsymbol{O}\end{pmatrix},$$

且

$$\boldsymbol{\Sigma}=\begin{pmatrix}\sigma_1 & & & \\ & \sigma_2 & & \\ & & \ddots & \\ & & & \sigma_r\end{pmatrix}$$

($\sigma_1,\sigma_2,\cdots,\sigma_r$ 为矩阵 $\boldsymbol{A}$ 的奇异值). 设

$$\boldsymbol{U}=(\boldsymbol{u}_1,\boldsymbol{u}_2,\cdots,\boldsymbol{u}_m),\quad \boldsymbol{V}=(\boldsymbol{v}_1,\boldsymbol{v}_2,\cdots,\boldsymbol{v}_n), \tag{38.3}$$

由问题38.7的解答知，向量 $\boldsymbol{v}_1,\boldsymbol{v}_2,\cdots,\boldsymbol{v}_r$ 是矩阵 $\boldsymbol{A}^{\mathrm{T}}\boldsymbol{A}$ 的属于特征值 $\lambda_1,\lambda_2,\cdots,\lambda_r$ 的特征向量，$\boldsymbol{u}_k=\dfrac{\boldsymbol{A}\boldsymbol{v}_k}{\sigma_k}$, $k=1,2,\cdots,r$. 将(38.3) 代入(38.2)，得

$$\boldsymbol{A}=\sum_{k=1}^{r}\sigma_k\boldsymbol{u}_k\boldsymbol{v}_k^{\mathrm{T}},$$

其中每个 $\boldsymbol{u}_k\boldsymbol{v}_k^{\mathrm{T}}$ 都是秩为 1 的 $m\times n$ 矩阵.

设 m 维向量 $\boldsymbol{u}_k=((\boldsymbol{u}_k)_1,(\boldsymbol{u}_k)_2,\cdots,(\boldsymbol{u}_k)_m)^{\mathrm{T}}$，对数据点 $(x_i,(\boldsymbol{u}_k)_i)$, $i=1,2,\cdots,m$，可以用曲线拟合(或一元函数插值)，求得函数 $u_k(x)$, $k=1,2,\cdots,r$. 同样，设 n 维向量 $\boldsymbol{v}_k=((\boldsymbol{v}_k)_1,(\boldsymbol{v}_k)_2,\cdots,(\boldsymbol{v}_k)_n)^{\mathrm{T}}$，对数据点 $(y_j,(\boldsymbol{v}_k)_j)$, $j=1,2,\cdots,n$，可以用曲线拟合(或一元函数插值)，求得函数 $v_k(y)$, $k=1,2,\cdots,r$. 设二元函数

$$z(x,y)=\sum_{k=1}^{r}\sigma_k u_k(x)v_k(y),$$

则 $z(x_i,y_j)=\sum\limits_{k=1}^{r}\sigma_k u_k(x_i)v_k(y_j)$ 近似于(或等于) 所需的值

$$z_{ij}=a_{ij}=\sum_{k=1}^{r}\sigma_k(\boldsymbol{u}_k)_i(\boldsymbol{v}_k)_j,\quad i=1,2,\cdots,m,\ j=1,2,\cdots,n$$

(按对 2 维数据点是用曲线拟合还是一元函数插值而定).

例如：设

$$
A = \begin{pmatrix}
0.0 & 3.6 & 11.2 & 14.8 & 24.4 & 30.0 & 49.6 \\
0.0 & 7.2 & 22.4 & 29.6 & 48.8 & 60.0 & 99.2 \\
0.0 & 10.8 & 33.6 & 44.4 & 73.2 & 90.0 & 148.8 \\
0.0 & 14.4 & 200.0 & 59.2 & 97.6 & 120.0 & 198.4 \\
0.0 & 18.0 & 56.0 & 74.0 & 122.0 & 150.0 & 248.0 \\
0.0 & 21.6 & 67.2 & 88.8 & 146.4 & 180.0 & 297.6
\end{pmatrix}
$$

是由数据点(x_i, y_j, z_{ij}) $(i=1,2,\cdots,6,\ j=1,2,\cdots,7)$给出的$6\times 7$矩阵，其中$(x_1, x_2, \cdots, x_6)=(2,6,8,13,16,26)$，$(y_1, y_2, \cdots, y_7)=(0,2,4,6,8,10,12)$，$a_{ij}=z_{ij}$.

图 38-2 是将这些数据点(x_i, y_j, a_{ij}) $(i=1,2,\cdots,6,\ j=1,2,\cdots,7)$用线段连接起来而得到的图形.

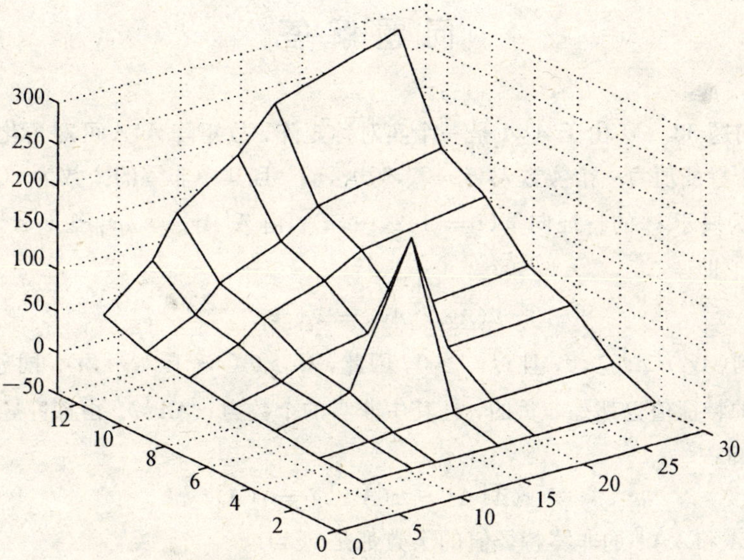

图 38-2

由于矩阵 $\boldsymbol{A}$ 的行向量组中第 1 个和第 4 个行向量构成它的极大线性无关组，故 $\boldsymbol{A}$ 的秩为 2，并可以写成如下形式：

$$\boldsymbol{A}=\sigma_1 \boldsymbol{u}_1 \boldsymbol{v}_1^{\mathrm{T}}+\sigma_2 \boldsymbol{u}_2 \boldsymbol{v}_2^{\mathrm{T}}.$$

对 2 维数据点用插值方法可以求得二元函数 $z(x, y)$，满足条件

$$z(x_i, y_j)=z_{ij}, \quad i=1,2,\cdots,6,\ j=1,2,\cdots,7,$$

其图像如图 38-3 (2) 所示.

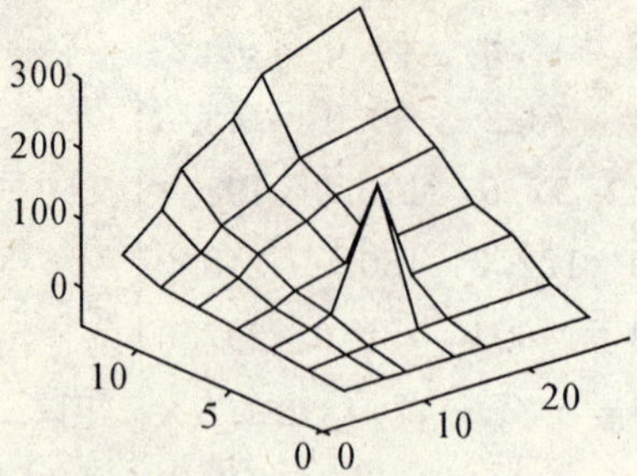

(1)

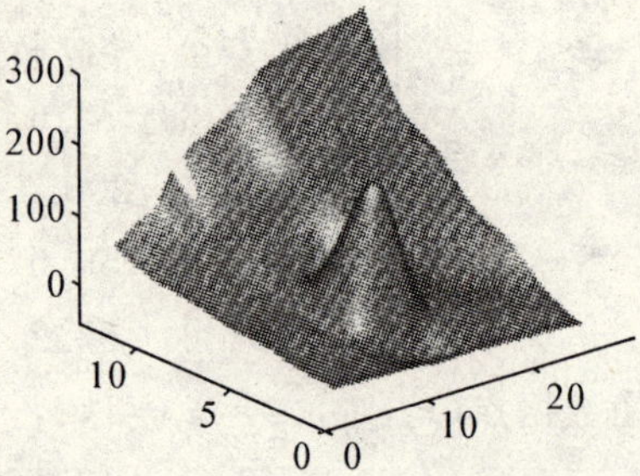

(2)

图 38-3

问题解答

问题 38.1 由于 $\boldsymbol{A}^{\mathrm{T}}\boldsymbol{A}$ 是一个实对称矩阵，故矩阵 $\boldsymbol{A}^{\mathrm{T}}\boldsymbol{A}$ 可对角化，$\boldsymbol{A}^{\mathrm{T}}\boldsymbol{A}$ 的每个特征值为一个实数 $\lambda_i(i=1,2,\cdots,n)$，且其中非零的个数为 $\mathrm{r}(\boldsymbol{A}^{\mathrm{T}}\boldsymbol{A})$. 设 $\boldsymbol{v}_i$ 为属于 λ_i 的特征向量$(i=1,2,\cdots,n)$，由 $\boldsymbol{A}^{\mathrm{T}}\boldsymbol{A}\boldsymbol{v}_i=\lambda_i\boldsymbol{v}_i$ 知 $\boldsymbol{v}_i^{\mathrm{T}}\boldsymbol{A}^{\mathrm{T}}\boldsymbol{A}\boldsymbol{v}_i=\lambda_i\boldsymbol{v}_i^{\mathrm{T}}\boldsymbol{v}_i$，即

$$(\boldsymbol{A}\boldsymbol{v}_i)^{\mathrm{T}}\boldsymbol{A}\boldsymbol{v}_i=\lambda_i\boldsymbol{v}_i^{\mathrm{T}}\boldsymbol{v}_i.$$

注意到$(\boldsymbol{A}\boldsymbol{v}_i)^{\mathrm{T}}\boldsymbol{A}\boldsymbol{v}_i\geqslant 0$，且 $\boldsymbol{v}_i^{\mathrm{T}}\boldsymbol{v}_i\geqslant 0$，因此，$\lambda_i\geqslant 0\ (i=1,2,\cdots,n)$. 同理可证：$\boldsymbol{A}\boldsymbol{A}^{\mathrm{T}}$ 的特征值也都是非负的，且其中非零的个数为 $\mathrm{r}(\boldsymbol{A}\boldsymbol{A}^{\mathrm{T}})$. 由探究题8.1的1) 可知，

$$\mathrm{r}(\boldsymbol{A}^{\mathrm{T}}\boldsymbol{A})=\mathrm{r}(\boldsymbol{A}\boldsymbol{A}^{\mathrm{T}})=\mathrm{r}(\boldsymbol{A}),$$

故 $\boldsymbol{A}^{\mathrm{T}}\boldsymbol{A}$ 和 $\boldsymbol{A}\boldsymbol{A}^{\mathrm{T}}$ 的非零特征值的个数都是 $\mathrm{r}(\boldsymbol{A})$.

问题 38.2 由 $\boldsymbol{A}^{\mathrm{T}}\boldsymbol{A}\boldsymbol{x}=\lambda_i\boldsymbol{x}$ 知，

$$\boldsymbol{A}\boldsymbol{A}^{\mathrm{T}}(\boldsymbol{A}\boldsymbol{x})=\lambda_i(\boldsymbol{A}\boldsymbol{x}),$$

这表明λ_i 既是$\boldsymbol{A}^{\mathrm{T}}\boldsymbol{A}$的特征值，又是$\boldsymbol{A}\boldsymbol{A}^{\mathrm{T}}$ 的特征值. 同理可证：μ_i 既是$\boldsymbol{A}^{\mathrm{T}}\boldsymbol{A}$的特征值，又是$\boldsymbol{A}\boldsymbol{A}^{\mathrm{T}}$ 的特征值. 设λ_i 为$\boldsymbol{A}\boldsymbol{A}^{\mathrm{T}}$ 的大于零的特征值，且它对应的一组线性无关的特征向量为 $\boldsymbol{\xi}_1,\boldsymbol{\xi}_2,\cdots,\boldsymbol{\xi}_t$，则有 $\boldsymbol{A}\boldsymbol{A}^{\mathrm{T}}\boldsymbol{\xi}_j=\lambda_i\boldsymbol{\xi}_j$，$j=1,2,\cdots,t$，于是

$$\boldsymbol{A}^{\mathrm{T}}\boldsymbol{A}(\boldsymbol{A}^{\mathrm{T}}\boldsymbol{\xi}_j)=\lambda_i\boldsymbol{A}^{\mathrm{T}}\boldsymbol{\xi}_j,$$

即 $\boldsymbol{A}^{\mathrm{T}}\boldsymbol{\xi}_1,\boldsymbol{A}^{\mathrm{T}}\boldsymbol{\xi}_2,\cdots,\boldsymbol{A}^{\mathrm{T}}\boldsymbol{\xi}_t$ 也是 $\boldsymbol{A}^{\mathrm{T}}\boldsymbol{A}$ 的属于特征值λ_i 的特征向量，容易证明它

们也是线性无关的(事实上，若 $k_1\boldsymbol{A}^{\mathrm{T}}\boldsymbol{\xi}_1+k_2\boldsymbol{A}^{\mathrm{T}}\boldsymbol{\xi}_2+\cdots+k_t\boldsymbol{A}^{\mathrm{T}}\boldsymbol{\xi}_t=\boldsymbol{0}$，则 $\boldsymbol{A}(k_1\boldsymbol{A}^{\mathrm{T}}\boldsymbol{\xi}_1+k_2\boldsymbol{A}^{\mathrm{T}}\boldsymbol{\xi}_2+\cdots+k_t\boldsymbol{A}^{\mathrm{T}}\boldsymbol{\xi}_t)=\boldsymbol{0}$，即

$$k_1\boldsymbol{A}\boldsymbol{A}^{\mathrm{T}}\boldsymbol{\xi}_1+k_2\boldsymbol{A}\boldsymbol{A}^{\mathrm{T}}\boldsymbol{\xi}_2+\cdots+k_t\boldsymbol{A}\boldsymbol{A}^{\mathrm{T}}\boldsymbol{\xi}_t=\boldsymbol{0},$$

因此，$k_1\lambda_i\boldsymbol{\xi}_1+k_2\lambda_i\boldsymbol{\xi}_2+\cdots+k_t\lambda_i\boldsymbol{\xi}_t=\boldsymbol{0}$. 由于 $\lambda_i>0$，故有

$$k_1\boldsymbol{\xi}_1+k_2\boldsymbol{\xi}_2+\cdots+k_t\boldsymbol{\xi}_t=\boldsymbol{0},$$

由于 $\boldsymbol{\xi}_1,\boldsymbol{\xi}_2,\cdots,\boldsymbol{\xi}_t$ 线性无关，知 $k_1=k_2=\cdots=k_t=0$，所以 $\boldsymbol{A}^{\mathrm{T}}\boldsymbol{\xi}_1,\boldsymbol{A}^{\mathrm{T}}\boldsymbol{\xi}_2,\cdots,\boldsymbol{A}^{\mathrm{T}}\boldsymbol{\xi}_t$ 线性无关). 这表明，$\boldsymbol{A}\boldsymbol{A}^{\mathrm{T}}$ 的 t 重特征值也是 $\boldsymbol{A}^{\mathrm{T}}\boldsymbol{A}$ 的 t 重特征值. 因此，

$$\lambda_i=\mu_i\quad(i=1,2,\cdots,r).$$

问题 38.3 由问题 38.1 可知，矩阵 $\boldsymbol{A}^{\mathrm{T}}\boldsymbol{A}$ 为 n 阶对称半正定或正定矩阵，且秩$(\boldsymbol{A}^{\mathrm{T}}\boldsymbol{A})=$秩$(\boldsymbol{A})=r$，从而存在 n 阶正交矩阵 $\boldsymbol{V}$，满足

$$\boldsymbol{V}^{\mathrm{T}}(\boldsymbol{A}^{\mathrm{T}}\boldsymbol{A})\boldsymbol{V}=\boldsymbol{V}^{-1}(\boldsymbol{A}^{\mathrm{T}}\boldsymbol{A})\boldsymbol{V}=\begin{pmatrix}\lambda_1&&&&&\\&\ddots&&&&\\&&\lambda_r&&&\\&&&0&&\\&&&&\ddots&\\&&&&&0\end{pmatrix},$$

其中 $\lambda_i>0\ (i=1,2,\cdots,r)$. 设 $\boldsymbol{V}=(\boldsymbol{\alpha}_1,\boldsymbol{\alpha}_2,\cdots,\boldsymbol{\alpha}_r\ \vdots\ \boldsymbol{\alpha}_{r+1},\cdots,\boldsymbol{\alpha}_n)=(\boldsymbol{V}_1\ \vdots\ \boldsymbol{V}_2)$，$\sigma_i=\sqrt{\lambda_i}\ (i=1,2,\cdots,r)$，

$$\boldsymbol{\Sigma}=\begin{pmatrix}\sigma_1&&&\\&\sigma_2&&\\&&\ddots&\\&&&\sigma_r\end{pmatrix},$$

由 $\boldsymbol{V}$ 的正交性可得 $\boldsymbol{V}_1^{\mathrm{T}}\boldsymbol{A}^{\mathrm{T}}\boldsymbol{A}\boldsymbol{V}_1=\boldsymbol{\Sigma}^2$，且 $\boldsymbol{V}_2^{\mathrm{T}}\boldsymbol{A}^{\mathrm{T}}\boldsymbol{A}\boldsymbol{V}_2=\boldsymbol{O}$. 故

$$\boldsymbol{\Sigma}^{-1}\boldsymbol{V}_1^{\mathrm{T}}\boldsymbol{A}^{\mathrm{T}}\boldsymbol{A}\boldsymbol{V}_1\boldsymbol{\Sigma}^{-1}=\boldsymbol{E}_r.$$

现令 $\boldsymbol{U}_1=\boldsymbol{A}\boldsymbol{V}_1\boldsymbol{\Sigma}^{-1}$，则由矩阵 $\boldsymbol{\Sigma}$ 的对称性知 $\boldsymbol{U}_1^{\mathrm{T}}-\boldsymbol{\Sigma}^{-1}\boldsymbol{V}_1^{\mathrm{T}}\boldsymbol{A}^{\mathrm{T}}$. 于是

$$\boldsymbol{U}_1^{\mathrm{T}}\boldsymbol{U}_1=\boldsymbol{E}_r,$$

这表明 $\boldsymbol{U}_1$ 的列向量是单位正交向量组. 设 $m\times n$ 矩阵 $\boldsymbol{D}=\begin{pmatrix}\boldsymbol{\Sigma}&\boldsymbol{O}\\\boldsymbol{O}&\boldsymbol{O}\end{pmatrix}$，将 $\boldsymbol{U}_1$ 扩充成正交矩阵 $\boldsymbol{U}=(\boldsymbol{U}_1\ \vdots\ \boldsymbol{U}_2)$，则有

$$\boldsymbol{U}\boldsymbol{D}\boldsymbol{V}^{\mathrm{T}}=(\boldsymbol{U}_1\ \vdots\ \boldsymbol{U}_2)\begin{pmatrix}\boldsymbol{\Sigma}&\boldsymbol{O}\\\boldsymbol{O}&\boldsymbol{O}\end{pmatrix}\begin{pmatrix}\boldsymbol{V}_1^{\mathrm{T}}\\\boldsymbol{V}_2^{\mathrm{T}}\end{pmatrix}=\boldsymbol{U}_1\boldsymbol{\Sigma}\boldsymbol{V}_1^{\mathrm{T}}=\boldsymbol{A}\boldsymbol{V}_1\boldsymbol{\Sigma}^{-1}\boldsymbol{\Sigma}\boldsymbol{V}_1^{\mathrm{T}}=\boldsymbol{A}.$$

问题 38.4 由

$$A^{\mathrm{T}}A=\begin{pmatrix}1&0\\0&1\\1&1\end{pmatrix}\begin{pmatrix}1&0&1\\0&1&1\end{pmatrix}=\begin{pmatrix}1&0&1\\0&1&1\\1&1&2\end{pmatrix}$$

知，矩阵 $A^{\mathrm{T}}A$ 的特征多项式为

$$|\lambda E_3-A^{\mathrm{T}}A|=\begin{vmatrix}\lambda-1&0&-1\\0&\lambda-1&-1\\-1&-1&\lambda-2\end{vmatrix}=(\lambda-3)(\lambda-1)\lambda.$$

可得 A 的特征值为 $\lambda_1=3$，$\lambda_2=1$，$\lambda_3=0$.

对于特征值 $\lambda_1=3$，解方程组

$$\begin{pmatrix}2&0&-1\\0&2&-1\\-1&-1&1\end{pmatrix}\begin{pmatrix}x_1\\x_2\\x_3\end{pmatrix}=\mathbf{0},$$

得基础解系，即特征向量为 $\boldsymbol{\xi}_1=(1,1,2)^{\mathrm{T}}$.

同理，对于特征值 $\lambda_2=1$，对应的特征向量为 $\boldsymbol{\xi}_2=(-1,1,0)^{\mathrm{T}}$；对于特征值 $\lambda_3=0$，对应的特征向量为 $\boldsymbol{\xi}_3=(-1,-1,1)^{\mathrm{T}}$. 于是 $A^{\mathrm{T}}A$ 的一组单位正交特征向量分别为

$$\boldsymbol{\alpha}_1=\left(\frac{1}{\sqrt{6}},\frac{1}{\sqrt{6}},\frac{2}{\sqrt{6}}\right)^{\mathrm{T}},\quad \boldsymbol{\alpha}_2=\left(-\frac{1}{\sqrt{2}},\frac{1}{\sqrt{2}},0\right)^{\mathrm{T}},$$

$$\boldsymbol{\alpha}_3=\left(-\frac{1}{\sqrt{3}},-\frac{1}{\sqrt{3}},\frac{1}{\sqrt{3}}\right)^{\mathrm{T}}.$$

令 $V=(\boldsymbol{\alpha}_1,\boldsymbol{\alpha}_2\,\vdots\,\boldsymbol{\alpha}_3)=(V_1\,\vdots\,V_2)$，则 $\boldsymbol{\Sigma}=\begin{pmatrix}\sqrt{3}&0\\0&1\end{pmatrix}$，且

$$\begin{aligned}U=U_1&=AV_1\boldsymbol{\Sigma}^{-1}\\&=\begin{pmatrix}1&0&1\\0&1&1\end{pmatrix}\begin{pmatrix}\frac{1}{\sqrt{6}}&-\frac{1}{\sqrt{2}}\\\frac{1}{\sqrt{6}}&\frac{1}{\sqrt{2}}\\\frac{2}{\sqrt{6}}&0\end{pmatrix}\begin{pmatrix}\frac{1}{\sqrt{3}}&0\\0&1\end{pmatrix}\\&=\begin{pmatrix}\frac{1}{\sqrt{2}}&-\frac{1}{\sqrt{2}}\\\frac{1}{\sqrt{2}}&\frac{1}{\sqrt{2}}\end{pmatrix}.\end{aligned}$$

于是可得 $\boldsymbol{A}$ 的奇异值分解为

$$\boldsymbol{A}=\begin{pmatrix}\frac{1}{\sqrt{2}} & -\frac{1}{\sqrt{2}}\\ \frac{1}{\sqrt{2}} & \frac{1}{\sqrt{2}}\end{pmatrix}\begin{pmatrix}\sqrt{3} & 0 & 0\\ 0 & 1 & 0\end{pmatrix}\begin{pmatrix}\frac{1}{\sqrt{6}} & \frac{1}{\sqrt{6}} & \frac{2}{\sqrt{6}}\\ -\frac{1}{\sqrt{2}} & \frac{1}{\sqrt{2}} & 0\\ -\frac{1}{\sqrt{3}} & -\frac{1}{\sqrt{3}} & \frac{1}{\sqrt{3}}\end{pmatrix}.$$

问题 38.5 设 $\boldsymbol{A}$ 是秩为 r $(r>0)$ 的 $m\times n$ 的复矩阵，n 阶对称矩阵 $\boldsymbol{A}^*\boldsymbol{A}$ 的特征值显然为非负实数 $\lambda_i(i=1,2,\cdots,n)$，于是定义 $\sigma_i=\sqrt{\lambda_i}$ $(i=1,2,\cdots,n)$ 中的正数为矩阵 $\boldsymbol{A}$ 的奇异值.

设 $\boldsymbol{A}$ 是秩为 r $(r>0)$ 的 $m\times n$ 的复矩阵，则利用问题 38.3，类似可证存在 m 阶酉矩阵 $\boldsymbol{U}$ 和 n 阶酉矩阵 $\boldsymbol{V}$，满足

$$\boldsymbol{A}=\boldsymbol{UDV}^*,$$

其中 $m\times n$ 矩阵 $\boldsymbol{D}$ 的分块形式为 $\boldsymbol{D}=\begin{pmatrix}\boldsymbol{\Sigma} & \boldsymbol{O}\\ \boldsymbol{O} & \boldsymbol{O}\end{pmatrix}$，且

$$\boldsymbol{\Sigma}=\begin{pmatrix}\sigma_1 & & & \\ & \sigma_2 & & \\ & & \ddots & \\ & & & \sigma_r\end{pmatrix},$$

$\sigma_1\geqslant\sigma_2\geqslant\cdots\geqslant\sigma_r>0$ 为矩阵 $\boldsymbol{A}$ 的奇异值. 其中矩阵的积分解式 $\boldsymbol{A}=\boldsymbol{UDV}^*$ 称为复矩阵 $\boldsymbol{A}$ 的**奇异值分解**.

问题 38.6 显然，对于一个矩阵的特征值分解，这个矩阵本身必须是方阵. 但是有奇异值分解的矩阵可以不是方阵. 对于对称正定矩阵，其特征值分解和奇异值分解相同. 下面我们再看一个例子.

设矩阵 $\boldsymbol{A}=\begin{pmatrix}1 & 2\\ 2 & 1\end{pmatrix}$，显然对称矩阵 $\boldsymbol{A}$ 的特征值为 3 和 -1，且 $\boldsymbol{A}$ 的奇异值易求得为 3 和 1. 则易知

$$\boldsymbol{A}=\begin{pmatrix}\frac{1}{\sqrt{2}} & \frac{1}{\sqrt{2}}\\ \frac{1}{\sqrt{2}} & -\frac{1}{\sqrt{2}}\end{pmatrix}\begin{pmatrix}3 & 0\\ 0 & 1\end{pmatrix}\begin{pmatrix}\frac{1}{\sqrt{2}} & -\frac{1}{\sqrt{2}}\\ \frac{1}{\sqrt{2}} & \frac{1}{\sqrt{2}}\end{pmatrix}^{\mathrm{T}}$$

是对称矩阵 $\boldsymbol{A}$ 的奇异值分解. 我们可以比较出对称矩阵 $\boldsymbol{A}$ 的奇异值分解和如下对称矩阵 $\boldsymbol{A}$ 的特征值分解的异同：

$$A=\begin{pmatrix}\frac{1}{\sqrt{2}} & \frac{1}{\sqrt{2}}\\ -\frac{1}{\sqrt{2}} & \frac{1}{\sqrt{2}}\end{pmatrix}\begin{pmatrix}-1 & 0\\ 0 & 3\end{pmatrix}\begin{pmatrix}\frac{1}{\sqrt{2}} & \frac{1}{\sqrt{2}}\\ -\frac{1}{\sqrt{2}} & \frac{1}{\sqrt{2}}\end{pmatrix}^{\mathrm{T}}.$$

实际上，对任何对称矩阵来说，它的奇异值一定是它的特征值的绝对值.（留给读者思考）

问题 38.7 由分解式 $\boldsymbol{A}=\boldsymbol{U}\boldsymbol{D}\boldsymbol{V}^{\mathrm{T}}$ 及矩阵 $\boldsymbol{V}$ 的正交性知：$\boldsymbol{A}\boldsymbol{V}=\boldsymbol{U}\boldsymbol{D}$，于是

$$\boldsymbol{A}(\boldsymbol{v}_1,\cdots,\boldsymbol{v}_r,\boldsymbol{v}_{r+1},\cdots,\boldsymbol{v}_n)=(\boldsymbol{u}_1,\cdots,\boldsymbol{u}_r,\boldsymbol{u}_{r+1},\cdots,\boldsymbol{u}_m)\begin{pmatrix}\sigma_1 & & & & & \\ & \ddots & & & & \\ & & \sigma_r & & & \\ & & & 0 & & \\ & & & & \ddots & \\ & & & & & 0\end{pmatrix},$$

即

$$(\boldsymbol{A}\boldsymbol{v}_1,\cdots,\boldsymbol{A}\boldsymbol{v}_r,\boldsymbol{A}\boldsymbol{v}_{r+1},\cdots,\boldsymbol{A}\boldsymbol{v}_n)=(\sigma_1\boldsymbol{u}_1,\cdots,\sigma_r\boldsymbol{u}_r,\boldsymbol{0},\cdots,\boldsymbol{0}).$$

因此，对任何 $j=1,2,\cdots,r$，都有

$$\boldsymbol{A}\boldsymbol{v}_j=\sigma_j\boldsymbol{u}_j. \tag{38.4}$$

注意到向量 $\boldsymbol{v}_1,\boldsymbol{v}_2,\cdots,\boldsymbol{v}_r$ 是矩阵 $\boldsymbol{A}^{\mathrm{T}}\boldsymbol{A}$ 的属于特征值 $\lambda_1,\lambda_2,\cdots,\lambda_r$ 的特征向量，且向量 $\boldsymbol{v}_{r+1},\boldsymbol{v}_{r+2},\cdots,\boldsymbol{v}_n$ 是矩阵 $\boldsymbol{A}^{\mathrm{T}}\boldsymbol{A}$ 的属于特征值 0 的特征向量. 若记

$$\boldsymbol{V}_1=(\boldsymbol{v}_1,\boldsymbol{v}_2,\cdots,\boldsymbol{v}_r),\quad \boldsymbol{V}_2=(\boldsymbol{v}_{r+1},\boldsymbol{v}_{r+2},\cdots,\boldsymbol{v}_n),$$

则和前面一样,矩阵 $\boldsymbol{V}$ 的分块形式为 $\boldsymbol{V}=(\boldsymbol{V}_1 \vdots \boldsymbol{V}_2)$，且

$$\boldsymbol{A}\boldsymbol{V}_2=(\boldsymbol{A}\boldsymbol{v}_{r+1},\boldsymbol{A}\boldsymbol{v}_{r+2},\cdots,\boldsymbol{A}\boldsymbol{v}_n)=\boldsymbol{O}. \tag{38.5}$$

于是，从(38.4)知对任何 $j=1,2,\cdots,r$，都有

$$\boldsymbol{u}_j=\frac{\boldsymbol{A}\boldsymbol{v}_j}{\sigma_j}. \tag{38.6}$$

和前面一样，若记 $\boldsymbol{U}_1=(\boldsymbol{u}_1,\boldsymbol{u}_2,\cdots,\boldsymbol{u}_r)$，$\boldsymbol{U}_2=(\boldsymbol{u}_{r+1},\boldsymbol{u}_{r+2},\cdots,\boldsymbol{u}_m)$，则矩阵 $\boldsymbol{U}$ 的分块形式为 $\boldsymbol{U}=(\boldsymbol{U}_1 \vdots \boldsymbol{U}_2)$. 问题的关键是：$\boldsymbol{U}_2=(\boldsymbol{u}_{r+1},\boldsymbol{u}_{r+2},\cdots,\boldsymbol{u}_m)$ 如何得到？见图 38-4.

设 $\mathcal{N}(\boldsymbol{A})$ 是线性方程组 $\boldsymbol{A}\boldsymbol{x}=\boldsymbol{0}$ 的非零解空间，即 $\boldsymbol{A}$ 的零空间，则由(38.5)知

$$\boldsymbol{v}_j\in\mathcal{N}(\boldsymbol{A}),\quad j=r+1,r+2,\cdots,n.$$

由问题 38.1 和探究题 38.1 知，$\mathcal{N}(\boldsymbol{A})$ 的正交补就是 $\mathcal{R}(\boldsymbol{A}^{\mathrm{T}})$（即 $\boldsymbol{A}$ 的上值域）. 由矩阵 $\boldsymbol{V}$ 的列向量的正交性知，

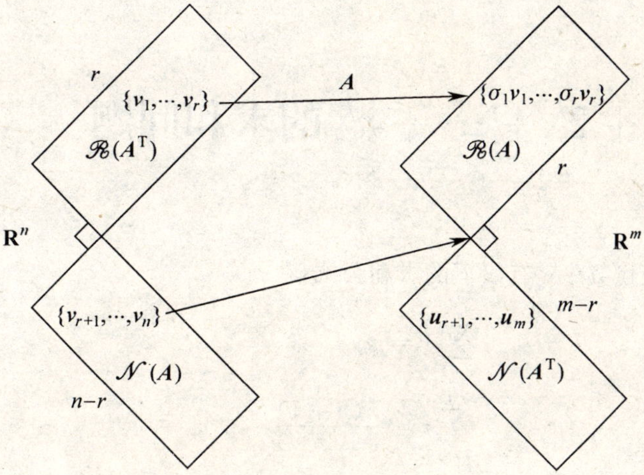

图 38-4

$$\boldsymbol{v}_1,\boldsymbol{v}_2,\cdots,\boldsymbol{v}_r \in \mathscr{R}(\boldsymbol{A}^{\mathrm{T}}).$$

再由(38.6)和矩阵 $\boldsymbol{U}$ 的列向量的正交性知

$$\boldsymbol{u}_1,\boldsymbol{u}_2,\cdots,\boldsymbol{u}_r \in \mathscr{R}(\boldsymbol{A}).$$

又因 $\mathscr{R}(\boldsymbol{A})$ 与 $\mathscr{N}(\boldsymbol{A}^{\mathrm{T}})$ 互为正交补，所以

$$\boldsymbol{u}_{r+1},\boldsymbol{u}_{r+2},\cdots,\boldsymbol{u}_m \in \mathscr{N}(\boldsymbol{A}^{\mathrm{T}}).$$

这表明，我们只要解线性方程组 $\boldsymbol{A}^{\mathrm{T}}\boldsymbol{x}=\boldsymbol{0}$，求出它的一个基础解系，再将它正交化和单位化，记为 $\boldsymbol{u}_{r+1},\boldsymbol{u}_{r+2},\cdots,\boldsymbol{u}_m$ 即可.

39. $1^k + 2^k + \cdots + n^k$ 的求和问题

在初等代数中，有以下的求和公式：

$$\sum_{i=1}^{n} 1 = n, \tag{39.1}$$

$$\sum_{i=1}^{n} i = \frac{n(n+1)}{2}, \tag{39.2}$$

$$\sum_{i=1}^{n} i^2 = \frac{n(n+1)(2n+1)}{6}. \tag{39.3}$$

利用(39.1),(39.2)和(39.3)，用初等方法可如下求得 $\sum\limits_{i=1}^{n} i^3$ 的求和公式：由于

$$\begin{aligned}\sum_{i=1}^{n}[(i+1)^4 - i^4] &= (2^4 - 1^4) + (3^4 - 2^4) + \cdots + [(n+1)^4 - n^4] \\ &= (n+1)^4 - 1 = n^4 + 4n^3 + 6n^2 + 4n,\end{aligned}$$

同时

$$\begin{aligned}\sum_{i=1}^{n}[(i+1)^4 - i^4] &= \sum_{i=1}^{n}(4i^3 + 6i^2 + 4i + 1) \\ &= 4\sum_{i=1}^{n} i^3 + n(n+1)(2n+1) + 2n(n+1) + n \\ &= 4\sum_{i=1}^{n} i^3 + 2n^3 + 5n^2 + 4n,\end{aligned}$$

故有

$$4\sum_{i=1}^{n} i^3 = n^4 + 4n^3 + 6n^2 + 4n - 2n^3 - 5n^2 - 4n = n^4 + 2n^3 + n^2.$$

因此，

$$\sum_{i=1}^{n} i^3 = \left[\frac{n(n+1)}{2}\right]^2. \tag{39.4}$$

利用(39.1)～(39.4)，用类似的方法还可以求得 $\sum\limits_{i=1}^{n} i^4$ 的求和公式. 继

续做下去，我们还可以求得 $\sum_{i=1}^{n} i^k$ $(k=5,6,\cdots)$ 的求和公式. $\sum_{i=1}^{n} i^k$ (k为正整数）的求和公式最初发表在 1713 年瑞士数学家约翰·伯努利(Johann Bernoulli，1667—1748) 的著作 *Ars Conjectundi* 上. 证明这些求和公式的方法很多. 本课题探讨用多项式插值或用伯努利多项式来求前 n 个正整数的 k 次幂(k 为正整数）之和.

中心问题 对任意给定的 k 次多项式 $f(x)$（如 $1,x,x^2,\frac{1}{2}x(x-1)$ 等），求多项式 $S_f(x)$，使得

$$S_f(n)=\sum_{i=0}^{n-1}f(i)=f(0)+f(1)+\cdots+f(n-1), \tag{39.5}$$

对所有的 $n=1,2,3,\cdots$ 皆成立.

准备知识 多项式

课题探究

由(39.1)可见，对 $f(x)=1$，有多项式 $S_f(x)=x$，使

$$S_f(n)=n=\sum_{i=0}^{n-1}f(i).$$

由(39.2)可见，对 $f(x)=x$，有多项式 $S_f(x)=\frac{x(x-1)}{2}$，使

$$S_f(n)=\frac{n(n-1)}{2}=\sum_{i=0}^{n-1}i=\sum_{i=0}^{n-1}f(i).$$

由(39.3)可见，对 $f(x)=x^2$，有多项式 $S_f(x)=\frac{x(x-1)(2x-1)}{6}$，使

$$S_f(n)=\sum_{i=0}^{n-1}i^2=\sum_{i=0}^{n-1}f(f).$$

由(39.4)可见，对 $f(x)=x^3$，有多项式 $S_f(x)=\left[\frac{x(x-1)}{2}\right]^2$，使

$$S_f(n)=\sum_{i=0}^{n-1}i^3=\sum_{i=0}^{n-1}f(i).$$

我们发现，当 $f(x)=a_kx^k+a_{k-1}x^{k-1}+\cdots+a_0$ 是 $k(=0,1,2,3)$ 次多项式时，满足(39.5)的函数 $S_f(x)$ 是一个次数$\leqslant k+1$的多项式且 $S_f(0)=0$. 于是，我们猜测：

对 k 次多项式 $f(x)$，有次数 $\leqslant k+1$ 的多项式 $S_f(x)$ 使

$$S_f(0)=0,\quad S_f(n)=\sum_{i=0}^{n-1} f(i),\ n=1,2,\cdots.$$

下面我们先用多项式插值的方法来证明上述多项式 $S_f(x)$ 的存在性，从而验证我们的猜测，以及给出它的求法. 为此，我们先介绍多项式插值的有关概念.

对给定的数据点$(x_0,y_0),(x_1,y_1),\cdots,(x_m,y_m)$（其中 $x_0<x_1<\cdots<x_m$），要求函数 $y=P(x)$，使得

$$P(x_i)=y_i\quad (i=0,1,\cdots,m)$$

的问题，称之为**插值问题**，$P(x)$ 称为**插值函数**，x_i 称为**插值节点**. $P(x)$ 通常选一类较简单的函数，当 $P(x)$ 取多项式时，我们称它为**插值多项式**. 可以证明，给定 $m+1$ 个数据点(x_i,y_i)，$i=0,1,\cdots,m$，存在唯一的次数不超过 m 的插值多项式 $P(x)$，满足

$$P(x_i)=y_i,\quad i=0,1,\cdots,m. \tag{39.6}$$

事实上，设 $P(x)$ 为次数不超过 m 的多项式，即

$$P(x)=a_0+a_1x+\cdots+a_mx^m, \tag{39.7}$$

由(39.6)，得

$$\begin{cases} a_0+a_1x_0+\cdots+a_mx_0^m=y_0,\\ a_0+a_1x_1+\cdots+a_mx_1^m=y_1,\\ \cdots,\\ a_0+a_1x_m+\cdots+a_mx_m^m=y_m, \end{cases} \tag{39.8}$$

这是一个关于 $a_0,a_1,\cdots,a_m$ 的 $m+1$ 元线性方程组，它的系数行列式

$$\begin{vmatrix} 1 & x_0 & x_0^2 & \cdots & x_0^m\\ 1 & x_1 & x_1^2 & \cdots & x_1^m\\ \vdots & \vdots & \vdots & \ddots & \vdots\\ 1 & x_m & x_m^2 & \cdots & x_m^m \end{vmatrix}$$

是范德蒙德行列式，且由于 $i\neq j$ 时 $x_i\neq x_j$，故它不等于零，因而方程组(39.8)存在唯一解 $a_0,a_1,\cdots,a_m$. 因此，满足条件(39.6)的插值多项式(39.7)是存在且唯一的.

求插值多项式的方法很多. 在课题 26 中，给出了拉格朗日插值多项式，具体地说，令 m 次插值基函数为

$$L_i(x)=\frac{(x-x_0)\cdots(x-x_{i-1})(x-x_{i+1})\cdots(x-x_m)}{(x_i-x_0)\cdots(x_i-x_{i-1})(x_i-x_{i+1})\cdots(x_i-x_m)},$$
$$i=0,1,\cdots,m, \tag{39.9}$$

则满足插值条件(39.6)的插值多项式

$$P(x)=\sum_{i=0}^{m} y_i L_i(x) \tag{39.10}$$

就是拉格朗日插值多项式. 拉格朗日插值公式可以看做直线方程两点式的推广(见[12]课题38,在该课题中还介绍了分段插值的样条函数). 如果从直线方程点斜式

$$P(x)=y_0+\frac{y_1-y_0}{x_1-x_0}(x-x_0)$$

出发,将它推广到具有 $m+1$ 个插值节点的数据点 $(x_0,y_0),(x_1,y_1),\cdots,(x_m,y_m)$ 的情况,我们可把插值多项式表示为

$$\begin{aligned}P(x)=&a_0+a_1(x-x_0)+a_2(x-x_0)(x-x_1)+\cdots\\&+a_m(x-x_0)(x-x_1)\cdots(x-x_{m-1}),\end{aligned} \tag{39.11}$$

其中 $a_0,a_1,\cdots,a_m$ 为待定系数,可由插值条件

$$P(x_i)=y_i \quad (i=0,1,\cdots,m)$$

确定.

当 $x=x_0$ 时,$P(x_0)=a_0=y_0$.

当 $x=x_1$ 时,$P(x_1)=a_0+a_1(x_1-x_0)=y_1$,故有

$$a_1=\frac{y_1-y_0}{x_1-x_0}.$$

当 $x=x_2$ 时,$P(x_2)=a_0+a_1(x_2-x_0)+a_2(x_2-x_0)(x_2-x_1)=y_2$,故有

$$a_2=\frac{\dfrac{y_2-y_0}{x_2-x_0}-\dfrac{y_1-y_0}{x_1-x_0}}{x_2-x_1}.$$

依此递推可得到 $a_3,a_4,\cdots,a_m$. 为写出系数 a_i 的一般表达式,我们引入差商的概念.

设

$$y_i=p[x_i], \quad i=0,1,\cdots,m \tag{39.12}$$

(其中 $p[x_i]$ 可能是离散变量 $x(=x_0,x_1,\cdots,x_m)$ 的函数 $p(x)$ 在点 $x=x_i$ 的值 y_i,也可能是连续变量 x 的函数 $p(x)$ 的值),引进记号

$$p[x_0,x_1]=\frac{p[x_1]-p[x_0]}{x_1-x_0}, \tag{39.13}$$

称它为 p 关于点 x_0,x_1 的**一阶差商**,再引进记号

$$p[x_0,x_1,x_2]=\frac{p[x_0,x_2]-p[x_0,x_1]}{x_2-x_1}, \tag{39.14}$$

称它为 p 关于点 x_0, x_1, x_2 的**二阶差商**. 一般地，有了 $k-1$ 阶差商，可以递推地定义 k **阶差商**

$$p[x_0, x_1, \cdots, x_k] = \frac{p[x_0, x_1, \cdots, x_{k-2}, x_k] - p[x_0, x_1, \cdots, x_{k-1}]}{x_k - x_{k-1}}.$$

显然，由差商定义可得

$$a_1 = p[x_0, x_1], \quad a_2 = p[x_0, x_1, x_2].$$

用数学归纳法可以证明(39.11)中的系数

$$a_k = p[x_0, x_1, \cdots, x_k], \quad k = 1, 2, \cdots, m. \tag{39.15}$$

将(39.15)代入(39.11)，得

$$P(x) = p[x_0] + p[x_0, x_1](x - x_0) + \cdots + p[x_0, x_1, \cdots, x_m](x - x_0)(x - x_1)\cdots(x - x_m), \tag{39.16}$$

我们称它为**牛顿插值多项式**.

上面讨论了插值节点任意分布的插值公式，但实际应用时经常遇到等距节点的情形，这时可以用差分代替差商，使插值公式进一步简化. 设函数 $y = p(x)$ 在等距节点 $x_k = x_0 + kh$ $(k = 0, 1, \cdots)$ 上的值 $y_k = p(x_k)$ 为已知，这里 $h > 0$ 为常数，称为步长. 我们定义

$$\Delta y_k = y_{k+1} - y_k,$$

称为 $p(x)$ 于点 x_k 的**一阶向前差分**，它是离散函数在离散节点上的改变量. 符号 Δ 称为**向前差分算子**，简称**差分算子**. 利用一阶向前差分可定义**二阶向前差分**为

$$\Delta^2 y_k = \Delta y_{k+1} - \Delta y_k = y_{k+2} - 2y_{k+1} + y_k.$$

一般地，可定义 m **阶向前差分**为

$$\Delta^m y_k = \Delta(\Delta^{m-1} y_k) = \Delta^{m-1} y_{k+1} - \Delta^{m-1} y_k,$$

也称为 $p(x)$ 于点 x_k 的 m 阶向前差分，而 $\Delta^0 y_k = y_k$.

类似地，还可以定义向后差分和中心差分，这里就不再介绍了.

为计算 $p(x)$ 的各阶差分，使用如下的差分表十分方便：

x	y	Δy	$\Delta^2 y$	$\Delta^3 y$	$\Delta^4 y$
x_0	y_0				
x_1	y_1	Δy_0			
x_2	y_2	Δy_1	$\Delta^2 y_0$		
x_3	y_3	Δy_2	$\Delta^2 y_1$	$\Delta^3 y_0$	
x_4	y_4	Δy_3	$\Delta^2 y_2$	$\Delta^3 y_1$	$\Delta^4 y_0$

由差分定义可得差商与差分之间的关系：

$$p[x_i,x_{i+1}]=\frac{y_{i+1}-y_i}{x_{i+1}-x_i}=\frac{\Delta y_i}{h},$$

$$p[x_i,x_{i+1},x_{i+2}]=\frac{p[x_{i+1},x_{i+2}]-p[x_i,x_{i+1}]}{x_{i+2}-x_i}=\frac{1}{2h^2}\Delta^2 y_i,$$

继续递推下去可得

$$p[x_i,x_{i+1},\cdots,x_{i+n}]=\frac{1}{n!}\frac{1}{h^n}\Delta^n y_i,\quad n=1,2,\cdots,m. \tag{39.17}$$

注意，利用微积分知识可以证明：设函数 $p(x)$ 在含点 $x_0,x_1,\cdots,x_m$ 的区间上有 m 阶导数，则在这一区间内至少有一点 ξ，使

$$p[x_0,x_1,\cdots,x_m]=\frac{p^{(m)}(\xi)}{m!}.$$

因此，由 k 次多项式得到的 k 阶差分为常数(这是因为当 $p(x)$ 为 k 次多项式函数时，$p^{(k)}(x)$ 为常数函数).

将(39.17)代入(39.16)，就得到等距节点的插值公式

$$N_m(x_0+th)=y_0+\frac{t}{1!}\Delta y_0+\frac{t(t-1)}{2!}\Delta^2 y_0+\cdots+\frac{t(t-1)\cdots(t-m+1)}{m!}\Delta^m y_0, \tag{39.18}$$

称之为**刘焯 - 牛顿前插公式**(亦称**牛顿前插公式**)①.

有了以上的准备知识，我们可以证明满足(39.5)的多项式 $S_f(x)$ 的存在性，并给出其求法了.

问题 39.1 1) 证明：对 k 次多项式 $f(x)$，有次数 $\leqslant k+1$ 的多项式 $S_f(x)$，使得

$$S_f(0)=0,\quad S_f(n)=\sum_{i=0}^{n-1}f(i),\ n=1,2,\cdots, \tag{39.19}$$

当且仅当有次数 $\leqslant k+1$ 的多项式 $S_f(x)$，使得

$$S_f(0)=0,\quad S_f(x+1)-S_f(x)=f(x). \tag{39.20}$$

2) 证明满足(39.19)的次数 $\leqslant k+1$ 的多项式 $S_f(x)$ 的存在性，并用拉格朗日插值多项式求 $S_f(x)$.

① 古代天算家由于编制历法而需要确定日月五星等天体的视运动，当他们观察出天体运动的不均匀性时，插值法便应运产生. 公元600年中国隋朝天文学家、数学家刘焯首先建立了这一公式，在《皇极历》中使用了二次插值公式来推算日月五星的经行度数.

3) 用 2) 的方法求 $\sum_{i=0}^{n} i^2$.

探究题 39.1 1) 试用刘焯 - 牛顿前插公式给出求 $\sum_{i=1}^{n} i^k$ 的公式(其中 k 为正整数).

2) 用 1) 的方法求 $\sum_{i=1}^{n} i^2, \sum_{i=1}^{n} i^3$.

下面介绍伯努利多项式和伯努利数的概念.

伯努利多项式 $B_n(x)$ 定义为满足下列条件的多项式:

$$\left.\begin{aligned} &B_0(x) = 1, \quad B'_n(x) = B_{n-1}(x), \\ &\int_0^1 B_n(x)\mathrm{d}x = 0, \quad n = 1,2,3,\cdots. \end{aligned}\right\} \tag{39.21}$$

设 $b_n = n!B_n(0)$ (其中 $n = 0,1,2,\cdots$), 我们把它们称为**伯努利数**.

伯努利多项式是解析数论中一种特殊的多项式, 它可由函数

$$g(t,z) = \frac{t\mathrm{e}^{tz}}{\mathrm{e}^t - 1} \quad (z \text{ 是复数})$$

展开成 z 的幂级数时而得. 伯努利数还是一类组合数, 在 18 世纪, 由约翰 · 伯努利引入.

我们先探讨伯努利多项式和伯努利数的一些性质, 由此得到计算伯努利数和伯努利多项式的有效方法.

问题 39.2 1) 求 $B_n(x)$, 其中 $n = 1,2,3,4$.

2) 证明: $B_n(0) = B_n(1)$, 对 $n \geqslant 2$ (提示: 用微积分基本定理).

3) 证明:

$$B_n(x) = \frac{1}{n!}\sum_{k=0}^{n} C_n^k b_k x^{n-k}, \tag{39.22}$$

$$b_n = \sum_{k=0}^{n} C_n^k b_k \quad (n \geqslant 2), \tag{39.23}$$

$$b_{n-1} = -\frac{1}{n}(C_n^0 b_0 + C_n^1 b_1 + C_n^2 b_2 + \cdots + C_n^{n-2} b_{n-2}) \quad (n \geqslant 2). \tag{39.24}$$

4) 证明: 对 $n > 0$,

$$B_n(1-x) = (-1)^n B_n(x), \tag{39.25}$$

$$b_{2n+1} = 0. \tag{39.26}$$

5) 计算: $b_6, B_5(x), B_6(x), B_7(x)$.

如何利用伯努利多项式来求 $\sum_{i=1}^{n} i^k$ 呢？在初等方法中，我们用 $\sum_{i=1}^{n}[(i+1)^4-i^4]$ 来求 $\sum_{i=1}^{n} i^3$. 更一般地，我们可以用 $\sum_{i=1}^{n}[(i+1)^{k+1}-i^{k+1}]$ 来求 $\sum_{i=1}^{n} i^k$，其中利用

$$(i+1)^{k+1}-i^{k+1}=C_{k+1}^{1}i^k+C_{k+1}^{2}i^{k-1}+\cdots+1,$$

将求 $\sum_{i=1}^{n} i^k$ 的问题转化为求 $\sum_{i=1}^{n} i^{k-1},\sum_{i=1}^{n} i^{k-2},\cdots,\sum_{i=1}^{n} 1$ 的问题. 于是我们要问：是否可以利用 $B_{k+1}(i+1)-B_{k+1}(i)$ 或者更一般的 $B_{k+1}(x+1)-B_{k+1}(x)$ 来求 $\sum_{i=1}^{n} i^k$ 呢？

探究题 39.2 1) 计算：$B_{k+1}(x+1)-B_{k+1}(x)$，$k=0,1,2,3$，从中你发现什么规律？证明你的猜测.

2) 试利用伯努利多项式 $B_{k+1}(x)$ 来给出 $1^k+2^k+\cdots+n^k$ 的求和公式.

3) 求 $\sum_{i=1}^{n} i^3,\sum_{i=1}^{n} i^4$.

问题解答

问题 39.1 1) 如果次数 $\leqslant k+1$ 的多项式 $S_f(x)$ 满足(39.19)，则有

$$S_f(n+1)-S_f(n)=f(n),\quad n=1,2,\cdots.$$

因 $S_f(x+1)-S_f(x)$，$f(x)$ 皆为次数 $\leqslant k+1$ 的多项式，且它们在 $x=1,2,\cdots$ 处有相同的值，故这两个多项式必须相等(否则，若 $S_f(x+1)-S_f(x)\neq f(x)$，则非零多项式 $(S_f(x+1)-S_f(x))-f(x)$ 有无穷多个根：$x=1,2,\cdots$，这与代数基本定理($\mathbf{C}[x]$ 中每个 n 次多项式在复数域 $\mathbf{C}$ 内仅有 n 个根)矛盾)，即(39.20)成立.

反之，如果次数 $\leqslant k+1$ 的多项式 $S_f(x)$ 满足(39.20)，则 $S_f(0)=0$，且对 $x=0,1,2,\cdots$，有

$$\begin{aligned}
&S_f(1)-S_f(0)=S_f(1)=f(0),\\
&S_f(2)-S_f(1)=f(x),\\
&\cdots,\\
&S_f(n)-S_f(n-1)=f(n-1).
\end{aligned}$$

将以上各式相加，得

$$S_f(n)=S_f(n)-S_f(0)=\sum_{i=0}^{n-1}f(i),\quad n=1,2,\cdots,$$

即(39.19)成立.

2) 令 $S_f(0)=0$, $S_f(1)=f(0)$, $S_f(2)=f(0)+f(1)$, $\cdots$,

$$S_f(k+1)=f(0)+f(1)+\cdots+f(k). \tag{39.27}$$

由$(0,S_f(0)),(1,S_f(1)),\cdots,(k+1,S_f(k+1))$这$k+2$个数据点可决定一个次数不超过$k+1$的插值多项式$S_f(x)$. 由于$S_f(x+1)$与$S_f(x)$的首项系数相同，故$S_f(x+1)-S_f(x)$的次数$\leqslant k$，且由(39.27)知，在$x=k$, $k-1,\cdots,1,0$这$k+1$个点上，$S_f(x+1)-S_f(x)$与$f(x)$相等，因此，这两个次数$\leqslant k$的多项式必须相等，即对任何x，有

$$S_f(x+1)-S_f(x)=f(x).$$

又因$S_f(0)=0$，故插值多项式$S_f(x)$是满足(39.20)的次数$\leqslant k+1$的多项式，因而也满足(39.19).

下面我们用拉格朗日插值多项式来求满足插值条件(39.27)的插值多项式$S_f(x)$.

由(39.9)得$k+1$次插值基函数

$$\begin{aligned}L_i(x)&=\frac{x(x-1)\cdots(x-i+1)(x-i-1)\cdots(x-k-1)}{i(i-1)\cdots1\cdot(-1)\cdots[-(k-i+1)]}\\&=\frac{(-1)^{k-i+1}}{i!(k-i+1)!}x(x-1)\cdots(x-i+1)(x-i-1)\cdots(x-k-1)\end{aligned}$$

$$(i=0,1,\cdots,k+1), \tag{39.28}$$

它在$x=0,1,\cdots,i,i+1,\cdots,k+1$处分别取值

$$\underbrace{0,0,\cdots,1}_{i+1\text{个数}},0,\cdots,0.$$

由(39.10)，得

$$\begin{aligned}S_f(x)&=S_f(0)L_0(x)+S_f(1)L_1(x)+\cdots+S_f(k+1)L_{k+1}(x)\\&=f(0)L_1(x)+(f(0)+f(1))L_2(x)+\cdots\\&\quad+(f(0)+f(1)+\cdots+f(k))L_{k+1}(x).\end{aligned} \tag{39.29}$$

3) 当$f(x)=x^2$时，有$f(0)=0$, $f(1)=1$, $f(2)=4$，故由(39.28)和(39.29)，得

$$\begin{aligned}S_f(x)&=L_2(x)+(1+4)L_3(x)\\&=\frac{(-1)^{2-1}}{2!\cdot1!}x(x-1)(x-3)+5\cdot\frac{(-1)^0}{3!}x(x-1)(x-2)\\&=\frac{x(x-1)(2x-1)}{6}.\end{aligned}$$

令 $x=n$，得

$$S_f(n)=0^2+1^2+\cdots+(n-1)^2=\frac{n(n-1)(2n-1)}{6}.$$

令 $x=n+1$，得

$$S_f(n+1)=1^2+2^2+\cdots+n^2=\frac{n(n+1)(2n+1)}{6}.$$

问题 39.2 1) 由(39.21)，得

$$B_1'(x)=B_0(x)=1,\quad \int_0^1 B_1(x)\mathrm{d}x=0,$$

故可设 $B_1(x)=\int B_1'(x)\mathrm{d}x=x+C$，$C$ 为待定常数. 再用

$$\int_0^1 B_1(x)\mathrm{d}x=\int_0^1(x+C)\mathrm{d}x=\left[\frac{x^2}{2}+Cx\right]_0^1=\frac{1}{2}+C=0,$$

得 $C=-\frac{1}{2}$，所以 $B_1(x)=x-\frac{1}{2}$.

同样，由 $B_2'(x)=B_1(x)=x-\frac{1}{2}$，可设 $B_2(x)=\frac{x^2}{2}-\frac{x}{2}+C$. 再用

$$\int_0^1 B_2(x)\mathrm{d}x=\left[\frac{x^3}{6}-\frac{x^2}{4}+Cx\right]_0^1=0,$$

得 $C=\frac{1}{12}$，故有 $B_2(x)=\frac{x^2}{2}-\frac{x}{2}+\frac{1}{12}$.

由 $B_3'(x)=B_2(x)=\frac{x^2}{2}-\frac{x}{2}+\frac{1}{12}$，可设 $B_3(x)=\frac{x^3}{6}-\frac{x^2}{4}+\frac{x}{12}+C$. 再由

$$\int_0^1 B_3(x)\mathrm{d}x=\left[\frac{x^4}{24}-\frac{x^3}{12}+\frac{x^2}{24}+Cx\right]_0^1=0,$$

解得 $C=0$，故有 $B_3(x)=\frac{x^3}{6}-\frac{x^2}{4}+\frac{x}{12}$.

由 $B_4'(x)=B_3(x)$，可设 $B_4(x)=\frac{x^4}{24}-\frac{x^3}{12}+\frac{x^2}{24}+C$. 再由

$$\int_0^1 B_4(x)\mathrm{d}x=\left[\frac{x^5}{120}-\frac{x^4}{48}+\frac{x^3}{72}+Cx\right]_0^1=0,$$

解得 $C=-\frac{1}{720}$，故有 $B_4(x)=\frac{x^4}{24}-\frac{x^3}{12}+\frac{x^2}{24}-\frac{1}{720}$.

2) 对 $n\geqslant 2$，有 $B_n'(x)=B_{n-1}(x)$，故有

$$\int_0^1 B_{n-1}(x)\mathrm{d}x=\int_0^1 B_n'(x)\mathrm{d}x=B_n(x)\Big|_0^1=B_n(1)-B_n(0).$$

又因$\int_0^1 B_{n-1}(x)\mathrm{d}x = 0$，故有

$$B_n(0) = B_n(1), \quad 对\ n \geqslant 2.$$

3) 先用数学归纳法证明(39.22)成立.

由定义 $b_n = n!B_n(0)$ 和 1) 可得 $b_0 = 1$，$b_1 = -\frac{1}{2}$，因而

$$B_0(x) = b_0, \quad B_1(x) = \frac{x}{1!} + \frac{b_1}{1!} = \frac{1}{1!}\sum_{k=0}^{1} C_1^k b_k x^{1-k}.$$

假设

$$B_{n-1}(x) = \frac{1}{(n-1)!}\sum_{k=0}^{n-1} C_{n-1}^k b_k x^{n-1-k},$$

则有

$$\int B_{n-1}(x)\mathrm{d}x = \frac{1}{(n-1)!}\sum_{k=0}^{n-1} C_{n-1}^k b_k \frac{1}{n-k} x^{n-k} + C.$$

又因 $B_n'(x) = B_{n-1}(x)$，故可设

$$B_n(x) = \frac{1}{(n-1)!}\sum_{k=0}^{n-1} C_{n-1}^k b_k \frac{1}{n-k} x^{n-k} + C.$$

在上式中，令 $x = 0$，得 $C = B_n(0) = \frac{b_n}{n!}$，故

$$B_n(x) = \frac{1}{(n-1)!}\sum_{k=0}^{n-1} C_{n-1}^k b_k \frac{1}{n-k} x^{n-k} + \frac{b_n}{n!} = \frac{1}{n!}\sum_{k=0}^{n} C_n^k b_k x^{n-k}.$$

因此，(39.22)成立.

再证(39.23)和(39.24). 对 $n \geqslant 2$，由 2) 和(39.22)，得

$$B_n(0) = B_n(1) = \frac{1}{n!}\sum_{k=0}^{n} C_n^k b_k,$$

故有

$$b_n = n!B_n(0) = \sum_{k=0}^{n} C_n^k b_k \quad (n \geqslant 2).$$

将上式加以整理，即得(39.24).

4) 先用数学归纳法证明(39.25)成立.

当 $n = 1$ 时，

$$B_1(1-x) = (1-x) - \frac{1}{2} = -\left(x - \frac{1}{2}\right) = -B_1(x),$$

(39.25)成立. 假设 $n < k$ 时(39.25)成立，当 $n = k$ 时，用复合函数求导法则，得

$$B_k'(1-x) = B_{k-1}(1-x)(1-x)' = B_{k-1}(1-x)\cdot(-1)$$

$$=(-1)^{k-1}B_{k-1}(x)\cdot(-1)=(-1)^kB_{k-1}(x)$$
$$=(-1)^kB'_k(x),$$

故可设

$$B_k(1-x)=(-1)^kB_k(x)+C.$$

在上式中，令 $x=0$，得

$$B_k(0)=B_k(1)=(-1)^kB_k(0)+C. \tag{39.30}$$

当 k 为偶数时，由(39.30)，得 $C=0$，即(39.25)成立.

当 k 为奇数时，$k+1$ 为偶数，故有

$$B_{k+1}(1-x)=(-1)^{k+1}B_{k+1}(x),$$

所以 $B'_{k+1}(1-x)=(-1)^{k+1}B'_{k+1}(x)$. 又因

$$B'_{k+1}(1-x)=B_k(1-x)\cdot(-1),\quad B'_{k+1}(x)=B_k(x),$$

所以，(39.25)成立.

再证(39.26)成立. 对 $n>0$，在(39.25)中令 $x=0$，得

$$B_n(1)=(-1)^nB_n(0),$$

因而对 $n>0$，有

$$B_{2n+1}(1)=-B_{2n+1}(0).$$

又因对 $n>0$，有 $2n+1\geqslant 2$，故由 2) 知

$$B_{2n+1}(1)=B_{2n+1}(0),$$

这迫使 $B_{2n+1}(0)=0\ (n>0)$. 因此，

$$b_{2n+1}=(2n+1)!B_{2n+1}(0)=0,\quad 对\ n>0.$$

5) 由 1) 和 3) 知，$b_0=1$，$b_2=\frac{1}{6}$，$b_4=-\frac{1}{30}$. 再由(39.24)，得

$$b_6=-\frac{1}{7}\left[C_7^0\cdot 1+C_7^1\left(-\frac{1}{2}\right)+C_7^2\cdot\frac{1}{6}+C_7^3\cdot 0+C_7^4\left(-\frac{1}{30}\right)+C_7^5\cdot 0\right]$$
$$=-\frac{1}{7}\left(1-\frac{7}{2}+\frac{7}{2}-\frac{7}{6}\right)=\frac{1}{42}.$$

注意，利用递推公式(39.24)可以计算各个伯努利数，其前 20 个伯努利数如下表：

n	0	1	2	4	6	8	10	12	14	16	18	20
b_n	1	$-\frac{1}{2}$	$\frac{1}{6}$	$-\frac{1}{30}$	$\frac{1}{42}$	$-\frac{1}{30}$	$\frac{5}{66}$	$-\frac{691}{2\,730}$	$\frac{7}{6}$	$-\frac{3\,617}{510}$	$\frac{43\,867}{798}$	$-\frac{174\,611}{330}$

利用伯努利数和(39.22)，即得 $B_5(x)$，$B_6(x)$，$B_7(x)$.

40. 线性代数在组合数学中的一些应用

设 $\boldsymbol{E}_n$ 是 n 阶单位矩阵，$\boldsymbol{I}_n$ 是 n 阶平坦矩阵(即所有元素皆为 1 的 n 阶矩阵). 本课题探讨所有的线性组合

$$a\boldsymbol{E}_n + b\boldsymbol{I}_n \quad (\text{其中 } a, b \in \mathbf{R})$$

的特性，并用来解组合数学中的两个问题.

中心问题 探讨区组设计问题，以及完全图的完全偶子图分拆问题.

准备知识 矩阵，特征值与特征向量

课题探究

组合设计是组合数学的主要分支之一，由于生产技术的需要，以及试验设计与纠错码等学科的发展，为组合设计理论的发展提供了强大的推动力. 区组设计是组合设计研究的主要对象之一. 设有限集 $X = \{x_1, x_2, \cdots, x_m\}$ 含 m 个元素，$A_1, A_2, \cdots, A_n$ 是 X 的 n 个子集，这些子集称为**区组**，将这些区组组成的子集族记为 $\mathscr{B}$. 我们把由一个有限集 X 和它的一个子集族 $\mathscr{B}$ 组成的对子$(X,\mathscr{B})$ 称为一个区组设计. 为在理论研究和实际应用中得到有意义的区组设计，需要对它加强条件. 本课题中所讨论的区组设计$(X,\mathscr{B})$，要求 $\mathscr{B}$ 中的这 n 个 X 的子集是互不相同的，且满足

1) 每个子集 A_i 恰好包含 k 个元素；

2) 每对子集 A_i 和 A_j(其中 $i \neq j$) 恰好有 λ 个公共的元素.

本课题将以矩阵为工具来推导这种区组设计存在的一个必要条件：

$$n \leqslant m, \tag{40.1}$$

该参数 n 与 m 必须满足的不等式称为**费希尔不等式**. 英国数学家费希尔 (R. A. Fisher，1890—1962，是现代数理统计学的奠基人) 在研究平衡不完全区组设计的存在条件时于 1940 年发现了类似的不等式(所谓平衡不完全区组设计(简记为 BIBD) 是一种重要的区组设计. 若 $X = \{x_1, x_2, \cdots, x_v\}$ 为 v 个元素的集合，$\mathscr{B}$ 为 X 的 b 个互不相同的子集 $A_1, A_2, \cdots, A_b$ 构成的子集族，且

满足

1) 每个子集(即区组)A_i 恰好包含 k 个元素；

2) 每个元素 x_i 恰好出现在 r 个子集中；

3) 每对元素(x_i,x_j)恰好出现在 λ 个子集中，

则称区组设计$(X,\mathscr{B})$为一个(v,b,r,k,λ)-**平衡不完全区组设计**(记为(v,b,r,k,λ)-BIBD). 它来源于统计学中称为试验设计法的一个分支，并用于工农业及技术科学实验的安排. 根据试验设计的习惯，元素代表试验的品种，子集代表试验的区组，因而 v 也称为**品种数**，b 也称为**区组数**，k 称为**区组大小**，r 称为**重复数**，λ 称为**相遇数**. 这些参数应满足关系式

$$vr = bk,\quad \lambda(v-1) = r(k-1).$$

此外，还应满足费希尔不等式 $b \geqslant v$ (从而 $r \geqslant k$)，这些条件是必要条件. 1961年哈拿匿(H. Hanani)证明了对于 $k=3,4$，上述条件也是充分条件. 但对于 $k \geqslant 5$ 的情况，条件却不是充分的，虽然BIBD设计的存在性已有部分结果，但尚未完全解决. 本课题不对BIBD设计问题展开讨论).

设 X 为含 m 个元素的集合$\{x_1,x_2,\cdots,x_m\}$，$\mathscr{B}$ 为含 n 个 X 的子集的子集族$\{A_1,A_2,\cdots,A_n\}$，令

$$b_{ij} = \begin{cases} 1, & 若\ x_j \in A_i, \\ 0, & 若\ x_j \notin A_i, \end{cases}$$

则称 $n \times m$ 矩阵 $\boldsymbol{B} = (b_{ij})$ 为区组设计$(X,\mathscr{B})$的**关联矩阵**.

问题 40.1 设 $X = \{x_1,x_2,\cdots,x_7\}$，$\mathscr{B} = \{A_1,A_2,\cdots,A_7\}$，其中

$$A_1 = \{x_1,x_2,x_4\},\quad A_2 = \{x_2,x_3,x_5\},\quad A_3 = \{x_3,x_4,x_6\},$$
$$A_4 = \{x_4,x_5,x_7\},\quad A_5 = \{x_5,x_6,x_1\},\quad A_6 = \{x_6,x_7,x_2\},$$
$$A_7 = \{x_7,x_1,x_3\}.$$

1) 写出$(X,\mathscr{B})$的关联矩阵 $\boldsymbol{B} = (b_{ij})_{7\times 7}$，观察矩阵 $\boldsymbol{B}$ 的行向量，你发现什么规律?

2) 计算 $\boldsymbol{B}\boldsymbol{B}^{\mathrm{T}}$，你能否把这个计算结果推广到 X 为含 m 个元素的集合及 $\mathscr{B}$ 为含 n 个 X 的互不相同的子集的子集族的一般情况?

由问题40.1的2)知，如果 $X = \{x_1,x_2,\cdots,x_m\}$，$\mathscr{B} = \{A_1,A_2,\cdots,A_n\}$，其中 n 个子集互不相同，且满足上述条件1)和2)，则$(X,\mathscr{B})$的关联矩阵 $\boldsymbol{B}$ 具有性质:

$$\boldsymbol{B}\boldsymbol{B}^{\mathrm{T}} = (k-\lambda)\boldsymbol{E}_n + \lambda \boldsymbol{I}_n. \tag{40.2}$$

为研究区组设计$(X,\mathscr{B})$存在的必要条件: 费希尔不等式(40.1)，我们先探讨

矩阵 $a\boldsymbol{E}_n + b\boldsymbol{I}_n$(其中 $a,b \in \mathbf{R}$) 的特性.

问题 40.2 求 n 阶矩阵 $a\boldsymbol{E}_n + b\boldsymbol{I}_n$(其中 $a,b \in \mathbf{R}$) 的特征值与特征向量，以及它的秩.

问题 40.3 证明：如果一个含 m 个元素的集合 X 有 n 个互不相同的子集，其中每个子集恰好包含 k 个元素且每对子集都恰好有 λ 个公共的元素，那么子集的个数 n 至多是元素的个数 m.

由问题 40.3 的解答知，具有性质

$$\boldsymbol{B}\boldsymbol{B}^{\mathrm{T}} = (k-\lambda)\boldsymbol{E}_n + \lambda\boldsymbol{I}_n$$

的 $(X,\mathscr{B})$ 的关联矩阵 $\boldsymbol{B}$ 是一个 $n \times m$ 的元素为 1 或 0 的 (0,1) 矩阵，它必须满足不等式 $n \leqslant m$. 这个结果是否还能加以推广呢?

事实上，只要 $\boldsymbol{B}$ 是一个 $n \times m$ 实矩阵，且满足方程

$$\boldsymbol{B}\boldsymbol{B}^{\mathrm{T}} = a\boldsymbol{E}_n + b\boldsymbol{I}_n$$

(其中 $a \neq 0$, $a + bn \neq 0$)，那么 $n \leqslant m$ 仍成立(这是因为，由问题 40.2 的解答知，这时 $\boldsymbol{B}\boldsymbol{B}^{\mathrm{T}}$ 的特征值全不为零，因而秩为 n，故有 $n \leqslant m$).

更一般地，如果 $n \times m$ 矩阵 $\boldsymbol{B}$ 满足 $\boldsymbol{B}\boldsymbol{B}^{\mathrm{T}} = \boldsymbol{C}$ (其中 $\boldsymbol{C}$ 是 n 阶非奇异矩阵)，那么 $n \leqslant m$ 也成立.

下面讨论完全图的完全偶子图分拆问题.

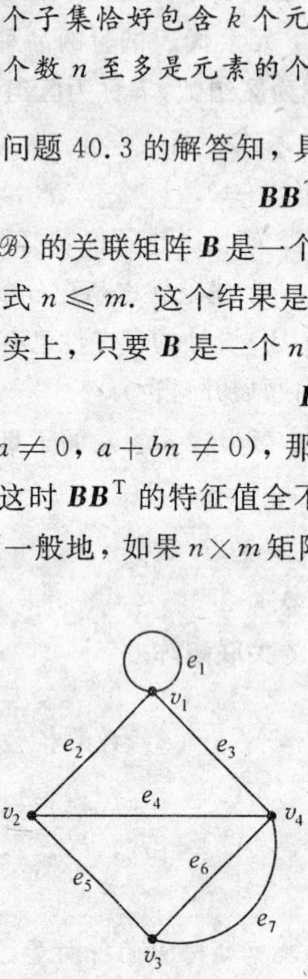

图 40-1

如果 40-1 所示，是一个由顶点 v_1, v_2, v_3, v_4, v_5 和边 e_1, e_2, e_3, e_4, e_5, e_6, e_7 组成的图. 我们把两个端点重合的边称为**环**(如图 40-1 中的边 e_1 的两个端点都是 v_1，是重合的，故是环). 具有两个公共端点的两条边称为**重边**(如图 40-1 中的边 e_6 和 e_7 是重边，它们具有两个公共端点 v_3 和 v_4). 没有环也没有重边的图称为**简单图**.

一个简单图中，若任意两个顶点之间均有边相连，则称为**完全图**. 含有 n 个顶点的完全图记为 K_n，其边数为 $C_n^2 = \dfrac{1}{2}n(n-1)$，如图 40-2 所示.

如果简单图 G 的顶点集 V 是两个互不相交的非空集合 X 和 Y 的并集(即 $V = X \cup Y$)，并且同一个集合中任意两个顶点均不相邻(如果两个顶点之间有一条边相连，则称这两个顶点**相邻**)，则称这样的图为**偶图**. 如果偶图的顶

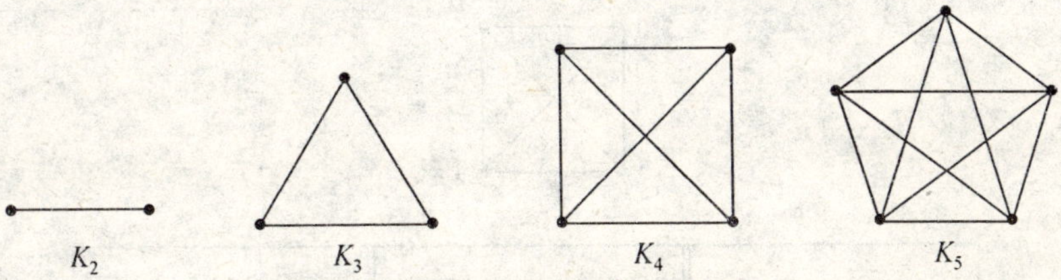

图 40-2

点集 X,Y 中每一对不同集合的顶点之间都有一条边相连，这样的偶图称为**完全偶图**(如图 40-3 所示). 若完全偶图中 X 含 m 个顶点，Y 含 n 个顶点，则其边数为 mn.

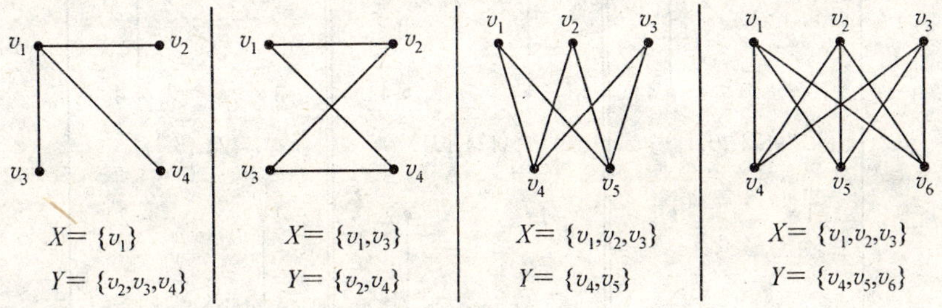

图 40-3

我们将完全图 K_n 的顶点集 V 简记为 $\{1,2,\cdots,n\}$. 从 K_n 的顶点集 V 中选取两个不相交的子集 X 和 Y，然后取所有的连接它们的边(由它们构成的 K_n 的边的子集记为 $\langle X,Y\rangle$)，构成 K_n 的一个子图，它是一个完全偶图，称为 K_n 的**完全偶子图**. 因为 K_n 的每条边都是它的一个完全偶子图，所以将 K_n 的边分拆成若干个完全偶子图是可能的，而且最多分拆成 C_n^2 个完全偶子图. 因此，我们自然要问把 K_n 的边分拆成完全偶子图的最少个数是多少？这就是完全图的完全偶子图分拆问题.

在图 40-4 (1),(2),(3) 中给出了 K_4 的 3 种分拆，且每种分拆都将 K_4 的边分拆成 3 个完全偶子图，其中图 40-4 (1) 的分拆还可以推广到 K_n，得到分拆成 $n-1$ 个完全偶子图

$$\langle\{1\},\{2,3,\cdots,n\}\rangle,\ \langle\{2\},\{3,4,\cdots,n\}\rangle,\ \cdots,\ \langle\{n-1\},\{n\}\rangle$$

的分拆. 那么，把 K_n 的边分拆成完全偶子图的最少个数是否就是 $n-1$ 呢？

下面先建立 K_n 的完全偶子图分拆与竞赛图之间的联系，然后再用竞赛图矩阵来解上述的分拆问题.

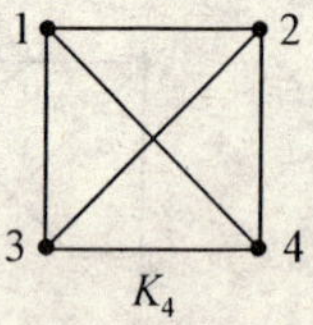

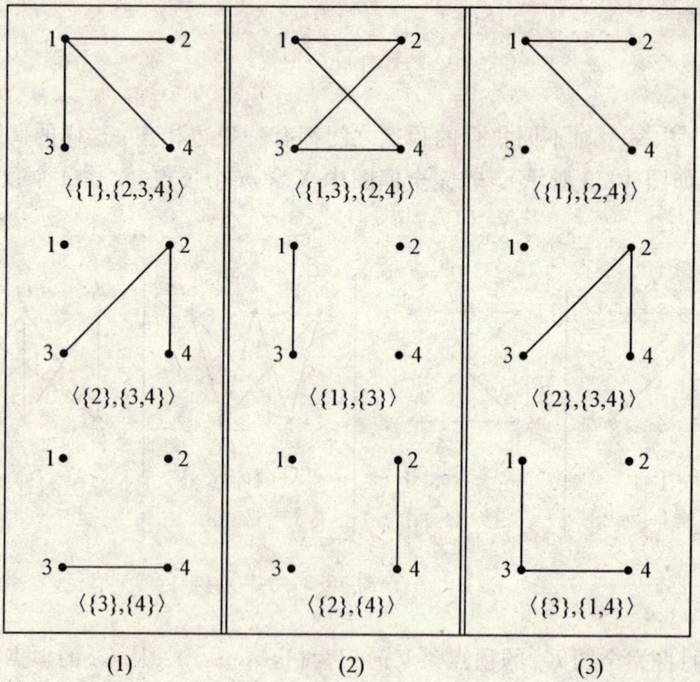

图 40-4

对完全图 K_n 的每一条边都规定一个方向所得到的有向图称为 n 阶**竞赛图**. 竞赛图是任意两个顶点之间有且只有一条边连接的有向图. 由于它可以用来记录若干个球队进行循环赛的比赛结果，因而得名. 由 K_3 得到的 3 阶竞赛图只有如图 40-5 所示的两种(一种是有一个队胜两场而另一个队胜一场，另一种是三个队各胜一场).

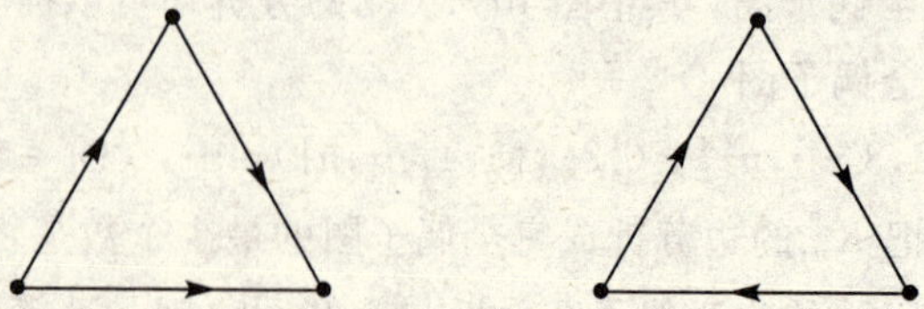

图 40-5

用一个n阶竞赛图可以记录n个队(看做n个顶点)进行循环赛的比赛结果，其中每个队与其他各队都恰好只进行一场比赛，而且每当i队胜j队时，规定连接顶点i和顶点j的边的方向为从顶点i(即始端)指向顶点j(即终端). 与一个n阶竞赛图关联的n阶矩阵$\boldsymbol{T}=(t_{ij})$称为**竞赛图矩阵**，其中

$$t_{ij}=\begin{cases}1, & \text{若 } i \text{ 队胜 } j \text{ 队},\\ 0, & \text{若 } i=j \text{ 或 } i \text{ 队负于 } j \text{ 队}.\end{cases} \tag{40.3}$$

由(40.3)，得

$$\boldsymbol{T}+\boldsymbol{T}^{\mathrm{T}}=-\boldsymbol{E}_n+\boldsymbol{I}_n. \tag{40.4}$$

设

$$\langle X_1,Y_1\rangle,\langle X_2,Y_2\rangle,\cdots,\langle X_k,Y_k\rangle \tag{40.5}$$

是K_n的分成k个完全偶子图的一个分拆，对这个分拆可以结合一个竞赛图，只要对每个$i(=1,2,\cdots,k)$，规定$\langle X_i,Y_i\rangle$中边的方向为从X_i到Y_i. 例如：结合图40-4中K_4分成3个完全偶子图的分拆：图40-4 (1),(2),(3)分别是图40-6 (1),(2),(3)中的竞赛图. 反过来，每个n阶的竞赛图也都可以从某个K_n的完全偶子图分拆得到. 例如：

$$\langle\{1\},Y_1\rangle,\langle\{2\},Y_2\rangle,\cdots,\langle\{n\},Y_n\rangle \tag{40.6}$$

(其中Y_i表示被i队打败的队的集合)是一个K_n的完全偶子图分拆，它将K_n分拆成$n-1$个或n个完全偶子图(这是因为在(40.6)中至多一个完全偶子图是没有任何边的空图，否则，若Y_i和Y_j都是空集，则i队和j队都输掉全部比赛，那么i队输给j队，反过来，j队也输给i队，产生矛盾).

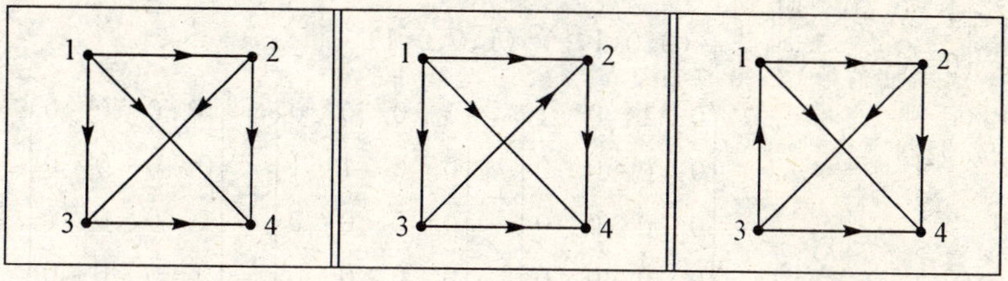

(1)　(2)　(3)

图 40-6

为了用竞赛图矩阵$\boldsymbol{T}$来研究K_n的分拆(40.5)，我们引入反映子集特征的(0,1)向量的概念. 设Z是集合$V=\{1,2,\cdots,n\}$的一个子集，定义向量$\overrightarrow{Z}$是若$i\in Z$，则第i个分量为1，否则为0的向量. 于是，对应K_n的完全偶子图分拆(40.5)的竞赛图矩阵

$$\boldsymbol{T}=\overrightarrow{X_1}^{\mathrm{T}}\overrightarrow{Y_1}+\overrightarrow{X_2}^{\mathrm{T}}\overrightarrow{Y_2}+\cdots+\overrightarrow{X_k}^{\mathrm{T}}\overrightarrow{Y_k}, \tag{40.7}$$

其中每个$\overrightarrow{X_i}^{\mathrm{T}}\overrightarrow{Y_i}$是秩为1的$n$阶矩阵(这是因为$\overrightarrow{X_i}^{\mathrm{T}}\overrightarrow{Y_i}$的每个行向量都是$\overrightarrow{Y_i}$或零向量). 例如：对应于图40-6的3个竞赛图的竞赛图矩阵分别是

$$\begin{pmatrix}0&1&1&1\\0&0&1&1\\0&0&0&1\\0&0&0&0\end{pmatrix}=(1,0,0,0)^{\mathrm{T}}(0,1,1,1)+(0,1,0,0)^{\mathrm{T}}(0,0,1,1)+(0,0,1,0)^{\mathrm{T}}(0,0,0,1)$$

$$=\begin{pmatrix}0&1&1&1\\0&0&0&0\\0&0&0&0\\0&0&0&0\end{pmatrix}+\begin{pmatrix}0&0&0&0\\0&0&1&1\\0&0&0&0\\0&0&0&0\end{pmatrix}+\begin{pmatrix}0&0&0&0\\0&0&0&0\\0&0&0&1\\0&0&0&0\end{pmatrix},$$

$$\begin{pmatrix}0&1&1&1\\0&0&0&1\\0&1&0&1\\0&0&0&0\end{pmatrix}=(1,0,1,0)^{\mathrm{T}}(0,1,0,1)+(1,0,0,0)^{\mathrm{T}}(0,0,1,0)+(0,1,0,0)^{\mathrm{T}}(0,0,0,1)$$

$$=\begin{pmatrix}0&1&0&1\\0&0&0&0\\0&1&0&1\\0&0&0&0\end{pmatrix}+\begin{pmatrix}0&0&1&0\\0&0&0&0\\0&0&0&0\\0&0&0&0\end{pmatrix}+\begin{pmatrix}0&0&0&0\\0&0&0&1\\0&0&0&0\\0&0&0&0\end{pmatrix},$$

$$\begin{pmatrix}0&1&0&1\\0&0&1&1\\1&0&0&1\\0&0&0&0\end{pmatrix}=(1,0,0,0)^{\mathrm{T}}(0,1,0,1)+(0,1,0,0)^{\mathrm{T}}(0,0,1,1)+(0,0,1,0)^{\mathrm{T}}(1,0,0,1)$$

$$=\begin{pmatrix}0&1&0&1\\0&0&0&0\\0&0&0&0\\0&0&0&0\end{pmatrix}+\begin{pmatrix}0&0&0&0\\0&0&1&1\\0&0&0&0\\0&0&0&0\end{pmatrix}+\begin{pmatrix}0&0&0&0\\0&0&0&0\\1&0&0&0\\0&0&0&0\end{pmatrix}.$$

由于$\mathrm{r}(\boldsymbol{A}+\boldsymbol{B})\leqslant\mathrm{r}(\boldsymbol{A})+\mathrm{r}(\boldsymbol{B})$(其中$\boldsymbol{A}$和$\boldsymbol{B}$是$m\times n$矩阵)，由(40.7)得，对应于$K_n$分成$k$个完全偶子图的分拆的$n$阶竞赛图矩阵的秩至多为$k$.

探究题40.1 问：一个n阶竞赛图矩阵$\boldsymbol{T}$的秩至少为多少?

由探究题40.1的解答知，任一个n阶竞赛图矩阵的秩至少为$n-1$，因而完全图K_n不存在少于$n-1$个完全偶子图的分拆. 因此，一个完全图K_n的分拆中完全偶子图的个数只可能是$n-1$或n.

探究题 40.2 问：对任一正整数 $n\,(\geqslant 3)$，是否都存在完全图 K_n 的 $n-1$ 个（或 n 个）完全偶子图的分拆？

下面我们要问：关于一个 n 阶竞赛图矩阵 $\boldsymbol{T}$ 的结果是否还能推广呢？

探究题 40.3 问：如果 $\boldsymbol{T}$ 是一个 n 阶实矩阵，它满足方程

$$\boldsymbol{T}+\boldsymbol{T}^{\mathrm{T}}=a\boldsymbol{E}_n+b\boldsymbol{I}_n,$$

其中 $a\neq 0$，那么 $\mathrm{r}(\boldsymbol{T})\geqslant n-1$ 是否仍成立？

问题解答

问题 40.1 1)

$$\boldsymbol{B}=\begin{pmatrix}1&1&0&1&0&0&0\\0&1&1&0&1&0&0\\0&0&1&1&0&1&0\\0&0&0&1&1&0&1\\1&0&0&0&1&1&0\\0&1&0&0&0&1&1\\1&0&1&0&0&0&1\end{pmatrix},$$

我们发现，$\mathscr{B}$ 中每个子集包含 3 个元素($k=3$)，$\boldsymbol{B}$ 的每一行包含 3 个 1，其他元素为 0，因而 $\sum\limits_{t=1}^{7}b_{it}^2=3$；每对子集都恰好有 1 个公共的元素($\lambda=1$)，$\boldsymbol{B}$ 中任意两行的内积为 1，即 $\sum\limits_{t=1}^{7}b_{it}b_{jt}=1$（其中 $i\neq j$）. 因此，$\boldsymbol{B}\boldsymbol{B}^{\mathrm{T}}$ 的每个对角元素皆为 3，而非对角元素均为 1.

2) 由 1) 得

$$\boldsymbol{B}\boldsymbol{B}^{\mathrm{T}}=\begin{pmatrix}3&1&1&1&1&1&1\\1&3&1&1&1&1&1\\1&1&3&1&1&1&1\\1&1&1&3&1&1&1\\1&1&1&1&3&1&1\\1&1&1&1&1&3&1\\1&1&1&1&1&1&3\end{pmatrix}=2\boldsymbol{E}_7+\boldsymbol{I}_7.$$

一般地，当 $\mathscr{B}$ 中每个子集 A_i 包含 k 个元素，每对子集 A_i 和 A_j（其中 $i\neq$

j）有 λ 个公共的元素时，$\boldsymbol{B}$ 的每一行包含 k 个 1，其他元素为 0，因而

$$\sum_{t=1}^{m} b_{it}^2 = k, \quad i = 1,2,\cdots,n,$$

$\boldsymbol{B}$ 中任意两行的内积为 λ，即

$$\sum_{t=1}^{m} b_{it} b_{jt} = \lambda, \quad 对\ i \neq j.$$

因此，我们有 $\boldsymbol{BB}^{\mathrm{T}} = (k-\lambda)\boldsymbol{E}_n + \lambda \boldsymbol{I}_n$.

问题 40.2 设 $\boldsymbol{e}_1 = (1,0,0,\cdots,0)^{\mathrm{T}}$，$\boldsymbol{e}_2 = (0,1,0,\cdots,0)^{\mathrm{T}}$，$\cdots$，$\boldsymbol{e}_n = (0,0,0,\cdots,1)^{\mathrm{T}}$ 是 $\mathbf{R}^n$ 的一个基，则 $\boldsymbol{E}_n$ 的特征值为 n 个 1，$\boldsymbol{e}_1,\boldsymbol{e}_2,\cdots,\boldsymbol{e}_n$ 是 $\boldsymbol{E}_n$ 的 n 个线性无关的特征向量.

设 $\boldsymbol{e} = (1,1,\cdots,1)^{\mathrm{T}} \in \mathbf{R}^n$，则由(15.2)，得

$$|\lambda \boldsymbol{E}_n - \boldsymbol{I}_n| = |\lambda \boldsymbol{E}_n - \boldsymbol{e}\boldsymbol{e}^{\mathrm{T}}| = \lambda^{n-1}|\lambda \boldsymbol{E}_1 - \boldsymbol{e}^{\mathrm{T}}\boldsymbol{e}| = \lambda^{n-1}(\lambda - n),$$

故 $\boldsymbol{I}_n$ 的特征值为 $n-1$ 个 0 与 1 个 n，对应的线性无关的特征向量分别为

$$\boldsymbol{e}_1 - \boldsymbol{e}_2, \boldsymbol{e}_2 - \boldsymbol{e}_3, \cdots, \boldsymbol{e}_{n-1} - \boldsymbol{e}_n, \sum_{i=1}^{n} \boldsymbol{e}_i.$$

因为 $\boldsymbol{e}_i - \boldsymbol{e}_{i+1}$ 既是 $\boldsymbol{E}_n$ 又是 $\boldsymbol{I}_n$ 的特征向量，所以它是 $a\boldsymbol{E}_n + b\boldsymbol{I}_n$ 的属于特征值 $a\cdot 1 + b\cdot 0 = a$ 的特征向量，$i = 1,2,\cdots,n-1$. 类似地，$\sum\limits_{i=1}^{n} \boldsymbol{e}_i$ 是 $a\boldsymbol{E}_n + b\boldsymbol{I}_n$ 的属于特征值 $a\cdot 1 + b\cdot n = a + bn$ 的特征向量.

因此，$a\boldsymbol{E}_n + b\boldsymbol{I}_n$ 的特征值为

$$a\ (n-1\ 个),\ a + bn\ (1\ 个). \tag{40.8}$$

因为 $a\boldsymbol{E}_n + b\boldsymbol{I}_n$ 是实对称矩阵，可对角化，所以它的秩是它的非零特征值的个数，并可以由(40.8)来确定.

问题 40.3 由问题 40.1 的 2）的解答知，$(X,\mathscr{B})$ 的关联矩阵 $\boldsymbol{B}$ 满足(40.2)：

$$\boldsymbol{BB}^{\mathrm{T}} = (k-\lambda)\boldsymbol{E}_n + \lambda \boldsymbol{I}_n,$$

由(40.8)知，$\boldsymbol{BB}^{\mathrm{T}}$ 的特征值为

$$k-\lambda\ (n-1\ 个),\ k + (n-1)\lambda\ (1\ 个).$$

因为 $\mathscr{B} = \{A_1, A_2, \cdots, A_n\}$ 中的子集是互不相同的，故 $k > \lambda$，所以 $\boldsymbol{BB}^{\mathrm{T}}$ 的特征值全大于零，因此，n 阶矩阵 $\boldsymbol{BB}^{\mathrm{T}}$ 的秩就是 n. 又因

$$\mathrm{r}(\boldsymbol{BB}^{\mathrm{T}}) \leqslant \mathrm{r}(\boldsymbol{B}) \leqslant \min\{n,m\},$$

故 $n \times m$ 矩阵 $\boldsymbol{B}$ 的秩 $\mathrm{r}(\boldsymbol{B})$ 等于 n 且不大于 m，因此，$n \leqslant m$，即子集的个数 n 至多是元素的个数 m.

41. 多项式方程的轮换矩阵解法

在 19 世纪以前，解方程一直是代数学的中心问题. 早在古巴比伦时代，人们就会解二次方程. 在中世纪，阿拉伯数学家又将二次方程的理论系统化，得到了一般解法与求解公式. 16 世纪上半叶意大利数学家解决了 3 次、4 次方程的求解问题. 求实系数 3 次一般方程

$$y^3 + ay^2 + by + c = 0$$

的根，经变量代换 $y = x - \frac{a}{3}$，可转化为求实系数不完全 3 次方程

$$x^3 + px + q = 0 \tag{41.1}$$

的根，而(41.1) 的任意一个根 x_0 可由卡尔丹(Cardano) 公式给出：

$$x_0 = \sqrt[3]{-\frac{q}{2} + \sqrt{\frac{q^2}{4} + \frac{p^3}{27}}} + \sqrt[3]{-\frac{q}{2} - \sqrt{\frac{q^2}{4} + \frac{p^3}{27}}}, \tag{41.2}$$

其中立方根在复数域内有三个值. 同样，可通过变换将实系数 4 次一般方程 $ax^4 + bx^3 + cx^2 + dx + e = 0$ 简化为 $y^4 + py^2 + qy + r = 0$，由此进一步得到

$$y^4 + 2py^2 + p^2 = py^2 - qy - r + p^2,$$

于是，对任意的 z，有

$$\begin{aligned}(y^2 + p + z)^2 &= py^2 - qy + p^2 - r + 2z(y^2 + p) + z^2 \\ &= (p + 2z)y^2 - qy + (p^2 - r + 2pz + z^2),\end{aligned}$$

再选择适当的 z，使上式右边成为完全平方式，实际上使

$$4(p + 2z)(p^2 - r + 2pz + z^2) - q^2 = 0$$

即可. 这样就将一般 4 次方程的求根问题转化为 z 的 3 次方程的求根问题.

在解出 3 次、4 次方程后，数学家们转向求解 5 次以上的方程，考虑一般的 5 次或更高次的方程能否像 2 次、3 次、4 次方程一样来求解，也就是说对于形如

$$x^n + a_1x^{n-1} + \cdots + a_n = 0$$

(其中 $n \geqslant 5$) 的代数方程，它的解能否通过只对方程的系数作加、减、乘、除和求正整数次方根等运算的公式得到呢？1824 年，年仅 22 岁的挪威数学家阿

贝尔(N. H. Abel, 1802—1829) 证明了高于 4 次的一般方程不能用根式求解. 他还发现了一类能用根式求解的特殊方程，现在被称为阿贝尔方程. 阿贝尔还企图研究能用根式求解的方程的一般特性，可惜他 27 岁就去世了.

阿贝尔只是证明对于一般的 5 次和 5 次以上方程根式解是不可能的，但并不妨碍人们去求一些特殊的代数方程(如阿贝尔方程) 的根式解. 什么样的特殊方程能够用根式来求解? 法国数学家伽罗瓦(E. Galois, 1811—1832) 在 1829—1831 年完成的几篇论文中，建立了判别方程根式可解的充分必要条件，从而宣告了方程根式可解这一经历了 300 年的难题的彻底解决. 1830 年伽罗瓦参加了反对波旁王朝的"七月革命", 1832 年他在他的政敌利用爱情纠葛而挑起的一场决斗中身亡，死时不到 21 岁. 在决斗前夜，他通宵达旦整理自己的数学手稿，他开头写道: "我在解析学中，创造出了多种新成果 …… 我想把这些没有解决的问题，全部解决，展现在人们的面前，当写到没有时间了时，心里感到非常难受." 遗书的主要内容，从数学方面看，都是重要成果. 他提出了群的概念，用群的理论彻底解决了根式求解代数方程的问题，而且由此发展了一整套关于群和域的理论(称为伽罗瓦理论), 对近世代数的发展产生了深远的影响.

本课题将探讨轮换矩阵的特性，并用于导出低次多项式方程的统一解法.

中心问题 对一个给定的多项式 $p(x)$, 如何寻找一个轮换矩阵 $\boldsymbol{C}$, 使得它的特征多项式 $|\lambda\boldsymbol{E}-\boldsymbol{C}|=p(\lambda)$, 从而它的特征值就是 $p(\lambda)$ 的根.

准备知识 矩阵的对角化，线性变换

课题探究

形如

$$\boldsymbol{C}=\begin{pmatrix} c_0 & c_1 & c_2 & \cdots & c_{n-1} \\ c_{n-1} & c_0 & c_1 & \cdots & c_{n-2} \\ c_{n-2} & c_{n-1} & c_0 & \cdots & c_{n-3} \\ \vdots & \vdots & \vdots & \ddots & \vdots \\ c_1 & c_2 & c_3 & \cdots & c_0 \end{pmatrix} \tag{41.3}$$

的 n 阶矩阵(其中每个后续行的元素是由前一行的元素向右移过一位，而最后一个元素移到最前面而得到的) 称为 n 阶**轮换矩阵**. 例如: 由第 1 行元素

(a,b,c) 可以产生 3 阶轮换矩阵

$$\boldsymbol{C}=\begin{pmatrix}a & b & c\\ c & a & b\\ b & c & a\end{pmatrix}.$$

容易看到，轮换矩阵的每条平行于主对角线的向上(或向下)对角线上的元素皆相等.

轮换矩阵具有许多有趣的性质，它在其他方面也有重要的应用(如离散傅里叶变换，见[12] 中课题 40 和课题 39). 对本课题来说，我们最关心的是求轮换矩阵的特征值与特征向量.

设 $\boldsymbol{W}$ 是第 1 行为$(0,1,0,\cdots,0)$ 的轮换矩阵

$$\boldsymbol{W}=\begin{pmatrix}\boldsymbol{0} & \boldsymbol{E}_{n-1}\\ 1 & \boldsymbol{0}\end{pmatrix}. \tag{41.4}$$

实际上，它就是将 n 阶单位矩阵 $\boldsymbol{E}$ 的第 1 行移到最底下一行而得到的矩阵. 我们先探讨这个简单的轮换矩阵的性质，然后再推广到一般的情况.

问题 41.1 设 $\boldsymbol{W}$ 为由(41.4) 给出的 n 阶轮换矩阵.

1) 求 $\boldsymbol{W}$ 的特征值与特征向量. 问：$\boldsymbol{W}$ 是否可酉对角化?

2) 求 $\boldsymbol{W}$ 的幂 $\boldsymbol{W}^2,\boldsymbol{W}^3,\cdots$.

由问题 41.1 的解答知，$\boldsymbol{W}$ 为 n 次幂么矩阵，我们是否可以利用 $\boldsymbol{W}$ 的幂 $\boldsymbol{W}^0=\boldsymbol{E},\boldsymbol{W}^1,\cdots,\boldsymbol{W}^{n-1}$ 来求任一轮换矩阵 $\boldsymbol{C}$ 的特征值与特征向量呢?

问题 41.2 设 $\boldsymbol{C}$ 为由(41.3) 给出的 n 阶轮换矩阵，求它的特征值与特征向量. 问：$\boldsymbol{C}$ 是否可酉对角化?

由问题 41.2 的解答知，设 $\boldsymbol{C}$ 是第 1 行为$(c_0,c_1,c_2,\cdots,c_{n-1})$ 的轮换矩阵，多项式 $q(\lambda)=c_0+c_1\lambda+c_2\lambda^2+\cdots+c_{n-1}\lambda^{n-1}$，则 $\boldsymbol{C}=q(\boldsymbol{W})$，且 $\boldsymbol{C}$ 的特征值为

$$\lambda_k=q(\zeta_n^k)=c_0+c_1\zeta_n^k+c_2\zeta_n^{2k}+\cdots+c_{n-1}\zeta_n^{(n-1)k},$$
$$k=0,1,\cdots,n-1, \tag{41.5}$$

其中 $\zeta_n=\mathrm{e}^{2\pi\mathrm{i}/n}=\cos\dfrac{2\pi}{n}+\mathrm{i}\sin\dfrac{2\pi}{n}$ 是 n 次单位根，

$$\begin{aligned}\boldsymbol{\omega}_k&=(1,\mathrm{e}^{2k\pi\mathrm{i}/n},\mathrm{e}^{4k\pi\mathrm{i}/n},\cdots,\mathrm{e}^{2(n-1)k\pi\mathrm{i}/n})^{\mathrm{T}}\\&=(1,\zeta_n^k,\zeta_n^{2k},\cdots,\zeta_n^{(n-1)k})^{\mathrm{T}}\end{aligned} \tag{41.6}$$

是属于特征值 λ_k 的特征向量. 设

$$\boldsymbol{Q}=(\boldsymbol{\omega}_0,\boldsymbol{\omega}_1,\cdots,\boldsymbol{\omega}_{n-1}), \tag{41.7}$$

则

$$Q^{-1}CQ = Q^{-1}q(W)Q = \mathrm{diag}(\lambda_0, \lambda_1, \cdots, \lambda_{n-1}).$$

例如：设轮换矩阵

$$C = \begin{pmatrix} 1 & 2 & 1 & 3 \\ 3 & 1 & 2 & 1 \\ 1 & 3 & 1 & 2 \\ 2 & 1 & 3 & 1 \end{pmatrix},$$

则由 C 的第 1 行可得 4 次多项式

$$q(\lambda) = 1 + 2\lambda + \lambda^2 + 3\lambda^3.$$

由于 4 次单位根 $\zeta_4 = \cos\frac{2\pi}{4} + \mathrm{i}\sin\frac{2\pi}{4} = \mathrm{i}$，故 C 的特征值为

$$\lambda_0 = q(1) = 7, \quad \lambda_1 = q(\mathrm{i}) = -\mathrm{i},$$

$$\lambda_2 = q(-1) = -3, \quad \lambda_3 = q(-\mathrm{i}) = \mathrm{i},$$

对应的特征向量为

$$\boldsymbol{\omega}_0 = (1,1,1,1)^{\mathrm{T}}, \quad \boldsymbol{\omega}_1 = (1,\mathrm{i},-1,-\mathrm{i})^{\mathrm{T}},$$

$$\boldsymbol{\omega}_2 = (1,-1,1,-1)^{\mathrm{T}}, \quad \boldsymbol{\omega}_3 = (1,-\mathrm{i},-1,\mathrm{i})^{\mathrm{T}}.$$

C 的特征多项式为

$$p(\lambda) = |\lambda E - C| = (\lambda-7)(\lambda+\mathrm{i})(\lambda+3)(\lambda-\mathrm{i})$$
$$= \lambda^4 - 4\lambda^3 - 20\lambda^2 - 4\lambda - 21.$$

又如：设轮换矩阵

$$C = \begin{pmatrix} 1 & \sqrt[3]{2} & \sqrt[3]{4} \\ \sqrt[3]{4} & 1 & \sqrt[3]{2} \\ \sqrt[3]{2} & \sqrt[3]{4} & 1 \end{pmatrix}, \tag{41.8}$$

则

$$q(\lambda) = 1 + \sqrt[3]{2}\,\lambda + \sqrt[3]{4}\,\lambda^2.$$

由于 3 次单位根 $\zeta_3 = \cos\frac{2\pi}{3} + \mathrm{i}\sin\frac{2\pi}{3} = \frac{-1+\sqrt{3}\,\mathrm{i}}{2}$，故 C 的特征值为

$$q(1) = 1 + \sqrt[3]{2} + \sqrt[3]{4},$$

$$q(\zeta_3) = \frac{1}{2}\left[2 - \sqrt[3]{2} - \sqrt[3]{4} + (\sqrt[3]{2} - \sqrt[3]{4})\sqrt{3}\,\mathrm{i}\right],$$

$$q(\zeta_3^2) = q\left(\frac{-1-\sqrt{3}\,\mathrm{i}}{2}\right) = \frac{1}{2}\left[2 - \sqrt[3]{2} - \sqrt[3]{4} - (\sqrt[3]{2} - \sqrt[3]{4})\sqrt{3}\,\mathrm{i}\right],$$

C 的特征多项式为

$$p(\lambda)=|\lambda\boldsymbol{E}-\boldsymbol{C}|=\lambda^3-3\lambda^2-3\lambda-1. \tag{41.9}$$

由以上两个例子可以看到，由一个 n 阶轮换矩阵 $\boldsymbol{C}=q(\boldsymbol{W})$ 可以同时给出一个多项式 $p(\lambda)$ 的系数和根，其中 $p(\lambda)$ 是 $\boldsymbol{C}$ 的特征多项式，它的系数可以从

$$p(\lambda)=|\lambda\boldsymbol{E}-\boldsymbol{C}|=\prod_{k=0}^{n-1}(\lambda-\lambda_k)$$

得出，而它的根就是它的特征值，可以将 n 次单位根 $1,\zeta_n,\zeta_n^2,\cdots,\zeta_n^{n-1}$ 代入 $q(\lambda)$ 而得. 于是，我们可以利用轮换矩阵来求多项式方程的根. 例如：从上面的例子可以看到，要求多项式

$$p(\lambda)=\lambda^3-3\lambda^2-3\lambda-1$$

的根可以利用轮换矩阵(41.8)，这是因为 $\boldsymbol{C}$ 的特征多项式就是 $p(\lambda)$（见(41.9)），而它的根就是特征值 $q(1),q(\zeta_3),q(\zeta_3^2)$，其中

$$q(\lambda)=1+\sqrt[3]{2}\,\lambda+\sqrt[3]{4}\,\lambda^2,$$

$\zeta_3=\dfrac{-1+\sqrt{3}\mathrm{i}}{2}$ 是 3 次单位根.

一般地，任给一个 n 次多项式 $p(\lambda)$，我们只要能找到一个对应的轮换矩阵 $\boldsymbol{C}$，使得它的特征多项式就是 $p(\lambda)$，那么我们就能利用 $\boldsymbol{C}$ 的第 1 行定义一个多项式 $q(\lambda)$，而它在 $\lambda=1,\zeta_n,\zeta_n^2,\cdots,\zeta_n^{n-1}$ 的值 $q(1),q(\zeta_n),q(\zeta_n^2),\cdots,q(\zeta_n^{n-1})$ 就是 $p(\lambda)$ 的 n 个根.

一个 n 阶轮换矩阵

$$\boldsymbol{C}=\begin{pmatrix} c_0 & c_1 & c_2 & \cdots & c_{n-1} \\ c_{n-1} & c_0 & c_1 & \cdots & c_{n-2} \\ c_{n-2} & c_{n-1} & c_0 & \cdots & c_{n-3} \\ \vdots & \vdots & \vdots & \ddots & \vdots \\ c_1 & c_2 & c_3 & \cdots & c_0 \end{pmatrix}$$

是由 n 个参数 $c_0,c_1,\cdots,c_{n-1}$ 所确定的，而且它的迹 $\mathrm{tr}\boldsymbol{C}=nc_0$ 是它的特征多项式

$$p(\lambda)=|\lambda\boldsymbol{E}-\boldsymbol{C}|=\lambda^n+\alpha_{n-1}\lambda^{n-1}+\cdots+\alpha_0$$

的 $n-1$ 次项的系数的相反数 $-\alpha_{n-1}$，故有

$$c_0=-\frac{\alpha_{n-1}}{n}. \tag{41.10}$$

我们知道，n 次多项式 $p(\lambda)=\lambda^n+\alpha_{n-1}\lambda^{n-1}+\cdots+\alpha_0$ 可以通过变量代换

$$\mu=\lambda-\frac{\alpha_{n-1}}{n}$$

消去 $n-1$ 次项，因而求 n 次多项式的根可以转化为求 $n-1$ 次项为零的 n 次多项式的根，而求特征多项式为 $p(\lambda)=\lambda^n+\alpha_{n-1}\lambda^{n-1}+\cdots+\alpha_0$（其中 $\alpha_{n-1}=0$）的轮换矩阵 $\boldsymbol{C}$，只需确定它的 $n-1$ 个参数 $c_1,c_2,\cdots,c_{n-1}$（由(41.10)知，其中 $c_0=0$）. 我们把这种迹为零(即 $c_0=0$）的轮换矩阵称为**无迹轮换矩阵**.

问题 41.3 试用轮换矩阵给出下列多项式的求根方法：

1) $p(\lambda)=\lambda^2+\alpha\lambda+\beta$;

2) $p(\lambda)=\lambda^3+\beta\lambda+\gamma$;

3) $p(\lambda)=\lambda^4+\beta\lambda^2+\gamma\lambda+\delta$.

由问题41.3可知，对任一次数不大于4的多项式 $p(\lambda)$，我们都能找到对应的轮换矩阵 $\boldsymbol{C}$，使得它的特征多项式就是 $p(\lambda)$. 一般地，对任一首项系数为1的 n 次复系数多项式 $p(\lambda)$，是否一定能找到对应的轮换矩阵 $\boldsymbol{C}$，使得它的特征多项式是 $p(\lambda)$ 呢？回答是肯定的.

事实上，设 $r_1,r_2,\cdots,r_n$ 是 $p(\lambda)$ 的 n 个根，

$$\omega_1=1,\ \omega_2=\zeta_n,\ \cdots,\ \omega_n=\zeta_n^{n-1}$$

是 n 个 n 次单位根，则存在唯一的 $n-1$ 次的内插多项式 $q(\lambda)$，使得

$$q(\omega_k)=r_k,\quad k=1,2,\cdots,n \tag{41.11}$$

(由问题 26.3 的解答知，可取 $q(\lambda)$ 为拉格朗日内插多项式). 由(41.11) 和(41.5)知，轮换矩阵 $\boldsymbol{C}=q(\boldsymbol{W})$ 的特征值恰好是 $r_1,r_2,\cdots,r_n$，故 $\boldsymbol{C}$ 的特征多项式就是 $p(\lambda)$.

反过来，如果 $\boldsymbol{C}=q(\boldsymbol{W})$ 是特征多项式为 $p(\lambda)$ 的轮换矩阵，显然

$$q(\lambda)=c_0+c_1\lambda+c_2\lambda^2+\cdots+c_{n-1}\lambda^{n-1}$$

是一个将 n 次单位根 $\omega_1,\omega_2,\cdots,\omega_n$ 映射到 $p(\lambda)$ 的根 $r_1,r_2,\cdots,r_n$ 的内插多项式. 这表明对应 $p(\lambda)$ 的轮换矩阵 $\boldsymbol{C}$ 恰好可以由将 n 次单位根映射到 $p(\lambda)$ 的根的内插多项式 $q(\lambda)$ 给出.

当然，如果 $p(\lambda)$ 的根都是已知的，则我们可以立即求出满足

$$q(\omega_k)=q(\zeta_n^{k-1})=r_k,\quad k=1,2,\cdots,n \tag{41.12}$$

的内插多项式 $q(\lambda)=c_0+c_1\lambda+\cdots+c_{n-1}\lambda^{n-1}$，这是因为(41.12) 可以写成

$$\begin{pmatrix} 1 & 1 & 1 & \cdots & 1 \\ 1 & \zeta_n & \zeta_n^2 & \cdots & \zeta_n^{n-1} \\ 1 & \zeta_n^2 & \zeta_n^4 & \cdots & \zeta_n^{2(n-1)} \\ \vdots & \vdots & \vdots & \ddots & \vdots \\ 1 & \zeta_n^{n-1} & \zeta_n^{2(n-1)} & \cdots & \zeta_n^{(n-1)^2} \end{pmatrix} \begin{pmatrix} c_0 \\ c_1 \\ c_2 \\ \vdots \\ c_{n-1} \end{pmatrix} = \begin{pmatrix} r_1 \\ r_2 \\ r_3 \\ \vdots \\ r_n \end{pmatrix}, \tag{41.13}$$

而线性方程组(41.13)的系数矩阵就是(41.7)的 $Q=(\boldsymbol{\omega}_0,\boldsymbol{\omega}_1,\cdots,\boldsymbol{\omega}_{n-1})$①，它是可逆的，$Q^{-1}=\frac{1}{n}Q^*\left(=\frac{1}{n}\overline{Q}^{\mathrm{T}}\right)$，因此，方程组(41.13)是有解的.

以上我们利用了 $p(\lambda)$ 的 n 个根 $r_1,r_2,\cdots,r_n$ 的存在性，通过解方程组(41.13)，求出轮换矩阵 $\boldsymbol{C}$ 的第1行 $(c_0,c_1,\cdots,c_{n-1})$，从而证明了对应 $p(\lambda)$ 的轮换矩阵 $\boldsymbol{C}$ 的存在性. 正如代数基本定理只是证明了 n 次多项式 $p(\lambda)$ 的 n 个根的存在性，而没有给出具体的求法一样. 这里也没有给出一般的对应 $p(\lambda)$ 的轮换矩阵 $\boldsymbol{C}$ 的具体求法，只是对次数不大于4的多项式 $p(\lambda)$，可以利用问题41.3的解法，求出它所对应的轮换矩阵.

下面我们讨论对应 $p(\lambda)$ 的轮换矩阵 $\boldsymbol{C}$ 的唯一性问题.

探究题 41.1 问：对应于一个 n 次多项式 $p(\lambda)$ 的轮换矩阵是否唯一？

我们知道，一个实系数2次多项式 $a\lambda^2+b\lambda+c$ 具有2个实根的充分必要条件是 $b^2-4ac\geqslant 0$.

对于高次实系数多项式 $p(\lambda)$，是否也具有判别它的所有根都是实根的判定准则呢？

探究题 41.2 设对应实系数 n 次多项式 $p(\lambda)$ 的轮换矩阵为 $\boldsymbol{C}=q(\boldsymbol{W})$，问：如果 $p(\lambda)$ 的所有根都是实根，则它所对应的轮换矩阵 $\boldsymbol{C}$ 有什么特征？

探究题 41.3 1) 试给出判别实系数3次多项式 $p(\lambda)=\lambda^3+\beta\lambda+\gamma$ 的3个根都是实根的判定准则.

2) 试给出判别实系数4次多项式 $p(\lambda)=\lambda^4+\beta\lambda^2+\gamma\lambda+\delta$ 的4个根都是实根的判定准则.

探究题 41.4 设对应实系数 n 次多项式 $p(\lambda)$ 的轮换矩阵为 $\boldsymbol{C}=q(\boldsymbol{W})$，问：如果 $p(\lambda)$ 的所有根都是纯虚根(或模为1的么模根)，则 $\boldsymbol{C}$ 有什么特征？

问题解答

问题 41.1 1) 将行列式 $|\lambda\boldsymbol{E}-\boldsymbol{W}|$ 按第1列展开，得

$$|\lambda\boldsymbol{E}-\boldsymbol{W}|=\lambda^n+(-1)^{n+1}(-1)^n=\lambda^n-1,$$

① 在离散傅里叶变换中，将 Q 称为**傅里叶矩阵**(见[12]中课题39).

故 $\boldsymbol{W}$ 的 n 个特征值恰好是 n 个 n 次单位根 $1,\zeta_n,\zeta_n^2,\cdots,\zeta_n^{n-1}$，其中

$$\zeta_n=\mathrm{e}^{2\pi\mathrm{i}/n}=\cos\frac{2\pi}{n}+\mathrm{i}\sin\frac{2\pi}{n}.$$

解齐次线性方程组

$$(\zeta_n^k\boldsymbol{E}-\boldsymbol{W})\boldsymbol{\omega}=\boldsymbol{0},$$

可得 $\boldsymbol{W}$ 的属于特征值 ζ_n^k 的特征向量

$$\boldsymbol{\omega}_k=(1,\zeta_n^k,\zeta_n^{2k},\cdots,\zeta_n^{(n-1)k})^{\mathrm{T}},\quad k=0,1,\cdots,n-1.$$

于是，我们求得了 $\boldsymbol{W}$ 的 n 个线性无关的特征向量 $\boldsymbol{\omega}_0,\boldsymbol{\omega}_1,\cdots,\boldsymbol{\omega}_{n-1}$. 设

$$\boldsymbol{Q}=(\boldsymbol{\omega}_0,\boldsymbol{\omega}_1,\cdots,\boldsymbol{\omega}_{n-1}),$$

则有

$$\boldsymbol{WQ}=\boldsymbol{QD},\tag{41.14}$$

其中 $\boldsymbol{D}=\mathrm{diag}(1,\zeta_n,\cdots,\zeta_n^{n-1})$. 显然，$\boldsymbol{Q}^{-1}=\frac{1}{n}\boldsymbol{Q}^*$，故 $\frac{1}{\sqrt{n}}\boldsymbol{Q}$ 满足

$$\left(\frac{1}{\sqrt{n}}\boldsymbol{Q}\right)\left(\frac{1}{\sqrt{n}}\boldsymbol{Q}\right)^*=\boldsymbol{E},$$

因而是酉矩阵. 由(41.14)得

$$\boldsymbol{W}=\left(\frac{1}{\sqrt{n}}\boldsymbol{Q}\right)\boldsymbol{D}\left(\frac{1}{\sqrt{n}}\boldsymbol{Q}\right)^*,\tag{41.15}$$

即

$$\left(\frac{1}{\sqrt{n}}\boldsymbol{Q}\right)^*\boldsymbol{W}\left(\frac{1}{\sqrt{n}}\boldsymbol{Q}\right)=\boldsymbol{D},$$

因此，$\boldsymbol{W}$ 可酉对角化.

2) 由问题 9.3 的解答知，$\boldsymbol{W}$ 是置换矩阵. 设 $\boldsymbol{A}=(a_{ij})_{n\times n}$，则

$$\boldsymbol{WA}=\begin{pmatrix}0&1&0&\cdots&0\\0&0&1&\cdots&0\\0&0&0&\cdots&0\\\vdots&\vdots&\vdots&\ddots&\vdots\\1&0&0&\cdots&0\end{pmatrix}\begin{pmatrix}a_{11}&a_{12}&a_{13}&\cdots&a_{1n}\\a_{21}&a_{22}&a_{23}&\cdots&a_{2n}\\a_{31}&a_{32}&a_{33}&\cdots&a_{3n}\\\vdots&\vdots&\vdots&\ddots&\vdots\\a_{n1}&a_{n2}&a_{n3}&\cdots&a_{nn}\end{pmatrix}$$

$$=\begin{pmatrix}a_{21}&a_{22}&a_{23}&\cdots&a_{2n}\\a_{31}&a_{32}&a_{33}&\cdots&a_{3n}\\\vdots&\vdots&\vdots&\ddots&\vdots\\a_{n1}&a_{n2}&a_{n3}&\cdots&a_{nn}\\a_{11}&a_{12}&a_{13}&\cdots&a_{1n}\end{pmatrix},$$

即用W左乘A相当于把A的第1行移到最后一行，而其他各行都向上移一行．由此可得

$$W^2=\begin{pmatrix}0&0&1&\cdots&0\\0&0&0&\cdots&0\\1&0&0&\cdots&0\\\vdots&\vdots&\vdots&\ddots&\vdots\\0&1&0&\cdots&0\end{pmatrix},\cdots,W^{n-1}=\begin{pmatrix}0&0&0&\cdots&1\\1&0&0&\cdots&0\\0&1&0&\cdots&0\\\vdots&\vdots&\vdots&\ddots&\vdots\\0&0&0&\cdots&0\end{pmatrix},\tag{41.16}$$

即$W,W^2,\cdots,W^{n-1}$分别是第1行为$(0,1,0,\cdots,0),(0,0,1,\cdots,0),\cdots,(0,0,0,\cdots,1)$的轮换矩阵．

由于W的特征多项式为λ^n-1，故$W^n=E=W^0$，即W为n次幂幺矩阵．

问题 41.2 设

$$q(\lambda)=c_0+c_1\lambda+c_2\lambda^2+\cdots+c_{n-1}\lambda^{n-1},$$

由(41.16)知

$$q(W)=c_0E+c_1W+c_2W^2+\cdots+c_{n-1}W^{n-1}$$

是第1行为$(c_0,c_1,c_2,\cdots,c_{n-1})$的轮换矩阵，故有

$$C=q(W).$$

由问题41.1的1)的解答知，W的特征值为n次单位根$1,\zeta_n,\zeta_n^2,\cdots,\zeta_n^{n-1}$，因而$C=q(W)$的特征值为$q(1),q(\zeta_n),q(\zeta_n^2),\cdots,q(\zeta_n^{n-1})$，且$\omega_0,\omega_1,\cdots,\omega_{n-1}$仍分别是属于它们的特征向量．由(41.14)和(41.15)，得

$$q(W)Q=Qq(D),$$

$$q(W)=\left(\frac{1}{\sqrt{n}}Q\right)q(D)\left(\frac{1}{\sqrt{n}}Q\right)^*,$$

$$\left(\frac{1}{\sqrt{n}}Q\right)^*q(W)\left(\frac{1}{\sqrt{n}}Q\right)=q(D),$$

因此，$C=q(W)$可酉对角化．

问题 41.3 1) 设2阶轮换矩阵$C=\begin{pmatrix}a&b\\b&a\end{pmatrix}$，则$C$的特征多项式为

$$|\lambda E-C|=\begin{vmatrix}\lambda-a&-b\\-b&\lambda-a\end{vmatrix}=\lambda^2-2a\lambda+a^2-b^2.$$

我们用待定系数法求a和b，使得$|\lambda E-C|=p(\lambda)$．由方程组

$$-2a=\alpha$$

$$a^2-b^2=\beta,$$

可以解出

$$a=-\frac{\alpha}{2},\quad b=\pm\sqrt{\alpha^2-\beta}=\pm\sqrt{\frac{\alpha^2}{4}-\beta}.$$

由于我们仅需求出一个对应 $p(\lambda)$ 的轮换矩阵，故取 $b=\sqrt{\frac{\alpha^2}{4}-\beta}$，因而得

$$C=\begin{pmatrix}-\frac{\alpha}{2} & \sqrt{\frac{\alpha^2}{4}-\beta}\\ \sqrt{\frac{\alpha^2}{4}-\beta} & -\frac{\alpha}{2}\end{pmatrix}.$$

它的第 1 行定义了多项式

$$q(\lambda)=-\frac{\alpha}{2}+\lambda\sqrt{\frac{\alpha^2}{4}-\beta},$$

由于 2 次的单位根为 1，－1，故

$$q(1)=-\frac{\alpha}{2}+\sqrt{\frac{\alpha^2}{4}-\beta},\quad q(-1)=-\frac{\alpha}{2}-\sqrt{\frac{\alpha^2}{4}-\beta}$$

就是 $p(\lambda)$ 的根.

注意，如果取 $b=-\sqrt{\frac{\alpha^2}{4}-\beta}$，则可得 $p(\lambda)$ 的相同的根，只是 $q(1)$ 和 $q(-1)$ 的值相互交换. 虽然 2 次多项式的求根问题本身是相当简单的，但是从以上求解过程中，我们可以了解用轮换矩阵求解多项式方程的基本思想，并推广到 3 次和 4 次多项式.

2) 由于对应 $p(\lambda)=\lambda^3+\beta\lambda+\gamma$ 的轮换矩阵是无迹轮换矩阵，故设 3 阶无迹轮换矩阵

$$C=\begin{pmatrix}0 & b & c\\ c & 0 & b\\ b & c & 0\end{pmatrix}.$$

由

$$p(\lambda)=|\lambda E-C|=\begin{vmatrix}\lambda & -b & -c\\ -c & \lambda & -b\\ -b & -c & \lambda\end{vmatrix}=\lambda^3-b^3-c^3-3bc\lambda,$$

得

$$\begin{cases}b^3+c^3=-\gamma,\\ 3bc=-\beta.\end{cases}\tag{41.17}$$

为从方程组(41.17) 求解 b,c，我们在第 2 个方程的两边取立方，得

$b^3c^3=-\frac{\beta^3}{27}$，由此得

$$\begin{cases}b^3+c^3=-\gamma,\\ b^3c^3=-\frac{\beta^3}{27}.\end{cases}\tag{41.18}$$

由(41.18)知，b^3 和 c^3 是一元二次方程 $x^2+\gamma x-\frac{\beta^3}{27}=0$ 的根，即

$$\frac{-\gamma\pm\sqrt{\gamma^2+4\beta^3/27}}{2},$$

因此，

$$b=\left(\frac{-\gamma+\sqrt{\gamma^2+4\beta^3/27}}{2}\right)^{\frac{1}{3}},\quad c=\left(\frac{-\gamma-\sqrt{\gamma^2+4\beta^3/27}}{2}\right)^{\frac{1}{3}}.\tag{41.19}$$

由(41.19)得出 b 和 c 后，定义多项式

$$q(\lambda)=b\lambda+c\lambda^2,$$

将 3 次单位根 $1,\zeta_3,\overline{\zeta_3}(=\zeta_3^2)$ 代入上式即得 $p(\lambda)$ 的根

$$q(1)=b+c,\quad q(\zeta_3)=b\zeta_3+c\,\overline{\zeta_3},\quad q(\overline{\zeta_3})=b\,\overline{\zeta_3}+c\zeta_3.$$

由(41.19)知，b 和 c 可以通过对 $p(\lambda)$ 的系数作加、减、乘、除和求平方根与立方根而得到，而 ζ_3 和 $\overline{\zeta_3}$ 也只是 1 的立方根，因而我们求得的 $p(\lambda)$ 的根 $q(1),q(\zeta_3),q(\overline{\zeta_3})$ 是根式解，它们本质上与卡尔丹公式(41.2)给出的根一致.

3) 为了避免出现平凡的情况，假设 $p(\lambda)$ 的系数 β,γ 和 δ 不全为零. 下面求特征多项式为 $p(\lambda)$ 的轮换矩阵

$$\boldsymbol{C}=\begin{pmatrix}0&b&c&d\\d&0&b&c\\c&d&0&b\\b&c&d&0\end{pmatrix}.$$

由

$$\begin{aligned}p(\lambda)&=\begin{vmatrix}\lambda&-b&-c&-d\\-d&\lambda&-b&-c\\-c&-d&\lambda&-b\\-b&-c&-d&\lambda\end{vmatrix}\\&=\lambda^4-(4bd+2c^2)\lambda^2-4c(b^2+d^2)\lambda\\&\quad+c^4-b^4-d^4-4bdc^2+2b^2d^2,\end{aligned}$$

得

$$\begin{cases} 4bd+2c^2=-\beta, \\ 4c(b^2+d^2)=-\gamma, \\ c^4-b^4-d^4-4bdc^2+2b^2d^2=\delta. \end{cases} \tag{41.20}$$

由(41.20)的第1,2个方程，得

$$bd=\frac{-\beta-2c^2}{4}, \quad b^2+d^2=-\frac{\gamma}{4c}, \tag{41.21}$$

因而我们可将(41.20)的第3个方程改写为

$$c^4-(b^2+d^2)^2+4(bd)^2-4bdc^2=\delta, \tag{41.22}$$

并将(41.21)代入(41.22)，得

$$c^4-\frac{\gamma^2}{16c^2}+\frac{(\beta+2c^2)^2}{4}+(2c^2+\beta)c^2=\delta,$$

即

$$c^6+\frac{\beta}{2}c^4+\left(\frac{\beta^2}{16}-\frac{\delta}{4}\right)c^2-\frac{\gamma^2}{64}=0, \tag{41.23}$$

这是一个未知数为 c^2 的一元三次方程．由 2) 知，可用根式求解，由于 β,γ,δ 不全为零，故可求得一个非零解 c，将它代入(41.21)，得 b,d．这组 b,c,d 满足方程组(41.20)，因而轮换矩阵 $\boldsymbol{C}=b\boldsymbol{W}+c\boldsymbol{W}^2+d\boldsymbol{W}^3=q(\boldsymbol{W})$ 的特征值就是 $p(\lambda)$ 的根，而 4 次单位根为 $\pm 1, \pm \mathrm{i}$，故

$$\begin{aligned} q(1)&=b+c+d, \\ q(-1)&=-b+c-d, \\ q(\mathrm{i})&=-c+\mathrm{i}(b-d), \\ q(-\mathrm{i})&=-c-\mathrm{i}(b-d), \end{aligned}$$

就是 $p(\lambda)$ 的根．这样，我们就求得了 4 次多项式 $p(\lambda)$ 的根式解．

42. 有限扩张域与尺规作图三大难题

早在公元前5世纪，古希腊学者就提出了许多几何作图问题，其中包括尺规作图①的三大几何难题，即

三等分角问题 将一个任意给定的角分成三个相等的角；

倍立方体问题 求作一立方体的边，使得该立方体的体积等于给定的立方体体积的两倍；

化圆为方问题 求作一正方形，使得该正方形的面积等于给定的圆面积.

前两个问题于1837年由法国数学家万策尔(P. L. Wantzel, 1814—1848)解决，第3个问题于1882年由德国数学家林德曼(F. Lindenmann, 1852—1936)解决，答案都是不可能. 1895年，德国数学家克莱茵(F. Klein, 1849—1925)在总结前人工作的基础上，给出了三大作图问题尺规作图不可能的简洁证明.

如果数域$\mathbf{F}_2$包含数域$\mathbf{F}_1$，即$\mathbf{F}_1 \subset \mathbf{F}_2$，则称数域$\mathbf{F}_2$是数域$\mathbf{F}_1$的一个**扩域(或扩张)**，或称数域$\mathbf{F}_1$是数域$\mathbf{F}_2$的一个**子域**. 本课题将利用扩域的知识来解决以上三大几何难题.

中心问题 利用有限扩张域解三等分角问题.

准备知识 数域，线性空间，多项式

课题探究

首先，讨论三等分任意角问题.

任意给定一个角$\angle AOB$，用尺规求作一射线OP，使得$\angle POB =$

① 所谓尺规作图就是只使用圆规和没有刻度的直尺，并且要求每次作图时用且只能用一种作图工具(直尺或圆规)，根据已知条件经过有限次的作图步骤，作符合要求的几何图形.

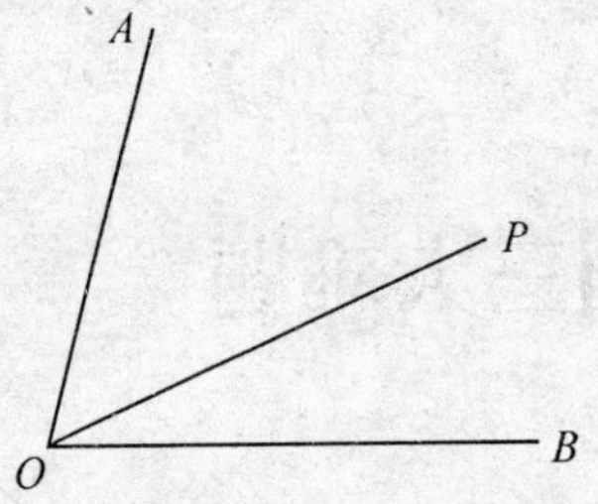

图 42-1

$\frac{1}{3}\angle AOB$（如图 42-1）.

要证明“不能用尺规三等分任意角”，只需证明“不能用尺规三等分 60° 角”.

如图 42-2，能否用尺规三等分 $\angle AOB = 60°$，也就是能否作出点 P，使 $\angle POB = 20°$. 下面我们逐步将这几何问题转化为代数问题来解决.

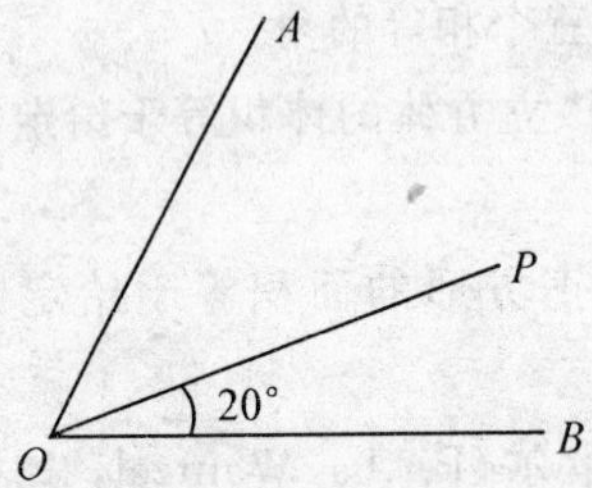

图 42-2

如图 42-3 (1) 所示，建立平面直角坐标系(可以任意指定一条线段，以其长度作为单位)，在单位圆 ⊙O 内，如果已知 $\angle POB = 20°$，则点 P 的横坐标为 $x = \cos 20°$. 反之，如果已知线段 OB 的端点 B 的坐标($\cos 20°$,0)，那么过 B 点作 x 轴的垂线，交单位圆 ⊙O 于点 P，连接 OP，则 $\angle POB = 20°$，如图 42-3 (2). 这样，用尺规不能三等分 60° 角的问题，就转化为不能用长度为 1 的线段(即单位圆的半径) 尺规作长度为 $\cos 20°$ 的线段的问题，也就是说，三等分 60° 角的问题已归结为已知实数 1，求作实数 $\cos 20°$ 的问题(这里我们对“数 a”和长度为 a 的“线段 a”不加区别，并使用同一个符号).

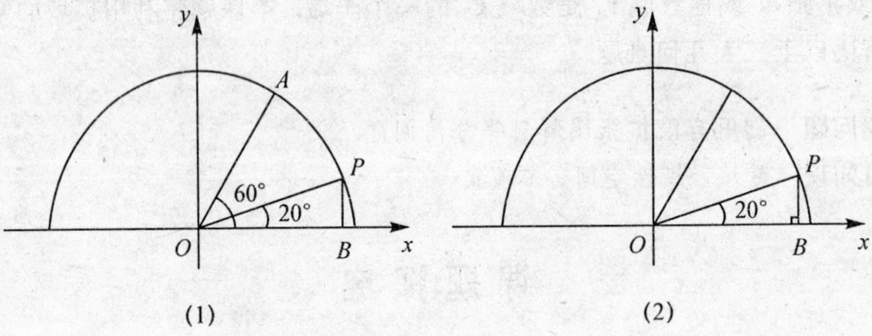

图 42-3

由三角函数的三倍角公式①知

① $\cos 3\alpha = \cos(2\alpha + \alpha) = \cos 2\alpha \cos\alpha - \sin 2\alpha \sin\alpha = (2\cos^2\alpha - 1)\cos\alpha - 2\sin^2\alpha\cos\alpha$
$= 2\cos^3\alpha - \cos\alpha - 2(1-\cos^2\alpha)\cos\alpha = 4\cos^3\alpha - 3\cos\alpha$.

$$\cos 60° = \cos(3 \cdot 20°) = 4\cos^3 20° - 3\cos 20°. \qquad (42.1)$$

设 $\cos 20° = y$. 因为 $\cos 60° = \frac{1}{2}$，所以由(42.1)得 $\frac{1}{2} = 4y^3 - 3y$，即

$$8y^3 - 6y - 1 = 0. \qquad (42.2)$$

令 $x = 2y$，则(42.2)可化为

$$x^3 - 3x - 1 = 0. \qquad (42.3)$$

于是，问题又归结为：已知1和 $\cos 60° = \frac{1}{2}$，证明不能用尺规作方程(42.3)的根. 于是，我们首先必须搞清尺规究竟能作出什么样的线段.

已知线段 a, b，我们可以按图 42-4 所示的作法，用尺规作线段 $a+b$，$a-b\ (a>b)$，$a \cdot b$，$\frac{a}{b}$ 和 $\sqrt{a}$.

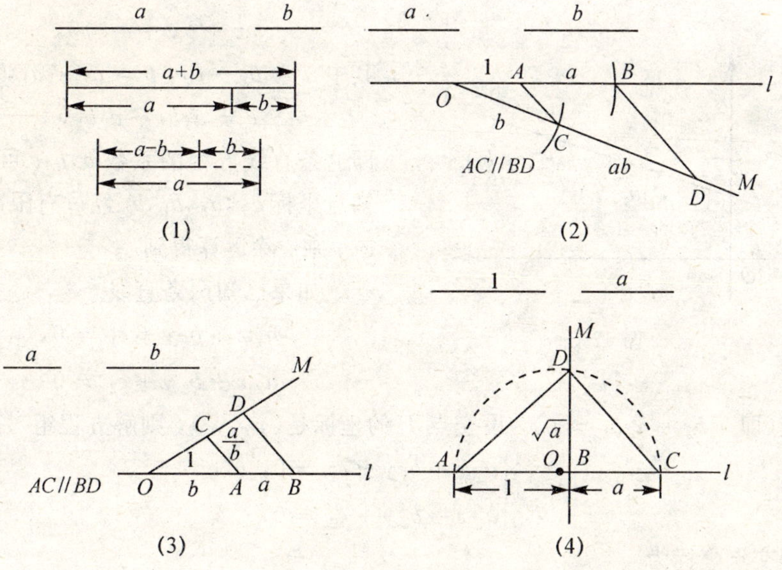

图 42-4

在作线段的积、商和开平方时，我们都用到了单位长度的线段，但这条件并不是实质性的，我们可以任意指定一条线段为单位线段.

通过上面的讨论，我们知道，尺规可作已知线段的和、差、积、商和开平方，为了解决三等分角的尺规作图问题，还要知道尺规不能作什么线段，即尺规只能作什么线段.

在尺规作图过程中，要作直线(或线段)需要已知直线上的某两个点(或线段的两个端点)，要作圆需要已知圆心和半径(半径是线段，而线段又归结

为已知两个端点）. 由于任何几何图形都是由一些点所确定的(例如：一个三角形由它的三个顶点所确定)，所以一般的几何作图问题，也可以看做是已知一些点，求作另外一些新点，因而整个作图的过程是点生点的过程. 由此可见，对尺规作图而言，分析什么样的线段能够作，可以归结为什么样的点能够作. 前者用几何方式分析较方便，而后者可用代数方式来分析. 下面我们用代数方式来分析. 我们知道，尺规作图时，新点只能通过求作直线的交点，直线与圆的交点，圆与圆的交点来产生. 我们来分析，建立平面直角坐标系后，在这三种作图形式的点生点的过程中，由已知点只能生成什么样的点，从而得出尺规只能作出什么样的线段.

1. 直线的交点

在平面上建立了直角坐标系后，设 $P_1(a_1,b_1)$，$P_2(a_2,b_2)$ 是两个已知点，那么可以用直尺作经过这两点的直线(图 42-5)，这条直线的方程为

$$ax+by+c=0,$$

其中 $a=b_1-b_2$，$b=a_2-a_1$，

$$c=a_1b_2-a_2b_1,$$

即这条直线方程的系数 a,b,c 可由已知点坐标 a_1,a_2,b_1,b_2 经过有限次加、减、乘、除运算得到.

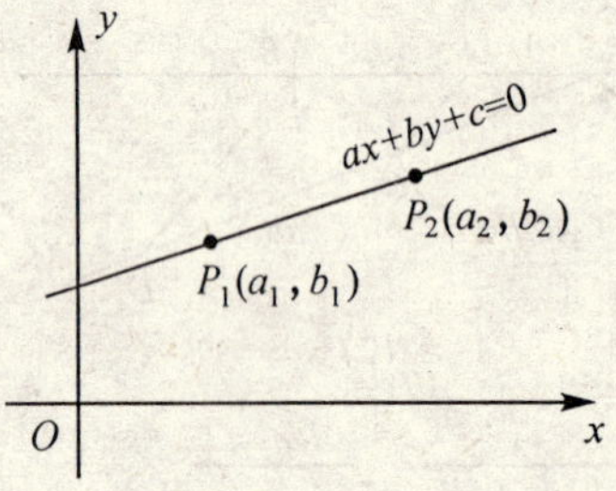

图 42-5

如果已知两条直线

$$a_1x+b_1y+c_1=0,$$

$$a_2x+b_2y+c_2=0$$

相交(即 $a_1b_2-a_2b_1\neq 0$)，设交点 P 的坐标是(x_0,y_0)，则解方程组

$$\begin{cases}a_1x+b_1y+c_1=0,\\ a_2x+b_2y+c_2=0,\end{cases}$$

可得交点坐标为

$$x_0=\frac{b_1c_2-b_2c_1}{a_1b_2-a_2b_1},\quad y_0=\frac{c_1a_2-c_2a_1}{a_1b_2-a_2b_1},$$

即交点 P 的坐标可由 a_1,a_2,b_1,b_2,c_1,c_2 经过有限次加、减、乘、除运算得到，而两条直线方程的系数都可以由已知点的坐标经过有限次加、减、乘、除运算得到. 因此，交点 P 的坐标(x_0,y_0) 可以由已知点的坐标经过有限次加、减、乘、除运算得到.

2. 直线与圆的交点

已知圆心 $P(x_0,y_0)$ 和线段 r，以点 P 为圆心，r 为半径作圆(图 42-6)，则该圆的方程为

$x^2+y^2+dx+ey+f=0$，

其中 $d=-2x_0$，$e=-2y_0$，

$f=x_0^2+y_0^2-r^2$，

即圆的方程的系数可由已知的三个数 x_0，y_0，r 经过有限次加、减、乘、除运算得到.

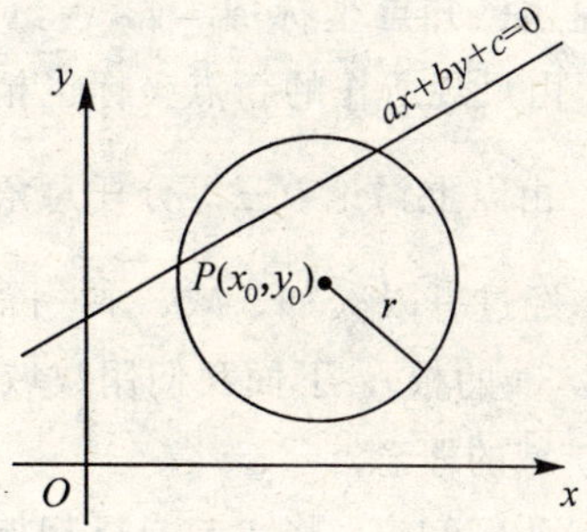

图 42-6

设有一条已知直线 $ax+by+c=0$，即其系数都是已知数，如果这条直线与已知圆 $x^2+y^2+dx+ey+f=0$ 有交点（相交或相切），则交点的坐标可以通过解方程组

$$\begin{cases}x^2+y^2+dx+ey+f=0,\\ ax+by+c=0\end{cases}$$

求得，显然，交点的坐标可以由已知数 a,b,c,d,e,f 经过有限次加、减、乘、除和开平方运算得到.

3. 圆与圆的交点

已知圆 $x^2+y^2+d_1x+e_1y+f_1=0$ 和圆 $x^2+y^2+d_2x+e_2y+f_2=0$. 如果它们有交点，则可通过下列方程组解出：

$$\begin{cases}x^2+y^2+d_1x+e_1y+f_1=0,\\ x^2+y^2+d_2x+e_2y+f_2=0.\end{cases}$$

两个方程相减，可得到如下的同解方程组：

$$\begin{cases}x^2+y^2+d_1x+e_1y+f_1=0,\\ (d_1-d_2)x+(e_1-e_2)y+(f_1-f_2)=0.\end{cases}$$

这样，求两个圆的交点的问题就化为求一条直线与圆的交点的问题，这个问题在 2) 中已经解决.

使用尺规，我们只能作直线（线段）、圆（圆弧）、直线与直线的交点、直线与圆的交点、圆与圆的交点. 于是，由以上讨论可知，尺规作图的点生点过程，在代数上就是通过已知点的坐标，经过有限次加、减、乘、除和开平方运算得到新点坐标的过程，也就是说，根据已知点，使用尺规所作的新点坐标，一定可以由已知点的坐标经过有限次的加、减、乘、除和开平方运算得到.

注意，对于任意两个已知点，可以认为，它们之间的距离 d 也是已知的. 这是因为若设它们的坐标分别是 (x_1,y_1)，(x_2,y_2)，则

$$d=\sqrt{(x_2-x_1)^2+(y_2-y_1)^2}$$

也是由已知点坐标 x_1,y_1,x_2,y_2，经过加、减、乘、开平方运算得出的. 同样，由尺规所作的新点坐标也相应地给出了由尺规所作的线段的长度.

由以上讨论，三等分任意角问题可归结为证明：从 1 和 $\cos 60^\circ = \frac{1}{2}$ 出发，经过有限次加、减、乘、除和开平方运算不能得到数 $\cos 20^\circ$（或方程(42.3)的根）. 下面我们用数域扩张的知识来解决这个问题，为此先介绍二次扩域的概念.

我们知道，将 1 与自己相加得到 2，再不断加 1 可以得到所有的正整数，正整数作除法可以得出所有的正有理数. 作减法可以得到 0 和所有的负有理数. 总之，仅从一个数 1 出发，只经过有限次加、减、乘、除四则运算就能得到全体有理数. 因为 1 和 $\cos 60^\circ = \frac{1}{2}$ 都是有理数，所以我们不妨从有理数域 $\mathbf{Q}$ 出发，来探索经过有限次加、减、乘、除和开平方运算，能不能作出新的数 $\cos 20^\circ$.

由前面的分析可知，我们能用尺规作出所有的有理数，还能作出数$\sqrt{2}$，进而就能作出所有形如 $a+b\sqrt{2}$ 的数，其中 a,b 是有理数. 由于

$$\mathbf{Q}(\sqrt{2}) = \{a+b\sqrt{2} \mid a,b \in \mathbf{Q}\}$$

是一个数域且 $\mathbf{Q}(\sqrt{2})$ 包含 $\mathbf{Q}$（即 $\mathbf{Q} \subset \mathbf{Q}(\sqrt{2})$），故 $\mathbf{Q}(\sqrt{2})$ 是 $\mathbf{Q}$ 的扩域. 因此，为了解决尺规作图问题，我们需要讨论一种特殊类型的数域扩域，也就是通过添加一个平方根到原来数域中所得到的扩域. 例如：数域 $\mathbf{Q}(\sqrt{2})$ 就是由 $\mathbf{Q}$ 添加$\sqrt{2}$ 所得到的 $\mathbf{Q}$ 的扩域.

一般地，设 $\mathbf{F}$ 是一个数域且 $\mathbf{F} \subset \mathbf{R}$. 如果存在数 $u \in \mathbf{F}$ 使得 $u > 0$，$\sqrt{u} \notin \mathbf{F}$，那么 $\mathbf{F}$ 的扩域

$$\mathbf{F}(\sqrt{u}) = \{a+b\sqrt{u} \mid a,b \in \mathbf{F}\}$$

称为**二次扩域**(后面我们将会解释这个名称的由来).

现在我们从有理数域 $\mathbf{Q} = \mathbf{F}_0$ 出发，作一系列的二次扩域. 设 $u_0 \in \mathbf{Q}$，$u_0 > 0$，$\sqrt{u_0} \notin \mathbf{Q}$，把 $\sqrt{u_0}$ 添加到 $\mathbf{F}_0$ 中，得到 $\mathbf{F}_0$ 的一个二次扩域 $\mathbf{F}_1 = \mathbf{F}_0(\sqrt{u_0})$；如果还有 $u_1 \in \mathbf{F}_1$，$u_1 > 0$，$\sqrt{u_1} \notin \mathbf{F}_1$，把 $\sqrt{u_1}$ 添加到 $\mathbf{F}_1$ 中，可得 $\mathbf{F}_1$ 的一个二次扩域 $\mathbf{F}_2 = \mathbf{F}_1(\sqrt{u_1})$；依此类推，可以得到

$$\mathbf{F}_0 \subset \mathbf{F}_1 \subset \mathbf{F}_2 \subset \cdots \subset \mathbf{F}_k,$$

其中 $\mathbf{F}_i = \mathbf{F}_{i-1}(\sqrt{u_{i-1}}) = \{a+b\sqrt{u_{i-1}} \mid a,b \in \mathbf{F}_{i-1}\}$，$u_{i-1} \in \mathbf{F}_{i-1}$，$u_{i-1} > 0$，$\sqrt{u_{i-1}} \notin \mathbf{F}_{i-1}$，$i = 1,2,\cdots,k$.

不难看出，以上从有理数域，经过有限次添加新的数所得到的数域中的数都可以用尺规作出；反之，用尺规可以作出的数也一定包含在有理数域的一个有限次二次扩域中.

现在我们已经把三等分任意角的几何问题转化为如下的代数问题：证明数 $\cos 20^\circ$ 不能从有理数域出发，经过有限次二次扩域得到. 为解决三等分角问题，我们只需再讨论下面的问题：

问题 42.1 1) $\cos 20^\circ$ 是否属于有理数域？

2) 是否可以找到一个有理数域 $\mathbf{Q}=\mathbf{F}_0$ 的二次扩域"列"

$$\mathbf{F}_0 \subset \mathbf{F}_1 \subset \mathbf{F}_2 \subset \cdots \subset \mathbf{F}_k,$$

使得 $\cos 20^\circ \in \mathbf{F}_k$？

在问题 42.1 的解答中，我们用二次扩域解决了三等分角的问题. 下面改用有限扩张域来解决该问题，由有限扩张域的概念，我们还能对二次扩域的含义会有更深刻的理解.

设数域 $\mathbf{E}$ 是数域 $\mathbf{F}$ 的扩域，把 $\mathbf{E}$ 看做 $\mathbf{F}$ 上的线性空间，如果 $\mathbf{E}$ 在 $\mathbf{F}$ 上是有限维的，则称 $\mathbf{E}$ 为 $\mathbf{F}$ 的**有限扩张域**，并把维数 $\dim \mathbf{E}$ 称为此域扩张的**次数**，记为$[\mathbf{E}:\mathbf{F}]$. 例如：复数域 $\mathbf{C}$ 在实数域 $\mathbf{R}$ 上是 2 维的，故 $\mathbf{C}$ 为 $\mathbf{R}$ 的有限扩张域，扩张次数$[\mathbf{C}:\mathbf{R}]=2$.

下面探讨有限扩张域的性质，并用于解三等分角问题和倍立方体问题.

问题 42.2 设 $\mathbf{E}$ 是 $\mathbf{F}$ 的有限扩张域，证明：

1) 任一 $\mathbf{E}$ 中非零数 α 必满足 $\mathbf{F}$ 上的一个非零多项式方程；

2) 任一 $\mathbf{E}$ 中非零数 α 必满足 $\mathbf{F}$ 上的一个不可约多项式方程；

3) 设 $\alpha\,(\in \mathbf{E})$ 是 $\mathbf{F}$ 上 n 次不可约多项式 $p(x)$ 的根，作

$$\mathbf{F}(\alpha)=\{g(\alpha)\mid g(x)\in \mathbf{F}[x]\},$$

这是 $\mathbf{F}$ 上线性空间，则 $1,\alpha,\cdots,\alpha^{n-1}$ 是 $\mathbf{F}(\alpha)$ 的一个基，$\mathbf{F}(\alpha)$ 是 $\mathbf{F}$ 上 n 维线性空间，即

$$\mathbf{F}(\alpha)=\left\{a_0\cdot 1+a_1\alpha+\cdots+a_{n-1}\alpha^{n-1}\,\middle|\,a_i\in \mathbf{F},\ i=0,1,\cdots,n-1\right\},$$

且 $\mathbf{F}(\alpha)$ 为 $\mathbf{F}$ 的有限扩张域，是 $\mathbf{F}$ 的 n 次扩域；

4) 设 $\mathbf{E}$ 是 $\mathbf{F}$ 的 n 次扩域，若有 $\alpha\in\mathbf{E}$ 是 $\mathbf{F}$ 上 n 次不可约多项式的根，则 $\mathbf{E}=\mathbf{F}(\alpha)$ 且是含 $\mathbf{F}$ 与 α 的最小扩域.

由问题 42.2 的 3) 和 4) 知，由 $\mathbf{F}$ 添加$\sqrt{u}$（其中 $u>0$，$\sqrt{u}\notin\mathbf{F}$）所得的扩域 $\mathbf{F}(\sqrt{u})=\{a+b\sqrt{u}\mid a,b\in\mathbf{F}\}$，实际上就是由 $\mathbf{F}$ 添加 $\mathbf{F}$ 上 2 次不可约多项

式 x^2-u 的根$\sqrt{u}$ 所生成的含 $\mathbf{F}$ 与 α 的最小数域，它是域扩张次数为 2 的二次扩域.

探究题 42.1 利用有限扩张域证明：

1) 三等分角问题不可能由尺规作图作出；

2) 倍立方体问题不可能由尺规作图作出.

最后讨论化圆为方问题. 不妨取已知的圆的半径为单位长度，则该问题就是求作一个正方形，使其面积等于半径为 1 的单位圆的面积. 设求作的正方形的边长为 x，则正方形面积为 $x^2=\pi$. 于是，问题又归结为已知 1，求作方程 $x^2=\pi$ 的正根 $x_0=\sqrt{\pi}$. 这个问题的解需要用到"π 是超越数"这个事实.

超越数的概念是 18 世纪才出现的，法国数学家勒让德(A. M. Legendre，1752—1833)曾猜测 π 可能不是任何有理系数方程的根，这促使数学家们将无理数区分为代数数和超越数. 如果一个数是某一个有理系数多项式方程的根，则称该数为**代数数**(例如：全体有理数，$\sqrt{2}$，$\mathrm{i}=\sqrt{-1}$ 等)，否则称为**超越数**.

实际上，e 与 π 都是超越数. 但是要证明它们的超越性非常困难，直到 1873 年和 1882 年，法国数学家埃尔米特(C. Hermire，1822—1901)和德国数学家林德曼才分别证明了 e 和 π 是超越数.

由以上讨论知，从 1 出发用尺规作图可作出二次方程的根，但不能作出在 $\mathbf{Q}$ 上不可约的三次多项式方程的根 $\cos 20°$ 和$\sqrt[3]{2}$. π 是超越数，它能不能用尺规作图作出来呢？只要证明 $\mathbf{Q}$ 的任意一个有限次二次扩域中的数一定都是代数数，而 π 是超越数，这就说明 π 不能从 1 出发用尺规作图作出，即化圆为方问题也是不能用尺规作图解决的. 于是，还留下的问题是：

探究题 42.2 证明：如果 $\mathbf{F}_0\subset\mathbf{F}_1\subset\mathbf{F}_2\subset\cdots\subset\mathbf{F}_k$ 是有理数域 $\mathbf{Q}=\mathbf{F}_0$ 的二次扩域"列"，其中 k 为正整数，那么 $\mathbf{F}_k$ 中的数必定都是代数数.

利用有限扩张域，还可以解决复数域的唯一性和 3 维复数的存在性问题，详见附录 4.

问题解答

问题 42.1 由(42.2)，(42.3)知，$2\cos 20°$ 是一元三次方程

$$x^3-3x-1=0 \tag{42.4}$$

的根. 于是，问题1) 可转化为方程(42.4) 是否有有理根的问题. 由于 ± 1 都不是 $f(x)=x^3-3x-1$ 的有理根，而 $f(x)$ 的首项系数为1，以及常数项为 -1，故 $f(x)$ 没有有理根(注意，也可用艾森斯坦因判别法来证明 $f(x)$ 在 $\mathbf{Q}$ 上不可约，从而推出方程(42.4) 无有理根).

下面讨论问题2). 设 x_1 是方程(42.4) 的根，由问题1) 的讨论知，$x_1\notin\mathbf{Q}$. 倘若能找到一个有理数域 $\mathbf{Q}=\mathbf{F}_0$ 的二次扩域"列"

$$\mathbf{F}_0\subset\mathbf{F}_1\subset\mathbf{F}_2\subset\cdots\subset\mathbf{F}_k,$$

使得 $x_1\in\mathbf{F}_k$，不妨设 k 是使得 $x_1\notin\mathbf{F}_{k-1}$，$x_1\in\mathbf{F}_k$ 的最小正整数. 设 $\mathbf{F}_k=\mathbf{F}_{k-1}(\sqrt{u})=\{a+b\sqrt{u}\mid a,b\in\mathbf{F}_{k-1}\}$，$u\in\mathbf{F}_{k-1}$，$u>0$，$\sqrt{u}\notin\mathbf{F}_{k-1}$，则可设

$$x_1=a+b\sqrt{u},\quad a,b\in\mathbf{F}_{k-1}.$$

可以直接验证 $\overline{x_1}=a-b\sqrt{u}$ 也是方程(42.4) 的根.

假设 x_3 是方程 $x^3-3x-1=0$ 的第3个根，由多项式根与系数的关系得

$$x_1+\overline{x_1}+x_3=0\in\mathbf{F}_0,$$

而 $x_1+\overline{x_1}=2a\in\mathbf{F}_{k-1}$，所以

$$x_3=-2a\in\mathbf{F}_{k-1}.$$

由于 $x_3\notin\mathbf{F}_0$，故存在 $1\leqslant j\leqslant k-1$ 使得 $x_3\notin\mathbf{F}_{j-1}$，$x_3\in\mathbf{F}_j$.

设 $\mathbf{F}_j=\mathbf{F}_{j-1}(\sqrt{v})=\{p+q\sqrt{v}\mid p,q\in\mathbf{F}_{j-1}\}$，$v\in\mathbf{F}_{j-1}$，$v>0$，$\sqrt{v}\notin\mathbf{F}_{j-1}$，则可设

$$x_3=p+q\sqrt{v},\quad p,q\in\mathbf{F}_{j-1}.$$

同样可以验证，$\overline{x_3}=p-q\sqrt{v}\in\mathbf{F}_j$ 也是方程 $x^3-3x-1=0$ 的根. 显然 $x_3\neq\overline{x_3}$，故必有 $x_1=\overline{x_3}$ 或 $\overline{x_1}=\overline{x_3}$. 于是有 $x_1\in\mathbf{F}_j\subseteq\mathbf{F}_{k-1}$ 或 $\overline{x_1}\in\mathbf{F}_j\subseteq\mathbf{F}_{k-1}$，故有 $\sqrt{u}\in\mathbf{F}_{k-1}$，这与对 $\sqrt{u}$ 的假设 $\sqrt{u}\notin\mathbf{F}_{k-1}$ 矛盾. 这说明方程(42.4) 的根不能从有理数域出发，经过有限次二次扩域得到，故问题2) 的答案也是否定的，从而证明了尺规不能三等分 60° 角，也即证明了尺规不能三等分任意角.

问题 42.2 1) 由于 $\mathbf{E}$ 是 $\mathbf{F}$ 上的有限维线性空间，故存在正整数 n，使得 $1,\alpha,\cdots,\alpha^n$ 线性相关，即在 $\mathbf{F}$ 中存在一组不全为零的数 $a_0,a_1,\cdots,a_n$ 使

$$a_0\alpha^n+a_1\alpha^{n-1}+\cdots+a_n=0.$$

令 $f(x)=a_0\alpha^n+a_1\alpha^{n-1}+\cdots+a_n$，则 α 是 $f(x)=0$ 的解.

2) 由1) 知，有 $f(x)\neq 0$，使 $f(\alpha)=0$. 设

$$f(x)=p_1(x)p_2(x)\cdots p_r(x),$$

其中 $p_i(x)$ 皆为 $\mathbf{F}$ 上的不可约多项式，则

$$p_1(\alpha)p_2(\alpha)\cdots p_r(\alpha)=0.$$

因而 $p_1(\alpha),p_2(\alpha),\cdots,p_r(\alpha)$ 中至少有一个数为零，设 $p_i(\alpha)=0$，则 α 是 $\mathbf{F}$ 上不可约多项式方程 $p_i(x)=0$ 的解.

3) 首先证 $1,\alpha,\cdots,\alpha^{n-1}$ 线性无关. 设有一组数 $a_0,a_1,\cdots,a_{n-1}$ 使

$$a_0\cdot 1+a_1\alpha+\cdots+a_{n-1}\alpha^{n-1}=0,$$

则令 $m(x)=a_0+a_1x+\cdots+a_{n-1}x^{n-1}$，就有 $m(\alpha)=0$. 由于 $p(x)$ 是不可约的，故 $p(x)\mid m(x)$ 或 $(p(x),m(x))=1$. 若为后者，则有 $u(x),v(x)$ 使

$$u(x)p(x)+v(x)m(x)=1.$$

由于 $p(\alpha)=m(\alpha)=0$，用 α 代入上式得，左边为0，右边为1，产生矛盾，所以 $p(x)$ 与 $m(x)$ 不互素，因而

$$p(x)\mid m(x).$$

但是，由于 $\deg p(x)=n$，而 $\deg m(x)\leqslant n-1$，若 $m(x)\neq 0$，$p(x)$ 整除 $m(x)$ 也是不可能的. 因此，必须有 $m(x)=0$①，即

$$a_0=a_1=\cdots=a_{n-1}=0,$$

这说明 $1,\alpha,\cdots,\alpha^{n-1}$ 线性无关.

下面再证对任一 $f(x)\in\mathbf{F}[x]$，$f(\alpha)$ 都是 $1,\alpha,\cdots,\alpha^{n-1}$ 的线性组合. 只要用 $p(x)$ 去除 $f(x)$ 可得

$$f(x)=q(x)p(x)+r(x), \tag{42.5}$$

其中余式 $r(x)=r_0+r_1x+\cdots+r_{n-1}x^{n-1}$. 将 α 代入(42.5)，由于 $p(\alpha)=0$，故有

$$f(\alpha)=r(\alpha)=r_0+r_1\alpha+\cdots+r_{n-1}\alpha^{n-1},$$

即 $f(\alpha)$ 是 $1,\alpha,\cdots,\alpha^{n-1}$ 的线性组合. 因此，

$$\mathbf{F}(\alpha)=\{a_0\cdot 1+a_1\alpha+\cdots+a_{n-1}\alpha^{n-1}\mid a_i\in\mathbf{F},\ i=0,1,\cdots,n-1\}$$

是 $\mathbf{F}$ 上 n 维线性空间，$1,\alpha,\cdots,\alpha^{n-1}$ 是它的一个基.

最后证明 $\mathbf{F}(\alpha)$ 是一个数域. 由于 $\mathbf{F}(\alpha)$ 关于加法、乘法封闭，且包含0与1，故只要再证对任一非零的数 $f(\alpha)\in\mathbf{F}(\alpha)$，必有 $g(x)\in\mathbf{F}[x]$ 使

$$g(\alpha)=\frac{1}{f(\alpha)}$$

(这样，它关于除法(除数不能为零)也封闭，这是因为如果 $f(\alpha)\neq 0$，则

① 这说明如果 α 是 $\mathbf{F}$ 上 n 次不可约多项式 $p(x)$ 的根，则 $\mathbf{F}$ 上以 α 为根的多项式中次数最低为 n，而对任何 $m(x)=a_0+a_1x+\cdots+a_{n-1}x^{n-1}\neq 0$，皆有 $m(\alpha)\neq 0$.

$h(\alpha) \div f(\alpha) = h(\alpha)g(\alpha) \in \mathbf{F}(\alpha)$，其中 $g(\alpha) = \dfrac{1}{f(\alpha)}$）. 对 $f(x)$ 与 $p(x)$，因 $p(x)$ 不可约，故必有 $(f(x), p(x)) = 1$ 或 $p(x) \mid f(x)$. 若为后者，则有

$$f(x) = q(x)p(x),$$

就有 $f(\alpha) = q(\alpha)p(\alpha) = 0$，产生矛盾，故必有 $(f(x), p(x)) = 1$. 于是，有 $g(x), h(x) \in \mathbf{F}[x]$，使

$$g(x)f(x) + h(x)p(x) = 1.$$

两边代入 α，则有

$$g(\alpha)f(\alpha) + h(\alpha)p(\alpha) = g(\alpha)f(\alpha) = 1,$$

即 $g(\alpha) = \dfrac{1}{f(\alpha)}$.

4）由于 $\alpha \in \mathbf{E}$，故 $\mathbf{F}(\alpha) \subseteq \mathbf{E}$. 又由 3) 知，$\mathbf{F}(\alpha)$ 是 $\mathbf{F}$ 上 n 维线性空间，而 $\mathbf{E}$ 也是 $\mathbf{F}$ 上 n 维线性空间，故 $\mathbf{E} = \mathbf{F}(\alpha)$.

设 $\mathbf{L}$ 是 $\mathbf{F}$ 的任一扩域，若含 α，则含 $1, \alpha, \cdots, \alpha^{n-1}$，故 $\mathbf{F}(\alpha) \subseteq \mathbf{L}$，因而 $\mathbf{F}(\alpha)$ 是含 $\mathbf{F}$ 与 α 的最小扩域.

43. CT 图像重建的联立方程法

CT 是一种功能齐全的病情探测仪器，它是电子计算机 X 射线断层扫描技术简称. CT 的工作程序是这样的：X 射线射入人体，被人体吸收而衰减，其衰减的程度与受检层面的组织、器官和病变(如肿瘤等)的密度有关，密度越高，对 X 射线衰减越大，应用灵敏度极高的探测器采集衰减后的 X 射线信号，获取数据，由于健康的组织和器官与病变的衰减值不同，因而将所获取的这些数据输入电子计算机，进行处理后，就可摄下人体被检查部位的各断层的图像，发现体内任何部位的细小病变. CT 设备如图 43-1 所示.

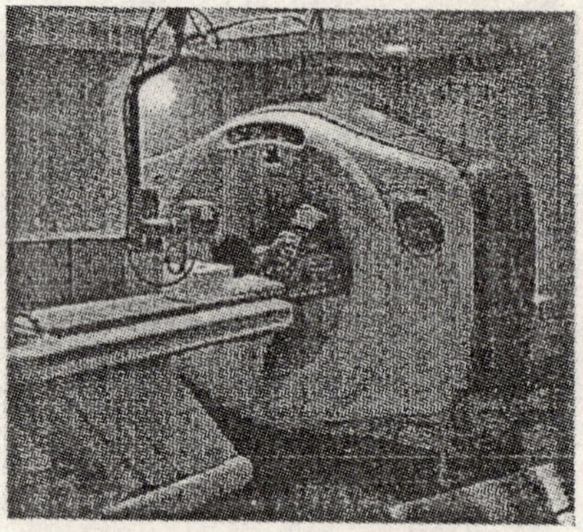

图 43-1　CT 检查

普通的 X 射线摄影像与 CT 摄影像相比，具有极大的不同. 前者是多器官的重叠图像，如图 43-2 (1) 所示的 X 射线底片上得到的是球体和长方体的重叠图像；而后者是清晰的各水平面断层图像，如图 43-2 (2) 所示的是某一断层的非重叠像(球体和长方体的截面分别为圆和长方形，它们不重叠).

所谓断层是指在受检体内接受检查欲建立图像的薄层，如图 43-3 (1) 所示的是一个竖直方向的头部断层. 为了显示整个器官，需要建立多个相互平行的连续的断层图像，图像的个数按断层的厚度(为 3 ～ 15 mm) 而定. 由于 CT 分辨率高，可使器官和结构清楚显影，能清楚显示出病变，因而对脑瘤、肺癌等疾病，用 CT 检查做出的诊断都是比较可靠的，可为医生确切诊断提

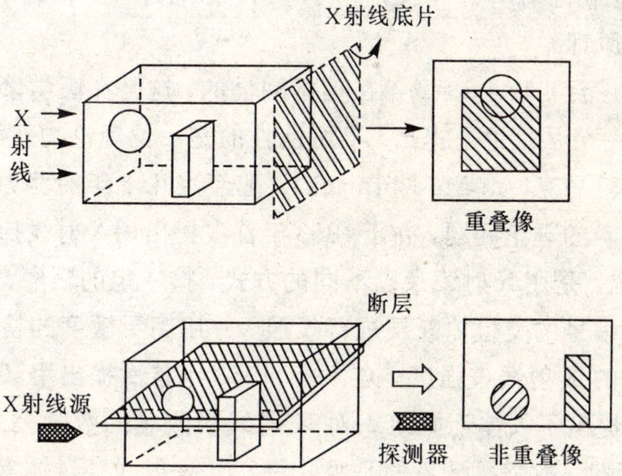

图 43-2　普通 X 射线摄影和 CT 断层摄影示意图

供详细和精确的信息.

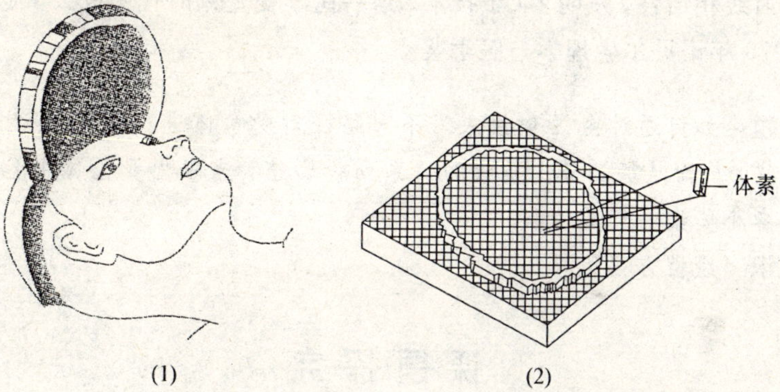

图 43-3　头部断层

各断层的CT图像是如何得来的？我们在受检体内欲成像的断层表面上，按一定大小(长或宽为 1～2 mm)和一定坐标人为地划分成很小的体积元(它的高就是断层的厚度)，称为体素，如图 43-3 (2) 所示. 将断层划分成体素的方案有多种，比如有：160×160 (＝25 600 个体素)，256×256 (＝65 536 个体素)，320×320 (＝102 400 个体素)，512×512 (＝262 144 个体素) 等. 建立 CT 图像的核心思想，是求解 X 射线通过一个断层的各体素时的各个衰减值(也称衰减系数，它反映 X 射线通过一个体素时的衰减程度)，从而通过既定的计算程序，将各体素对 X 射线吸收本领大小的信息(即衰减值) 转换成图像. 求一个断层各体素的衰减值的方法很多. 本课题将探讨其中的联立方程法，虽然此方法由于计算时间长，不再应用，但通过它可以理解复杂的CT图像建立的基本原理.

世界上第一台CT是1972年在英国问世的，这是在医学诊断领域的一次重大突破. 第一个从理论上提出CT可能性的是一位理论物理学家——美籍南非人阿伦·科马克(A. M. Cormack). 他经过几十年的努力，解决了计算机断层扫描技术的理论问题，并于1963年首次提出用X射线扫描技术的理论问题(所谓扫描，是用X射线束以不同的方式，按一定的顺序、沿不同的方向对划分好体素编号的受检体断层进行投照，并用高灵敏度的检测器接收穿过体素阵后出射的X射线束强度①)，并于1963年首次提出用X射线扫描进行图像重建，并提出了人体不同组织对X射线吸收量的数学公式(注意：体素对X射线是吸收，故需要计算的是吸收量，而X射线穿过体素后，对X射线来讲是衰减，故检测器接收的是该X射线所穿过的各体素的衰减量之和(称为投影值)，而各体素的吸收量与衰减量在数值上是一致的，只是说的角度不同). 1972年科马克和英国工程师豪斯菲尔德(G. Hounsfield)将计算机技术与X射线相结合，发明了CT技术，这一医学史上划时代的成果，使他们共享了1979年诺贝尔生理学与医学奖.

中心问题 如何通过由X射线束沿不同路径对受检体进行投照(即对受检体进行扫描)从而从探测器上接收的一系列投影值，来求出受检体中各断层上所有的各小体素的衰减值?

准备知识 线性方程组

课题探究

图43-4给出了一个沿z轴方向切出来的受检体的断层面(设在Oxy平面上)，此断层的厚度为Δt. 在这面上再按面积$(\Delta t)^2$划分成许多小方块，得到许多$\Delta t\times\Delta t\times\Delta t$的体素，我们要求出这断层上所有的体素当X射线束穿过后的衰减值μ_i. 假定在x轴和y轴方向上此断层都被分成了100等份，即分成100×100个体素，则要求10^4个未知的衰减值μ_i. 现让一窄束X射线穿过受

---

① CT设备中的探测器从原始的1个发展到现在的多达4 800个. 扫描方式也从平移扫描、旋转扫描、平移加旋转扫描，发展到新近开发的螺旋CT扫描. 计算机容量大、运算快，可达到立即重建图像. 由于扫描时间短(可短到40 ms以下，每秒可获得多帧图像)，可避免运动产生的伪影(如呼吸运动的干扰)；层面是连续的，所以不至于漏掉病变.

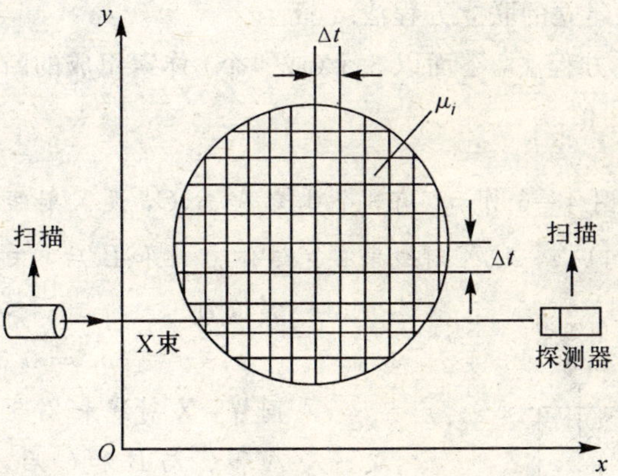

图 43-4　CT 扫描示意图

检体(见图 43-5)，由探测器测得投影值

$$p = \mu_1 + \mu_2 + \cdots + \mu_n, \tag{43.1}$$

其中 p 为已知数，$\mu_1, \mu_2, \cdots, \mu_n$ 为未知量.

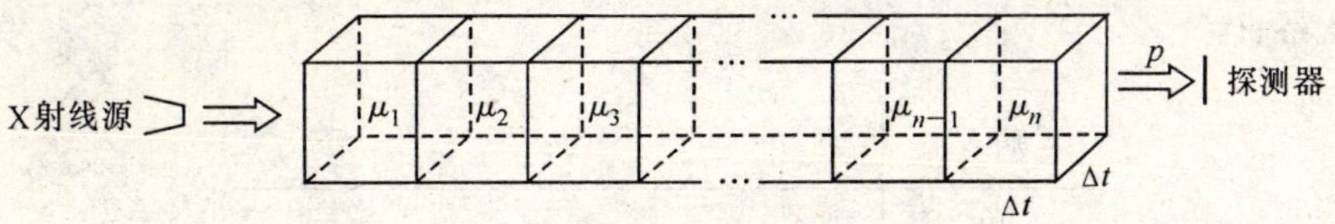

图 43-5　X 射线穿过 n 个小体积元(体素)

按以上假定，$n = 100$，即一元一次方程(43.1)中包含了 100 个未知量. 为了得到断层上全部 μ_i 值，必须将 X 射线源(连同探测器)沿着与 X 射线束垂直的 y 轴方向逐步平行移动，逐次测量，每次移动步长为 Δt，一次扫描可得 100 个线性方程. 但是，未知量有 10^4 个，方程数还远远不够，因而还必须将 X 射线源和探测器系统绕圆心转动，每转过一个角度，类似上面，再沿着与 X 射线束垂直的方向移动，逐次测量，步长仍为 Δt，则一次扫描又可得 100 个方程. 根据要求转动 99 次，最后可得 100×100 个线性方程. 通过计算机可解出所有 10^4 个体素的 μ_i 值①，从而获取衰减值在欲成像断层上的分布矩阵.

---

① 实际工作中，不用衰减值，而换算成 CT 值，用 CT 值来说明正常与病变组织的密度. CT 值的单位为豪斯菲尔德单位，记为 Hu (Hounsfield unit). 在 CT 图像中，黑影表示低密度区，白影表示高密度区，与 X 射线图像相比，CT 的密度分辨率高，能清晰显示出病变的影像.

这就是 CT 图像建立的联立方程法.

为说明联立方程法，下面以 3 个(或 4 个) 体素组成的断层为例，用该法来求各体素的 μ_i 值.

问题 43.1 如图 43-6 所示，有 3 个体素 A,B,C，设 X 射线束穿过它们后的衰减值分别为 x,y,z，则 X 射线束 1 穿过体素 A 和 B 后，由探测器测得的投影值为

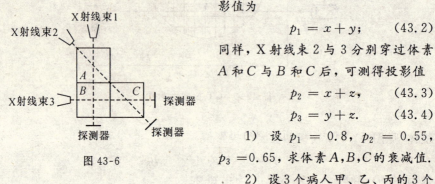

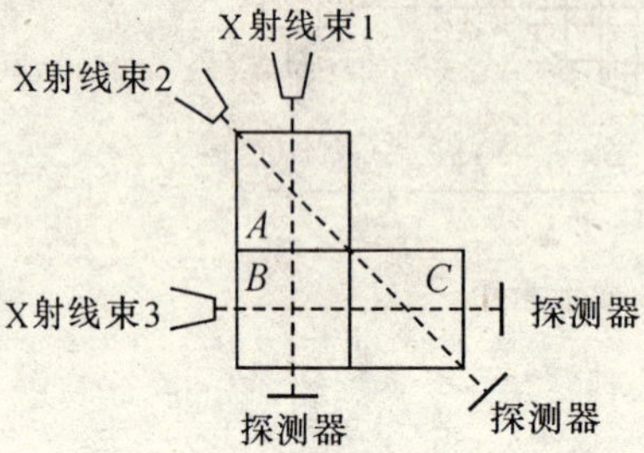

图 43-6

$$p_1 = x + y; \quad (43.2)$$

同样，X 射线束 2 与 3 分别穿过体素 A 和 C 与 B 和 C 后，可测得投影值

$$p_2 = x + z, \quad (43.3)$$

$$p_3 = y + z. \quad (43.4)$$

1) 设 $p_1 = 0.8$，$p_2 = 0.55$，$p_3 = 0.65$，求体素 A,B,C 的衰减值.

2) 设 3 个病人甲、乙、丙的 3 个体素 A,B,C 被 X 射线束 1,2,3 分别透射后，所测得的投影值 p_1,p_2,p_3 由下表给出：

病人	p_1	p_2	p_3
甲	0.45	0.44	0.39
乙	0.65	0.64	0.47
丙	0.66	0.64	0.70

求 3 个病人的 3 个体素 A,B,C 的衰减值 x_i, y_i, z_i，$i = 1,2,3$. 设 X 射线束穿过健康器官、肿瘤、骨质的体素的衰减值如下：

组织类型	体素衰减值
健康器官	0.162 5 ～ 0.297 7
肿瘤	0.267 9 ～ 0.393 0
骨质	0.385 7 ～ 0.510 8

对照上表，分析 3 个病人的检测情况，判断哪位患有肿瘤.

探究题 43.1 如图 43-7 所示，有 4 个体素 A,B,C,D，设 X 射线束穿过它们后的衰减值分别为 x_A,x_B,x_C,x_D.

1) 假设 X 射线束 1,2,3,4 如图 43-7 穿过这些体素，由探测器分别测得的投影值为

$$p_1 = 0.60,\quad p_2 = 0.75,\quad p_3 = 0.65,\quad p_4 = 0.70,$$

问：由以上信息，是否能求出衰减值 x_A,x_B,x_C,x_D，说明理由.

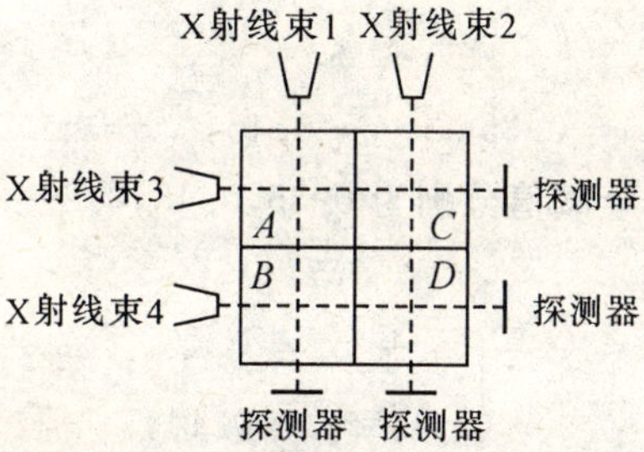

图 43-7

2) 如果在图 43-7 中再增加两个 X 射线束 5 和 6（见图 43-8），设 X 射线束 5 和 6 分别穿过体素 B,C 和体素 A,D，由探测器测得的投影值为

$$p_5 = 0.85,\quad p_6 = 0.50,$$

求衰减值 x_A,x_B,x_C,x_D.

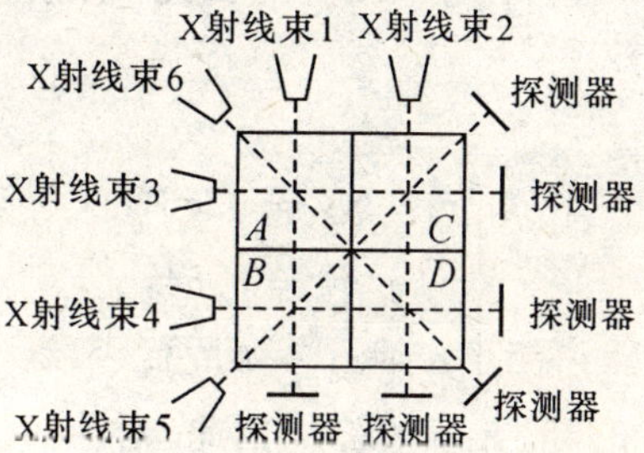

图 43-8

3) 在图 43-8 中 6 个 X 射线束是不必要的，只要适当选取其中 4 个就足够了. 问：为求得 x_A,x_B,x_C,x_D 的唯一解，只需在 X 射线束 1,2,3,4,5,6 中选取 4 个，建立 4 元一次方程组求解，你选取其中哪 4 个，共有几种选法，这些选法有什么共性？

问题解答

问题 43.1　1) 由(43.2),(43.3),(43.4),得

$$\begin{cases} x+y=0.8, \\ x+z=0.55, \\ y+z=0.65, \end{cases} \tag{43.5}$$

解方程组(43.5),得

$$x=0.35,\quad y=0.45,\quad z=0.2.$$

因此,体素 A,B,C 的衰减值分别为 0.35,0.45,0.2.

2) 对病人甲,由

$$\begin{cases} x_1+y_1=0.45, \\ x_1+z_1=0.44, \\ y_1+z_1=0.39, \end{cases}$$

解得 $x_1=0.25$, $y_1=0.20$, $z_1=0.19$. 因此,体素 A,B,C 都是健康的.

对病人乙,由

$$\begin{cases} x_2+y_2=0.65, \\ x_2+z_2=0.64, \\ y_2+z_2=0.47, \end{cases}$$

解得 $x_2=0.41$, $y_2=0.24$, $z_2=0.23$. 因此,体素 A,B,C 都是健康的(其中体素 A 属骨质体素).

对病人丙,由

$$\begin{cases} x_3+y_3=0.66, \\ x_3+z_3=0.64, \\ y_3+z_3=0.70, \end{cases}$$

解得 $x_3=0.30$, $y_3=0.36$, $z_3=0.34$. 因此,体素 A,B,C 都是肿瘤的体素,病人 C 患有肿瘤.

附录1　矩阵的奇异值分解的C++程序算法

下面是用于构造任意一个矩阵的奇异值分解的C++程序算法：

```
#include <math.h>
#include "nrutil.h"
void svdcmp(float **a, int m, int n, float w[], float **v)
Given a matrix a[1..m][1..n], this routine computes its singular value
decomposition, A =
U·W·V T. Thematrix U replaces a on output. The diagonal matrix of
singular values W is output
as a vector w[1..n]. Thematrix V (not the transpose V T ) is output as v
[1..n][1..n].
{
float pythag(float a, float b);
int flag,i,its,j,jj,k,l,nm;
float anorm,c,f,g,h,s,scale,x,y,z,*rv1;
rv1=vector(1,n);
g=scale=anorm=0.0; Householder reduction to bidiagonal form.
for (i=1;i<=n;i++) {
l=i+1;
rv1[i]=scale*g;
g=s=scale=0.0;
if (i <= m) {
for (k=i;k<=m;k++) scale += fabs(a[k][i]);
if (scale) {
for (k=i;k<=m;k++) {
a[k][i] /= scale;
s += a[k][i]*a[k][i];
```

```
}
f=a[i][i];
g = -SIGN(sqrt(s),f);
h=f*g-s;
a[i][i]=f-g;
for (j=l;j<=n;j++) {
for (s=0.0,k=i;k<=m;k++) s += a[k][i]*a[k][j];
f=s/h;
for (k=i;k<=m;k++) a[k][j] += f*a[k][i];
}
for (k=i;k<=m;k++) a[k][i] *= scale;
}
}
w[i]=scale *g;
g=s=scale=0.0;
if (i <= m && i != n) {
for (k=l;k<=n;k++) scale += fabs(a[i][k]);
if (scale) {
for (k=l;k<=n;k++) {
a[i][k] /= scale;
s += a[i][k]*a[i][k];
}
f=a[i][l];
g = -SIGN(sqrt(s),f);
h=f*g-s;
a[i][l]=f-g;
for (k=l;k<=n;k++) rv1[k]=a[i][k]/h;
for (j=l;j<=m;j++) {
for (s=0.0,k=l;k<=n;k++) s += a[j][k]*a[i][k];
for (k=l;k<=n;k++) a[j][k] += s*rv1[k];
}
for (k=l;k<=n;k++) a[i][k] *= scale;
}
}
anorm=FMAX(anorm,(fabs(w[i])+fabs(rv1[i])));
```

```
}
for (i=n;i>=1;i--) { Accumulation of right-hand transformations.
if (i < n) {
if (g) {
for (j=l;j<=n;j++) Double division to avoid possible underflow.
v[j][i]=(a[i][j]/a[i][l])/g;
for (j=l;j<=n;j++) {
for (s=0.0,k=l;k<=n;k++) s += a[i][k] * v[k][j];
for (k=l;k<=n;k++) v[k][j] += s * v[k][i];
}
}
for (j=l;j<=n;j++) v[i][j]=v[j][i]=0.0;
}
v[i][i]=1.0;
g=rv1[i];
l=i;
}
for (i=IMIN(m,n);i>=1;i--) {Accumulation of left-hand transformations.
l=i+1;
g=w[i];
for (j=l;j<=n;j++) a[i][j]=0.0;
if (g) {
g=1.0/g;
for (j=l;j<=n;j++) {
for (s=0.0,k=l;k<=m;k++) s += a[k][i] * a[k][j];
f=(s/a[i][i]) * g;
for (k=i;k<=m;k++) a[k][j] += f * a[k][i];
}
for (j=i;j<=m;j++) a[j][i] *= g;
} else for (j=i;j<=m;j++) a[j][i]=0.0;
++a[i][i];
}
for (k=n;k>=1;k--) {Diagonalization of the bidiagonal form: Loop over
singular values, for (its=1;its<=30;its++) {and over allowed iterations.
flag=1;
```

```
for (l=k;l>=1;l--) { Test for splitting.
nm=l-1; Note that rv1[1] is always zero.
if ((float)(fabs(rv1[l])+anorm) == anorm) {
flag=0;
break;
}
if ((float)(fabs(w[nm])+anorm) == anorm) break;
}
if (flag) {
c=0.0; Cancellation of rv1[l], if l > 1.
s=1.0;
for (i=l;i<=k;i++) {
f=s*rv1[i];
rv1[i]=c*rv1[i];
if ((float)(fabs(f)+anorm) == anorm) break;
g=w[i];
h=pythag(f,g);
w[i]=h;
h=1.0/h;
c=g*h;
s = -f*h;
for (j=1;j<=m;j++) {
y=a[j][nm];
z=a[j][i];
a[j][nm]=y*c+z*s;
a[j][i]=z*c-y*s;
}
}
}
z=w[k];
if (l == k) { Convergence.
if (z < 0.0) { Singular value is made nonnegative.
w[k] = -z;
for (j=1;j<=n;j++) v[j][k] = -v[j][k];
}
```

```
break;
}
if (its == 30) nrerror("no convergence in 30 svdcmp iterations");
x=w[l]; Shift from bottom 2-by-2 minor.
nm=k-1;
y=w[nm];
g=rv1[nm];
h=rv1[k];
f=((y-z)*(y+z)+(g-h)*(g+h))/(2.0*h*y);
g=pythag(f,1.0);
f=((x-z)*(x+z)+h*((y/(f+SIGN(g,f)))-h))/x;
c=s=1.0; Next QR transformation:
for (j=l;j<=nm;j++) {
i=j+1;
g=rv1[i];
y=w[i];
h=s*g;
g=c*g;
z=pythag(f,h);
rv1[j]=z;
c=f/z;
s=h/z;
f=x*c+g*s;
g = g*c-x*s;
h=y*s;
y *= c;
for (jj=1;jj<=n;jj++) {
x=v[jj][j];
z=v[jj][i];
v[jj][j]=x*c+z*s;
v[jj][i]=z*c-x*s;
}
z=pythag(f,h);
w[j]=z; Rotation can be arbitrary if z = 0.
if (z) {
```

```
z=1.0/z;
c=f*z;
s=h*z;
}
f=c*g+s*y;
x=c*y-s*g;
for (jj=1;jj<=m;jj++) {
y=a[jj][j];
z=a[jj][i];
a[jj][j]=y*c+z*s;
a[jj][i]=z*c-y*s;
}
}
rv1[l]=0.0;
rv1[k]=f;
w[k]=x;
}
}
free{—}vector(rv1,1,n);
}
#include <math.h>
#include "nrutil.h"
float pythag(float a, float b)
Computes (a2 + b2)1/2 without destructive underflow or overflow.
{
float absa,absb;
absa=fabs(a);
absb=fabs(b);
if (absa > absb) return absa*sqrt(1.0+SQR(absb/absa));
else return (absb == 0.0 ? 0.0 : absb*sqrt(1.0+SQR(absa/absb)));
}
```

附录 2　特征多项式的导数公式

下面推导特征多项式的导数公式：

设 $\boldsymbol{A}$ 是 n 阶矩阵，则

$$\frac{\mathrm{d}}{\mathrm{d}\lambda}|\lambda\boldsymbol{E}-\boldsymbol{A}|=\operatorname{tr}(\lambda\boldsymbol{E}-\boldsymbol{A})^{*}. \tag{1}$$

证明思路是：首先将 $|\lambda\boldsymbol{E}-\boldsymbol{A}|$ 展开成 λ 的多项式，然后再将它对 λ 求导.

定理 1　设 $\boldsymbol{A}$ 是 n 阶矩阵，把它的特征多项式写成

$$|\lambda\boldsymbol{E}-\boldsymbol{A}|=\lambda^{n}-a_1\lambda^{n-1}+a_2\lambda^{n-2}-\cdots+(-1)^{n-1}a_{n-1}\lambda+(-1)^{n}a_n,$$

则 a_i 等于 $\boldsymbol{A}$ 的所有 i 阶主子式之和 $(i=1,2,\cdots,n)$.

证　将 $\lambda\boldsymbol{E}$ 和 $\boldsymbol{A}$ 分别写成以列向量为子块的分块矩阵的形式：

$$\lambda\boldsymbol{E}=(\lambda\boldsymbol{e}_1,\lambda\boldsymbol{e}_2,\cdots,\lambda\boldsymbol{e}_n),\quad \boldsymbol{A}=(\boldsymbol{a}_1,\boldsymbol{a}_2,\cdots,\boldsymbol{a}_n).$$

连续运用行列式的性质(见[2] 性质 1.3)，可得

$$\begin{aligned}|\lambda\boldsymbol{E}-\boldsymbol{A}|&=|(\lambda\boldsymbol{e}_1-\boldsymbol{a}_1,\lambda\boldsymbol{e}_2-\boldsymbol{a}_2,\cdots,\lambda\boldsymbol{e}_n-\boldsymbol{a}_n)|\\&=|(\lambda\boldsymbol{e}_1,\lambda\boldsymbol{e}_2,\cdots,\lambda\boldsymbol{e}_n)|\\&\quad-\sum_{j_1=1}^{n}|(\lambda\boldsymbol{e}_1,\cdots,\lambda\boldsymbol{e}_{j_1-1},\boldsymbol{a}_{j_1},\lambda\boldsymbol{e}_{j_1+1},\cdots,\lambda\boldsymbol{e}_n)|\\&\quad+(-1)^2\sum_{1\leqslant j_1<j_2\leqslant n}|(\lambda\boldsymbol{e}_1,\cdots,\lambda\boldsymbol{e}_{j_1-1},\boldsymbol{a}_{j_1},\lambda\boldsymbol{e}_{j_1+1},\cdots,\\&\quad\lambda\boldsymbol{e}_{j_2-1},\boldsymbol{a}_{j_2},\lambda\boldsymbol{e}_{j_2+1},\cdots,\lambda\boldsymbol{e}_n)|+\cdots\\&\quad+(-1)^{n-1}\sum_{1\leqslant j_1<\cdots<j_{n-1}\leqslant n}|(\boldsymbol{a}_{j_1},\cdots,\lambda\boldsymbol{e}_{j_n},\cdots,\boldsymbol{a}_{j_{n-1}})|\\&\quad+(-1)^{n}|(\boldsymbol{a}_1,\boldsymbol{a}_2,\cdots,\boldsymbol{a}_n)|.\end{aligned}\tag{2}$$

设 $\boldsymbol{A}\begin{pmatrix}j_1 & j_2 & \cdots & j_k\\ j_1 & j_2 & \cdots & j_k\end{pmatrix}$ 表示 $\boldsymbol{A}=(a_{ij})_{n\times n}$ 中取第 $j_1,j_2,\cdots,j_k$ 行和第 $j_1,j_2,\cdots,j_k$ 列构成的 k 阶子矩阵，则

$$\left|A\begin{pmatrix} j_1 & j_2 & \cdots & j_k \\ j_1 & j_2 & \cdots & j_k \end{pmatrix}\right|$$

为 A 的 k 阶主子式. 用拉普拉斯定理，把(2) 式右边的 $n-1$ 个和号中的行列式分别按其第 j_1 列，第 j_1, j_2 列，…，第 $j_1, j_2, \cdots, j_{n-1}$ 列展开即得

$$\begin{aligned}|\lambda E - A| = \lambda^n &- \left(\sum_{j_1=1}^{n}\left|A\begin{pmatrix} j_1 \\ j_1 \end{pmatrix}\right|\right)\lambda^{n-1} \\ &+ (-1)^2\left(\sum_{1\leqslant j_1<j_2\leqslant n}\left|A\begin{pmatrix} j_1 & j_2 \\ j_1 & j_2 \end{pmatrix}\right|\right)\lambda^{n-2} + \cdots \\ &+ (-1)^{n-1}\left(\sum_{1\leqslant j_1<\cdots<j_{n-1}\leqslant n}\left|A\begin{pmatrix} j_1 & j_2 & \cdots & j_{n-1} \\ j_1 & j_2 & \cdots & j_{n-1} \end{pmatrix}\right|\right)\lambda \\ &+ (-1)^n|A|,\end{aligned} \tag{3}$$

定理得证.

将(3) 式对 λ 求导，同时计算 $\mathrm{tr}(\lambda E - A)^*$，可以证明(1) 式成立.

事实上，由(3) 式可得

$$\begin{aligned}\frac{\mathrm{d}}{\mathrm{d}\lambda}|\lambda E - A| = n\lambda^{n-1} &- (n-1)\left(\sum_{j_1=1}^{n}\left|A\begin{pmatrix} j_1 \\ j_1 \end{pmatrix}\right|\right)\lambda^{n-2} \\ &+ (-1)^2(n-2)\left(\sum_{1\leqslant j_1<j_2\leqslant n}\left|A\begin{pmatrix} j_1 & j_2 \\ j_1 & j_2 \end{pmatrix}\right|\right)\lambda^{n-3} + \cdots \\ &+ (-1)^{n-1}\left(\sum_{1\leqslant j_1<\cdots<j_{n-1}\leqslant n}\left|A\begin{pmatrix} j_1 & j_2 & \cdots & j_{n-1} \\ j_1 & j_2 & \cdots & j_{n-1} \end{pmatrix}\right|\right).\end{aligned} \tag{4}$$

由(4) 式可得

$$\begin{aligned}\mathrm{tr}(\lambda E - A)^* &= \{(\lambda E - A)^*\}_{11} + \{(\lambda E - A)^*\}_{22} + \cdots + \{(\lambda E - A)^*\}_{nn} \\ &= n\lambda^{n-1} - \sum_{i=1}^{n}\left(\sum_{j_1=1,\, j_1\neq i}^{n}\left|A\begin{pmatrix} j_1 \\ j_1 \end{pmatrix}\right|\right)\lambda^{n-2} \\ &\quad + (-1)^2\sum_{i=1}^{n}\left(\sum_{1\leqslant j_1<j_2\leqslant n,\, j_1, j_2\neq i}\left|A\begin{pmatrix} j_1 & j_2 \\ j_1 & j_2 \end{pmatrix}\right|\right)\lambda^{n-3} + \cdots \\ &\quad + (-1)^{n-1}\left(\sum_{1\leqslant j_1<\cdots<j_{n-1}\leqslant n}\left|A\begin{pmatrix} j_1 & j_2 & \cdots & j_{n-1} \\ j_1 & j_2 & \cdots & j_{n-1} \end{pmatrix}\right|\right) \\ &= \frac{\mathrm{d}}{\mathrm{d}\lambda}|\lambda E - A|.\end{aligned}$$

(1) 式得证.

附录 3　Oppenheim 不等式及其证明

Oppenheim 不等式　设 $\boldsymbol{A},\boldsymbol{B}$ 都是 n 阶正定矩阵，那么

$$|\boldsymbol{A}\circ\boldsymbol{B}|\geqslant a_{11}a_{22}\cdots a_{nn}|\boldsymbol{B}|,$$

且等号成立的充要条件为 $\boldsymbol{B}$ 是对角矩阵.

下面给出 Oppenheim 不等式的两个证明.

证明 1　设 $\boldsymbol{A}=(a_{ij})_{n\times n}$ 为实对称正定矩阵. 将 $\boldsymbol{A}$ 作如下分块：

$$\boldsymbol{A}=\begin{pmatrix}a_{11} & \boldsymbol{A}_{12}\\ \boldsymbol{A}_{21} & \boldsymbol{A}_{22}\end{pmatrix},$$

其中 $\boldsymbol{A}_{22}$ 是 $n-1$ 阶矩阵，则因 $\boldsymbol{A}$ 为正定矩阵，故 $\boldsymbol{A}$ 必是对称矩阵，从而有 $\boldsymbol{A}_{12}^{\mathrm{T}}=\boldsymbol{A}_{21}$，且 $a_{11}>0$. 由于

$$\begin{pmatrix}1 & \boldsymbol{0}\\ -\boldsymbol{A}_{21}a_{11}^{-1} & \boldsymbol{E}_{n-1}\end{pmatrix}\begin{pmatrix}a_{11} & \boldsymbol{A}_{12}\\ \boldsymbol{A}_{21} & \boldsymbol{A}_{22}\end{pmatrix}\begin{pmatrix}1 & -a_{11}^{-1}\boldsymbol{A}_{12}\\ \boldsymbol{0} & \boldsymbol{E}_{n-1}\end{pmatrix}$$

$$=\begin{pmatrix}a_{11} & \boldsymbol{0}\\ \boldsymbol{0} & \boldsymbol{A}_{22}-\boldsymbol{A}_{21}a_{11}^{-1}\boldsymbol{A}_{12}\end{pmatrix},$$

其中

$$\begin{pmatrix}1 & -a_{11}^{-1}\boldsymbol{A}_{12}\\ \boldsymbol{0} & \boldsymbol{E}_{n-1}\end{pmatrix}^{\mathrm{T}}=\begin{pmatrix}1 & \boldsymbol{0}\\ -\boldsymbol{A}_{21}a_{11}^{-1} & \boldsymbol{E}_{n-1}\end{pmatrix}.$$

从而可知，$\boldsymbol{A}$ 与矩阵 $\begin{pmatrix}a_{11} & \boldsymbol{0}\\ \boldsymbol{0} & \boldsymbol{A}_{22}-\boldsymbol{A}_{21}a_{11}^{-1}\boldsymbol{A}_{12}\end{pmatrix}$ 合同. 记 $\boldsymbol{A}|a_{11}=\boldsymbol{A}_{22}-\boldsymbol{A}_{21}a_{11}^{-1}\boldsymbol{A}_{12}$，通常称 $\boldsymbol{A}|a_{11}$ 为矩阵 $\boldsymbol{A}$ 中元素 a_{11} 的舒尔补，并且

$$|\boldsymbol{A}|=a_{11}|(\boldsymbol{A}|a_{11})|.$$

1)　我们先证明：若 $\boldsymbol{A}$ 是正定矩阵，则舒尔补 $\boldsymbol{A}|a_{11}$ 也是正定矩阵.

若设 $\boldsymbol{A}|a_{11}$ 的顺序主子式为 $|\boldsymbol{H}_i|$ $(i=1,2,\cdots,n-1)$，则矩阵 $\boldsymbol{A}$ 的 n 个顺序主子式为

$$|a_{11}|,\ \begin{vmatrix}a_{11} & \boldsymbol{0}\\ \boldsymbol{0} & \boldsymbol{H}_1\end{vmatrix},\ \begin{vmatrix}a_{11} & \boldsymbol{0}\\ \boldsymbol{0} & \boldsymbol{H}_2\end{vmatrix},\cdots,\ \begin{vmatrix}a_{11} & \boldsymbol{0}\\ \boldsymbol{0} & \boldsymbol{H}_{n-1}\end{vmatrix},$$

由 $\boldsymbol{A}$ 的正定性知，上面 n 个顺序主子式均大于零，从而$\boldsymbol{A}|a_{11}$ 的 $n-1$ 个顺序主子式 $|\boldsymbol{H}_i|$ $(i=1,2,\cdots,n-1)$ 也全部大于零，故舒尔补$\boldsymbol{A}|a_{11}$ 也是正定矩阵.

同样，将实对称正定矩阵 $\boldsymbol{B}$ 分块，设

$$\boldsymbol{B}=\begin{pmatrix} b_{11} & \boldsymbol{B}_{12} \\ \boldsymbol{B}_{21} & \boldsymbol{B}_{22} \end{pmatrix},$$

其中 $\boldsymbol{B}_{22}$ 是 $n-1$ 阶矩阵，$\boldsymbol{B}_{21}=\boldsymbol{B}_{12}^{\mathrm{T}}$，则 $\boldsymbol{B}$ 为正定矩阵时，$\boldsymbol{B}|b_{11}$ 亦为正定矩阵.

2) 其次，再证明一个行列式的闵可夫斯基(Minkowski) 不等式：

$$|\boldsymbol{A}+\boldsymbol{B}|\geqslant|\boldsymbol{A}|+|\boldsymbol{B}|,$$

其中 $\boldsymbol{A},\boldsymbol{B}$ 均为 n 阶矩阵，且 $\boldsymbol{A}$ 为正定矩阵，$\boldsymbol{B}$ 是半正定矩阵.

因 $\boldsymbol{A}$ 为正定矩阵，故存在 n 阶实可逆矩阵 $\boldsymbol{P}$，使得

$$\boldsymbol{P}^{\mathrm{T}}\boldsymbol{A}\boldsymbol{P}=\boldsymbol{E}.$$

此时，$\boldsymbol{P}^{\mathrm{T}}\boldsymbol{B}\boldsymbol{P}$ 仍为对称矩阵，又因 $\boldsymbol{B}$ 为半正定矩阵，故 $\boldsymbol{P}^{\mathrm{T}}\boldsymbol{B}\boldsymbol{P}$ 也是半正定矩阵. 从而，存在正交矩阵 $\boldsymbol{Q}$，使得

$$\boldsymbol{Q}^{\mathrm{T}}(\boldsymbol{P}^{\mathrm{T}}\boldsymbol{B}\boldsymbol{P})\boldsymbol{Q}=\begin{pmatrix} \lambda_1 & & \\ & \ddots & \\ & & \lambda_n \end{pmatrix},$$

其中 $\lambda_1,\lambda_2,\cdots,\lambda_n$ 为非负实数. 令 $\boldsymbol{T}=\boldsymbol{P}\boldsymbol{Q}$，则 $\boldsymbol{T}$ 为实可逆矩阵，且

$$\boldsymbol{T}^{\mathrm{T}}\boldsymbol{A}\boldsymbol{T}=\boldsymbol{E},\quad \boldsymbol{T}^{\mathrm{T}}\boldsymbol{B}\boldsymbol{T}=\begin{pmatrix} \lambda_1 & & \\ & \ddots & \\ & & \lambda_n \end{pmatrix}, \tag{1}$$

从而有

$$\boldsymbol{T}^{\mathrm{T}}(\boldsymbol{A}+\boldsymbol{B})\boldsymbol{T}=\begin{pmatrix} 1+\lambda_1 & & \\ & \ddots & \\ & & 1+\lambda_n \end{pmatrix},$$

$$|\boldsymbol{A}+\boldsymbol{B}|\,|\boldsymbol{T}|^2=|\boldsymbol{A}+\boldsymbol{B}|\,|\boldsymbol{P}|^2=(1+\lambda_1)(1+\lambda_2)\cdots(1+\lambda_n).$$

由(1) 的两式可知

$$|\boldsymbol{A}|\,|\boldsymbol{P}|^2=1,\quad |\boldsymbol{B}|\,|\boldsymbol{P}|^2=\lambda_1\lambda_2\cdots\lambda_n,$$

$$(|\boldsymbol{A}|+|\boldsymbol{B}|)\,|\boldsymbol{P}|^2=1+\lambda_1\lambda_2\cdots\lambda_n,$$

又因 $\lambda_1,\lambda_2,\cdots,\lambda_n$ 为非负实数，故

$$(1+\lambda_1)(1+\lambda_2)\cdots(1+\lambda_n)\geqslant 1+\lambda_1\lambda_2\cdots\lambda_n.$$

从而有

$$|\boldsymbol{A}+\boldsymbol{B}|\,|\boldsymbol{P}|^2 \geqslant (|\boldsymbol{A}|+|\boldsymbol{B}|)\,|\boldsymbol{P}|^2,$$

即 $|\boldsymbol{A}+\boldsymbol{B}| \geqslant |\boldsymbol{A}|+|\boldsymbol{B}|$.

3) 最后，我们来证明 Oppenheim 不等式. 对矩阵 $\boldsymbol{A},\boldsymbol{B}$ 的阶数作数学归纳法.

当 $n=1$ 时，结论是显然的.

假定 $n>1$，并且对任意阶数 $k<n$ 的正定矩阵结论均成立. 那么，对 n 阶正定矩阵 $\boldsymbol{A}$ 和 $\boldsymbol{B}$，由舒尔积定理知，阿达马积 $\boldsymbol{A}\circ\boldsymbol{B}$ 为正定矩阵，且有

$$\begin{aligned}
|\boldsymbol{A}\circ\boldsymbol{B}| &= a_{11}b_{11}\left|(\boldsymbol{A}\circ\boldsymbol{B})\,|\,(a_{11}b_{11})\right| \quad (\text{这里 } a_{11}b_{11}\geqslant 0)\\
&= a_{11}b_{11}\left|(\boldsymbol{A}\circ\boldsymbol{B})_{22}-(\boldsymbol{A}\circ\boldsymbol{B})_{21}(a_{11}b_{11})^{-1}(\boldsymbol{A}\circ\boldsymbol{B})_{12}\right|\\
&= a_{11}b_{11}\left|\boldsymbol{A}_{22}\circ\boldsymbol{B}_{22}-(\boldsymbol{A}_{21}\circ\boldsymbol{B}_{21})(a_{11}b_{11})^{-1}(\boldsymbol{A}_{12}\circ\boldsymbol{B}_{12})\right|\\
&= a_{11}b_{11}\left|\boldsymbol{A}_{22}\circ\boldsymbol{B}_{22}-(\boldsymbol{A}_{21}a_{11}^{-1}\boldsymbol{A}_{12})\circ(\boldsymbol{B}_{21}b_{11}^{-1}\boldsymbol{B}_{12})\right|\\
&\qquad\qquad (\text{由问题 21.1 的 2) 和 4) 对列向量此等号成立})\\
&= a_{11}b_{11}\left|\boldsymbol{A}_{22}\circ(\boldsymbol{B}_{22}-\boldsymbol{B}_{21}b_{11}^{-1}\boldsymbol{B}_{12})+\boldsymbol{A}_{22}\circ(\boldsymbol{B}_{21}b_{11}^{-1}\boldsymbol{B}_{12})\right.\\
&\qquad \left.-(\boldsymbol{A}_{21}a_{11}^{-1}\boldsymbol{A}_{12})\circ(\boldsymbol{B}_{21}b_{11}^{-1}\boldsymbol{B}_{12})\right|\\
&= a_{11}b_{11}\left|\boldsymbol{A}_{22}\circ(\boldsymbol{B}_{22}-\boldsymbol{B}_{21}b_{11}^{-1}\boldsymbol{B}_{12})\right.\\
&\qquad \left.+(\boldsymbol{A}_{22}-\boldsymbol{A}_{21}a_{11}^{-1}\boldsymbol{A}_{12})\circ(\boldsymbol{B}_{21}b_{11}^{-1}\boldsymbol{B}_{12})\right|\\
&= a_{11}b_{11}\left|\boldsymbol{A}_{22}\circ(\boldsymbol{B}\,|\,b_{11})+(\boldsymbol{A}\,|\,a_{11})\circ\boldsymbol{C}\right|. \quad (\text{其中 } \boldsymbol{C}=\boldsymbol{B}_{21}b_{11}^{-1}\boldsymbol{B}_{12})
\end{aligned}$$

注意到 $\boldsymbol{A}_{22}$ 和 $\boldsymbol{B}\,|\,b_{11}$ 均为正定矩阵，故由舒尔积定理即知 $\boldsymbol{A}_{22}\circ(\boldsymbol{B}\,|\,b_{11})$ 也是正定矩阵；又

$$\begin{aligned}
\boldsymbol{C}=\boldsymbol{B}_{21}b_{11}^{-1}\boldsymbol{B}_{12} &= \frac{1}{b_{11}}\begin{pmatrix} b_{21}\\ b_{31}\\ \vdots\\ b_{n1}\end{pmatrix}(b_{12},b_{13},\cdots,b_{1n})\\
&= \frac{1}{b_{11}}\begin{pmatrix} b_{12}\\ b_{13}\\ \vdots\\ b_{1n}\end{pmatrix}(b_{12},b_{13},\cdots,b_{1n})\\
&= \frac{1}{b_{11}}\begin{pmatrix} b_{12}^2 & b_{12}b_{13} & \cdots & b_{12}b_{1n}\\ b_{13}b_{12} & b_{13}^2 & \cdots & b_{13}b_{1n}\\ \vdots & \vdots & & \vdots\\ b_{1n}b_{12} & b_{1n}b_{13} & \cdots & b_{1n}^2\end{pmatrix},
\end{aligned}$$

其二阶以上顺序主子式均为零，一阶主子式为 $b_{11}^{-1}b_{12}^2\geqslant 0$，故 $\boldsymbol{C}$ 为秩 $\leqslant 1$ 的半

正定矩阵，由舒尔积定理知$(\boldsymbol{A}|a_{11})\circ\boldsymbol{C}$也是半正定矩阵.

由闵可夫斯基(Minkowski) 不等式可得

$$|\boldsymbol{A}_{22}\circ(\boldsymbol{B}|b_{11})+(\boldsymbol{A}|a_{11})\circ\boldsymbol{C}|\geqslant|\boldsymbol{A}_{22}\circ(\boldsymbol{B}|b_{11})|+|(\boldsymbol{A}|a_{11})\circ\boldsymbol{C}|,$$

又由归纳假定和$|(\boldsymbol{A}|a_{11})\circ\boldsymbol{C}|\geqslant 0$这个事实，可有

$$\begin{aligned}|\boldsymbol{A}\circ\boldsymbol{B}|&\geqslant a_{11}b_{11}|\boldsymbol{A}_{22}\circ(\boldsymbol{B}|b_{11})|\\&\geqslant a_{11}b_{11}[a_{22}\cdots a_{nn}|(\boldsymbol{B}|b_{11})|]\\&=a_{11}a_{22}\cdots a_{nn}[b_{11}|(\boldsymbol{B}|b_{11})|]\\&=\left(\prod_{i=1}^{n}a_{ii}\right)|\boldsymbol{B}|.\end{aligned}$$

4) 下面，我们证明“等号成立”时的情形. 当$\boldsymbol{B}$为对角形时，容易得到

$$|\boldsymbol{A}\circ\boldsymbol{B}|=\begin{vmatrix}a_{11}b_{11}&&&\\&a_{22}b_{22}&&\\&&\ddots&\\&&&a_{nn}b_{nn}\end{vmatrix}=\prod_{i=1}^{n}a_{ii}b_{ii}$$

$$=\left(\prod_{i=1}^{n}a_{ii}\right)\left(\prod_{i=1}^{n}b_{ii}\right)=\left(\prod_{i=1}^{n}a_{ii}\right)|\boldsymbol{B}|.$$

反之，若等号成立时，即$|\boldsymbol{A}\circ\boldsymbol{B}|=a_{11}a_{22}\cdots a_{nn}|\boldsymbol{B}|$，则必须有

$$|(\boldsymbol{A}\circ\boldsymbol{B})|(a_{11}b_{11})|=|\boldsymbol{A}_{22}\circ(\boldsymbol{B}|b_{11})|+|(\boldsymbol{A}|a_{11})\circ\boldsymbol{C}|,$$

而这仅当$(\boldsymbol{A}|a_{11})\circ\boldsymbol{C}=0$时才成立. 这样，对所有的$i=2,3,\cdots,n$有$b_{i1}b_{1i}=0$. 因此$b_{i1}=0$，$i=2,3,\cdots,n$. 这就证得了第1行中除$b_{11}$以外的元素全部为零，由对称性第1列除$b_{11}$外也均为零.

由于对$\boldsymbol{A}\circ\boldsymbol{B}$作相似变换时，其行列式的值不变，比如交换$\boldsymbol{A}\circ\boldsymbol{B}$的第$i$行与第$j$行，同时交换$\boldsymbol{A}\circ\boldsymbol{B}$的第$i$列与第$j$列. 如此即可得

$$|\boldsymbol{A}\circ\boldsymbol{B}|=a_{ii}b_{ii}\left|(\boldsymbol{A}\circ\boldsymbol{B})|(a_{ii}b_{ii})\right|.$$

显然，这样的变换可将$\boldsymbol{B}$的任何一行换至第1行，使得主对角线以外的元素仍然在主对角线以外. 这样，我们可以证明$\boldsymbol{B}$的主对角线以外的元素均为零，故$\boldsymbol{B}$为对角矩阵.

证明 2　设$\boldsymbol{B}$为正定矩阵，构造矩阵

$$\boldsymbol{D}=\begin{pmatrix}b_{11}&\cdots&b_{1,n-1}&b_{1n}\\\vdots&&\vdots&\vdots\\b_{n-1,1}&\cdots&b_{n-1,n-1}&b_{n-1,n}\\b_{n1}&\cdots&b_{n,n-1}&b_{nn}-\dfrac{|\boldsymbol{B}|}{B_{nn}}+\varepsilon\end{pmatrix},$$

其中，B_{nn} 为 $\boldsymbol{B}$ 的元素 b_{nn} 的代数余子式，$\varepsilon \geqslant 0$ 为任意的非负常数. 我们证明，$\boldsymbol{D}$ 也是半正定矩阵.

因 $\boldsymbol{B}$ 为对称矩阵，故 $\boldsymbol{D}$ 也是对称矩阵，且 $\boldsymbol{D}$ 中不超过 $n-1$ 阶的顺序主子式就是 $\boldsymbol{B}$ 的主子式，故全部大于零，而

$$|\boldsymbol{D}| = \begin{vmatrix} b_{11} & \cdots & b_{1,n-1} & b_{1n}+0 \\ \vdots & & \vdots & \vdots \\ b_{n-1,1} & \cdots & b_{n-1,n-1} & b_{n-1,n}+0 \\ b_{n1} & \cdots & b_{n,n-1} & b_{nn}-\dfrac{|\boldsymbol{B}|}{B_{nn}}+\varepsilon \end{vmatrix}$$

$$= |\boldsymbol{B}| + \left(-\frac{|\boldsymbol{B}|}{B_{nn}}+\varepsilon\right)B_{nn} = |\boldsymbol{B}| + (-|\boldsymbol{B}|+\varepsilon B_{nn})$$

$$= \varepsilon B_{nn} \geqslant 0,$$

其中 B_{nn} 为 b_{nn} 的代数余子式. 故 $\boldsymbol{D}$ 的所有的顺序主子式都大于或等于零，从而 $\boldsymbol{D}$ 是半正定矩阵.

下面我们来证明结论，对 n 作数学归纳法.

1) 当 $n=1$ 时结论显然成立.

2) 假设当 $n-1$ 时结论成立，证明对 n 阶矩阵 $\boldsymbol{A}$ 和 $\boldsymbol{B}$ 结论也成立. 事实上，因 $\boldsymbol{A}$ 为正定矩阵，且上述所作矩阵 $\boldsymbol{D}$ 是半正定矩阵，故由舒尔积定理知，其阿达马积也是半正定矩阵，即

$$\boldsymbol{A}\circ\boldsymbol{D} = \begin{pmatrix} a_{11}b_{11} & \cdots & a_{1,n-1}b_{1,n-1} & a_{1n}b_{1n} \\ \vdots & & \vdots & \vdots \\ a_{n-1,1}b_{n-1,1} & \cdots & a_{n-1,n-1}b_{n-1,n-1} & a_{n-1,n}b_{n-1,n} \\ a_{n1}b_{n1} & \cdots & a_{n,n-1}b_{n,n-1} & a_{nn}\left(b_{nn}-\dfrac{|\boldsymbol{B}|}{B_{nn}}+\varepsilon\right) \end{pmatrix}$$

为半正定矩阵. 又

$$|\boldsymbol{A}\circ\boldsymbol{D}| = \begin{vmatrix} a_{11}b_{11} & \cdots & a_{1,n-1}b_{1,n-1} & a_{1n}b_{1n}+0 \\ \vdots & & \vdots & \vdots \\ a_{n-1,1}b_{n-1,1} & \cdots & a_{n-1,n-1}b_{n-1,n-1} & a_{n-1,n}b_{n-1,n}+0 \\ a_{n1}b_{n1} & \cdots & a_{n,n-1}b_{n,n-1} & a_{nn}b_{nn}+a_{nn}\left(-\dfrac{|\boldsymbol{B}|}{B_{nn}}+\varepsilon\right) \end{vmatrix}$$

$$= |\boldsymbol{A}\circ\boldsymbol{B}| + a_{nn}\left(-\frac{|\boldsymbol{B}|}{B_{nn}}+\varepsilon\right)(\boldsymbol{A}\circ\boldsymbol{B})_{nn} \geqslant 0,$$

所以

$$|\boldsymbol{A}\circ\boldsymbol{B}|\geqslant a_{nn}\frac{|\boldsymbol{B}|}{B_{nn}}(\boldsymbol{A}\circ\boldsymbol{B})_{nn}-\varepsilon a_{nn}(\boldsymbol{A}\circ\boldsymbol{B})_{nn},$$

其中$(\boldsymbol{A}\circ\boldsymbol{B})_{nn}$ 表示阿达马积矩阵$\boldsymbol{A}\circ\boldsymbol{B}$中元素$a_{nn}b_{nn}$的代数余子式.

因$\boldsymbol{A}\circ\boldsymbol{B}$亦为正定矩阵，所以$a_{nn}b_{nn}$的代数余子式$(\boldsymbol{A}\circ\boldsymbol{B})_{nn}$，即$\boldsymbol{A}\circ\boldsymbol{B}$的$n-1$阶顺序主子式$(\boldsymbol{A}\circ\boldsymbol{B})_{nn}$大于零，又因$\varepsilon\geqslant 0$，所以

$$|\boldsymbol{A}\circ\boldsymbol{B}|\geqslant a_{nn}\frac{|\boldsymbol{B}|}{B_{nn}}(\boldsymbol{A}\circ\boldsymbol{B})_{nn}.$$

由归纳假设有

$$(\boldsymbol{A}\circ\boldsymbol{B})_{nn}\geqslant a_{11}a_{22}\cdots a_{n-1,n-1}B_{nn},$$

从而

$$|\boldsymbol{A}\circ\boldsymbol{B}|\geqslant a_{nn}\frac{|\boldsymbol{B}|}{B_{nn}}(\boldsymbol{A}\circ\boldsymbol{B})_{nn}\geqslant a_{nn}\frac{|\boldsymbol{B}|}{B_{nn}}a_{11}a_{22}\cdots a_{n-1,n-1}B_{nn},$$

即

$$|\boldsymbol{A}\circ\boldsymbol{B}|\geqslant a_{11}a_{22}\cdots a_{nn}|\boldsymbol{B}|.$$

"等号情形"的证明同上面证明 1，这里不再重复.

附录 4　复数域的唯一性与 3 维复数的存在性问题

复数起源于求代数方程的根. 在用求根公式求解二次、三次代数方程时都有可能遇到形如 $a+b\sqrt{-1}$ 的数，其中 a,b 是实数. $\sqrt{-1}$ 在实数范围内无意义，因此在很长时间里这类数不能为人们理解和接受. 意大利学者卡尔丹 (G. Cardano，1501—1576) 在 1545 年出版的关于代数学的拉丁文著作《大法》(*Ars Magna*) 中，第一次认真地讨论了产生于负数开平方运算的虚数，并给出了运算的方法，把它称为“诡辩数”. 最先承认虚数不虚的是意大利数学家邦贝利(R. Bombelli，约 1526—1573)，在其所著教科书《代数》中引进了虚数，用以解决三次方程不可约情况(即三次方程 $x^3+px=q$ $(p,q>0)$ 的判别式 $\left(\frac{q}{2}\right)^2-\left(\frac{p}{3}\right)^3<0$ 的情况)，并以 dimRq 11 表示 $\sqrt{-11}$. 而笛卡儿在 1637 年著的《几何学》中明确了方程的实根与虚根，相对于“Realle” (实的) 第一次给出了虚数的名称“Imaginaires” (虚的). 后来，棣莫弗与欧拉给出了公式

$$(\cos x+\mathrm{i}\sin x)^n=\cos nx+\mathrm{i}\sin nx.$$

1743 年，欧拉又给出公式

$$\mathrm{e}^{\mathrm{i}x}=\cos x+\mathrm{i}\sin x,$$

并于 1777 年在递交给彼得堡科学院的论文《微分公式》中，首次使用 i 来表示 $\sqrt{-1}$. 1797 年，丹麦数学家韦塞尔(C. Wessel，1745—1818) 在向丹麦科学院递交的论文《方向的解析表示》中，引进了一条以 $\sqrt{-1}$ 为单位的虚轴与复数平面概念，给出了复数及其运算的向量表示，使复数与平面上的点建立了联系. 1806 年瑞士人阿尔冈(J. R. Argand，1768—1822) 也引进了复平面，在巴黎发表了《虚数，它的几何解释》，文中有 $\sqrt{-1}=\varepsilon$ 及 $\cos v+\varepsilon\sin v$ 等记法，除了虚数单位的符号不同外，和现在所用的表示法一致，他首先把量 $a+b\mathrm{i}$ 的长度称为模. 韦塞尔和阿尔冈把复数 $x+\mathrm{i}y$ 与平面上以 (x,y) 为坐标的点对应起来，使人们对于复数开始有了真实的感觉. 复数与 xy 平面上的点一一对应，因而 xy 平面也称为复平面.

代数基本定理："每个次数 $\geqslant 1$ 的复系数多项式在复数域中至少有一个根. 或等价地，任一次数 $\geqslant 1$ 的复系数多项式在复数域中有且仅有 n 个根(k 重根作 k 个根计)"，是多项式理论的主要命题之一，是 17—18 世纪代数学的基本问题. 1797 年，高斯在其博士论文中首先给出了严格证明(发表于1799 年)，后来又给出过三个证明，其中第 4 个证明发表于 1850 年. 在前三种证明中都假定了复数和直角坐标平面上的点一一对应，巧妙地运用了虚数的几何表示. 1831 年，又在《哥廷根学报》上系统地表述了复数 $a+b\mathrm{i}$ 和笛卡儿直角坐标平面上的点 (a,b) 的一一对应关系，他又将表示平面点的直角坐标和极坐标加以综合，统一于表示同一复数的两种形式(复数的代数形式和三角形式)，并阐述了复数的几何加法与乘法，使术语复数与符号 i 在代数学中得到通用. 为了纪念高斯的贡献，后人常称复平面为高斯平面. 1837 年，爱尔兰数学家和物理学家哈密顿(W. R. Hamilton，1805—1865) 给爱尔兰皇家科学院的信中提出把复数 $a+b\mathrm{i}$ 当做有序实数对 (a,b)，并用以定义复数，还定义了有序实数对的加法和乘法，如：

$$\left.\begin{aligned}(a,b)+(c,d)&=(a+c,b+d),\\(a,b)\cdot(c,d)&=(ac-bd,ad+bc),\end{aligned}\right\}\tag{1}$$

并且证明这两种运算具有封闭性、交换性和结合性等性质，从而对复数建立了严密的形式定义.

在 19 世纪初有了复数的几何表示后，人们普遍开始接受复数概念，认识到复数能用来表示和研究平面上的向量，把复数与平面上的点和物理中的向量联系了起来，从而复数也是从已知量确定出来的数学实体. 随着生产的发展，复数在数学和其他有关学科中日益起到巨大的作用，到 19 世纪中叶以后，对复数的研究已逐步发展成为一个完整的数学分支 —— 复变函数论. 复变函数论在许多自然科学和工程技术领域(如流体力学、弹性理论、热传导、电学等)中有应用. 例如：设有一不可压缩流体做平面定常运动，其速度向量 $\boldsymbol{v}=(v_x,v_y)$，又设其中无源和汇，也无涡流，这些等价于

$$\frac{\partial v_x}{\partial x}=-\frac{\partial v_y}{\partial y},\quad \frac{\partial v_y}{\partial x}=\frac{\partial v_x}{\partial y},$$

它说明 $\overline{v}=v_x-\mathrm{i}v_y$ 为解析函数，称为流体的**复速度**，而

$$f(x)=\int_{z_0}^{z}\overline{v}\,\mathrm{d}z$$

与积分路径无关，称为流体的**复势**. 流体力学中流体运动的许多性质都可通过复势和复速度来描述(例如：流体绕过某障碍物的流动问题就可化为复势的边值问题来考虑).

以上对复数的历史作了简要的回顾．下面我们将数域和数域的有限扩张域的概念推广到域和域的有限扩张域，用于解决复数域的唯一性与 3 维复数的存在性问题．

定义　设 F 是至少含两个元素的集合，在 F 中定义了加法($+$) 和乘法($\cdot$) 两种运算，满足

1）加法交换律，即

$$a+b=b+a,\quad 对\ a,b\in F;$$

2）加法结合律，即

$$(a+b)+c=a+(b+c),\quad 对\ a,b,c\in F;$$

3）在 F 中有零元素 0，即对任意元素 $a\in F$，有

$$a+0=a;$$

4）对 F 中每一元素 a，在 F 中存在元素 b，使得

$$a+b=0,$$

b 称为 a 的**负元素**，记为 $-a$；

5）乘法交换律，即

$$ab=ba,\quad 对\ a,b\in F;$$

6）乘法结合律，即

$$(ab)c=a(bc),\quad 对\ a,b,c\in F;$$

7）在 F 中有单位元 1，即对任意元素 $a\in F$，有

$$a\cdot 1=a;$$

8）对 F 中每一元素 a（0 除外），在 F 中存在元素 b，使得

$$ab=1,$$

b 称为 a 的**逆元素**，记为 a^{-1}；

9）乘法关于加法的分配律，即

$$a(b+c)=ab+ac,\quad 对\ a,b,c\in F,$$

则称 F 是一个**域**．

显然，数域都是域．

在复平面上，复数 $z=a+b\mathrm{i}$ 与点 $Z(a,b)$ 及位置向量 $\overrightarrow{OZ}$ 一一对应．因此，可以用向量 $\overrightarrow{OZ}$ 表示复数

$$z=a+b\mathrm{i}=r(\cos\theta+\mathrm{i}\sin\theta),$$

其中 $r=\sqrt{a^2+b^2}$ 是 z 的模，θ 是 z 的幅角（见图 1）．设集合 C_1 为复平面内所有以原点 O 为起点的向量所组成的集合，利用向量加法的

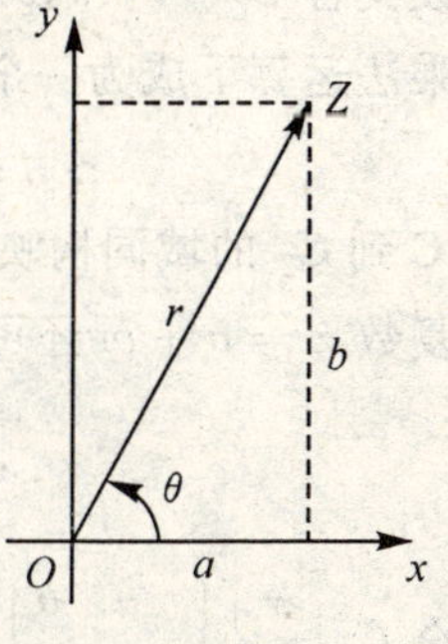

图 1

平行四边形法则定义 C_1 中复向量的加法(见图 2)，定义 C_1 中两个复向量相乘的积为模等于两复向量的模的积、幅角等于两复向量的幅角的和的复向量(见图 3)，可以直接验证 C_1 在上述加法和乘法运算下成为一个域，其中复平面上的零向量是 C_1 的零元素，实轴(x 轴)上的单位向量是 C_1 的单位元.

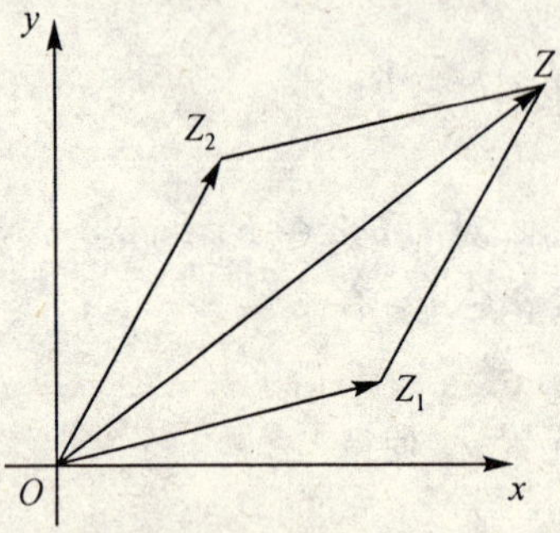

图 2

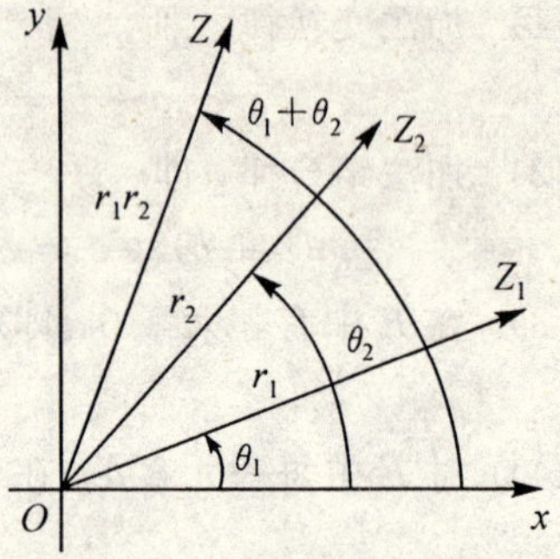

图 3

容易看到，复数域 $\mathbf{C}=\{a+bi \mid a,b\in\mathbf{R}\}$ 到域 C_1 的一一对应

$$f: a+bi\mapsto\overrightarrow{OZ}\quad(\text{其中点 } Z \text{ 的坐标为}(a,b))$$

保持加法与乘法，$\mathbf{C}$ 与 C_1 有相同的代数结构，称为域同构. 域同构的一般定义如下：

定义 设 F (加法和乘法分别为 $+,\cdot$) 与 F' (加法与乘法分别记成 $\oplus$，$\odot$) 都是域，f 为 F 到 F' 的一个一一对应. 如果 f 满足

$$f(a+b)=f(a)\oplus f(b),$$
$$f(a\cdot b)=f(a)\odot f(b),$$

其中 a,b 是 F 中任意元素，则称 f 为从 F 到 F' 的一个**域同构映射**. 如果存在着从 F 到 F' 的域同构映射，则称 F 与 F' **域同构**，记为 $F\cong F'$.

设集合 $C_2=\{(a,b)\mid a,b\in\mathbf{R}\}$，可以直接验证 C_2 在按(1)式定义的加法和乘法运算下成为一个域，其中$(0,0)$是零元素，$(1,0)$是单位元，且

$$f: \mathbf{C}\to C_2,\quad a+bi\mapsto(a,b),$$

是从 $\mathbf{C}$ 到 C_2 的域同构映射. 因此，$\mathbf{C}\cong C_2$.

复数 $z=a+bi$ 还可以用矩阵表示为

$$z=\begin{pmatrix}a & b\\ -b & a\end{pmatrix}\quad(a,b\in\mathbf{R}).$$

设集合 $C_3=\left\{\begin{pmatrix}a & b\\ -b & a\end{pmatrix}\middle| a,b\in\mathbf{R}\right\}$，用矩阵的加法和乘法作为 C_3 的加法和

乘法，显然，$\begin{pmatrix}0&0\\0&0\end{pmatrix}$和$\begin{pmatrix}1&0\\0&1\end{pmatrix}=\boldsymbol{E}$分别是$C_3$的零元素和单位元，可以直接验证$C_3$在矩阵的加法和乘法运算下成为一个域，而且

$$f:\mathbf{C}\to C_3,\quad a+b\mathrm{i}\mapsto\begin{pmatrix}a&b\\-b&a\end{pmatrix},$$

是从$\mathbf{C}$到C_3的域同构映射. 因此，$\mathbf{C}\cong C_3$.

综上所述，由复数的代数形式、向量形式、有序实数对形式和矩阵形式所得到的域$\mathbf{C}$,C_1,C_2和C_3都是域同构的，因此，它们在域同构的意义下都是相同的.

由问题 42.2 知，复数域$\mathbf{C}$是实数域$\mathbf{R}$的 2 次扩域(这是因为$\mathrm{i}\in\mathbf{C}$是$\mathbf{R}$上 2 次不可约多项式x^2+1的根，故$\mathbf{C}=\mathbf{R}(\mathrm{i})$). 那么，作为域，$C_1$,$C_2$和$C_3$是否都是$\mathbf{R}$的"2 次扩域"呢？我们先把数域的有限扩张域的概念推广到域中来. 由于数域$\mathbf{F}$上线性空间的概念完全可以推广到域F上的线性空间. 设F,E都是域，且$F\subseteq E$，则称F是E的**子域**，E是F的**扩域**. 如果把扩域E看做F上的线性空间，且E在F上是有限维的，则称E为F的**有限扩张域**，并把维数$\dim E$称为此域扩张的**次数**. 同样可以证明域F的有限扩张域具有问题 42.2 的 4 个性质.

容易验证，复平面上，实轴上的向量全体构成C_1中同构于$\mathbf{R}$的子域，记为R_1. 设表示复数 0,1,i 的向量分别为$\mathbf{0}$,$\overrightarrow{OZ}_1$,$\overrightarrow{OZ}_i$，其中$\overrightarrow{OZ}_1$和$\overrightarrow{OZ}_i$分别是实轴(x轴)和虚轴(y轴)上的单位向量，则

$$\overrightarrow{OZ}_i\cdot\overrightarrow{OZ}_i+\overrightarrow{OZ}_1=\mathbf{0},$$

故$\overrightarrow{OZ}_i$是R_1上不可约多项式$x^2+\overrightarrow{OZ}_1$的根，$C_1=R_1(\overrightarrow{OZ}_i)$是$R_1\cong\mathbf{R}$的 2 次扩域.

同样，$R_2=\{(a,0)\mid a\in\mathbf{R}\}\cong\mathbf{R}$是$C_2$的子域，$C_2=R_2((0,1))$是$R_2\cong\mathbf{R}$的 2 次扩域，其中$(0,1)$是$R_2$上不可约多项式$x^2+(1,0)$的根. $R_3=\{a\boldsymbol{E}\mid a\in\mathbf{R}\}\cong\mathbf{R}$是$C_3$的子域，$C_3=R_3(\boldsymbol{J})$是$R_3\cong\mathbf{R}$的 2 次扩域，其中$\boldsymbol{J}=\begin{pmatrix}0&1\\-1&0\end{pmatrix}$是$R_3$上不可约多项式$x^2+\boldsymbol{E}$的根(这是因为

$$\boldsymbol{J}^2=\begin{pmatrix}-1&0\\0&-1\end{pmatrix}=-\boldsymbol{E},$$

故$\boldsymbol{J}^2+\boldsymbol{E}=\boldsymbol{O}$).

将R_1,R_2,R_3都等同于$\mathbf{R}$，于是，它们的单位元$\overrightarrow{OZ}_1$,$(1,0)$,$\boldsymbol{E}$也都等同于$\mathbf{R}$的单位元. 我们看到C_1(或C_2，或C_3)是$\mathbf{R}$上的 2 次扩域，且使

$$x^2+1=0$$

在 C_1（或 C_2，或 C_3）中有根．我们要问：$\mathbf{R}$ 的任何扩域 E，它是 $\mathbf{R}$ 上 2 维线性空间又使 $x^2+1=0$ 在 E 中有根，是否都与 $\mathbf{C}$ 同构？这就是复数域的唯一性问题．下面我们证明一个更一般的结果．

定理 1 设 F 为域，$p(x)$ 为 F 上 n 次不可约多项式，F 的两个 n 次扩域 L,K 皆含 $p(x)$ 的根，则 L 与 K 域同构．

证 设 L,K 中分别有元素 α_1,α_2 满足 $p(\alpha_1)=0$，$p(\alpha_2)=0$．由问题 42.2 的 3) 知，$L=F(\alpha_1)$，$K=F(\alpha_2)$，而且

$$F(\alpha_j)=\left\{a_0\cdot 1+a_1\alpha_j+\cdots+a_{n-1}\alpha_j^{n-1}\,\middle|\,a_i\in F,\ i=0,1,\cdots,n-1\right\},\quad j=1,2.$$

作映射

$$\varphi\colon F(\alpha_1)\to F(\alpha_2),\quad \sum_{i=0}^{n-1}a_i\alpha_1^i\mapsto\sum_{i=0}^{n-1}a_i\alpha_2^i,$$

由于 $1,\alpha_j,\cdots,\alpha_j^{n-1}$ 分别是 $F(\alpha_j)$ 的基，故映射 φ 是从 $F(\alpha_1)$ 到 $F(\alpha_2)$ 的一一对应．显然，φ 保持加法．对 $\sum\limits_{i=0}^{n-1}a_i\alpha_1^i,\sum\limits_{i=0}^{n-1}b_i\alpha_1^i\in F(\alpha_1)$，令

$$f(x)=\sum_{i=0}^{n-1}a_ix^i,\quad g(x)=\sum_{i=0}^{n-1}b_ix^i,$$

作带余除法得

$$f(x)g(x)=q(x)p(x)+r(x),$$

其中余式 $r(x)=r_0+r_1x+\cdots+r_{n-1}x^{n-1}$，则有

$$f(\alpha_j)g(\alpha_j)=r(\alpha_j),\quad j=1,2,$$

且

$$\begin{aligned}\varphi(f(\alpha_1)g(\alpha_1))&=\varphi(r(\alpha_1))=r(\alpha_2)=f(\alpha_2)g(\alpha_2)\\&=\varphi(f(\alpha_1))\varphi(g(\alpha_1)),\end{aligned}$$

故 φ 也保持乘法．因此，φ 是从 $F(\alpha_1)$ 到 $F(\alpha_2)$ 的域同构映射，L 与 K 域同构．

注意：定理 1 只是说明 F 的含 F 上不可约多项式 $p(x)$ 的根的最小扩域都是域同构的，并未证明这样的扩域的存在性，要证明这样的扩域存在就需要近世代数中域的单纯扩张．设 $F[x]$ 是 F 上的多项式环，$(p(x))$ 是 $F[x]$ 的主理想子环，则商域 $F[x]/(p(x))$ 就是含 F 上不可约多项式 $p(x)$ 的根的最小扩域，这里就不详细介绍了．

由定理 1 可知，设有实数域上的两个 2 次扩张域，若它们都分别有元素是 $x^2+1=0$ 的根，则这两个扩域是同构的．这说明用任何方法构作的复数域都是域同构的，也就是说，除了域同构外，复数域是唯一的，这就是复数域的唯一性．

下面讨论 3 维复数的存在性问题. 用复数来表示向量及其运算的一个很大的优点，就是人们不一定要几何地作出这些运算，而能够代数地研究它们，就像是用曲线方程来表示曲线和研究曲线一样带给人们方便. 但是数学家不久就发现，复数的利用是受到限制的. 例如：当几个力作用于一个物体时，这些力不一定在一个平面上，为了能从代数上处理这些力，就需要复数的一个 3 维类似物，我们很容易用 3 维笛卡儿坐标 (x,y,z) 来表示从原点到该点的向量，那么是否存在 3 维复数及其运算可以用来表示空间向量及其运算呢？哈密顿推广复数的工作是从他把复数处理成有序实数对开始的，他在 1837 年发表的一篇文章中指出，复数 $a+b\mathrm{i}$ 不是 $2+3$ 意义上的一个真正的和，加号的使用是历史的偶然，而 $b\mathrm{i}$ 是不能加到 a 上去的，复数不过是有序实数对 (a,b). 哈密顿用这种数对给出了复数的形式定义. 他下一步试图要做的事就是推广有序实数对的思想，考虑会不会有一种三元数组作为复数的 3 维类似物，它具有实数和复数的基本性质. 但是经过长期的努力之后，哈密顿发现他所要找的新数应包含 4 个分量，而且必须放弃域所要求的运算性质 —— 乘法交换律，他把这种新数命名为四元数. 哈密顿四元数形如

$$a+bi+cj+dk,$$

其中 $a,b,c,d\in\mathbf{R}$，i,j,k 满足

$$\left.\begin{aligned}&i^2=j^2=k^2=-1,\\ &ij=-ji=k,\quad jk=-kj=i,\quad ki=-ik=j.\end{aligned}\right\}\tag{2}$$

两个四元数的加法和乘法可仿照复数来做：

$$\begin{aligned}&(a_1+b_1i+c_1j+d_1k)+(a_2+b_2i+c_2j+d_2k)\\ &\quad=(a_1+a_2)+(b_1+b_2)i+(c_1+c_2)j+(d_1+d_2)k,\end{aligned}\tag{3}$$

$$\begin{aligned}&(a_1+b_1i+c_1j+d_1k)\cdot(a_2+b_2i+c_2j+d_2k)\\ &\quad=(a_1a_2-b_1b_2-c_1c_2-d_1d_2)\\ &\qquad+(b_1a_2+a_1b_2-d_1c_2+c_1d_2)i\\ &\qquad+(c_1a_2+d_1b_2+a_1c_2-b_1d_2)j\\ &\qquad+(d_1a_2-c_1b_2+b_1c_2+a_1d_2)k.\end{aligned}\tag{4}$$

设 $\mathbf{H}=\{a+bi+cj+dk\mid a,b,c,d\in\mathbf{R}\}$ 是哈密顿四元数全体构成的集合，则 $\mathbf{H}$ 是 $\mathbf{R}$ 上 4 维线性空间，$1,i,j,k$ 是它的一个基，$\mathbf{H}$ 中元素之间的乘法由基元素的乘法(见(2) 式) 决定，其中 1 为乘法单位元. 由于基元素的乘法满足结合律，故 $\mathbf{H}$ 中乘法也满足结合律，又若 a,b,c,d 不全为零，则由(3) 式知，$\mathbf{H}$ 中元素 $a+bi+cj+dk$ 具有逆元素

$$(a+bi+cj+dk)^{-1}=\frac{1}{a^2+b^2+c^2+d^2}(a-bi-cj-dk),$$

即 **H** 中每一非零元素都有逆元素. 除了乘法交换律外，**H** 满足域的所有性质，这样的结构在近世代数中称为**除环**. **H** 是一个非交换除环，称为**四元数体**①(在结合代数中，**H** 还是 **R** 上结合代数，称为四元数结合代数，是有限中心单代数的重要例子). 注意，可交换的除环就是域.

关于四元数的发现，哈密顿本人后来曾作过这样一个生动的描述："明天是四元数的第 15 个生日，1843 年 10 月 16 日，当我和哈密顿太太步行去都柏林途中来到勃洛翰桥的时候，它们就来到了人世间，或者说出生了，发育成熟了. 这就是说，此时此地我感到思想的电路接通了，而从中落下的火花就是 i,j,k 之间的基本方程，恰恰就是我后来使用它们的那个样子. 我当场拿出笔记本(它还保存着)，将这些思想记录下来. 与此同时，我感到也许值得花上未来的至少 10 年或许 15 年的劳动. 但当时已完全可以说，我感到一个问题就在那一刻已经解决了，智力该缓口气了，它已经纠缠着我至少 15 年了."这里的"火花"就是人们所说的灵感，它不是随随便便可以获得的，必然是长时期苦苦思索的结果，毕竟这个问题已困扰他多年了.

当时人们虽然造不出 3 维复数，但也未证明 3 维复数的不存在性. 只有形成域和域扩张的概念，并研究它们的性质之后才能从数学上严格证明为什么哈密顿寻求"3 维复数"的努力是徒劳的. 假如他知道域扩张的一些性质的话，他就会节省下许多宝贵的时间.

用域扩张的语言，3 维复数的存在性问题就是是否存在 **R** 的 3 次扩域问题，也就是说，**R** 上 3 维线性空间能否作成 **R** 的扩域? 更一般的问题是：是否存在 **R** 的 n 次扩域($n \geqslant 3$)? 回答是否定的，**R** 的有限次扩域只有 **R**,**C**.

---

① 四元数也有相应的矩阵表示. 令 $H=\left\{\begin{pmatrix}\alpha & \beta\\ -\bar{\beta} & \bar{\alpha}\end{pmatrix}\middle|\, \alpha,\beta\in\mathbf{C}\right\}$，则 H 对矩阵的加法和乘法封闭，零矩阵 $\boldsymbol{O}$ 是零元素，单位矩阵 $\boldsymbol{E}=\begin{pmatrix}1 & 0\\ 0 & 1\end{pmatrix}$是乘法单位元. 显然，$\boldsymbol{A}=\begin{pmatrix}\alpha & \beta\\ -\bar{\beta} & \bar{\alpha}\end{pmatrix}$为非零元素当且仅当行列式 $|\boldsymbol{A}|=|\alpha|^2+|\beta^2|\neq 0$，故 H 中的非零元素都是可逆矩阵，因而都具有逆元素. 因此，除乘法交换律外，H 具有域的所有性质，是非交换除环. 设 $\alpha=a+b\mathrm{i}$, $\beta=c+d\mathrm{i}$，$\boldsymbol{I}=\begin{pmatrix}\mathrm{i} & 0\\ 0 & -\mathrm{i}\end{pmatrix}$，$\boldsymbol{J}=\begin{pmatrix}0 & 1\\ -1 & 0\end{pmatrix}$，$\boldsymbol{K}=\begin{pmatrix}0 & \mathrm{i}\\ \mathrm{i} & 0\end{pmatrix}$，则有

$$\boldsymbol{I}^2=\boldsymbol{J}^2=\boldsymbol{K}^2=-\boldsymbol{E},\quad \boldsymbol{IJ}=-\boldsymbol{JI}=\boldsymbol{K},\quad \boldsymbol{JK}=-\boldsymbol{KJ}=\boldsymbol{I},\quad \boldsymbol{KI}=-\boldsymbol{IK}=\boldsymbol{J},$$

以及

$$\boldsymbol{A}=\begin{pmatrix}\alpha & \beta\\ -\bar{\beta} & \bar{\alpha}\end{pmatrix}=\begin{pmatrix}a+b\mathrm{i} & c+d\mathrm{i}\\ -(c-d\mathrm{i}) & a-b\mathrm{i}\end{pmatrix}=a\boldsymbol{E}+b\boldsymbol{I}+c\boldsymbol{J}+d\boldsymbol{K},$$

因此，$a\boldsymbol{E}+b\boldsymbol{I}+c\boldsymbol{J}+d\boldsymbol{K}$ 是四元数 $a\cdot 1+bi+cj+dk\ (a,b,c,d\in\mathbf{R})$ 的矩阵表示.

事实上，设 E 是 $\mathbf{R}$ 的有限次扩域，对任一 $\alpha \in E$，必有充分大的 n，使 $1, \alpha, \cdots, \alpha^n$ 线性相关，即有非零多项式 $f(x) \in \mathbf{R}[x]$ 使 $f(\alpha)=0$. 将 $f(x)$ 在 $\mathbf{R}[x]$ 中分解成不可约多项式的乘积

$$f(x)=p_1(x)p_2(x)\cdots p_s(x),$$

则必有某个 i 使 $p_i(\alpha)=0$. 由于 $\mathbf{R}[x]$ 中不可约多项式只有一次和二次的，故 $p_i(x)$ 只能是一次或二次的. 若 $p_i(x)$ 为一次的，则 $\alpha \in \mathbf{R}$. 若为二次的，设

$$p_i(x)=x^2+bx+c \quad (\text{其中 } b, c \in \mathbf{R}),$$

则 $4c-b^2>0$，且有

$$\alpha^2+b\alpha+c=0.$$

将上式配方，得 $\left(\alpha+\dfrac{b}{2}\right)^2+c-\dfrac{b^2}{4}=0$，即有

$$\frac{\left(\alpha+\dfrac{b}{2}\right)^2}{\left(\dfrac{1}{2}\sqrt{4c-b^2}\right)^2}+1=0.$$

故 $\pm\dfrac{\alpha+\dfrac{b}{2}}{\dfrac{1}{2}\sqrt{4c-b^2}} \in E$ 是 $\mathbf{R}$ 上不可约多项式 x^2+1 的根，它们是 E 中由 $x^2+1=0$ 的根唯一决定的一对元素，将它们记为 $\pm\varepsilon$，则 $\mathbf{R}(\varepsilon) \subseteq E$. 由定理 1 知，$\mathbf{R}(\varepsilon) \cong \mathbf{C}$，且由 $\dfrac{\alpha+\dfrac{b}{2}}{\dfrac{1}{2}\sqrt{4c-b^2}}=\varepsilon$，知

$$\alpha=-\frac{b}{2}+\frac{1}{2}\sqrt{4c-b^2}\,\varepsilon \in \mathbf{R}(\varepsilon).$$

这样，对 E 的任一元素 α 必有 $\alpha \in \mathbf{R}$ 或 $\alpha \in \mathbf{R}(\varepsilon)$. 若 E 中元素皆在 $\mathbf{R}$ 中，则 $E=\mathbf{R}$；若 E 中有 $\alpha \notin \mathbf{R}$，则 $E \subseteq \mathbf{R}(\varepsilon) \subseteq E$，于是 $E=\mathbf{R}(\varepsilon) \cong \mathbf{C}$，即 E 同构于复数域 $\mathbf{C}$.

因此，$\mathbf{R}$ 的有限次扩域只有 $\mathbf{R}, \mathbf{C}$，而 3 维复数域是不存在的.

“3 维复数”和四元数的研究刺激了对 3 维向量的研究和应用，发展出 3 维向量代数(现属空间解析几何的一部分)和向量分析等新的数学分支，成为数学、物理和工程技术中十分有用的工具(关于四元数和 3 维向量之间的关系详见[12] 中课题 22).

探究题提示

1.1 $|\boldsymbol{L}_1|=1$，$|\boldsymbol{L}_2|=3$，$|\boldsymbol{L}_n|=|\boldsymbol{L}_{n-1}|+|\boldsymbol{L}_{n-2}|$，$n\geqslant 3$（$\{|\boldsymbol{L}_n|\}$是初始项为1和3的斐波那契数列，称为**吕卡(Lucas)数列**，它的通项公式为

$$|\boldsymbol{L}_n|=\left(\frac{1+\sqrt{5}}{2}\right)^n+\left(\frac{1-\sqrt{5}}{2}\right)^n,\quad n=1,2,\cdots,$$

见[12]中课题34)。

1.2 用数学归纳法可以证明

$$|\boldsymbol{M}_n|=m_{nn}|\boldsymbol{M}_{n-1}|+\sum_{r=1}^{n-1}\left[(-1)^{n-r}m_{nr}\prod_{j=r}^{n-1}m_{j,j+1}|\boldsymbol{M}_{r-1}|\right],\quad n\geqslant 2.$$

事实上，当$n=2$时，$|\boldsymbol{M}_2|=m_{22}m_{11}-m_{21}m_{12}$. 假设对$n=k$结论成立，则当$n=k+1$时，有

$$\begin{aligned}|\boldsymbol{M}_{k+1}|&=m_{k+1,k+1}|\boldsymbol{M}_k|-m_{k+1,k}m_{k,k+1}|\boldsymbol{M}_{k-1}|\\&\quad+\sum_{r=1}^{k-1}(-1)^{k+1+r}m_{k+1,r}\prod_{j=r}^{k}m_{j,j+1}|\boldsymbol{M}_{r-1}|\\&\qquad\text{(按第 }k+1\text{ 行展开)}\\&=m_{k+1,k+1}|\boldsymbol{M}_k|+\sum_{r=1}^{k}(-1)^{k+1-r}m_{k+1,r}\prod_{j=r}^{k}m_{j,j+1}|\boldsymbol{M}_{r-1}|,\end{aligned}$$

正如所求.

2.1 1) 设$\boldsymbol{B}=(\mathrm{col}_1(\boldsymbol{B}),\mathrm{col}_2(\boldsymbol{B}),\cdots,\mathrm{col}_p(\boldsymbol{B}))=(\boldsymbol{b}_1,\boldsymbol{b}_2,\cdots,\boldsymbol{b}_p)$，

$$\boldsymbol{c}=\begin{pmatrix}\mathrm{row}_1(\boldsymbol{c})\\\mathrm{row}_2(\boldsymbol{c})\\\vdots\\\mathrm{row}_p(\boldsymbol{c})\end{pmatrix}=\begin{pmatrix}c_1\\c_2\\\vdots\\c_p\end{pmatrix},$$

则

$$\begin{aligned}\boldsymbol{A}(\boldsymbol{B}\boldsymbol{c})&=\boldsymbol{A}(c_1\boldsymbol{b}_1+c_2\boldsymbol{b}_2+\cdots+c_p\boldsymbol{b}_p)\\&=c_1\boldsymbol{A}\boldsymbol{b}_1+c_2\boldsymbol{A}\boldsymbol{b}_2+\cdots+c_p\boldsymbol{A}\boldsymbol{b}_p\\&=(\boldsymbol{A}\boldsymbol{b}_1,\boldsymbol{A}\boldsymbol{b}_2,\cdots,\boldsymbol{A}\boldsymbol{b}_p)\boldsymbol{c}\\&=(\boldsymbol{A}\boldsymbol{B})\boldsymbol{c}.\end{aligned}$$

2) 设 $\boldsymbol{C}=(\mathrm{col}_1(\boldsymbol{C}),\mathrm{col}_2(\boldsymbol{C}),\cdots,\mathrm{col}_q(\boldsymbol{C}))=(\boldsymbol{c}_1,\boldsymbol{c}_2,\cdots,\boldsymbol{c}_q)$，则

$$\begin{aligned}\boldsymbol{A}(\boldsymbol{BC})&=\boldsymbol{A}[\boldsymbol{B}(\boldsymbol{c}_1,\boldsymbol{c}_2,\cdots,\boldsymbol{c}_q)]\\&=(\boldsymbol{A}(\boldsymbol{Bc}_1),\boldsymbol{A}(\boldsymbol{Bc}_2),\cdots,\boldsymbol{A}(\boldsymbol{Bc}_q))\\&=((\boldsymbol{AB})\boldsymbol{c}_1,(\boldsymbol{AB})\boldsymbol{c}_2,\cdots,(\boldsymbol{AB})\boldsymbol{c}_q)\\&=(\boldsymbol{AB})(\boldsymbol{c}_1,\boldsymbol{c}_2,\cdots,\boldsymbol{c}_q)\\&=(\boldsymbol{AB})\boldsymbol{C}.\end{aligned}$$

3.1 平行四边形 $\boldsymbol{A}=(\boldsymbol{a}_1,\boldsymbol{a}_2)$ 在变换后的面积为 $|\det\boldsymbol{B}|S(\boldsymbol{A})$. 平行六面体 $\boldsymbol{A}=(\boldsymbol{a}_1,\boldsymbol{a}_2,\boldsymbol{a}_3)$ 在变换后的体积为 $|\det\boldsymbol{B}|V$. 超平行体 $\boldsymbol{A}=(\boldsymbol{a}_1,\boldsymbol{a}_2,\cdots,\boldsymbol{a}_n)$ 在变换后的体积为 $|\det\boldsymbol{B}|V$.

4.1 考查向量方程

$$x_1\boldsymbol{a}_1+x_2\boldsymbol{a}_2+x_3\boldsymbol{a}_3=\boldsymbol{b},\tag{1}$$

为了几何解释的方便起见，设 $x_1,x_2,x_3>0$. 考虑分别由向量 $x_1\boldsymbol{a}_1,x_2\boldsymbol{a}_2,x_3\boldsymbol{a}_3$ 和向量 $\boldsymbol{b},x_2\boldsymbol{a}_2,x_3\boldsymbol{a}_3$ 生成的两个平行六面体(见图 1).

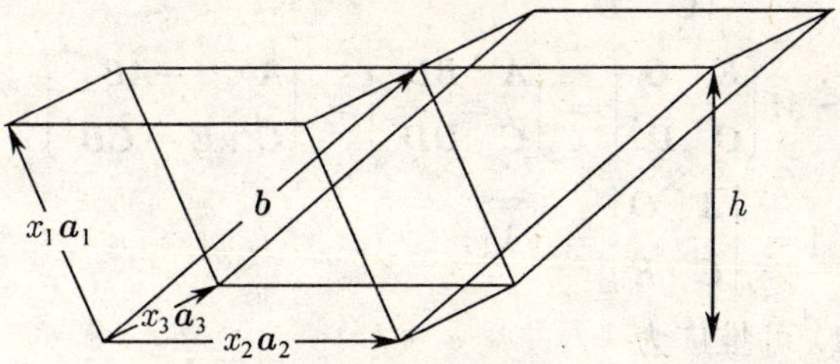

图 1

这两个平行六面体有相同的由向量 $x_2\boldsymbol{a}_2$ 和 $x_3\boldsymbol{a}_3$ 生成的底面，它们也有相同的高 h（这是因为由(1) 式可知，它们的顶面含于同一个平面 $x_1\boldsymbol{a}_1+L(\boldsymbol{a}_2,\boldsymbol{a}_3)$ 之内），所以它们有相同的体积，即

$$x_1\boldsymbol{a}_1\cdot(x_2\boldsymbol{a}_2\times x_3\boldsymbol{a}_3)=\boldsymbol{b}\cdot(x_2\boldsymbol{a}_2\times x_3\boldsymbol{a}_3),$$

也即

$$|(x_1\boldsymbol{a}_1,x_2\boldsymbol{a}_2,x_3\boldsymbol{a}_3)|=|(\boldsymbol{b},x_2\boldsymbol{a}_2,x_3\boldsymbol{a}_3)|.$$

由上式得 $x_1x_2x_3|(\boldsymbol{a}_1,\boldsymbol{a}_2,\boldsymbol{a}_3)|=x_2x_3|(\boldsymbol{b},\boldsymbol{a}_2,\boldsymbol{a}_3)|$，即

$$x_1=\frac{|\boldsymbol{A}\overset{1}{\leftarrow}\boldsymbol{b}|}{|\boldsymbol{A}|}.$$

同样可以求出 x_2,x_3. 这样，利用体积函数解释了 3 元线性方程组的克拉默法则.

类似地，我们也可以用 n 维的“平行六面体”的“体积”来解释 n 元线性方

程组的克拉默法则.

5.1 利用矩阵等式：

$$\begin{pmatrix} \boldsymbol{E}_m & \boldsymbol{0} \\ -\boldsymbol{c}^{\mathrm{T}}\boldsymbol{A}^{-1} & 1 \end{pmatrix}\begin{pmatrix} \boldsymbol{A} & \boldsymbol{b} \\ \boldsymbol{c}^{\mathrm{T}} & 0 \end{pmatrix}=\begin{pmatrix} \boldsymbol{A} & \boldsymbol{b} \\ \boldsymbol{0}^{\mathrm{T}} & -\boldsymbol{c}^{\mathrm{T}}\boldsymbol{A}^{-1}\boldsymbol{b} \end{pmatrix},$$

$$\begin{pmatrix} \boldsymbol{E}_m & \boldsymbol{O} \\ -\boldsymbol{C}\boldsymbol{A}^{-1} & \boldsymbol{E}_n \end{pmatrix}\begin{pmatrix} \boldsymbol{A} & \boldsymbol{B} \\ \boldsymbol{C} & \boldsymbol{O} \end{pmatrix}=\begin{pmatrix} \boldsymbol{A} & \boldsymbol{B} \\ \boldsymbol{O} & -\boldsymbol{C}\boldsymbol{A}^{-1}\boldsymbol{B} \end{pmatrix},$$

$$\begin{pmatrix} \boldsymbol{E}_m & -\boldsymbol{B}\boldsymbol{D}^{-1} \\ \boldsymbol{O} & \boldsymbol{E}_n \end{pmatrix}\begin{pmatrix} \boldsymbol{O} & \boldsymbol{B} \\ \boldsymbol{C} & \boldsymbol{D} \end{pmatrix}=\begin{pmatrix} -\boldsymbol{B}\boldsymbol{D}^{-1}\boldsymbol{C} & \boldsymbol{O} \\ \boldsymbol{C} & \boldsymbol{D} \end{pmatrix},$$

可得：

1) $-|\boldsymbol{A}|(\boldsymbol{c}^{\mathrm{T}}\boldsymbol{A}^{-1}\boldsymbol{b})$；

2) $(-1)^n|\boldsymbol{A}||\boldsymbol{C}\boldsymbol{A}^{-1}\boldsymbol{B}|$；

3) $(-1)^m|\boldsymbol{D}||\boldsymbol{B}\boldsymbol{D}^{-1}\boldsymbol{C}|$.

5.2 由 $\boldsymbol{M}^{-1}=\begin{pmatrix} \boldsymbol{A}' & \boldsymbol{B}' \\ \boldsymbol{C}' & \boldsymbol{D}' \end{pmatrix}$，得 $\boldsymbol{A}\boldsymbol{B}'+\boldsymbol{B}\boldsymbol{D}'=\boldsymbol{O}$, $\boldsymbol{C}\boldsymbol{B}'+\boldsymbol{D}\boldsymbol{D}'=\boldsymbol{E}$. 由此可得

$$\boldsymbol{M}\begin{pmatrix} \boldsymbol{E} & \boldsymbol{O} \\ \boldsymbol{O} & \boldsymbol{D}' \end{pmatrix}=\begin{pmatrix} \boldsymbol{A} & \boldsymbol{B}\boldsymbol{D}' \\ \boldsymbol{C} & \boldsymbol{D}\boldsymbol{D}' \end{pmatrix}=\begin{pmatrix} \boldsymbol{A} & -\boldsymbol{A}\boldsymbol{B}' \\ \boldsymbol{C} & \boldsymbol{E}-\boldsymbol{C}\boldsymbol{B}' \end{pmatrix},$$

因此，$|\boldsymbol{M}||\boldsymbol{D}'|=\begin{vmatrix} \boldsymbol{A} & \boldsymbol{O} \\ \boldsymbol{C} & \boldsymbol{E} \end{vmatrix}=|\boldsymbol{A}|$.

5.3 (5.1) 可推广为

$$|\boldsymbol{A}|=(-1)^{\delta}|\boldsymbol{D}'||\boldsymbol{M}|,$$

其中 $\delta=p+q+\cdots+r+s+t+\cdots+v$.

设 $\boldsymbol{A}$ 是 m 阶子矩阵. 用 $p-1$ 次行位置变换将 $\boldsymbol{M}$ 的第 p 行移到第 1 行(即通过第 p 行与第 $p-1$ 行交换，再与第 $p-2$ 行交换……与第 1 行交换，移到第 1 行)，然后用 $q-2$ 次行位置变换，将 $\boldsymbol{M}$ 的第 q 行移到第 2 行……用 $r-m$ 次行位置变换将 $\boldsymbol{M}$ 的第 r 行移至第 m 行. 同样，通过 $(s-1)+(t-2)+\cdots+(v-m)$ 个列位置变换，将 $\boldsymbol{M}$ 的第 $s,t,\cdots,v$ 列移至第 $1,2,\cdots,m$ 列. 这样，通过

$$\Delta=(p-1)+(q-2)+\cdots+(r-m)+(s-1)+(t-2)+\cdots+(v-m)$$

次行与列的位置变换，将 $\boldsymbol{M}$ 变换成 $\boldsymbol{M}_1=\begin{pmatrix} \boldsymbol{A} & \boldsymbol{B} \\ \boldsymbol{C} & \boldsymbol{D} \end{pmatrix}$，且

$$|\boldsymbol{M}_1|=(-1)^{\delta}|\boldsymbol{M}|. \tag{1}$$

由于对 $\boldsymbol{M}$ 每作一次行(或列) 位置变换，使 $\boldsymbol{M}^{-1}$ 的相应的列(或行) 也作一次列(或行) 位置变换，反之亦然. 于是，$\boldsymbol{M}_1^{-1}$ 也可由 $\boldsymbol{M}^{-1}$ 对相应的列(或

行）作 Δ 次列（或行）位置变换而得．设

$$M_1^{-1}=\begin{pmatrix}A' & B'\\ C' & D'\end{pmatrix},\tag{2}$$

其中 D' 是由 M^{-1} 划去第 $s,t,\cdots,v$ 行及划去第 $p,q,\cdots,r$ 列而得到的 $n-m$ 阶子矩阵．由(1)式和(2)式，得

$$|A|=|D'|\,|M_1|=(-1)^{\delta}|D'|\,|M|.$$

6.1 1) 由(6.1)，得

$$|A|=\Delta_2\left|A\begin{bmatrix}3 & 4 & \cdots & n\\ 3 & 4 & \cdots & n\end{bmatrix}-C\left(A\begin{bmatrix}1 & 2\\ 1 & 2\end{bmatrix}\right)^{-1}B\right|.$$

设

$$A\begin{bmatrix}3 & 4 & \cdots & n\\ 3 & 4 & \cdots & n\end{bmatrix}-C\left(A\begin{bmatrix}1 & 2\\ 1 & 2\end{bmatrix}\right)^{-1}B=\begin{pmatrix}d_{33} & d_{34} & \cdots & d_{3n}\\ d_{43} & d_{44} & \cdots & d_{4n}\\ \vdots & \vdots & \ddots & \vdots\\ d_{n3} & d_{n4} & \cdots & d_{nn}\end{pmatrix},$$

则

$$d_{ij}=a_{ij}-(a_{i1},a_{i2})\left(A\begin{bmatrix}1 & 2\\ 1 & 2\end{bmatrix}\right)^{-1}\begin{pmatrix}a_{1j}\\ a_{2j}\end{pmatrix},\quad i,j=3,4,\cdots,n.$$

再对

$$A\begin{bmatrix}1 & 2 & i\\ 1 & 2 & j\end{bmatrix}=\begin{pmatrix}a_{11} & a_{12} & a_{1j}\\ a_{21} & a_{22} & a_{2j}\\ a_{i1} & a_{i2} & a_{ij}\end{pmatrix}$$

使用(6.1)，得

$$\left|A\begin{bmatrix}1 & 2 & i\\ 1 & 2 & j\end{bmatrix}\right|=\left|A\begin{bmatrix}1 & 2\\ 1 & 2\end{bmatrix}\right|\left|a_{ij}-(a_{i1},a_{i2})\left(A\begin{bmatrix}1 & 2\\ 1 & 2\end{bmatrix}\right)^{-1}\begin{pmatrix}a_{1j}\\ a_{2j}\end{pmatrix}\right|,$$

故

$$d_{ij}=\frac{1}{\Delta_2}\left|A\begin{bmatrix}1 & 2 & i\\ 1 & 2 & j\end{bmatrix}\right|.$$

设 $D_{ij}=\left|A\begin{bmatrix}1 & 2 & i\\ 1 & 2 & j\end{bmatrix}\right|$，$i,j=3,4,\cdots,n$，则

$$|A|=\frac{1}{\Delta_2^{n-3}}\begin{vmatrix}D_{33} & D_{34} & \cdots & D_{3n}\\ D_{43} & D_{44} & \cdots & D_{4n}\\ \vdots & \vdots & \ddots & \vdots\\ D_{n3} & D_{n4} & \cdots & D_{nn}\end{vmatrix}.$$

2) 设

$$\boldsymbol{A}=\begin{pmatrix} \boldsymbol{A}\begin{bmatrix}1 & 2 & \cdots & k\\ 1 & 2 & \cdots & k\end{bmatrix} & \boldsymbol{B} \\ \boldsymbol{C} & \boldsymbol{A}\begin{bmatrix}k+1 & k+2 & \cdots & n\\ k+1 & k+2 & \cdots & n\end{bmatrix}\end{pmatrix},$$

用与 1) 同样的方法可得

$$|\boldsymbol{A}|=\frac{1}{\Delta_k^{n-k-1}}\begin{vmatrix} D_{k+1,k+1} & D_{k+1,k+2} & \cdots & D_{k+1,n}\\ D_{k+2,k+1} & D_{k+2,k+2} & \cdots & D_{k+2,n}\\ \vdots & \vdots & \ddots & \vdots\\ D_{n,k+1} & D_{n,k+2} & \cdots & D_{nn}\end{vmatrix},$$

其中 $D_{ij}=\left|\boldsymbol{A}\begin{bmatrix}1 & 2 & \cdots & k & i\\ 1 & 2 & \cdots & k & j\end{bmatrix}\right|,\ i,j=k+1,k+2,\cdots,n.$

6.2 $\mathrm{r}(\boldsymbol{A})=1+\mathrm{r}\left(\begin{pmatrix} d_{22} & d_{23} & \cdots & d_{2n}\\ d_{32} & d_{33} & \cdots & d_{3n}\\ \vdots & \vdots & \ddots & \vdots\\ d_{m2} & d_{m3} & \cdots & d_{mn}\end{pmatrix}\right)$，其中

$$d_{ij}=\begin{vmatrix} a_{11} & a_{1j}\\ a_{i1} & a_{ij}\end{vmatrix},\quad i=2,3,\cdots,m,\ j=2,3,\cdots,n.$$

1) 秩为 3.

2) 秩为 3.

7.1 证明：$\min\left\{\mathrm{r}\begin{pmatrix}\boldsymbol{A} & \boldsymbol{B}\\ \boldsymbol{C} & \boldsymbol{X}\end{pmatrix}\middle|\boldsymbol{X}\in\mathbf{R}^{m_2\times n_2}\right\}=\mathrm{r}(\boldsymbol{A},\boldsymbol{B})+\mathrm{r}\begin{pmatrix}\boldsymbol{A}\\ \boldsymbol{C}\end{pmatrix}-\mathrm{r}(\boldsymbol{A}).$

8.1 1) 解法 1 由(8.1)，得

$$\mathrm{r}(\boldsymbol{A}^{\mathrm{T}}\boldsymbol{A})=\mathrm{r}(\boldsymbol{A})-\dim\mathcal{N}(\boldsymbol{A}^{\mathrm{T}})\cap\mathcal{R}(\boldsymbol{A}).$$

只要证明：$\dim\mathcal{N}(\boldsymbol{A}^{\mathrm{T}})\cap\mathcal{R}(\boldsymbol{A})=0$（即证若 $\boldsymbol{x}\in\mathcal{N}(\boldsymbol{A}^{\mathrm{T}})\cap\mathcal{R}(\boldsymbol{A})$（即 $\boldsymbol{A}^{\mathrm{T}}\boldsymbol{x}=\boldsymbol{0}$ 且 $\boldsymbol{x}=\boldsymbol{A}\boldsymbol{y}$，对某个 $\boldsymbol{y}$)，则 $\boldsymbol{x}^{\mathrm{T}}\boldsymbol{x}=0$，从而 $\boldsymbol{x}=\boldsymbol{0}$)，则 $\mathrm{r}(\boldsymbol{A}^{\mathrm{T}}\boldsymbol{A})=\mathrm{r}(\boldsymbol{A})$，因而

$$\mathrm{r}(\boldsymbol{A}^{\mathrm{T}}\boldsymbol{A})=\mathrm{r}(\boldsymbol{A})=\mathrm{r}(\boldsymbol{A}^{\mathrm{T}})=\mathrm{r}(\boldsymbol{A}\boldsymbol{A}^{\mathrm{T}}).$$

解法 2 可以证明：若一个 n 维向量 $\boldsymbol{x}$ 满足 $\boldsymbol{A}^{\mathrm{T}}\boldsymbol{A}\boldsymbol{x}=\boldsymbol{0}$，则 $\boldsymbol{x}^{\mathrm{T}}\boldsymbol{A}^{\mathrm{T}}\boldsymbol{A}\boldsymbol{x}=0$，即 $(\boldsymbol{A}\boldsymbol{x})^{\mathrm{T}}\boldsymbol{A}\boldsymbol{x}=0$. 因此，

$$\boldsymbol{A}\boldsymbol{x}=\boldsymbol{0}.$$

反之，若一个 n 维向量 $\boldsymbol{x}$ 满足 $\boldsymbol{A}\boldsymbol{x}=\boldsymbol{0}$，则 $\boldsymbol{x}$ 也必是方程组 $\boldsymbol{A}^{\mathrm{T}}\boldsymbol{A}\boldsymbol{x}=\boldsymbol{0}$ 的解向量. 由于齐次线性方程组 $\boldsymbol{A}^{\mathrm{T}}\boldsymbol{A}\boldsymbol{x}=\boldsymbol{0}$ 和 $\boldsymbol{A}\boldsymbol{x}=\boldsymbol{0}$ 同解，故

$$\mathrm{r}(\boldsymbol{A}^{\mathrm{T}}\boldsymbol{A})=\mathrm{r}(\boldsymbol{A}).$$

同理可证：$r(AA^T)=r(A)$.

2）由 1）可得

$$\dim\mathscr{R}(A^TA)=r(A^TA)=r(A)=r(A^T)=\dim\mathscr{R}(A^T).$$

又因 $\mathscr{R}(A^TA)\subseteq\mathscr{R}(A^T)$，故 $\mathscr{R}(A^TA)=\mathscr{R}(A^T)$.

3）因 $\dim\mathscr{N}(A)=n-r(A)=n-r(A^TA)=\dim\mathscr{N}(A^TA)$，$\mathscr{N}(A)\subseteq\mathscr{N}(A^TA)$，故 $\mathscr{N}(A^TA)=\mathscr{N}(A)$.

9.1 2）对于 n 阶矩阵，可以证明：

$$P_j=P(j+1,j(b_{j+1,j}))P(j+2,j(b_{j+2,j}))\cdots P(n,j(b_{nj}))$$

$$=\begin{pmatrix}1&0&\cdots&0&0&\cdots&0\\0&1&\cdots&0&0&\cdots&0\\\vdots&\vdots&\ddots&\vdots&\vdots&&\vdots\\0&0&\cdots&1&0&\cdots&0\\0&0&\cdots&b_{j+1,j}&1&\cdots&0\\\vdots&\vdots&&\vdots&\vdots&\ddots&\vdots\\0&0&\cdots&b_{nj}&0&\cdots&1\end{pmatrix},\tag{1}$$

其中用初等矩阵 $P(j+1,j(b_{j+1,j})),P(j+2,j(b_{j+2,j})),\cdots,P(n,j(b_{nj}))$ 左乘单位矩阵 E，相当于对第 j 列的第 $j+1,j+2,\cdots,n$ 行施行消法变换，因而与乘积中各初等矩阵排列的先后次序无关.

另一种证法是：设 $e_1=(1,0,\cdots,0)^T$，$e_2=(0,1,\cdots,0)^T$，…，$e_n=(0,0,\cdots,1)^T$，则 $P(i,j(k))=E+ke_ie_j^T$，故

$$\begin{aligned}&P(j+1,j(b_{j+1,j}))P(j+2,j(b_{j+2,j}))\cdots P(n,j(b_{nj}))\\&=(E+b_{j+1,j}e_{j+1}e_j^T)(E+b_{j+2,j}e_{j+2}e_j^T)\cdots(E+b_{nj}e_ne_j^T)\\&=E+(b_{j+1,j}e_{j+1}+b_{j+2,j}e_{j+2}+\cdots+b_{nj}e_n)e_j^T\\&=P_j.\end{aligned}$$

5）对于 n 阶矩阵，可以证明：

$$P_j^{-1}=\begin{pmatrix}1&0&\cdots&0&0&\cdots&0\\0&1&\cdots&0&0&\cdots&0\\\vdots&\vdots&\ddots&\vdots&\vdots&&\vdots\\0&0&\cdots&1&0&\cdots&0\\0&0&\cdots&-b_{j+1,j}&1&\cdots&0\\\vdots&\vdots&&\vdots&\vdots&\ddots&\vdots\\0&0&\cdots&-b_{nj}&0&\cdots&1\end{pmatrix},\tag{2}$$

$$P_1P_2\cdots P_{n-1}=\begin{pmatrix}1&&&&\\ b_{21}&1&&&\\ b_{31}&b_{32}&1&&\\ \vdots&\vdots&\vdots&\ddots&\\ b_{n1}&b_{n2}&b_{n3}&\cdots&1\end{pmatrix}\tag{3}$$

(只要设 $\boldsymbol{b}_1=(0,b_{21},b_{31},\cdots,b_{n1})^{\mathrm T}$, $\boldsymbol{b}_2=(0,0,b_{32},\cdots,b_{n2})^{\mathrm T}$, $\cdots$, $\boldsymbol{b}_{n-1}=(0,0,0,\cdots,b_{n,n-1})^{\mathrm T}$, 则有 $\boldsymbol{P}_j=\boldsymbol{E}+\boldsymbol{b}_j\boldsymbol{e}_j^{\mathrm T}$, $j=1,2,\cdots,n-1$, 可以证明,

$$\boldsymbol{P}_1\boldsymbol{P}_2\cdots\boldsymbol{P}_{n-1}=\boldsymbol{E}+\boldsymbol{b}_1\boldsymbol{e}_1^{\mathrm T}+\boldsymbol{b}_2\boldsymbol{e}_2^{\mathrm T}+\cdots+\boldsymbol{b}_{n-1}\boldsymbol{e}_{n-1}^{\mathrm T},$$

即(3)式成立).

设 n 阶矩阵 $\boldsymbol{A}$ 通过左乘 $\boldsymbol{P}_1,\boldsymbol{P}_2,\cdots,\boldsymbol{P}_{n-1}$ 化成上三角方阵 $\boldsymbol{U}$, 使 $\boldsymbol{A}=\boldsymbol{LU}$, 则

$$\begin{aligned}\boldsymbol{L}&=(\boldsymbol{P}_{n-1}\boldsymbol{P}_{n-2}\cdots\boldsymbol{P}_1)^{-1}=\boldsymbol{P}_1^{-1}\boldsymbol{P}_2^{-1}\cdots\boldsymbol{P}_{n-1}^{-1}\\&=\begin{pmatrix}1&&&&\\ -b_{21}&1&&&\\ -b_{31}&-b_{32}&1&&\\ \vdots&\vdots&\vdots&\ddots&\\ -b_{n1}&-b_{n2}&-b_{n3}&\cdots&1\end{pmatrix}.\end{aligned}$$

9.2 由于矩阵的三角分解来源于解线性方程组所用的消元法, 即将矩阵通过行初等变换化成阶梯形矩阵, 故对 n 阶矩阵三角分解的方法, 可以完全相同地推广到 $m\times n$ 矩阵.

10.1 与(10.5)的证明类似. 另一种证法是利用矩阵指数函数的性质.

10.2 对 n 阶矩阵 $\boldsymbol{T}$, 可以猜测

$$T_{ij}=\begin{cases}j, & 若\ i=j+1,\\ 0, & 否则.\end{cases}$$

验证 $\boldsymbol{L}[x]=\mathrm{e}^{x\boldsymbol{T}}$ 时, 先对 k 用数学归纳法, 证明对每个正整数 k, 有

$$(\boldsymbol{T}^k)_{ij}=\begin{cases}\dfrac{(i-1)!}{(j-1)!}, & 若\ i=j+k,\\ 0, & 否则.\end{cases}\tag{1}$$

注意, 当 $k\geqslant n$ 时, 有 $\boldsymbol{T}^k=\boldsymbol{O}$, 故无穷级数 $\mathrm{e}^{x\boldsymbol{T}}$ 中只有有限个非零项, 即

$$\mathrm{e}^{x\boldsymbol{T}}=\boldsymbol{E}+x\boldsymbol{T}+\frac{x^2}{2!}\boldsymbol{T}^2+\cdots+\frac{x^{n-1}}{(n-1)!}\boldsymbol{T}^{n-1}.$$

显然, $\mathrm{e}^{x\boldsymbol{T}}$ 是一个单位下三角方阵. 对 $i>j$, 设 $k=i-j$, 则利用(1)式, 可以证明

$$(\mathrm{e}^{x\boldsymbol{T}})_{ij} = \frac{x^k}{k!}(\boldsymbol{T}^k)_{ij} = x^k \frac{(i-1)!}{(j-1)!(i-j)!}$$
$$= x^k C_{i-1}^{j-1} = \{\boldsymbol{L}[x]\}_{ij}.$$

11.1 先证：如果 λ 是 $\boldsymbol{A}$ 的特征值，则 λ 必是某个 $P_i(x)$ 的根(事实上，如果 $\boldsymbol{v}$ 是 $\boldsymbol{A}$ 的属于 λ 的特征向量，将 $\boldsymbol{v}$ 写成无关生成向量的线性组合，把它看做向量式，则 $(\boldsymbol{A}-\lambda\boldsymbol{E})\boldsymbol{v}$ 是一个零化向量式，可以写成 $\boldsymbol{d}_1,\boldsymbol{d}_2,\cdots,\boldsymbol{d}_m$ 的线性组合

$$(\boldsymbol{A}-\lambda\boldsymbol{E})\boldsymbol{v} = \sum_{i=1}^{m} a_i\boldsymbol{d}_i.$$

设 p 是使得 $a_p \neq 0$ 的最大整数. 将 $\boldsymbol{d}_i$ 写成商-余式的形式，得

$$\boldsymbol{d}_i = (\boldsymbol{A}-\lambda\boldsymbol{E})\boldsymbol{q}_i + \boldsymbol{r}_i, \quad i = 1,2,\cdots,m,$$

则有

$$(\boldsymbol{A}-\lambda\boldsymbol{E})\boldsymbol{v} = \sum_{i=1}^{p} a_i(\boldsymbol{A}-\lambda\boldsymbol{E})\boldsymbol{q}_i, \quad \sum_{i=1}^{p} a_i\boldsymbol{r}_i = \boldsymbol{0}.$$

由于每个向量式 $\boldsymbol{d}_i$ 中仅有最初的 i 个种子向量可能具有非零的系数，以及 $\sum_{i=1}^{p} a_i\boldsymbol{r}_i = \boldsymbol{0}$，所以 $\boldsymbol{r}_p$ 中第 p 个种子向量 $\boldsymbol{s}_p$ 的系数为零，$\boldsymbol{d}_p$ 和 $(\boldsymbol{A}-\lambda\boldsymbol{E})\boldsymbol{q}_p$ 中所有形如 $\boldsymbol{A}^i\boldsymbol{s}_p$ 的项相同. 将 $\boldsymbol{d}_p$ 中形如 $\boldsymbol{A}^i\boldsymbol{s}_p$ 的项合并，得到 $P_p(\boldsymbol{A})\boldsymbol{s}_p$，其中 $P_p(\boldsymbol{A})$ 具有因式 $\boldsymbol{A}-\lambda\boldsymbol{E}$，即多项式 $P_p(x)$ 具有一次因式 $x-\lambda$，这迫使 λ 是 $P_p(x)$ 的根).

再证：如果 λ 是某个 $P_i(x)$ 的根，则 λ 必是 $\boldsymbol{A}$ 的特征值(事实上，假设 p 是使 λ 是 $P_i(x)$ 的根的最小指标，即 λ 是 $P_p(x)$ 的根，但对每个 $i=1,2,\cdots,p-1$，λ 不是 $P_i(x)$ 的根，设

$$\boldsymbol{d}_i = (\boldsymbol{A}-\lambda\boldsymbol{E})\boldsymbol{q}_i + \boldsymbol{r}_i \quad (\text{商-余式的形式}),$$

则 $\boldsymbol{r}_i \neq \boldsymbol{0}$，且 $\boldsymbol{r}_i$ 中第 i 个种子向量 $\boldsymbol{s}_i$ 的系数不等于零，而后面的种子向量 $\boldsymbol{s}_j$ $(j>i)$ 的系数均为零 $(i=1,2,\cdots,p-1)$. 因此，这 $p-1$ 个余式是线性无关的，且可以张成用最初的 $p-1$ 个种子向量 $\boldsymbol{s}_1,\boldsymbol{s}_2,\cdots,\boldsymbol{s}_{p-1}$ 张成的子空间. 现在由于 λ 是 $P_p(x)$ 的根，故 $\boldsymbol{d}_p = (\boldsymbol{A}-\lambda\boldsymbol{E})\boldsymbol{q}_p + \boldsymbol{r}_p$ 的余式 $\boldsymbol{r}_p$ 不再含有种子向量 $\boldsymbol{s}_p$ 的项，所以 $\boldsymbol{r}_p \in L(\boldsymbol{s}_1,\boldsymbol{s}_2,\cdots,\boldsymbol{s}_{p-1})$. 因此，$\boldsymbol{d}_p$ 加上 $\boldsymbol{d}_1,\boldsymbol{d}_2,\cdots,\boldsymbol{d}_{p-1}$ 的一个适当的线性组合后的商-余式形式中的余式为零，也就是说，$\boldsymbol{d}_p$ 和 $\boldsymbol{d}_1,\boldsymbol{d}_2,\cdots,\boldsymbol{d}_{p-1}$ 的某个线性组合是零化向量式，它的商是一个值为属于特征值 λ 的特征向量的向量式).

12.1 $\mathbf{R}^n$ 中的两个子空间 $\mathcal{N}(\boldsymbol{A})$ 和 $\mathcal{R}(\boldsymbol{A}^{\mathrm{T}})$ 正交. 由于 $\boldsymbol{A}=\boldsymbol{A}^{\mathrm{T}}$，故 $\mathcal{N}(\boldsymbol{A})$ 与 $\mathcal{R}(\boldsymbol{A})$ 正交. 设 $\boldsymbol{v}$ 是 $\boldsymbol{A}$ 的属于特征值 λ 的特征向量，则 $\boldsymbol{v} \in \mathcal{N}(\boldsymbol{A}-\lambda\boldsymbol{E})$，由

于 λ 不是 $\boldsymbol{w}$ 的特征值，故 $\boldsymbol{w} \in \mathcal{R}(\boldsymbol{A}-\lambda\boldsymbol{E})$. 因此，$\boldsymbol{v}$ 和 $\boldsymbol{w}$ 正交.

13.1 设

$$\boldsymbol{H}=\begin{pmatrix} h_1 & & & \\ & h_2 & & \\ & & \ddots & \\ & & & h_n \end{pmatrix},$$

其中 h_i 是捕杀第 i 年龄组的百分数，且 $0 \leqslant h_i \leqslant 1$，则在每年年底捕杀后的羊群总数可用

$$\boldsymbol{x}^{(k+1)}=\boldsymbol{L}\boldsymbol{x}^{(k)}-\boldsymbol{H}\boldsymbol{L}\boldsymbol{x}^{(k)}=(\boldsymbol{E}-\boldsymbol{H})\boldsymbol{L}\boldsymbol{x}^{(k)} \tag{1}$$

表示，而且 $(\boldsymbol{E}-\boldsymbol{H})\boldsymbol{L}$ 仍是莱斯利矩阵. 上面介绍的莱斯利矩阵的性质仍可使用.

要找均匀的可持续的捕杀方案，只需找一个矩阵 $\boldsymbol{H}=h\boldsymbol{E}$ 使得 1 是它的占优特征值(此时(1)式中的 $(\boldsymbol{E}-\boldsymbol{H})\boldsymbol{L}=(1-h)\boldsymbol{L}$)，对此可利用计算机软件 Maple 或 Mathematica 来施行尝试法(该方法对探求均匀的或非均匀的捕杀方案都适用).

14.1 若 $\boldsymbol{A}$ 是幂等矩阵，则 $\mathrm{r}(\boldsymbol{A})=\mathrm{tr}\boldsymbol{A}=n$，因而 $\boldsymbol{A}=\boldsymbol{E}$. 因此，$\boldsymbol{A}$ 不是幂等矩阵.

14.2 设 $\boldsymbol{C}^{\mathrm{T}}\boldsymbol{A}\boldsymbol{C}=\boldsymbol{D}$，其中 $\boldsymbol{C}^{\mathrm{T}}\boldsymbol{C}=\boldsymbol{E}$，$\boldsymbol{D}$ 是对角矩阵. 设 $\boldsymbol{\lambda}$ 是由 $\boldsymbol{A}$ 的 n 个特征值构成的 n 维列向量 $\boldsymbol{\lambda}=(\lambda_1,\lambda_2,\cdots,\lambda_n)^{\mathrm{T}}$，则

$$\begin{aligned}\mathrm{tr}\boldsymbol{A}^2-\frac{1}{n}(\mathrm{tr}\boldsymbol{A})^2&=\mathrm{tr}(\boldsymbol{C}\boldsymbol{D}\boldsymbol{C}^{\mathrm{T}})^2-\frac{1}{n}(\mathrm{tr}\boldsymbol{C}\boldsymbol{D}\boldsymbol{C}^{\mathrm{T}})^2=\mathrm{tr}\boldsymbol{D}^2-\frac{1}{n}(\mathrm{tr}\boldsymbol{D})^2\\&=\boldsymbol{\lambda}^{\mathrm{T}}\boldsymbol{\lambda}-\frac{1}{n}(\boldsymbol{e}^{\mathrm{T}}\boldsymbol{\lambda})^2=\boldsymbol{\lambda}^{\mathrm{T}}\left(\boldsymbol{E}-\frac{1}{n}\boldsymbol{e}\boldsymbol{e}^{\mathrm{T}}\right)\boldsymbol{\lambda}\geqslant 0\end{aligned}$$

(这是因为 $\boldsymbol{E}-\frac{1}{n}\boldsymbol{e}\boldsymbol{e}^{\mathrm{T}}$ 是对称幂等矩阵，是半正定的).

15.1 1) $|\lambda\boldsymbol{E}_2-\boldsymbol{A}_2|=\lambda^2-2\lambda$，$|\lambda\boldsymbol{E}_3-\boldsymbol{A}_3|=\lambda^3-3\lambda^2$，$|\lambda\boldsymbol{E}_4-\boldsymbol{A}_4|=\lambda^4-4\lambda^3$. 可以猜测，

$$|\lambda\boldsymbol{E}_n-\boldsymbol{A}_n|=\lambda^n-n\lambda^{n-1}$$

(证明可用附录 2 的定理 1).

2) 修改后 $\boldsymbol{A}_n$ 的秩仍为 1.

3) $|\lambda\boldsymbol{E}_2-\boldsymbol{B}_2|=\lambda^2-3\lambda-2$，$|\lambda\boldsymbol{E}_3-\boldsymbol{B}_3|=\lambda^3-12\lambda^2-18\lambda$，$|\lambda\boldsymbol{E}_4-\boldsymbol{B}_4|=\lambda^4-30\lambda^3-80\lambda^2$. 通过低阶矩阵的秩的计算，对 $\boldsymbol{B}_n$ 的秩进行猜测，然后加以验证(可以证明，当 $n\geqslant 2$ 时，它们的秩都是 2)，再利用附录 2 的定理 1，计算它们的特征多项式.

4） C_n 的秩为 2（$n \geqslant 2$），除非等差数列的公差 d 为 0.

5） D_n 的秩为 2（$n \geqslant 2$）.

16.1 1） $A^{\mathrm{T}}A = \begin{pmatrix} 2 & 4 & 6 \\ 4 & 14 & 6 \\ 6 & 6 & 28 \end{pmatrix}$，

$$(A^{\mathrm{T}}A \mid A^{\mathrm{T}}) = \left(\begin{array}{ccc|cccc} 2 & 4 & 6 & 0 & 1 & 0 & 1 \\ 4 & 14 & 6 & -2 & 3 & 0 & 1 \\ 6 & 6 & 28 & 1 & 1 & 1 & 5 \end{array}\right)$$

$$\to \left(\begin{array}{ccc|cccc} 2 & 4 & 6 & 0 & 1 & 0 & 1 \\ 0 & 6 & -6 & -2 & 1 & 0 & -1 \\ 0 & -6 & 10 & 1 & -2 & 1 & 2 \end{array}\right)$$

$$\to \left(\begin{array}{ccc|cccc} 2 & 4 & 6 & 0 & 1 & 0 & 1 \\ 0 & 6 & -6 & -2 & 1 & 0 & -1 \\ 0 & 0 & 4 & -1 & -1 & 1 & 1 \end{array}\right),$$

由此可得 $A^{\mathrm{T}}A = LU$，其中

$$L = \begin{pmatrix} 1 & 0 & 0 \\ 2 & 1 & 0 \\ 3 & -1 & 1 \end{pmatrix}, \quad U = \begin{pmatrix} 2 & 4 & 6 \\ 0 & 6 & -6 \\ 0 & 0 & 4 \end{pmatrix},$$

且

$$Q^{\mathrm{T}} = L^{-1}A^{\mathrm{T}} = \begin{pmatrix} 0 & 1 & 0 & 1 \\ -2 & 1 & 0 & -1 \\ -1 & -1 & 1 & 1 \end{pmatrix},$$

故

$$\begin{aligned} Q = (q_1, q_2, q_3) &= A(L^{-1})^{\mathrm{T}} \\ &= (a_1, a_2, a_3)\begin{pmatrix} 1 & -2 & -5 \\ 0 & 1 & 1 \\ 0 & 0 & 1 \end{pmatrix} \\ &= (a_1, -2a_1 + a_2, -5a_1 + a_2 + a_3), \end{aligned}$$

即向量组 q_1, q_2, q_3 可用向量组 a_1, a_2, a_3 线性表示. 同样，由于 $A = QL^{\mathrm{T}}$，向量组 a_1, a_2, a_3 也可用向量组 q_1, q_2, q_3 线性表示，故两个向量组等价. 容易验证 q_1, q_2, q_3 是正交向量组，因此，Q 的列向量组是与 a_1, a_2, a_3 等价的正交向量组.

2） 设 $a_1, a_2, \cdots, a_n$ 是 $\mathbf{R}^m$ 中线性无关的向量，$A = (a_1, a_2, \cdots, a_n)$. 用高斯消元法将 $A^{\mathrm{T}}A$ 化成阶梯形矩阵 U，同时也将 A^{T} 化成 Q^{T}. 设 $A^{\mathrm{T}}A$ 的三角分

解为

$$A^{\mathrm{T}}A = LU,$$

其中 L 是对角元素全为 1 的下三角方阵. 于是, Q 的列向量组便是与 a_1, $a_2,\cdots,a_n$ 等价的正交向量组(这是因为 $Q^{\mathrm{T}} = L^{-1}A^{\mathrm{T}}$, 故 $Q = A(L^{-1})^{\mathrm{T}}$, 且 $Q^{\mathrm{T}}Q = U(L^{-1})^{\mathrm{T}}$, 又因为 $Q^{\mathrm{T}}Q$ 是对称矩阵, $U(L^{-1})^{\mathrm{T}}$ 是上三角方阵, 所以 $Q^{\mathrm{T}}Q$ 必须是对角矩阵, 即 Q 的列向量组是正交向量组, 又因 $Q = A(L^{-1})^{\mathrm{T}}$, $A = QL^{\mathrm{T}}$, 故 A 和 Q 的列向量组是等价的).

16.2 1) $A = QL^{\mathrm{T}} = \begin{pmatrix} 0 & -2 & -1 \\ 1 & 1 & -1 \\ 0 & 0 & 1 \\ 1 & 1 & 1 \end{pmatrix} \begin{pmatrix} 1 & 2 & 3 \\ 0 & 1 & -1 \\ 0 & 0 & 1 \end{pmatrix}$ 是 A 的一个正交分解.

2) 利用探究题 16.1 的 2) 的方法, 直接可得所求的正交分解.

17.1 可以证明: 设矩阵 $A = (a_{ij})_{m\times n}$ 且 $\mathrm{r}(A) = m$. 如果两个可逆矩阵 P,Q 满足 $PAQ = (\delta_{ij})_{m\times n}$, 那么 $B \in \hat{A}_r$, 当且仅当 $B = QDP$, 其中 D 是 $(\delta_{ij})_{m\times n}$ 的右逆矩阵. 一个矩阵 C 是矩阵 $(\delta_{ij})_{m\times n}$ 的一个右逆矩阵, 当且仅当 C^{T} 是 $(\delta_{ij})_{n\times m}$ 的一个左逆矩阵.

事实上, 设 $B \in \hat{A}_r$, 则 $(\delta_{ij})_{m\times n}Q^{-1}BP^{-1} = (PAQ)Q^{-1}BP^{-1} = E_m$. 这表明 $D = Q^{-1}BP^{-1}$ 是 $(\delta_{ij})_{m\times n}$ 的一个右逆矩阵. 因此, $B = QDP$.

反之, 如果 D 是 $(\delta_{ij})_{m\times n}$ 的一个右逆矩阵且 $B = QDP$, 则

$$AB = (P^{-1}(\delta_{ij})_{m\times n}Q^{-1})B = (P^{-1}(\delta_{ij})_{m\times n}Q^{-1})(QDP) = E_m,$$

即 $B \in \hat{A}_r$.

注意到, $((\delta_{ij})_{m\times n})^{\mathrm{T}} = (\delta_{ij})_{n\times m}$, 有

$$C^{\mathrm{T}}(\delta_{ij})_{n\times m} = C^{\mathrm{T}}((\delta_{ij})_{m\times n})^{\mathrm{T}} = ((\delta_{ij})_{m\times n}C)^{\mathrm{T}} = E_m.$$

从而, 我们得到充分必要条件: 一个矩阵 C 是矩阵 $(\delta_{ij})_{m\times n}$ 的一个右逆矩阵, 当且仅当 C^{T} 是 $(\delta_{ij})_{n\times m}$ 的一个左逆矩阵.

18.1 当 A 有三个不同的特征值时, 问题 18.1 的推导过程不易推广. 当 A 的不同的特征值至多有两个, 且存在 2 次零化多项式时, 上述推导过程完全适用, 因而所得结果与 2 阶矩阵时相同.

19.1 当 $k = 1$ 时, $\lambda - 1$ 是 A 的零化多项式, $m_A(\lambda) \mid (\lambda - 1)$, 故

$$A \sim \begin{pmatrix} 1 & 0 \\ 0 & 1 \end{pmatrix}.$$

当 $k = 2$ 时, $\lambda^2 - 1 = (\lambda - 1)(\lambda + 1)$ 是 A 的零化多项式. 若 $m_A(\lambda) = x_A(\lambda) = \lambda^2 - 1$, 则 $A \sim \begin{pmatrix} 1 & 0 \\ 0 & -1 \end{pmatrix}$; 若 $m_A(\lambda) = \lambda + 1$, $x_A(\lambda) = (\lambda + 1)^2$, 则

$$A \sim \begin{pmatrix} -1 & 0 \\ 0 & -1 \end{pmatrix}.$$

当 $k=3$ 时，$\lambda^3-1=(\lambda-1)(\lambda^2+\lambda+1)$ 是 $\boldsymbol{A}$ 的零化多项式，$m_{\boldsymbol{A}}(\lambda)=x_{\boldsymbol{A}}(\lambda)=\lambda^2+\lambda+1$，$\boldsymbol{A}$ 相似于 $x_{\boldsymbol{A}}(\lambda)$ 的友矩阵 $\begin{pmatrix} 0 & -1 \\ 0 & -1 \end{pmatrix}$.

当 $k=4$ 时，$\lambda^4-1=(\lambda+1)(\lambda-1)(\lambda^2+1)$ 是 $\boldsymbol{A}$ 的零化多项式，$m_{\boldsymbol{A}}(\lambda)=x_{\boldsymbol{A}}(\lambda)=\lambda^2+1$，$\boldsymbol{A}$ 相似于 $x_{\boldsymbol{A}}(\lambda)$ 的友矩阵 $\begin{pmatrix} 0 & -1 \\ 1 & 0 \end{pmatrix}$.

当 $k=5$ 时，$\lambda^5-1=(\lambda-1)(\lambda^4+\lambda^3+\lambda^2+\lambda+1)$ 不可能是 $\mathbf{Q}$ 上 2 阶矩阵 $\boldsymbol{A}$ $(\neq \boldsymbol{E})$ 的零化多项式，故不存在 2 阶 5 次幂么矩阵.

当 $k=6$ 时，$\lambda^6-1=(\lambda+1)(\lambda^2-\lambda+1)(\lambda-1)(\lambda^2+\lambda+1)$ 是 $\boldsymbol{A}$ 的零化多项式，$m_{\boldsymbol{A}}(\lambda)=x_{\boldsymbol{A}}(\lambda)=\lambda^2-\lambda+1$，$\boldsymbol{A}$ 相似于 $x_{\boldsymbol{A}}(\lambda)$ 的友矩阵 $\begin{pmatrix} 0 & -1 \\ 0 & 1 \end{pmatrix}$.

19.2 $\mathbf{Q}$ 上 3 阶幂么矩阵的次数只能是 1,2,3,4,6，按相似关系分类只有 10 类.

20.1 设 $\boldsymbol{A}=\begin{pmatrix} a_{11} & a_{12} \\ a_{21} & a_{22} \end{pmatrix} \in \mathbf{C}^{2\times 2}$.

若 $\boldsymbol{A}=a\boldsymbol{E}$ $(a\in\mathbf{C})$，则 $\boldsymbol{A}$ 有特征值 a（重数为 2），且 $a\boldsymbol{E}-\boldsymbol{A}=\boldsymbol{O}$，故 $(a\boldsymbol{E}-\boldsymbol{A})^*=\boldsymbol{O}$，这时不能用问题 20.2 的方法直接求特征向量(虽然 $\boldsymbol{A}$ 的特征值 a 的特征子空间 $V_a=\mathbf{C}^2$).

若 $\boldsymbol{A}\neq a\boldsymbol{E}$ $(a\in\mathbf{C})$，则 a_{12} 与 a_{21} 不全为零. 设 λ 是 $\boldsymbol{A}$ 的特征值(重数为 1 或 2)，则

$$(\lambda\boldsymbol{E}-\boldsymbol{A})^*=\begin{pmatrix} \lambda-a_{22} & a_{12} \\ a_{21} & \lambda-a_{11} \end{pmatrix}\neq\boldsymbol{O},$$

且$(\lambda\boldsymbol{E}-\boldsymbol{A})^*$ 中的非零列向量就是 $\boldsymbol{A}$ 的属于特征值 λ 的特征向量.

对 $\boldsymbol{A}\in\mathbf{C}^{3\times 3}$，仅需再讨论特征数 λ 的重数为 2 或 3 的情况，可以按 $\boldsymbol{A}$ 的若尔当标准形为

$$\begin{pmatrix} \lambda & 1 & 0 \\ 0 & \lambda & 0 \\ 0 & 0 & \lambda \end{pmatrix},\quad \begin{pmatrix} \lambda & 1 & 0 \\ 0 & \lambda & 0 \\ 0 & 0 & \mu \end{pmatrix}(\lambda\neq\mu),\quad \begin{pmatrix} \lambda & 1 & 0 \\ 0 & \lambda & 1 \\ 0 & 0 & \lambda \end{pmatrix}$$

分类讨论. 可以看到，当 $\boldsymbol{A}$ 的特征值 λ 的重数为 2 或 3 时，只要属于 λ 的特征子空间的维数为 1，就有$(\lambda\boldsymbol{E}-\boldsymbol{A})^*\neq\boldsymbol{O}$，从而可用问题 20.2 的方法求特征向量.

21.1 1) $Q=\frac{1}{\sqrt{2}}\begin{pmatrix}\boldsymbol{E}_s & \boldsymbol{0} & -\boldsymbol{J}_s\\ \boldsymbol{0} & \sqrt{2} & \boldsymbol{0}\\ \boldsymbol{J}_s & \boldsymbol{0} & \boldsymbol{E}_s\end{pmatrix}$.

2) $\boldsymbol{Q}^{\mathrm{T}}\boldsymbol{PQ}=\begin{pmatrix}\boldsymbol{A}+\boldsymbol{J}_s\boldsymbol{C} & \sqrt{2}\boldsymbol{x} & \boldsymbol{O}\\ \sqrt{2}\boldsymbol{y} & q & \boldsymbol{0}\\ \boldsymbol{O} & \boldsymbol{0} & \boldsymbol{D}-\boldsymbol{C}\boldsymbol{J}_s\end{pmatrix}$，其中 $\boldsymbol{D}-\boldsymbol{C}\boldsymbol{J}_s=\boldsymbol{J}_s(\boldsymbol{A}-\boldsymbol{J}_s\boldsymbol{C})\boldsymbol{J}_s$.

22.1 1) 我们可以先分别求出方程

$$y''+y'-y=\mathrm{e}^{ax}\sin bx, \tag{1}$$

$$y''+y'-y=\mathrm{e}^{ax}\cos bx \tag{2}$$

的一个特解 y_1 和 y_2，再由叠加原理知，$y=y_1+y_2$ 是方程

$$y''+y'-y=\mathrm{e}^{ax}(\cos bx+\sin bx) \tag{3}$$

的一个特解.

首先来寻找一个包含 $\mathrm{e}^{ax}\sin bx$ 的 V 的子空间 S，且 S 在求导运算的作用下不变. 通过 $\mathrm{e}^{ax}\sin bx$ 的连续的导数运算，可得 S 的一个基为 $\mathrm{e}^{ax}\sin bx$，$\mathrm{e}^{ax}\cos bx$，且有

$$\begin{cases}\mathscr{D}(\mathrm{e}^{ax}\sin bx)=a\,\mathrm{e}^{ax}\sin bx+b\,\mathrm{e}^{ax}\cos bx,\\ \mathscr{D}(\mathrm{e}^{ax}\cos bx)=-b\,\mathrm{e}^{ax}\sin bx+a\,\mathrm{e}^{ax}\cos bx.\end{cases} \tag{4}$$

由上式立即可得，$\mathscr{D}|_S$ 关于基 $\mathrm{e}^{ax}\sin bx,\mathrm{e}^{ax}\cos bx$ 的矩阵为

$$\boldsymbol{A}=\begin{pmatrix}a & -b\\ b & a\end{pmatrix},$$

从而线性变换 $(\mathscr{D}|_S)^2$ 在基 $\mathrm{e}^{ax}\sin bx,\mathrm{e}^{ax}\cos bx$ 下的矩阵为

$$\boldsymbol{A}^2=\begin{pmatrix}a & -b\\ b & a\end{pmatrix}\begin{pmatrix}a & -b\\ b & a\end{pmatrix}=\begin{pmatrix}a^2-b^2 & -2ab\\ 2ab & a^2-b^2\end{pmatrix}.$$

于是，

$$\boldsymbol{L}=\boldsymbol{A}^2+\boldsymbol{A}-\boldsymbol{E}=\begin{pmatrix}a^2-b^2 & -2ab\\ 2ab & a^2-b^2\end{pmatrix}+\begin{pmatrix}a & -b\\ b & a\end{pmatrix}-\begin{pmatrix}1 & 0\\ 0 & 1\end{pmatrix}$$

$$=\begin{pmatrix}a^2-b^2+a-1 & -2ab-b\\ 2ab+b & a^2-b^2+a-1\end{pmatrix}.$$

由于 $a,b\in\mathbf{R}$ 且 $b\neq 0$，从而 $\boldsymbol{L}$ 的逆矩阵为

$$\boldsymbol{L}^{-1}=\frac{1}{(a^2-b^2+a-1)^2+(2ab+b)^2}\cdot\begin{pmatrix}a^2-b^2+a-1 & 2ab+b\\ -(2ab+b) & a^2-b^2+a-1\end{pmatrix}.$$

我们可以利用 $\mathscr{L}=(\mathscr{D}|_S)^2+(\mathscr{D}|_S)-\mathscr{E}$（$\mathscr{E}$ 是恒等变换）的逆变换

$$\mathscr{L}^{-1}=((\mathscr{D}|_S)^2+(\mathscr{D}|_S)-\mathscr{E})^{-1}$$

在基 $e^{ax}\sin bx, e^{ax}\cos bx$ 下的逆矩阵 $\boldsymbol{L}^{-1}$ 来求 $y''+y'-y=e^{ax}\sin bx$ 的一个特解，即

$$\begin{aligned}&((\mathscr{D}|_S)^2+(\mathscr{D}|_S)-\mathscr{E})^{-1}(e^{ax}\sin bx)\\&\quad=\frac{a^2-b^2+a-1}{(a^2-b^2+a-1)^2+(2ab+b)^2}\cdot e^{ax}\sin bx\\&\qquad+\frac{-2ab-b}{(a^2-b^2+a-1)^2+(2ab+b)^2}\cdot e^{ax}\cos bx.\end{aligned}$$

因此，

$$\begin{aligned}y_1=&\frac{e^{ax}}{(a^2-b^2+a-1)^2+(2ab+b)^2}\\&\cdot[(a^2-b^2+a-1)\sin bx-(2ab+b)\cos bx]\end{aligned}$$

是 $y''+y'-y=e^{ax}\sin bx$ 的一个特解；同理看逆矩阵 $\boldsymbol{L}^{-1}$ 的第 2 列知

$$\begin{aligned}y_2=&\frac{e^{ax}}{(a^2-b^2+a-1)^2+(2ab+b)^2}\\&\cdot[(2ab+b)\sin bx+(a^2-b^2+a-1)\cos bx]\end{aligned}$$

是 $y''+y'-y=e^{ax}\cos bx$ 的一个特解. 再由非齐次线性微分方程解的叠加原理知，

$$\begin{aligned}y&=y_1+y_2\\&=\frac{e^{ax}}{(a^2-b^2+a-1)^2+(2ab+b)^2}[(a^2-b^2+a-1+2ab+b)\sin bx\\&\quad+(a^2-b^2+a-1-2ab-b)\cos bx]\end{aligned}$$

是方程 $y''+y'-y=e^{ax}(\cos bx+\sin bx)$ 的一个特解.

2）如果 $b=0$，则方程(3)就退化成

$$y''+y'-y=e^{ax}. \tag{5}$$

此时设 $S=L(e^{ax}, xe^{ax})$，就可以利用逆矩阵求出方程(5)的一个特解.

3）如果常系数非齐次线性微分方程

$$\mathscr{L}(y)=a_ny^{(n)}+a_{n-1}y^{(n-1)}+\cdots+a_0y=f(x) \tag{6}$$

中已知函数 $f(x)=f_1(x)+f_2(x)+\cdots+f_m(x)$ 满足 $f_i(x)\in S_i$ 且 $\mathscr{L}(S_i)=S_i, i=1,2,\cdots,m$（其中 S_i 是 V 的一个有限维子空间），则方程(6)可以利用逆矩阵求特解.

注意，使用该方法是有条件的，如取 $f(x)=\ln x$，$\tan x$，$\cot x$，$\sec x$，$\csc x$，$\arcsin x$，$\arctan x$ 等一些基本初等函数时就不适用.

22.2 1) 由(22.3)知，4 维向量空间

$$L(\cos 0t,\ \cos 2t,\ \cos 4t,\ \cos 6t)=L(1,\ \sin^2 t,\ \sin^4 t,\ \sin^6 t),$$

它的基 $1,\ \sin^2 t,\ \sin^4 t,\ \sin^6 t$ 可用基 $\cos 0t,\ \cos 2t,\ \cos 4t,\ \cos 6t$ 线性表示.

2) $L(\sin 1t,\ \sin 3t,\ \sin 5t)=L(\sin t,\ \sin^3 t,\ \sin^5 t)$.

一般地，有

$$L(\cos 0t,\ \cos 2t,\ \cdots,\ \cos 2kt)=L(1,\ \sin^2 t,\ \cdots,\ \sin^{2k} t).$$

设 $\begin{pmatrix}\cos 0t\\ \cos 2t\\ \vdots\\ \cos 2kt\end{pmatrix}=\boldsymbol{A}\begin{pmatrix}1\\ \sin^2 t\\ \vdots\\ \sin^{2k} t\end{pmatrix}$，则 $\begin{pmatrix}1\\ \sin^2 t\\ \vdots\\ \sin^{2k} t\end{pmatrix}=\boldsymbol{A}^{-1}\begin{pmatrix}\cos 0t\\ \cos 2t\\ \vdots\\ \cos 2kt\end{pmatrix}$.

同样，

$$L(\sin 1t,\ \sin 3t,\ \cdots,\ \sin(2k+1)t)=L(\sin t,\ \sin^3 t,\ \cdots,\ \sin^{2k+1} t).$$

设 $\begin{pmatrix}\sin 1t\\ \sin 3t\\ \vdots\\ \sin(2k+1)t\end{pmatrix}=\boldsymbol{B}\begin{pmatrix}1\\ \sin^3 t\\ \vdots\\ \sin^{2k+1} t\end{pmatrix}$，则 $\begin{pmatrix}1\\ \sin^3 t\\ \vdots\\ \sin^{2k+1} t\end{pmatrix}=\boldsymbol{B}^{-1}\begin{pmatrix}\sin 1t\\ \sin 3t\\ \vdots\\ \sin(2k+1)t\end{pmatrix}$.

于是，当 n 为偶数时，$\int \sin^n x\,\mathrm{d}x$ 的计算就归结为计算 $\cos 0t,\ \cos 2t,\ \cdots,\ \cos nt$ 的不定积分. 类似地，当 n 为奇数时，$\int \sin^n x\,\mathrm{d}x$ 的计算就归结为计算 $\sin 1t,\ \sin 3t,\ \cdots,\ \sin nt$ 的不定积分.

23.1 设 λ 是 n 阶矩阵 $\boldsymbol{A}$ 的一个特征值，$\boldsymbol{x}_1,\boldsymbol{x}_2,\cdots,\boldsymbol{x}_m$ 是由 $\boldsymbol{A}$ 的相关生成向量导出的零化向量式. 首先，求所有的具有形式$(\boldsymbol{A}-\lambda\boldsymbol{E})\boldsymbol{z}$ 的 $\boldsymbol{x}_1,\boldsymbol{x}_2,\cdots,\boldsymbol{x}_m$ 的线性组合全体的一个基. 设 $\boldsymbol{x}_{m+1},\boldsymbol{x}_{m+2},\cdots,\boldsymbol{x}_k$ 是从该基除以 $\boldsymbol{A}-\lambda\boldsymbol{E}$ 所得的商，它们的值(是 n 维向量) 构成特征值 λ 的特征子空间的一个基. $\boldsymbol{x}_1,\boldsymbol{x}_2,\cdots,\boldsymbol{x}_k$ 作为向量式是线性无关的(这是因为没有一个非零的简洁向量式是零化向量式). 其次，求所有的具有形式$(\boldsymbol{A}-\lambda\boldsymbol{E})\boldsymbol{z}$ 的 $\boldsymbol{x}_1,\boldsymbol{x}_2,\cdots,\boldsymbol{x}_k$ 的线性组合全体的一个基(它包含前面已求得的基). 设 $\boldsymbol{x}_{k+1},\boldsymbol{x}_{k+2},\cdots,\boldsymbol{x}_r$ 是从该基除以 $\boldsymbol{A}-\lambda\boldsymbol{E}$ 所得的新出现的商(假如它们存在). 向量式 $\boldsymbol{x}_1,\boldsymbol{x}_2,\cdots,\boldsymbol{x}_r$ 是线性无关的(这是因为由相关生成向量式导出的零化向量式是线性无关的，值为广义特征向量的简洁向量式是线性无关的，以及没有一个非零的简洁向量式是零化向量式). 继续做下去，直到不再有新的向量式 $\boldsymbol{x}_j$ 产生为止. 假设最后得到 p 个向量式 $\boldsymbol{x}_1,\boldsymbol{x}_2,\cdots,\boldsymbol{x}_p$，那么其中向量式 $\boldsymbol{x}_{m+1},\boldsymbol{x}_{m+2},\cdots,\boldsymbol{x}_p$ 的值构成根子空间 W_λ 的一个基.

24.1 2阶幂零矩阵 $\boldsymbol{A}$ 的秩为1. 设 $\boldsymbol{A}=\begin{pmatrix}a_{11} & a_{12}\\ a_{21} & a_{22}\end{pmatrix}$.

若 $a_{11}=0$，则 $\operatorname{tr}\boldsymbol{A}=a_{11}+a_{22}=a_{22}=0$，且 $a_{12}=0$（或 $a_{21}=0$），此时 $\boldsymbol{A}$ 为严格下(或上)三角方阵.

若 $a_{11}\neq 0$，则 $a_{22}=-a_{11}$，且 $|\boldsymbol{A}|=-a_{11}^2-a_{12}a_{21}=0$，故 a_{12},a_{21} 全不为零. 设 $\dfrac{a_{21}}{a_{11}}=c$，则 $c\neq 0$，且 $\dfrac{a_{22}}{a_{12}}=\dfrac{a_{21}}{a_{11}}=c$，故 $a_{21}=ca_{11}$，$a_{12}=-\dfrac{a_{11}}{c}$. 此时

$$\boldsymbol{A}=\begin{pmatrix}a_{11} & -\dfrac{a_{11}}{c}\\ ca_{11} & -a_{11}\end{pmatrix}=a_{11}\begin{pmatrix}1 & -\dfrac{1}{c}\\ c & -1\end{pmatrix},$$

其中 a_{11} 和 c 都是非零常数.

24.2 收敛的矩阵不一定是幂零的. 例如:

$$\boldsymbol{A}=\begin{pmatrix}\dfrac{1}{2} & 0\\ 0 & \dfrac{1}{3}\end{pmatrix}$$

是收敛的，但它不是幂零的. 在[12]的问题35.2中证明了 $\boldsymbol{A}^k\to\boldsymbol{O}\ (k\to\infty)$ 的充分必要条件是 $\max\{|\lambda_1|,|\lambda_2|,\cdots,|\lambda_n|\}<1$（其中 $\lambda_1,\lambda_2,\cdots,\lambda_n$ 是 $\boldsymbol{A}$ 的特征值)，故只要取特征值的模全小于1且不全为零的矩阵，它们都是收敛的，但不是幂零的.

如果 $\{a_k\}$ 为整数列，则 $\lim\limits_{k\to\infty}a_k=0$ 当且仅当存在某一正整数 N，使得当 $k\geqslant N$ 时 $a_k=0$. 由此可以证明，如果 $\boldsymbol{A}$ 是整矩阵，则 $\boldsymbol{A}$ 是收敛的充分必要条件为 $\boldsymbol{A}$ 是幂零的.

25.1 取种子向量 $\boldsymbol{u}=\begin{pmatrix}1\\0\\0\\0\end{pmatrix}$，则 $\boldsymbol{A}\boldsymbol{u}=\begin{pmatrix}3\\-2\\1\\-5\end{pmatrix}$，$\boldsymbol{A}^2\boldsymbol{u}=\begin{pmatrix}0\\0\\0\\0\end{pmatrix}$，由此可得，$\boldsymbol{A}$ 的属于特征值0的一个特征向量 $\boldsymbol{A}\boldsymbol{u}=(3,-2,1,-5)^{\mathrm{T}}$ 和一个2次广义特征向量 $\boldsymbol{u}=(1,0,0,0)^{\mathrm{T}}$.

再取种子向量 $\boldsymbol{v}=\begin{pmatrix}0\\1\\0\\0\end{pmatrix}$，则 $\boldsymbol{A}\boldsymbol{v}=\begin{pmatrix}3\\-1\\-1\\-4\end{pmatrix}$，$\boldsymbol{A}^2\boldsymbol{v}=\begin{pmatrix}0\\0\\0\\0\end{pmatrix}$，由此可得，$\boldsymbol{A}$ 的属于特征值0的另一个特征向量 $\boldsymbol{A}\boldsymbol{v}=(3,-1,-1,-4)^{\mathrm{T}}$ 和另一个2次广义特征向量 $\boldsymbol{v}=(0,1,0,0)^{\mathrm{T}}$.

于是，$\boldsymbol{A}$ 的属于特征值 0 的两个长度都为 2 的若尔当链$\{\boldsymbol{u},\boldsymbol{Au}\}$ 和$\{\boldsymbol{v},\boldsymbol{Av}\}$ 构成 $\boldsymbol{A}$ 的一个若尔当基，变换矩阵 $\boldsymbol{T}=(\boldsymbol{Au},\boldsymbol{u},\boldsymbol{Av},\boldsymbol{v})$，且 $\boldsymbol{A}$ 的若尔当标准形为

$$\boldsymbol{J}=\boldsymbol{T}^{-1}\boldsymbol{AT}=\begin{pmatrix}0&1&0&0\\0&0&0&0\\0&0&0&1\\0&0&0&0\end{pmatrix}.$$

可以看到，当 n 阶矩阵 $\boldsymbol{A}$ 是幂零矩阵时，求它的若尔当链特别简单. 这是因为 $\boldsymbol{A}^n=\boldsymbol{O}$，故对任一向量 $\boldsymbol{u}$ 必存在某一正整数 k 使得 $\boldsymbol{A}^k\boldsymbol{u}=\boldsymbol{0}$，而 $\boldsymbol{A}^{k-1}\boldsymbol{u}\neq\boldsymbol{0}$，此时 $\boldsymbol{u},\boldsymbol{Au},\cdots,\boldsymbol{A}^{k-1}\boldsymbol{u}$ 构成一个 $\boldsymbol{A}$ 的属于特征值 0 的长度为 k 的若尔当链；再取一个与 $\boldsymbol{u},\boldsymbol{Au},\cdots,\boldsymbol{A}^{k-1}\boldsymbol{u}$ 线性无关的新的种子向量 $\boldsymbol{v}$，继续做下去；最后可以得到 $\boldsymbol{A}$ 的一个若尔当基.

2） 取 $\boldsymbol{u}=(1,0,0,0)^{\mathrm{T}}$，可得$(\boldsymbol{A}+\boldsymbol{E})^4\boldsymbol{u}=\boldsymbol{0}$. 由此可得，属于特征值$-1$ 的长度为 4 的若尔当链$\{\boldsymbol{u},(\boldsymbol{A}+\boldsymbol{E})\boldsymbol{u},(\boldsymbol{A}+\boldsymbol{E})^2\boldsymbol{u},(\boldsymbol{A}+\boldsymbol{E})^3\boldsymbol{u}\}$，它也是 $\boldsymbol{A}$ 的一个若尔当基.

3） 取 $\boldsymbol{u}=(1,0,0,0,0)^{\mathrm{T}}$，可得$(\boldsymbol{A}-\boldsymbol{E})^3(\boldsymbol{A}-2\boldsymbol{E})^2\boldsymbol{u}=\boldsymbol{0}$. 由此可得，属于特征值 1 的长度为 3 的若尔当链

$$\{(\boldsymbol{A}-2\boldsymbol{E})^2\boldsymbol{u},(\boldsymbol{A}-\boldsymbol{E})(\boldsymbol{A}-2\boldsymbol{E})^2\boldsymbol{u},(\boldsymbol{A}-\boldsymbol{E})^2(\boldsymbol{A}-2\boldsymbol{E})^2\boldsymbol{u}\}$$

和属于特征值 2 的长度为 2 的若尔当链$\{(\boldsymbol{A}-\boldsymbol{E})^3\boldsymbol{u},(\boldsymbol{A}-2\boldsymbol{E})(\boldsymbol{A}-\boldsymbol{E})^3\boldsymbol{u}\}$，它们构成 $\boldsymbol{A}$ 的一个若尔当基.

由2)和3)可以归结出求友矩阵 $\boldsymbol{A}$（关于友矩阵的概念见课题26）的若尔当基，从而得出若尔当标准形和变换矩阵的算法.

26.1 如果 $l=1$，则 $f(\lambda)=(\lambda-\lambda_1)^{m_1}$，其中 $n_1=n$，且 $\dim V_{\lambda_1}=1$. 利用属于 λ_1 的特征向量$(1,\lambda_1,\lambda_1^2,\cdots,\lambda_1^{n-1})^{\mathrm{T}}$ 和

$$f(\lambda_1)=f'(\lambda_1)=\cdots=f^{(m_1-1)}(\lambda_1)=0,$$

可以构造 $\boldsymbol{C}^{\mathrm{T}}$ 的属于特征值 λ_1 的长度为 $m_1(=n)$ 的若尔当链 $\boldsymbol{v}_1,\boldsymbol{v}_2,\cdots,\boldsymbol{v}_{m_1}$，即

$$\begin{pmatrix}1\\\lambda_1\\\lambda_1^2\\\lambda_1^3\\\lambda_1^4\\\vdots\\\lambda_1^{n-1}\end{pmatrix},\begin{pmatrix}0\\1\\2\lambda_1\\3\lambda_1^2\\4\lambda_1^3\\\vdots\\(n-1)\lambda_1^{n-2}\end{pmatrix},\begin{pmatrix}0\\0\\1\\3\cdot2\lambda_1/2!\\4\cdot3\lambda_1^2/2!\\\vdots\\(n-1)(n-2)\lambda_1^{n-3}/2!\end{pmatrix},\cdots,$$

它们的分量也可由下式给出：

$$(v_j)_i = \begin{cases} 0, & 对\ 0 \leqslant i \leqslant j-1, \\ C_{i-1}^{j-1}\lambda_1^{i-j}, & 对\ j \leqslant i \leqslant n. \end{cases}$$

容易验证：

$$(\boldsymbol{C}^{\mathrm{T}} - \lambda_1 \boldsymbol{E})\boldsymbol{v}_1 = \boldsymbol{0}, \quad (\boldsymbol{C}^{\mathrm{T}} - \lambda_1 \boldsymbol{E})\boldsymbol{v}_j = \boldsymbol{v}_{j-1}, \ j = 2,3,\cdots,m_1.$$

设 $\boldsymbol{V} = (\boldsymbol{v}_1, \boldsymbol{v}_2, \cdots, \boldsymbol{v}_{m_1})$，则

$$\boldsymbol{V}^{-1}\boldsymbol{C}^{\mathrm{T}}\boldsymbol{V} = \begin{pmatrix} \lambda_1 & 1 & \cdots & 0 & 0 \\ 0 & \lambda_1 & \cdots & 0 & 0 \\ \vdots & \vdots & \ddots & \vdots & \vdots \\ 0 & 0 & \cdots & \lambda_1 & 1 \\ 0 & 0 & \cdots & 0 & \lambda_1 \end{pmatrix}.$$

同样，当 $l > 1$ 时，也可以找到分别属于 $\lambda_1, \lambda_2, \cdots, \lambda_l$ 的若尔当链，从而求得变换矩阵 $\boldsymbol{V}$.

26.2 设 $\boldsymbol{A}$ 的不变因子为 $1,1,\cdots,1,d_1(\lambda),d_2(\lambda),\cdots,d_s(\lambda)$，设 $\boldsymbol{C}_1, \boldsymbol{C}_2, \cdots, \boldsymbol{C}_s$ 分别是 $d_1(\lambda),d_2(\lambda),\cdots,d_s(\lambda)$ 的友矩阵，只要证明

$$\boldsymbol{C} = \begin{pmatrix} \boldsymbol{C}_1 & & & \\ & \boldsymbol{C}_2 & & \\ & & \ddots & \\ & & & \boldsymbol{C}_s \end{pmatrix}$$

与 $\boldsymbol{A}$ 有相同的不变因子.

27.1 1) 设 $v_0, \mathscr{A}v_0, \cdots, \mathscr{A}^{k-1}v_0$ 为 $\mathscr{A}|_W$ 的循环基，则 $\mathscr{A}^k v_0$ 可用该基线性表示. 设

$$\mathscr{A}^k v_0 = -a_1\mathscr{A}^{k-1}v_0 - a_2\mathscr{A}^{k-2}v_0 - \cdots - a_k v_0,$$

$$p(\lambda) = \lambda^k + a_1\lambda^{k-1} + \cdots + a_k,$$

则 $\mathscr{A}|_W$ 在该基下的矩阵为

$$\begin{pmatrix} 0 & 0 & \cdots & 0 & -a_k \\ 1 & 0 & \cdots & 0 & -a_{k-1} \\ 0 & 1 & \cdots & 0 & -a_{k-2} \\ \vdots & \vdots & & \vdots & \vdots \\ 0 & 0 & \cdots & 0 & -a_1 \end{pmatrix},$$

是多项式 $p(\lambda)$ 的友矩阵.

2) 由 1) 可见，如果 V 可以分解为 $\mathscr{A}$ 的循环不变子空间 $W_1, W_2, \cdots, W_s$ 的直和

$$V = W_1 \oplus W_2 \oplus \cdots \oplus W_s,$$

设 $v_i, \mathscr{A}v_i, \cdots, \mathscr{A}^{k_i-1}v_i$ 为 $\mathscr{A}|_{W_i}$ 的循环基，$i = 1,2,\cdots,s$，将它们合并起来，得到 V 的一个基，$\mathscr{A}$ 在该基下的矩阵是由各 $\mathscr{A}|_{W_i}$ 的循环基所确定的友矩阵块构成的有理标准形

$$\begin{pmatrix} \boldsymbol{C}_1 & & & \\ & \boldsymbol{C}_2 & & \\ & & \ddots & \\ & & & \boldsymbol{C}_s \end{pmatrix}.$$

由于任一 V 上的线性变换 $\mathscr{A}$ 都存在 V 的一个基，使得 $\mathscr{A}$ 在该基下的矩阵为有理标准形，而它的每个友矩阵块都能确定 $\mathscr{A}$ 的一个循环子空间，因而 V 可以分解为这些循环不变子空间的直和.

27.2 1) 设 $\boldsymbol{B} = (b_{ij})_{n\times n}$ 满足 $\boldsymbol{AB} = \boldsymbol{BA}$，容易验证，

$$\boldsymbol{B} = b_{11}\boldsymbol{E} + b_{12}\boldsymbol{A} + \cdots + b_{1n}\boldsymbol{A}^{n-1},$$

是 $\boldsymbol{A}$ 的多项式.

2) 设 $\boldsymbol{B} = (b_{ij})_{5\times 5}$ 且 $\boldsymbol{AB} = \boldsymbol{BA}$. 对 $\boldsymbol{A}$ 和 $\boldsymbol{B}$ 进行同样的分块：

$$\boldsymbol{A} = \begin{pmatrix} \boldsymbol{A}_1 & \boldsymbol{O} \\ \boldsymbol{O} & \boldsymbol{A}_2 \end{pmatrix}, \quad \boldsymbol{B} = \begin{pmatrix} \boldsymbol{B}_1 & \boldsymbol{B}_2 \\ \boldsymbol{B}_3 & \boldsymbol{B}_4 \end{pmatrix},$$

其中 $\boldsymbol{A}_1$ 和 $\boldsymbol{B}_1$ 都是 3 阶矩阵，$\boldsymbol{A}_2$ 和 $\boldsymbol{B}_2$ 都是 2 阶矩阵. 由 $\boldsymbol{AB} = \boldsymbol{BA}$，得

$$\boldsymbol{A}_1\boldsymbol{B}_1 = \boldsymbol{B}_1\boldsymbol{A}_1,\ \boldsymbol{A}_2\boldsymbol{B}_4 = \boldsymbol{B}_4\boldsymbol{A}_2,\ \boldsymbol{A}_1\boldsymbol{B}_2 = \boldsymbol{B}_2\boldsymbol{A}_2,\ \boldsymbol{A}_2\boldsymbol{B}_3 = \boldsymbol{B}_3\boldsymbol{A}_1.$$

由此可得

$$\boldsymbol{B} = \begin{pmatrix} b_{11} & b_{12} & b_{13} & b_{14} & b_{15} \\ 0 & b_{11} & b_{12} & 0 & b_{14} \\ 0 & 0 & b_{11} & 0 & 0 \\ 0 & b_{42} & b_{43} & b_{44} & b_{45} \\ 0 & 0 & b_{42} & 0 & b_{44} \end{pmatrix},$$

其中 $b_{11}, b_{12}, b_{13}, b_{14}, b_{15}, b_{42}, b_{43}, b_{44}, b_{45} \in \mathbf{F}$. 此时，$\boldsymbol{B}$ 与 $\boldsymbol{A}$ 可交换，但不一定是 $\boldsymbol{A}$ 的多项式. 例如：取

$$\boldsymbol{B} = \begin{pmatrix} 0 & 0 & 0 & 0 & 0 \\ 0 & 0 & 0 & 0 & 0 \\ 0 & 0 & 0 & 0 & 0 \\ 0 & 1 & 0 & 0 & 0 \\ 0 & 0 & 1 & 0 & 0 \end{pmatrix},$$

则 $\boldsymbol{B}$ 是下三角方阵，不可能是 $\boldsymbol{A}$ 的多项式.

我们发现，当若尔当型矩阵 $\mathbf{A}$ 只有一个(特征值为 λ_0 的)若尔当块时，与 $\mathbf{A}$ 可交换的矩阵必是 $\mathbf{A}$ 的多项式；当 $\mathbf{A}$ 包含两个特征值都为 λ_0 的若尔当块时，与 $\mathbf{A}$ 可交换的矩阵可以不是 $\mathbf{A}$ 的多项式.

27.3 $C(\mathscr{A})=\mathbf{F}(\mathscr{A})$ 的充分必要条件是 $\mathscr{A}$ 仅有一个非常数不变因子.

充分性. 设 $\mathscr{A}$ 仅有一个非常数不变因子，则 V 是 $\mathscr{A}$ 的循环空间，设有循环基 $v_0,\mathscr{A}v_0,\cdots,\mathscr{A}^{n-1}v_0$. 设 $\mathscr{B}\in C(\mathscr{A})$，令

$$\mathscr{B}v_0=c_nv_0+c_{n-1}\mathscr{A}v_0+\cdots+c_1\mathscr{A}^{n-1}v_0=f(\mathscr{A})v_0,$$

其中 $f(x)=\sum\limits_{i=0}^{n-1}c_{n-i}x^i$，则

$$\mathscr{B}(\mathscr{A}^iv_0)=\mathscr{A}^i(\mathscr{B}v_0)=f(\mathscr{A})(\mathscr{A}^iv_0),\quad i=0,1,\cdots,n-1,$$

故 $\mathscr{B}=f(\mathscr{A})$，所以 $C(\mathscr{A})\subseteq\mathbf{F}(\mathscr{A})$，因而 $C(\mathscr{A})=\mathbf{F}(\mathscr{A})$.

必要性. 用反证法. 设 $C(\mathscr{A})=\mathbf{F}(\mathscr{A})$，若 $\mathscr{A}$ 有两个或两个以上的非常数不变因子，则 $\mathscr{A}$ 必有两个或两个以上具有同一个特征值的初等因子，因而 $\mathscr{A}$ 的若尔当标准形中至少有两个若尔当块有相同的特征值，于是，存在 $\mathscr{B}\in C(\mathscr{A})$ 不是 $\mathscr{A}$ 的多项式，这与 $C(\mathscr{A})=\mathbf{F}(\mathscr{A})$ 矛盾.

28.1 假设该方程有一个解 $\boldsymbol{X}$，设复 n 阶矩阵 $\boldsymbol{X}$ 具有特征值 λ，$\boldsymbol{v}$ 是 $\boldsymbol{X}$ 的属于 λ 的特征向量，即 $\boldsymbol{X}\boldsymbol{v}=\lambda\boldsymbol{v}$，则

$$\boldsymbol{X}^j\boldsymbol{v}=\lambda^j\boldsymbol{v},\quad j=0,1,\cdots,r,$$

且

$$\Big(\sum_{j=0}^{r}\boldsymbol{A}_j\lambda^j\Big)\boldsymbol{v}=\mathbf{0}. \tag{1}$$

因而 λ 是

$$\Big|\sum_{j=0}^{r}\boldsymbol{A}_jt^j\Big|=0 \tag{2}$$

的根. 因为 $\boldsymbol{A}_r=\boldsymbol{E}$，故 t 的多项式 $\Big|\sum\limits_{j=0}^{r}\boldsymbol{A}_jt^j\Big|$ 是 nr 阶的. 假设 $\lambda_1,\lambda_2,\cdots,\lambda_n$ 是方程(2)的根(可以有重根)，如果存在线性无关的向量 $\boldsymbol{v}_1,\boldsymbol{v}_2,\cdots,\boldsymbol{v}_n$ 分别满足

$$\Big(\sum_{j=0}^{r}\boldsymbol{A}_j\lambda_i^j\Big)\boldsymbol{v}_i=\mathbf{0},\quad i=1,2,\cdots,n,$$

设 $\boldsymbol{P}=(\boldsymbol{v}_1,\boldsymbol{v}_2,\cdots,\boldsymbol{v}_n)$，$\boldsymbol{D}=\mathrm{diag}(\lambda_1,\lambda_2,\cdots,\lambda_n)$，则 $\boldsymbol{X}=\boldsymbol{P}\boldsymbol{D}\boldsymbol{P}^{-1}$ 是该矩阵多项式方程的一个解.

29.1 1) $\mathbf{A}$ 的迹 $\mathrm{tr}\mathbf{A}=a+b+c+\lambda_2+\lambda_3$，$\mathbf{A}$ 的特征值为 $\lambda_1=a+b+c$，λ_2，λ_3.

2) $\mathbf{A}$ 的特征值为 $a+k_2b+k_3c$，λ_2，λ_3.

29.2 1） 由于 $\boldsymbol{B}$ 的秩为 1，$|\boldsymbol{B}| = |\boldsymbol{A} - \lambda\boldsymbol{E}| = 0$，故 λ 是 $\boldsymbol{A}$ 的特征值. 如果 $\boldsymbol{x}$ 是 $\boldsymbol{A}$ 的属于 λ 的特征向量，则

$$\boldsymbol{Bx} = (\boldsymbol{A} - \lambda\boldsymbol{E})\boldsymbol{x} = \boldsymbol{0}, \tag{1}$$

故 $\boldsymbol{x} \in \mathcal{N}(\boldsymbol{B})$，所以 $\boldsymbol{A}$ 的属于 λ 的特征子空间 $V_\lambda \subseteq \mathcal{N}(\boldsymbol{B})$；反之亦然，因此，$V_\lambda = \mathcal{N}(\boldsymbol{B})$，且 $\mathcal{N}(\boldsymbol{B}) = V_\lambda$ 的维数为 $n-1$. 因为 $\mathrm{tr}\boldsymbol{A} = \mathrm{tr}\boldsymbol{B} + n\lambda$，故 $\boldsymbol{A}$ 有 $n-1$ 个特征值 λ，而另一个特征值为

$$\mu = \mathrm{tr}\boldsymbol{B} + \lambda = \lambda + \boldsymbol{k}^{\mathrm{T}}\boldsymbol{\beta} = \lambda + k_1\beta_1 + k_2\beta_2 + \cdots + k_n\beta_n.$$

由于 $\boldsymbol{B} = \boldsymbol{k}\boldsymbol{\beta}^{\mathrm{T}}$，故若 $\boldsymbol{x}$ 满足

$$\boldsymbol{\beta}^{\mathrm{T}}\boldsymbol{x} = \beta_1 x_1 + \beta_2 x_2 + \cdots + \beta_n x_n = 0, \tag{2}$$

则 $\boldsymbol{x}$ 必满足(1)式. 设

$$x_i = (\beta_i, 0, 0, \cdots, \underset{i\text{分量}}{-\beta_1}, 0, \cdots, 0)^{\mathrm{T}}, \quad i = 2, 3, \cdots, n,$$

则它们满足(2)式，故也满足(1)，因而它们为 $\boldsymbol{A}$ 的属于 λ 的 $n-1$ 个线性无关的特征向量.

$$\begin{aligned} &\boldsymbol{x}\text{ 是 }\boldsymbol{A}\text{ 的属于特征值 }\mu\text{ 的特征向量} \\ &\Leftrightarrow \boldsymbol{Ax} = \mu\boldsymbol{x} \\ &\Leftrightarrow (\boldsymbol{k}\boldsymbol{\beta}^{\mathrm{T}} + \lambda\boldsymbol{E})\boldsymbol{x} = (\lambda + \boldsymbol{k}^{\mathrm{T}}\boldsymbol{\beta})\boldsymbol{x} \\ &\Leftrightarrow \boldsymbol{k}\boldsymbol{\beta}^{\mathrm{T}}\boldsymbol{x} = \boldsymbol{k}^{\mathrm{T}}\boldsymbol{\beta}\boldsymbol{x}. \end{aligned}$$

因为 $\boldsymbol{k}\boldsymbol{\beta}^{\mathrm{T}}\boldsymbol{k} = \boldsymbol{k}\,\mathrm{tr}\boldsymbol{B} = \mathrm{tr}\boldsymbol{B}\,\boldsymbol{k} = \boldsymbol{k}^{\mathrm{T}}\boldsymbol{\beta}\boldsymbol{k}$，所以 $\boldsymbol{k} = (k_1, k_2, \cdots, k_n)^{\mathrm{T}}$ 是 $\boldsymbol{A}$ 的属于 μ 的特征向量.

2） 由

$$\boldsymbol{B}^2 = (\boldsymbol{k}\boldsymbol{\beta}^{\mathrm{T}})(\boldsymbol{k}\boldsymbol{\beta}^{\mathrm{T}}) = \boldsymbol{k}\,\mathrm{tr}\boldsymbol{B}\,\boldsymbol{\beta}^{\mathrm{T}} = (\mathrm{tr}\boldsymbol{B})\boldsymbol{B} = (\mu - \lambda)\boldsymbol{B},$$

可得

$$\boldsymbol{A}^2 - (\lambda + \mu)\boldsymbol{A} + \lambda\mu\boldsymbol{E} = \boldsymbol{O} \tag{3}$$

（即 $\boldsymbol{A}$ 的最小多项式 $m_{\boldsymbol{A}}(t) = t^2 - (\lambda+\mu)t + \lambda\mu$）. 当 $\boldsymbol{A}$ 的特征值全不为零时，$\lambda\mu \neq 0$，由(3)式得

$$\boldsymbol{A}^{-1} = \frac{(\lambda+\mu)\boldsymbol{E} - \boldsymbol{A}}{\lambda\mu} = \frac{\mu\boldsymbol{E} - \boldsymbol{B}}{\lambda\mu}.$$

当 $\boldsymbol{A}$ 是整矩阵时，如果 $\lambda\mu = \pm 1$，$\lambda + \mu$ 是整数，那么 $\boldsymbol{A}^{-1}$ 也是整矩阵. 特别地，当 $\lambda\mu = -1$，$\lambda + \mu = 0$（即 $\lambda = \pm 1$，$\mu = \mp 1$）时，$\boldsymbol{A}^{-1} = \boldsymbol{A}$，即 $\boldsymbol{A}$ 是对合矩阵.

3） 由 $\boldsymbol{B} = \boldsymbol{B}^{\mathrm{T}}$，得

$$\frac{\beta_i}{k_i} = \frac{\beta_j}{k_j}, \quad i, j = 1, 2, \cdots, n,$$

故 $\boldsymbol{B} = a\boldsymbol{k}\boldsymbol{k}^{\mathrm{T}}$，所以 $\boldsymbol{A} = a\boldsymbol{k}\boldsymbol{k}^{\mathrm{T}} + \lambda\boldsymbol{E}$ 有特征值 λ（$n-1$ 重）和 $\mu = \lambda + a\boldsymbol{k}^{\mathrm{T}}\boldsymbol{k}$，

以及对应的线性无关的特征向量：

$$\boldsymbol{x}_i = (k_i, 0, 0, \cdots, \underset{i\text{分量}}{-k_1}, 0, \cdots, 0)^{\mathrm{T}}, \quad i = 2, 3, \cdots, n,$$

$$\boldsymbol{x}_1 = \boldsymbol{k} = (k_1, k_2, \cdots, k_n)^{\mathrm{T}}.$$

30.1 2 阶自逆整矩阵按等价关系 $\sim_2$ 分类，共有 4 个等价类，它们的代表元素分别是

$$\begin{pmatrix} -1 & 0 \\ 0 & -1 \end{pmatrix}, \begin{pmatrix} 1 & 0 \\ 0 & -1 \end{pmatrix}, \begin{pmatrix} 1 & 1 \\ 0 & -1 \end{pmatrix}, \begin{pmatrix} 1 & 0 \\ 0 & 1 \end{pmatrix}.$$

例如：设 $\boldsymbol{A} = \begin{pmatrix} -1 & x \\ 0 & 1 \end{pmatrix}$ 是 2 阶自逆整矩阵，则可以用 $kR_2 + R_1$ 和 $-kC_1 + C_2$ 将 $\boldsymbol{A}$ 化为 $\begin{pmatrix} -1 & x+2k \\ 0 & 1 \end{pmatrix}$.

如果 x 是偶数，则取 $k = -\dfrac{x}{2}$，$\boldsymbol{A}$ 化为 $\begin{pmatrix} -1 & 0 \\ 0 & 1 \end{pmatrix}$，再用 $R_1 \leftrightarrow R_2$ 和 $C_1 \leftrightarrow C_2$，化为 $\begin{pmatrix} 1 & 0 \\ 0 & -1 \end{pmatrix}$.

如果 x 是奇数，则可适当取 k 将 $\boldsymbol{A}$ 化为 $\begin{pmatrix} -1 & 0 \\ 0 & 1 \end{pmatrix}$，再用 $2C_2 + C_1$ 和 $-2R_1 + R_2$，化为 $\begin{pmatrix} 1 & 1 \\ 0 & -1 \end{pmatrix}$.

31.1 1) 条件"$\boldsymbol{A}$ 和 $\boldsymbol{B}$ 都是可对角化矩阵"可以确保 $\boldsymbol{A}$ 和 $\boldsymbol{B}$ 分别有 m 个和 n 个线性无关的特征向量，再利用克罗内克积，可以产生 mn 个 $\boldsymbol{A} \otimes \boldsymbol{B}$ 的线性无关的特征向量.

2) 通过相似变换将 $\boldsymbol{A}$ 和 $\boldsymbol{B}$ 化成若尔当标准形，从而将问题归结为 $\boldsymbol{A}$ 和 $\boldsymbol{B}$ 都是若尔当型的情况，然后再分下面三种情况讨论：

① $\boldsymbol{A}$ 和 $\boldsymbol{B}$ 都是可对角化的；

② $\boldsymbol{A}$ 和 $\boldsymbol{B}$ 之一可对角化；

③ $\boldsymbol{A}$ 和 $\boldsymbol{B}$ 都不可对角化.

结果表明 1) 中条件"$\boldsymbol{A}$ 和 $\boldsymbol{B}$ 都是可对角化矩阵"还能放宽.

32.1 与问题 32.1 一样，可以证明：设 $\boldsymbol{C}_n$ 是 n 阶复阿达马矩阵，则

1) $n^{-\frac{1}{2}}\boldsymbol{C}_n$ 是 n 阶酉矩阵；

2) $\boldsymbol{C}_n$ 的任意两列(或行) 必正交(在酉空间 $\mathbf{C}^n$ 中正交)；

3) $|\boldsymbol{C}_n|$ 的模为 $n^{\frac{n}{2}}$；

4) $C_m \otimes C_n$ 是 mn 阶复阿达马矩阵.

可以证明：如果 C 是一个 n 阶复阿达马矩阵(其中 $n>1$)，那么 n 必是偶数(先证：如果一个 n 阶复阿达马矩阵存在，那么必存在一个 n 阶复阿达马矩阵，它的第 1 行元素皆为 1，再利用其第 1 行与第 2 行的正交性).

33 必要性. 设 $e=(1,1,\cdots,1)^{\mathrm{T}}$，则

$$e^{\mathrm{T}}(\boldsymbol{A}\circ\boldsymbol{B})e=\sum_{i,j=1}^{n}a_{ij}b_{ij}\geqslant 0.$$

充分性. 对任意向量 $\boldsymbol{x}\in\mathbf{R}^n$，令 $\boldsymbol{B}=\boldsymbol{x}\boldsymbol{x}^{\mathrm{T}}$，则

$$0\leqslant\sum_{i,j=1}^{n}a_{ij}b_{ij}=\boldsymbol{x}^{\mathrm{T}}\boldsymbol{A}\boldsymbol{x}.$$

34.1 从最后一个变量 x_n 开始配方，

$$\begin{aligned}f(x)&=nx_n^2+2nx_n(x_1+x_2+\cdots+x_{n-1})+\sum_{i,j=1}^{n-1}\max\{i,j\}x_ix_j\\&=n(x_1+x_2+\cdots+x_n)^2-(x_1+x_2+\cdots+x_{n-1})^2\\&\quad-(n-1)(x_1+x_2+\cdots+x_{n-2})^2+\sum_{i,j=1}^{n-2}\max\{i,j\}x_ix_j\\&=\cdots\\&=n(x_1+x_2+\cdots+x_n)^2-(x_1+x_2+\cdots+x_{n-1})^2-\cdots\\&\quad-(x_1+x_2)^2-x_1^2.\end{aligned}$$

注意，也可以利用 max 与 min 之间的关系($\max\{n-i+1,n-j+1\}=n+1-\min\{i,j\}$) 证明

$$\sum_{i,j=1}^{n-1}\max\{i,j\}x_ix_j+\sum_{i,j=1}^{n-1}\min\{i,j\}x_ix_j=(n+1)(x_1+x_2+\cdots+x_n)^2,$$

从而求出 $\sum\limits_{i,j=1}^{n-1}\max\{i,j\}x_ix_j$.

35.1 将(35.4)写成

$$\boldsymbol{M}_n=\lambda_1\widetilde{\boldsymbol{I}}_n+(\lambda_2-\lambda_1)\widetilde{\boldsymbol{I}}_{n-1}+(\lambda_3-\lambda_2)\widetilde{\boldsymbol{I}}_{n-2}+\cdots+(\lambda_n-\lambda_{n-1})\widetilde{\boldsymbol{I}}_1$$

(其中 n 阶矩阵 $\widetilde{\boldsymbol{I}}_k$ 是右下角的 $k\times k$ 子块为 k 阶平坦矩阵 $\boldsymbol{I}_k$，而其他元素皆为零的矩阵，$k=1,2,\cdots,n$)，它是半正定的. 由于对 $r>0$，$f(t)=t^r$ ($t\in(0,+\infty)$) 是单调递增函数(这是因为 $f'(t)=rt^{r-1}>0$ ($t\in(0,+\infty)$))，故当 $0<\lambda_1\leqslant\lambda_2\leqslant\cdots\leqslant\lambda_n$ 时，有 $0<\lambda_1^r\leqslant\lambda_2^r\leqslant\cdots\leqslant\lambda_n^r$，因而

$$\boldsymbol{M}_n^{\circ r}=\lambda_1^r\widetilde{\boldsymbol{I}}_n+(\lambda_2^r-\lambda_1^r)\widetilde{\boldsymbol{I}}_{n-1}+(\lambda_3^r-\lambda_2^r)\widetilde{\boldsymbol{I}}_{n-2}+\cdots+(\lambda_n^r-\lambda_{n-1}^r)\widetilde{\boldsymbol{I}}_1$$

也是半正定的.

35.2 对任意两个正数 x,y，有

$$\frac{\min\{x,y\}}{xy}=\frac{1}{\max\{x,y\}}.$$

设 $\boldsymbol{X}=\operatorname{diag}\left(\frac{1}{\lambda_1},\frac{1}{\lambda_2},\cdots,\frac{1}{\lambda_n}\right)$，$\boldsymbol{A}=\boldsymbol{I}$ 是平坦矩阵，由问题 35.3 的 4) 知

$$\boldsymbol{XIX}=\left(\frac{1}{\lambda_i\lambda_j}\right)_{n\times n}$$

是无限可分的，$\boldsymbol{W}_n$ 是"极小"矩阵 $\boldsymbol{M}_n$ 和无限可分矩阵 $\boldsymbol{XIX}$ 的阿达马积，也是无限可分的.

36.1 证明：

$$\mathbf{R}^m=\mathscr{R}(\boldsymbol{A})\oplus\mathscr{R}(\boldsymbol{A})^{\perp}=\mathscr{R}(\boldsymbol{A})\oplus\mathscr{N}(\boldsymbol{A})^{\mathrm{T}},$$
$$\mathbf{R}^n=\mathscr{N}(\boldsymbol{A})\oplus\mathscr{N}(\boldsymbol{A})^{\perp}=\mathscr{N}(\boldsymbol{A})\oplus\mathscr{R}(\boldsymbol{A})^{\mathrm{T}}.$$

37.1 两个并联电阻 R_1 和 R_2 的合电阻为 $\frac{R_1R_2}{R_1+R_2}$. 将 R Ω 的电阻与 5 Ω 的电阻并联，看做一个电阻为 $\frac{5R}{5+R}$ 的电阻，同样，将 S Ω 的电阻与 9 Ω 的电阻并联，看做一个电阻为 $\frac{9S}{9+S}$ 的电阻. 用问题 37.1 的方法，可解得

$$\begin{pmatrix}M\\N\end{pmatrix}=\frac{1}{45R+45S+14RS}\begin{pmatrix}45R+5RS & 45R+5RS\\45S+9RS & 45S+9RS\end{pmatrix}\begin{pmatrix}U\\V\end{pmatrix}.$$

38.1 证法与问题 38.3 相同，但是 $\boldsymbol{A}^{\mathrm{T}}\boldsymbol{A}$ 是 n 阶矩阵，而 $\boldsymbol{AA}^{\mathrm{T}}$ 是 m 阶矩阵. 如果 $\boldsymbol{A}$ 的列数 n 大于行数 m，则在求奇异值分解的计算中，用 $\boldsymbol{AA}^{\mathrm{T}}$ 比 $\boldsymbol{A}^{\mathrm{T}}\boldsymbol{A}$ 方便.

38.2 设 $1\times n$ 矩阵 $\boldsymbol{A}=(a_1,a_2,\cdots,a_n)=\boldsymbol{v}_1$，则 $\boldsymbol{AA}^{\mathrm{T}}=\sum_{i=1}^{n}a_i^2$，故当 $\boldsymbol{A}\neq\boldsymbol{O}$ 时，$\boldsymbol{A}$ 的奇异值为 $\sqrt{\sum_{i=1}^{n}a_i^2}=\|\boldsymbol{v}_1\|$. 将 $\frac{1}{\|\boldsymbol{v}_1\|}\boldsymbol{v}_1$ 扩充成 $\mathbf{R}^n$ 的一个标准正交基 $\frac{1}{\|\boldsymbol{v}_1\|}\boldsymbol{v}_1,\boldsymbol{v}_2,\cdots,\boldsymbol{v}_n$，则 $\boldsymbol{A}$ 的奇异值分解为

$$\boldsymbol{A}=\boldsymbol{UDV}^{\mathrm{T}},\tag{1}$$

其中 $\boldsymbol{U}=(1)\in\mathbf{R}^{1\times1}$，$\boldsymbol{D}=(\|v_1\|,0,0,\cdots,0)$，$\boldsymbol{V}=\left(\frac{1}{\|\boldsymbol{v}_1\|}\boldsymbol{v}_1,\boldsymbol{v}_2,\cdots,\boldsymbol{v}_n\right)$.
将(1) 式两边转置，得 $n\times1$ 矩阵的奇异值分解

$$(a_1,a_2,\cdots,a_n)^{\mathrm{T}}=\left(\frac{1}{\|\boldsymbol{v}_1\|}\boldsymbol{v}_1,\boldsymbol{v}_2,\cdots,\boldsymbol{v}_n\right)\boldsymbol{D}^{\mathrm{T}}(1).$$

39.1 设 $x_i=i$，$y_i=1^k+2^k+\cdots+i^k$，$i=0,1,\cdots,k+1$，对数据点

$(x_0,y_0),(x_1,y_1),\cdots,(x_{k+1},y_{k+1})$ 用刘焯－牛顿前插公式(39.18)，得

$$\sum_{i=1}^{n} i^k = N_{k+1}(n) = y_0 + \frac{n}{1!}\Delta y_0 + \frac{n(n-1)}{2!}\Delta^2 y_0 + \cdots + \frac{n(n-1)\cdots(n-k)}{(k+1)!}\Delta^{k+1} y_0.$$

2) 当 $k=2$ 时，差分表为

x	y	Δy	$\Delta^2 y$	$\Delta^3 y$
0	0			
1	1	1		
2	5	4	3	
3	14	9	5	2

$$\sum_{i=1}^{n} i^2 = n + \frac{n(n-1)}{2}\cdot 3 + \frac{n(n-1)(n-2)}{3!}\cdot 2 = \frac{n(n+1)(2n+1)}{6}.$$

当 $k=3$ 时，差分表为

x	y	Δy	$\Delta^2 y$	$\Delta^3 y$	$\Delta^4 y$
0	0				
1	1	1			
2	9	8	7		
3	36	27	19	12	
4	100	64	37	18	6

$$\sum_{i=1}^{n} i^3 = n + \frac{n(n-1)}{2}\cdot 7 + \frac{n(n-1)(n-2)}{3!}\cdot 12 + \frac{n(n-1)(n-2)(n-3)}{4!}\cdot 6 = \frac{n^4+2n^3+n^2}{4}.$$

39.2 1) $B_1(x+1)-B_1(x)=1$, $B_2(x+1)-B_2(x)=x$, $B_3(x+1)-B_3(x)=\frac{x^2}{2}$, $B_4(x+1)-B_4(x)=\frac{x^3}{6}$. 可以猜测，

$$B_{k+1}(x+1)-B_{k+1}(x)=\frac{x^k}{k!}. \tag{1}$$

用数学归纳法可以证明(1)式成立.

2) 在(1)式中，令 $x=0,1,2,\cdots,n$，得

$$B_{k+1}(1)-B_{k+1}(0)=0,$$

$$B_{k+1}(2)-B_{k+1}(1)=\frac{1^k}{k!},$$

$$\cdots,$$

$$B_{k+1}(n+1)-B_{k+1}(n)=\frac{n^k}{k!},$$

将它们相加，得

$$1^k+2^k+\cdots+n^k=k!(B_{k+1}(n+1)-B_{k+1}(0)). \tag{2}$$

注意，在利用伯努利多项式给出的求和公式(2)中，通过 $B'_{k+1}(x)=B_k(x)$ 的微分关系，还揭示了 $\sum_{i=1}^{n} i^k$ 和 $\sum_{i=1}^{n} i^{k-1}$ 两个求和公式之间的内在联系.

3) $\sum_{i=1}^{n} i^3=3!(B_4(n+1)-B_4(0))=\left[\frac{n(n+1)}{2}\right]^2.$

$$\sum_{i=1}^{n} i^4=4!(B_5(n+1)-B_5(0))=\frac{1}{5}n^5+\frac{1}{2}n^4+\frac{1}{3}n^3-\frac{1}{30}n.$$

40.1 用反证法. 如果 n 阶竞赛图矩阵 $\boldsymbol{T}$ 的秩小于 $n-1$，则在 $\boldsymbol{T}$ 上添加所有元素皆为1的一行，得到一个 $(n+1)\times n$ 矩阵 $\widetilde{\boldsymbol{T}}$，它的秩至多为 $n-1$. 因此，存在一个非零向量 $\boldsymbol{x}=(x_1,x_2,\cdots,x_n)^{\mathrm{T}}$，使得 $\widetilde{\boldsymbol{T}}\boldsymbol{x}=\boldsymbol{0}$，即

$$\boldsymbol{T}\boldsymbol{x}=\boldsymbol{0},\quad \sum_{i=1}^{n} x_i=0.$$

于是，我们有

$$\boldsymbol{x}^{\mathrm{T}}(\boldsymbol{T}+\boldsymbol{T}^{\mathrm{T}})\boldsymbol{x}=\boldsymbol{x}^{\mathrm{T}}(\boldsymbol{T}\boldsymbol{x})+(\boldsymbol{x}^{\mathrm{T}}\boldsymbol{T}^{\mathrm{T}})\boldsymbol{x}=\boldsymbol{x}^{\mathrm{T}}\boldsymbol{0}+\boldsymbol{0}^{\mathrm{T}}\boldsymbol{x}=0,$$

另一方面，我们有

$$\boldsymbol{x}^{\mathrm{T}}(\boldsymbol{T}+\boldsymbol{T}^{\mathrm{T}})\boldsymbol{x}=\boldsymbol{x}^{\mathrm{T}}(-\boldsymbol{E}_n+\boldsymbol{I}_n)\boldsymbol{x}=-\boldsymbol{x}^{\mathrm{T}}\boldsymbol{x}+\boldsymbol{x}^{\mathrm{T}}\boldsymbol{I}_n\boldsymbol{x}=-\boldsymbol{x}^{\mathrm{T}}\boldsymbol{x}\neq 0,$$

产生矛盾.

40.2 任一完全图 $K_n(n\geqslant 3)$ 都存在 $n-1$ 个完全偶子图的分拆，它所对应的竞赛图矩阵为

$$\begin{pmatrix} 0 & 1 & 1 & \cdots & 1 \\ 0 & 0 & 1 & \cdots & 1 \\ 0 & 0 & 0 & \cdots & 1 \\ \vdots & \vdots & \vdots & \ddots & \vdots \\ 0 & 0 & 0 & \cdots & 0 \end{pmatrix}, \tag{1}$$

即主对角线上部的元素皆为1，其余皆为零的 n 阶矩阵.

任一完全图 $K_n(n\geqslant 3)$ 也存在 n 个完全偶子图的分拆. 当 $n=4$ 时，我们将4阶竞赛图矩阵

$$\begin{pmatrix} 0 & 1 & 1 & 1 \\ 0 & 0 & 1 & 1 \\ 0 & 0 & 0 & 1 \\ 0 & 0 & 0 & 0 \end{pmatrix}$$

中(1,2)位置的元素1与(2,1)位置的元素0交换，并将(2,4)位置的元素1与(4,2)位置的元素0交换(相当于改变竞赛图40-6 (1) 中顶点1和顶点2之间的边的方向，以及顶点2和顶点4之间的边的方向)，得

$$\begin{pmatrix} 0 & 0 & 1 & 1 \\ 1 & 0 & 1 & 0 \\ 0 & 0 & 0 & 1 \\ 0 & 1 & 0 & 0 \end{pmatrix}.$$

这是一个秩为4的4阶竞赛图矩阵，对应着 K_4 的4个完全偶子图的分拆：

$$\langle\{1\},\{3,4\}\rangle,\langle\{2\},\{1,3\}\rangle,\langle\{3\},\{4\}\rangle,\langle\{4\},\{2\}\rangle.$$

一般地，只要交换矩阵(1) 式中2个元素的位置：将(1,2) 位置的元素1与(2,1) 位置的元素0交换，将$(2,n)$ 位置的元素1与$(n,2)$ 位置的元素0交换，就可得到秩为 n 的 n 阶竞赛图矩阵

$$\begin{pmatrix} 0 & 0 & 1 & 1 & \cdots & 1 \\ 1 & 0 & 1 & 1 & \cdots & 0 \\ 0 & 0 & 0 & 1 & \cdots & 1 \\ 0 & 0 & 0 & 0 & \cdots & 1 \\ \vdots & \vdots & \vdots & \vdots & \ddots & \vdots \\ 0 & 1 & 0 & 0 & \cdots & 0 \end{pmatrix}.$$

40.3 $r(\boldsymbol{T}) \geqslant n-1$ 仍成立，证法与探究题40.1相同.

41.1 如果在方程组(41.13) 中，重新排列 n 个根的次序，可以得到不同的内插多项式，从而得到不同的特征多项式都为 $p(\lambda)$ 的轮换矩阵. 如果 $p(\lambda)$ 的根 $r_1,r_2,\cdots,r_n$ 互不相同，则可以得到 $n!$ 个不同的结合于 $p(\lambda)$ 的内插多项式. 例如：

$$p(\lambda)=\lambda^4-4\lambda^3-20\lambda^2-4\lambda-21$$

有4个根 $7,-3,\pm\mathrm{i}$. 我们可以构造 $4!=24$ 个不同的对应 $p(\lambda)$ 的轮换矩阵 $\boldsymbol{C}$. 如当 $r_1=7$, $r_2=-\mathrm{i}$, $r_3=-3$, $r_4=\mathrm{i}$ 时，

$$\boldsymbol{C}=\begin{pmatrix} 1 & 2 & 1 & 3 \\ 3 & 1 & 2 & 1 \\ 1 & 3 & 1 & 2 \\ 2 & 1 & 3 & 2 \end{pmatrix};$$

当 $r_1=7$, $r_2=-3$, $r_3=-\mathrm{i}$, $r_4=\mathrm{i}$ 时,

$$C=\begin{pmatrix} 4 & \frac{3+2\mathrm{i}}{2} & \frac{5-\mathrm{i}}{2} & 4-\mathrm{i} \\ 4-\mathrm{i} & 4 & \frac{3+2\mathrm{i}}{4} & \frac{5-\mathrm{i}}{2} \\ \frac{5-\mathrm{i}}{2} & 4-\mathrm{i} & 4 & \frac{3+2\mathrm{i}}{2} \\ \frac{3+2\mathrm{i}}{2} & \frac{5-\mathrm{i}}{2} & 4-\mathrm{i} & 4 \end{pmatrix}.$$

41.2 可以证明：$p(\lambda)$的所有根都是实根的充分必要条件是C为埃尔米特矩阵.

充分性. 由于埃尔米特矩阵C的特征值皆为实数，故$p(\lambda)$的所有根都是实根.

必要性. 由于$p(\lambda)$的所有根都是实根，故C的所有特征值皆为实数，又因C可对角化，由(41.7)，得

$$\left(\frac{1}{\sqrt{n}}Q\right)^{*}C\left(\frac{1}{\sqrt{n}}Q\right)=\mathrm{diag}(\lambda_0,\lambda_1,\cdots,\lambda_{n-1}),$$

故有

$$C=\left(\frac{1}{\sqrt{n}}Q\right)\mathrm{diag}(\lambda_0,\lambda_1,\cdots,\lambda_{n-1})\left(\frac{1}{\sqrt{n}}Q\right)^{*},$$

$$C^{*}=\left(\frac{1}{\sqrt{n}}Q\right)\mathrm{diag}(\lambda_0,\lambda_1,\cdots,\lambda_{n-1})\left(\frac{1}{\sqrt{n}}Q\right)^{*},$$

即$C=C^{*}$ 是埃尔米特矩阵.

41.3 1) 设$p(\lambda)$对应的轮换矩阵为$C=\begin{pmatrix} 0 & b & c \\ c & 0 & b \\ b & c & 0 \end{pmatrix}$，其中

$$b=\left(\frac{-\gamma+\sqrt{\gamma^2+4\beta^3/27}}{2}\right)^{\frac{1}{3}},\quad c=\left(\frac{-\gamma-\sqrt{\gamma^2+4\beta^3/27}}{2}\right)^{\frac{1}{3}},$$

则

$$\begin{aligned} C\text{是埃尔米特矩阵} &\Leftrightarrow b\text{和}c\text{是共轭的}\Leftrightarrow 27\gamma^2+4\beta^3\leqslant 0 \\ &\Leftrightarrow p(\lambda)\text{有 3 个实根}. \end{aligned}$$

2) $p(\lambda)$有 4 个实根 $\Leftrightarrow x^3+\frac{\beta}{2}x^2+\left(\frac{\beta^2}{16}-\frac{\delta}{4}\right)x-\frac{\gamma^2}{64}=0$ 有 3 个非负实根.

41.4 $p(\lambda)$的所有根都是纯虚根 $\Leftrightarrow C$是斜埃尔米特矩阵(即$C^{*}=-C$).
$p(\lambda)$的所有根都是么模根 $\Leftrightarrow C$是酉矩阵(即$C^{*}C=E$).

42.1 1) 利用问题 42.2 的 3) 证明：不可能找到一个 $\boldsymbol{Q}=\boldsymbol{F}_0$ 的 2 次扩域列

$$\boldsymbol{F}_0 \subset \boldsymbol{F}_1 \subset \boldsymbol{F}_2 \subset \cdots \subset \boldsymbol{F}_k,$$

使得 $x^3-3x-1=0$ 的根 $x_1 \notin \boldsymbol{F}_{k-1}$ 且 $x_1 \in \boldsymbol{F}_k$.

2) 设原立方体的边长为1，要求作的立方体的边长为 x_0，那么它的体积为 x_0^3 且 $x_0^3=2$. 要证 x_0 不能从 $\boldsymbol{Q}$ 出发，经过尺规作图作出. 注意，一元三次方程 $x^3=2$ 只有一个实根.

42.2 只要证明：如果 $\boldsymbol{K}$ 是 $\boldsymbol{F}$ 的有限扩张域，$\boldsymbol{E}$ 又是 $\boldsymbol{K}$ 的有限扩张域，那么 $\boldsymbol{E}$ 也是 $\boldsymbol{F}$ 的有限扩张域，且

$$[\boldsymbol{E}:\boldsymbol{F}]=[\boldsymbol{E}:\boldsymbol{K}]\cdot[\boldsymbol{K}:\boldsymbol{F}].$$

对此只要证明：令 $\alpha_1,\alpha_2,\cdots,\alpha_r$ 是 $\boldsymbol{K}$ 在 $\boldsymbol{F}$ 上的一个基，$\beta_1,\beta_2,\cdots,\beta_s$ 是 $\boldsymbol{E}$ 在 $\boldsymbol{K}$ 上的一个基，则 $\boldsymbol{E}$ 中的 $r\times s$ 个元素

$$\alpha_i\beta_j \quad (i=1,2,\cdots,r,\ j=1,2,\cdots,s)$$

是 $\boldsymbol{E}$ 在 $\boldsymbol{F}$ 上的一个基(即 $\boldsymbol{E}$ 中任一元素可由这 $r\times s$ 个元素线性表示，且这 $r\times s$ 个元素在 $\boldsymbol{F}$ 上线性无关).

43.1 1) 不能求出所需的衰减值，因利用X射线束1,2,3,4建立的4个方程不独立.

2) $x_A=0.20$，$x_B=0.40$，$x_C=0.45$，$x_D=0.30$.

3) 只要在6个X射线束中选取4个使得所建立的4元一次方程组的系数行列式不等于零，就可求得 x_A,x_B,x_C,x_D 的唯一解. 每种选法都是在水平方向、竖直方向和对角线方向中的某一方向选取 2 个 X 射线束，而在其余两个方向各选 1 个 X 射线束，共有 $3\times2\times2=12$ 种选法.

参考文献

[1] 北京大学数学系几何与代数教研室前代数小组. 高等代数[M]. 第3版. 北京：高等教育出版社，2003.

[2] 邱森. 高等代数[M]. 武汉：武汉大学出版社，2008.

[3] 杰恩，冈纳瓦德那. 线性代数(英文版)[M]. 北京：机械工业出版社，2003.

[4] 约翰逊 李 W，等. 线性代数引论(英文版)[M]. 北京：机械工业出版社，2004.

[5] ABADIR K M, MAGNUS J R. Matrix Algebra [M]. New York: Cambridge University Press, 2005.

[6] CALL G S, Velleman D J. Pascal's Matrices [J]. Amer. Math. Monthly, 1993, 100: 372-376.

[7] AGGARWALA R, LAMOUREUX M P. Inverting the Pascal Matrix Plus One [J]. Amer. Math. Monthly, 2002, 109: 371-377.

[8] MCWORTER W A, MEYERS Jr L F. Computing Eigenvalues and Eigenvectors Without Determinants [J]. Mathematics Magazine, 1998, 71: 24-33.

[9] KOO R. A Classification of Matrices of Finite Order over **C**, **R**, and **Q** [J]. Mathematics Magazine, 2003, 76: 143-148.

[10] GANTMACHER F R. Matrix Theory, Vol. I [M]. New York: Chelsea, 1960.

[11] EDELMAN A, STRANG G. Pascal Matrices [J]. Amer. Math. Monthly, 2004, 111: 189-197.

[12] 邱森，线性代数探究性课题精编 [M]. 武汉：武汉大学出版社，2011.

[13] 胡茂林，矩阵计算与应用 [M]. 北京：科学出版社，2008.

[14] MEYER C D. Matrix analysis and applied linear algebra [M]. Society for Industrial and Applied Mathematics, Philadelphia, PA,

2000.

[15] SHORES T S. Applied linear algebras and matrix analysis [M]. Springer Publishing, New York, 2007.

[16] OLVER P J, SHANKIBAN C. Applied linear algebra [M]. Pearson Prentice Hall, Inc., Upper Saddle River, NJ, 2006.

[17] VALIAHO H. An elementary approach to the Jordan form of a matrix [J]. Amer. Math. Monthly, 1986, 93: 711-714.

[18] HALL J I. Another elementary approach to the Jordan form [J]. Amer. Math. Monthly, 1991, 98: 336-340.

[19] GOHBERG I, GOLDBERG S. A simple proof of the Jordan decomposition theorem for matrices [J]. Amer. Math. Monthly, 1996, 103: 157-159.

[20] 李文林. 数学史概论 [M]. 第 2 版. 北京：高等教育出版社，2002.

[21] 邱森，朱林生等. 高等代数探究性课题集 [M]. 武汉：武汉大学出版社，2008.

[22] HANSON R. Self-inverse integer matrices [J]. College Math. J., 1985 (16): 190-198.

[23] WEAVER J R. Centrosymmetric (cross-symmetric) matrices, their basic properties, eigenvalues, and eigenvectors [J]. Amer. Math. Monthly, 1985, 92, 711-717.